RUDOLF STEINER GESAMTAUSGABE

RUDOLF STEINER GESAMTAUSGABE

Abteilung A: Schriften
I. Werke

Herausgegeben von der
Rudolf Steiner Nachlassverwaltung

Band GA 1

RUDOLF STEINER

Einleitungen und ausgewählte Kommentare zu Goethes Naturwissen-schaftlichen Schriften

Vorreden, Einleitungen, Übersichten und ausgewählte Kommentare aus: Goethes Werke, Naturwissenschaftliche Schriften, Band 1–4, herausgegeben und eingeleitet von Rudolf Steiner, in: *Kürschners Deutsche National-Litteratur, historisch-kritische Ausgabe,* Band 114–117, Goethes Werke, Band XXXIII–XXXVI, 1883–1897

und

Dokumentation der Bearbeitung der von Rudolf Steiner 1922 geplanten Sonderausgabe der Einleitungen

RUDOLF STEINER VERLAG

Herausgegeben von der Rudolf Steiner Nachlassverwaltung

Die Herausgabe besorgte Renatus Ziegler

Nachweis früherer Veröffentlichungen im Anhang

Band GA 1

5. vollständig neu bearbeitete und erweiterte Auflage 2022
mit dem Text der Kürschner-Ausgabe von 1883–1897
als Textgrundlage (Ausgabe letzter Hand)

Zeichnungen im Text neu erstellt von Ivana Suppan

Satz: Klementz Publishing Services, Freiburg
Druck und Bindung: Beltz, Bad Langensalza
ISBN 978-3-7274-00013-1

www.steinerverlag.com

INHALT

Goethes Werke, Band XXXIII, Naturwissenschaftliche Schriften, Erster Band: ***Bildung und Umbildung organischer Naturen: Zur Morphologie, Verfolg,*** *Anhang* **[1883, GA 1a]**

Goethes Werke, Band XXXIV, Naturwissenschaftliche Schriften, Zweiter Band: ***Zur Naturwissenschaft im Allgemeinen; Naturwissenschaftliche Einzelheiten: Mineralogie und Geologie, Meteorologie*** **[1887, GA 1b]**

Goethes Werke, Band XXXV, Naturwissenschaftliche Schriften, Dritter Band: ***Zur Farbenlehre, Band I: Beiträge zur Optik; Versuch, die Elemente der Farbenlehre zu entdecken; Zur Farbenlehre; Enthüllung der Theorie Newtons, Anhang*** **[1890, GA 1c]**

Goethes Werke, Band XXXVI.1, Naturwissenschaftliche Schriften, Vierter Band, Erste Abteilung: ***Zur Farbenlehre, Band II.1: Materialien zur Geschichte der Farbenlehre, Erster Band*** **[1897, GA 1d]**

Goethes Werke, Band XXXVI.2, Naturwissenschaftliche Schriften, Vierter Band, Zweite Abteilung: ***Zur Farbenlehre, Band II.2: Materialien zur Geschichte der Farbenlehre, Zweiter Band; Statt des versprochenen supplementaren Teils; Entoptische Farben; Paralipomena zur Chromatik. Nachträge: Sprüche in Prosa; Nachträge zu den naturwissenschaftlichen Schriften*** **[1897, GA 1e]**

ANHANG

Goethes Werke, Band XXXIII
Naturwissenschaftliche Schriften, Erster Band, 1883
GA 1a

Übersicht und Anordnung der naturwissenschaftlichen Schriften Goethes

Goethe hat die Ergebnisse seiner über fast alle Gebiete des Naturwirkens ausgedehnten Studien nicht in einem wohlgegliederten Systeme, sondern in einer Reihe fragmentarischer Aufsätze niedergelegt. Nur die Schrift über die «Metamorphose der Pflanzen», der didaktische und historische Teil der «Farbenlehre» tragen den Charakter eines streng systematischen Ganzen. In seinem Geiste aber entstand mit immer größerer Klarheit ein Bild der Gesamtnatur, ja des ganzen Weltalls. Andeutungen über ein von ihm entworfenes Schema der allgemeinen Naturlehre finden sich an verschiedenen Stellen seiner Schriften (siehe «Annalen» 1799 sowie den Brief Schillers vom 29. Mai 1799). In den Nachträgen zur Farbenlehre §31 sagt er: «Alle Wirkungen, von welcher Art sie seien, hängen auf das stetigste zusammen, gehen in einander über.» An derselben Stelle findet sich auch ein Schema aller Tätigkeiten des Weltganzen. Erwägt man dieses, so erscheinen die einzelnen zu den verschiedensten Zeiten entstandenen Aufsätze Goethes als Glieder eines Ganzen, in dem ein jeder seinen Ort hat. Diese Gründe waren es, welche den Herausgeber dieser Ausgabe bewogen haben, in einigen Fällen von der in den bisherigen Goetheausgaben gebräuchlichen Anordnung abzugehen.

Es erscheinen hier Goethes naturwissenschaftliche Schriften in drei Bänden. Der Stoff verteilt sich folgendermaßen:

1. Band. Schriften über die Bildung und Umbildung organischer Naturen. Die Metamorphose der Pflanzen, Geschichte meines botanischen Studiums, Verfolg, Wirkung meiner Schrift etc., die Spiraltendenz, Entwurf einer vergl. Osteologie, über den Zwischenknochen, kleinere osteologische Aufsätze. Die Abhandlung über Geoffroy d. S. Hilaire.

2. Band. Schriften über die Prinzipien der Naturwissenschaft und die naturwissenschaftliche Methode. (Die unter diesem Titel vereinigten Aufsätze enthalten Goethes Ansichten über die allgemeinsten Wahrheiten der Naturerkenntnis. Wir glauben, dass dieselben hier in der Mitte des Ganzen an ihrer rechten Stelle sind, weil für die richtige Würdigung derselben das im 1. Bande Enthaltene wesentlich förderlich ist, während sie selbst das rechte Licht über das folgende verbreiten.) Schriften zur *Mineralogie, Geologie* und *Meteorologie*.

3. Band. Beiträge zur Optik, Farbenlehre; Geschichte der Farbenlehre und Nachträge zur Farbenlehre.

Dem Texte wurden, wo nicht anderes ausdrücklich bemerkt wird, die 1817–1824 erschienenen zwei Bände über Morphologie mit Zuhilfenahme der Oktavausgabe letzter Hand (Cotta 1827–1842) zugrunde gelegt. Für die Abhandlung über den Zwischenknochen wurde auch noch die Handschrift des ersten Aufsatzes Goethes über diesen Gegenstand, welche dieser an Camper geschickt hat und die sich gegenwärtig in der «Bibliothèque de la société néerlandaise pour les progrés de la médicine» in Amsterdam befindet, verglichen.

Am 18. August des Jahres 1787[1] schrieb Goethe von Italien aus an Knebel: «Nach dem, was ich bei Neapel, in Sizilien von Pflanzen und Fischen gesehen habe, würde ich, wenn ich zehn Jahre jünger wäre, sehr versucht sein eine Reise nach Indien zu machen, *nicht um Neues zu entdecken, sondern um das Entdeckte nach meiner Art anzusehen.*» In diesen Worten liegt der Gesichtspunkt, aus dem wir Goethes wissenschaftliche Arbeiten zu betrachten haben. Es handelt sich bei ihm nie um die Entdeckung neuer Tatsachen, sondern um das Eröffnen eines *neuen Gesichtspunktes*, um eine bestimmte Art die Natur anzusehen. Es ist wahr, dass Goethe eine Reihe großer Einzelentdeckungen gemacht hat, wie jene des Zwischenknochens und der Wirbeltheorie des Schädels in der Osteologie, der Identität aller Pflanzenorgane mit dem Stammblatte in der Botanik usf. Aber als belebende Seele aller dieser Einzelheiten haben wir eine großartige Naturanschauung zu betrachten, von der sie getragen werden, haben wir in der Lehre von den Organismen vor allem eine großartige, alles Übrige in den Schatten stellende Entdeckung ins Auge zu fassen: *die des Wesens des Organismus selbst.* Jenes Prinzip, durch welches ein Organismus das ist, als das er sich darstellt, die Ursachen, als deren Folge uns die Äußerungen des Lebens erscheinen, und zwar alles, was wir in prinzipieller Hinsicht diesbezüglich zu fragen haben, hat er dargelegt.[2] Es ist dies vom

1 Goethes Briefwechsel mit Knebel S. 80.

2 Wer ein solches Ziel von vorneherein für unerreichbar erklärt, der wird zum Verständnis Goethe'scher Naturanschauungen nie kommen;

Anfange an das Ziel alles seines Strebens in Bezug auf die organischen Naturwissenschaften; bei Verfolgung desselben drängen sich ihm jene Einzelheiten wie von selbst auf. Er musste sie finden, wenn er im weiteren Streben nicht gehindert sein wollte. Die Naturwissenschaft vor ihm, die das Wesen der Lebenserscheinungen nicht kannte und die Organismen einfach nach der Zusammensetzung aus Teilen, nach deren äußerlichen Merkmalen untersuchte, sowie man dieses bei unorganischen Dingen auch macht, musste auf ihrem Wege oft den Einzelheiten eine falsche Deutung geben, sie in ein falsches Licht setzen. An den Einzelheiten als solchen kann man natürlich einen solchen Irrtum nicht bemerken, das erkennen wir eben erst, wenn wir den Organismus verstehen, da die Einzelheiten für sich, abgesondert betrachtet, das Prinzip ihrer Erklärung nicht in sich tragen. Sie sind nur durch die Natur des Ganzen zu erklären, weil es *das Ganze* ist, das ihnen Wesen und Bedeutung gibt. Erst nachdem Goethe eben diese Natur des Ganzen enthüllte, wurden ihm jene irrtümlichen Auslegungen sichtbar; sie waren mit seiner Theorie der Lebewesen nicht zu vereinigen,

---

wer dagegen vorurteilslos, diese Frage offenlassend, an das Studium derselben geht, der wird sie nach Beendigung desselben gewiss bejahend beantworten. Es könnten wohl manchem durch einige Bemerkungen Goethes selbst Bedenken aufsteigen, wie z. B. folgende ist: «wir hätten … *ohne Anmaßung, die ersten Triebfedern der Naturwirkungen entdecken zu wollen*, auf Äußerung der Kräfte, durch welche die Pflanze ein und dasselbe Organ nach und nach umbildet, unsere Aufmerksamkeit gerichtet.» [Goethe: *Die Metamorphose der Pflanzen*] Allein solche Aussprüche richten sich bei Goethe nie gegen die prinzipielle Möglichkeit, die Wesenheit der Dinge zu erkennen, sondern er ist nur vorsichtig genug über die physikalisch-mechanischen Bedingungen, welche dem Organismus zugrunde liegen, nicht vorschnell abzuurteilen, da Goethe wohl wusste, dass solche Fragen nur im Laufe der Zeit gelöst werden können.

sie widersprachen derselben. Wollte er auf seinem Wege weitergehen, so musste er dergleichen Vorurteile wegschaffen. Dies war beim Zwischenknochen der Fall. Tatsachen, die nur dann von Wert und Interesse sind, wenn man eben jene Theorie besitzt, wie die Wirbelnatur der Schädelknochen, waren jener älteren Naturlehre noch völlig unbekannt. Alle diese Hindernisse mussten durch Einzelerfahrungen aus dem Wege geräumt werden. So erscheinen uns denn die letzteren bei Goethe nie als Selbstzweck; sie müssen immer gemacht werden, um einen großen Gedanken, um jene *zentrale Entdeckung* zu bestätigen. Es ist nicht zu leugnen, dass Goethes Einzelentdeckungen nicht immer wahre Entdeckungen waren, dass seine Zeitgenossen früher oder später zu denselben Beobachtungen kamen, und dass heute vielleicht keine derselben ohne Goethes Bestrebungen unbekannt wäre, aber noch viel weniger ist zu leugnen, dass seine große, die ganze organische Natur umspannende Entdeckung bis heute von keinem zweiten unabhängig von Goethe in gleich vortrefflicher Weise ausgesprochen worden ist,[3] ja es fehlt uns bis heute an einer auch nur einigermaßen befriedigenden Würdigung derselben. Es erscheint im

3 Damit wollen wir keineswegs sagen, Goethe sei in dieser Hinsicht überhaupt nie verstanden worden. Im Gegenteil: Wir nehmen in dieser Ausgabe selbst wiederholt Anlass, auf eine Reihe von Männern hinzuweisen, die uns als Fortsetzer und Ausarbeiter Goethe'scher Ideen erscheinen. Namen wie Voigt, Nees von Esenbeck, d'Alton (der ältere und der jüngere), Schelver, C. G. Carus, Martius u. a. gehören in diese Reihe. Aber diese bauten eben auf der Grundlage der in den Goethe'schen Schriften niedergelegten Anschauungen ihre Systeme auf und man kann gerade von ihnen nicht sagen, dass sie auch *ohne Goethe* zu ihren Begriffen gelangt wären, wogegen allerdings Zeitgenossen des letzteren – z. B. Josephi in Göttingen – selbstständig aus den Zwischenknochen oder Oken auf die Wirbeltheorie gekommen sind.

Grunde gleichgültig, ob Goethe eine Tatsache zuerst oder nur wiederentdeckt hat, sie gewinnt durch die Art, wie er sie seiner Naturanschauung einfügt, erst ihre wahre Bedeutung.[4] Das ist es, was man bisher übersehen hat. Man hob jene besonderen Tatsachen zu sehr hervor und forderte dadurch zur Polemik auf. Wohl wies man bereits auf Goethes Überzeugung von der Konsequenz der Natur[5] hin, allein man beachtete nicht, dass damit nur ein ganz nebensächliches, wenig bedeutsames Charakteristikon der Goethe'schen Anschauungen gegeben ist und dass es beispielsweise in Bezug auf die Organik die Hauptsache ist, zu zeigen, welcher Natur das ist, welches jene Konsequenz bewahrt. Nennt man da den Typus, so hat man zu sagen, worinnen die Wesenheit des Typus besteht.

Das Bedeutsame der Pflanzenmetamorphose liegt z. B. nicht in der Entdeckung der einzelnen Tatsache, dass

---

4 Wenn Du Bois-Reymond in seiner Rektoratsrede: «Goethe und kein Ende» seine Überzeugung dahin aussprach, dass Goethe besser getan hätte, sich von den Naturwissenschaften ferne zu halten, so hat er von seinem Standpunkt aus vollkommen recht. Es ist auch alle Polemik gegen ihn, die von denselben Prämissen wie er ausgeht, unberechtigt. Alles, was Du Bois-Reymond an Goethe dem Naturforscher sieht, haben wirklich andere auch gefunden und es muss ihm daher ganz unbegründet erscheinen, dass man daraus so viel Wesens macht, während er sich doch dafür durchaus nicht erwärmen könne. Auch hierinnen hat er recht. Allein, worinnen Goethes Größe liegt, und was andere nicht gefunden haben, das kann Du Bois-Reymond von seinem Standpunkt aus allerdings nicht sehen. Daher kommt er zu seinen so wegwerfenden Urteilen in jener Rede, die wir aus dem Munde des Verfassers der «Grenzen des Naturerkennens» und der «Sieben Welträtsel» sehr wohl begreifen. Wer auf solchen Prinzipien steht, kann *nur* zu solchen Schlüssen kommen. Dass andere von denselben Vordersätzen ausgehen und zu anderen Resultaten gelangen, ist bloße Inkonsequenz.

5 Namentlich Kalischer in seiner Einleitung zu Goethes naturwissenschaftlichen Schriften in der Hempel'schen Ausgabe.

Blatt, Kelch, Krone etc. identische Organe seien, sondern in dem großartigen gedanklichen Aufbau eines lebendigen Ganzen durcheinander wirkender Bildungsgesetze, welcher daraus hervorgeht und der die Einzelheiten, die einzelnen Stufen der Entwickelung, aus sich heraus bestimmt. Die Größe dieses Gedankens, den Goethe dann auch auf die Tierwelt auszudehnen suchte, geht einem nur dann auf, wenn man versucht, sich denselben im Geiste lebendig zu machen, wenn man es unternimmt, ihn nachzudenken. Man wird dann gewahr, dass er die in die *Idee* übersetzte Natur der Pflanze selbst ist, die in unserem Geiste ebenso lebt wie im Objekte; man bemerkt auch, dass man sich einen Organismus bis in die kleinsten Teile hinein belebt, nicht als toten, abgeschlossenen Gegenstand, sondern als sich entwickelndes, werdendes, als die stetige Unruhe in sich selbst vorstellt.

Indem wir nun im Folgenden versuchen, alles hier Angedeutete eingehend darzulegen, wird sich uns zugleich das wahre Verhältnis der Goethe'schen Naturanschauung zu jener unserer Zeit offenbaren, namentlich zur Entwickelungstheorie in moderner Gestalt.

Wenn man der Entstehungsgeschichte von Goethes Gedanken über die Bildung der Organismen nachgeht, so kommt man nur allzu leicht in Zweifel über den Anteil, den man der Jugend des Dichters, d.h. der Zeit vor seinem Eintritte in Weimar zuzuschreiben hat. Goethe selbst dachte sehr gering von seinen naturwissenschaftlichen Kenntnissen in dieser Zeit: «Von dem, was eigentlich äußere Natur heißt, hatte ich keinen Begriff und von ihren sogenannten drei Reichen nicht die geringste Kenntnis.» (Siehe unten S. 64) Auf diese Äußerung gestützt, denkt man sich meistens den Beginn seines naturwissenschaftlichen Nachdenkens erst nach seiner Ankunft in Weimar. Dennoch erscheint es geboten, weiter zurückzugehen, wenn man nicht den ganzen Geist seiner Anschauungen unerklärt lassen will. Die belebende Gewalt, welche seine Studien in jene Richtung lenkte, die wir später darlegen wollen, zeigt sich schon in frühester Jugend.

Als Goethe an die Leipziger Hochschule kam, herrschte in den wissenschaftlichen Bestrebungen daselbst noch ganz jener Geist, der für einen großen Teil des vorigen Jahrhunderts charakteristisch ist und der die gesamte Wissenschaft in zwei Extreme auseinanderwarf, welche zu vereinigen man kein Bedürfnis fühlte. Auf der einen Seite stand die Philosophie Christian Wolffs (1679–1754), welche sich ganz in einem abstrakten Elemente bewegte; auf der andern die einzelnen Wissenschaftszweige, welche in der äußerlichen Beschreibung unendlicher Einzelheiten sich verloren und denen jedes Bestreben mangelte, in der Welt ihrer Objekte ein höheres Prinzip aufzusuchen. Jene Philosophie konnte den Weg aus der Sphäre ihrer allgemeinen Begriffe in das Reich der unmittelbaren Wirklichkeit, des individuellen Daseins nicht finden. Da wurden die selbstverständlichsten Dinge mit aller Ausführlichkeit behandelt. Man erfuhr, dass das Ding ein Etwas sei, welches keinen Widerspruch in sich habe, dass es endliche und unendliche Substanzen gebe usw. Trat man aber mit diesen Allgemeinheiten an die Dinge selbst heran, um deren Wirken und Leben zu verstehen, so stand man völlig ratlos da, man konnte keine Anwendung jener Begriffe auf die Welt, in der wir leben und die wir verstehen wollen, machen. Die uns umgebenden Dinge selbst aber beschrieb man in ziemlich prinziploser Weise, rein nach dem Augenschein, nach ihren äußerlichen Merkmalen. Es standen sich hier eine Wissenschaft der Prinzipien, welcher der lebendige Gehalt, die liebevolle Vertiefung in die unmittelbare Wirklichkeit fehlte, und eine prinziplose Wissenschaft, welche des ideellen Gehaltes ermangelte, gegenüber ohne Vermittlung, jede für die andere unfruchtbar. Goethes gesunde Natur fand sich von beiden Einseitigkeiten in gleicher Weise abgestoßen[6] und im Widerstreite mit ihnen entwickelten sich bei ihm Vorstellungen, die ihn später zu jener fruchtbaren Naturauffassung führten, in welcher Idee und Erfahrung in allseitiger Durchdringung sich gegenseitig beleben und zu einem Ganzen werden.

Der Begriff, den jene Extreme am wenigsten erfassen konnten, entwickelte sich daher bei Goethe zuerst:

---

6 Siehe «Dichtung und Wahrheit» II. Teil, 6. Buch.

der Begriff des Lebens. Ein lebendes Wesen stellt uns, wenn wir es seiner äußeren Erscheinung nach betrachten, eine Menge von Einzelheiten dar, die uns als dessen Glieder oder Organe erscheinen. Die Beschreibung dieser Glieder, ihrer Form, gegenseitigen Lage, Größe usw. nach, kann den Gegenstand weitläufigen Vortrages bilden, dem sich die zweite der von uns bezeichneten Richtungen hingab. Aber in dieser Weise kann man auch jede mechanische Zusammensetzung aus unorganischen Körpern beschreiben. Man vergaß völlig, dass bei dem Organismus vor allem festgehalten werden müsse, dass hier die äußere Erscheinung von einem inneren Prinzip beherrscht wird, dass in jedem Organe das Ganze wirkt. Jene äußere Erscheinung, das räumliche Nebeneinander der Glieder kann auch nach der Zerstörung des Lebens betrachtet werden, denn sie dauert ja noch eine Zeit lang fort. Aber was wir an einem toten Organismus vor uns haben, ist in Wahrheit kein Organismus mehr. Es ist jenes Prinzip verschwunden, welches alle Einzelheiten durchdringt. *Jener Betrachtung, welche das Leben zerstört, um das Leben zu erkennen, setzt Goethe frühzeitig die Möglichkeit und das Bedürfnis einer höheren entgegen.* Wir sehen dies schon in einem Briefe aus der Straßburger Zeit vom 14. Juli 1770 (Schöll, «Briefe und Aufsätze von Goethe», S. 30), wo er von einem Schmetterlinge spricht: «Das arme Tier zittert im Netz, streift sich die schönsten Farben ab; und wenn man es ja unversehrt erwischt, so steckt es doch endlich steif und leblos da; der Leichnam ist nicht das ganze Tier, es gehört noch etwas dazu, noch ein Hauptstück und bei der Gelegenheit, wie bei jeder andern, ein hauptsächliches Hauptstück: *das Le-*

ben ...» Derselben Anschauung sind ja auch die Worte im «Faust» (Vers 1582–1585) entsprungen:

Wer will was Lebendiges erkennen und beschreiben
Sucht erst den Geist herauszutreiben;
Dann hat er die Teile in der Hand,
Fehlt, leider! nur das geistige Band. (Siehe S. X)

Bei dieser Negation einer Auffassung blieb aber Goethe, wie dies bei seiner Natur wohl vorauszusetzen ist, nicht stehen, sondern er suchte seine eigene immer mehr auszubilden, und wir erkennen in den Andeutungen, welche wir über sein Denken von 1769–1775 haben, gar oft die Keime für seine späteren Arbeiten. Er bildet sich hier die Idee eines Wesens aus, bei dem jeder Teil den andern belebt, bei dem ein Prinzip alle Einzelheiten durchdringt. Im «Faust» (Vers 94 f.) heißt es:

Wie alles sich zum Ganzen webt,
Eins in dem andern wirkt und lebt!

und im «Satyros» (Vers 297 ff.):

Wie im Unding das Urding erquoll
Lichtsmacht durch die Nacht scholl,
Durchdrang die Tiefen der Wesen all,
Dass aufkeimte Begehrungsschwall
Und die Elemente sich erschlossen,
Mit Hunger ineinander ergossen,
Alldurchdringend, alldurchdrungen.

Dieses Wesen wird so gedacht, dass es in der Zeit steten Veränderungen unterworfen ist, dass aber in allen diesen Stufen der Veränderungen sich immer nur *ein* Wesen offenbart, das sich als das Dauernde, Beständige im Wechsel behauptet. Im «Satyros» heißt es von jenem Urdinge weiter (Vers 311 ff.):

Und auf und ab sich rollend ging
Das all und ein' und ewig' Ding
Immer verändert, immer beständig.

Man vergleiche damit, was Goethe im Jahre 1807 als Einleitung zu seiner Metamorphosenlehre schrieb (unten S. 8): «Betrachten wir aber alle Gestalten, besonders die organischen, so finden wir, dass nirgend ein Bestehendes, nirgend ein Ruhendes, ein Abgeschlossenes vorkommt, sondern dass vielmehr alles in einer steten Bewegung schwanke.» Diesem Schwankenden stellt er dort die Idee oder «ein in der Erfahrung nur für den Augenblick Festgehaltenes» als das *Beständige* entgegen. Man wird aus obiger Stelle aus «Satyros» deutlich genug erkennen, dass der Grund zu den morphologischen Gedanken schon in der Zeit vor dem Eintritt in Weimar gelegt wurde.

Das, was aber festgehalten werden muss, ist, dass jene Idee eines lebenden Wesens nicht gleich auf einen einzelnen Organismus angewendet, sondern dass das ganze Universum als ein solches Lebewesen vorgestellt wird. Hierzu ist freilich in den alchimistischen Arbeiten mit Fräulein von Klettenberg und in der Lektüre des Theophrastus Paracelsus nach seiner Rückkehr von Leipzig (1768–69) die Veranlassung zu suchen. Man suchte jenes das ganze Universum durchdringende Prinzip durch irgendeinen Versuch festzuhalten, es in einem Stoffe darzustellen.[7] Doch bildet diese ans *Mystische* streifende Art der Weltbetrachtung nur eine vorübergehende Episode in

7 «Dichtung und Wahrheit» II. Teil, 8. Buch.

Goethes Entwickelung und weicht bald einer gesunderen und objektiveren Vorstellungsweise. Die Anschauung von dem ganzen Weltall, als einem großen Organismus, wie wir sie oben in den Stellen aus «Faust» und «Satyros» angedeutet fanden, bleibt aber noch aufrecht bis in die Zeit um 1780, wie wir später aus dem Aufsatze: «Die Natur» sehen werden. Sie tritt uns im «Faust» noch einmal entgegen, und zwar da, wo der Erdgeist als jenes den All-Organismus durchdringende Lebensprinzip dargestellt wird (Vers 148–156):

In Lebensfluten, im Tatensturm
Wall' ich auf und ab,
Webe hin und her!
Geburt und Grab,
Ein ewiges Meer,
Ein wechselnd Weben,
Ein glühend Leben.

Während sich so bestimmte Anschauungen in Goethes Geist entwickelten, kam ihm in Straßburg ein Buch in die Hand, welches eine Weltanschauung, die der seinigen gerade entgegengesetzt ist, zur Geltung bringen wollte. Es war Holbachs «Système de la nature».[8] Hatte er bis dahin nur den Umstand zu tadeln gehabt, dass man das Lebendige *wie* eine mechanische Zusammenhäufung einzelner Dinge *beschrieb*, so konnte er in Holbach einen Philosophen kennenlernen, der das Lebendige wirklich für einen Mechanismus *ansah*. Was dort bloß aus einer Unfähigkeit, das Leben in seiner Wurzel zu erkennen, entsprang, das führte hier zu einem das Leben ertötenden Dogma. Goethe sagt darüber in «Dichtung und Wahr-

8 «Dichtung und Wahrheit» III. Teil, 11. Buch.

heit» (11. Buch): «Eine Materie sollte sein von Ewigkeit, und von Ewigkeit her bewegt, und sollte nun mit dieser Bewegung rechts und links und nach allen Seiten, ohne weiteres, die unendlichen Phänomene des Daseins hervorbringen. Dies alles wären wir sogar zufrieden gewesen, wenn der Verfasser wirklich aus seiner bewegten Materie die Welt vor unseren Augen aufgebaut hätte. Aber er mochte von der Natur so wenig wissen als wir; denn indem er einige allgemeine Begriffe hingepfahlt, verlässt er sie sogleich, um dasjenige, was höher als die Natur, oder als höhere Natur in der Natur erscheint, zur materiellen, schweren, zwar bewegten, aber doch richtungs- und gestaltlosen Natur zu verwandeln, und glaubt dadurch recht viel gewonnen zu haben.» Goethe konnte darinnen nichts finden als «bewegte Materie» und im Gegensatze dazu bildeten sich seine Begriffe von Natur immer klarer aus. Wir finden sie im Zusammenhange dargestellt in seinem Aufsatze: «Die Natur», welcher um das Jahr 1780 geschrieben ist. (Siehe im nächsten Bande.) Da in diesem Aufsatze alle Gedanken Goethes über die Natur, welche wir bis dahin nur zerstreut angedeutet finden, zusammengestellt sind, so gewinnt er eine besondere Bedeutung. Die Idee eines Wesens, welches in beständiger Veränderung begriffen ist und dabei doch immer identisch bleibt, tritt uns hier wieder entgegen: «Alles ist neu und doch immer das Alte.» «Sie (die Natur) verwandelt sich ewig, und ist kein Moment Stillstehen in ihr», aber «ihre Gesetze sind unwandelbar.» Wir werden später sehen, dass Goethe in der unendlichen Menge von Pflanzengestalten die *eine* Urpflanze sucht. Auch diesen Gedanken finden wir hier schon angedeutet: «Jedes ihrer (der Natur) Werke hat ein eigenes Wesen, jede ihrer Erscheinungen den isoliertesten Begriff, und doch macht alles *Eins* aus.» Ja sogar die Stellung, welche er später Ausnahmsfällen gegenüber einnahm, nämlich sie nicht einfach als Bildungsfehler anzusehen, sondern aus Naturgesetzen zu erklären, spricht sich hier schon ganz deutlich aus: «Auch das Unnatürlichste ist Natur» und «ihre Ausnahmen sind selten».

Wir haben gesehen, dass Goethe sich schon vor seinem Eintritte in Weimar einen bestimmten Begriff von einem Organismus ausgebildet hatte. Denn wenn gleich der erwähnte Aufsatz «Die Natur» erst lange nach demselben entstanden ist, so enthält er doch größtenteils frühere Anschauungen Goethes. Auf eine bestimmte Gattung von Naturobjekten, auf einzelne Wesen hatte er diesen Begriff noch nicht angewendet. Dazu bedurfte es der konkreten Welt der lebenden Wesen in unmittelbarer Wirklichkeit. Der durch den menschlichen Geist hindurchgegangene Abglanz der Natur war durchaus nicht das Element, welches Goethe anregen konnte. Die botanischen Gespräche bei Hofrat Ludwig in Leipzig blieben ebenso ohne tiefere Wirkung wie die Tischgespräche mit den medizinischen Freunden in Straßburg. In Bezug auf die wissenschaftlichen Studien erscheint uns der junge Goethe ganz als der die Frische ursprünglichen Anschauens der Natur entbehrende Faust, welcher seine Sehnsucht nach derselben mit den Worten ausspricht (Vers 39–42):

> Ach könnt' ich doch auf Bergeshöhen
> In deinem (des Mondes) lieben Lichte gehen,
> Um Bergeshöhle mit Geistern schweben,
> Auf Wiesen in deinem Dämmer weben.

Wie eine Erfüllung dieser Sehnsucht erscheint es uns, wenn ihm bei seinem Eintritte in Weimar gegönnt ist: «Stuben- und Stadtluft mit Land-, Wald- und Gartenatmosphäre zu vertauschen.» (Siehe S. 64)

Als die unmittelbare Anregung zum Studium der Pflanzen haben wir des Dichters Beschäftigung mit dem Pflanzen von Gewächsen in den ihm von dem Herzoge Karl August geschenkten Garten zu betrachten. Die Empfangnahme desselben vonseiten Goethes erfolgte am 21. April 1776 und das von Keil herausgegebene «Tagebuch» meldet uns von nun an oft von Goethes Arbeiten in diesem Garten, die eines seiner Lieblingsgeschäfte werden. Ein weiteres Feld für Bestrebungen in dieser Richtung bot ihm der Thüringer Wald, wo er Gelegenheit hatte, auch die niederen Organismen in ihren Lebenserscheinungen kennenzulernen. Es interessieren ihn besonders die Moose und Flechten. Am 31. Oktober 1778 bittet er Frau von Stein um Moose von allen Sorten und womöglich mit den Wurzeln und feucht, damit sie sich wieder fortpflanzen. Es muss uns höchst bedeutsam erscheinen, dass Goethe sich hier schon mit dieser tiefstehenden Organismenwelt beschäftigte und später die Gesetze der Pflanzenorganisation doch von den höheren Pflanzen ableitete.[9] Wir haben es in Erwägung dieses Umstandes nicht, wie viele tun, einer Unterschätzung der Bedeutung der weniger entwickelten Wesen, sondern vollbewusster Absicht zuzuschreiben.

Nun verlässt der Dichter das Reich der Pflanzen nicht mehr. Schon sehr früh mögen wohl Linnés Schriften vor-

9 Vgl. Goethes Dramen I, 475 zu Z. 26 ff.

genommen worden sein. Wir erfahren von der Bekanntschaft mit demselben zuerst aus den Briefen an Frau von Stein vom Jahre 1782.[10]

Linnés Bestrebungen gingen dahin, eine systematische Übersichtlichkeit in die Kenntnis der Pflanzen zu bringen. Es sollte eine gewisse Reihenfolge gefunden werden, in der jeder Organismus an einer bestimmten Stelle steht, sodass man ihn jederzeit leicht auffinden könne, ja dass man überhaupt ein Mittel der Orientierung in der grenzenlosen Menge der Einzelheiten hätte. Zu diesem Zwecke mussten die Lebewesen nach Graden ihrer Verwandtschaft untersucht und diesen entsprechend in Gruppen zusammengestellt werden. Da es sich dabei vor allem darum handelte, jede Pflanze zu erkennen und ihren Platz im Systeme leicht aufzufinden, so musste man insbesondere auf jene Merkmale Rücksicht nehmen, welche die Pflanzen voneinander unterscheiden. Um eine Verwechslung einer Pflanze mit einer anderen unmöglich zu machen, suchte man vorzüglich diese unterscheidenden Kennzeichen auf. Dabei wurden von Linné und seinen Schülern äußerliche Kennzeichen, Größe, Zahl und Stellung der einzelnen Organe als charakteristisch angesehen. Die Pflanzen waren auf diese Weise wohl in eine Reihe geordnet, aber so, wie man auch eine Anzahl unorganischer Körper hätte ordnen können: nach Merkmalen, welche dem Augenscheine, nicht der inneren Natur der Pflanze entnommen waren. Sie erschienen in einem äußerlichen Nebeneinander, ohne inneren, notwendigen Zusammenhang. Bei dem bedeutsamen Begriffe, den

10 Goethes Briefe an Frau von Stein III, 200.

Goethe von der Natur eines Lebewesens hatte, konnte ihm diese Betrachtungsweise nicht genügen. Es war da nirgends nach dem Wesen der Pflanze geforscht. Goethe musste sich die Frage vorlegen: Worinnen besteht dasjenige «Etwas», welches ein bestimmtes Wesen der Natur zu einer Pflanze macht? Er musste ferner anerkennen, dass dieses Etwas in allen Pflanzen in gleicher Weise vorkomme. Und doch war die unendliche Verschiedenheit der Einzelwesen da, welche erklärt sein wollte. Wie kommt es, dass jenes Eine sich in so mannigfaltigen Gestalten offenbart? Dies waren wohl die Fragen, welche Goethe beim Lesen der Linné'schen Schriften aufwarf, denn er sagt ja selbst von sich: «Das, was er – Linné – mit Gewalt auseinander zu halten suchte, musste, nach dem innersten Bedürfnis meines Wesens, zur Vereinigung anstreben.»[11]

Ungefähr in dieselbe Zeit, wie die erste Bekanntschaft mit Linné, fällt auch die mit den botanischen Bestrebungen des Rousseau. Am 16. Juni 1782 schreibt Goethe an Karl August: «In Rousseaus Werken finden sich allerliebste Briefe über die Botanik, worin er diese Wissenschaft auf das fasslichste und zierlichste einer Dame vorträgt. Es ist recht ein Muster, wie man unterrichten soll und eine Beilage zum Emil. Ich nehme daher Anlass, das schöne Reich der Blumen meinen schönen Freundinnen aufs Neue zu empfehlen.»[12] Rousseaus Bestrebungen in der Pflanzenkunde mussten auf Goethe einen tiefen Eindruck machen. Das Hervorheben einer aus dem Wesen

11 Vgl. unten S. 68, Z. 27ff.

12 Briefw. Goethes mit Karl August Nr. 17, S. 28.

der Pflanzen hervorgehenden und ihm entsprechenden Nomenklatur, die Ursprünglichkeit des Beobachtens, das Betrachten der Pflanze um ihrer selbst willen, abgesehen von allen Nützlichkeitsprinzipien, die uns bei Rousseau entgegentreten, alles das war ganz im Sinne Goethes. Beide hatten ja auch das gemeinsam, dass sie nicht durch ein speziell herangezogenes wissenschaftliches Bestreben, sondern durch allgemein menschliche Motive zum Studium der Pflanze gekommen. Dasselbe Interesse fesselte sie an denselben Gegenstand.

Die nächsten eingehenden Beobachtungen der Pflanzenwelt fallen in das Jahr 1784. Wilhelm Freiherr von Gleichen, genannt Rußwurm, hatte damals zwei Schriften herausgegeben, welche Untersuchungen zum Gegenstande hatten, die Goethe lebhaft interessierten: «Das Neueste aus dem Reiche der Pflanzen» (Nürnberg 1764) und «Auserlesene mikroskopische Entdeckungen bei den Pflanzen» (Nürnberg 1777–81). Beide Schriften behandelten die Befruchtungsvorgänge an der Pflanze. Der Blütenstaub, die Staubfäden und Stempel wurden sorgfältig untersucht und die dabei stattfindenden Prozesse auf schön ausgeführten Tafeln dargestellt. Diese Untersuchungen machte nun Goethe nach. Am 12. Januar 1785 schreibt er an Frau von Stein: «Mein Mikroskop ist aufgestellt, um die Versuche des Gleichen, genannt Rußwurm, mit Frühlingsantritt nachzubeobachten und zu kontrollieren.» In demselben Frühlinge wurde auch die Natur des Samens studiert, wie uns ein Brief an Knebel vom 2. April 1785 zeigt: «Die Materie vom Samen habe ich durchgedacht, soweit meine Erfahrungen reichen.» Bei allen diesen Untersuchungen handelt es sich bei

Goethe nicht um das Einzelne; das Ziel seiner Bestrebungen ist, das Wesen der Pflanze zu erforschen. Er meldet davon am 8. April 1785 an Merck,[13] dass er in der Botanik «hübsche Entdeckungen und *Kombinationen* gemacht hat». Auch der Ausdruck Kombinationen beweist uns hier, dass er darauf ausgeht, denkend sich ein Bild der Vorgänge in der Pflanzenwelt zu entwerfen. Das Studium der Botanik näherte sich jetzt rasch einem bestimmten Ziele. Wir müssen dabei nun freilich daran denken, dass Goethe im Jahre 1784 den Zwischenknochen entdeckt hat, wovon wir unten ausführlich sprechen wollen, und dass er damit dem Geheimnis, wie die Natur bei der Bildung organischer Wesen verfährt, um eine bedeutende Stufe näher gerückt war, wir müssen ferner daran denken, dass der erste Teil von Herders «Ideen zur Philosophie der Geschichte» 1784 abgeschlossen wurde und dass Gespräche über Gegenstände der Natur zwischen Goethe und Herder damals sehr häufig waren. So berichtet Frau von Stein an Knebel am 1. Mai 1784:[14] «Herders neue Schrift macht wahrscheinlich, dass wir erst Pflanzen und Tiere waren ... Goethe grübelt jetzt gar denkreich in diesen Dingen und jedes, was erst durch seine Vorstellung gegangen ist, wird äußerst interessant.» Wir sehen daraus, welcher Art Goethes Interesse für die größten Fragen der Wissenschaft damals war. Es muss uns also jenes Nachdenken über die Natur der Pflanze und die Kombinationen, die er darüber im Frühling 1785 macht, ganz erklärlich erscheinen.

13 Briefe an Merck (1835) S. 445.

14 Zur deutschen Litteratur und Geschichte, hrsg. von Düntzer. Bd. I, 120.

Mitte April dieses Jahres geht er nach Belvedere, eigens um seine Zweifel und Fragen zur Lösung zu bringen, und am 15. Juni [1786] macht er an Frau von Stein folgende Mitteilung: «Wie lesbar mir das Buch der Natur wird, kann ich dir nicht ausdrücken, mein langes Buchstabieren hat mir geholfen, jetzt wirkt's auf einmal und meine stille Freude ist unaussprechlich.»[15] Kurz vorher will er sogar eine kleine botanische Abhandlung für Knebel schreiben, um ihn für diese Wissenschaft zu gewinnen.[16] Die Botanik zieht ihn so an, dass seine Reise nach Karlsbad, die er am 20. Juni 1785 antritt, um den Sommer dort zuzubringen, zu einer botanischen Studienreise wird. Knebel begleitet ihn. In der Nähe von Jena treffen sie einen 17-jährigen Jüngling, Dietrich, dessen Blechtrommel zeigte, dass er eben von einer botanischen Exkursion heimkehrt. Über diese interessante Reise erfahren wir Näheres aus Goethes «Geschichte meines botanischen Studiums» und aus einigen Mitteilungen von Cohn in Breslau, der dieselben einem Manuskripte Dietrichs entlehnen konnte. In Karlsbad bieten nun gar oft botanische Gespräche eine angenehme Unterhaltung. Nach Hause zurückgekehrt widmet Goethe sich mit großer Energie dem Studium der Botanik; er macht an der Hand von Linnés «Philosophia» Beobachtungen über Pilze, Moose, Flechten und Algen, wie wir solches aus seinen Briefen an Frau von Stein ersehen. Erst jetzt, wo er bereits selbst vieles gedacht und beobachtet, wird ihm Linné nützlicher, er findet bei ihm Aufschluss über

15 Briefe an Frau von Stein III, 264.

16 «Gerne schickte ich dir eine botanische Lektion, wenn sie nur schon geschrieben wäre.» 2. April 1785. Briefw. S. 62.

viele Einzelheiten, die ihm bei seinen Kombinationen vorwärts helfen. Am 9. November 1785[17] berichtet er an Frau von Stein: «Ich lese Linné fort, ich muss wohl, ich habe kein anderes Buch bei mir, es ist die beste Art ein Buch gewissenhaft zu lesen, die ich öfter praktizieren muss, da ich nicht leicht ein Buch auslese. Das ist nicht zum Lesen, sondern zur Rekapitulation gemacht und tat mir die trefflichsten Dienste, da ich über die meisten Punkte selbst gedacht habe.» Während dieser Studien wurde ihm immer klarer, *dass es doch nur eine Grundform sei, welche in der unendlichen Menge einzelner Pflanzenindividuen erscheint, es wurde ihm auch diese Grundform selbst immer anschaulicher*, er erkannte ferner, *dass in dieser Grundform die Fähigkeit unendlicher Abänderung liege, wodurch die Mannigfaltigkeit aus der Einheit erzeugt wird.* Am 9. Juli 1786 schreibt er an Frau von Stein:[18] «*Es ist ein Gewahrwerden der Form, mit der die Natur gleichsam nur immer spielt und spielend das mannigfaltige Leben hervorbringt.*» Nun handelte es sich vor allem darum, das Bleibende, Beständige, jene Urform, mit welcher die Natur gleichsam spielt, im Einzelnen zu einem plastischen Bilde auszubilden. Dazu bedurfte es einer Gelegenheit, das wahrhaft Konstante, Dauernde in der Pflanzenform von dem Wechselnden, Unbeständigen zu trennen. Zu Beobachtungen dieser Art hatte Goethe noch ein zu kleines Gebiet durchforscht. Er musste eine und dieselbe Pflanze unter verschiedenen Bedingungen und Einflüssen beobachten, denn nur da fällt

17 Briefe an Frau von Stein III, 200f.

18 Briefe an Frau von Stein III, 273.

das Veränderliche so recht in die Augen. Bei Pflanzen verschiedener Art fällt es uns weniger auf. Dieses alles brachte die beglückende Reise nach Italien, welche er am 3. September [1786] von Karlsbad aus angetreten hatte. Schon an der Flora der Alpen ward manche Beobachtung gemacht. Er fand hier nicht bloß neue, von ihm noch nie gesehene Pflanzen, sondern auch solche, die er schon kannte, *aber verändert.* «Wenn in der tiefen Gegend Zweige und Stängel stärker und massiger waren, die Augen näher aneinander standen und die Blätter breit waren, so wurden höher ins Gebirg hinauf Zweige und Stängel zarter, die Augen rückten auseinander, sodass von Knoten zu Knoten ein größerer Zwischenraum stattfand und die Blätter sich lanzenförmiger bildeten. Ich bemerkte dies bei einer Weide und einer Gentiana und überzeugte mich, dass es nicht etwa verschiedene Arten wären. Auch am Walchensee bemerkte ich längere und schlankere Binsen als im Unterlande.»[19] Ähnliche Beobachtungen wiederholten sich. In Venedig am Meere entdeckt er verschiedene Pflanzen, welche ihm Eigenschaften zeigen, die ihnen nur das alte Salz des Sandbodens, mehr aber die salzige Luft geben konnte. Er fand da eine Pflanze, die ihm wie unser «unschuldiger Huflattich» erschien, hier aber mit scharfen Waffen bewaffnet und das Blatt wie Leder, so auch die Samenkapseln, die Stiele, alles war massig und fett.[20] Da sah Goethe alle äußeren Merkmale der Pflanze, alles, was an ihr dem Augenscheine angehört, unbeständig, wechselnd. Er zieht daraus den Schluss, dass

19 Ital. Reise, 8. Sept. 1786.

20 Ital. Reise, Venedig, 8. Okt. 1786 [letzter Eintrag zu diesem Datum].

also in diesen Eigenschaften das Wesen der Pflanze *nicht* liege, sondern tiefer gesucht werden müsse. Von ähnlichen Beobachtungen, wie hier Goethe, ging auch Darwin aus, als er seine Zweifel über die Konstanz der äußeren Gattungs- und Artformen zur Geltung brachte. Die Resultate aber, welche von beiden gezogen werden, sind durchaus verschieden. Während Darwin in jenen Eigenschaften das Wesen des Organismus in der Tat für erschöpft hält und aus der Veränderlichkeit den Schluss zieht: Also gibt es nichts Konstantes im Leben der Pflanzen, geht Goethe tiefer und zieht den Schluss: Wenn jene Eigenschaften nicht konstant sind, so muss das Konstante in einem anderen, welches jenen veränderlichen Äußerlichkeiten zugrunde liegt, gesucht werden. Dieses letztere auszubilden wird Goethes Ziel, während Darwins Bestrebungen dahin gehen, die Ursachen jener Veränderlichkeit im Einzelnen zu erforschen und darzulegen. Beide Betrachtungsweisen sind notwendig und ergänzen einander. Man geht ganz fehl, wenn man Goethes Größe in der organischen Wissenschaft darinnen zu finden glaubt, dass man in ihm den bloßen Vorläufer Darwins sieht. Seine Betrachtungsweise ist eine viel breitere; sie umfasst zwei Seiten: 1. Den Typus, d.i. die sich im Organismus offenbarende Gesetzlichkeit, das Tier-Sein im Tiere, das sich aus sich herausbildende Leben, das Kraft und Fähigkeit hat, sich durch die in ihm liegenden Möglichkeiten in mannigfaltigen, äußeren Gestalten (Arten, Gattungen) zu entwickeln. 2. Die Wechselwirkung des Organismus und der unorganischen Natur und der Organismen untereinander (Anpassung und Kampf ums Dasein). Nur die letztere Seite der Organik hat Darwin ausgebildet. Man kann also nicht sagen: Darwins Theorie sei die Ausbildung von Goethes Grundideen, sondern sie ist bloß die Ausbildung einer Seite der letzteren, sie blickt nur auf jene Tatsachen, welche veranlassen, dass sich die Welt der Lebewesen in einer gewissen Weise entwickelt, nicht aber auf jenes «Etwas», auf welches jene Tatsachen bestimmend einwirken. Wenn die letztere allein verfolgt wird, so kann sie auch durchaus nicht zu einer vollständigen Theorie der Organismen führen, sie muss wesentlich im Geiste Goethes verfolgt werden, sie muss durch die andere Seite von dessen Theorie ergänzt und vertieft werden. Ein einfacher Vergleich wird die Sache deutlicher machen. Man nehme ein Stück Blei, mache es durch Erhitzen flüssig und gieße es dann in kaltes Wasser. Das Blei hat zwei aufeinander folgende Stadien seines Zustandes durchgemacht; das erste wurde bewirkt durch die höhere, das zweite durch die niedrigere Temperatur. Wie sich die beiden Stadien gestalten, das hängt nun nicht allein von der Natur der Wärme, sondern ganz wesentlich auch von jener des Bleies ab. Ein anderer Körper würde, durch dieselben Medien gebracht, ganz andere Zustände zeigen. Auch die Organismen lassen sich von den sie umgebenden Medien beeinflussen, auch sie nehmen, durch letztere veranlasst, verschiedene Zustände an, und zwar durchaus ihrer Natur entsprechend, entsprechend jener Wesenheit, die sie zu Organismen macht. Und diese Wesenheit findet man in Goethes Ideen. Demjenigen, der ausgerüstet mit dem Verständnisse dieser Wesenheit ist, der wird erst imstande sein zu begreifen, warum die Organismen auf bestimmte Veranlassungen gerade in einer solchen und keiner andern Weise antworten (reagieren). Ein solcher wird erst imstande sein, sich über die Veränderlichkeit der Erscheinungsformen der Organismen und die damit zusammenhängenden Gesetze der Anpassung und des Kampfes ums Dasein die richtigen Vorstellungen zu machen.[21]

Der Gedanke der Urpflanze bildet sich immer bestimmter, klarer in Goethes Geist aus. Im botanischen Garten zu Padua («Italien. Reise», 27. September 1786), wo er unter einer ihm fremden Vegetation einhergeht, wird ihm «der Gedanke immer lebendiger, dass man sich alle Pflanzengestalten vielleicht aus einer entwickeln könne». Am 17. November 1786 schreibt er an Knebel:[22] «So freut mich doch mein bisschen Botanik erst recht in diesem Lande, wo eine frohere, weniger unterbrochene Vegetation zu Hause ist. Ich habe schon recht artige, ins Allgemeine gehende Bemerkungen gemacht, die auch dir in der Folge angenehm sein werden.» Am 19. Februar 1787[23] schreibt er in Rom, dass er auf dem Wege sei, «neue schöne Verhältnisse zu entdecken, wie die Natur solch ein Ungeheures, das wie nichts aussieht, aus dem Einfachen das Mannigfaltige entwickelt». Am 25. März bittet er Herdern zu sagen, dass er mit der Urpflanze bald zustande ist. Am 17. April[24] schreibt er in Palermo von der Urpflanze die Worte nieder: «Eine solche muss es doch geben: Woran würde ich sonst erkennen, dass

21 Unnötig wohl ist es zu sagen, dass die moderne Deszendenztheorie damit durchaus nicht bezweifelt werden soll, oder dass ihre Behauptungen damit eingeschränkt werden sollen; im Gegenteil, es wird ihnen erst eine sichere Basis geschaffen.

22 Goethes Briefw. mit Knebel.

23 Ital. Reise.

24 Ebenda.

dieses oder jenes Gebilde eine Pflanze sei, wenn sie nicht alle nach einem Muster gebildet wären.» Der Komplex von Bildungsgesetzen, welcher die Pflanze organisiert, sie zu dem macht, was sie ist und wodurch wir bei einem bestimmten Objekte der Natur zu dem Gedanken kommen: Dieses ist eine Pflanze, das ist die Urpflanze. Als solche ist sie ein Ideelles, nur im Gedanken Festzuhaltendes, sie gewinnt aber Gestalt, sie gewinnt eine gewisse Form, Größe (Farbe), Zahl ihrer Organe usw. Diese äußere Gestalt ist nichts Festes, sondern sie kann unendliche Veränderungen erleiden, welche alle jenem Komplexe von Bildungsgesetzen gemäß sind, aus ihm mit Notwendigkeit folgen. Hat man jene Bildungsgesetze, jenes Urbild der Pflanze erfasst, so hat man das in der Idee festgehalten, welches bei jedem einzelnen Pflanzenindividuum die Natur gleichsam zugrunde legt und woraus sie dasselbe als eine Folge ableitet und entstehen lässt. Ja man kann selbst jenem Gesetze gemäß Pflanzengestalten erfinden, welche aus dem Wesen der Pflanze mit Notwendigkeit folgen und existieren könnten, wenn die notwendigen Bedingungen dazu einträten. Goethe sucht so gleichsam das im Geiste nachzubilden, was die Natur bei der Bildung ihrer Wesen vollzieht. Er schreibt am 17. Mai 1787[25] an Herder: «Ferner muss ich dir vertrauen, dass ich dem Geheimnis der Pflanzenzeugung ganz nahe bin und dass es das einfachste ist, was nur gedacht werden kann. Die Urpflanze wird das wunderlichste Geschöpf von der Welt, um welches mich die Natur selbst beneiden soll. Mit diesem Modell und dem Schlüssel dazu

25 Ital. Reise.

kann man alsdann noch Pflanzen ins Unendliche erfinden, die konsequent sein müssen, das heißt, die, wenn sie auch nicht existieren, doch existieren könnten und nicht etwa malerische oder dichterische Schatten und Scheine sind, sondern eine innere Wahrheit und Notwendigkeit haben. Dasselbe Gesetz wird sich auf alles Lebendige ausdehnen lassen.» Es tritt nun hier noch eine weitere Verschiedenheit der Goethe'schen Auffassung von der Darwins hervor, namentlich, wenn man berücksichtigt, wie letztere gewöhnlich vertreten wird.[26] Diese nimmt an, dass die äußeren Einflüsse wie mechanische Ursachen auf die Natur eines Organismus einwirken und ihn dem entsprechend verändern. Bei Goethe sind die einzelnen Veränderungen verschiedene Äußerungen des Urorganismus, der in sich selbst die Fähigkeit hat, mannigfache Gestalten anzunehmen und in einem bestimmten Falle jene annimmt, welche den ihn umgebenden Verhältnissen der Außenwelt am angemessensten ist. Diese äußeren Verhältnisse sind bloß Veranlassung, dass die inneren Gestaltungskräfte in einer besonderen Weise zur Erscheinung kommen. Diese letzteren allein sind das konstitutive Prinzip, das Schöpferische in der Pflanze. Daher nennt es Goethe am 6. September 1787[27] auch ein ἓν καὶ πᾶν (Ein und Alles) der Pflanzenwelt.

26 Wir haben hier weniger die Entwickelungslehre unserer zeitgenössischen Naturforscher, insofern sie auf dem Boden der Empirie steht, vor Augen, als vielmehr die theoretischen Grundlagen, die Prinzipien, die dem Darwinismus zugrunde gelegt werden. Vor allem natürlich die Jenaische Schule mit Haeckel an der Spitze; in diesem Geiste ersten Ranges hat wohl die Darwin'sche Lehre mit aller ihrer Einseitigkeit ihre konsequente Ausgestaltung gefunden.

27 Ital. Reise.

Wenn wir nun auf diese Urpflanze selbst eingehen, so ist darüber Folgendes zu sagen. Das Lebendige ist ein in sich beschlossenes Ganzes, welches seine Zustände aus sich selbst setzt. Sowohl im Nebeneinander der Glieder wie in der zeitlichen Aufeinanderfolge der Zustände eines Lebewesens ist eine Wechselbeziehung vorhanden, welche nicht durch die sinnenfälligen Eigenschaften der Glieder bedingt erscheint, nicht durch mechanisch-kausales Bedingtsein des Späteren von dem Früheren, sondern welche von einem höheren über den Gliedern und Zuständen stehenden Prinzip beherrscht wird. Es ist in der Natur des Ganzen bedingt, dass ein bestimmter Zustand als der erste, ein anderer als der letzte gesetzt wird und auch die Aufeinanderfolge der mittleren ist in der Idee des Ganzen bestimmt; das Vorher ist von dem Nachher und umgekehrt abhängig; kurz im lebendigen Organismus ist *Entwicklung* des einen aus dem andern, ein Übergang der Zustände ineinander, kein fertiges, abgeschlossenes Sein des Einzelnen, sondern stetes *Werden*. In der Pflanze tritt dieses Bedingtsein jedes einzelnen Gliedes durch das Ganze insofern auf, als alle Organe nach derselben Grundform gebaut sind. Am 17. Mai 1787[28] schreibt Goethe diesen Gedanken an Herder mit den Worten: «Es war mir aufgegangen, dass in demjenigen Organ der Pflanze, welches wir als Blatt gewöhnlich anzusprechen pflegen, der wahre Proteus verborgen liege, der sich in allen Gestaltungen verstecken und offenbaren könne. Vorwärts und rückwärts ist die Pflanze immer nur Blatt, mit dem künftigen Keime

28 Ital. Reise. [In einem mit «Bericht» betitelten Nachtrag zum Juli 1787.]

so unzertrennlich vereint, dass man eins ohne das andere nicht denken darf.» Während beim Tiere jenes höhere Prinzip, das jedes Einzelne beherrscht, uns konkret entgegentritt als dasjenige, welches die Organe bewegt, seinen Bedürfnissen gemäß gebraucht usw., entbehrt die Pflanze noch eines solchen *wirklichen* Lebensprinzipes, bei ihr offenbart sich dasselbe erst in der unbestimmteren Weise, dass alle Organe nach demselben Bildungstypus gebaut sind, ja dass in jedem Teile der Möglichkeit nach die ganze Pflanze enthalten ist und durch günstige Umstände aus demselben auch hervorgebracht werden kann. Goethe wurde dieses besonders klar, als in Rom Rat Reiffenstein bei einem Spaziergange mit ihm hier und da einen Zweig abreißend behauptete, derselbe müsse in die Erde gesteckt, fortwachsen und sich zur ganzen Pflanze entwickeln. Die Pflanze ist also ein Wesen, welches in aufeinanderfolgenden Zeiträumen gewisse Organe entwickelt, welche alle sowohl untereinander, wie jedes einzelne mit dem Ganzen nach ein und derselben Idee gebaut sind. Jede Pflanze ist ein harmonisches Ganze von Pflanzen.[29] Als Goethe dieses klar vor Augen stand, handelte es sich nur noch um die Einzelbeobachtungen, die es ermöglichten, die verschiedenen Stadien der Entwickelung, welche die Pflanze aus sich heraussetzt, im Besonderen darzulegen. Auch dazu war schon das Nöti-

29 In welchem Sinne diese Einzelheiten zum Ganzen stehen, werden wir an verschiedenen Stellen Gelegenheit haben auszuführen. Wollten wir einen Begriff der heutigen Wissenschaft für ein solches Zusammenwirken von belebten Teilwesen zu einem Ganzen entlehnen, so wäre es etwa der eines «Stockes» in der Zoologie. Es ist dies eine Art Staat von Lebewesen, ein Individuum, das wieder aus selbstständigen Individuen besteht, ein Individuum höherer Art.

ge geschehen. Wir haben gesehen, dass Goethe schon im Frühjahr 1785 Samen untersucht hat; von Italien aus meldet er Herdern am 17. Mai 1787, dass er den Punkt, wo der Keim steckt, ganz klar und zweifellos gefunden habe. Damit war für das erste Stadium des Pflanzenlebens gesorgt. Aber auch die Einheit des Baues aller Blätter zeigte sich bald anschaulich genug. Neben zahlreichen andern Beispielen fand Goethe in dieser Hinsicht vor allem am frischen Fenchel den Unterschied der untern und obern Blätter, die aber trotzdem immer dasselbe Organ sind. Am 25. März[30] bittet er Herdern zu melden, dass seine Lehre von den Kotyledonen so sublimiert sei, dass man schwerlich wird weiter gehen können. Es war nur noch ein kleiner Schritt zu tun, um auch die Blütenblätter, die Staubgefäße und Stempel als metamorphosierte Blätter anzusehen. Dazu konnten die Untersuchungen des englischen Botanikers Hill führen, welche damals allgemeiner bekannt wurden und die Umbildungen einzelner Blütenorgane in andere zum Gegenstande haben.

Indem die Kräfte, welche das Wesen der Pflanze organisieren, ins wirkliche Dasein treten, nehmen sie eine Reihe räumlicher Gestaltungsformen an. Es handelt sich nun um den lebendigen Begriff, welcher diese Formen rückwärts und vorwärts verbindet.

Wenn wir die Metamorphosenlehre Goethes, wie sie uns aus dem Jahre 1790 vorliegt, betrachten, so finden wir darinnen, dass bei Goethe dieser Begriff der des wechselnden Ausdehnens und Zusammenziehens ist. Im Samen ist die Pflanzenbildung am stärksten zusammen-

30 Ital. Reise.

gezogen (konzentriert). Mit den Blättern erfolgt hierauf die erste Entfaltung, Ausdehnung der Bildungskräfte. Was im Samen auf einen Punkt zusammengedrängt ist, das tritt in den Blättern räumlich auseinander. Im Kelche ziehen sich die Kräfte wieder an einem Achsenpunkte zusammen; die Krone wird durch die nächste Ausdehnung bewirkt, Staubgefäße und Stempel entstehen durch die nächste Zusammenziehung; die Frucht durch die letzte (dritte) Ausdehnung, worauf sich die ganze Kraft des Pflanzenlebens (dies entelechische Prinzip) wieder im höchst zusammengezogenen Zustande im Samen verbirgt. Während wir nun so ziemlich alle Einzelheiten des Metamorphosengedankens bis zur endlichen Verwertung in dem 1790 erschienenen Aufsatze verfolgen können, wird es mit dem Begriffe der Ausdehnung und Zusammenziehung nicht so leicht gehen. Doch wird man nicht fehlgehen, wenn man annimmt, dass dieser übrigens tief in Goethes Geist wurzelnde Gedanke auch schon in Italien mit dem Begriffe der Pflanzenbildung verwebt wurde. Da der Inhalt dieses Gedankens die durch die bildenden Kräfte bedingte größere oder geringere räumliche Entfaltung ist, also in dem liegt, was sich an der Pflanze dem Auge unmittelbar darbietet, so wird er wohl dann am leichtesten entstehen, wenn man den Gesetzen *der natürlichen Bildung gemäß* die Pflanze zu zeichnen unternimmt. Nun fand Goethe in Rom einen strauchartigen Nelkenstock, welcher ihm die Metamorphose besonders klar zeigte. Darüber schreibt er nun: «Zur Aufbewahrung dieser Wundergestalt kein Mittel vor mir sehend, unternahm ich es, sie genau zu zeichnen, wobei ich immer zu mehrerer Einsicht in den Grundbegriff der Metamorphose gelangte.» Solche Zeichnungen sind vielleicht noch öfter gemacht worden und dies konnte dann zu dem in Rede stehenden Begriff führen.

Im September 1787 bei seinem zweiten Aufenthalte in Rom trägt Goethe seinem Freunde Moritz die Sache vor; er findet dabei, wie lebendig, anschaulich die Sache bei einem solchen Vortrage wird. *Es wird immer aufgeschrieben*, wie weit sie gekommen sind. Aus dieser Stelle und einigen andern Äußerungen Goethes erscheint es wahrscheinlich, dass auch die Niederschrift der Metamorphosenlehre wenigstens aphoristisch noch in Italien geschehen ist. Er sagt weiter: «Auf diese Art – im Vortrage mit Moritz – konnte ich etwas von meinen Gedanken zu Papier bringen.» Es ist nun keine Frage, dass am Ende des Jahres 1789 und am Anfange des Jahres 1790 die Arbeit in der Gestalt, wie sie uns jetzt vorliegt, niedergeschrieben wurde; allein inwieweit diese letztere Niederschrift bloß redaktioneller Natur war und was noch hinzukam, das wird schwer zu sagen sein. Ein für die nächste Ostermesse angekündigtes Buch, welches etwa dieselben Gedanken hätte enthalten können, verleitete ihn im Herbste 1789, seine Ideen vorzunehmen und ihre Veröffentlichung zu befördern. Am 20. November schreibt er dem Herzoge, dass er angespornt sei, seine botanischen Ideen zu schreiben. Am 18. Dezember überschickt er die Schrift bereits dem Botaniker Batsch in Jena zur Durchsicht, am 20. geht er selbst dorthin, um sich mit Batsch zu besprechen, am 22. meldet er Knebel, dass Batsch die Sache gut aufgenommen habe. Er kehrt nach Hause zurück, arbeitet die Schrift noch einmal durch, überschickt sie dann wieder an Batsch, der sie am 19. Januar 1790 zurückschickt. Welche Erlebnisse nun die Handschrift sowohl wie die Druckschrift machte, hat Goethe selbst ausführlich erzählt (siehe unten). Die große Bedeutung der Metamorphosenlehre sowie das Wesen derselben im Einzelnen werden wir unten in dem Aufsatze: «Das Wesen und die Bedeutung von Goethes Schriften über organische Bildung» abhandeln.

Lavaters großes Werk: «Physiognomische Fragmente zur Beförderung der Menschenkenntnis und Menschenliebe» erschien in den Jahren 1775 bis 1778. Goethe hatte daran regen Anteil genommen, nicht nur dadurch, dass er die Herausgabe leitete, sondern indem er auch selbst Beiträge lieferte. Besonders interessant ist es nun aber, dass wir in diesen Beiträgen schon den Keim zu seinen späteren zoologischen Arbeiten finden können.

Die Physiognomik suchte in der äußeren Form des Menschen dessen Inneres, dessen Geist zu erkennen. Man behandelte die Gestalt nicht um ihrer selbst willen, sondern als Ausdruck der Seele. Wir werden im nächsten Bande einige Aufsätze Goethes, welche in diesem Sinne verfasst sind, mitteilen.[31] Goethes plastischer, zur Erkenntnis äußerer Verhältnisse geschaffener Geist blieb dabei nicht stehen. Mitten in jenen Arbeiten, welche die äußere Form nur als Mittel zur Erkenntnis des Innern behandelten, ging ihm die Bedeutung der ersteren, der Gestalt, in ihrer Selbstständigkeit auf. Wir sehen dieses aus seinen Arbeiten über die Tierschädel aus dem Jahre 1776, welche sich im 2. Bande, 2. Abschnitt der «Physiognomischen Fragmente» eingeschaltet finden.[32] Er liest in diesem Jahre Aristoteles über die Physiognomik,[33] findet sich dadurch zu obigen Arbeiten angeregt, zugleich aber

31 Vgl. daselbst den Aufsatz: «Physiognomische Fragmente».

32 Ebda.

33 Der junge Goethe III, 136. [Siehe Goethes Brief an Lavater vom 20. März 1776, WA IV 3, S. 42.]

versucht er es, den Unterschied des Menschen von den Tieren zu untersuchen. Er findet diesen Unterschied in dem durch das Ganze des menschlichen Baues bedingten Hervortreten des Hauptes, in der hohen Ausbildung des menschlichen Gehirnes, zu dem alle Teile des Körpers als zu ihrer Zentralstätte hinweisen. «Wie die ganze Gestalt als Grundpfeiler des Gewölbes dasteht, in dem sich der Himmel bespiegeln soll.»[34] Das Gegenteil davon findet er nun beim tierischen Baue. «Der Kopf an dem Rückgrat nur angehängt! Das Gehirn, Ende des Rückenmarks, hat nicht mehr Umfang, als zu Auswirkung der Lebensgeister und zu Leitung eines ganz gegenwärtig sinnlichen Geschöpfes nötig ist.»[35] Mit diesen Andeutungen hat sich Goethe über die Betrachtung einzelner Zusammenhänge des Äußeren mit dem Innern des Menschen erhoben zur Auffassung eines großen Ganzen und zur Anschauung der Gestalt als solcher. Er ist zur Ansicht gekommen, dass das *Ganze* des menschlichen Baues die Grundlage bildet zu seinen höheren Lebensäußerungen, dass in der Eigentümlichkeit dieses Ganzen die Bedingung liegt, welche den Menschen an die Spitze der Schöpfung stellt. Was wir uns dabei vor allem gegenwärtig halten müssen, ist, dass Goethe die tierische Gestalt in der ausgebildeten menschlichen wieder aufsucht, nur dass dort die mehr den animalischen Verrichtungen dienenden Organe in den Vordergrund treten, gleichsam der Punkt sind, auf den die ganze Bildung hindeutet und dem sie dient, während die menschliche Bildung jene Organe beson-

34 Vgl. im 2. Bande der nat. Schriften den Aufsatz mit der Überschrift: «Eingang» zu den physiogn. Fragm.

35 Ebda.

ders ausbildet, welche den geistigen Funktionen dienen. Schon hier finden wir, was Goethe unter tierischem Organismus vorschwebt, ist nicht mehr dieser oder jener wirkliche, sondern ein ideeller, der sich bei den Tieren mehr nach einer niedern, bei dem Menschen nach einer höheren Seite ausbildet. Schon hier liegt der Keim zu dem, was Goethe später Typus nannte und womit er «kein einzelnes Tier», sondern die «Idee» des Tieres bezeichnen wollte. Ja noch mehr: Schon hier findet man einen Anklang an ein später von ihm ausgesprochenes, in seinen Konsequenzen wichtiges Gesetz, dass nämlich «die Mannigfaltigkeit der Gestalt daher entspringt, dass diesem oder jenem Teil ein Übergewicht über die andern zugestanden ist»;[36] es wird ja schon hier der Gegensatz von Tier und Mensch darinnen gesucht, dass sich eine ideelle Gestalt nach zwei verschiedenen Richtungen hin ausbildet, dass jedes Mal ein Organsystem das Übergewicht gewinnt und das ganze Geschöpf davon seinen Charakter erhält.

In demselben Jahre (1776) finden wir aber auch, dass Goethe Klarheit darüber gewinnt, wovon auszugehen ist, wenn man die Gestalt des tierischen Organismus betrachten will. Er erkannte, dass die Knochen die Grundfesten der Bildung sind,[37] ein Gedanken, den er später aufrechterhalten hat, indem er bei den anatomischen Arbeiten durchaus von der Knochenlehre ausging. In diesem Jahre schreibt er den in dieser Hinsicht wichtigen

---

36 Siehe S. 247, Z. 24–26.

37 Siehe im 2. Bande der naturw. Schriften den Aufs.: «Eingang» zu den physiogn. Fragm. [Siehe im Autoren- und Werkregister unter Goethe: Physiognomische Fragmente.]

Satz nieder:[38] «Die beweglichen Teile formen sich nach ihnen, eigentlicher zu sagen, mit ihnen und treiben ihr Spiel nur insoweit es die festen vergönnen.» Auch eine weitere Andeutung in Lavaters Physiognomik: «Man kann es schon bemerkt haben, dass ich *das Knochensystem für die Grundzeichnung des Menschen* – den Schädel für das Fundament des Knochensystems und alles Fleisch beinahe nur für das Kolorit dieser Zeichnung halte»[39], mag wohl auf Goethes Anregung, der sich mit Lavater oft über diese Dinge besprach, geschrieben worden sein. Sie sind ja mit den von Goethe verfassten Andeutungen[40] identisch. Nun macht aber Goethe eine weitere Bemerkung dazu, welche wir besonders berücksichtigen müssen: «Diese Anmerkung (dass man an den Knochen und namentlich am Schädel am stärksten sehen kann, wie die Knochen die Grundfesten der Bildung sind), die hier (bei Tieren) unleugbar ist, wird bei der *Anwendung auf die Verschiedenheit der Menschenschädel* großen Widerspruch zu leiden haben.» Was tut Goethe hier anderes, als das einfachere Tier im zusammengesetzten Menschen wieder aufsuchen, wie er sich später (1795) ausdrückt![41] Wir gewinnen hieraus die Überzeugung, *dass die Grundgedanken, aus welchen später Goethes Gedanken über die Bildung der Tiere aufgebaut werden sollten, aus der Beschäftigung mit Lavaters Physiognomik heraus im Jahre 1776 sich bei ihm festsetzten.*

---

38 Ebda.

39 Lavaters Fragmente II, 143.

40 Aufs. «Eingang» zu den physiogn. Fragm. im nächsten Bande. [Siehe GA 1b, S. 68–69.]

41 Siehe unten S. 242, Z. 5–11.

In diesem Jahre beginnt auch Goethes Studium des Einzelnen der Anatomie. Am 22. Januar 1776 schreibt er an Lavater:[42] «Der Herzog hat mir sechs Schädel kommen lassen, habe herrliche Bemerkungen gemacht, die Euer Hochwürden zu Diensten stehen, wenn dieselben Sie nicht ohne mich fanden.» Die weiteren Anregungen zu einem eingehenderen Studium der Anatomie boten ihm die Beziehungen zur Universität Jena. Wir haben die ersten Andeutungen hierüber aus dem Jahre 1781. In dem von Keil herausgegebenen Tagebuche bemerkt er unter dem 15. Oktober 1781, dass er nach Jena mit dem alten Einsiedel ging und dort Anatomie trieb. Hier war ein Gelehrter, der Goethes Studien ungeheuer förderte: Loder. Derselbe führt ihn denn auch weiter in die Anatomie ein, wie er am 29. Oktober 1781 an Frau von Stein[43] und am 4. November an Karl August[44] schreibt. In letzterem Briefe spricht er nun auch die Absicht aus, den «jungen Leuten» der Zeichenakademie «das Skelett zu erklären und sie zur Kenntnis des menschlichen Körpers anzuführen». Er setzt hinzu: «Ich tue es zugleich um meinet- und ihretwillen, die Methode, die ich gewählt habe, wird sie diesen Winter über völlig mit den Grundsäulen des Körpers bekannt machen.» Die Einzeichnungen im Tagebuche zeigen, dass Goethe diese Vorlesungen wirklich gehalten

42 Der junge Goethe III, 133.

43 Goethes Briefe an Frau von Stein II, 108. «Ein beschwerlicher Liebesdienst, den ich übernommen habe, führt mich meiner Liebhaberei näher. Loder erklärt mir alle Beine und Muskeln, und ich werde in wenig Tagen vieles fassen.»

44 Briefwechsel des Großherzogs Karl August mit Goethe I, Nr. 16. «Mir hat er (Loder) in acht Tagen, die wir, freilich so viel als meine Wächterschaft litt, fast ganz dazu verwendeten, Osteologie und Myologie demonstriert.»

und am 16. Januar beendet hat. Gleichzeitig wird wohl viel mit Loder über den Bau des menschlichen Körpers verhandelt worden sein. Unter dem 6. Januar bemerkt das Tagebuch: «Demonstration des Herzens durch Loder». Haben wir nun gesehen, dass Goethe schon 1776 weitausblickende Gedanken über den Bau der tierischen Organisation hegte, so ist keinen Augenblick daran zu zweifeln, dass seine jetzigen eingehenden Beschäftigungen mit Anatomie über die Betrachtung der Einzelheiten hinaus sich zu höheren Gesichtspunkten erhoben. So schreibt er an Lavater[45] und Merck[46] am 14. November 1781, er behandele «die Knochen als einen Text, woran sich alles Leben und alles Menschliche anhängen lässt». Bei Betrachtung eines Textes bilden sich in unserem Geiste Bilder und Ideen, die von jenem hervorgerufen, erzeugt erscheinen. Als einen solchen Text behandelt Goethe die Knochen, d.h. indem er sie betrachtet, gehen ihm Gedanken über alles Leben und alles Menschliche auf. Es mussten sich bei ihm also bei diesen Betrachtungen bestimmte Ideen über die Bildung des Organismus geltend gemacht haben. Nun haben wir aus dem Jahre 1782 eine Ode von Goethe: «Das Göttliche», welche uns einigermaßen erkennen lässt, wie er über die Beziehung des Menschen zur übrigen Natur damals dachte. Die erste Strophe heißt:

> Edel sei der Mensch,
> Hilfreich und gut!
> *Denn das allein*
> Unterscheidet ihn
> Von allen Wesen,
> Die wir kennen.

45 Goethes Briefe an Lavater, S. 136.

46 Briefe an und von Merck 1838, S. 258.

Indem in den ersten zwei Zeilen dieser Strophe der Mensch nach seinen geistigen Eigenschaften erfasst wird, sagt Goethe, diese *allein* unterscheiden ihn von allen anderen Wesen der Welt. Dieses «*allein*» zeigt uns ganz klar, dass Goethe den Menschen seiner physischen Konstitution nach durchaus in Übereinstimmung mit der übrigen Natur auffasste. Es wird bei ihm der Gedanke, auf den wir schon oben aufmerksam machten, immer lebendiger, dass eine Grundform die Gestalt des Menschen sowohl wie der Tiere beherrsche, dass sie bei ersterem sich nur zu einer solchen Vollkommenheit steigere, dass sie fähig ist, der Träger eines freien geistigen Wesens zu sein. Seinen sinnenfälligen Eigenschaften nach muss auch der Mensch, wie es in jener Ode weiter heißt:

> Nach ewigen, ehrnen
> Großen Gesetzen
> (Seines) … Daseins
> Kreise vollenden.

Aber diese Gesetze bilden sich bei ihm nach einer Seite aus, die es ihm möglich macht, dass er das «Unmögliche» vermag:

> Er unterscheidet,
> Wählet und richtet;
> Er kann dem Augenblick
> Dauer verleihen.

Nun muss man dazu noch bedenken, dass, während sich diese Anschauungen bei Goethe immer bestimmter ausbildeten, er in lebendigem Verkehre mit Herder stand, der im Jahre 1783 seine «Ideen zu einer Philosophie der Geschichte der Menschheit» aufzuzeichnen begann.

Dieses Werk ging beinahe hervor aus den Unterhaltungen der beiden, und manche Idee wird wohl auf Goethe zurückzuführen sein. Die Gedanken, welche hier ausgesprochen werden, sind oft ganz Goethisch, nur in Herders Weise gesagt, dass wir aus denselben einen sicheren Schluss auf die damaligen Gedanken Goethes machen können.

Herder hat nun im ersten Teil von dem Wesen der Welt folgende Auffassung.[47] Es muss eine Hauptform vorausgesetzt werden, welche durch alle Wesen hindurchgeht und sich in verschiedener Weise verwirklicht. «Vom Stein zum Kristall, vom Kristall zu den Metallen, von diesen zur Pflanzenschöpfung, von den Pflanzen zum Tier, von diesem zum Menschen sahen wir die *Form der Organisation steigen*, mit ihr auch die Kräfte und Triebe des Geschöpfs vielartiger werden, und sich endlich alle in der Gestalt des Menschen, sofern diese sie fassen konnte, vereinen.» Der Gedanke ist ganz klar: eine ideelle, typische Form, die als solche selbst nicht sinnenfällig wirklich ist, realisiert sich in einer unendlichen Menge räumlich voneinander getrennter und ihren Eigenschaften nach verschiedener Wesen bis herauf zum Menschen. Auf den niederen Stufen der Organisation verwirklicht sie sich stets nach einer bestimmten Richtung, nach dieser bildet sie sich besonders aus. Indem diese typische Form bis zum Menschen heransteigt, nimmt sie alle Bildungsprinzipien, die sie bei den niederen Organismen immer nur einseitig ausgebildet hat, die sie auf verschiedene Wesen verteilt hat, zusammen, um *eine* Gestalt zu

47 Ideen 1. Teil, 5. Buch I.

bilden. Daraus geht auch die Möglichkeit einer so hohen Vollkommenheit beim Menschen hervor. Bei ihm hat die Natur auf *ein* Wesen verwendet, was sie bei den Tieren auf so viele Klassen und Ordnungen zerstreut hat. Dieser Gedanke wirkte ungemein fruchtbar auf die nachherige deutsche Philosophie. Es sei hier die Darstellung, welche Oken später für dieselbe Vorstellung gegeben hat, zu ihrer Verdeutlichung erwähnt. Er sagt:[48] «Das Tierreich ist nur *ein* Tier, d. h. die Darstellung der Tierheit mit allen ihren Organen jedes für sich ein Ganzes. Ein einzelnes Tier entsteht, wenn ein einzelnes Organ sich vom allgemeinen Tierleib ablöst und dennoch die wesentlichen Tierverrichtungen ausübt. Das Tierreich ist nur das zerstückelte höchste Tier: Mensch.» «Es gibt nur eine Menschenzunft, nur ein Menschengeschlecht, nur eine Menschengattung, eben weil er das ganze Tierreich ist.» So gibt es z. B. Tiere, bei denen besonders die Tastorgane ausgebildet sind, ja die ganze Organisation auf die Tätigkeit des Tastens hinweist und in ihr das Ziel findet, andere, bei denen besonders die Fresswerkzeuge ausgebildet sind usf., kurz bei jeder Tiergattung tritt einseitig ein Organsystem in den Vordergrund, das ganze Tier geht in demselben auf, alles Übrige tritt bei ihm in den Hintergrund. In der menschlichen Bildung nun bilden sich alle Organe und Organsysteme *so* aus, dass eines dem andern Raum genug zur freien Entwickelung lässt, dass jedes einzelne in jene Schranken zurücktritt, welche nötig erscheinen, um alle andern in gleicher Weise zur Geltung kommen zu lassen. So entsteht ein harmonisches Ineinanderwirken der ein-

48 Oken, Lehrbuch der Naturphilosophie. 2. Aufl. 1831, S. 389.

zelnen Organe und Systeme zu einer Harmonie, welche den Menschen zum vollkommensten, die Vollkommenheiten aller übrigen Geschöpfe in sich vereinigenden Wesen macht. Diese Gedanken haben nun auch den Inhalt der Gespräche Goethes mit Herder gebildet, und Herder verleiht ihnen in folgender Weise Ausdruck:[49] dass «das Menschengeschlecht als *der große Zusammenfluss niederer organischer Kräfte*» anzusehen ist, «die in ihm zur Bildung der Humanität kommen sollten». Und an einem anderen Orte:[50] «Und so können wir annehmen: *dass der Mensch ein Mittelgeschöpf unter den Tieren, d. i. die ausgearbeitete Form sei, in der sich die Züge aller Gattungen um ihn her im feinsten Inbegriff sammeln.*»

Um den Anteil, welchen Goethe an diesem Werke nahm, zu kennzeichnen, wollen wir folgende Stelle aus einem Briefe Goethes an Knebel vom 8. Dez. 1783 anführen:[51] «Herder schreibt eine Philosophie der Geschichte, wie Du Dir denken kannst von Grund aus neu. Die ersten Kapitel haben wir vorgestern zusammen gelesen, sie sind köstlich .... Welt- und Naturgeschichte rast jetzt recht bei uns.» Die Ausführungen Herders im 3. Buch VI und im 4. Buch I, dass die in der menschlichen Organisation bedingte aufrechte Haltung und was damit zusammenhängt, die Grundbedingung seiner Vernunfttätigkeit ist, erinnert direkt an das, was Goethe 1776 im 2. Abschnitt des zweiten Bandes der «Physiognomischen

49 J. G. von Herders sämtliche Werke. Stuttgart und Tübingen 1827. IV, 219.

50 J. G. von Herders sämtliche Werke. Stuttgart und Tübingen 1827. IV, 74.

51 Briefw. Goethes mit Knebel I, 49.

Fragmente» Lavaters über den Geschlechtsunterschied des Menschen von den Tieren angedeutet hat, und was wir schon oben erwähnt haben. Es ist nur eine Ausführung jenes Gedankens. Das alles berechtigt uns aber anzunehmen, dass Goethe und Herder in Bezug auf ihre Ansichten über die Stellung des Menschen in der Natur in jener Zeit (1783 ff.) der Hauptsache nach einig waren.

Nun bedingt eine solche Grundanschauung aber, dass jedes Organ, jeder Teil eines Tieres sich im Menschen müsse wiederfinden lassen, nur in die durch die Harmonie des Ganzen bedingten Schranken zurückgedrängt. Ein Knochen z. B. muss allerdings bei einer bestimmten Tiergattung zu seiner besonderen Ausbildung kommen, muss sich hier vordrängen, allein er muss sich bei allen übrigen auch wenigstens angedeutet finden, ja er darf beim Menschen nicht fehlen. Nimmt er dort jene Gestalt an, welche ihm vermöge seiner eigenen Gesetze zukommt, so hat er sich hier einem Ganzen zu fügen, seine eigenen Bildungsgesetze denen des ganzen Organismus anzupassen. Fehlen aber darf er nicht, wenn nicht in der Natur ein Riss geschehen soll, wodurch die konsequente Ausgestaltung eines Typus gestört würde.

So stand es mit den Anschauungen bei Goethe, als er auf einmal eine Ansicht gewahr wurde, welche diesen großen Gedanken durchaus widersprach. Den Gelehrten der damaligen Zeit war es vornehmlich darum zu tun, Kennzeichen zu finden, welche eine Tiergattung von der andern unterscheiden. Der Unterschied der Tiere von dem Menschen sollte nun darin bestehen, dass die ersteren zwischen den beiden symmetrischen Hälften des Oberkiefers einen kleinen Knochen, den Zwischenknochen haben, der die oberen Schneidezähne enthält, und welcher dem Menschen fehlen soll. Als Merck im Jahre 1782 anfing, sich lebhaft für die Knochenlehre zu interessieren und sich um Beihilfe an einige der bekanntesten Gelehrten damaliger Zeit wandte, erhielt er von einem derselben, dem bedeutenden Anatomen Soemmerring, am 8. Oktober 1782 folgende Auskunft über den Unterschied von Tier und Mensch:[52] «Ich wünschte, dass Sie Blumenbach nachsähen, wegen des *ossis intermaxillaris*, der *ceteris paribus* der einzige Knochen ist, den alle Tiere vom Affen an, selbst der Orang-Utan eingeschlossen, haben, der sich hingegen *nie* beim Menschen findet; wenn Sie diesen Knochen abrechnen, so fehlt Ihnen nichts, um nicht alles vom Menschen auf die Tiere transferieren zu können. Ich lege deshalb einen Kopf von einer Hirschkuh bei, um Sie zu überzeugen, dass dieses *os intermaxillare* (wie es *Blumenbach*) oder *os incisivum* (wie es *Camper* nennt) selbst bei Tieren vorhanden ist, die keine Schneidezähne in der oberen Kinnlade haben.» Obwohl Blumenbach an den Schädeln ungeborener oder junger Kinder eine Spur *quasi rudimentum* des *ossis intermaxillaris* fand, ja sogar an einem solchen Schädel einmal zwei völlig abgesonderte kleine Knochenkerne als wahren Zwischenknochen fand, so gab er die Existenz eines solchen doch nicht zu. Er sagt davon: «Es ist noch himmelweit vom wahren *osse intermaxillari* verschieden.» Camper, der berühmteste Anatom der Zeit, war derselben Ansicht. Der letztere sagt[53] z. B. von dem Zwischen-

52 Briefe an Merck 1835. S. 354f.

53 In Natuurkundige verhandelingen over den Orang Outang. Amsterdam 1782. p. 75. § 2.

knochen: «die nimmer by menschen gevonden wordt, zelfs niet by de Negers.» Merck war für Camper von der innigsten Verehrung durchdrungen und befasste sich mit seinen Schriften.

Nicht nur Merck, sondern auch Blumenbach und Soemmerring standen mit Goethe im Verkehre. Der Briefwechsel mit ersterem zeigt uns, dass Goethe an dessen Knochenuntersuchungen den innigsten Anteil nahm und über diese Dinge seine Gedanken mit ihm austauschte. Am 27. Oktober 1782 ersuchte er Merck, ihm etwas von Campers Inkognito zu schreiben und ihm dessen Briefe zu schicken.[54] Ferner haben wir im April des Jahres 1783 einen Besuch Blumenbachs in Weimar zu verzeichnen. Im September desselben Jahres geht Goethe nach Göttingen, um dort Blumenbach und alle Professoren zu besuchen. Am 28. September[55] schreibt er an Frau von Stein: «Ich habe mir vorgenommen alle Professoren zu besuchen und Du kannst denken, was das zu laufen gibt, um in ein paar Tagen herumzukommen.» Er geht hierauf nach Kassel, wo er mit Forster und Soemmerring zusammentrifft. Von dort aus schreibt er an Frau von Stein (Briefw., II, S. 343) am 2. Oktober: «Ich sehe sehr schöne und gute Sachen und werde für meinen stillen Fleiß belohnt. Das Glücklichste ist, dass ich nun sagen kann, ich bin auf dem rechten Wege und es geht mir von nun an nichts verloren.»

In diesem Verkehre wird Goethe wohl zuerst auf die herrschenden Ansichten über den Zwischenknochen

54 Briefe an und von Merck 1838, S. 210.

55 Goethes Briefe an Frau von Stein II. S. 341.

aufmerksam geworden sein. Bei seinen Anschauungen mussten ihm diese sofort als ein Irrtum erscheinen. Die typische Grundform, nach welcher alle Organismen gebaut sein müssen, war damit vernichtet. Bei Goethe konnte kein Zweifel obwalten, dass auch dieses Glied, welches bei allen höhern Tieren, mehr oder weniger ausgebildet zu finden ist, auch an der Bildung der menschlichen Gestalt teilhaben müsse, und hier nur zurücktreten werde, weil die Organe der Nahrungsaufnahme überhaupt hinter denen, welche geistigen Funktionen dienen, zurücktreten. Goethe konnte vermöge seiner ganzen Geistesrichtung nicht anders denken, als dass ein Zwischenknochen auch beim Menschen vorhanden sei. Es handelte sich nur um den empirischen Nachweis desselben, nur darum, welche Gestalt er bei dem Menschen annimmt, inwiefern er sich in das Ganze des Organismus hier einfügt. Dieser Nachweis gelang ihm nun im Frühling des Jahres 1784 in Gemeinschaft mit Loder, mit dem er in Jena Menschen- und Tierschädel verglich. Goethe kündigte die Sache am 27. März sowohl der Frau von Stein[56] wie auch Herder[57] an.

Man darf nun diese einzelne Entdeckung gegenüber den großen Gedanken, von denen sie getragen ist, nicht überschätzen, sie hatte auch für Goethe nur den Wert, ein Vorurteil hinwegzuräumen, welches hinderlich erschien, wenn seine Ideen bis in die äußersten Kleinigkeiten ei-

56 Briefe an Frau von Stein. S. 31: «Es ist mir ein köstliches Vergnügen geworden, ich habe eine anatomische Entdeckung gemacht, die wichtig und schön ist.»

57 Aus Herder Nachlass I, 75: «Ich habe gefunden – weder Gold noch Silber, aber was mir unsägliche Freude macht, – das os intermaxillare am Menschen.»

nes Organismus konsequent verfolgt werden sollten. Als einzelne Entdeckung erblickte sie auch Goethe nie, immer nur im Zusammenhange mit seiner großen Naturanschauung. So haben wir es zu verstehen, wenn er in dem oben erwähnten Briefe an Herder sagt: «Es soll Dich auch recht herzlich freuen; denn es ist wie der Schlussstein zum Menschen, fehlt nicht, ist auch da! Aber wie!» Und gleich erinnert er den Freund an weitere Ausblicke: «Ich habe mir's auch in Verbindung mit Deinem Ganzen gedacht, wie schön es da wird.» Die Behauptung: die Tiere haben einen Zwischenknochen, der Mensch aber keinen, konnte für Goethe keinen Sinn haben. Liegt es in den einen Organismus bildenden Kräften, bei den Tieren zwischen den beiden Oberkieferknochen einen Zwischenknochen einzuschieben, so müssen dieselben bei dem Menschen an jener Stelle, wo sich bei den Tieren jener Knochen befindet, in wesentlich derselben nur der äußeren Erscheinung nach verschiedenen Weise tätig sein. Weil Goethe sich den Organismus nie als tote, starre Zusammensetzung, sondern immer als aus seinen inneren Bildungskräften hervorgehend dachte, so musste er sich fragen: was machen diese Kräfte im Oberkiefer des Menschen? Es konnte sich gar nicht darum handeln, ob der Zwischenknochen vorhanden, sondern wie er beschaffen ist, was für eine Bildung er annimmt. Und dieses musste empirisch gefunden werden.

Bei Goethe wurde nun der Gedanke immer reger, ein größeres Werk über die Natur auszuarbeiten. Wir können dies aus verschiedenen Äußerungen entnehmen. So schreibt er im November 1784 an Knebel, als er ihm die Abhandlung über seine Entdeckung überschickt: «Ich habe mich enthalten, das Resultat, worauf schon Herder in seinen Ideen deutet, schon *jetzo* merken zu lassen, dass man nämlich *den Unterschied des Menschen vom Tier in nichts Einzelnem* finden könne.» Hier ist vor allem wichtig, dass Goethe sagt, er habe sich enthalten den Grundgedanken schon *jetzo* merken zu lassen; er will das also später in einem größeren Zusammenhange tun. Ferner zeigt uns diese Stelle, dass die Grundgedanken, die uns bei Goethe vor allem interessieren: die großen Ideen über den tierischen Typus längst vor jener Entdeckung vorhanden waren. Denn Goethe gesteht hier selbst, dass sie sich schon in Herders Ideen angedeutet finden; die Stellen aber, in denen dies geschieht, sind vor der Entdeckung des Zwischenknochens geschrieben. *Die Entdeckung des Zwischenknochens ist somit nur eine Folge jener großen Anschauungen.* Für jene, welche diese Anschauungen nicht hatten, musste sie unverständlich bleiben. Es war ihnen das einzige naturhistorische Merkmal genommen, wodurch sie den Menschen von den Tieren schieden. Von jenen Gedanken, welche Goethe beherrschten und die wir früher andeuteten, dass die bei den Tieren zerstreuten Elemente sich in der *einen* menschlichen Gestalt zu einer Harmonie vereinigten und so trotz der Gleichheit alles Einzelnen eine Differenz im Ganzen begründen, welche dem Menschen seinen hohen Rang in der Reihe der Wesen anweist, davon hatten sie wenig Ahnung. Ihr Betrachten war kein ideelles, sondern ein äußerliches Vergleichen und für das Letztere war allerdings der Zwischenknochen beim Menschen nicht da. Was Goethe verlangte: mit den *Augen des Geistes* zu sehen, dafür hatten sie wenig Verständnis. Das begründete denn auch den Unterschied des Urteiles zwischen ihnen und Goethe. Während Blumenbach, der die Sache doch auch ganz deutlich sah, zu dem Schlusse kam: «es ist doch himmelweit verschieden vom wahren *osse intermaxillari*», urteilt Goethe: Wie lässt sich eine noch so große äußere Verschiedenheit bei der *notwendigen inneren* Identität erklären. Goethe wollte nun offenbar diesen Gedanken konsequent ausarbeiten und er hat sich besonders in den nun folgenden Jahren viel damit beschäftigt. Am 1. Mai 1784 schreibt Frau von Stein an Knebel:[58] «Herders neue Schrift macht wahrscheinlich, dass wir erst Pflanzen und Tiere waren ... Goethe grübelt jetzt gar denkreich in diesen Dingen und jedes, was erst durch seine Vorstellung gegangen ist, wird äußerst interessant.» In welchem Grade in Goethe der Gedanke lebte, seine Anschauungen über die Natur in einem größeren Werke darzustellen, das wird uns besonders anschaulich, wenn wir sehen, dass er bei jeder neuen Entdeckung, die ihm gelingt, nicht umhin kann, Freunden gegenüber die Möglichkeit einer Ausdehnung seiner Gedanken auf die ganze Natur ausdrücklich hervorzuheben. Im Jahre 1786 schreibt er an Frau von Stein, er wolle seine Ideen über die Weise, wie die Natur mit einer Hauptform gleichsam spielend das mannigfaltige Leben hervorbringt, «auf alle Reiche der Natur – auf ihr ganzes Reich» ausdehnen. Und da in Italien der Metamorphosengedanke für die Pflanze bis in alle Einzelheiten plastisch vor seinem Geiste steht, schreibt er in Neapel am 17. Mai 1787 nieder: «Dasselbe Gesetz wird sich auf alles Lebendige an-

58 Wir führten ihre Worte schon oben in anderem Zusammenhange an.

wenden lassen.» Der erste Aufsatz der morphologischen Hefte (1817) enthält die Worte: «Mag daher das, was ich mir in jugendlichem Mute öfters als ein Werk träumte, nun als Entwurf, ja als fragmentarische Sammlung hervortreten.» Dass ein solches Werk von Goethes Hand nicht zustande kam, müssen wir beklagen. Nach alledem, was vorliegt, wäre es eine Schöpfung geworden, welche alles, was dergleichen in der neueren Zeit geleistet wurde, weit hinter sich gelassen hätte. Es wäre ein Kanon geworden, von dem jede Bestrebung auf naturwissenschaftlichem Gebiete ausgehen müsste und an dem man ihren geistigen Gehalt prüfen könnte. Der tiefste philosophische Geist, welchen nur Oberflächlichkeit Goethe absprechen kann, hätte sich hier verbunden mit einer liebevollen Versenkung in das erfahrungsmäßig Gegebene; fern von jeder einseitigen Systemsucht, welche durch ein allgemeines Schema alle Wesen zu umfassen glaubt, würde hier jeder einzelnen Individualität ihr Recht widerfahren sein. Wir hätten es hier mit dem Werke eines Geistes zu tun, bei dem nicht ein einzelner Zweig menschlichen Strebens mit Zurücksetzung aller anderen sich hervortut, sondern bei dem die Totalität menschlichen Seins immer im Hintergrunde schwebt, wenn er ein einzelnes Gebiet behandelt. Dadurch bekommt jede einzelne Tätigkeit ihre gehörige Stelle im Zusammenhange des Ganzen. Die objektive Versenkung in die betrachteten Gegenstände verursacht, dass der Geist in ihnen völlig aufgeht, sodass uns Goethes Theorien so erscheinen, als ob sie nicht ein Geist von den Gegenständen abstrahierte, sondern als ob sie die Gegenstände selbst in einem Geiste bildeten, der *sich* bei der Betrachtung selbst vergisst. Diese strengste

Objektivität würde Goethes Werk zum vollendetsten Werke der Naturwissenschaft machen; es wäre ein Ideal, dem jeder Naturforscher nachstreben müsste, es wäre für den Philosophen ein typisches Musterbild für die Auffindung der Gesetze *objektiver Weltbetrachtung.* Man kann annehmen, dass die Erkenntnistheorie, welche jetzt als eine philosophische Grundwissenschaft allerwärts auftritt, erst dann wird fruchtbar werden können, wenn sie ihren Ausgangspunkt von Goethes Betrachtungs- und Denkweise nehmen wird. Goethe selbst gibt den Grund, warum dieses Werk nicht zustande kam, in den Annalen zu 1790 mit den Worten an: «Die Aufgabe war so groß, dass sie in einem zerstreuten Leben nicht gelöst werden konnte.»[59]

Wenn man von diesem Gesichtspunkte ausgeht, so gewinnen die einzelnen Fragmente, welche uns von Goethes Naturwissenschaft vorliegen, eine ungeheure Bedeutung. Ja wir lernen sie erst recht schätzen und verstehen, wenn wir sie als hervorgehend aus jenem großen Ganzen betrachten.

Im Jahre 1784 sollte aber, gleichsam bloß als Vorübung, die Abhandlung über den Zwischenknochen ausgearbeitet werden. Veröffentlicht sollte sie zunächst nicht werden, denn Goethe schreibt am 6. März 1785 an Soemmerring darüber: «Da meine kleine Abhandlung *gar keinen Anspruch an Publizität hat und bloß als ein Konzept anzusehen ist*, so würde mir alles, was Sie mir über diesen Gegenstand mitteilen wollen, sehr angenehm sein.» Dennoch wurde sie mit aller Sorgfalt und mit Zu-

59 Annalen zu 1790.

hilfenahme aller nötigen Einzelstudien ausgeführt. Es wurden sogleich junge Leute zu Hilfe genommen, welche nach Campers Methode osteologische Zeichnungen unter Goethes Leitung auszuführen hatten. Er bittet deshalb am 23. April 1784 Merck[60] um Auskunft über diese Methode und lässt sich von Soemmerring[61] Camper'sche Zeichnungen schicken. Merck, Soemmerring und andere Bekannte werden um Skelette und Knochen aller Art ersucht. Am 23. April[62] schreibt er an Merck, dass ihm folgende Skelette sehr angenehm sein würden: eine myrmecophaga, Bradypus, Löwen, Tiger oder dergleichen. Am 14. Mai[63] ersucht er Soemmerring um den Schädel von dessen Elefantenskelett und den Schädel des Nilpferdes, am 16. September[64] um die Schädel von folgenden Tieren: Wilde Katze, Löwe, junger Bär, Incognitum, Ameisenbär, Kamel, Dromedar, Seelöwe. Auch um einzelne Auskünfte werden die Freunde ersucht, so Merck um die Beschreibung des Gaumenteiles seines Rhinozeros und insbesondere um Aufklärung darüber: «wie eigentlich das Horn des Rhinozeros auf dem Nasenknochen sitzt.»[65] Goethe ist in dieser Zeit ganz in jene Studien vertieft. Der erwähnte Elefantenschädel wird durch Waitz von vielen Seiten nach Campers Methode gezeichnet,[66]

60 Briefe an Joh. Heinr. Merck 1835, S. 421.

61 Briefe an Soemmerring S. 4 in Soemmerrings Leben und Verkehr mit seinen Zeitgenossen von Rud. Wagner. 1844.

62 Briefe an Joh. Heinr. Merck S. 421.

63 Briefe an Soemmerring S. 4.

64 Ebenda S. 8.

65 Briefe an Merck S. 421.

66 Briefe an Soemmerring S. 7.

von Goethe mit einem großen Schädel seines Besitzes und mit andern Tierschädeln verglichen, da er entdeckte, dass an jenem Schädel die meisten Suturen noch unverwachsen waren.[67] Er macht an diesem Schädel noch eine wichtige Bemerkung. Man nahm bis dahin an, dass bei allen Tieren bloß die Schneidezähne im Zwischenknochen eingefügt seien, während die Eckzähne dem Oberkieferbein angehörten; nur der Elefant sollte eine Ausnahme machen. Bei ihm sollten die Eckzähne im Zwischenknochen enthalten sein. Dass dies nicht der Fall ist, zeigt ihm nun ebenfalls jener Schädel, wie er in einem Briefe an Herder[68] schreibt. Auf einer Reise nach Eisenach[69] und Braunschweig,[70] die Goethe in diesem Sommer unternimmt, begleiten ihn seine osteologischen Studien. Auf letzterer will er in Braunschweig einem «ungeborenen Elefanten in das Maul sehen und mit *Zimmermann* ein wackeres Gespräch führen».[71] Er schreibt von diesem Fötus weiter an Merck: «Ich wollte, wir hätten den Fötus, den sie in Braunschweig haben, in unserm Kabinette, er sollte in kurzer Zeit seziert, skelettiert und präpariert sein. Ich weiß nicht, wozu ein solches Monstrum in Spiritus taugt, wenn man es nicht zergliedert und den innern Bau erklärt.» Aus diesen Studien ging denn jene Abhandlung hervor, welche unten S. 221 mitgeteilt wird. Bei Abfassung derselben ist Goethen Loder sehr behilflich. Unter seinem Beistande kommt eine lateinische Ter-

67 Ebenda S. 5.

68 Herders Nachlass I, 78.

69 Briefe an Soemmerring S. 4.

70 Ebenda S. 6.

71 Briefe an Merck 1835, S. 430.

minologie zustande,[72] er besorgt ferner eine lateinische Übersetzung.[73] Im November 1784 schickt Goethe die Abhandlung an Knebel[74] und schon am 19. Dezember an Merck,[75] obwohl er noch kurz vorher (2. Dezember) glaubt, dass vor Ende[76] des Jahres nicht viel daraus werden wird. Das Werk war mit den nötigen Zeichnungen zu den im Texte [her]angezogenen Tieren versehen. Wegen Camper war die erwähnte lateinische Übersetzung beigefügt. Merck sollte das Werk an Soemmerring schicken. Dieser erhielt es im Januar 1785. Von da ging die Sache an Camper. Wenn wir nun einen Blick auf die Art der Aufnahme werfen, die Goethes Abhandlung gefunden, so tritt uns ein recht unerquickliches Bild entgegen. Niemand hat anfangs das Organ ihn zu verstehen außer Loder, mit dem er zusammengearbeitet, und Herder. *Merck* hat über die Abhandlung Freude, ist aber von der Wahrheit des Asserti nicht durchdrungen.[77] *Soemmerring* schreibt in dem Briefe, mit dem er die Ankunft der Abhandlung Merck anzeigt: «Die Hauptidee hatte schon *Blumenbach*. Im Paragraphen, der sich anfängt: ‹Es wird also kein Zweifel sein›, sagt er, ‹da die übrigen (Grenzen) verwachsen›; Schade nur, dass diese niemals dagewesen. Ich habe nun Kinnbacken von Embryonen von drei Monaten bis zum Adulto vor mir, und an keinem ist jemals eine Grenze vorwärts zu sehen gewesen.

72 Briefw. mit Knebel S. 57.

73 Ebenda S. 57.

74 Ebenda S. 55.

75 Briefe an und von Merck 1838, S. 241.

76 Ebenda S. 241.

77 Briefe an Merck 1835, S. 439.

Und durch den Drang der Knochen gegeneinander die Sache zu erklären? Ja, wenn die Natur als ein Schreiner mit Keil und Hammer arbeitete!»[78] Am 13. Februar 1785 schreibt Goethe an Merck: «Von *Soemmerring* habe ich einen sehr leichten Brief. Er will mir's gar ausreden. Ohe!» – Und *Soemmerring* schreibt am 11. Mai 1785 an Merck: «Goethe will, wie ich aus seinem gestrigen Brief sehe, von seiner Idee in Ansehung des *ossis intermaxillaris* noch nicht ab.»

Und nun Camper.[79] Am 16. September 1785[80] teilt er Merck mit, dass die beigegebenen Tafeln durchaus nicht nach seiner Methode gezeichnet seien. Er findet dieselben sogar recht tadelnswert. Das Äußere des schönen Manuskriptes wird gelobt, die lateinische Übersetzung getadelt, ja dem Autor sogar der Rat erteilt, sich hierinnen

---

78 Briefe an Merck 1835, S. 438.

79 Man nahm bisher an, dass Camper die Abhandlung anonym erhalten habe. Sie kam ihm auf einem Umwege zu: Goethe schickte sie erst an Soemmerring, dieser an Merck und der letztere sollte sie an Camper gelangen lassen. Nun befindet sich aber unter den Briefen Mercks an Camper, die noch ungedruckt sind, und die sich im Originale in der «bibliothèque de la société néerlandaise pour les progrès de la médecine» zu Amsterdam befinden, ein Brief vom 17. Januar 1785 mit folgender Stelle (wir zitieren buchstäblich): «Monsieur de *Goethe*, poète célèbre, conseiller intime, du Duc de Weimar, vient de m'envoier un specimen osteologicum, qui doit vous être envoié après que Mr. Sömring l'aura vû … C'est un petit traité sur l'os intermaxillaire, qui nous apprend entre autres la vérité, que le Triche[chus] à 4 dents incisives et que le Chameau à en deux.» Ein Brief vom 10. März 1785 zeigt an, dass Merck die Abhandlung demnächst an Camper schicken wird, wobei wieder der Name Goethe ausdrücklich vorkommt: «J'aurai l'honneur de vous envoier le specimen osteolog[icum] de Mr. de Goethe, mon ami, par une voie, qui ne sera pas conteuse un de ces jours.» Am 28. April 1785 spricht Merck die Hoffnung aus, dass Camper die Sache erhalten habe, wobei wieder «Goethe» vorkommt. Es ist somit wohl kein Zweifel, dass Camper den Verfasser kannte.

80 Briefe an Merck 1835, S. 466.

auszubilden. Drei Tage später[81] schreibt er, dass er eine Zahl von Beobachtungen über den Zwischenknochen gemacht habe, dass er aber fortfahren müsse zu behaupten, der Mensch habe keinen Zwischenknochen. Er gibt alle Beobachtungen Goethes zu, nur nicht die auf den Menschen bezüglichen. Am 21. März 1786[82] schreibt er noch einmal, dass er aus einer großen Zahl von Beobachtungen zu dem Schlusse gekommen sei: *Der Zwischenknochen existiere beim Menschen nicht*. Campers Briefe zeigen deutlich, dass er den besten Willen hatte in die Sache einzudringen, dass er aber nicht imstande war, Goethe auch nur im Geringsten zu verstehen.

Loder sah Goethes Entdeckung sogleich in dem rechten Lichte. Er hebt sie in seinem anatomischen Handbuch von 1788[83] hervor und behandelt sie von nun an in allen seinen Schriften wie eine der Wissenschaft vollgültig angehörige Sache, an welcher nicht der mindeste Zweifel sein kann.

Herder schreibt darüber an Knebel: «Goethe hat uns seine Abhandlung vom Knochen vorgelegt, die sehr einfach und schön ist; *der* Mensch geht auf dem *wahren Naturwege*, und das Glück geht ihm entgegen.»[84] Herder war eben imstande, die Sache mit dem «geistigen Auge», mit dem sie Goethe ansah, zu betrachten. Ohne dieses konnte man mit ihr nichts anfangen. Man kann dies am besten aus Folgendem sehen. Wilhelm Josephi (Privatdozent an der Universität Göttingen) schreibt in seiner

81 Ebenda S. 469.

82 Ebenda S. 481.

83 Ann. zu 1790.

84 Aus Knebels literarischem Nachlass II, 236.

«Anatomie der Säugetiere» 1787: «Man nimmt die *ossa intermaxillaria* mit als ein Hauptunterscheidungszeichen der Affen vom Menschen an; indes meinen Beobachtungen nach hat der Mensch ebenfalls solche *ossa intermaxillaria*, wenigstens in den ersten Monaten seines Seins, welches aber gewöhnlich schon früh, und zwar schon im Mutterleibe mit den wirklichen Oberkiefern vorzüglich nach außen verwachsen, so dass öfters noch gar keine merkliche Spur davon zurückbleibt.» Hier ist Goethes Entdeckung allerdings auch vollkommen ausgesprochen, aber nicht als eine aus der konsequenten Durchführung des Typus geforderte, sondern als der Ausdruck eines unmittelbar in die Augen fallenden Tatbestandes. Wenn man bloß auf letzteren angewiesen ist, dann hängt es allerdings nur vom glücklichen Zufalle ab, ob man gerade solche Exemplare findet, an denen man die Sache genau *sehen* kann. Fasst man aber die Sache in Goethes ideeller Weise, so dienen diese besonderen Exemplare bloß zur Bestätigung des Gedankens, bloß dazu das, was die Natur sonst verbirgt, *offen* zu demonstrieren; es kann aber die Idee selbst an jedem beliebigen Exemplare verfolgt werden, jedes zeigt einen besonderen Fall derselben. Ja, wenn man die Idee besitzt, ist man imstande, durch dieselbe gerade jene Fälle zu finden, in denen sie sich besonders ausprägt. Ohne dieselbe aber ist man dem Zufalle anheimgegeben. Man sieht in der Tat, dass, nachdem Goethe durch seinen großen Gedanken die Anregung gegeben hatte, man durch Beobachtung zahlreicher Fälle sich von der Wahrheit seiner Entdeckung allmählich überzeugt hat.

Merck blieb wohl stets schwankend. Am 13. Februar 1785 schickt ihm Goethe eine «gesprengte obere Kinnlade vom Menschen und vom Trichechus» und gibt ihm Anhaltspunkte, die Sache zu verstehen. Aus Goethes Brief vom 8. April scheint es, dass Merck einigermaßen gewonnen war. Bald aber änderte er seine Ansicht wieder, denn am 11. November 1786 schreibt er an Soemmerring:[85] «Wie ich höre hat Vicq d'Azyr sogar *Goethes sogenannte* Entdeckung in sein Werk aufgenommen.»

Soemmerring stand nach und nach von seinem Widerstande ab. In seinem Werke: «Vom Baue des menschlichen Körpers» sagt er:[86] «Goethes sinnreicher Versuch aus der vergleichenden Knochenlehre, dass der Zwischenknochen der Oberkinnlade dem Menschen mit den übrigen Tieren gemein sei, von 1785, mit sehr richtigen Abbildungen, verdiente öffentlich bekannt zu sein.»

Schwerer war wohl *Blumenbach* zu gewinnen. In seinem «Handbuche der vergleichenden Anatomie» 1805[87] sprach er noch die Behauptung aus: Der Mensch habe keinen Zwischenknochen. In seinem 1830–32 geschriebenen Aufsatze: «*Principes de Philosophie Zoologique*» kann aber Goethe schon von Blumenbachs Bekehrung sprechen.[88] Er trat nach persönlichem Verkehre auf Goethes Seite.[89] Am 15. Dezember 1825 liefert er Goethe sogar ein schönes Beispiel zur Bestätigung seiner Entdeckung. Ein Athlet aus dem Hessischen suchte bei Blumenbachs Kollegen Langenbeck Hilfe wegen eines

85 Briefe berühmter Zeitgenossen an Soemmerring S. 293.

86 a. a. O. S. 160.

87 Briefe berühmter Zeitgenossen an Soemmerring S. 22.

88 Dieser Aufsatz bildet den Schluss dieses Bandes.

89 Gespräche mit Eckermann III, 341.

«ganz tierisch prominierenden *os intermaxillare*»[90]. Von späteren Anhängern Goethe'scher Ideen werden wir noch zu sprechen haben. Hier sei nur noch erwähnt, dass M. J. Weber die Trennung des bereits mit der Oberkinnlade verwachsenen Zwischenknochens durch verdünnte Schwefelsäure gelungen ist.

Goethe setzte seine Knochenstudien auch nach Vollendung jener Abhandlung fort. Die gleichzeitigen Entdeckungen in der Pflanzenkunde machen sein Interesse an der Natur noch zu einem regeren. Fortwährend borgt er einschlägige Objekte von seinen Freunden. Am 7. Dezember 1785[91] ist Soemmerring sogar schon ärgerlich, «dass ihm Goethe nicht seine Köpfe wieder schickt». Aus einem Briefe Goethes an Soemmerring vom 8. Juni 1786 erfahren wir, dass er bis dahin noch immer Schädel von letzterem hatte.

Auch in Italien begleiteten ihn seine großen Ideen. Während sich der Gedanke der Urpflanze in seinem Geiste ausgestaltete, kommt er auch zu Begriffen über die Gestalt des Menschen. Am 20. Januar 1787 schreibt Goethe in Rom: «Auf Anatomie bin ich so ziemlich vorbereitet, und ich habe mir die Kenntnis des menschlichen Körpers, bis auf einen gewissen Grad, nicht ohne Mühe erworben. Hier wird man durch die ewige Betrachtung der Statuen immerfort, aber auf eine höhere Weise, hingewiesen. Bei unserer medizinisch-chirurgischen Anatomie kommt es bloß darauf an, den Teil zu kennen, und hierzu dient auch wohl ein kümmerlicher Muskel. In

90 Naturwissenschaftliche Korrespondenz I, S. 51.

91 Briefe an Merck (1835) S. 476.

Rom aber wollen die Teile nichts heißen, wenn sie nicht zugleich eine edle schöne Form darbieten.

In dem großen Lazarett San Spirito hat man den Künstlern zu lieb einen sehr schönen Muskelkörper dergestalt bereitet, dass die Schönheit desselben in Verwunderung setzt. Er könnte wirklich für einen geschundenen Halbgott, für einen Marsyas gelten.

So pflegt man auch, nach Anleitung der Alten, das Skelett nicht als eine künstlich zusammengereihte Knochenmaske zu studieren, vielmehr zugleich mit den Bändern, wodurch es schon Leben und Bewegung erhält.» Es handelte sich bei Goethe hier vor allem darum, die Gesetze kennenzulernen, nach denen die Natur die organischen und vorzüglich die menschlichen *Gestalten* bildet, die Tendenz, welche sie bei der Formung derselben verfolgt. Sowie er in der Reihe der unendlichen Pflanzengestalten die Urpflanze aufsucht, mit der man noch Pflanzen ins Unendliche erfinden kann, die konsequent sein müssen, d.h. welche jener Naturtendenz vollkommen gemäß sind und welche existieren würden, wenn die geeigneten Bedingungen da wären; ebenso hatte es Goethe in Bezug auf die Tiere und den Menschen darauf angelegt: «ideale Charaktere zu entdecken», welche den Gesetzen der Natur vollkommen gemäß sind. Bald nach seiner Rückkehr aus Italien erfahren wir, dass Goethe fleißig in «Anatomicis» ist und im Jahre 1789 schreibt er an Herder: «Ich habe eine neuentdeckte *Harmoniam naturae* vorzutragen.» Was hier neu entdeckt wurde, dürfte nun ein Teil der Wirbeltheorie des Schädels sein.[92] Die

92 Vgl. unten die Anm. zu S. 316–318.

Vollendung dieser Entdeckung fällt aber in das Jahr 1790. Was er bis dahin wusste, war, dass alle Knochen, welche das Hinterhaupt bilden, drei modifizierte Rückenmarkswirbel darstellen. Goethe dachte sich die Sache folgendermaßen. Das Gehirn stellt nur eine Rückenmarksmasse zur höchsten Stufe vervollkommnet dar. Während im Rückenmarke die vorzugsweise den niedrigeren organischen Funktionen dienenden Nerven enden und von dort ausgehen, enden und beginnen im Gehirne die den höheren (geistigen) Funktionen dienenden Nerven, vorzugsweise die Sinnesnerven. Im Gehirne erscheint nur ausgebildet, was im Rückenmarke der Möglichkeit nach schon angedeutet ist. Das Gehirn ist ein vollkommen ausgebildetes Mark, das Rückenmark ein noch nicht zur vollen Entfaltung gekommenes Gehirn. Nun sind den Partien des Rückenmarkes die Wirbelkörper der Wirbelsäule vollkommen angebildet, sind deren notwendige Umhüllungsorgane. Es erscheint nun auf das höchste wahrscheinlich, dass wenn das Gehirn ein Rückenmark auf höchster Potenz ist, auch die dasselbe umhüllenden Knochen nur höher ausgebildete Wirbelkörper seien. Das ganze Haupt erscheint auf diese Weise schon vorgebildet in den niedriger stehenden körperlichen Organen. Es sind die auch schon auf untergeordneter Stufe tätigen Kräfte auch hier wirksam, nur bilden sie sich im Kopfe zu der höchsten in ihnen liegenden Potenz aus. Wieder handelte es sich für Goethe nur um den Nachweis, wie sich denn die Sache der sinnenfälligen Wirklichkeit nach eigentlich gestaltet? Vom Hinterhauptbein, dem hinteren und vorderen Keilbein, sagt Goethe, erkannte er diese Verhältnisse sehr bald; dass aber auch das Gaumbein, die obere Kinnlade und der Zwischenknochen modifizierte Wirbelkörper seien, erkannte er auf seiner Reise nach Norditalien, als er auf den Dünen des Lido einen geborstenen Schafschädel fand. Dieser Schädel war so glücklich auseinandergefallen, dass in den einzelnen Stücken genau die einzelnen Wirbelkörper zu erkennen waren. Goethe zeigte diese schöne Entdeckung am 30. April 1790 der Frau von Kalb mit den Worten an: «Sagen Sie Herdern, dass ich der Tiergestalt und ihren mancherlei Umbildungen um eine ganze Formel näher gerückt bin und zwar durch den sonderbarsten Zufall.»

Dies war eine Entdeckung von der weittragendsten Bedeutung.[93] Es war damit bewiesen, dass alle Glieder eines organischen Ganzen der Idee nach identisch sind und dass «innerlich ungeformte» organische Massen sich nach außen in verschiedener Weise aufschließen, dass es ein und dasselbe ist, was auf niederer Stufe als Rückenmarksnerv, auf höherer als Sinnesnerv sich zu dem die Außenwelt ausnehmenden, ergreifenden, erfassenden Sinnesorgan aufschließt. Jedes Lebendige war damit in seiner von innen heraus sich formenden, gestaltenbildenden Kraft aufgezeigt, es war als *wahrhaft Lebendiges* jetzt erst begriffen. Goethes Grundideen waren jetzt auch in Bezug auf die Tierbildung zu einem Abschlusse gekommen. Es war die Zeit zur Ausarbeitung derselben gekommen, obwohl er den Plan dazu schon früher hatte, wie uns der Briefwechsel Goethes mit Fr. H. Jacobi S. 124 beweist. Als er im Juli 1790 dem Herzoge in das schlesi-

93 Die Frage, ob durch den modernen Standpunkt in der Wirbeltheorie Goethes Theorie modifiziert wird, behandeln wir unten in den Anmerkungen zu dem betreffenden Aufsatz.

sche Lager folgte, war er dort (in Breslau) vorzugsweise mit seinen Studien über die Bildung der Tiere beschäftigt. Er begann dort auch wirklich seine diesbezüglichen Gedanken aufzuzeichnen. Am 31. August 1790 schreibt er an Fritz Stein: «In allem dem Gewühle hab' ich angefangen, meine Abhandlung über die Bildung der Tiere zu schreiben.»

Die Gestalt der Abhandlung, wie sie damals zustande kam, ist uns nicht bekannt, da sie niemals gedruckt wurde. Im Wesentlichen dürfte der Inhalt wohl derselbe gewesen sein, welchen das Gedicht: «Die Metamorphose der Tiere», das 1820 im zweiten der morphologischen Hefte zuerst erschienen ist, enthält. (Siehe unten S. 272 und die Anmerkungen dazu.) In den Jahren 1790–95 nahm von naturwissenschaftlichen Arbeiten die Farbenlehre Goethe vorzüglich in Anspruch. Zu Anfang des Jahres 1795 war Goethe in Jena, wo auch die Gebrüder v. Humboldt, Max Jacobi und Schiller anwesend waren. In dieser Gesellschaft brachte Goethe seine Ideen über vergleichende Anatomie vor. Die Freunde fanden seine Darstellungen so bedeutsam, dass sie ihn aufforderten, seine Gedanken zu Papier zu bringen. Wie aus einem Schreiben Goethes an Jacobi den Älteren hervorgeht, hat Goethe dieser Aufforderung sogleich in Jena Genüge getan, indem er das unten S. 239 mitgeteilte Schema einer vergleichenden Knochenlehre Max Jacobi diktierte. Die einleitenden Kapitel wurden 1796 weiter ausgeführt (unten S. 325). In diesen Abhandlungen sind Goethes Grundanschauungen über Tierbildung ebenso sehr, wie in seiner Schrift: «Versuch, die Metamorphose der Pflanze zu erklären», jene über Pflanzenbildung enthalten.

Im Verkehre mit Schiller – seit 1794 – trat ein Wendepunkt seiner Anschauungen ein, indem er sich von nun an seiner eigenen Verfahrungs- und Forschungsweise gegenüber betrachtend verhielt, wobei ihm seine Anschauungsweise *gegenständlich* wurde. Wir wollen nach diesen historischen Betrachtungen uns nun zum Wesen und der Bedeutung von Goethes Anschauungen über die Bildung der Organismen wenden.

Über das Wesen und die Bedeutung von Goethes Schriften über organische Bildung

Die hohe Bedeutung von Goethes morphologischen Arbeiten ist darin zu suchen, dass in denselben die theoretische Grundlage und die Methode des Studiums organischer Naturen festgestellt ist, welches eine *wissenschaftliche Tat ersten Ranges ist.*

Will man dieses in der richtigen Weise würdigen, so muss man sich vor allem den großen Unterschied gegenwärtig halten, welcher zwischen Erscheinungen der anorganischen und solchen der organischen Natur besteht. Eine Erscheinung der ersteren Art ist z.B. der Stoß zweier elastischer Kugeln aufeinander. Ist die eine Kugel ruhend und stößt die andere in einer gewissen Richtung und mit einer gewissen Geschwindigkeit auf dieselbe, so erhält jene ebenfalls eine gewisse Bewegungsrichtung und eine gewisse Geschwindigkeit. Handelt es sich nun darum, eine solche Erscheinung zu *begreifen*, so kann dies nur dadurch erreicht werden, dass wir das, was unmittelbar für die Sinne da ist, in Begriffe verwandeln. Es muss uns dieses in dem Maße gelingen, dass nichts Sinnenfällig-Wirkliches bleibt, welches wir nicht begrifflich durchdrungen hätten. Wir sehen die eine Kugel ankommen, an die andere stoßen, letztere sich weiterbewegen. Wir haben diese Erscheinung *begriffen*, wenn wir aus Masse, Richtung und Geschwindigkeit der ersten und aus der Masse der anderen die Geschwindigkeit und Richtung von letzterer angeben können; wenn wir einsehen, dass unter den gegebenen Verhältnissen jene Erscheinung mit *Notwendigkeit* eintreten müsse. Das letztere heißt aber nichts anderes, als: Es muss dasjenige, was sich unseren Sinnen darbietet, als eine *notwendige Folge* dessen erscheinen, was wir ideell vorauszusetzen haben. Ist das letztere der Fall, so können wir sagen, dass sich Begriff und Erscheinung decken. *Es ist nichts im Begriffe, was nicht auch in der Erscheinung wäre und nichts in der Erscheinung, was nicht auch im Begriffe wäre.* Nun haben wir auf jene Verhältnisse, als deren notwendige Folge eine Erscheinung der unorganischen Natur auftritt, näher einzugehen. Hier tritt der wichtige Umstand ein, dass die sinnlich wahrnehmbaren Vorgänge der unorganischen Natur durch Verhältnisse bedingt werden, welche ebenfalls der Sinnenwelt angehören. In unserem Falle kommen Masse, Geschwindigkeit und Richtung, also durchaus Verhältnisse der *Sinnenwelt* in Betracht. Es tritt nichts Weiteres als Bedingung der Erscheinung auf. Nur die unmittelbar sinnlich-wahrnehmbaren Umstände bedingen sich *untereinander*. Eine begriffliche Erfassung solcher Vorgänge ist also nichts anderes als eine Ableitung von Sinnenfällig-Wirklichem aus Sinnenfällig-Wirklichem. Räumlich-zeitliche Verhältnisse, Masse, Gewicht oder sinnlich wahrnehmbare Kräfte wie Licht oder Wärme sind es, welche Erscheinungen hervorrufen, die wieder in dieselbe Reihe gehören. Ein Körper wird erwärmt und vergrößert dadurch sein Volumen; das Erste wie das Zweite gehört der Sinnenwelt an, sowohl die Ursache wie die Wirkung. Wir brauchen also, um solche Vorgänge zu begreifen, gar nicht aus der Sinnenwelt herauszugehen. Wir leiten nur *innerhalb* derselben eine Erscheinung aus der andern ab. Wenn wir also eine solche Erscheinung erklären, d.h. begrifflich durchdringen wollen, so haben wir in den Begriff keine anderen Elemente aufzunehmen als solche, welche auch *anschaulich*, mit unseren Sinnen wahrzunehmen sind. Wir können alles anschauen, was wir begreifen wollen. Und darin besteht das Denken von Wahrnehmung (Erscheinung) und Begriff. Es bleibt uns nichts dunkel in den Vorgängen, weil wir die Verhältnisse kennen, aus denen sie folgen. Hiermit haben wir das Wesen der unorganischen Natur entwickelt und zugleich gezeigt, inwiefern wir dieselbe, ohne über sie hinauszugehen, *aus sich selbst* erklären können. An dieser Erklärbarkeit hat man nun niemals gezweifelt, seit man überhaupt angefangen hat, über die Natur dieser Dinge zu denken. Man hat zwar niemals den obigen Gedankengang durchgemacht, aus welchem die Möglichkeit einer Deckung von Begriff und Wahrnehmung folgt; doch hat man nie Anstand genommen, die Erscheinungen auf die angedeutete Weise aus der Natur ihres eigenen Wesens zu erklären.[94]

Anders aber verhielt es sich *bis zu Goethe* mit den Erscheinungen der *organischen* Welt. Beim Organismus erscheinen die für die Sinne wahrnehmbaren Verhältnisse, z.B. Form, Größe, Farbe, Wärmeverhältnisse eines Organes, nicht bedingt durch Verhältnisse der gleichen Art. Man kann z.B. von der Pflanze nicht sagen, dass Größe,

---

94 Einige Philosophen behaupten, dass wir die Erscheinungen der Sinnenwelt wohl auf ihre ursprünglichen Elemente (Kräfte) zurückführen können, dass wir aber diese ebenso wenig wie das Wesen des Lebens erklären können. Demgegenüber ist zu bemerken, dass jene Elemente *einfach* sind, d.i. sich nicht weiter aus einfacheren Elementen zusammensetzen lassen. In ihrer Einfachheit sie abzuleiten, zu erklären, ist aber eine Unmöglichkeit, nicht weil unser Erkenntnisvermögen begrenzt ist, sondern *weil sie auf sich selbst beruhen*; sie sind uns in ihrer Unmittelbarkeit gegenwärtig, sie sind in sich abgeschlossen, aus nichts Weiterem ableitbar.

Form, Lage etc. der Wurzel die sinnlich-wahrnehmbaren Verhältnisse am Blatte oder an der Blüte bedingen. Ein Körper, bei dem dies der Fall wäre, würde nicht ein Organismus, sondern eine Maschine sein. Man muss vielmehr zugestehen, dass alle sinnlichen Verhältnisse an einem lebenden Wesen nicht als Folge von andern sinnlich-wahrnehmbaren Verhältnissen erscheinen,[95] wie dies bei der unorganischen Natur der Fall war. Alle sinnlichen Qualitäten erscheinen hier vielmehr als Folge eines solchen, *welches nicht mehr sinnlich wahrnehmbar ist.* Sie erscheinen als Folge einer über den sinnlichen Vorgängen schwebenden höheren Einheit. Nicht die Gestalt der Wurzel bedingt jene des Stammes und wiederum die Gestalt von diesem jene des Blattes usw., sondern alle diese Formen sind bedingt durch ein über ihnen Stehendes, welches selbst nicht wieder sinnlich-anschaulicher Form ist; sie sind wohl für einander da,

95 Dies ist eben der Gegensatz des Organismus zur Maschine. Bei der letzteren ist alles Wechselwirkung der Teile. Es existiert nichts Wirkliches in der Maschine selbst außer dieser Wechselwirkung. Das einheitliche Prinzip, welches das Zusammenwirken jener Teile beherrscht, fehlt im Objekte selbst und liegt außerhalb desselben in dem Kopfe des Konstrukteurs als Plan. Nur die äußerste Kurzsichtigkeit kann leugnen, dass gerade darinnen die Differenz zwischen Organismus und Mechanismus besteht, dass dasjenige Prinzip, welches das Wechselverhältnis der Teile bewirkt, beim Letzteren nur außerhalb (abstrakt) vorhanden ist, während es bei Ersterem in dem Dinge selbst wirkliches Dasein gewinnt. So erscheinen dann auch die sinnlich wahrnehmbaren Verhältnisse des Organismus nicht als bloße Folge auseinander, sondern als beherrscht von jenem inneren Prinzipe, als Folge eines solchen, das nicht mehr sinnlich wahrnehmbar ist. In dieser Hinsicht ist es eben so wenig sinnlich wahrnehmbar wie jener Plan im Kopfe des Konstrukteurs, der ja auch nur für den Geist da ist; ja es ist im Wesentlichen jener Plan, nur dass er jetzt eingezogen ist in das Innere des Wesens und nicht mehr durch Vermittlung eines dritten – jenes Konstrukteurs – seine Wirkungen vollzieht, sondern dieses direkt selbst tut.

nicht aber durch einander. Sie bedingen sich nicht untereinander, sondern sind alle bedingt von einem anderen. Wir können hier das, was wir sinnlich wahrnehmen, nicht wieder aus sinnlich wahrnehmbaren Verhältnissen ableiten, wir müssen in den Begriff der Vorgänge Elemente aufnehmen, welche nicht der Welt der Sinne angehören, *wir müssen über die Sinnenwelt hinausgehen*. Es genügt *die Anschauung* nicht mehr, wir müssen *die Einheit* begrifflich erfassen, wenn wir die Erscheinungen erklären wollen. Dadurch aber tritt eine Entfernung von Anschauung und Begriff ein; sie scheinen sich nicht mehr zu decken; der Begriff schwebt über der Anschauung. Es wird schwer, den Zusammenhang beider einzusehen. Während in der unorganischen Natur Begriff und Wirklichkeit eins waren, scheinen sie hier auseinanderzugehen und eigentlich zwei verschiedenen Welten anzugehören. Die Anschauung, welche sich den Sinnen unmittelbar darbietet, scheint ihre Begründung, ihre Wesenheit nicht in sich selbst zu tragen. Das Objekt scheint aus sich selbst nicht erklärbar, weil sein Begriff nicht von ihm selbst, sondern von etwas anderem entnommen ist. Weil das Objekt nicht von Gesetzen der Sinnenwelt beherrscht erscheint, doch aber für die Sinne da ist, ihnen erscheint, so ist es, als wenn man hier vor einem unlösbaren Widerspruche in der Natur stünde, als wenn eine Kluft bestünde zwischen anorganischen Erscheinungen, welche aus sich selbst zu begreifen sind, und organischen Wesen, bei denen ein Eingriff in die Gesetze der Natur geschieht, *bei denen allgemeingültige Gesetze auf einmal durchbrochen würden*. Diese Kluft nahm man in der Tat *bis auf Goethe* allgemein in der Wissenschaft an, erst ihm gelang es, das lösende Wort des Rätsels zu sprechen. Erklärbar aus sich selbst sollte, so dachte man vor ihm, nur die unorganische Natur sein; bei der organischen höre das menschliche Erkenntnisvermögen auf. Man wird die Größe der Tat, welche Goethe vollbracht hat, am besten ermessen, wenn man bedenkt, dass der große Reformator der neueren Philosophie *Kant* jenen alten Irrtum nicht nur vollkommen teilte, sondern sogar eine wissenschaftliche Begründung *dafür* zu finden suchte, dass es dem menschlichen Geiste nie gelingen werde, die organischen Bildungen zu erklären. Wohl sah er die Möglichkeit eines Verstandes ein – eines *intellectus archetypus*, eines intuitiven Verstandes –, dem es gegeben wäre, den Zusammenhang von Begriff und Wirklichkeit bei den organischen Wesen gerade so wie bei den Anorganen einzusehen, allein dem Menschen selbst sprach er die Möglichkeit eines solchen Verstandes ab. Der menschliche Verstand soll nämlich nach Kant die Eigenschaft haben, dass er sich die Einheit, den Begriff einer Sache nur als hervorgehend aus der Zusammenwirkung der Teile – als durch Abstraktion gewonnenes analytisches Allgemeine – denken kann, nicht aber so, dass jeder einzelne Teil als der Ausfluss einer bestimmten, konkreten (synthetischen) Einheit, eines Begriffes in intuitiver Form erschiene. Daher ist es diesem Verstande auch unmöglich, die organische Natur zu erklären, denn diese müsste ja aus dem Ganzen in die Teile wirkend gedacht werden. Kant sagt darüber: «Unser Verstand hat also das Eigene für die Urteilskraft, dass ihm Erkenntnis durch denselben, durch das Allgemeine das Besondere nicht bestimmt wird, und dieses also von jenem nicht abgeleitet werden kann.»[96] Wir müssten danach also bei den organischen Bildungen darauf verzichten, den notwendigen Zusammenhang der Idee des Ganzen, welche nur gedacht werden kann mit dem, was unseren Sinnen im Raume und in Zeit erscheint, zu erkennen. Wir müssten uns nach Kant darauf beschränken, einzusehen, *dass* ein solcher Zusammenhang existiert, die logische Forderung aber zu erkennen, wie der allgemeine Gedanke, die Idee aus sich heraustritt und als sinnenfällige Wirklichkeit auftritt, diese könne bei den Organismen nicht erfüllt werden. Wir müssten vielmehr annehmen, dass sich Begriff und Wirklichkeit hier unvermittelt gegenüberstünden und durch einen außerhalb der beiden liegenden Einfluss etwa auf dieselbe Weise zustande gebracht worden seien, wie der Mensch nach einer von ihm aufgeworfenen Idee irgendein zusammengesetztes Ding, z. B. eine Maschine aufbaut. Damit war die Möglichkeit einer Erklärung der Organismenwelt geleugnet, ihre Unmöglichkeit sogar scheinbar bewiesen.

So standen die Dinge, als Goethe sich daranmachte, die organischen Wissenschaften zu pflegen. Aber Goethe ging an das Studium derselben, nachdem er durch die wiederholte Lektüre des Philosophen Spinoza in der angemessensten Weise darauf vorbereitet war.

Zum ersten Male macht sich Goethe an Spinoza im Frühjahre 1774. Goethe sagt von dieser seiner ersten Bekanntschaft mit dem Philosophen in «Dichtung und Wahrheit» (Buch IV, 3. Teil): «Nachdem ich mich nämlich in aller Welt um ein Bildungsmittel meines wunderli-

96 Kant, Kritik der Urteilskraft, Ausgabe von Kehrbach, S. 294.

chen Wesens vergebens umgesehen hatte, geriet ich endlich an die *Ethik* dieses Mannes.» Im Sommer desselben Jahres traf Goethe mit Fritz Jacobi zusammen. Letzterer, der sich ausführlicher mit Spinoza auseinandersetzte – wovon seine «Briefe über die Lehre des Spinoza» 1785 zeugen –, war ganz dazu geeignet, Goethe tiefer in das Wesen des Philosophen einzuführen. Spinoza wurde damals auch viel besprochen, denn bei Goethe «war noch alles in der ersten Wirkung und Gegenwirkung, gärend und siedend».[97] Einige Zeit später fand er in der Bibliothek seines Vaters ein Buch, dessen Autor gegen Spinoza heftig kämpfte, ja ihn bis zur vollkommenen Fratze entstellte. Dies wurde der Anlass, dass sich Goethe mit dem tiefen Denker noch einmal ernstlich beschäftigte. Er fand in seinen Schriften Aufschlüsse über die tiefsten wissenschaftlichen Fragen, die er damals aufzuwerfen fähig war. Im Jahre 1784 liest der Dichter Spinoza mit Frau von Stein. Er schreibt am 19. November 1784 an die Freundin: «Ich bringe den Spinoza lateinisch mit, wo alles viel deutlicher ist.» Die Wirkung dieses Philosophen auf Goethe war nun eine ungeheure. Goethe selbst war sich darüber stets klar. Im Jahre 1816 schreibt er an Zelter: «Außer Shakespeare und *Spinoza* wüsst' ich nicht, dass irgendein Abgeschiedener eine solche Wirkung auf mich getan wie Linné.»[98] Er betrachtet also Shakespeare und *Spinoza* als die beiden Geister, welche auf ihn den größten Einfluss ausgeübt haben. Wie nun sich dieser Einfluss in Bezug auf die Studien organischer Bildung

97 Dichtung und Wahrheit, Buch IV, 3. Teil.

98 Brief an Zelter vom 7. Nov. 1816.

äußerte, das wird uns am deutlichsten, wenn wir uns ein Wort über Lavater aus der italienischen Reise vorhalten: Lavater vertrat eben auch jene damals allgemein gangbare Ansicht, dass ein Lebendiges nur durch einen nicht in der Natur des Wesens selbst gelegenen Einfluss, durch eine Störung der allgemeinen Naturgesetze entstehen könne. Darüber schrieb denn Goethe die Worte: «Neulich fand ich in einer leidig apostolisch-kapuzinermäßigen Deklamation des Züricher Propheten die unsinnigen Worte: *Alles, was Leben hat, lebt durch etwas außer sich* – oder so ungefähr *klang's*. Das kann nun so ein Heidenbekehrer hinschreiben, und bei der Revision zupft ihn der Genius nicht beim Ärmel.»[99] Dies ist nun ganz im Geiste Spinozas gesprochen. Spinoza unterscheidet drei Arten von Erkenntnis. Die erste Art ist jene, bei der wir uns bei gewissen gehörten oder gelesenen Worten der Dinge erinnern und uns von diesen Dingen gewisse Vorstellungen bilden, ähnlich denen, durch welche wir die Dinge bildlich vorstellen. Die zweite Art der Erkenntnis ist jene, bei welcher wir uns aus zureichenden Vorstellungen von den Eigenschaften der Dinge Gemeinbegriffe bilden. Die dritte Art der Erkenntnis ist nun aber diejenige, bei welcher wir von der zureichenden Vorstellung des wirklichen Wesens einiger Attribute Gottes zur zureichenden Erkenntnis des Wesens der Dinge fortschreiten. Diese Art der Erkenntnis nennt nun Spinoza *Scientia intuitiva*, das *anschauende* Wissen. Diese letztere, die höchste Art der Erkenntnis, war es nun, die Goethe anstrebte. Man muss sich dabei vor allem klar sein, was Spinoza damit

99 Ital. Reise, 5. Okt. 1787.

sagen will: Die Dinge sollen so erkannt werden, dass wir in ihrem Wesen einige Attribute Gottes erkennen. Der Gott Spinozas ist der Ideengehalt der Welt, das treibende, alles stützende und alles tragende Prinzip. Man kann sich nun dieses entweder so vorstellen, dass man es als Selbstständiges, für sich abgesondert von den endlichen Wesen existierendes Wesen voraussetzt, welches diese endlichen Dinge neben sich hat, sie beherrscht und in Wechselwirkung versetzt. Oder aber, man stellt sich dieses Wesen als aufgegangen in den endlichen Dingen vor, sodass es nicht mehr über und neben ihnen, sondern nur mehr *in* ihnen existiert. Diese Ansicht leugnet jenes Urprinzip keineswegs, sie erkennt es vollkommen an, nur betrachtet sie es als *ausgegossen* in die Welt. Die erste Ansicht betrachtet die endliche Welt als Offenbarung des Unendlichen, aber dieses Unendliche bleibt in seinem Wesen erhalten, es vergibt sich nichts. Es geht nicht aus sich heraus, es bleibt, was es vor seiner Offenbarung war. Die zweite Ansicht sieht die endliche Welt ebenso als eine Offenbarung des Unendlichen an, nur nimmt sie an, dass dieses Unendliche in seinem Offenbarwerden ganz aus sich herausgegangen ist, sich selbst, sein eigenes Wesen und Leben in seine Schöpfung gelegt hat, sodass es nur mehr in *dieser* existiert. Da nun Erkennen offenbar ein Gewahrwerden des Wesens der Dinge ist, dieses Wesen doch aber nur in dem Anteile, den ein endliches Wesen von dem Urprinzipe aller Dinge hat, bestehen kann, so heißt Erkennen ein Gewahrwerden jenes Unendlichen in den Dingen.[100] Nun nahm man, wie wir oben ausgeführt

100 Einiger Attribute Gottes in denselben.

haben, vor Goethe bei der unorganischen Natur wohl an, dass man sie aus sich selbst erklären könne, dass sie ihre Begründung und ihr Wesen in sich trage, nicht so aber bei der organischen. Hier konnte man jenes Wesen, welches sich in dem Objekte offenbart, nicht in dem letzteren selbst erkennen. Man nahm es daher außerhalb desselben an. Kurz: Man erklärte die organische Natur nach der ersten Ansicht, die anorganische nach der zweiten. Die Notwendigkeit einer einheitlichen Erkenntnis hatte, wie wir gesehen haben, Spinoza bewiesen. Er war zu sehr Philosoph, als dass er diese theoretische Forderung auch auf die speziellen Zweige der Organik hätte ausdehnen können. Dies blieb nun Goethe vorbehalten. Nicht nur der obige Ausspruch, sondern noch zahlreiche andere beweisen uns, dass er sich entschieden zur spinozistischen Auffassung bekannte. In «Dichtung und Wahrheit»:[101] «Die Natur wirkt nach ewigen, notwendigen, dergestalt göttlichen Gesetzen, dass die Gottheit selbst daran nichts ändern könnte.» Und in Bezug auf das 1811 erschienene Buch Jacobis: «Von den göttlichen Dingen und ihrer Offenbarung» bemerkt Goethe:[102]«Wie konnte mir das Buch eines so herzlich geliebten Freundes willkommen sein, worin ich die These durchgeführt sehen sollte: die Natur verberge Gott. Musste bei meiner reinen, tiefen angebornen und geübten Anschauungsweise, *die mich Gott in der Natur, die Natur in Gott zu sehen unverbrüchlich gelehrt hatte*, so dass diese Vorstellungsart den Grund meiner ganzen Existenz machte, musste nicht ein

101 IV. Buch, 16. Teil.

102 Tag und Jahreshefte, Abs. 797.

so seltsamer, einseitig-beschränkter Ausspruch mich dem Geiste nach von dem edelsten Manne, dessen Herz ich verehrend liebte, für ewig entfernen?» Goethe war sich des großen Schrittes, den er in der Wissenschaft vollführt, vollständig bewusst, er erkannte, dass er, indem er die Schranken zwischen anorganischer und organischer Natur brach und Spinozas Denkweise konsequent durchführte, eine bedeutsame Wendung der Wissenschaft herbeiführe. Wir finden diese Erkenntnis in dem Aufsatze: «*Anschauende Urteilskraft*» ausgesprochen. Nachdem er die oben von uns mitgeteilte Kant'sche Begründung der Unfähigkeit des menschlichen Verstandes, einen Organismus zu erklären, in der Kritik der Urteilskraft gefunden, spricht er sich dagegen so aus: «Zwar scheint der Verfasser (Kant) hier auf einen göttlichen Verstand zu deuten, allein wenn wir ja im Sittlichen, durch Glauben an Gott, Tugend und Unsterblichkeit uns in eine obere Region erheben und an das erste Wesen annähern sollen; so dürfte es wohl im Intellektuellen derselbe Fall sein, dass wir uns durch das Anschauen einer immer schaffenden Natur zur geistigen Teilnahme an ihren Produktionen würdig machten. Hatte ich doch erst unbewusst und aus innerem Trieb auf jenes Urbildliche, Typische rastlos gedrungen, war es mir sogar geglückt, eine naturgemäße Darstellung aufzubauen, so konnte mich nunmehr nichts weiter verhindern, das *Abenteuer der Vernunft*, wie es der Alte von Königsberg selbst nennt, mutig zu bestehen.»

Das Wesentliche eines Vorganges der unorganischen Natur oder anders gesagt: eines der bloßen Sinnenwelt angehörigen Vorganges besteht darin, dass er durch einen andern ebenfalls nur der Sinnenwelt angehörigen Prozess bewirkt und determiniert wird. Nehmen wir nun an, der verursachende Prozess bestehe aus den Elementen *m*, *c* und *r*,[103] der bewirkte aus *m'*, *c'* und *r'*; so ist immer bei bestimmten *m*, *c* und *r*, *m'*, *c'* und *r'* eben durch jene bestimmt. Will ich nun den Vorgang begreifen, so muss ich den Gesamtvorgang, der sich aus der Ursache und Wirkung zusammensetzt, in einem gemeinsamen Begriffe darstellen. Dieser Begriff ist nun aber nicht derart, dass er im Vorgange selbst liegen und dass er den Vorgang bestimmen könnte. Er fasst nur beide Vorgänge in einen gemeinsamen Ausdruck zusammen. Er bewirkt und bestimmt nicht. Nur die Objekte der Sinnenwelt bestimmen sich. Die Elemente *m*, *c* und *r* sind auch für die äußeren Sinne wahrnehmbare Elemente. Der Begriff erscheint nur da, um dem Geiste als Mittel der Zusammenfassung zu dienen, *er drückt etwas aus*, was nicht ideell, nicht begrifflich, was sinnenfällig wirklich ist. Und jenes Etwas, was er ausdrückt, dies ist sinnenfälliges Objekt. Auf der Möglichkeit die Außenwelt durch die Sinne aufzufassen und ihre Wechselwirkungen durch Begriffe auszudrücken, beruht die Erkenntnis der anorganischen Natur. Diese Möglichkeit, auf *diese* Art Dinge zu erkennen, sah Kant für die einzige dem Menschen zukommende an. Dieses Denken nannte er diskursives; *was* wir erkennen wollen ist äußere Anschauung; der Begriff, die zusammenfassende Einheit, bloßes Mittel. Wollten wir aber die organische Natur erkennen, so müssten wir das ideelle Moment, das Begriffliche nicht als ein solches fassen, das ein anderes ausdrückt, bedeutet, von diesem sich seinen

103 Masse, Richtung und Geschwindigkeit einer bewegten elastischen Kugel.

Inhalt borgt, sondern wir müssten das *Ideelle als solches* erkennen; es müsste einen eigenen aus sich selbst, nicht aus der räumlich-zeitlichen Sinnenwelt stammenden Inhalt haben. Jene Einheit, welche dort unser Geist bloß abstrahiert, müsste sich auf sich selbst bauen, sie müsste sich *aus sich heraus* gestalten, sie müsste ihrem eigenen Wesen gemäß, nicht nach den Einflüssen anderer Objekte gebildet sein. Die Erfassung einer solchen aus sich selbst sich gestaltenden, sich aus eigener Kraft offenbarenden Entität sollte dem Menschen versagt sein. Was ist nun zu einer solchen Erfassung nötig? Eine Urteilskraft, welche einem Gedanken auch einen anderen, als bloß einen durch die äußeren Sinne aufgenommenen Stoff verleihen kann, eine solche, welche nicht bloß Sinnenfälliges erfassen kann, sondern auch rein Ideelles für sich, abgesondert von der sinnlichen Welt. Man kann nun einen Begriff, der nicht durch Abstraktion aus der Sinnenwelt genommen ist, sondern der einen aus ihm und nur aus ihm fließenden Gehalt hat, einen *intuitiven Begriff* und die Erkenntnis desselben eine intuitive nennen. Was daraus folgt, ist klar: *Ein Organismus kann nur im intuitiven Begriffe* erfasst werden. Dass es dem Menschen gegönnt sei, so zu erkennen, das zeigte Goethe durch die Tat.

In der unorganischen Welt herrscht Wechselwirkung der Teile einer Erscheinungsreihe, gegenseitiges Bedingtsein der Glieder derselben durch einander. In der organischen ist dies nicht der Fall. Hier bestimmt nicht ein Glied eines Wesens das andere, sondern das Ganze (die Idee) bedingt jedes Einzelne aus sich selbst, seinem eigenen Wesen gemäß. Dieses sich aus sich selbst Bestimmende kann man mit Goethe eine *Entelechie* nennen.

Entelechie ist also die sich aus sich selbst in das Dasein rufende Kraft. Was in die Erscheinung tritt, hat auch sinnenfälliges Dasein, aber dies ist durch jenes entelechische Prinzip bestimmt. Daraus entspringt auch der scheinbare Widerspruch. Der Organismus bestimmt sich aus sich selbst, macht seine Eigenschaften einem vorausgesetzten Prinzipe gemäß und doch ist er sinnlich-wirklich. Er ist also auf eine ganz andere Weise zu seiner sinnlichen Wirklichkeit gekommen als die andern Objekte der Sinnenwelt; er scheint daher auf nicht natürlichem Wege entstanden zu sein. Nun ist es aber auch ganz erklärlich, dass der Organismus in seiner Äußerlichkeit ebenso den Einflüssen der Sinnenwelt ausgesetzt ist wie jeder andere Körper. Der vom Dache fallende Stein kann ebenso ein lebendes Wesen wie einen unorganischen Körper treffen. Durch Aufnahme von Nahrung usw. ist der Organismus mit der Außenwelt im Zusammenhang, alle physischen Verhältnisse der Außenwelt wirken auf ihn ein. Natürlich kann dies auch nur insoferne stattfinden, als der Organismus Objekt der Sinnenwelt, räumlich-zeitliches Objekt ist. Dieses Objekt der Außenwelt nun, das zum Dasein gekommene entelechische Prinzip, ist die äußere Erscheinung des Organismus. Da er hier aber nicht nur seinen eigenen Bildungsgesetzen, sondern auch den Bedingungen der Außenwelt unterworfen ist; nicht nur so ist, wie er dem Wesen des sich aus sich selbst bestimmenden entelechischen Prinzipes gemäß sein sollte, sondern so, wie er von anderem abhängig, beeinflusst ist, so erscheint er gleichsam sich selbst nie ganz angemessen, nie bloß seiner eigenen Wesenheit gehorchend. Da tritt nun die menschliche Vernunft ein und bildet sich *in der Idee* einen Organismus, der nicht den Einflüssen der Außenwelt gemäß, sondern nur jenem Prinzipe entsprechend ist. Jeder zufällige Einfluss, der mit dem Organischen *als solchen* nichts zu tun hat, fällt dabei ganz weg. Diese rein dem Organischen im Organismus entsprechende Idee ist nun die Idee des Urorganismus, der *Typus* Goethes. Hieraus sieht man auch die hohe Berechtigung dieser Typusidee ein. Sie ist nicht ein bloßer *Verstandesbegriff*, sie ist dasjenige, was in jedem Organismus das wahrhaft Organische ist, ohne welches derselbe nicht Organismus wäre. Sie ist sogar reeller als jeder einzelne wirkliche Organismus, weil sie sich in *jedem* Organismus offenbart. Sie drückt auch das Wesen eines Organismus *voller*, *reiner* aus als jeder einzelne, *besondere* Organismus. Sie ist auf wesentlich andere Weise gewonnen als der Begriff eines unorganischen Vorganges. Jener ist abgezogen, abstrahiert aus der Wirklichkeit, er ist nicht in letzterer wirksam; die Idee des Organismus aber ist als Entelechie im Organismus tätig, wirksam, sie ist in der von unserer Vernunft erfassten Form nur die Wesenheit der Entelechie selbst. Sie fasst die Erfahrung nicht zusammen; sie *bewirkt* das zu Erfahrende. Goethe drückt dies mit den Worten aus: «Begriff ist *Summe*, Idee *Resultat* der Erfahrung; jene zu ziehen, wird Verstand, dieses zu erfassen, Vernunft erfordert.» («Sprüche in Prosa», Nr. 1016) Damit ist jene Art der Realität, die dem Goethe'schen Urorganismus (Urpflanze oder Urtier) zukommt, erklärt. Diese Goethe'sche Methode ist offenbar die einzig mögliche, um in das Wesen der Organismenwelt einzudringen.

Beim Unorganischen ist es als wesentlich zu betrachten, dass die Erscheinung in ihrer Mannigfaltigkeit mit der sie erklärenden Gesetzlichkeit nicht identisch ist, sondern auf letztere, als auf ein ihr Äußeres, bloß hinweist. Die Anschauung – das materielle Element der Erkenntnis –, die uns durch die äußeren Sinne gegeben ist, und der Begriff – das Formelle –, durch den wir die Anschauung als notwendig erkennen, stehen einander gegenüber als zwei einander zwar objektiv fordernde Elemente, aber so, dass der Begriff nicht in den einzelnen Gliedern einer Erscheinungsreihe selbst liegt, sondern in einem Verhältnisse derselben zueinander. Dieses Verhältnis, welches die Mannigfaltigkeit in ein einheitliches Ganzes zusammenfasst, ist *in den einzelnen Teilen* des Gegebenen begründet, aber als *Ganzes* (als Einheit) kommt es nicht zur reellen, konkreten Erscheinung. Zur äußeren Existenz – im Objekte – kommen nur *die Glieder* dieses Verhältnisses. Die Einheit, der Begriff kommt *als solcher* erst in unserem Verstande zur Erscheinung. Es kommt ihm die Aufgabe zu, das Mannigfaltige der Erscheinung zusammenzufassen, er verhält sich zu dem letzteren als *Summe*. Wir haben es hier mit einer Zweiheit zu tun, mit der mannigfaltigen Sache, die wir *anschauen*, und mit der Einheit, die wir *denken*. In der organischen Natur stehen die Teile des Mannigfaltigen eines Wesens nicht in einem solchen äußerlichen Verhältnisse zueinander. Die Einheit kommt mit der Mannigfaltigkeit zugleich als mit ihr identisch in dem Angeschauten zur Realität. Das Verhältnis der einzelnen Glieder eines Erscheinungsganzen (Organismus) ist ein reelles geworden. Es kommt nicht mehr bloß in unserem Verstande zur konkreten Erscheinung, sondern im Objekte selbst, in welch' letzterem es die Mannigfaltigkeit aus sich selbst hervorbringt. Der

Begriff hat nicht bloß die Rolle einer Summe, eines Zusammenfassenden, welches sein Objekt *außer* sich hat, er ist mit demselben vollkommen *eins* geworden. Was wir anschauen, ist nicht mehr verschieden von dem, wodurch wir das Angeschaute denken; wir schauen den Begriff als Idee selbst an. Daher nennt Goethe das Vermögen, wodurch wir die organische Natur begreifen, *anschauende Urteilskraft*. Das Erklärende – das Formelle der Erkenntnis, der Begriff – und das Erklärte – das Materielle, die Anschauung – sind identisch. Die Idee, durch welche wir das Organische erfassen, ist somit wesentlich verschieden von dem Begriffe, durch den wir das Unorganische erklären; sie fasst ein gegebenes Mannigfaltiges nicht bloß – wie eine Summe – zusammen, sondern setzt ihren eigenen Inhalt aus sich heraus. Sie ist *Resultat* des Gegebenen (der Erfahrung), konkrete Erscheinung. Hierin liegt der Grund, warum wir in der unorganischen Naturwissenschaft von *Gesetzen* (Naturgesetzen) sprechen und die Tatsachen durch sie erklären, in der organischen Natur dies dagegen durch *Typen* tun. Das *Gesetz* ist mit der Mannigfaltigkeit der Anschauung, die es beherrscht, nicht ein und dasselbe, es steht über ihr; im Typus aber ist Ideelles und Reelles zur Einheit geworden, das Mannigfaltige kann nur als ausgehend von einem Punkte des mit ihm identischen Ganzen erklärt werden.

In der Erkenntnis dieses Verhältnisses zwischen der Wissenschaft des Unorganischen und jener des Organischen liegt das Bedeutsame Goethe'scher Forschung. Man irrt daher, wenn man heute vielfach die letztere für eine Vorausnahme jenes Monismus erklärt, welcher eine das Organische wie das Unorganische umfassende einheitliche Naturanschauung dadurch begründen will, dass er das erstere auf dieselben Gesetze – die mechanisch-physikalischen Kategorien und Naturgesetze – zurückzuführen bestrebt ist, von denen das letztere bedingt wird. Wie Goethe sich eine monistische Anschauung denkt, haben wir gesehn. Die Art, wie er das Organische erklärt, ist wesentlich verschieden von der, wie er beim Unorganischen vorgeht. Er will die mechanische Erklärungsweise streng abgelehnt wissen bei dem, was höherer Art ist (siehe «Sprüche in Prosa», Nr. 798, 800 und 801). Er tadelt an Kieser und Link, dass sie die organischen Erscheinungen auf unorganische Wirkungsweisen zurückführen wollen (siehe unten S. 198 und 206).

Die Veranlassung zu der angedeuteten irrtümlichen Ansicht über Goethe hat das Verhältnis gegeben, in das er sich zu Kant in Bezug auf die Möglichkeit einer Erkenntnis der organischen Natur gesetzt hat (siehe oben S. LVIII [89]). Wenn aber Kant behauptet, dass unser Verstand die organische Natur nicht zu erklären vermag, so meint er damit gewiss nicht, dass sie auf mechanischer Gesetzlichkeit beruht, und er sie nur als eine Folge mechanisch-physikalischer Kategorien nicht fassen kann. Der Grund von diesem Unvermögen liegt nach Kant vielmehr gerade darin, dass unser Verstand bloß Mechanisch-Physikalisches erklären kann und das Wesen des Organismus *nicht* dieser Natur ist. Wäre es dieses, so könnte der Verstand vermöge der ihm zu Gebote stehenden Kategorien es sehr wohl begreifen. Goethe denkt nun nicht etwa daran, die organische Welt *trotz* Kant als Mechanismus zu erklären, sondern er behauptet, dass uns das Vermögen keineswegs abgehe, jene höhere Art der Naturwirksamkeit, welche das Wesen des Organischen begründet, zu erkennen.

Indem wir das vorhin Gesagte erwägen, tritt uns sogleich ein wesentlicher Unterschied zwischen anorganischer und organischer Natur entgegen. Weil dort jeder beliebige Prozess einen anderen bewirken kann, dieser wieder einen anderen usf., so erscheint die Reihe der Vorgänge nirgend als eine geschlossene, alles ist in steter Wechselwirkung, ohne dass sich eine gewisse Gruppe von Objekten der Einwirkung anderer gegenüber abzuschließen vermöchte. Die anorganischen Wirkungsreihen haben nirgends Anfang und Ende, das Folgende steht mit dem Vorhergehenden nur in einem zufälligen Zusammenhange. Fällt ein Stein zur Erde, so hängt es von der zufälligen Form des Objektes, auf welches er fällt, ab, welche Wirkung er ausübt. Anders nun ist die Sache in einem Organismus. Hier ist die Einheit das erste. Die auf sich gebaute Entelechie enthält eine Anzahl sinnlicher Gestaltungsformen, von denen eine die erste, eine andere die letzte sein muss, bei denen nur immer in ganz bestimmter Weise die eine auf die andere folgen kann. Die ideelle Einheit setzt aus sich heraus eine Reihe sinnenfälliger Organe in zeitlicher Aufeinanderfolge und in räumlichem Nebeneinandersein und schließt sich in ganz bestimmter Weise von der übrigen Natur ab. Sie setzt ihre Zustände aus sich heraus. Daher sind sie auch nur in der Weise zu begreifen, dass man das aus einer ideellen Einheit hervorgehende Gestalten aufeinanderfolgender Zustände verfolgt, d.h. *ein organisches Wesen ist nur in seinem Werden, in seiner Entwickelung, zu verstehen*. Der unorganische Körper ist abgeschlossen, starr, nur von außen zu erregen, innen unbeweglich. Der Organismus ist die Unruhe in sich selbst, vom Innern heraus stets sich umbildend, verwandelnd, Metamorphosen bildend. Darauf beziehen sich folgende Aussprüche Goethes: «Die Vernunft ist auf das Werdende, der Verstand auf das Gewordene angewiesen; jene bekümmert sich nicht: wozu? dieser fragt nicht: woher? – Sie erfreut sich am *Entwickeln*; er wünscht alles festzuhalten, damit er es nutzen könne» («Sprüche in Prosa» 896) und: «Die Vernunft hat nur über das Lebendige Herrschaft; die entstandene Welt, mit der sich die Geognosie abgibt, ist daher tot».

Der Organismus tritt uns in der Natur in zwei Hauptformen entgegen: als Pflanze und als Tier; in beiden auf verschiedene Weise. Die Pflanze unterscheidet sich vom Tiere durch den Mangel eines *reellen* Innenlebens. Beim Tiere tritt das letztere als Empfindung, willkürliche Bewegung usw. auf. Die Pflanze hat ein solches seelisches Prinzip nicht. Sie geht noch ganz in ihrer Äußerlichkeit, in der *Gestalt* auf. Indem jenes entelechische Prinzip gleichsam von einem Punkt aus das Leben bestimmt, tritt es uns in der Pflanze in der Weise entgegen, dass alle einzelnen Organe nach demselben Gestaltungsprinzipe gebildet sind. Die Entelechie erscheint hier als Gestaltungskraft der einzelnen Organe. Letztere sind alle nach einem und demselben Bildungstypus gebaut, sie erscheinen als Modifikationen *eines* Grundorganes, als Wiederholung desselben auf verschiedenen Entwickelungsstufen. Das, was die Pflanze zur Pflanze macht, *eine gewisse formenbildende Kraft*, ist in jedem Organe auf gleiche Weise wirksam. Jedes Organ erscheint so als *identisch* mit allen andern und auch mit der ganzen Pflanze. Goethe drückt dies so aus: «Es ist mir nämlich aufgegangen, dass in demjenigen Organ der Pflanze, welches wir als Blatt gewöhnlich anzusprechen pflegen, der wahre Proteus verborgen liege, der sich in allen Gestaltungen verstecken und offenbaren könne. Vorwärts und rückwärts ist die Pflanze immer nur Blatt, mit dem künftigen Keime so unzertrennlich vereint, dass man eins ohne das andere nicht denken darf.» Die Pflanze erscheint so gleichsam aus lauter einzelnen Pflanzen zusammengesetzt, als ein komplizierteres Individuum, das wieder aus einfacheren besteht. Die Bildung der Pflanze schreitet also von Stufe zu Stufe vor und bildet Organe, jedes ist mit jedem andern identisch, d. h. dem Bildungsprinzip nach gleich, der Erscheinung nach verschieden. Die innere Einheit dehnt sich bei der Pflanze gleichsam in die Breite, sie lebt sich in der Mannigfaltigkeit aus, verliert sich in derselben, sodass sie nicht, wie wir dies später am Tiere sehen werden, ein mit einer gewissen Selbstständigkeit ausgestattetes konkretes Dasein gewinnt, welches als Lebenszentrum der Mannigfaltigkeit der Organe gegenübertritt und sie als Vermittler mit der Außenwelt gebraucht.

Es entsteht nun die Frage: Wodurch wird jene Verschiedenheit in der Erscheinung der dem inneren Prinzipe nach identischen Pflanzenorgane herbeigeführt? Wie ist es den Bildungsgesetzen, die alle nach *einem* Gestaltungsprinzipe wirken, möglich, das eine Mal ein Laubblatt, das andere Mal ein Kelchblatt hervorzubringen? Die Verschiedenheit kann bei dem ganz in der Äußerlichkeit liegenden Leben der Pflanze auch nur auf äußerlichen, d. h. räumlichen Momenten beruhen. Als solche sieht Goethe nun eine abwechselnde Ausdehnung und

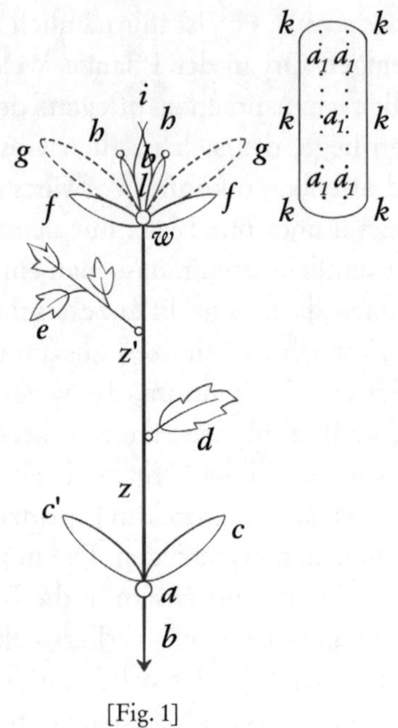

[Fig. 1]

Zusammenziehung an. Indem das entelechische, aus einem Punkte wirkende Prinzip des Pflanzenlebens ins Dasein tritt, manifestiert es sich als räumlich, die Bildungskräfte wirken im Raume. Sie erzeugen Organe von bestimmter räumlicher Form. Nun konzentrieren sich diese Kräfte entweder, sie streben gleichsam in einen einzigen Punkt zusammen, und dies ist das Stadium der Zusammenziehung, oder sie breiten sich aus, entfalten sich, sie trachten sich gewissermaßen voneinander zu entfernen: dies ist das Stadium der Ausdehnung. Im ganzen Leben der Pflanze wechseln drei Ausdehnungen mit drei

Zusammenziehungen. Alles, was in die dem Wesen nach identischen Bildungskräfte der Pflanze Verschiedenes hineinkommt, rührt von dieser wechselnden Ausdehnung und Zusammenziehung her [Fig. 1]. Zuerst ruht die ganze Pflanze der Möglichkeit nach auf einen Punkt *zusammengezogen* im Samen (*a*). Daraus tritt sie nun hervor und entfaltet sich, *dehnt sich aus* in der Blattbildung (*c*). Die Bildungskräfte stoßen sich immer mehr ab, daher erscheinen die unteren Blätter noch roh, kompakt (*cc'*); je weiter aufwärts, desto gerippter, gezackter werden sie. Was sich vorher noch aneinanderdrängte, tritt jetzt auseinander (Blatt *d* und *e*). Was früher in aufeinanderfolgenden Zwischenräumen (*zz'*), das tritt in der Kelchbildung (*f*) wieder an einem Punkte des Stängels auf (*w*). Die Letztere bildet die zweite Zusammenziehung. In der Blumenkrone tritt neuerdings eine Entfaltung, *Ausbreitung* ein. Die Blumenblätter (*g*) sind im Vergleiche zu den Kelchblättern feiner, zarter, was nur von einer geringeren Intensität auf einem Punkte, also von einer größeren Extension der Bildungskräfte herrühren kann. In den Geschlechtsorganen (Staubgefäße (*h*) und Stempel (*i*)) tritt die nächste Zusammenziehung ein, worauf in der Fruchtbildung (*k*) eine neue Ausdehnung stattfindet. In dem aus der Frucht hervorgehenden Samen (*a*) erscheint wieder das ganze Wesen der Pflanze auf einen Punkt zusammengedrängt.[104]

104 Die Frucht entsteht durch Auswachsung des unteren Teiles des Stempels (Fruchtknotens *l*); sie stellt ein späteres Stadium desselben dar, kann also nur getrennt gezeichnet werden. In der Fruchtbildung tritt die letzte Ausdehnung ein. Das Pflanzenleben differenziert sich in ein abschließendes Organ, eigentliche Frucht, und in den Samen; in der ersteren sind gleichsam alle Momente der Erscheinung vereinigt, sie ist bloße Er-

Die ganze Pflanze stellt nur eine Entfaltung, eine Realisation des in der Knospe oder im Samen der Möglichkeit nach Ruhendem dar. Knospe und Same brauchen nur die geeigneten äußeren Einflüsse, um zu vollkommnen Pflanzenbildungen zu werden. Der Unterschied zwischen Knospe und Same ist nur dieser, dass der letztere unmittelbar die Erde zum Boden seiner Entfaltung hat, während die erstere im Allgemeinen eine Pflanzenbildung auf einer Pflanze selbst darstellt. Der Same stellt ein Pflanzenindividuum höherer Art oder, wenn man will, einen ganzen Kreis von Pflanzengebilden dar. Die Pflanze beginnt gleichsam mit jeder Knospenbildung ein neues Stadium ihres Lebens, sie regeneriert sich, sie konzentriert ihre Kräfte, um sie von Neuem wieder zu entfalten. Die Knospenbildung ist also zugleich eine Unterbrechung der Vegetation. Das Pflanzenleben kann sich zur Knospe zusammenziehen, wenn die Bedingungen eigentlichen reellen Lebens mangeln, um sich bei Eintritt derselben neuerdings zu entfalten. Die Unterbrechung der Vegetation im Winter beruht darauf. Goethe sagt darüber:[105] «Es ist gar interessant, zu bemerken, wie eine lebhaft fortgesetzte und durch starke Kälte nicht unterbrochene Vegetation wirkt: hier gibt's keine Knospen, und man lernt erst begreifen, was eine Knospe ist.» Was also bei uns in der Knospe verborgen ruht, ist dort offen am Tage; es ist also wahres Pflanzenleben, was in der

---

scheinung, sie entfremdet sich dem Leben, wird totes Produkt. Im Samen sind alle inneren, wesentlichen Momente des Pflanzenlebens konzentriert. Aus ihm entsteht eine neue Pflanze. Er ist fast ganz ideell geworden, die Erscheinung ist bei ihm auf ein Minimum reduziert.

105 Ital. Reise. Rom 2. Dez. 1786.

letzteren liegt; nur fehlen die Bedingungen seiner Entfaltung.

Man hat sich nun ganz besonders gegen den Begriff abwechselnder Ausdehnung und Zusammenziehung bei Goethe gewendet. Alle Angriffe darauf aber gehen von einem Missverständnisse aus. Man glaubt, dass diese Begriffe nur dann Gültigkeit haben könnten, wenn sich eine physikalische Ursache für sie finden ließe, wenn man eine Wirkungsweise der in der Pflanze wirkenden Gesetze nachweisen könnte, aus welcher ein solches Ausdehnen und Zusammenziehen folge. Dies zeigt nur, dass man die Sache auf die Spitze statt auf die Basis stellt. Es ist nichts vorauszusetzen, was die Ausdehnung oder Zusammenziehung bewirkt; im Gegenteile: Alles andere ist Folge der Ersteren, sie bewirken eine fortschreitende Metamorphose von Stufe zu Stufe. Man kann sich eben den Begriff nicht in seiner selbsteigenen, in seiner intuitiven Form vorstellen, man verlangt, dass er das Resultat eines äußeren Vorganges darstellen soll. Man kann sich Ausdehnung und Zusammenziehung nur als bewirkt, nicht als bewirkend denken. Goethe sieht *Ausdehnung* und *Zusammenziehung* nicht so an, als ob sie aus der Natur der an der Pflanze vor sich gehenden unorganischen Prozesse folgen würden, sondern er betrachtet sie als die Art, wie sich jenes innere entelechische Prinzip gestaltet. Er konnte sie also nicht als Summe, als Zusammenfassung sinnenfälliger Vorgänge ansehen und aus solchen deduzieren, sondern er musste sie als eine Folge des innern einheitlichen Prinzips selbst ableiten.

Das Pflanzenleben wird unterhalten durch den Stoffwechsel. In Bezug auf diesen tritt eine wesentliche Verschiedenheit zwischen jenen Organen ein, welche näher der Wurzel, d. h. dem Organe, das die Nahrungsaufnahme aus der Erde besorgt, und jenen, welche den bereits durch andere Organe hindurchgegangenen Nahrungsstoff bekommen. Erstere erscheinen unmittelbar von ihrer äußeren anorganischen Umgebung abhängig, diese dagegen von den ihnen vorhergehenden organischen Teilen. Jedes folgende Organ erhält daher eine gleichsam für sich, durch das vorhergehende zubereitete Nahrung. Die Natur schreitet vom Samen zur Frucht in einer Stufenfolge fort, sodass das Nachfolgende als Resultat des Vorangehenden erscheint. Und dieses Fortschreiten nennt Goethe ein *Fortschreiten auf einer geistigen Leiter.* Nichts weiter als das von uns Angedeutete liegt in seinen Worten, «dass ein oberer Knoten, indem er aus dem vorhergehenden entsteht und die Säfte mittelbar durch ihn empfängt, solche feiner und filtrierter erhalten, auch von der inzwischen geschehenen Einwirkung der Blätter genießen, sich selbst feiner ausbilden und seinen Blättern und Augen feinere Säfte zubringen müsse». Alle diese Dinge werden verständlich, wenn man ihnen den von Goethe gemeinten Sinn beilegt.

Die hier dargelegten Ideen sind die im Wesen der Urpflanze gelegenen Elemente, und zwar in der bloß dieser selbst angemessenen Weise, nicht so, wie sie in einer bestimmten Pflanze zur Erscheinung kommen, wo sie nicht mehr ursprünglich, sondern den äußeren Verhältnissen angemessen sind.

Beim Tierleben tritt nun freilich etwas anderes ein. Das Leben verliert sich hier nicht in der Äußerlichkeit, sondern es separiert sich, sondert sich von der Körperlichkeit ab und gebraucht die körperliche Erscheinung nur noch als sein Werkzeug. Es äußert sich nicht mehr als bloßes Vermögen, einen Organismus von innen heraus zu gestalten, sondern es äußert sich in einem Organismus als etwas, was noch außer dem Organismus als dessen beherrschende Macht da ist. Das Tier erscheint als eine in sich beschlossene Welt, ein Mikrokosmos in viel höherem Sinne als die Pflanze. Es hat ein Zentrum, dem jedes Organ dient.

> So ist jeglicher Mund geschickt die Speise zu fassen,
> Welche dem Körper gebührt, es sei nun schwächlich und
> zahnlos
> Oder mächtig der Kiefer gezähnt; in jeglichem Falle
> Fördert ein schicklich Organ den übrigen Gliedern die
> Nahrung.
> Auch bewegt sich jeglicher Fuß, der lange, der kurze
> Ganz harmonisch zum Sinne des Tiers und seinem
> Bedürfnis.[106]

Bei der Pflanze ist in jedem Organe die ganze Pflanze, aber das Lebensprinzip existiert nirgend als ein bestimmtes Zentrum, die Identität der Organe liegt in der Gestaltung nach denselben Gesetzen. Beim Tiere erscheint jedes Organ als aus jenem Zentrum kommend, das Zentrum bildet seinem Wesen gemäß alle Organe. Die Gestalt des Tieres ist also die Grundlage für sein äußerliches Dasein. Sie ist aber von innen bestimmt. Die Lebensweise muss sich also nach jenen inneren Gestaltungsprinzipien richten. Andrerseits ist die innere Bildung in sich unumschränkt, frei, sie kann sich den äußeren Einflüssen innerhalb gewisser Grenzen fügen; doch

---

106 Unten 344, Z. 24 – 345, Z. 2.

ist diese Bildung eine durch die innere Natur des Typus und nicht durch mechanische Einwirkungen von außen bestimmte, die Anpassung kann also nicht so weit gehen, dass sie den Organismus nur als ein Produkt der Außenwelt erscheinen ließe. Seine Bildung ist eine in Grenzen eingeschränkte.

> Diese Grenzen erweitert kein Gott, es ehrt die Natur sie:
> Denn nur also beschränkt war je das Vollkommene
> möglich.[107]

Wäre jedes tierische Wesen nur den im Urtiere liegenden Prinzipien gemäß, so wären sie alle gleich. Nun aber gliedert sich der tierische Organismus in eine Menge von Organsystemen, die jedes bis zu einem bestimmten Grad der Ausbildung kommen können. Dieses begründet nun eine verschiedenartige Entwickelung. Der Idee nach gleichberechtigt mit allen andern, kann sich doch ein System besonders in den Vordergrund drängen, kann den im tierischen Organismus liegenden Vorrat von Bildungskräften auf sich verwenden und ihn den anderen Organen entziehen. Das Tier erscheint so nach der Richtung jenes Organsystemes hin besonders ausgebildet. Ein anderes Tier erscheint nach einer andern Richtung gebildet. Hierin liegt die Möglichkeit der Differenzierung des Urorganismus bei seinem Übergange in die Erscheinung in Gattungen und Arten.

Die wirklichen (tatsächlichen) Ursachen der Differenzierung sind damit aber noch nicht gegeben. Hier treten in ihre Rechte: die Anpassung, welcher zufolge sich der Organismus den ihn umgebenden äußeren Verhältnissen

107 Ebenda S. 345, 12–13.

gemäß gestaltet, und der *Kampf ums Dasein*, der darauf hinarbeitet, dass nur die den obwaltenden Umständen am besten angepassten Wesen sich erhalten. Anpassung und Kampf ums Dasein könnten aber am Organismus gar nichts bewirken, wenn das den Organismus konstituierende Prinzip nicht ein solches wäre, das bei stets aufrechterhaltener innerer Einheit die mannigfaltigsten Formen annehmen kann. Der Zusammenhang der äußeren Bildungskräfte mit diesem Prinzipe ist keineswegs so aufzufassen, als wenn die ersteren auf die letzteren etwa in der Art bestimmend einwirkten wie ein unorganisches Wesen auf ein anderes. Die äußeren Verhältnisse sind zwar die Veranlassung, *dass* sich der Typus in einer bestimmten Form ausbildet, diese Form selbst aber ist nicht aus den äußeren Bedingungen, sondern aus dem innern Prinzipe herzuleiten. Man wird bei dieser Erklärung die ersteren immer aufzusuchen haben, die Gestalt selbst aber hat man nicht als *ihre* Folge zu betrachten. Das Ableiten von Gestaltungsformen eines Organismus aus der umgebenden Außenwelt durch bloße Kausalität würde Goethe gerade so verworfen haben, wie er es mit dem teleologischen Prinzip getan hat, wonach die Form eines Organes auf einen äußeren Zweck, dem es zu dienen hätte, zurückgeführt wurde.

Bei denjenigen Organsystemen des Tieres, bei denen es mehr auf die Äußerlichkeit des Baues ankommt, z. B. bei den Knochen, da tritt auch jenes bei den Pflanzen beobachtete Gesetz wieder hervor, wie bei der Bildung der Schädelknochen. Die Gabe Goethes, die innere Gesetzmäßigkeit in rein äußerlichen Formen zu erkennen, tritt hier ganz besonders hervor.

Der Unterschied, der mit diesen Anschauungen Goethes zwischen Pflanze und Tier festgestellt wird, könnte belanglos erscheinen angesichts dessen, dass die neuere Wissenschaft Gründe zu berechtigten Zweifeln an einer festen Grenze zwischen Pflanze und Tier hat. Der Unmöglichkeit der Aufstellung einer solchen Grenze war sich aber Goethe schon bewusst (siehe unten S. 11, 6–18). Dennoch gibt er bestimmte Definitionen von Pflanze und Tier. Das hängt mit seiner ganzen Naturanschauung zusammen. Er nimmt *in der Erscheinung* überhaupt kein *Konstantes, Festes* an, denn in letzterer schwankt alles in steter Bewegung. Das im Begriffe festzuhaltende *Wesen einer Sache* ist aber nicht schwankenden Formen zu entnehmen, sondern gewissen *mittleren Stufen*, auf denen es sich beobachten lässt (siehe unten S. 8, 21–24). Es ist für Goethes Anschauung ganz natürlich, dass man bestimmte Definitionen aufstellt und diese trotzdem in der Erfahrung von gewissen Übergangsgilden nicht festgehalten werden. Ja er sieht gerade darin das bewegliche Leben der Natur.

Mit diesen Ideen hat Goethe ein für alle Mal die theoretische Grundlage für die organische Wissenschaft begründet. Er hat das Wesen des Organismus gefunden. Man kann dieses leicht verkennen, wenn man verlangt, dass der Typus, jenes sich aus sich heraus gestaltende Prinzip (*Entelechie*), selbst erklärt werden solle. Aber dies ist eine unbegründete Forderung, weil der Typus, in intuitiver Form festgehalten, sich selbst erklärt. Für jeden, der jenes «sich nach sich selbst formen» des entelechischen Prinzipes erfasst hat, bildet dieses die Lösung des Lebensrätsels. Eine andere Lösung ist unmöglich, weil jene das Wesen der Sache selbst ist.

Wenn der Darwinismus einen Urorganismus voraussetzen muss, so kann man von Goethe sagen, dass er das Wesen jenes Urorganismus entdeckt hat.[108] Goethe ist es, welcher mit dem bloßen Nebeneinanderreihen der Gattungen und Arten brach und eine Regeneration der organischen Wissenschaft dem Wesen des Organismus gemäß vornahm. Während die Vor-Goethe'sche Systematik ebenso viele verschiedene Begriffe (Ideen) brauchte, als äußerlich verschiedene Gattungen existieren, zwischen denen sie keine Vermittlung fand, erklärte Goethe, dass der Idee nach alle Organismen gleich, nur der Erscheinung nach verschieden sind, und er erklärte, warum sie es sind. Damit war die philosophische Grundlage für ein wissenschaftliches System der Organismen geschaffen. Es handelte sich nur noch um die Ausführung desselben. Es müsste gezeigt werden, wie alle reellen Organismen nur Offenbarungen einer Idee seien und *wie* sie sich in einem bestimmten Falle offenbaren.

Die große Tat, welche damit in der Wissenschaft getan war, wurde auch mannigfach von tiefer gebildeten

---

108 In der modernen Naturlehre versteht man unter Urorganismus gewöhnlich eine Urzelle (Urcytode), d.h. ein einfaches Wesen, welches auf der untersten Stufe der organischen Entwickelung steht. Man hat hier ein ganz bestimmtes, reales, sinnenfällig wirkliches Wesen im Auge. Wenn man im Goethe'schen Sinne von Urorganismus spricht, so ist nicht dieses ins Auge zu fassen, sondern jene Essenz (Wesenheit), jenes gestaltende, entelechische Prinzip, welches bewirkt, dass jene Urzelle ein Organismus ist. Dieses Prinzip kommt im einfachsten Organismus ebenso wie im vollendetsten zur Erscheinung, nur in verschiedener Ausbildung. Es ist die Tierheit im Tiere, das wodurch ein Wesen ein Organismus ist. Darwin setzt es von Anfang an voraus, es ist da, wird eingeführt und dann sagt er von ihm, dass es auf die Einflüsse der Außenwelt in dieser oder jener Weise reagierte. Es ist bei ihm ein unbestimmtes *X*, dieses unbestimmte *X* suchte Goethe zu erklären.

Gelehrten anerkannt. Der jüngere d'Alton[109] schreibt am 6. Juli 1827 an Goethe: «Ich würde es für die schönste Belohnung erachten, wenn Euer Exzellenz, dem die Naturwissenschaft nicht allein *eine völlige Umgestaltung in großartigen Überblicken und neuen Ansichten* der Botanik, sondern selbst vielfache Bereicherungen der Knochenlehre verdankt, in vorliegenden Blättern ein beifallswertes Bestreben erkennten.» Nees von Esenbeck[110] am 24. Juni 1820: «In Ihrer Schrift, die Sie einen ‹Versuch, die Metamorphose der Pflanzen zu erklären›, nannten, hat zuerst die Pflanze unter uns über sich selbst geredet und in dieser schönen Vermenschlichung auch mich, als ich noch jung war, bestrickt.» Endlich Voigt[111] am 6. Juni 1831: «Mit lebhafter Teilnahme und untertänigem Dank habe ich die kleine Schrift über die Metamorphose angefangen, welche mich als so frühen Teilnehmer an dieser Lehre nun auch auf das Verbindlichste historisch einverleibt. Es ist sonderbar, man ist gegen die animalische Metamorphose – (ich meine nicht die alte der Insekten, sondern die von der Wirbelsäule ausgehende) – billiger gewesen als gegen die vegetabilische. Abgesehen von den Plagiaten und Missbräuchen, möchte die stille Anerkennung darin ihren Grund haben, dass man bei ihr *weniger zu riskieren* glaubte. Denn beim Skelett bleiben die isolierten Knochen ewig dieselben, in der Botanik aber droht die Metamorphose die ganze Terminologie und folglich *die Bestimmung der Spezies* umzuwerfen, und da fürchten sich denn die Schwachen, weil sie nicht

109 Naturwissensch. Korr. I, 28.

110 Ebenda II, 19 f.

111 Ebenda II, 360 f.

wissen, wohin so etwas führen könne.» Hier ist volles Verständnis der Goethe'schen Ideen vorhanden. Es ist das Bewusstsein da, dass eine neue Art der Anschauung des Individuellen Platz greifen müsse, und aus dieser neuen Anschauung sollte erst die neue Systematik, die Betrachtung des Besonderen hervorgehen. Der auf sich selbst gebaute Typus enthält die Möglichkeit, bei seinem Eintreten in die Erscheinung unendlich mannigfaltige Formen anzunehmen, und diese Formen sind der Gegenstand unserer sinnlichen Anschauung, diese mannigfaltigen Formen sind die im Raume und in der Zeit lebenden Gattungen und Arten der Organismen. Indem unser Geist jene allgemeine Idee, den Typus erfasst, hat er das ganze Organismenreich in seiner Einheit begriffen; wenn er nun die Gestaltung des Typus in jeder besonderen Erscheinungsform *anschaut*, wird ihm die letztere begreiflich, sie erscheint ihm als eine der Stufen, der Metamorphosen, in denen sich der Typus verwirklicht. Und diese verschiedenen Stufen aufzuzeigen, sollte das Wesen der durch Goethe zu begründenden Systematik sein. Sowohl im Tier- wie im Pflanzenreiche herrscht eine aufsteigende Entwickelungsreihe, die Organismen gliedern sich in vollkommene und unvollkommene. Wie ist dieses möglich? Die ideelle Form, der Typus der Organismen hat eben das Charakteristische, dass er aus räumlich-zeitlichen Elementen besteht, er erschien deshalb auch Goethe als eine *sinnlich-übersinnliche* Form. Er enthält räumlich-zeitliche Formen als ideelle Anschauung (intuitiv). Wenn er nun in die Erscheinung tritt, kann die wahrhaft (nicht mehr intuitiv) sinnliche Form jener ideellen völlig entsprechen oder nicht, es kann der Typus zu seiner vollkommenen Ausbildung kommen oder nicht. Die niedern Organismen sind eben dadurch die niedern, dass ihre Erscheinungsform nicht völlig dem organischen Typus entspricht. Je mehr äußere Erscheinung und organischer Typus in einem bestimmten Wesen sich decken, desto vollkommener ist dasselbe. Dies [ist] der objektive Grund einer aufsteigenden Entwickelungsreihe. Die Aufzeigung dieses Verhältnisses bei jeder Organismenform nun ist die Aufgabe einer systematischen Darstellung. Bei Aufstellung des Typus, der Urorganismen, kann aber hierauf keine Rücksicht genommen werden, es kann sich dabei nur darum handeln, eine Form zu finden, welche den vollkommensten Ausdruck des Typus darstellt. Eine solche soll Goethes Urpflanze bieten.

Man hat Goethe den Vorwurf gemacht, dass er bei Aufstellung seines Typus auf die Welt der Kryptogamen keine Rücksicht genommen. Wir haben schon früher darauf hingewiesen, dass dieses nur in völlig bewusster Weise geschehen sein kann, da er sich mit dem Studium dieser Pflanzen auch beschäftigt hat. Es hat aber seinen objektiven Grund. Die Kryptogamen sind eben jene Pflanzen, in denen die Urpflanze nur höchst einseitig zum Ausdrucke kommt, sie stellen die Pflanzenidee in einer einseitigen sinnenfälligen Form dar. Sie können an der aufgestellten Idee beurteilt werden, diese selbst aber kommt in den Phanerogamen erst zu ihrem völligen Ausbruche.

Was aber hier zu sagen ist, ist dieses, dass Goethe diese Ausführung seiner Grundgedanken nie vollbracht hat, dass er das Reich des Besonderen zu wenig betreten hat. Daher bleiben alle seine Arbeiten fragmentarisch. Seine

Absicht, auch hier Licht zu schaffen, zeigen uns seine Worte in der «Ital. Reise» (27. Sept. 1786), dass es ihm mithilfe seiner Ideen möglich sein werde, «Geschlechter und Arten wahrhaft zu bestimmen, welches, wie mich dünkt, bisher sehr willkürlich geschieht». Dieses Vorhaben hat er nicht ausgeführt, den Zusammenhang seiner allgemeinen Gedanken mit der Welt des Besonderen, mit der Wirklichkeit der einzelnen Formen nicht besonders dargelegt. Dies sah er selbst als einen Mangel seiner Fragmente an; er schreibt am 28. Juni 1828 darauf bezüglich an Soret[112] von de Candolle: «Auch wird mir immer klarer, wie er die Intentionen ansieht, in denen ich mich fortbewege und die in meinem kurzen *Aufsatze über die Metamorphose zwar deutlich genug ausgesprochen sind, deren Bezug aber auf die Erfahrungsbotanik, wie ich längst weiß, nicht deutlich genug hervorgeht.*» Dies ist wohl auch der Grund, warum Goethes Anschauungen so missverstanden wurden, denn sie wurden es nur deshalb, weil sie überhaupt *nicht* verstanden wurden.

In Goethes Begriffen erhalten wir auch eine ideelle Erklärung für die durch Darwin und Haeckel gefundene Tatsache, dass die Entwickelungsgeschichte des Individuums eine Repetition der Stammesgeschichte repräsentiert. Denn für mehr als eine unerklärte Tatsache kann das, was Haeckel hier bietet, doch nicht genommen werden. Es ist die Tatsache, dass jedes Individuum alle jene Entwickelungsstadien in abgekürzter Form durchmacht, welche uns zugleich die Paläontologie als gesonderte organische Formen aufweist. Haeckel und seine An-

112 Goethes Briefe an Soret hgg. von Hermann Uhde.

hänger erklären dieses aus dem Gesetze der Vererbung. Aber letzteres ist selbst nichts anderes als ein *abgekürzter Ausdruck* für die angeführte Tatsache. Die Erklärung dafür ist, dass jene Formen sowie jedes Individuum die Erscheinungsformen eines und desselben Urbildes sind, welches in aufeinanderfolgenden Zeitperioden die der Möglichkeit nach in ihm liegenden Gestaltungskräfte zur Entfaltung bringt. Jedes höhere Individuum ist eben dadurch vollkommener, dass es durch die günstigen Einflüsse seiner Umgebung nicht gehindert wird, sich seiner inneren Natur nach völlig frei zu entfalten. Muss das Individuum dagegen durch verschiedene Einwirkungen gezwungen auf einer niedrigeren Stufe stehen bleiben, so kommen nur einige von seinen inneren Kräften zur Erscheinung und es ist dann bei ihm das ein Ganzes, was bei jenem vollkommneren Individuum nur ein Teil eines Ganzen ist. Und auf diese Weise erscheint der höhere Organismus in seiner Entwickelung aus den niedrigeren zusammengesetzt oder auch die niedrigeren erscheinen in ihrer Entwickelung als Teile des höheren. Wir müssen daher in der Entwickelung eines höheren Tieres die Entwickelungen aller niedrigeren wieder erblicken (biogenetisches Gesetz). So, wie der Physiker nicht damit zufrieden ist, bloß die Tatsachen auszusprechen und zu beschreiben, sondern nach den *Gesetzen* derselben forscht, d. h. nach den Begriffen der Erscheinungen, so kann es auch demjenigen, der in die Natur der organischen Wesen eindringen will, nicht genügen, wenn er bloß die Tatsachen der Verwandtschaft, Vererbung, Kampf ums Dasein usw. anführt, sondern er will die diesen Dingen zugrunde liegenden Ideen erkennen.

Dieses Streben finden wir bei Goethe. Was dem Physiker die drei Kepler'schen Gesetze, das sind dem Organiker die Goethe'schen Typusgedanken. Ohne sie ist uns die Welt ein bloßes Labyrinth von Tatsachen. Dies wurde oft missverstanden. Man behauptet, der Begriff der Metamorphose im Sinne Goethes wäre ein bloßes *Bild*, das sich im Grunde nur in unserem Verstande durch Abstraktion vollzogen hat. Es wäre Goethe unklar gewesen, dass der Begriff von Verwandlung der Blätter in Blütenorgane nur dann einen Sinn habe, wenn letztere z.B. die Staubgefäße einmal wirkliche Blätter waren. Allein dies stellt Goethes Anschauungen auf die Spitze. Es wird ein sinnenfälliges Organ zum prinzipiell ersten gemacht und das andere auf sinnenfällige Weise daraus abgeleitet. So hat es Goethe nie gemeint. Bei ihm ist dasjenige, welches der Zeit nach das Erste ist, durchaus nicht auch der Idee, dem Prinzipe nach das Erste. Nicht weil die Staubgefäße einmal wahre Blätter waren, sind sie letzteren heute verwandt, nein, sondern weil sie ideell, ihrem inneren Wesen nach verwandt sind, erschienen sie einmal als wahre Blätter. Die sinnliche Verwandlung ist nur Folge der ideellen Verwandtschaft und nicht umgekehrt. Heute ist der empirische Tatbestand der Identität aller Seitenorgane der Pflanze bestimmt, aber warum nennt man diese identisch? Nach Schleiden, weil sich dieselben an der Achse *alle* so entwickeln, dass sie als seitliche Hervorragungen hinausgeschoben werden, in der Weise, dass die seitliche Zellenbildung nur an dem ursprünglichen Körper bleibt und an der zuerst gebildeten Spitze sich keine neuen Zellen bilden. Dies ist eine rein äußerliche Verwandtschaft und man betrachtet als die Folge davon die Idee der Identität. Anders ist die Sache wieder bei Goethe. Die Seitenorgane sind bei ihm ihrer Idee, ihrem inneren Wesen nach identisch, daher *erscheinen* sie auch nach außen als identische Bildungen. Die sinnenfällige Verwandtschaft ist bei ihm eine Folge der inneren, ideellen. Die Goethe'sche Auffassung unterscheidet sich von der materialistischen durch die Fragestellungen, beide widersprechen einander nicht, sie ergänzen einander. Goethes Ideen bilden zu jener die Grundlage. Nicht nur eine dichterische Prophezeiung späterer Entdeckungen sind Goethes Ideen, sondern selbstständige theoretische Entdeckungen, die noch lange nicht genug gewürdigt sind, an denen die Naturwissenschaft noch lange zehren wird. Wenn die empirischen Tatsachen, die er benützte, längst durch genauere Detailforschungen überholt, teilweise sogar widerlegt sein werden, die aufgestellten Ideen sind ein- für alle Mal grundlegend für die Organik, denn sie sind von jenen empirischen Tatsachen unabhängig. Wie jeder neu aufgefundene Planet nach Keplers Gesetzen um seinen Fixstern kreisen muss, so muss jeder Vorgang in der organischen Natur nach Goethes Ideen geschehen. Lange vor Kepler und Kopernikus sah man die Vorgänge am gestirnten Himmel, diese fanden erst die Gesetze; lange vor Goethe beobachtete man das organische Naturreich, Goethe fand dessen Gesetze. *Goethe ist der Kopernikus und Kepler der organischen Welt.*

Man kann sich das Wesen der Goethe'schen Theorie auch auf folgende Weise klarmachen. Neben der gewöhnlichen empirischen Mechanik, welche nur die Tatsachen sammelt, gibt es noch eine rationelle Mechanik, welche aus der inneren Natur der mechanischen Grundprinzipien die aprioristischen Gesetze als notwendige deduziert. So wie die Erstere zur Letzteren, so verhalten sich Darwins, Haeckels usw. Theorien zur rationellen Organik Goethes. Diese Seite seiner Theorie war Goethe vom Anfange an nicht sogleich klar. Später freilich spricht er sie schon ganz entschieden aus. Wenn er am 21. Januar 1832 an Heinr. Wilh. Ferd. Wackenroder schreibt: «Fahren Sie fort, mit alledem, was Sie interessiert, mich bekannt zu machen; *es schließt sich irgendwo an meine Betrachtungen an*», so will er damit nur sagen, dass er die Grundprinzipien der organischen Wissenschaft gefunden habe, aus denen sich alles Übrige müsse ableiten lassen. In früherer Zeit aber wirkte das alles unbewusst in seinem Geiste und er behandelte die Tatsachen darnach.[113] Gegenständlich wurde es ihm erst durch jenes erste wissenschaftliche Gespräch mit Schiller, welches wir unten mitteilen.[114] Schiller erkannte sogleich die ideelle Natur von Goethes Urpflanze und behauptete, einer solchen könne keine Wirklichkeit angemessen sein. Das regte Goethe an, über das Verhältnis dessen, was er Typus nannte, zur empirischen Wirklichkeit nachzudenken. Er traf hier auf ein Problem, welches zu den bedeutsamsten des menschlichen Forschens überhaupt gehört: das Problem des Zusammenhangs von Idee und Wirklichkeit, von Denken und Erfahrung. *Das* wurde ihm immer klarer: Die einzelnen empirischen Objekte entsprechen keines seinem Typus vollkommen, kein Wesen der Natur war mit ihm identisch. Der Inhalt des Typusbegriffes kann also nicht

113 Goethe empfand dies sein unbewusstes Handeln oft als Dumpfheit. Siehe Schröer, Faustausgabe II, XXX.

114 Siehe S. 108 ff.

aus der Sinnenwelt als solcher stammen, obwohl er *an* derselben gewonnen wird. Er muss also in dem Typus selbst liegen; die Idee des Urwesens konnte nur eine solche sein, welche vermöge einer in ihr selbst liegenden Notwendigkeit einen Inhalt aus sich entwickelt, der dann in anderer Form – in Form der Anschauung – in der Erscheinungswelt auftritt. Es ist in dieser Hinsicht interessant, zu sehen, wie Goethe selbst empirischen Naturforschern gegenüber für die *Rechte der Erfahrung* und die strenge Auseinanderhaltung von Idee und Objekt eintritt. Soemmerring übersendet ihm im Jahre 1796 ein Buch, in dem er (Soemmerring) den Versuch macht, den Sitz der Seele zu entdecken. Goethe findet in einem Briefe, den er am 28. Aug. 1796 an Soemmerring richtet, dass dieser zu viel Metaphysik mit seinen Anschauungen verwoben habe; eine Idee über *Gegenstände der Erfahrung* habe keine Berechtigung, wenn sie über diese hinausginge, wenn sie nicht im Wesen der Objekte selbst begründet ist. Bei Objekten der Erfahrung sei die Idee ein Organ, das als notwendiger Zusammenhang zu fassen, was sonst im blinden Neben- und Nacheinander bloß wahrgenommen würde. Daraus aber, dass die Idee nichts Neues zu dem Objekte hinzubringen darf, folgt, dass das letztere selbst, seinem eigenen Wesen nach ein Ideelles ist, dass überhaupt die empirische Realität zwei Seiten haben muss: die eine, wonach sie Besonderes, Individuelles, die andere, wonach sie Ideell-Allgemeines ist.

Der Umgang mit den zeitgenössischen Philosophen sowie die Lektüre der Werke derselben führte Goethe manchen Gesichtspunkt in dieser Hinsicht zu. Schellings Werk «Von der Weltseele» und dessen «Entwurf einer

Naturphilosophie» (Annalen, 1798–99) sowie Steffens Grundzüge der gesamten Naturwissenschaft wirkten befruchtend auf ihn ein. Auch mit Hegel wurde manches durchgesprochen. Diese Anregungen führten endlich dahin, dass Kant, mit dem sich Goethe schon einmal, durch Schiller angeregt, beschäftigt hatte, wieder vorgenommen wurde. 1817 (siehe Annalen) betrachtete er geschichtlich dessen Einfluss auf seine Ideen über Natur und natürliche Dinge. Diesem auf das Zentrale der Wissenschaft gehenden Nachdenken verdanken wir die Aufsätze:

> Glückliches Ereignis,
> Anschauende Urteilskraft,
> Bedenken und Ergebung,
> Bildungstrieb,
> Das Unternehmen wird entschuldigt,
> Die Absicht eingeleitet,
> Der Inhalt bevorwortet,
> Geschichte meines botanischen Studiums,
> Entstehen des Aufsatzes über Metamorphose der Pflanzen.

Alle diese Aufsätze sprechen den oben schon angedeuteten Gedanken aus, dass jedes Objekt zwei Seiten hat: die eine unmittelbare seines Erscheinens (Erscheinungsform), die zweite, welche sein *Wesen* enthält. So gelangt Goethe zu der allein befriedigenden Naturanschauung, welche die eine wahrhaft objektive Methode begründet. Wenn eine Theorie die Idee als etwas dem Objekte selbst Fremdes, bloß Subjektives betrachtet, so kann sie nicht behaupten wahrhaft objektiv zu sein, wenn sie sich nur überhaupt der Idee bedient. Goethe aber kann behaupten, nichts zu den Objekten hinzuzufügen, was nicht schon in ihnen selbst läge.

Auch ins Einzelne, Tatsächliche hin verfolgte Goethe jene Wissenszweige, auf welche seine Ideen Bezug hatten. Im Jahre 1795 (siehe Böttiger, «Litterarische Zustände und Zeitgenossen» I, S. 49) hörte er bei Loder Bänderlehre; er verlor überhaupt in dieser Zeit die Anatomie und Physiologie nicht aus den Augen, was umso wichtiger erscheint, als er gerade damals seine Vorträge über Osteologie niederschrieb. 1796 wurden Versuche gemacht, Pflanzen im Finstern und unter farbigen Gläsern zu erziehen. Später wurde auch die Metamorphose der Insekten verfolgt.

Eine weitere Anregung kam von dem Philologen Wolf, der Goethe auf seinen Namensvetter Wolff aufmerksam machte,[115] welcher in seiner *Theoria generationis* schon im Jahre 1759 Ideen ausgesprochen hatte, die denen Goethes über die Metamorphose der Pflanzen ähnlich waren. Goethe wurde dadurch veranlasst, sich mit Wolff eingehender zu beschäftigen, welches im Jahre 1807 geschah (siehe Annalen 1807 und unten S. 5,1); er fand indes später, dass Wolff bei all seinem Scharfsinn gerade die Hauptsachen noch nicht klar waren. Den Typus als ein Unsinnliches, seinen Inhalt bloß aus innerer Notwendigkeit Entwickelndes, kannte er noch nicht. Er betrachtete die Pflanze noch als einen äußerlichen, mechanischen Zusammenhang von Einzelheiten.

Der Verkehr mit zahlreichen befreundeten Naturforschern sowie die Freude darüber, dass er bei vielen verwandten Geistern Anerkennung und Nachahmung seines Strebens gefunden hatte, brachten Goethe im Jah-

115 Siehe Goethes Briefe an Fr. Wolf Nr. 29.

re 1807 auf den Gedanken, die bis dahin zurückgehaltenen Fragmente seiner naturwissenschaftlichen Studien herauszugeben. Von dem Vorhaben, ein größeres naturwissenschaftliches Werk zu schreiben, kam er allmählich ab. Es kam aber zur Herausgabe der einzelnen Aufsätze im Jahre 1807 noch nicht. Das Interesse an der Farbenlehre drängte die Morphologie wieder für einige Zeit in den Hintergrund. Das erste Heft derselben erschien erst im Jahre 1817. Bis 1824 erschienen dann zwei Bände, der erste in vier, der zweite in zwei Heften. Neben den Aufsätzen über Goethes eigene Ansichten finden wir hier Besprechungen bedeutenderer literarischer Erscheinungen aus dem Gebiete der Morphologie und auch Abhandlungen anderer Gelehrter, deren Ausführungen sich aber stets ergänzend zu Goethes Naturerklärung verhalten. Dieses letztere bewog uns, dieselben in einem eigenen Anhange mitzuteilen.

Zu einer intensiveren Beschäftigung fand sich Goethe in Bezug auf die Naturwissenschaft noch zweimal aufgefordert. In beiden Fällen waren es bedeutende literarische Erscheinungen auf dem Gebiete dieser Wissenschaft, die mit seinen eigenen Bestrebungen innigst zusammenhingen. Das erste Mal ward durch die Arbeiten des Botanikers Martius über die Spiraltendenz die Anregung gegeben, das zweite Mal durch einen naturwissenschaftlichen Streit in der französischen Akademie der Wissenschaften.

Martius setzte die Pflanzenform in ihrer Entwickelung aus einer Spiral- und einer Vertikaltendenz zusammen. Die Vertikaltendenz bewirkt das Wachsen in der Richtung der Wurzel und des Stängels; die Spiraltendenz die Ausbreitung in den Blättern, Blüten etc. Goethe sah in diesem Gedanken nur eine mehr auf das Räumliche (vertikal, spiral) Rücksicht nehmende Ausbildung seiner bereits in der Schrift über die Metamorphose 1790 niedergelegten Ideen. Bezüglich des Beweises dieser Behauptung verweisen wir auf die Anmerkungen zu Goethes Aufsatz über die Spiraltendenz der Natur, aus denen hervorgeht, dass Goethe in demselben nichts wesentlich Neues gegenüber seinen früheren Ideen vorbringt. Wir möchten dieses besonders an jene richten, welche behaupten, dass hier sogar ein Rückschritt Goethes von früheren klaren Anschauungen bis zu den «tiefsten Tiefen der Mystik» wahrzunehmen sei.

Noch im höchsten Alter (1830–32) verfasste Goethe zwei Aufsätze über den Streit der beiden französischen Naturforscher Cuvier und Geoffroy de Saint-Hilaire. In diesen Aufsätzen finden wir noch einmal in schlagender Kürze die Prinzipien von Goethes Naturanschauung zusammengestellt.

Cuvier war ganz im Sinne der älteren Naturforscher Empiriker. Für jede Tierart suchte er einen ihr entsprechenden, besondern Begriff. So viele einzelne Tierarten die Natur darbietet, so viele einzelne Typen glaubte er in den gedanklichen Aufbau seines Systemes der organischen Natur aufnehmen zu müssen. Die einzelnen Typen standen aber ganz unvermittelt nebeneinander. Was er nicht berücksichtigte, ist Folgendes: Mit dem Besonderen als solchem, wie es uns unmittelbar in der Erscheinung gegenübertritt, ist unser Erkenntnisbedürfnis nicht befriedigt. Da wir aber einem Wesen der Sinnenwelt mit keiner anderen Absicht gegenübertreten, als eben dieses Wesen zu erkennen, so ist nicht anzunehmen, dass der

Grund, warum wir uns mit dem Besonderen als solchem nicht befriedigt erklären, in unserem Erkenntnisvermögen liege. Er muss vielmehr im Objekte selbst liegen. Das Wesen des Besonderen selbst ist in dieser seiner Besonderheit eben durchaus noch nicht erschöpft, es drängt, um verstanden zu werden, zu einem solchen hin, welches kein Besonderes, sondern ein Allgemeines ist. Dieses Ideell-Allgemeine ist das eigentliche Wesen – die Essenz – eines jeden besonderen Daseins. Das letztere hat in der Besonderheit nur eine Seite seines Daseins, während die zweite das Allgemeine – der Typus – ist (s. Goethes «Sprüche in Prosa» Nr. 899). So ist es zu verstehen, wenn von dem Besondern als einer Form des Allgemeinen gesprochen wird. Da das eigentliche Wesen, die Inhaltlichkeit des Besondern somit das Ideell-Allgemeine ist, so ist es unmöglich, dass das letztere aus dem Besonderen hergeleitet, von ihm abstrahiert werde. Es muss, da es nirgends seinen Inhalt entlehnen kann, sich diesen Inhalt selbst geben. Das Typisch-Allgemeine ist mithin ein solches, bei dem Inhalt und Form identisch sind. Deswegen kann es aber auch nur als ein Ganzes erfasst werden, unabhängig vom Einzelnen. Die Wissenschaft hat die Aufgabe, an jedem Besonderen zu zeigen, wie dasselbe, seinem Wesen nach, sich dem Ideell-Allgemeinen unterordnet. Dadurch treten die besondern *Arten* des Daseins in das Stadium gegenseitiger Bestimmtheit und Abhängigkeit. Was sonst nur als räumlich-zeitliches Neben- und Nacheinander wahrgenommen werden kann, wird im *notwendigen* Zusammenhange gesehen. Cuvier wollte aber von letzterer Anschauung nichts wissen. Sie war hingegen diejenige Geoffroy de Saint-Hilaires. So stellt sich in Wirklichkeit jene Seite dar, von welcher aus Goethe für jenen Streit Interesse hatte. Die Sache wurde vielfach dadurch entstellt, dass man durch die Brille modernster Anschauungen die Tatsachen in einem ganz anderen Lichte erblickte, als in dem sie erscheinen, wenn man ohne Voreingenommenheit an sie herantritt. Geoffroy berief sich nicht nur auf seine eigenen Forschungen, sondern auch auf mehrere deutsche Gesinnungsgenossen und nennt unter diesen auch *Goethe*.

Das Interesse, welches Goethe an dieser Sache hatte, war ein außerordentliches. Er war hocherfreut, in Geoffroy de Saint-Hilaire einen Genossen zu finden: «Jetzt ist Geoffroy de Saint-Hilaire entschieden auf unserer Seite und mit ihm alle bedeutenden Schüler und Anhänger Frankreichs. Dieses Ereignis ist für mich von ganz unglaublichem Wert und ich juble mit Recht über den endlichen Sieg einer Sache, der ich mein Leben gewidmet habe und die vorzüglich auch die meinige ist», sagt er am 2. August 1830 zu Eckermann (Gespräche III, 234). Es ist überhaupt eine eigentümliche Erscheinung, dass Goethes Forschungen in Deutschland nur bei den Philosophen, weniger aber bei den Naturforschern, in Frankreich hingegen bei letzteren bedeutenderen Anklang fanden. De Candolle schenkte der Goethe'schen Metamorphosenlehre die größte Aufmerksamkeit, behandelte überhaupt die Botanik in einer Weise, welche den Goethe'schen Anschauungen nicht ferne stand. Auch war Goethes «Metamorphose» bereits durch Gingins-Lassaraz ins Französische übersetzt. Unter solchen Verhältnissen konnte Goethe wohl hoffen, dass eine unter seiner Mitwirkung besorgte Übersetzung seiner botanischen Schriften ins

Französische nicht auf unfruchtbaren Boden fallen werde. Eine solche lieferte denn auch 1831 unter Goethes fortwährender Beihilfe Friedrich Jakob Soret. Sie enthielt jenen ersten «Versuch» von 1790 (unten S. 17); die Geschichte des botanischen Studiums Goethes (S. 61) und die Wirkung seiner Lehre auf die Zeitgenossen (S. 194) sowie einiges über de Candolle französisch mit gegenüberstehendem deutschem Text.

Über die morphologischen Hefte

Wir haben bereits teils in der Einleitung, teils in den Anmerkungen das Wichtigste über die ersten Drucke der Goethe'schen naturwissenschaftlichen Schriften mitgeteilt. Wir möchten hier nur noch darauf hinweisen, dass eine ähnliche Umarbeitung, wie sie Goethe vielen seiner Dichtungen angedeihen ließ, bei diesen Arbeiten nicht stattfand. Mit ganz geringen Ausnahmen behielten dieselben ihre allererste Gestalt. Hier soll ferner noch eine Übersicht über den Inhalt der von Goethe (1817–1824) herausgegebenen Zeitschrift «Zur Morphologie» gegeben werden, weil in dieser die meisten der in diesem Bande mitgeteilten Aufsätze zuerst erschienen sind. Der vollständige Titel dieser Zeitschrift ist:

Zur
Naturwissenschaft
überhaupt,
besonders zur
Morphologie

Erfahrung, Betrachtung, Folgerung
durch Lebensereignisse verbunden

Von *Goethe*

Stuttgart und Tübingen,
in der J. G. Cotta'schen Buchhandlung.

Das *erste* Heft des *ersten* Bandes ist 1817 erschienen mit folgendem Inhalt:

Zur Morphologie.

Das Unternehmen wird entschuldigt.
Die Absicht eingeleitet.
Der Inhalt bevorwortet.
Geschichte meines botanischen Studiums.
Entstehen des Aufsatzes über Metamorphose der Pflanzen.
Die Metamorphose der Pflanzen.
Schicksal der Handschrift.
Schicksal der Druckschrift.
Entdeckung eines trefflichen Vorarbeiters.
Glückliches Ereignis.

Das *zweite* Heft des *ersten* Bandes ist 1820 erschienen mit folgendem Inhalt:

Zur Morphologie.

Urworte, Orphisch.
Zwischenrede.
Neuere Philosophie.
Anschauende Urteilskraft.
Bedenken und Ergebung.
Bildungstrieb.
Drei günstige Rezensionen.
Andere Freundlichkeiten.
Nacharbeiten und Sammlungen.
Schema vergleichender Osteologie.
Zwischenknochen.
Nachträge.
Zum Andenken Kaspar Fr. Wolffs.

Das *dritte* Heft des *ersten* Bandes ist ebenfalls 1820 erschienen; es enthält:

Zur Morphologie.

Vorlesungen über die drei ersten Kapitel der vergleichenden Osteologie.

Verstäubung, Verdunstung, Vertropfung.
Freundlicher Zuruf.
Unwilliger Ausruf.

Das *vierte* Heft des *ersten* Bandes ist 1822 erschienen; es enthält:

Als Einleitung.
Botanik.
Merkwürdige Heilung eines schwer verletzten Baumes.
Schema zu einem Aufsatze die Pflanzenkultur im Großherzogtum Weimar darzustellen.
Zoologie.
Analogon der Verstäubung.
Die Faultiere und die Dickhäutigen.
Dr. Carus: Von den Ur-Teilen des Schalen- und Knochen-Gerüstes.
Fossiler Stier.
Gemälde der organischen Natur und ihrer Verbreitung auf der Erde von Wilbrand und Ritgen.
Lebens- und Formgeschichte der Pflanzenwelt von Schelver.
Luke Howard to Goethe.
Betrachtungen.

Außerdem bringt dieses Heft ein Inhaltsverzeichnis des gesamten ersten Bandes, welches insoferne sehr interessant ist, als Goethe hier seine Bestrebungen nach gewissen Gesichtspunkten ordnet. Wir lassen dasselbe hier folgen:

Erster Band.

Das Unternehmen wird entschuldigt.
Die Absicht eingeleitet.
Der Inhalt bevorwortet.
Geschichte meines botanischen Studiums.

(Wer sich davon näher zu unterrichten wünscht, möge Nachsehen, was *aus meinem Leben*, II. Abteilung, erster und zweiter Teil über diese Bemühungen gesagt ist.)

Entstehen des Aufsatzes über Metamorphose der Pflanzen.
Die Metamorphose der Pflanzen.
Schicksal der Handschrift.
Schicksal der Druckschrift.
Entdeckung eines trefflichen Vorarbeiters Kasp. Fr. Wolffs.
Dessen Andenken erneuert.
Drei günstige Rezensionen.
Andere Freundlichkeiten.
Nacharbeiten und Sammlungen.
Verstäubung, Verdunstung, Vertropfung.
Wilhelm von Schütz einstimmendes Verfahren.
Aufruf zur Einigkeit des Zusammenwirkens.
Erschwerter botanischer Lehrvortrag.
Merkwürdige Heilung eines schwer verletzten Baums.
Schema zu einem Aufsatze die Pflanzenkultur im Großherzogtum Weimar darzustellen.

Zoologie.

Schema vergleichender Osteologie.
Vorträge über die drei ersten Kapitel des Entwurfs.
Zwischenknochen.
Mannigfaltiger Nachtrag.
Animalische Verstäubung.
Analogon derselben.
d'Altons Bradypus und Pachydermen.
Carus' Anzeige seines Werkes: Von den Ur-Teilen des Schalen- und Knochen-Gerüstes.
Fossiler Stier aus den Torfgruben bei Haßleben.

Sittliches.

Freundlicher Zuruf.

Poetisches.

Unfreundlicher Ausruf.
Metamorphose der Pflanzen.
Urworte, Orphisch.
ΑΘΡΟΙΣΜΟΣ

Theoretische Bildung.

Verhältnis zu Schillern.
Neuere Philosophie.
Anschauende Urteilskraft.
Bedenken und Ergebung.
Bildungstrieb.

Das *erste* Heft des *zweiten* Bandes ist 1823 erschienen; es enthält:

Wilhelm von Schütz *zur Morphologie*.
Betrachtungen über eine Sammlung krankhaften Elfenbeins.
Carus: Urform der Schalen kopfloser und bauchfüßiger Weichtiere.
Probleme und Erwiderung.
Bedeutende Fördernis durch ein einziges geistreiches Wort.
Über die Anforderungen an naturhistorische Abbildungen im Allgemeinen und an osteologische insbesondere.
Gemälde der organischen Natur von Wilbrand und Ritgen.
Friedr. Siegmund Voigt: System der Natur.

Das *zweite* Heft des *zweiten* Bandes ist 1824 erschienen und enthält:

Irrwege eines morphologisierenden Botanikers.
Von dem Hopfen und dessen Krankheit, Ruß genannt.
Über Ruß, Mehltau und Honigtau.
Carus: Grundzüge allgemeiner Naturbetrachtung.
Die Lepaden
Noch etwas über den Ruß des Hopfens.
Das Sehen in subjektiver Hinsicht von Purkinje 1819.
Ernst Stiedenroth, Psychologie zur Erklärung der Seelenerscheinungen 1. Teil, Berlin 1824.
Das Schädelgerüst aus sechs Wirbelknochen auferbaut.
Zweiter Urstier.
Vergleichende Knochenlehre.
Abbildungen der vorzüglichsten Pferde, die sich in den königl. preußischen Gestüten befinden.
Die Skelette der Nagetiere.
Genera et Species Palmarum.

Wenn ich am Schlusse meiner einleitenden Worte auf die Anschauungen zurückblicke, die ich mich auszusprechen gedrungen fühlte, so kann ich mir nicht verhehlen, eine wie große Zahl hervorragender Vertreter verschiedener Richtungen der Wissenschaft anderer Ansicht sind. Ihre Stellung zu Goethe steht mir deutlich vor Augen und das Urteil, das sie über meinen Versuch, den Standpunkt unseres großen Denkers und Dichters zu vertreten, aussprechen werden, dürfte im Voraus zu ermessen sein.

In zwei Heerlager geteilt stehen sich die Ansichten über Goethes Bestrebungen auf naturwissenschaftlichem Gebiete gegenüber.

Die Vertreter des modernen Monismus mit dem Professor Haeckel an der Spitze erkennen in Goethe den Propheten des Darwinismus, der sich das Organische ganz in ihrem Sinne von den Gesetzen beherrscht denkt, die auch in der unorganischen Natur wirksam sind. Was

Goethe fehlte, sei nur die Selektionstheorie gewesen, durch welche erst Darwin die monistische Weltanschauung *begründet* und die Entwickelungstheorie zur wissenschaftlichen Überzeugung erhoben habe.

Diesem Standpunkte steht ein anderer gegenüber, welcher annimmt, die Typusidee bei Goethe sei weiter nichts als ein allgemeiner Begriff, eine Idee im Sinne der platonischen Philosophie. Goethe hätte zwar einzelne Behauptungen getan, die an die Entwickelungstheorie erinnern, wozu er durch den in seiner Natur gelegenen Pantheismus gekommen sei; bis zum letzten *mechanischen Grunde* fortzuschreiten hätte er aber kein Bedürfnis gefühlt. Von Entwickelungstheorie im modernen Sinne des Wortes könne daher bei ihm nicht die Rede sein.

Indem ich versuchte, Goethes Anschauungen *ohne Voraussetzung irgendeines positiven Standpunktes* rein aus Goethes Wesen, aus dem Ganzen seines Geistes zu erklären, wurde mir klar, dass weder die eine noch die andere der erwähnten Richtungen – so außerordentlich bedeutend auch dasjenige ist, was sie beide zu einer Beurteilung Goethes geliefert haben – seine Naturanschauung vollkommen richtig interpretiert hat.

Die erste der charakterisierten Ansichten hat ganz recht, wenn sie behauptet, Goethe habe dadurch, dass er die Erklärung der organischen Natur anstrebte, den Dualismus bekämpft, der zwischen dieser und der unorganischen Welt unübersteigliche Schranken annahm. Aber Goethe behauptete die Möglichkeit dieser Erklärung nicht deshalb, weil er sich die Formen und Erscheinungen der organischen Natur in einem mechanischen

Zusammenhange dachte, sondern weil er einsah, dass der *höhere* Zusammenhang, in dem dieselben stehen, unserer Erkenntnis keineswegs verschlossen ist. Er dachte sich das Universum zwar in monistischer Weise als unentzweite Einheit – von der er den Menschen durchaus nicht ausschloss (siehe Briefw. zwischen Goethe und F. H. Jacobi, No. 108) – aber deshalb erkannte er doch an, dass *innerhalb* dieser Einheit Stufen zu unterscheiden sind, die ihre eigenen Gesetze haben, und verhielt sich schon seit seiner Jugend ablehnend gegenüber Bestrebungen, welche sich die Einheit als *Einförmigkeit* vorstellen und die organische Welt, wie überhaupt das, was innerhalb der Natur als höhere Natur erscheint, von den in der unorganischen Welt wirksamen Gesetzen beherrscht denken (siehe S. XXIII [24 f.]). Diese Ablehnung war es auch, welche ihn später zur Annahme einer anschauenden Urteilskraft nötigte, durch welche wir die organische Natur erfassen im Gegensatze zum diskursiven Verstande, durch den wir die unorganische Natur erkennen. Goethe denkt sich die Welt als einen Kreis von Kreisen, von denen jeder einzelne sein eigenes Erklärungsprinzip hat. Die modernen Monisten kennen nur einen einzigen Kreis, den der unorganischen Naturgesetze.

Die zweite der angeführten Meinungen über Goethe sieht ein, dass es sich bei ihm um etwas anderes handelt als beim modernen Monismus. Da aber ihre Vertreter es als ein Postulat der Wissenschaft ansehen, dass die organische Natur gerade so wie die unorganische erklärt werde und eine Anschauung wie die Goethes von vornherein perhorreszieren, so sehen sie es überhaupt als nutzlos an, auf seine Bestrebungen näher einzugehn.

So konnten Goethes hohe Prinzipien weder da noch dort zur *vollen* Geltung kommen. Und gerade diese sind das Hervorragende seiner Bestrebungen, sind das, was für denjenigen, der sich ihre ganze Tiefe vergegenwärtigt hat, auch dann an Bedeutung nicht verliert, wenn er einsieht, dass manches von den *Einzelheiten* Goethe'scher Forschung der Berichtigung bedarf.

Hieraus erwächst nun für denjenigen, der Goethes Anschauungen darzulegen versucht, die Forderung, über die kritische Beurteilung des Einzelnen, was Goethe in diesem oder jenem Kapitel der Naturwissenschaft gefunden, hinweg den Blick auf das *Zentrale* Goethe'scher Naturanschauung zu lenken.

Indem ich dieser Forderung zu entsprechen suchte, liegt die Möglichkeit nahe, gerade von denjenigen missverstanden zu werden, bei denen es mir am meisten leidtun würde, von den reinen Empirikern. Ich meine jene, welche den als tatsächlich nachzuweisenden Zusammenhängen der Organismen, dem empirisch gebotenen Stoffe nach allen Seiten nachgehen und die Frage nach den ursprünglichen Prinzipien der Organik als eine heute noch offene betrachten. Gegen sie können meine Ausführungen nicht gerichtet sein, denn sie berühren sie nicht. Im Gegenteile: Ich baue gerade auf sie einen Teil meiner Hoffnungen, weil sie die Hände nach allen Seiten noch frei haben. Sie sind es auch, die manches von Goethe Behauptete noch zu berichtigen haben werden, denn im Tatsächlichen irrte er zuweilen; hier kann natürlich auch das Genie die Schranken seiner Zeit nicht überwinden.

Im Prinzipiellen kam er aber zu Grundanschauungen, die für die organische Wissenschaft dieselbe Bedeutung haben wie Galileis Grundgesetze für die Mechanik.

Dies zu begründen, machte ich mir zur Aufgabe.

Mögen jene, die meine Worte nicht zu überzeugen vermögen, mindestens den redlichen Willen sehn, mit dem ich bemüht war, ohne Rücksicht auf Personen, nur der Sache zugewandt, das angedeutete Problem, Goethes wissenschaftliche Schriften aus dem Ganzen seiner Natur zu erklären, zu lösen und eine für mich erhebende Überzeugung auszusprechen.

Hat man in derselben Weise glücklich und erfolgreich begonnen, Goethes Dichtungen zu erklären, so liegt hierin schon die Forderung, alle Werke seiner Hand in diese Art der Betrachtung hereinzuziehen. Dies kann nicht für immer ausbleiben und ich werde nicht der letzte sein von denen, die sich herzlich freuen werden, wenn es meinem Nachfolger besser gelingt als mir. Möchten jugendlich strebende Denker und Forscher, namentlich jene, die mit ihren Ansichten nicht bloß in die Breite gehen, sondern direkt dem *Zentralen* unseres Erkennens ins Auge schauen, meinen Ausführungen einige Aufmerksamkeit schenken und in Scharen Nachfolgen, um vollkommener auszuführen, was ich darzulegen bestrebt war.

Rudolf Steiner

Ausgewählte Kommentare in GA 1a: Zur «Morphologie»

Das Unternehmen wird entschuldigt

Der Gegensatz der beiden Methoden, wovon die eine vom Allgemeinen zum Besonderen (deduktiv), die andere vom Besonderen zum Allgemeinen (induktiv) geht, bildet seit undenklichen Zeiten den Gegenstand mannigfaltigster wissenschaftlicher Besprechungen. Dies ist heute mehr als je wieder der Fall. Goethes Methode aber bildet die Vermittelung zwischen beiden; er sieht das Allgemeine als ein Konkretes, Inhaltsvolles an, welches in den Erscheinungen selbst enthalten ist und sich in ihnen offenbart. Seine Ideen haben objektiven Charakter. Der Übergang vom Allgemeinen zum Besondern ist nicht bloß eine Funktion unseres Verstandes, sondern das Allgemeine offenbart selbst die verschiedenen Seiten seines Wesens in einer Reihe realer Wesen. Goethes Denken ist mit einem Worte ein solches, bei dem das Subjekt ganz in das Objekt aufgeht, sich in dasselbe vertieft, eins mit ihm wird, dass der Gegensatz von Deduktion und Induktion keine Bedeutung mehr hat. Auch Heinroth findet in seiner Anthropologie (S. 387), dass Goethes Denken den Ausgleich zwischen beiden Methoden bedeutet, er nennt es daher «das reifste Denken». Goethe nennt die induktive Methode synthetisch, die deduktive analytisch. [GA 1a, S. 6]

Die Absicht eingeleitet

Goethe war bemüht, den Organismus so zu erfassen, dass ihm das Einzelne als eine Äußerung eines Innern erschien, dass er das Räumlich-Körperliche als einen Ausfluss, ein Produkt der über demselben stehenden lebendigen Gestaltungskraft erblickte. [GA 1a, S. 8]

Das, was sich unseren Sinnen unmittelbar darbietet: Größe, Form, Lage der Organe etc., ist allerdings in jedem Augenblick auch beim Organismus ein Bestimmtes. Aber dieses ist uns für sich unverständlich, wir können es nur begreifen, wenn wir die Übergänge und Umwandlungen von Gestalt zu Gestalt verfolgen und dasjenige feststellen, welches in allen diesen Gestaltungen identisch bleibt, d. h. wenn wir den Organismus im Werden betrachten. *Bildung* gebrauchen wir sowohl vom gewordenen (gebildeten) Organismus wie auch von der Tätigkeit, durch welche der Organismus wird. [GA 1a, S. 8]

In der äußerlichen Natur ist nichts Beständiges, nur stetes Wandeln von Gestalt in Gestalt; das Identische liegt nur in der Idee, die allen Gestalten zugrunde liegt. Will daher eine Morphologie sich an etwas Festes, Bestimmtes halten, so kann es keine einzelne reale Gestalt, sondern nur die Idee sein. [GA 1a, S. 8]

Wenn wir uns diese Idee (siehe die vorhergehende Anm.) gebildet haben und sie wieder bei der Betrachtung der realen Welt zugrunde legen wollen, so muss unser Geist Beweglichkeit genug besitzen, um dieselbe allen Gestaltungen entsprechend zu verändern. [GA 1a, S. 8]

Wenn die Botanik dem Ideale zustrebt, das Gesamtleben eines Pflanzenindividuums als einen Komplex des Einzellebens der Zellen anzusehen (Schleiden), so entfernt sie sich von der höheren Maxime, das *Ganze* zu erfassen, welche Goethe anstrebt, immer mehr. [GA 1a, S. 9]

Das Lebendige besteht aus Organen, die zwar räumlich getrennt, an Gestalt verschieden sind. Trotz dieser Verschiedenheit sind sie alle nach denselben Bildungsgesetzen gebaut, sie sind nach einer Idee gebaut. [GA 1a, S. 9]

{Dass eine Pflanze, ja ein Baum, die uns doch als Individuum erscheinen, aus lauter Einzelheiten bestehen, die sich untereinander und dem Ganzen gleich und ähnlich sind, daran ist wohl kein Zweifel.} Dem liegt der Gedanke zugrunde, dass in jedem Organe der Pflanze die *ganze* Pflanze der Möglichkeit nach ruht. [GA 1a, S. 9]

Diese Pflanze, welche der Möglichkeit nach in einem Organe ruht (d. h. der Anlage nach, sodass sie nicht reell, sinnlich wahrnehmbar wird), kann unter geeigneten Bedingungen wirklich reell werden, sie kann sich zur selbstständigen Pflanze entwickeln und von der Mutterpflanze räumlich trennen. Wir nennen diesen Vorgang Fortpflanzung. [GA 1a, S. 10]

Die einzelnen Dinge der Natur sind verschiedene Offenbarungen einer in der größten Mannigfaltigkeit sich offenbarenden Einheit. Das erkennende Denken erfasst diese Einheit, die Sinne dagegen die Mannigfaltigkeit. Indem Goethe von diesen Anschauungen ausgeht, zeigt er uns, dass seine Naturbetrachtung auf den gründlichsten *Prinzipien* beruht. [GA 1a, S. 10]

Gemmation ist Knospenbildung und Prolifikation ist Befruchtung. Auf diesen beiden Faktoren beruht das Leben und die Entwickelung der Pflanzen. Durch die Knospenbildung entsteht eine neue Pflanze auf der Mutterpflanze durch bloßes Wachstum dieser letzteren, durch die Prolifikation wird das *kontinuierliche* Wachstum unterbrochen und über das Individuum hinaus fortgesetzt. [GA 1a, S. 11]

Durch die Bildung einer Umhüllung schließt sich das Lebendige nach außen ab und manifestiert sich damit als eine in sich vollendete Ganzheit, als ein der Außenwelt *selbstständig* gegenüberstehendes Wesen. Schon das einfachste Lebewesen, die Zelle, bildet in der Zellhaut eine solche Hülle. Goethes Ausspruch, dass alles, was nach außen geht, einem frühzeitigen Tode geweiht ist, gilt auch hier. Das Lebende ist nur die im Innern befindliche Protoplasmamasse. [GA 1a, S. 12]

Der Inhalt bevorwortet

Die Einschachtelungslehre nimmt an, dass nichts wahrhaftig neu entsteht, sondern alles Entstehen nur scheinbar ist, das Auswickeln eines in allen seinen Einzelheiten schon Vorhandenen. Sie betrachtet das Hervorgehen eines Organismus aus einem Embryo als eine Enthüllung eines bereits vorhandenen, aber verborgenen Wesens. Kurz, ein Werden im eigentlichsten Sinne des Wortes kennt diese Anschauung nicht, nur ein ewig sich gleichbleibendes Sein. Nach Goethes Vorstellungen aber ist jeder Organismus in einem wahrhaften Werden begriffen, d.h. die Idee des Ganzen offenbart sich in einer Reihe von Entwickelungsstufen, von Gestalten, deren jede einzelne wohl von der allen zugrunde liegenden Idee bedingt, nicht aber in der zeitlich vorhergehenden schon enthalten ist. [GA 1a, S. 12f.]

Die Metamorphose der Pflanzen

Man hat oft Goethes Idee der Pflanzenmetamorphose nur eine von richtigem Takte, keineswegs von wissenschaftlichen Grundsätzen bewirkte Entdeckung genannt. Man stützte sich bei dieser Behauptung darauf, dass man sagt: Die Begründung dieser Idee bei Goethe beruhe auf Erscheinungen untergeordneter Natur, auf Beobachtung der Missbildungen. Allein gerade diese Art der Begründung beruht bei Goethe auf einem tiefen Prinzipe. [...] Indem uns die Pflanze als Ganzes erscheint, werden wir die einzelnen Bildungskräfte, welche jenes Ganze erzeugen, nicht gewahr; erst wenn das eine oder das andere Einzelne die Oberhand gewinnt, d.h. wenn der regelmäßige Gang gestört wird und Missbildungen entstehen, werden wir diese einzelnen Kräfte erkennen und wir können uns aus ihnen im Geiste das Pflanzenleben wieder zusammensetzen. [GA 1a, S. 19]

Die zufällige Metamorphose erscheint nicht durch Gesetze bewirkt, welche im Wesen der Pflanze selbst liegen, sondern durch äußere Eingriffe. Sie kann also für die Natur, das Innere der Pflanze keine große Bedeutung haben. [GA 1a, S. 21]

Es ist unbegreiflich, wie man zu dem Gedanken kommen konnte, Goethe hätte bei seiner Metamorphose an eine materielle Umbildung von wirklichen Blättern in Kelchblätter usw. gedacht [...]. Sein Gedanke ist dieser: An jener Stelle, wo im regelmäßigen Verlaufe des Pflanzenlebens ein Kelchblatt auftritt, kann unter gewissen Umständen sich ein gewöhnliches Laubblatt entwickeln. Es liegt also in der Pflanze die Möglichkeit, das letztere statt jedes einzelnen Organes hervorzubringen. Wenn aber an einer und derselben Stelle zwei dem Ansehen nach ganz verschiedene Organe hervorgebracht werden können, so müssen sie innerlich «der Idee nach» verwandt sein. Von einer Umgestaltung eines faktischen Blattes in ein anderes Organ ist hier nicht die Rede. [GA 1a, S. 28f.]

Das Wichtige in den Ausführungen Goethes ist hier nicht, dass es gerade Spiralgefäße sind, welche die ganze Pflanze zusammensetzen, sondern der unbedingt richtige Gedanke, dass sich die einheitliche Bildung selbst bis in die anatomischen Bestandteile der Pflanze hinein erstreckt, dass selbst der kleinste Teil identisch mit dem Ganzen ist. [GA 1a, S. 38]

Diese Bemerkungen führten endlich zu der Ansicht, dass Auge und Same analoge Organe seien; jenes sei eine noch unentwickelte Pflanze wie dieser, nur aus einer tiefern Stufe des Pflanzenlebens erzeugt. [GA 1a, S. 47]

Der ganzen Goethe'schen Metamorphosenlehre liegt die Auffassung zugrunde, dass feste Grenzen zwischen den einzelnen Organen eines Individuums und den einzelnen Individuen eines Naturreiches nur im Gedanken stattfinden, dass jedoch in der realen Welt alles in einem stetigen Übergange schwankt. [GA 1a, S. 48]

Die Erfahrungen an solchen durchgewachsenen Pflanzen waren Goethe besonders wichtig. Er sah darinnen den Gedanken bewiesen, dass in jeder Pflanze die Möglichkeit einer unendlichen Entwicklung liege, welche aber in die richtige Bahn gelenkt und zur gehörigen Zeit (in der Samenbildung) unterbrochen wird, um dann von Neuem zu beginnen. [GA 1a, S. 52]

Hier verwahrt sich Goethe gegen die Meinung, als ob er einem äußerlichen Organe wie dem Laubblatte eine größere prinzipielle Ursprünglichkeit beilege als anderen Organen. Ihm gilt als das Ursprüngliche die Idee der Pflanze, von der jedes äußere Organ, also auch das Blatt, schon eine besondere Gestaltung ist. Er wählt das Blatt nur als Ausgangspunkt, weil es am meisten in die Augen fällt, eigentlich könnte jedes beliebige Organ als solcher angenommen werden. [GA 1a, S. 58]

Geschichte meines botanischen Studiums

Es lag in Goethes Natur, dass ihn Linné nicht befriedigen konnte. Denn es handelte sich bei letzterem doch nur um ein Aneinanderreihen der Pflanzen nach äußeren Merkmalen. Da aber Goethe sah, dass diese Merkmale nichts Bleibendes sind, waren sie ihm für die Erkenntnis des Wesens der Pflanze nicht mehr maßgebend; er suchte dies nun auf selbstständigen Wegen. [GA 1a, S. 68]

Hiermit ging Goethe die Erkenntnis auf, dass die äußere, sinnenfällige Form der Organe durchaus nichts Konstantes, Unveränderliches ist. Wollte er das Wesen der Pflanze erkennen, so durfte er es also nicht in der Zahl, Größe, Form etc. der Organe suchen. [GA 1a, S. 76]

Damit hatte Goethe den Grund gelegt zu seiner Ansicht, dass die Knospe das Grundorgan der Pflanze sei und der Same nur eine Knospe auf einer höheren Entwicklungsstufe, welch letztere eben bewirkt, dass durch den Samen ein Wachstum der Pflanze über das einzelne Individuum hinaus stattfinden kann. [GA 1a, S. 81]

Dem Vorurteile, dass es unmöglich sei, dass ein Dichter sich mit Erfolg wissenschaftlichen Forschungen hingeben könne, war schwer zu begegnen. Selbst solche, welche Goethes Metamorphosenlehre mit Achtung behandeln, können nicht umhin, zu erinnern, dass sie ein Dichter geschrieben habe. [GA 1a, S. 83]

Schicksal der Druckschrift

Die organischen Körper können nicht verstanden werden, wenn man sie als fertige, abgeschlossene Gebilde betrachtet; man muss sie vielmehr beobachten, wie sie Glied für Glied aus ihrem Wesen heraus sich entwickeln, wie sie werden. [GA 1a, S. 97]

In der Samenbildung beschließt die Natur die Bildung einer Pflanze, um damit zugleich den Anfang zu einer neuen zu machen. Der Same ist sowohl das Ende des einen wie der Anfang des neuen Pflanzenbildungsprozesses. [GA 1a, S. 99]

Der Gedanke, dass das Ganze belebt wie das Einzelne sei, d. h. dass das ganze Pflanzenwesen in jedem einzelnen Organe der Möglichkeit nach enthalten sei, ist Goethes Grundgedanke. [GA 1a, S. 99]

Entdeckung eines trefflichen Vorarbeiters: Wenige Bemerkungen

{… dass die Geistesaugen mit den Augen des Leibes in stetem lebendigen Bunde zu wirken haben, weil man sonst in Gefahr gerät, zu sehen und doch vorbeizusehen.} Diese Worte beweisen wieder, wie viel tiefer Goethes Anschauungen sind als der bloße Empirismus. Während dieser nichts anerkennt, als was man mit den Sinnen wahrnimmt, wollte Goethe vor allem, dass mit den Augen des Geistes gesehen werde, d. h. dass die nicht durch den Sinn gegebene nur für den Geist bestehende Gesetzlichkeit, welche die sinnenfällig-wirklichen Tatsachen beherrscht, zum Ziele der Forschung gemacht werde. [GA 1a, S. 107]

Glückliches Ereignis

Die Kantische Philosophie weist auf das Subjekt selbst zurück. Sie behauptet, die ganze Erscheinungswelt sei nichts Wirkliches, kein Ding an sich, sie sei nur eine Wirkung auf unseren Geist. Das Ding «an sich», von dem diese Wirkung ausgeht, bleibe uns unbekannt. Nur in einem einzigen Punkte, da, wo wir in unserem eigenen Innern den Antrieb zum Handeln empfinden, da komme uns ein wirkliches Ding «an sich» zum Bewusstsein. Damit war das Subjekt in den Vordergrund des Denkens gestellt; die selbstständige Bedeutung der Natur, ihr Werden und Wirken, welche Goethe vor allem anzogen, traten in den Hintergrund. Fichte, der die Kantische Philosophie nach dieser ihrer subjektiven Seite verfolgte, gründete daher auch keine Naturphilosophie. Mit dieser trat erst wieder Schelling auf. [GA 1a, S. 110]

Indem Schiller das, was ihm Goethe vordemonstrierte, betrachtete, war ihm sogleich klar, dass hier eine Idee vorlag. Denn er betrachtete, da er dem Idealen ein möglichst großes Feld erobern wollte, die Sache eben in Bezug auf den Gegensatz von Idee und Wirklichkeit, und da ist es denn auch ganz richtig, dass die Pflanze, welche Goethe zeichnete, keine Erfahrung ist. Goethe hatte damals den Gegensatz von Idee und Wirklichkeit noch nicht erwogen, er wusste nur, dass er durch treue Beobachtung des Tatsächlichen zu seinen Anschauungen gekommen ist; konnte also auch nicht einsehen, warum Schiller behauptete, eine Erfahrung könne niemals einer Idee angemessen sein; da er doch seine Idee nach der Erfahrung gebildet hatte. Später setzte er sich mit den Begriffen: Erfahrung und Idee näher auseinander und erkannte, dass seine Urpflanze wohl auf dem Wege der Beobachtung gefunden, dass aber das, wozu er gekommen ist, denn doch «der Begriff», die Idee des Organismus sei. [GA 1a, S. 112]

Anschauende Urteilskraft

Dieser Aufsatz [...] enthält eine Art philosophischer Rechtfertigung des ganzen morphologischen Unternehmens. Seit Goethe sich mit der Organismenwelt beschäftigte, ging sein Streben dahin, die organischen Naturen aus sich selbst ebenso ohne Zuhilfenahme eines übersinnlichen, außerhalb der Wesen stehenden Prinzips zu erklären, wie wir dies bei den Erscheinungen der unorganischen Natur imstande sind. Kant wollte nun aber in seiner «Kritik der Urteilskraft» die Unmöglichkeit eines solchen Unternehmens aus der Natur unserer Vernunft erklären. Goethe musste sich, um seine Ideen zu retten, mit dieser Kantischen Behauptung auseinandersetzen. Der vorstehende Aufsatz zeigt, dass Goethes Denken in einem *wesentlichen Punkte* einen großen Fortschritt gegenüber Kants Philosophie darstellt. Kant selbst hatte der modernen Philosophie wohl den rechten Weg gewiesen: er hatte die Untersuchung auf das eigene «Ich» zurückgewiesen; er hatte eine scharfe Trennung von Verstand und Vernunft eingeführt; aber seine Kritik bezieht sich doch nur auf das Wesen des ersten, des Verstandes. Diesem das rechte Feld, das Feld der Erfahrung, genauer gesagt das Feld der unorganischen Naturerscheinungen angewiesen zu haben, bleibt sein unbestreitbares Verdienst. Die Vernunft und ihr Reich, das der Ideen, hat er aber niemals durchdrungen, vielmehr bezeichnete er dies Reich als ein dem Menschen unzugängliches. Hier liegt der Punkt, von dem aus Kants Philosophie zu ergänzen war. Für die unorganische Naturwissenschaft konnte sie ein Kanon sein, über das Reich der organischen Welten, und wohl auch über das Wesen des Schönen, welches mit jenen so innig zusammenhängt, ließ sie alles im Unklaren. Daher die vielen Versuche sie zu ergänzen. Schiller trat ergänzend in den «Ästhetischen Briefen», Goethe in den morphologischen Aufsätzen auf. Dieser Aufsatz zeigt uns, dass sich Goethe über die Bedeutung seiner Anschauungen klar war, dass er seine Typen in der organischen Natur für das ansah, was in der unorganischen Natur die Naturgesetze sind. [GA 1a, S. 115]

Die Gesetze, durch welche wir die unorganische Natur begreifen, werden uns durch die sinnliche Anschauung vermittelt; zum Begreifen der organischen Natur ist nun in analoger Weise Anschauung, jetzt aber nicht diskursive, sondern intuitive nötig (*intellectus archetypus*, anschauende Urteilskraft). [GA 1a, S. 115 f.]

Das Begreifen der Natur ist für Goethe ein geistiges Nachschaffen ihrer Werke. Ein bekannter Philosoph unserer Zeit (Moriz Carrière, «Die philos. Weltanschauung») verlangt von einer befriedigenden Weltanschauung, dass sie den großen Gedanken der Schöpfung *nachdenke*. [GA 1a, S. 116]

Bedenken und Ergebung

Der Aufsatz erscheint direkt angeregt durch den ersten Verkehr mit Schiller und als eine Ergänzung zu dem Aufsatze: «Glückliches Ereignis». Schiller hatte Goethe mit seinen Worten, die Metamorphosenlehre sei keine Erfahrung, sei eine Idee, ein Problem hingeworfen, welches Goethe sich lösen musste. [...] Der Titel ist zunächst bedeutsam. Er könnte uns manches verraten. Bedenken und Ergebung! Was soll bedacht werden und wem hat man sich ergeben? Das Verhältnis von Idee und Erfahrung soll bedacht werden; Schillers Einwurf offenbar, und: *ergeben* deutet wohl an, dass Goethe sich zum Idealismus Schillers hinneigte, dass er Schillers Recht in jenen Worten anerkannte. Wenn irgendwo, so scheint mir hier ganz besonders der Punkt zu sein, wo Goethe sich klar wurde, dass er und Schiller ein und dasselbe suchen, nur auf verschiedenen Wegen, dass er (Goethe) im Grunde doch auch Idealist sei. [GA 1a, S. 116 f.]

{Die Schwierigkeit, Idee und Erfahrung miteinander zu verbinden, erscheint sehr hinderlich bei aller Naturforschung; die Idee ist unabhängig von Raum und Zeit, die Naturforschung ist in Raum und Zeit beschränkt; daher ist in der Idee Simultanes und Sukzessives innigst verbunden, auf dem Standpunkt der Erfahrung hingegen immer getrennt ...} [Dies] enthält geradezu den Kernpunkt und den Grundsatz des Idealismus. In der Idee gibt es kein Außer- und Nebeneinander, kein Vorher und Nachher. Diese Beziehungen sind in der Idee aufgehoben. Was in der Erscheinung zuerst erscheint, ist nicht auch der Idee nach zuerst da. Die Idee enthält ihren Inhalt immer ganz und voll. Weil wir aber gewohnt sind, in räumlichen und zeitlichen Beziehungen zu denken, so können wir uns Ideen als solche schwer vergegenwärtigen. [GA 1a, S. 117]

Bildungstrieb

Das Leben wird hier als Gesamtphänomen einer Reihe von Faktoren dargestellt. Das *Leben* kommt am *Stoffe* zur sinnenfälligen Erscheinung und erscheint in einer bestimmten *Form*; es ist geformter, nach Ideen gebildeter, nicht roher Stoff. Stoff und Form sind gleichsam die beiden Pole, in denen sich das Leben manifestiert. Zwischen ihnen liegen nun die anderen Erscheinungsformen, welche am Leben auftreten und welche allmählich eine Steigerung vom Stoff zur Form aussprechen: Vermögen, Kraft, Gewalt, Streben, Trieb. [GA 1a, S. 119]

Andere Freundlichkeiten

{Kunst und Poesie berührten einander kaum, an lebendige Wechselwirkung war gar nicht zu denken, Poesie und Wissenschaft erschienen als die größten Widersacher.} Unsere empirische Forschung ist wieder ganz nahe diesen Anschauungen. Man zieht eine absolute Grenze zwischen Poesie und Wissenschaft, die nicht nur diese beiden Gebiete trennen, sondern welche auch für das Individuum nicht zu überschreiten sein soll. Jede Art der Wissenschaft, welche nicht bloße Beschreibung des Tatsächlichen, bloße Fotografie der Wirklichkeit ist, verweist man in das Gebiet der Dichtung und betrachtet sie damit als *zurückgewiesen*. [GA 1a, S. 143]

{Niemand wollte gestehen, dass eine Idee, ein Begriff der Beobachtung zugrunde liegen, die Erfahrung befördern, ja das Finden und Erfinden begünstigen könne.} Man glaubt mit der Abweisung jeder theoretischen Anschauung und der Beschränkung auf das Tatsächliche eine Wissenschaft zu begründen, welche nicht mehr Veränderungen im Laufe der Zeit unterworfen sein werde, wie dies bei den verschiedenen Philosophien der Fall ist. Allein diese Veränderungen der theoretischen Anschauungen sind nur scheinbar, eine tiefer gehende Betrachtung zeigt eine tiefe innere Einheit in denselben. [GA 1a, S. 144]

Nacharbeiten und Sammlungen

Goethes objektiver Denkweise war mit der Behauptung, etwas sei *mangelhaft*, *verkümmert* usw. durchaus nicht gedient. Auch die von dem Gewöhnlichen abweichenden Erscheinungen müssen durch Gesetze, welche in der Natur begründet sind, bedingt sein. Sie müssten daher aus denselben ebenfalls erklärt werden. [GA 1a, S. 147]

Wurzel und Stamm werden heute als wesentlich verschiedene Organe betrachtet. Man sieht es als charakteristische Eigenschaft der Wurzel gegenüber dem Stamme an, dass sie nie Knospen und Blätter trägt. Die hier [...] beschriebene Erscheinung führt zu der Vorstellung, dass Wurzel und Stamm der Idee nach gleiche Organe seien und dass ihre Verschiedenheiten nur von der Verschiedenheit des Ortes herrühren, an welchem sie leben. Der Stamm entwickelt sich in Licht und Luft, die Wurzel im Dunkeln und in der Erde. [GA 1a, S. 148]

Er sieht die ganze Pflanze als ein aus lauter einzelnen Pflanzen bestehendes harmonisches Ganze an. Jedes Einzelne hat das Recht, seine Wachstumsziele unabhängig zu verfolgen. Da tritt aber diesem Streben nach Selbstständigkeit jedes Einzelnen eine wirksame Kraft entgegen, welche äußerlich durch den Stamm repräsentiert ist, und welche alle Einzelheiten zu einem Gesamtindividuum zusammenhält. Wenn der Stängel aufhört, seine gesetzgebende Macht auszuüben, so tritt jene unabhängige Ausbildung des Einzelnen ein. Das nun, welches jenes harmonische Zusammenwirken zu einem Gesamtindividuum bewirkt, nennt Goethe «Pflanzen-Entelechie», d.i. wirksame Kraft. [Ga 1a, S. 150]

Verstäubung, Verdunstung, Vertropfung

Dessen ungeachtet erscheint es als ein sehr fruchtbares Unternehmen, auf allgemeine Prinzipien gestützt, eine Differenz zwischen Pflanze und Tier aufzusuchen, die sich doch auch auf die Art der Fortpflanzung erstrecken muss. Wir denken heute die Vorgänge im Pflanzenleben zu sehr in Analogie mit dem Tierleben. Aber schon der Umstand, dass sich das Geschlechtsverhältnis bei den Tieren bis zur Differenzierung in zwei Individuen ausbildet, während sich die männliche und weibliche Kraft bei der Pflanze nur als zwei verschiedene Prinzipien, die meist an einem und demselben Individuum vorkommen, entwickelt, zeigt den Unterschied. Es wird sich hier darum handeln, den Begriff pflanzlicher Fortpflanzung selbstständig und nicht in Analogie mit der tierischen zu erforschen. [GA 1a, S. 159]

{Überhaupt sollte man sich in Wissenschaften gewöhnen, wie ein anderer denken zu können; mir als dramatischem Dichter konnte dies nicht schwer werden, für einen jeden Dogmatisten freilich ist es eine harte Aufgabe.} Der Dramatiker muss die Gedanken und Zustände anderer objektiv erfassen, ohne sie durch subjektive Zutat aus seinem eigenen Innern zu modifizieren. Er ist daher völlig vorbereitet, auch die theoretischen Anschauungen anderer völlig objektiv zu erfassen. [GA 1a, S. 159]

Unsere Anschauungen über die Natur können sich ändern, sie finden an der Natur aber immer wieder ein Regulativ, dem sie sich fügen müssen. [GA 1a, S. 162]

[Goethe hat die Lehre vom Kampf ums Dasein gekannt], allein er legte ihr durchaus nicht eine solche Bedeutung bei wie Darwin. Und gewiss mit Recht. Denn der Kampf ums Dasein setzt bereits Kämpfer voraus. Er kann vorhandene Individuen wohl einschränken, modifizieren, niemals aber erzeugen. Die treibende Gewalt in den Organismen kann daher nicht der Kampf ums Dasein sein. Und auf dieses treibende, organisierende Prinzip kommt zunächst alles an. Hat man erst erkannt, worinnen die Wesenheiten der einzelnen Organismen bestehen, dann kann man auch untersuchen, welchen Erfolg deren Wechselwirkung haben wird. [GA 1a, S. 168]

Freundlicher Zuruf

{Eine mir in diesen Tagen wiederholt sich zudringende Freude kann ich am Schlusse nicht verbergen. Ich fühle mich mit nahen und fernen ernsten, tätigen Forschern glücklich im Einklang. Sie gestehen und behaupten, man solle ein Unerforschliches voraussetzen und zugeben, alsdann aber dem Forscher selbst keine Grenzlinie ziehen.} Hier nimmt Goethe eine ganz bestimmte Stellung zu der Frage nach den Grenzen unseres Erkenntnisvermögens. Diese Frage tritt uns im Verlaufe der Geschichte der Wissenschaften in den mannigfaltigsten Formen entgegen. Im vorigen Jahrhundert wurde sie in voller Bestimmtheit von Kant (in dessen «Kritik der reinen Vernunft») aufgeworfen, dem Locke und Hume auf dieser Bahn vorausgegangen waren. Kant kam zu dem Resultate, dass unserem Erkenntnisvermögen nur das Gebiet der Erscheinungswelt zugänglich sei, das «Ding an sich» könne nie von uns erkannt werden. In unseren Tagen hat es Du Bois-Reymond («Die Grenzen des Naturerkennens» und «Die sieben Welträtsel») wieder versucht, unserem Erkenntnisvermögen Grenzen zu setzen. Er nimmt an, dass uns das Wesen der Materie sowohl als jenes des Bewusstseins unbekannt bleibe. Jede solche Einschränkung unseres Wissens beruht auf unklaren Begriffen. Es liegt im Wesen des menschlichen Geistes, dass er seine höchsten Probleme mit Freiheit aufwirft, d. h., dass ihm die Möglichkeit ihrer Lösung zugleich geboten ist. Denn ein Problem, das unlösbar wäre, könnte nur aus Elementen bestehen, welche nicht innerhalb des Bereiches der Vernunft des Menschen liegen, es müsste ferner eine Antwort erheischen, deren Inhalt außerhalb jenes Bereiches liege; somit müsste die ganze Frage nicht aus dem Menschen selbst kommen, sondern ihm von außen *aufgedrängt* sein, d. h. aber nicht mit Freiheit aufgeworfen. Jede aufgeworfene Frage muss sich daher auch lösen lassen. Da aber die Welt unendlich ist, so kann das Erkennen nie abgeschlossen sein, daher deckt sich unser Wissen nie ganz mit dem Inhalte des Universums, und in dieser Hinsicht muss man ein Unerforschliches zugeben. Dies ist Goethes hier ausgesprochene Ansicht. [GA 1a, S. 170]

Wer das Wesen der Natur nicht *im Geiste* erfassen kann, dem hilft Hebel und Schraube nichts. Denn die Instrumente können nur das in besonderen Fällen darstellen, was der Geist in allgemeinen Ideen erfassen muss. Wer das letztere vermag, dem gibt sie – die Natur – alles reichlich. [GA 1a, S. 171]

Der Vorzug Goethe'scher Denkweise beruht eben darinnen, dass sie bei der Geltendmachung der höchsten Prinzipien es nicht verschmäht, in die geringste Einzelheit sich zu vertiefen und selbst das unscheinbarste Wesen *seiner selbst* willen zu erforschen. [GA 1a, S. 174]

Ideelle Pflanzenkunde umfasst den philosophischen Teil der Botanik, die Idee der Pflanze. Reelle Pflanzenkunde dagegen die durch Beobachtung gewonnenen speziellen Erkenntnisse. [GA 1a, S. 180]

Wenn man die Pflanze als abgeschlossenes Ding hinstellt und äußerlich nach ihren Merkmalen beschreibt, mit andern nach diesen Merkmalen vergleicht, dann behandelt man sie gerade so wie ein totes Naturprodukt. Man übersieht dabei, dass das Pflanzenindividuum in dieser seiner Äußerlichkeit durchaus nicht erschöpft ist, sondern ein von seinem Innern ausgehendes Leben hat, dass es sich selbst einen Anfang und ein Ende und dazwischen verschiedene Stufen der Entwicklung bestimmt, kurz, dass es stets im lebendigen Werden begriffen ist. [GA 1a, S. 180]

Die Idee muss Ziel und Prinzip jeder Forschung sein. Sie muss alle Einzelheiten der Beobachtung als belebendes Element durchdringen. Mit der Anhäufung immer größerer Mengen empirischen Stoffes wächst natürlich die Schwierigkeit, denselben mit einer einzigen Idee zu umspannen. [GA 1a, S. 181]

Wirkung meiner Schrift

Auf die Notwendigkeit pflanzengeografischer Untersuchungen hatte Alexander von Humboldt hingewiesen und damit auch den Anfang gemacht. Goethe musste diese Untersuchungen besonders hoch anschlagen. Während das innere Wesen der Pflanze stets dasselbe ist, ändert sich ja deren äußere Erscheinung mit den geografischen Verhältnissen. Wollte man zu einem Verständnisse des Zusammenhanges des Pflanzenlebens mit der Außenwelt kommen, so konnte das nur mithilfe pflanzengeografischer Studien geschehen. [GA 1a, S. 200]

Hier zeigt sich das verfehlte Streben, Begriffe, die in *einer* Sphäre gelten, auch auf ein anderes Gebiet auszudehnen, dessen selbstständige Bedeutung aber dadurch vernichtet wird. [Er ...] übersieht ganz den lebendigen Begriff, der in der Metamorphosenidee enthalten ist. Statt das Pflanzenleben auf diese zurückzuführen, legt er die Begriffe von Ausdehnung und Zusammenziehung ganz in jener äußerlichen Weise, wie sie nur auf Lebloses anwendbar sind, zugrunde. [GA 1a, S. 206]

Über die Spiraltendenz der Vegetation

Goethe betrachtet als die erste Voraussetzung bei der Pflanze nicht (wie Schleiden) das Zellenelement, sondern den ganzen Organismus und den

Bau der Elementarorgane als eine Folge der Gestaltungsprinzipien des Ganzen. Nicht weil die Elementarorgane so oder so gebaut sind, hat das Pflanzenindividuum diese oder jene Gestalt, sondern umgekehrt, weil das Prinzip, welches die ganze Pflanze organisiert, *dieses* bestimmte ist, deswegen gestaltet sich auch das Einzelne so. – *Potentia* ist, was bloß der Möglichkeit nach vorhanden ist, was nicht sinnenfällig wirklich ist, – *actu*, welches wirklich für die Sinne da ist. [GA 1a, S. 219f.]

{Die zwei Haupttendenzen also oder, wenn man will, die beiden lebendigen Systeme, wodurch das Pflanzenleben sich wachsend vollendet, sind das Vertikalsystem und das Spiralsystem; keins kann von dem andern abgesondert gedacht werden, weil eins durch das andere nur lebendig wirkt.} An der Pflanze wirken beide Systeme ungetrennt zu einer Einheit zusammen. Nur wenn eine Störung dieses Zusammenwirkens eintritt, werden wir die zwei Systeme gesondert auch in Wirklichkeit gewahr, während wir sie sonst nur im Denken, in der Abstraktion scheiden können. [...] Die beiden Tendenzen treten uns hier in der ganz bestimmten Weise entgegen, dass die Vertikaltendenz die ins unendliche gehende Entwicklungskraft des Pflanzenindividuums darstellt, die Spiraltendenz dagegen dasjenige Prinzip ist, welches diese Kraft einschränkt, ihr Grenzen setzt, sie individualisiert. Das Beispiel von der durchwachsenen Rose zeigt, wie die erstere einen Augenblick die Oberhand gewinnt. Das Beispiel von der Rose ist auch oben § 103 enthalten, was wieder ein Beweis davon ist, dass sich die hier vertretene Ansicht ganz eng an die Metamorphosenlehre Goethes in ihrer ältesten Gestalt anschließt. [...] Dass aber Goethe mit der Spiraltendenz nicht bloß die faktisch spirale Anordnung einzelner Organe, sondern die früher von ihm angeführten peripheren Organe meint, ist aus diesen Zeilen klar, wo er über die Stellung der Blätter, die dem äußern Anscheine nach doch am ehesten zu den Gedanken spiraler Anordnung führt, im Zweifel ist, ob er sie zur Vertikal- oder Spiraltendenz zählen soll. [GA 1a, S. 226–228]

Erster Entwurf einer allgemeinen Einleitung in die vergleichende Anatomie, ausgehend von der Osteologie

Die Beschreibungen der einzelnen Wesen der Natur als solche können nicht zur Wissenschaft führen. Denn sie stellen immer nur ein aus der Idee, dem Urbilde Abgeleitetes dar. Erst ihre Gesamtheit liefert das letztere. Dies kann also nur durch Vergleichung der einzelnen Individuen gewonnen werden. [GA 1a, S. 241]

Die äußeren Merkmale sind nicht dasjenige, was ein lebendes Wesen zu dem macht, was es ist, sondern sie sind nur als Folgen, Andeutungen eines Innern vorzustellen. [GA 1a, S. 241]

Anatomie und Chemie zeigen bloß die Teile, in welche ein Naturobjekt zerlegt werden kann. Das Lebendige kann aber nicht, wie dies sehr oft geschieht, so gedacht werden, als wenn es ein Resultat der Wechselwirkung seiner Teile wäre, sondern es ist das Umgekehrte der Fall: die Teile wirken in einem bestimmten Falle so zusammen, wie dies von dem Lebendigen, dem sie angehören, bedingt wird. [GA 1a, S. 241]

Das Tierische des Menschen erscheint an ihm nicht mehr in seiner Ursprünglichkeit, sondern in einer seinen höheren Funktionen dienenden Form. Will man also zum Begriffe des Tieres gelangen, dann muss man denselben da ableiten, wo er in seiner Ursprünglichkeit, d. i. beim geistlosen Tiere, noch vorhanden ist. Diesen so gewonnenen Begriff kann man auf den Menschen dann anwenden. [GA 1a, S. 242]

Eine bloß empirische Betrachtung ist eine solche, welche nicht von der Idee eines «werdenden» sich entwickelnden Organismus ausgeht, sondern die Organe eines lebenden Wesens in ihrem fertigen Zustande äußerlich vergleicht. [GA 1a, S. 242]

Goethe betrachtet den Organismus als eine in sich abgeschlossene Welt, welche durch sich selbst ist. Diese Anschauung führt zur Verwerfung der Endursachen, weil diese den Organismus über sich selbst hinaus auf ein anderes verweisen, durch und für welches er da sein soll. [GA 1a, S. 242]

Die Ähnlichkeit zwischen Tieren und Menschen im Ganzen des organischen Baues fällt jedem in die Augen. Dass aber diese Ähnlichkeit, bis in die kleinsten Einzelheiten hinab, nachzuweisen ist, ist schwerer zu begreifen. Geleugnet und verkannt wurde sie bei dem Zwischenknochen. Eine allgemeine Norm ist eine gewisse Musterverbindung der Einzelnen Glieder, in welcher *alle Organe aller Tiere* vorkommen. Wendet man diese auf die einzelnen Tiere an, so muss man sie bei jedem Einzelnen entsprechend abändern. Die Gesetze, nach denen diese Abänderung geschieht, sind festzustellen. [GA 1a, S. 243]

Ein solches äußerliches Vergleichen entbehrt jedes höheren Gesichtspunktes. Es fehlt dabei an einem Zielpunkte der Untersuchung. Dieser kann nur darinnen gefunden werden, dass man *den Begriff* des animalischen Organismus aufzustellen strebt. [GA 1a, S. 243]

Die Idee muss über dem Ganzen walten. Man sieht hieraus, dass Goethe hier eine positive, reelle Idee meint, keinen bloß abstrakten Verstandesbegriff, eine Idee, die er sich als wirksam denkt und in intuitiver Form vorstellt, die aber mit keiner besonderen einzelnen Daseinsform zusammenfällt. [GA 1a, S. 244]

Wenn die von Goethe angestrebte Norm erreicht ist, dann ist die Vergleichung keine äußerliche mehr, welche in ihrer Methode der Willkür anheimgegeben ist, sondern eine solche, der aus dem aufgestellten Typusbegriffe eine ganz bestimmte Verfahrungsart vorgeschrieben wird. [GA 1a, S. 244]

Man hat dann in der Beschreibung jedes einzelnen Wesens die bestimmte Art, wie sich in demselben der Typus ausprägt. Braucht dann jemand aus subjektiven Bedürfnissen die Vergleichung von irgendwelchen zwei Wesen, so hat er die Beschreibungen nur gegeneinanderzuhalten. [GA 1a, S. 244]

Hier sucht Goethe den Typus des tierischen Organismus auch auf die niedersten tierischen Geschöpfe auszudehnen. Sie gehören eben dadurch einer niedrigeren Stufe an, dass sie das *nur angedeutet* enthalten, was bei den höheren Organismen zur ausgebildeten Erscheinung kommt. [GA 1a, S. 245]

Der vollkommnere Zustand rührt davon her, dass sich die einzelnen Organsysteme voneinander trennen und für sich Ganze bilden, wodurch das früher in *einem* Ganzen der Möglichkeit nach Ruhende, *wirkliches* Dasein bekommt. [GA 1a, S. 246]

Hier wird der Umstand hervorgehoben, dass die Lebensweise des Tieres von innen heraus, durch dessen Bau etc. bestimmt wird. Es wird die Entelechie gegenüber der Anpassung hervorgehoben. [GA 1a, S. 247]

Wenn die Form der Organismen mit den äußeren Verhältnissen sich ändert, so ist es nicht der mechanische Einfluss der letzteren, welcher dieses bewirkt, sondern die eigene auf sich gebaute, innere Wesenheit des Organismus formt seine *äußere* Erscheinung den äußeren Verhältnissen gemäß. Dies ist etwas anderes als bloße Kausalität. [GA 1a, S. 247]

Das Ganze des Organismus besteht aus harmonisch zusammenwirkenden Gliedern. Diese Glieder kommen zur Erscheinung im Raume. Damit ist die Möglichkeit einer verschiedenen Ausbildung derselben gegeben. Der Idee nach sind alle Tiere gleich. In der Erscheinung kann ein Glied in den Vordergrund treten und die ganze Gestalt beherrschen. Der ganze Organismus muss sich jenem Gliede gemäß gestalten. Alles Übrige bleibt nur angedeutet und tritt zurück. Darin liegt der innere Grund dafür, dass sich die tierische Natur in eine unbestimmte Zahl von Gattungen und Arten gliedert. [GA 1a, S. 247]

Diese Zeilen enthalten eine Anschauung, welche von der unwissenschaftlichen Teleologie ebenso, wie von der bloß kausalen Naturauffassung frei ist. Dies hat in unserer Zeit eine besondere Bedeutung, weil man zumeist annimmt, dass die mechanische Naturauffassung nur abgewiesen werden kann, wenn man an Wunder glaubt. [GA 1a, S. 248]

Goethe betrachtet das Tierische im Tier als eine sich nach seinen eigenen Gesetzen gestaltende Welt für sich, die sich selbst genug ist; er muss dadurch die Anschauung ablehnen, welche annimmt, dass irgendein Organ nicht nach inneren Gesetzen, sondern eines äußeren Zweckes willen da sei. Die Veranlassung, ein bestimmtes Organ nach einer gewissen Richtung hin auszubilden, bietet nun freilich die Außenwelt [...]. Es entsteht dadurch der Schein, wie wenn die Außenwelt dem Innern und das Innere dem Äußeren gemäß (zweckmäßig) gebildet wäre. Jene Anschauung, welche dies nicht als bloßen Schein, sondern als Sein betrachtet, nennt man die teleologische. Sie ist eine Einseitigkeit, obgleich man sich ihrer gerade dann, wenn man die Äußerlichkeit festhält, nicht entschlagen kann. [GA 1a, S. 248 f.]

{Zuerst wäre aber der Typus in der Rücksicht zu betrachten, wie die verschiedenen elementaren Naturkräfte auf ihn wirken, und wie er den allgemeinen äußeren Gesetzen bis auf einen gewissen Grad sich gleichfalls fügen muss.} *Bis auf einen gewissen Grad*, d.h. insoweit als es innerhalb der durch die Idee des Typus bestimmten, in sich geschlossenen Gestaltungskraft möglich ist. Während uns der moderne Materialismus nirgends ein Inneres zeigt, sondern nur die allerdings unkonstante aber dafür auch sekundäre äußere Form in den Vordergrund stellt, bildet bei Goethe stets die innere Wesenheit die Grundlage, die sich der Erscheinung nach umbildet, metamorphosiert, selbst aber konstant bleibt. Indem der moderne Mechanismus letzteres ganz aus dem Auge verliert, hat er für das Prädikat: «umwandeln» kein Subjekt. Es geschieht eine Verwandlung, aber es fehlt an dem Proteus, der sich verwandeln sollte. [GA 1a, S. 250]

Wenn die organischen Bildungskräfte sich in allen ihren Teilen vollkommen ausbilden, dann entsteht die menschliche Gestalt. [GA 1a, S. 252]

Leugnete man den Typus, so war eine Kluft zwischen Menschen und Tieren zugegeben, die nicht überbrückt werden konnte. Es wäre eine wissenschaftliche Behandlung des menschlichen Organismus überhaupt nicht denkbar, weil sich das Tierische hier zurückzieht, also an sich selbst nicht mehr studiert werden kann; somit nur durch Anwendung der am Tiere gewonnenen Resultate erkannt werden kann. [...] Der Typus, welchen Goethe aufstellt, ist also eine *ideelle* Form, das Tierische in jedem Tiere. [GA 1a, S. 253]

Das den Organismus formende entelechische Prinzip bildet eine bestimmte Zahl von Knochen aus. Die Form dieser Knochen ist veränderlich. Die Veränderlichkeit ist bedingt durch die Bestimmung eines Knochens. Im Wesentlichen ist somit das Ganze des Knochensystems und die Differenzierung in eine bestimmte Zahl in *der Idee* des Tieres (Wirbeltieres) begründet, konstant. Die Form der einzelnen Knochen liegt aber in der Erscheinung und ist daher variabel. [GA 1a, S. 258]

Im organischen Körper kann nichts zufällig sein, d.h., es kann dort nichts nach bloß räumlich zeitlichen Gesetzen vor sich gehen, alles muss in den inneren Bildungsgesetzen begründet sein. Es muss sich jede einzelne Form als eine notwendige Folge derselben ergeben. [GA 1a, S. 262]

{Wir lernen mit Augen des Geistes sehen, ohne die wir, wie überall, so besonders auch in der Naturforschung, blind umhertasten.} In diesen Worten liegt der Schlüssel zum Verständnis der Goethe'schen Naturauffassung. Mit den Augen des Geistes sehen ist nichts anderes, als die tierische Gestalt nicht bloß in ihrer sinnenfälligen Realität, sondern in der ihr zugrunde liegenden Idee zu sehen und die Idee in ihrer eigenen

Form (intuitiv) erfassen können. Jede empirische Form zeigt dann eine Abweichung davon, aber jene gibt uns die Norm und den Anhaltspunkt, wie eine solche besondere Form zu erklären ist. [GA 1a, S. 262]

Goethe nimmt also an, dass es in der Natur, in dem Wesen eines jeden Knochens liege, dass er bis zu einer bestimmten Vollkommenheit komme. Bleibt er auf einer niedrigeren Stufe der Ausbildung stehen, so ist seine äußere Erscheinung seiner Natur nicht ganz gemäß und er erscheint dann als Rudiment. [GA 1a, S. 265]

Dem Menschen wie den Tieren ist ein Zwischenknochen der obern Kinnlade zuzuschreiben

{Jedes reine Bemühen ist auch ein Lebendiges, *Zweck sein selbst*, fördernd ohne Ziel, nützend, wie man es nicht voraussehen konnte.} Von dem Begriffe des *Lebendigen*, dem sich selbst bildenden und nur sich selbst dienenden (sich auch selbst genügenden) Mikrokosmos, war Goethe, dessen Geist in so hohem Grade ja geeignet war, diesen Begriff in seiner ganzen Ursprünglichkeit zu erfassen, tief durchdrungen. Am Strande Venedigs tut er den in dieser Beziehung charakteristischen Ausspruch: *«Was ist doch ein Lebendiges für ein köstliches, herrliches Ding!»* Daher sieht er jedes freudige Tun, welches nur da ist, um sich selbst zu genügen, welches im Tun selbst Befriedigung (Seligkeit) empfindet, auch als ein *Lebendiges* an. [GA 1a, S. 301]

{Jedoch ein dergleichen Aperçu, ein solches Gewahrwerden, Auffassen, Vorstellen, Begriff, Idee, wie man es nennen mag, behält immerfort, man gebärde sich, wie man will, eine esoterische Eigenschaft; im Ganzen lässt sich's aussprechen, aber nicht beweisen, im Einzelnen lässt sich's wohl vorzeigen, doch bringt man es nicht rund und fertig.} Eine solche ideelle Wahrheit kann und muss zunächst ganz allgemein, abgesehen von jedem einzelnen Falle, aufgefasst werden. Dass sie sich als solche nun nicht beweisen lässt, hat seinen guten Grund. Ein Beweis kann immer nur die Begründung irgendeines Satzes durch etwas anderes sein. Jene Wahrheit trägt aber ihre Gewähr *in sich selbst*, kann also nicht durch etwas anderes begründet werden. Dies zu erkennen, geht nun freilich jenen ab, welche glauben, allgemeine Wahrheiten seien nur abstrakte Sätze aus unzähligen Beobachtungen abgeleitet. Die Aufgabe der empirischen Wissenschaft kann nur sein, zu zeigen, *wie* sich eine allgemeine, ihre Gewähr in sich selbst tragende Wahrheit in ihrer Verwirklichung im Individuellen darstellt. [GA 1a, S. 316]

Der Schädel ist aufzufassen als die *höchste* Ausbildung des tierischen Typus, als dasjenige Organ, in welchem die Idee, welche im Tiere zur Erscheinung kommt, ihre ihr angemessenste Entfaltung erlangt; dieselbe Idee manifestiert sich auch schon in den untergeordneten Organen; aber hier ist ihre Verkörperung dem, wonach sie strebt, noch nicht völlig angemessen, ihre Äußerung und ihr Wesen, ihre innere Möglichkeit noch nicht gleich, sie könnte mehr sein, etwas Höheres sein, als sie ist, und dieses Höhere, was sie auf einer untergeordneten Stufe sein könnte, aber nicht ist, das wird sie im Schädel. So stellt sich der Schädel als eine höhere Bildung den niederen Organen gegenüber, als die Vollendung und Ausgestaltung dessen, was in den letzteren nur *angedeutet* ist. Das ist Goethes Gedanke. Und weil dies so ist, darum ist man berechtigt, in einzelnen Teilen des Kopfes entsprechende Umbildungen niederer Organe zu suchen. Im Primordialschädel (d.i. dem ersten Entwicklungsstadium des Schädels einer niederen Tierart) zeigt sich jene Stufe, wo die höhere Bildung der niederen noch sehr verwandt ist, wo die erstere eben erst *einen* Schritt über die letztere hinausgekommen ist; hier kann man die Verwandtschaft eben noch deutlich erkennen. Wie sich nun jene Idee Goethes in einzelnen Fällen verwirklicht zeigt, wie die tatsächlichen Verhältnisse im Besonderen ihr entsprechen, das zu untersuchen ist Sache der empirischen Wissenschaft. Goethe hat es versucht, soweit es die tatsächlichen Kenntnisse seiner Zeit zugelassen haben. In letzterer Beziehung sind nun freilich seine Ausführungen vielfach überholt worden. Allein in dieser Sphäre wird die Wissenschaft überhaupt nie zum Abschlusse kommen. Während Goethes Idee, wie wir sie oben dargelegt haben, eine ewige, unerschütterliche ist, heute ebenso richtig wie zu seiner Zeit, werden einzelne Ausführungen derselben stets zu modifizieren sein. So viel aber ist gewiss, wenn die vergleichende Anatomie wahre, eigentliche *Organik* werden will, dann muss sie jene Idee zugrunde legen. Dies tun freilich die heutigen Naturforscher nur bedingungsweise oder wohl auch gar nicht. Dafür hat bei ihnen auch die Wirbeltheorie des Schädels nicht jenen tief eingreifenden Sinn, den sie durch Goethe erhielt. Es ist hier derselbe Fall, wie in der Metamorphose der Pflanze. Den Naturforschern ist der Schädel durch ein reines Kausalverhältnis aus den Wirbelknochen entstanden und er ist jenen verwandt, weil er *aus* ihnen auf tatsächliche, empirisch sichtbare Weise sich gebildet haben soll, sowie die Staubgefäße in der modernen Morphologie deswegen als den Blättern verwandt angesehen werden, weil sie *tatsächlich* aus ihnen hervorgegangen sind, weil sie selbst einmal Blätter waren. Anders bei Goethe. Die Schädelknochen sind bei ihm den Wirbelknochen verwandt, weil letztere die erste Ausgestaltung einer Idee sind, aber die noch unvollkommene, und diese Ausgestaltung in den Schädelknochen erst *vollkommen* wird, weil sich in den beiden Bildungen auf verschiedene Weise ein und dasselbe äußert. Bei Goethe ist die äußere Analogie nichts Ursprüngliches, sondern bloß die Folge der *inneren* Identität. Bei der modernen Morphologie ist jene äußere Verwandtschaft das Ursprüngliche, die ideelle Identität nur Folge von dieser. [GA 1a, S. 318f.]

In diesen Worten deutet Goethe eine eigentümliche Richtung seines Geistes an, die auch sonst noch oft bei ihm zum Ausbruche kommt. Er hat die Gabe, in dem einzelnen Fall das Allgemeine, die Idee zu erblicken. Daher bekommt für ihn der einzelne Fall, je nachdem er mehr oder weniger bewegt wird von einer größeren oder geringeren Tragweite, eine höhere oder tiefere Bedeutung. [... Die] Auffindung des Zwischenknochens war für ihn nicht bloß eine einzelne Entdeckung, sondern die Anregung zu weittragenden, die ganze Theorie der organischen Welt umfassenden Ideen. Dadurch unterscheidet er sich von jenen untergeordneten Geistern, welche ein Ereignis nur von seiner rein tatsächlichen Seite, von Seite seiner empirischen Wirklichkeit aufzufassen vermögen und nicht imstande sind, die Ereignisse ideell nach ihrer inneren, begrifflichen Wesenheit zu tarieren. Goethe war sich dieser Eigenart seines Geistes wohl bewusst. [GA 1a, S. 320f.]

Ausdehnung und Zusammenziehung in diesem Sinne, d. i. Analyse und Synthese, bezeichnet Goethe wiederholt als die zwei höchsten Funktionen des menschlichen Geistes. [GA 1a, S. 323]

Vorträge über die drei ersten Kapitel des Entwurfs einer allgemeinen Einleitung in dir vergleichende Anatomie, ausgehend von der Osteologie

Bei Goethe handelte es sich nicht darum, das Lebendige als ein aus toten Bestandteilen Zusammengesetztes sich zu denken, sondern darum, das durch Zerstörung des Lebens gewonnene Tote in seinen Eigenschaften als eine *Folge* des Lebens aufzufassen. [GA 1a, S. 328]

Wir haben schon in der Einleitung darauf aufmerksam gemacht, dass hier die tiefe und große Wahrheit enthalten ist, dass im Menschen die Natur alle Kräfte, welche sie bei der Bildung der Tiere auf verschiedenartige Wesen verteilt, zur Gestaltung eines einzigen Wesens verwendet. [...] Das Tier im zusammengesetzten Menschen wiederentdecken, heißt, diejenigen Organe, welche bei den Tieren auf verschiedene Individuen verteilt sind, am Menschen zu einem Ganzen vereinigt zu finden. Jedes Organ, jede Funktion jedes Tieres findet sich am Menschen wieder und nicht getrennt, sondern als Glied eines Ganzen. [GA 1a, S. 329]

Die zerstreuten Betrachtungen, als das den Sinnen unmittelbar Gegebene, müssen die Anregung zur Wissenschaft geben; zu dieser selbst werden sie erst, wenn sie dem Geiste als die notwendige Folge der inneren Bildungsgesetze erscheinen. [GA 1a, S. 330]

Jene, welche ein organisches Wesen oder ein Glied eines solchen wie einen unorganischen Körper bloß nach seinen äußeren räumlichen Verhältnissen (Größe, Form etc.) betrachten, können niemals zum Begriffe des *Lebens* kommen, denn dieses besteht eben darinnen, dass solche Verhältnisse nicht das Ursprüngliche, sondern die Folge der inneren Lebensäußerung sind. Ebenso wenig gelangt man durch Annahme von Zweckursachen zum Begriffe eines Organismus, denn da wird derselbe nicht als aus sich selbst sich gestaltend angenommen, sondern als durch etwas anderes, noch außer dem Wesen Liegendes, auf dessen Zweckmäßigkeit Sehendes, geschaffen. Die Anpassung erklärt manches, vor allem die Beziehungen der Lebewesen zur Außenwelt, zur unorganischen Natur, sie erklärt aber durchaus jene Gesetzmäßigkeit nicht, welche Leben ist. [GA 1a, S. 331]

Jede Transmutationstheorie steht ohne Boden da, wenn sie nicht zugleich objektiver Idealismus ist, d. h. annimmt, dass in den endlosen Metamorphosen doch ein Konstantes, in allen Umbildungen sich stets gleich Bleibendes liegt. Dieses Konstante kann ein Sinnenwesen nicht sein, sondern nur eine *Idee*. [GA 1a, S. 333]

Es fehlte an der Annahme eines über den Erscheinungen schwebenden Typus, der alle Gestalten der Möglichkeit nach enthielte. Es waren doch immer nur die Einzelheiten, die man vor Augen hatte und welche ohne die Idee des Ganzen auseinanderfallen. [GA 1a, S. 333]

Der Begriff des Tieres kann natürlich nur durch Beobachtung, durch Erfahrung gewonnen werden und darinnen handelt Goethe ganz im Einklange mit der induktiven Naturlehre. Nur muss man deshalb, weil die Idee an der Erfahrung gewonnen wird, die erstere nicht als ein bloßes Abstraktum, eine Fotografie der letzteren ansehen. Ein anderes ist eben der Weg, auf dem man den Typus gewinnt, ein anderes dieser selbst. [GA 1a, S. 334]

Aus diesen Worten kann man gegenüber der Trennung der Biologie in Morphologie und Physiologie die Idee einer Wissenschaft schöpfen, welche diese beiden Zweige in einer Einheit enthält. Denn jene Trennung zeigt ohnedies nur, dass man das naturhistorische Objekt als ein äußeres Ding betrachtet, an welches man gleichsam jene beiden Betrachtungsweisen anheftet. Wenn man die Idee als das wahre Wesen jenes Objektes betrachtete, so könnte sie nur eine einheitliche sein. Die Natur des Organismus besteht eben darinnen, dass sich die Idee als Gestalt manifestiert. Die Lehre von den Organismen ist daher ihrem Wesen nach Gestaltlehre, Morphologie. Die letztere ist somit die eigentliche Organik und keineswegs ein der Physiologie koordinierter Zweig. Die Physiologie steht mit jener im innigsten Zusammenhange und hat ohne jene keinen Wert. Die Lebensfunktionen bedingen die Gestalt und diese jene, eine Trennung ist daher keine bloße Trennung der Betrachtung, sondern eine solche der Sache selbst. [GA 1a, S. 335]

Bei den Mineralien tritt den einzelnen Teilen kein Ganzes entgegen, welches die Wirkungsweise derselben, ihr Zusammensein bedingen würde. Das Ganze ist hier nur ein Produkt der Teile, die Gesetze der Wechselwirkung sind jene, welche die einzelnen Stoffe bedingen. [GA 1a, S. 337]

Bei den Organismen hingegen tritt den einzelnen Teilen ein Höheres entgegen, welches deren Zusammenwirken bestimmt, bedingt, dem sich das Einzelne fügen muss. Während bei dem mineralischen Körper ein neu hinzukommender Stoff das Ganze seinem Wesen nach modifizieren kann, muss er sich, wenn er in den Organismus aufgenommen werden will, dem Bedürfnisse desselben gemäß gestalten, er muss seine besondere Wesenheit aufgeben. Das Einzelne wird als Einzelnes vernichtet, um einem Ganzen zu dienen. Dieses Ganze aber ist nicht wie beim Minerale durch ein Einzelnes, sondern *durch sich selbst* bestimmt, es ist unabhängig von dem Einzelnen. [GA 1a, S. 338]

Ein Wesen ist umso vollkommener, je mehr sich die Selbstständigkeit seines Innern gegenüber seiner Äußerlichkeit behauptet. Bei der Pflanze ist jene Selbstständigkeit noch eine geringe. Die Pflanze lebt noch ganz in der Äußerlichkeit. Beim Tiere tritt schon ein selbstständiges reales Innenleben auf. Das Tier empfindet und bewegt sich. Beim Menschen ist jene innere Selbstständigkeit die vollkommenste. Sein Inneres tritt uns als ein von aller Äußerlichkeit abgesondertes Gedankenleben entgegen. Je mehr nun gegenüber der Selbstständigkeit des Innern die der Teile verschwindet, umso mehr werden die letzteren der äußeren Gestalt nach verschieden. Sie differenzieren sich. Das gestaltende Prinzip wird immer mehr zum selbstständigen Innenleben, die reale Form immer vielfältiger, komplizierter. Die Entwicklung vom Unvollkommenen zum Vollkommenen wird in der organischen Natur dadurch bewirkt, dass die Selbstständigkeit der Teile immer mehr schwindet, dass die anfängliche Gleichgültigkeit der Teile gegen das Ganze aufhört und die innere Einheit immer mehr hervortritt und die einzelnen Teile zu einer seinem Dienste bestimmten Wechselwirkung verwendet. [GA 1a, S. 338]

Die Raupe ist deshalb unvollkommener als der Schmetterling, weil bei derselben die Teile noch unbestimmt durch das Ganze sind, beim Schmetterling differenzieren sie sich, so wie die innere Einheit sie braucht. [GA 1a, S. 340]

{Die Metamorphose jedoch wirkt bei vollkommeneren Tieren auf zweierlei Art: erstlich, dass, wie wir oben bei den Wirbelknochen gesehen, identische Teile nach einem gewissen Schema durch die bildende Kraft auf die beständigste Weise verschieden umgeformt werden, wodurch der Typus im Allgemeinen möglich wird; zweitens, dass die in dem Typus benannten einzelnen Teile durch alle Tiergeschlechter und -arten immerfort verändert werden, ohne dass sie doch jemals ihren Charakter verlieren können.} Dadurch erscheint es erstens möglich, das Leben des Einzelorganismus aus einem Punkte zu begreifen, aus dem es sich einheitlich entwickelt und in räumlich verschiedene Formen differenziert; zweitens ist es möglich, das ganze Tierreich als eine Differenzierung eines einzigen Urorganismus zu betrachten, einzusehen, dass nicht jeder Tierart ein eigener Gedanke zugrunde liege; mit andern Worten, dass der Gedanke in allen Tieren derselbe ist und dieselben nur der Erscheinung nach verschieden sind. [GA 1a, S. 343]

Metamorphose der Tiere

Zweck sein selbst ist jegliches Tier: Jedes Tier ist nur für sich selbst da. Es ist eine in sich beschlossene Welt, die nicht um eines anderen willen erschaffen ist, ein Mikrokosmos. Aber auch Ursache seiner selbst ist es. Jener einseitige Standpunkt, welcher die tierischen Vorgänge und das organische Leben nur als Erzeugnis physikalischer Kräfte auffasst, welcher gleich Haeckel annimmt, dass durch *bloße* mechanische Kausalität Urzeugung möglich sei und ebenso durch bloße Kausalität eine Tierspezies in eine andere verwandelt wird, ist mit dem Goethe'schen nicht zu verwechseln. Urzeugung ist auch bei Goethe'schem Gedankengange möglich, wie auch Goethes Schüler Voigt eine solche in seiner Botanik annimmt. Nur entsteht hier das primitivste organische Wesen nicht durch Kausalität, nicht durch ein anderes, sondern aus sich selbst und benützt nur jene physikalischen Stoffe, um äußeres, sinnliches Dasein anzunehmen. [GA 1a, S. 344]

Betrachtungen über eine Sammlung krankhaften Elfenbeins

[… Goethe versucht] zu zeigen, dass das Leben eines Organismus durch Einflüsse der Außenwelt wohl *gestört*, verkümmert, eingeschränkt, *nicht* aber *geregelt*, seinem Wesen nach bestimmt werden kann. Die organischen Bildungskräfte ziehen sich im Falle einer solchen Störung zurück, sondern sich von dem störenden Körper ab und entwickeln sich ihrer eigenen Natur nach weiter. Ein neuer Beweis dafür, dass die organische Welt aus der bloßen mechanischen Kausalität nicht erklärt werden kann, sondern dass sie eigene in ihr selbst begründete Gesetze hat. Wäre dies nicht der Fall, so würde ein Einfluss der Außenwelt, wie der oben von Goethe besprochene, die organische Tätigkeit nicht zum Ausweichen zwingen, sondern er würde positiv in dieselbe Eingreifen, sich mit ihr summieren und eine Resultierende bilden. Der Organismus ist also wesentlich unabhängig von mechanisch-physikalischen und chemischen Gesetzen. Wo diese ihm günstig sind, entwickelt er sich seinem Wesen gemäß, wo sie seine Entwicklung stören, *gar nicht*. [GA 1a, S. 365]

Vergleichende Knochenlehre

[Diese Beispiele] führen so recht in Goethes Art ein, sich die Äußerungen, Tätigkeiten eines Lebewesens mit dessen innerer Wesenheit im Zusammenhange zu denken. Es ist dies jene Art der Naturanschauung, welche mit den alten Endursachen gründlich aufräumt und eine wahre Theorie des Organismus an deren Stelle setzt. [GA 1a, S. 372]

Die Skelette der Nagetiere, abgebildet und verglichen von d'Alton

Auch aus diesen Worten sieht man, wie Goethes Bestrebungen darauf gerichtet waren, die Gestaltung des Organismus von *innen* heraus als eine notwendige zu begreifen. [...] Man sieht, dass Goethe das Typische niemals als ein durch äußerlich-mechanische Ursachen bewirktes annimmt, sondern stets das Schwergewicht auf die in sich selbst begründete Beschaffenheit des Typus legt. [GA 1a, S. 377 f.]

Man darf daher nicht glauben, dass diese [Theorie der Anpassung] etwas Neues ist. Sie findet sich bei Goethe und bei Hegel deutlich genug ausgesprochen, nur dass sie ihr nicht den Wert eines grundlegenden Prinzipes beilegten. Sie wurde neben dem sich gestaltenden Urorganismus mehr als etwas Nebensächliches behandelt. In letzterem charakterisiert sich Goethes urbildliches, typisches und stets konkretes Denken. Sein intuitives Denken kann nicht von dem abstrakten Gedanken der Deszendenz erfüllt sein, der die einzelnen organischen Gebilde wie Punkte auffasst und nur das Hervorgehen des einen aus dem andern ins Auge fasst. Goethes Denken verlangt konkreten, positiven Gehalt, wie ihm einen solchen nur die Idee des Typus liefern konnte. [GA 1a, S. 379]

Hier stellt Goethe die zur Erklärung der Organismenwelt notwendigen zwei Prinzipien einander entgegen. Nicht das eine oder das andere derselben, sondern das stetige Zusammenwirken beider – der Konstanz und der Variabilität – machen die Konstruktion eines lebendigen Schemas der Organismen möglich. [GA 1a, S. 381 f.]

Principes de Philosophie Zoologique. Discutés en Mars 1830 au sein de l'académie royale des sciences par Mr. Geoffroy de Saint-Hilaire

Goethes große Denkweise gibt sich hier wieder an einem merkwürdigen Beispiele kund. Der scheinbar nur Einzelheiten berührende Streit zweier Naturforscher gibt ihm Gelegenheit, große prinzipielle Gegensätze zu erörtern, die ins Innerste des wissenschaftlichen Lebens aller Zeiten eingreifen. Für seine Anschauung ist jedes geschichtliche Ereignis von zwei Seiten zu betrachten: 1. Seiner bloßen Tatsächlichkeit nach, als zeitliche Erscheinung, und dies ist die oberflächliche, äußerliche Betrachtung. 2. Als Manifestation der Idee, und dann ist die zeitliche Erscheinung nur das momentane besondere Aufleuchten dessen, was unzeitlich ist, was stets in dem Leben der Völker schlummert. Für diese tiefere Auffassung der Dinge kann es keinen Teil des Weltwesens geben, der zu irgendeiner Zeit völlig tot wäre; er kann nur verhüllt, unseren Blicken entzogen werden, weil anderes den Horizont des Tages ausfüllt. Im Grunde wird daher dieser Denkweise keine Idee der Wissenschaft, die zu irgendeiner Zeit hervortritt, *absolut* neu erscheinen, sie wird im Wesentlichen auch in anderen Epochen zu finden sein. [GA 1a, S. 386]

Dieser Gegensatz ist der von analytischer und synthetischer Denkweise. Die letztere setzt der empirischen Welt, die ihr stets in eine Menge von Einzelheiten zerfällt, die Identität aller dieser Einzelheiten in der Idee entgegen und betrachtet sie in letzterer als begründet. Die analytische Denkweise jedoch bleibt bei den Einzelheiten als solchen stehen. Cuvier bedient sich der analytischen, St. Hilaire der synthetischen Methode im Sinne Goethes. [GA 1a, S. 387]

Der reine Empiriker (im Sinne Cuviers) ist derjenige, welcher der Meinung ist, dass jeder Erscheinung und jedem Individuum der empirischen Welt ein bestimmter Begriff entspricht und der nicht einsieht, dass dies einzelne, besondere Wesen eben dadurch besonders ist, dass es die Bestimmungen des Begriffes nur einseitig festhält oder mit andern Worten, dass der Begriff etwas ist, welches nicht ein Individuum, sondern eine Menge von Individuen, d. i. die Gattung umspannt. [GA 1a, S. 387]

Der Idealist sieht ein, dass eine feste Bestimmung nur im Begriffe möglich ist, in der Idee, während die Erscheinung stets im Schwanken begriffen ist. Er legt den größeren Wert daher auf die in der Idee liegenden Bestimmungen, die konstant sind, und nur geringeren auf jene, welche in der Erscheinung liegen. [GA 1a, S. 388]

Diese Bemerkungen streifen dasjenige, was man gewöhnlich über die Unverständlichkeit gewisser höherer Anschauungen sagt. Es ist gar kein Zweifel, dass eine gewisse Bildungsstufe dazugehört, sich bis zur Wahrnehmung jener höheren Einheiten zu erheben, welche der Synthetiker aufstellt. Unser Geist muss imstande sein, sich über bestimmte Vorurteile hinwegzusetzen, die uns aus dem gewöhnlichen Leben anhaften. Ebenso wenig kann aber ein Zweifel sein, dass nur wenige berufen sind, bis zu einer solchen geistigen Entwicklungsstufe zu gelangen. Dazu dagegen, das zu verstehen, was der Analytiker vorbringt, gehört nicht mehr, als die jedem Menschen zukommende Gabe, Erscheinungen der Außenwelt in ihrer Form und ihrem Verlaufe zu verfolgen. Der Analytiker macht nichts anderes, als dass er jene Methode, die jedermann täglich tausendfältig gebraucht, auf bestimmte Objekte anwendet. Es liegt daher in der Natur der Sache, dass der letztere ein größeres Publikum haben muss als der erstere. [GA 1a, S. 388]

Die Goethe'sche Methode liegt keineswegs in dem einseitigen Verwenden der einen oder der andern Methode, sondern in dem Verbinden derselben, nach Maßgabe der Erfordernisse des Objektes. Wie Ein- und Ausatmen zum Leben, so scheinen ihm Analyse und Synthese zum wissenschaftlichen Leben unentbehrlich. [...] Daher verwirft Goethe auch keine der beiden Methoden absolut. [GA 1a, S. 400]

Campers Ansicht war die, dass man die Dinge erst erkennt, wenn man sie gezeichnet hat. Wir können begreifen, dass Goethe an diesem Prinzipe Gefallen fand, da ja auch seine Anschauung dahin ging, anzunehmen, dass man die Dinge erst begreife, wenn man sie im Geiste *nacherschaffen* hat, d. h., wenn man sich der die Vorgänge (Erscheinungen) eines Objektes regelnden Idee bemächtigt hat. [GA 1a, S. 400]

In der Möglichkeit, dass das der Idee nach Identische der Erscheinung nach durchaus verschieden sein kann, liegt die Ursache der Mannigfaltigkeit der Lebewesen und ihrer Erscheinungen. Ausnahmen beweisen weiter nichts, als dass das Gesetz unendlich bestimmbar ist. [GA 1a, S. 401]

{... der Mensch unterscheide sich von den Tieren hauptsächlich dadurch, dass die Masse seines Gehirns den Komplex der übrigen Nerven in einem hohen Grad überwiege, welches bei den übrigen Tieren nicht statthabe, war höchst folgereich.} Dieser Satz musste Goethe sehr wichtig erscheinen, weil er selbst stets jenes bedeutsame Prinzip suchte, welches, obgleich es in allen Tierarten vorkommen muss, durch Steigerung bis zur höchsten Vollkommenheit den Menschen an die Spitze der Lebewesen stellt. [GA 1a, S. 401]

Es ist bezeichnend für unsere idealistische Philosophie, dass sie die Natur nicht als ein fertiges, abgeschlossenes, starres Sein, als ein *Produkt*, sondern als ein in fortwährender Tätigkeit begriffenes, in stetem Werden befindliches, als *Produktivität* auffasst. [...] Indem Goethe nun diese Denkart [...] anwendet, ist er imstande den Zusammenhang der Tätigkeit des Tieres mit dessen Gestalt und der Ausbildung seiner Organe zu begreifen. Beides erscheint ihm nur als Ausfluss der im Wesen selbst liegenden Gesetzlichkeit. Dadurch wird eine wahre Erklärung der Formen erreicht. Es wird an die Stelle der alten Teleologie (der Erklärung durch Zweckursachen) eine wissenschaftliche Theorie gesetzt. [GA 1a, S. 408 f.]

Eine der Idee gemäße Denkart: damit gibt sich Goethe ganz als Idealist. Denn diesem Satze liegt die Anerkennung der Selbstständigkeit der Idee zugrunde. Nicht ein Äußerliches (Stoff, Kraft, Wille usw.) ist es, das Regulativ unserer Denkweise sein soll, sondern die Idee selbst. Sie hat in sich selbst die Macht des Bestimmens, des Gestaltens. [GA 1a, S. 412]

Materialien sind Teile eines Ganzen, welche als solche mit der Idee des Ganzen nichts zu tun haben. Sie werden nicht, wie die Teile eines Organismus, aus der Idee des Ganzen heraus bestimmt, sondern von einer dem zu Bildenden selbst fremden Macht nach einer demselben ebenso fremden Idee geformt und dem Ganzen eingefügt. Das Wort *matériaux* ist eben deshalb auf die Organe eines Lebewesens nicht anwendbar, weil diese durch kein fremdes, sondern ein in dem Wesen selbst liegendes Prinzip bestimmt und gestaltet werden. [GA 1a, S. 412 f.]

Composition ist die Art, wie jene oben [...] erwähnte äußere Macht die Materialien zusammenfügt; aus diesem Grunde ist auch das Wort *Composition* bei dem Organismus nicht am Platze. Der Organismus wird nicht aus seinen Teilen zusammengesetzt, sondern entwickelt seine Teile aus sich selbst, aus seinem Gestaltungsprinzipe, seiner Idee. [GA 1a, S. 413]

Plan ist im eigentlichen Sinne des Wortes die Idee eines Ganzen, welche aber als solche der wirklichen, realen Gestaltung vorhergeht. Bevor ein Haus gebaut werden kann, muss in irgendeines Menschen Kopfe der Plan dazu da sein. Indem Goethe der alten Teleologie und der mit ihr verwandten Lehre von der «Konstanz der Arten» durchaus den Rücken gekehrt hatte, konnte er das Wort Plan, welches sich mit jener Ansicht wohl vertragen hätte, nicht brauchen. [GA 1a, S. 414]

Typus ist eine Gestaltung nach einem in sich selbst liegenden Prinzips, das nur seiner eigenen Entfaltungskraft und durchaus nicht einem vorher bestimmten Plane folgt. [GA 1a, S. 414]

Grundzüge allgemeiner Naturbetrachtung

Die Vorstellung von der Natur als *eines* großen Organismus ist sowohl Goethe wie der ganzen deutschen Philosophie am Ende des vorigen und dem Anfange dieses Jahrhunderts eigen. Wir haben in der Einleitung an der Hand von Jugendaussprüchen Goethes und des Aufsatzes: «Die Natur» nachgewiesen, dass in Goethes Geist sich dasselbe wiederholt, was hier durch Carus als dem Objekte wesentlich ausgesprochen wird. Zuerst bildet sich bei ihm die Gesamtvorstellung von der Natur als eines durch und durch Belebten, die Vorstellung *des Organismus, des Lebendigen schlechthin*; davon trennen sich nun die Einzelvorstellungen von besonderen Lebewesen (Tieren, Pflanzen) ab. Er wendet jene Allgemeinvorstellung auf Besonderes an. Auch Schelling suchte in seiner Schrift den Nachweis zu führen, dass «die Welt – eine Organisation», ein «allgemeiner Organismus» sei. [GA 1a, S. 422 f.]

Der Gedanke, dass die *Idee des Lebens* eine ewige Manifestation göttlichen Wesens ist, ist echt Goethisch. Auch dem letzteren ist das Leben jene Daseinssphäre, in welcher das die Natur durchdringende göttliche Prinzip sich am reinsten darstellt. [GA 1a, S. 423]

Gegen die Behauptung: die Idee des Lebens komme nicht *von außen* in den Menschen, sondern müsse sich in seinem *Innern* erschließen, könnte man etwa die Einwendung machen, dass doch unmöglich eine bloß aus dem Innern des Menschen stammende Idee objektive Gültigkeit haben könne, dass sie nichts mit dem Lebewesen selbst zu tun habe. Der scheinbare Widerspruch löst sich aber ganz leicht durch folgende Erwägung: Das Lebewesen stellt sich uns zunächst als ein räumlich abgegrenzter Körper dar; die Eigenschaften, welche dasselbe als Räumliches hat, nehmen wir durch die Sinne wahr. Aber in dem durch die Sinne Wahrgenommenen ist das wahre *Wesen* des Organismus noch nicht enthalten, ja dieses enthält selbst etwas in sich, das derart ist, dass man über das sinnlich Wahrgenommene hinausgehen muss, es enthält die Forderung, über es selbst zu einem Höheren aufzusteigen und dieses Höhere kommt uns aus unserem *Inneren* entgegen. Insofern das Objekt, als sinnenfällig-wirkliches Ding, dieses Höhere *selbst* fordert, ist letzteres in ihm *objektiv* begründet. Unser *Inneres* verhält sich dabei keineswegs so, als ob es etwas in den Gegenstand hinein phantasierte, sondern es bietet die Möglichkeit, zu dem sich in seiner Räumlichkeit selbst nicht genügenden Objekte die notwendige Ergänzung hinzuzufügen. [GA 1a, S. 423]

Die Abweisung eines absoluten Todes in der Natur ist ebenfalls ein Charakterzug der idealistischen Philosophie. [GA 1a, S. 423]

Dies ist der Goethe'sche Begriff des Organismus. Letzterer wird nicht als ein Produkt physikalischer und chemischer Agentien betrachtet, sondern als eine sich aus sich selbst bestimmende Wesenheit, welche jene Agentien in der ihm nötigen Weise verwendet, ihrem Wirken die zu ihrem Gedeihen notwendige Richtung gibt. [GA 1a, S. 425]

Die organische Metamorphose besteht darinnen, dass allen Organismen *ein* Bildungstypus zugrunde liegt, der sich von dem niedersten bis zu dem höchsten Lebewesen immer zu größerer Vollkommenheit steigert. Die Methode, welche diese allmähliche Steigerung verfolgt, ist die genetische. [GA 1a, S. 429]

Goethes Werke, Band XXXIV
Naturwissenschaftliche Schriften, Zweiter Band, 1887
GA 1b

Vorrede

Johann Gottlieb Fichte sendete im Juni 1794 die ersten Bogen seiner «Wissenschaftslehre» an Goethe. Dieser schrieb hierauf am 24. Juni an den Philosophen: «Was mich betrifft, werde ich Ihnen den größten Dank schuldig sein, wenn Sie mich endlich mit den Philosophen versöhnen, die ich nie entbehren und mit denen ich mich niemals vereinigen konnte.» Was der Dichter hier bei Fichte, das hatte er früher bei Spinoza gesucht, später suchte er es bei Schelling und Hegel: eine philosophische Weltansicht, die seiner Denkweise gemäß wäre. Völlige Befriedigung aber brachte dem Dichter keine der philosophischen Richtungen, die er kennenlernte.

Das erschwert wesentlich unsere Aufgabe. Wir wollen Goethe von der philosophischen Seite näherkommen. Hätte er selbst einen wissenschaftlichen Standpunkt als den seinigen bezeichnet, so könnten wir uns auf diesen berufen. Das ist aber nicht der Fall. Und so obliegt uns denn die Aufgabe, aus alle dem, was uns von dem Dichter vorliegt, den philosophischen Kern zu erkennen, der in ihm lag, und davon ein Bild zu entwerfen. Wir halten für den richtigen Weg, diese Aufgabe zu lösen, eine auf Grundlage der deutschen idealistischen Philosophie gewonnene Ideenrichtung. Diese Philosophie suchte ja in ihrer Weise denselben *höchsten* menschlichen Bedürfnissen zu genügen, denen Goethe und Schiller ihr Leben widmeten. Sie ging aus derselben Zeitströmung hervor. Sie steht daher auch Goethe viel näher als diejenigen Anschauungen, die heute vielfach die Wissenschaften beherrschen. Aus jener Philosophie wird sich eine Ansicht bilden lassen, als deren Konsequenz sich das ergibt, was Goethe dichterisch gestaltet, was er wissenschaftlich dargelegt hat; aus unseren heutigen wissenschaftlichen Richtungen wohl nimmermehr. Wir sind heute sehr weit von jener Denkweise entfernt, die in Goethes Natur lag.

Es ist ja richtig: wir haben auf allen Gebieten der Kultur Fortschritte zu verzeichnen. Dass das aber Fortschritte *in die Tiefe* sind, kann kaum behauptet werden. Für den Gehalt eines Zeitalters sind aber doch nur die Fortschritte *in die Tiefe* maßgebend. Unsere Zeit möchte man aber am besten damit bezeichnen, dass man sagt: sie weist überhaupt Fortschritte in die Tiefe als für den Menschen unerreichbar zurück. Wir sind mutlos auf allen Gebieten geworden, besonders aber auf jenem des Denkens und des Wollens. Was das Denken betrifft: Man beobachtet endlos, speichert die Beobachtungen auf und hat nicht den Mut, sie zu einer wissenschaftlichen Gesamtauffassung der Wirklichkeit zu gestalten. Die deutsche idealistische Philosophie aber zeiht man der Unwissenschaftlichkeit, weil sie diesen Mut hatte. Man will heute nur *schauen*, nicht *denken*. Man hat alles Vertrauen in das Denken verloren. Man hält es nicht für ausreichend, in die Geheimnisse der Welt und des Lebens einzudringen, man verzichtet überhaupt auf jegliche Lösung der großen Rätselfragen des Daseins. Das Einzige, was man für möglich hält, ist: *die Aussagen der Erfahrung in ein System zu bringen*. Dabei vergisst man nur, dass man sich mit dieser Ansicht einem Standpunkt nähert, den man längst für überwunden hält. Die Abweisung alles Denkens und das Pochen auf die Erfahrung ist, tiefer erfasst, doch nichts als der blinde Offenbarungsglaube der Religionen. Der letztere beruht doch nur darauf, dass die Kirche fertige Wahrheiten überliefert, an die man zu glauben hat. Das Denken mag sich abmühen, in ihren tiefern Sinn einzudringen, benommen aber ist es ihm, die *Wahrheit selbst zu prüfen*, aus eigener Kraft in die Tiefen der Welt zu bringen. Und die Erfahrungswissenschaft: Was fordert *sie* vom Denken? Dass es lausche, was die Tatsachen sagen, und diese Aussagen auslege, ordne etc. Selbstständig in den Kern der Welt einzudringen, versagt auch sie dem Denken. Dort fordert die Theologie blinde Unterwerfung des Denkens unter die Aussprüche der Kirche, hier die Wissenschaft blinde Unterwerfung unter die Aussprüche der Sinnenbeobachtung. Da wie dort gilt das Selbstständige, in die Tiefen dringende Denken nichts. Die Erfahrungswissenschaft vergisst nur eins. Tausende und Abertausende schauten eine Tatsache und gingen an ihr vorüber, ohne etwas Auffälliges an ihr zu merken. Dann kam einer, der sie anblickte und ein wichtiges Gesetz an ihr gewahr wurde. Woher kommt das? Doch nur davon, weil der Entdecker anders zu schauen verstand als seine Vorgänger. Er sah die Tatsache mit andern Augen an als seine Mitmenschen. Er hatte bei dem Schauen einen bestimmten Gedanken, *wie* man die Tatsache mit andern in Zusammenhang bringen müsse, was für sie bedeutsam sei, was nicht. Und so legte er sich *den-*

kend die Sache zurecht und er sah mehr als die andern. *Er sah mit den Augen des Geistes.* Alle wissenschaftlichen Entdeckungen beruhen darauf, dass der Beobachter in der durch den richtigen Gedanken geregelten Weise zu beobachten versteht. Das *Denken* muss die Beobachtung naturgemäß leiten. Das kann es nicht, wenn der Forscher den Glauben an das Denken verloren hat, wenn er nicht weiß, was er von dessen Tragweite zu halten hat. Die Erfahrungswissenschaft irrt ratlos in der Welt der Erscheinungen umher, die Sinnenwelt wird ihr eine verwirrende Mannigfaltigkeit, weil sie nicht die Energie im Denken hat, in das Zentrum zu dringen.

Man spricht heute von Erkenntnisgrenzen, weil man nicht weiß, wo das Ziel des Denkens liegt. Man hat keine klare Ansicht davon, *was* man erreichen will, und zweifelt daran, *dass* man es erreichen wird. Wenn heute irgendjemand käme und uns mit Fingern auf die Lösung des Welträtsels zeigte, wir hätten nichts davon, weil wir nicht wüssten, was wir von der Lösung zu halten haben.

Und mit dem Wollen und Handeln ist es ja gerade so. Man weiß sich keine bestimmten Lebensaufgaben zu stellen, denen man gewachsen wäre. Man träumt sich in unbestimmte, unklare Ideale hinein und klagt dann, wenn man das nicht erreicht, wovon man kaum eine dunkle, viel weniger eine klare Vorstellung hat. Man frage einen der Pessimisten unserer Zeit, was er denn eigentlich will, und was er zu erreichen verzweifelt? Er weiß es nicht. Problematische Naturen sind sie alle, die keiner Lage gewachsen sind, und denen doch keine genügt. Man missverstehe mich nicht. Ich will dem flachen Optimismus keine Lobrede halten, der mit den trivialen Genüssen des Lebens zufrieden, nach nichts Höherem verlangt und deshalb nie etwas entbehrt. Ich will nicht den Stab brechen über Individuen, die die tiefe Tragik schmerzlich empfinden, die darinnen liegt, dass wir von Verhältnissen abhängig sind, die lähmend auf all unser Tun wirken, und die zu ändern wir uns vergebens bestreben. Vergessen wir aber nur nicht, dass der Schmerz der Einschlag des Glückes ist. Man denke an die Mutter: Wie wird ihr die Freude an dem Gedeihen ihrer Kinder versüßt, wenn sie es mit Sorgen, Leiden und Mühen dereinst errungen hat. Jeder besser denkende Mensch müsste ja ein Glück, das ihm irgendeine äußere Macht böte, zurückweisen, weil er doch nicht als Glück empfinden kann, was ihm als unverdientes Geschenk verabreicht wird. Wäre irgendein Schöpfer mit dem Gedanken an die Erschaffung des Menschen gegangen, dass er seinem Ebenbilde zugleich das Glück mit als Erbstück gäbe, so hätte er besser getan, ihn ungeschaffen zu lassen. Es erhöht die Würde des Menschen, dass grausam immer zerstört wird, was er schafft, denn er muss immer aufs Neue bilden und schaffen, und im Tun liegt unser Glück, in dem, was wir selbst vollbringen. Mit dem geschenkten Glück ist es wie mit der geoffenbarten Wahrheit. Es ist allein des Menschen würdig, dass er selbst die Wahrheit suche, dass ihn weder Erfahrung noch Offenbarung leite. Wenn das einmal durchgreifend erkannt sein wird, dann haben die Offenbarungsreligionen abgewirtschaftet. Der Mensch wird dann gar nicht mehr wollen, dass sich Gott ihm offenbare oder Segen spende. Er wird durch eigenes Denken erkennen, durch eigene Kraft sein Glück begründen wollen. Ob irgendeine höhere Macht unsere Geschicke zum Guten oder Bösen lenkt, das geht uns nichts an, wir haben uns selbst die Bahn vorzuzeichnen, die wir zu wandeln haben. Die erhabenste Gottesidee bleibt doch immer die, welche annimmt, dass Gott sich nach Schöpfung des Menschen ganz von der Welt zurückgezogen und den letzteren ganz sich selbst überlassen habe.

Wer dem Denken seine über die Sinnesauffassung hinausgehende Wahrnehmungsfähigkeit, der muss ihm notgedrungen auch Objekte zuerkennen, die über die bloße sinnenfällige Wirklichkeit hinaus liegen. Die Objekte des Denkens sind aber die *Ideen.* Indem sich das Denken der Idee bemächtigt, verschmilzt es mit dem Urgrunde des Weltendaseins; das, was außen wirkt, tritt in den Geist des Menschen ein: er wird mit der objektiven Wirklichkeit auf ihrer höchsten Potenz *eins. Das Gewahrwerden der Idee in der Wirklichkeit ist die wahre Kommunion des Menschen.*

Das Denken hat den Ideen gegenüber dieselbe Bedeutung wie das Auge dem Lichte, das Ohr dem Ton gegenüber. *Es ist Organ der Auffassung.*

Diese Ansicht ist in der Lage, zwei Dinge zu vereinigen, die man heute für völlig unvereinbar hält: empirische Methode und Idealismus als wissenschaftliche Weltansicht. Man glaubt, die Anerkennung der ersteren habe die Abweisung des letzteren im Gefolge. Das ist nun durchaus nicht richtig. Wenn man freilich die Sinne für die einzigen Auffassungsorgane einer objektiven Wirklichkeit hält, so muss man zu dieser Ansicht kommen. Denn die Sinne liefern bloß solche Zusammenhänge der Dinge, die sich auf mechanische Gesetze zurückführen lassen. Und damit wäre die mechanische Weltansicht als die einzig wahre Gestalt einer solchen gegeben. Dabei begeht man den Fehler, dass man die andern ebenso objektiven Bestandteile der Wirklichkeit, die sich auf mechanische Gesetze *nicht* zurückführen lassen, einfach übersieht. Das *objektiv* Gegebene deckt sich durchaus nicht mit dem *sinnlich* Gegebenen, wie die mechanische Weltauffassung glaubt. Das letztere ist nur die Hälfte des Gegebenen. Die andere Hälfte desselben sind die Ideen, die ebenso Gegenstand der Erfahrung sind, freilich einer höheren, deren Organ das Denken ist. Auch die Ideen sind für eine induktive Methode erreichbar.

Die heutige Erfahrungswissenschaft befolgt die ganz richtige Methode: am Gegebenen festzuhalten, aber sie fügt die unstatthafte Behauptung hinzu, dass diese Methode nur Sinnenfällig-Tatsächliches liefern kann. Statt bei dem, *wie* wir zu unseren Ansichten kommen, stehen zu bleiben, bestimmt sie von vornherein das *Was* derselben. Die einzig befriedigende Wirklichkeitsauffassung ist empirische Methode mit idealistischem Forschungsresultate. Das ist Idealismus, aber kein solcher, der einer nebelhaften, geträumten *Einheit der Dinge* nachgeht, sondern ein solcher, der den konkreten Ideengehalt der Wirklichkeit ebenso erfahrungsgemäß sucht wie die heutige hyperexakte Forschung den Tatsachengehalt.

Indem wir mit diesen Ansichten an Goethe herantreten, glauben wir in sein Wesen einzudringen. Wir halten an dem Idealismus fest, legen aber bei der Entwickelung desselben nicht die dialektische Methode Hegels, sondern einen geläuterten, höheren Empirismus zugrunde.

Ein solcher liegt auch der Philosophie Ed. v. Hartmanns zugrunde. Eduard v. Hartmann sucht in der Natur die ideengemäße Einheit, wie sie sich positiv für ein *inhaltvolles* Denken ergibt. Er weist die bloß mechanische Naturauffassung und den am Äußerlichen haftenden Hyper-Darwinismus zurück. Er ist in der Wissenschaft Begründer eines konkreten Monismus. In der Geschichte und Ästhetik sucht er die konkrete Idee. Das alles nach empirisch-induktiver Methode.

Hartmanns Philosophie ist von meiner nur durch die Pessimismus-Frage und durch die metaphysische Zuspitzung des Systems nach dem «Unbewussten» verschieden. Was den letzteren Punkt betrifft, wolle man weiter unten nachsehen. In Bezug auf den Pessimismus aber sei Folgendes bemerkt. Was Hartmann als Gründe *für* den Pessimismus anführt, d. h. für die Ansicht, dass uns nichts in der Welt voll befriedigen kann, dass stets die Unlust die Lust überwiegt, das möchte ich geradezu als *das Glück der Menschheit* bezeichnen. Was er vorbringt, sind für mich nur Beweise dafür, dass es vergebens ist, eine Glückseligkeit zu erstreben. Wir müssen eben ein solches Streben ganz aufgeben und unsere Bestimmung rein darinnen suchen, selbstlos jene idealen Aufgaben zu erfüllen, die uns unsere Vernunft vorzeichnet. Was heißt das anders, als dass wir nur im *Schaffen*, in rastloser Tätigkeit unser Glück suchen sollen?

Nur der Tätige, und zwar der selbstlos Tätige, der mit seiner Tätigkeit keinen Lohn anstrebt, erfüllt seine Bestimmung. Es ist töricht, für seine Tätigkeit belohnt sein zu wollen, es gibt keinen wahren Lohn. Hier sollte Hartmann weiterbauen. Er sollte zeigen, was denn unter solchen Voraussetzungen die einzige Triebfeder aller unserer Handlungen sein kann. Es kann, wenn die Aussicht auf ein erstrebtes Ziel wegfällt, nur die selbstlose Hingabe an das Objekt sein, dem man seine Tätigkeit widmet, *es kann nur die Liebe sein*. Nur eine Handlung aus Liebe kann eine sittliche sein. Die *Idee* muss in der Wissenschaft, die *Liebe* im Handeln unser Leitstern sein. Und damit sind wir wieder bei Goethe angelangt. «Dem tätigen Menschen kommt es darauf an, dass er das Rechte tue, ob das Rechte geschehe, soll ihn nicht kümmern.» «Unser ganzes Kunststück besteht darin, dass wir unsere Existenz aufgeben, um zu existieren.»

Der Herausgeber dieser Schriften ist zu seiner Weltansicht nicht allein durch das Studium Goethes oder etwa gar des Hegelianismus gekommen. Er ging von der mechanisch-naturalistischen Weltauffassung aus, erkannte aber, dass bei intensivem Denken dabei nicht stehen geblieben werden kann. Er fand, streng nach naturwissenschaftlicher Methode verfahrend, in dem objektiven Idealismus die einzig befriedigende Weltansicht. Die Art, wie ein sich selbst verstehendes, widerspruchsloses Denken zu dieser Weltansicht gelangt, zeigt des Herausgebers *Erkenntnistheorie*.[1] Er fand dann, dass dieser objektive Idealismus seinem Grundzuge nach die Goethe'sche Weltansicht durchtränkt. So geht denn dann freilich der Ausbau seiner Ansichten seit Jahren parallel mit dem Studium Goethes und er hat nie einen *prinzipiellen* Gegensatz zwischen seinen Grundansichten und der Goethe'schen wissenschaftlichen Tätigkeit gefunden. Wenn es ihm wenigstens teilweise gelungen ist: erstens

1 Erkenntnistheorie der Goethe'schen Weltanschauung mit besonderer Rücksicht auf Schiller, von Rudolf Steiner. 1886. Berlin und Stuttgart, W. Spemann.

seinen Standpunkt so zu entwickeln, dass er auch in anderen lebendig wird, und zweitens die Überzeugung herbeizuführen, dass dieser Standpunkt wirklich der Goethe'sche ist, dann betrachtet er seine Aufgabe als erfüllt.

Rudolf Steiner

Einleitung

Über die Anordnung der naturwissenschaftlichen Schriften

Bei der Herausgabe von Goethes naturwissenschaftlichen Schriften leitete mich der Gedanke: das Studium der Einzelheiten derselben durch die Darlegung der großartigen Ideenwelt zu beleben, die ihnen zugrunde liegt. Es ist meine Überzeugung, dass jede einzelne Behauptung Goethes einen völlig neuen, und zwar den *richtigen* Sinn erhält, wenn man an sie mit dem vollen Verständnis für seine tiefe und umfassende Weltanschauung herantritt. Es ist ja nicht zu leugnen, manche der Aufstellungen Goethes in naturwissenschaftlicher Beziehung erscheint ganz bedeutungslos, wenn man sie vom Standpunkte der mittlerweile so fortgeschrittenen Wissenschaft ansieht. Das kommt aber gar nicht weiter in Betracht. Es handelt sich darum: *Was sie innerhalb der Weltansicht Goethes zu bedeuten hat.* Auf der geistigen Höhe, auf der der Dichter steht, ist auch das wissenschaftliche Bedürfnis ein gesteigertes. Ohne wissenschaftliches Bedürfnis gibt es aber keine Wissenschaft. *Was für Fragen stellte Goethe an die Natur?* Das ist das Wichtige. Ob und wie er sie beantwortet hat, das kommt erst in zweiter Linie in Betracht. Haben wir heute zulänglichere Mittel, eine reichere Erfahrung: Nun wohl, dann wird es uns gelingen, ausreichendere Lösungen der von ihm gestellten Probleme zu finden. Dass wir aber nicht mehr vermögen als eben dies: die von ihm vorgezeichneten Bahnen mit unseren größeren Mitteln zu wandeln, das sollen meine Einleitungen zeigen. Was wir von ihm lernen sollen, ist also vor allem das, *wie man an die Natur Fragen zu stellen hat.*

Man übersieht die Hauptsache, wenn man Goethe nichts anderes zugesteht, als dass er manche Beobachtung aufzuweisen habe, die von der späteren Forschung wieder gefunden, heute einen wichtigen Bestandteil unserer Weltanschauung bildet. Bei ihm kommt es gar nicht auf das überlieferte Ergebnis an, sondern auf die Art, wie er dazu gelangt. Treffend sagt er selbst: «Es ist mit Meinungen, die man wagt, wie mit Steinen, die man voran im Brette bewegt; sie können geschlagen werden, aber sie haben ein Spiel eingeleitet, das gewonnen wird.» Er kam zu einer durchaus naturgemäßen Methode. Er suchte diese Methode mit jenen Hilfsmitteln, die ihm zu Gebote standen, in die Wissenschaft einzuführen. Es mag nun sein, dass die hierdurch gewonnenen Einzelergebnisse durch die fortschreitende Wissenschaft umgewandelt wurden; aber der wissenschaftliche Prozess, der damit eingeleitet wurde, ist ein dauernder Gewinn der Wissenschaft.

Diese Gesichtspunkte konnten nicht ohne Einfluss auf die Anordnung des herauszugebenden Stoffes bleiben. Man kann mit einigem Schein von Recht fragen, warum ich, da ich schon einmal von der bisher üblichen Einteilung der Schriften abgegangen bin, nicht gleich jenen Weg betreten habe, der sich vor allem zu empfehlen scheint: Die allgemein-naturwissenschaftlichen Schriften im 1. Bande, die organischen, mineralogischen und meteorologischen im 2. und die physikalischen Schriften im 3. Bande zu bringen. Es enthielte dann der 1. Band die allgemeinen Gesichtspunkte, die folgenden die besondern Ausführungen der Grundgedanken. So verlockend das nun auch ist: Es hätte mir nie einfallen können, diese Anordnung zu treffen. Ich hätte damit – um auf das Gleichnis Goethes noch einmal zurückzukommen – nicht erreichen können, was ich wollte: *an den Steinen, die voran im Brette gewagt, den Plan des Spieles erkenntlich zu machen.*

Nichts lag Goethe ferner, als in bewusster Weise von allgemeinen Begriffen auszugehen. Er geht immer von *konkreten Tatsachen* aus, vergleicht sie, ordnet sie. Darüber geht ihm die Ideen-Grundlage derselben auf. Es ist ein großer Irrtum, zu behaupten, nicht die Ideen seien das treibende Prinzip in Goethes Schaffen, weil er über die Idee des Faust jene sattsam bekannte Bemerkung gemacht. In der Betrachtung der Dinge bleibt ihm nach Abstreifung alles Zufälligen, Unwesentlichen etwas zurück, das *Idee* in seinem Sinne ist. Die *Methode*, der sich Goethe bedient, bleibt selbst da noch die auf reine Erfahrung gebaute, wo er sich zur *Idee* erhebt. Denn nirgends lässt er eine subjektive Zutat in seine Forschung einfließen. Er befreit nur die Erscheinungen von dem Zufälligen, um zu ihrer tieferen Grundlage vorzudringen. Sein Subjekt hat keine andere Aufgabe, als das Objekt so zurechtzulegen, dass es sein Innerstes verrät. «Das Wahre ist gottähnlich; es erscheint nicht unmittelbar, wir müssen es aus seinen Manifestationen erraten.» Es kommt darauf an, diese Manifestationen in solchen Zusammenhang zu bringen, dass das «Wahre» erscheint. In der Tatsache, der wir beobachtend gegenübertreten, steckt schon das Wahre, die *Idee*; wir müssen nur die Hülle entfernen, die es uns verbirgt. In der Entfernung dieser Hülle besteht die wahre wissenschaftliche Methode. Goethe schlug diesen Weg ein. Und wir müssen ihm auf demselben folgen, wenn wir ganz in ihn eindringen wollen. Mit andern Worten: Wir müssen mit Goethes Studien über die organische Natur beginnen, *weil er mit ihnen begann.* Hier enthüllte sich ihm zuerst ein reicher Gehalt von Ideen, die wir dann als Bestandteile in seinen allgemeinen und methodischen Aufsätzen wiederfinden. Wollen wir die letzteren verstehen, müssen wir uns mit jenem Gehalte bereits erfüllt haben. Hätten wir diese Aufsätze an die Spitze gestellt, so hätte uns einfach die Voraussetzung zu ihrer Erklärung gefehlt. Sie sind *dem* bloße Gedankengewebe, der nicht den Weg nachzugehen bemüht ist, den Goethe gegangen. Was dann die Studien über physikalische Erscheinungen betrifft, so entstanden sie bei Goethe erst als die Konsequenz seiner Naturanschauung. Sie erscheinen daher im dritten Bande.

Wer sich die Aufgabe stellt, die Geistesentwickelung eines Denkers darzustellen, hat uns die besondere Richtung desselben auf psychologischem Wege aus den in seiner Biografie gegebenen Tatsachen zu erklären. Bei einer Darstellung von Goethe *dem Denker* ist die Aufgabe damit noch nicht erschöpft. Hier wird nicht nur nach einer Rechtfertigung und Erklärung seiner speziellen wissenschaftlichen Richtung, sondern und vorzüglich auch darnach gefragt, wie dieser Genius *überhaupt* dazu kam, auf wissenschaftlichem Gebiete tätig zu sein. Goethe hatte durch die falsche Ansicht seiner Zeitgenossen viel zu leiden, die sich nicht denken konnten, dass dichterisches Schaffen und wissenschaftliche Forschung sich in einem Geiste vereinigen lassen. Es handelt sich hier vor allem um Beantwortung der Frage: Welches sind die Motive, die den großen Dichter zur Wissenschaft getrieben? Liegt der Übergang von Kunst zur Wissenschaft rein in seiner subjektiven Neigung, in persönlicher Willkür? Oder war Goethes künstlerische Richtung eine solche, dass *sie* ihn mit *Notwendigkeit* zur Wissenschaft treiben musste?

Wäre das erstere der Fall, dann hätte die gleichzeitige Hingabe an Kunst und Wissenschaft bloß die Bedeutung einer *zufälligen* persönlichen Begeisterung für beide Richtungen des menschlichen Strebens; wir hätten es mit einem Dichter zu tun, der zufällig auch ein Denker ist, und es hätte wohl sein können, dass bei einem etwas andern Lebensgange Goethe dieselben Wege in der Dichtung eingeschlagen, ohne dass er sich um die Wissenschaft auch nur bekümmert hätte. Beide Seiten dieses Mannes interessierten uns dann abgesondert als solche, beide hätten vielleicht für sich ein gut Teil den Fortschritt der Menschheit gefördert; alles das wäre aber auch der Fall, wenn die beiden Geistesrichtungen auf zwei Persönlichkeiten verteilt gewesen wären. Der *Dichter* Goethe hätte mit dem *Denker* Goethe nichts zu tun.

Ist aber das zweite der Fall, dann war Goethes künstlerische Richtung eine solche, dass sie von innen heraus notwendig dazu drängte, durch wissenschaftliches Denken ergänzt zu werden. Dann ist es schlechterdings undenkbar, dass die beiden Richtungen auf zwei Persönlichkeiten verteilt gewesen wären. Dann interessiert uns jede der beiden Richtungen *nicht nur* um ihrer selbst willen, sondern auch wegen ihrer Beziehung auf die andere. Dann gibt es einen *objektiven* Übergang von Kunst zur Wissenschaft, einen Punkt, wo sich die beiden so berühren, dass Vollendung in dem einen Gebiete Vollendung in dem andern fordert. Goethe folgte dann nicht einer persönlichen Neigung, sondern seine Kunstrichtung, der er sich ergab, weckte in ihm Bedürfnisse, denen nur in wissenschaftlicher Betätigung Befriedigung werden konnte.

Unsere Zeit glaubt das Richtige zu treffen, wenn sie Kunst und Wissenschaft möglich weit auseinanderhält. Sie sollen zwei vollkommen entgegengesetzte Pole in der Kulturentwickelung der Menschheit sein. Die Wissenschaft soll uns – so denkt man – ein möglichst objektives Weltbild entwerfen, sie soll uns die Wirklichkeit im Spiegel zeigen oder mit andern Worten: sie soll mit Entäußerung aller subjektiven Willkür sich rein an das Gegebene halten. Für ihre Gesetze ist die objektive Welt maßgebend, ihr hat sie sich zu unterwerfen. Sie soll den Maßstab des Wahren und Falschen ganz und gar aus den Objekten der Erfahrung nehmen.

Ganz anders soll es bei den Schöpfungen der Kunst sein. Ihnen wird von der selbstschöpferischen Kraft des menschlichen Geistes das Gesetz gegeben. Für die Wissenschaft wäre jedes Einmischen der menschlichen Subjektivität Verfälschung der Wirklichkeit, Überschreitung der Erfahrung; die Kunst dagegen wächst auf dem Felde genialischer Subjektivität. Ihre Schöpfungen sind Gebilde menschlicher Einbildungskraft, nicht Spiegelbilder der Außenwelt. Außer uns, im objektiven Sein liegt der Ursprung wissenschaftlicher Gesetze; in uns, in unserer Individualität der der ästhetischen. Daher haben die letzteren nicht den geringsten Erkenntniswert, sie erzeugen Illusionen ohne den geringsten Wirklichkeitsfaktor.

Wer die Sache so fasst, wird nie Klarheit darüber gewinnen, welches Verhältnis Goethe'sche Dichtung zu Goethe'scher Wissenschaft hat. Dadurch wird aber beides missverstanden. Die welthistorische Bedeutung Goethes liegt ja gerade darinnen, dass seine Kunst unmittelbar aus dem *Urquell des Seins* fließt, dass sie nichts Illusorisches, nichts Subjektives an sich trägt, sondern als die Künderin jener Gesetzlichkeit erscheint, die der Dichter in den Tiefen des Naturwirkens dem Weltgeiste abgelauscht hat. Auf dieser Stufe wird die Kunst die Interpretin der Weltgeheimnisse, wie es die Wissenschaft in anderem Sinne ist.

So hat Goethe auch stets die Kunst aufgefasst. Sie war ihm die *eine* Offenbarung des Urgesetzes der Welt, die Wissenschaft war ihm die *andere*. Für ihn entsprangen

Kunst und Wissenschaft aus *einer* Quelle. Während der Forscher untertaucht in die Tiefen der Wirklichkeit, um die treibenden Kräfte derselben in Form von Gedanken auszusprechen, sucht der Künstler dieselben treibenden Gewalten seinem Stoffe einzubilden. «Ich denke, Wissenschaft könnte man die Kenntnis des Allgemeinen nennen, das abgezogene Wissen; Kunst dagegen wäre Wissenschaft zur Tat verwendet; Wissenschaft wäre Vernunft, und Kunst ihr Mechanismus, deshalb man sie auch praktische Wissenschaft nennen könnte. Und so wäre denn endlich Wissenschaft das Theorem, Kunst das Problem.» Was die Wissenschaft als Idee (Theorem) ausspricht, das soll die Kunst dem Stoffe einprägen, das soll ihr Problem werden. «In den Werken des Menschen wie in denen der Natur sind die Absichten vorzüglich der Aufmerksamkeit wert», sagt Goethe. Überall sucht er nicht nur das, was den Sinnen in der Außenwelt gegeben ist, sondern die Tendenz, durch die es geworden. *Diese* wissenschaftlich aufzufassen, künstlerisch zu gestalten, das ist seine Sendung. Bei ihren eigenen Bildungen gerät die Natur «auf Spezifikationen wie in eine Sackgasse»; man muss auf das zurückgehen, was hätte werden sollen, wenn die Tendenz sich hätte ungehindert entfalten können, so wie der Mathematiker nie dieses oder jenes Dreieck, sondern immer jene Gesetzmäßigkeit im Auge hat, die jedem möglichen Dreiecke zugrunde liegt. Nicht *was* die Natur geschaffen, sondern nach welchem Prinzipe sie es geschaffen, darauf kommt es an. Dann ist dieses Prinzip so auszugestalten, wie es seiner eigenen Natur gemäß ist, nicht wie es in dem von tausend Zufälligkeiten abhängigen einzelnen Gebilde der Natur geschehen ist.

Der Künstler hat «aus dem Gemeinen das Edle, aus der Unform das Schöne zu entwickeln».

Goethe und Schiller nehmen die Kunst in ihrer vollen Tiefe. «Das Schöne ist eine Manifestation geheimer Naturgesetze, die uns ohne dessen Erscheinung ewig wären verborgen geblieben.» Ein Blick in des Dichters italienische Reise genügt, um zu erkennen, dass das nicht etwa eine Phrase, sondern tief-innerliche Überzeugung ist. Wenn er sagt: «Die hohen Kunstwerke sind zugleich als die höchsten Naturwerke von Menschen nach *wahren* und *natürlichen* Gesetzen hervorgebracht worden. Alles Willkürliche, Eingebildete fällt zusammen; da ist Notwendigkeit, da ist Gott», so geht daraus hervor, dass ihm Natur und Kunst gleichen Ursprunges sind. Bezüglich der Kunst der Griechen sagt er in dieser Richtung Folgendes: «Ich habe die Vermutung, dass sie nach den Gesetzen verfuhren, nach welchen die Natur selbst verfährt und denen ich auf der Spur bin.» Und von Shakespeare: «S. gesellt sich zum Weltgeist; er durchdringt die Welt wie jener, beiden ist nichts verborgen; aber wenn des Weltgeistes Geschäft ist, Geheimnisse vor, ja oft nach der Tat zu bewahren, so ist der Sinn des Dichters, das Geheimnis zu verschwätzen.»

Hier ist auch an den Ausspruch von der «frohen Lebensepoche» zu erinnern, die der Dichter Kants Kritik der Urteilskraft schuldig geworden ist, und die er ja doch eigentlich nur dem Umstande dankte, dass er hier «Kunst- und Naturerzeugnisse eins behandelt sah wie das andere, dass sich ästhetische und teleologische Urteilskraft wechselweise erleuchteten». «Mich freute» – sagt der Dichter –, «dass Dichtkunst und vergleichende

Naturkunde so nah miteinander verwandt seien, indem beide sich derselben Urteilskraft unterwerfen.» In dem Aufsatz: «Bedeutende Fördernis durch ein einziges geistreiches Wort» stellt Goethe ganz in derselben Absicht seinem gegenständlichen *Denken* sein gegenständliches *Dichten* gegenüber.

So erscheint Goethe die Kunst ebenso objektiv wie die Wissenschaft. Nur die Form beider ist verschieden. Beide erscheinen als der Ausfluss *eines* Wesens, als notwendige Stufen *einer* Entwickelung. Jede Ansicht, die der Kunst oder dem Schönen eine isolierte Stellung *außerhalb* des Gesamtbildes menschlicher Entwickelung anweist, widerstrebt ihm. So sagt er: «Im Ästhetischen tut man nicht wohl, zu sagen: die Idee des Schönen; dadurch vereinzelt man das Schöne, das einzeln nicht gedacht werden kann» oder: «Der Stil ruht auf den tiefsten Grundfesten der *Erkenntnis*, auf dem Wesen der Dinge, insofern uns erlaubt ist, es in sichtbaren und greiflichen Gestalten zu *erkennen.» Die Kunst beruht also auf dem Erkennen.* Das letztere hat die Aufgabe, die Ordnung, nach der die Welt gefügt ist, im Gedanken nachzuschaffen; die Kunst die, im Einzelnen die Idee dieser Ordnung des Weltganzen auszubilden. Alles, was dem Künstler an Weltgesetzlichkeit erreichbar ist, das legt er in sein Werk. Dies erscheint somit als eine Welt im Kleinen. Hierinnen liegt der Grund dafür, warum sich die Goethe'sche Kunstrichtung durch Wissenschaft ergänzen muss. Sie ist schon als Kunst ein Erkennen. Goethe wollte eben weder Wissenschaft noch Kunst; *er wollte die Idee.* Und diese spricht er aus oder stellt er dar, nach der Seite, nach der sie sich ihm gerade darbietet. Goethe suchte sich mit dem Weltgeist zu verbünden und uns dessen Walten zu offenbaren; er tat es durch das Medium der Kunst oder der Wissenschaft, je nach Erfordernis. Nicht einseitiges Kunst- oder wissenschaftliches Streben lag in Goethe, sondern der rastlose Drang, «alle Wirkungskraft und Samen» zu schauen.

Dabei ist Goethe doch kein philosophischer Dichter, denn seine Dichtungen nehmen nicht den Umweg durch den Gedanken zur sinnenfälligen Gestaltung, sondern strömen unmittelbar aus der Quelle alles Werdens, wie seine Forschungen nicht mit dichterischer Phantasie durchtränkt sind, sondern unmittelbar auf dem Gewahrwerden der Ideen beruhen. Ohne dass Goethe ein philosophischer Dichter ist, erscheint seine Grundrichtung für den philosophischen Betrachter als eine philosophische.

Jetzt nimmt die Frage, ob Goethes wissenschaftliche Arbeiten philosophischen Wert haben oder nicht, eine durchaus neue Gestalt an. Es handelt sich jetzt darum, von dem, was vorliegt, zurück auf die Prinzipien zu schließen. Was müssen wir voraussetzen, dass uns Goethes wissenschaftliche Aufstellungen als Folge dieser Voraussetzungen erscheinen? Wir müssen aussprechen, was Goethe unausgesprochen gelassen hat, was aber allein seine Anschauungen verständlich macht.

Wir haben schon im vorigen Kapitel angedeutet, dass Goethes wissenschaftliche Weltanschauung als abgeschlossenes Ganzes, aus einem Prinzipe entwickelt, nicht vorliegt. Wir haben es nur mit einzelnen Manifestationen zu tun, aus denen wir sehen, wie sich dieser oder jener Gedanke im Lichte seiner Denkweise ausnimmt. Es ist dies der Fall in seinen wissenschaftlichen Werken, in den kurzen Andeutungen über diesen oder jenen Begriff, wie er sie in den «Sprüchen in Prosa» gibt, und in den Briefen an seine Freunde. Die künstlerische Ausgestaltung seiner Weltanschauung endlich, die uns ja auch die mannigfaltigsten Rückschlüsse auf seine Grundideen gestattet, liegt uns in seinen Dichtungen vor. Damit aber, dass wir rückhaltlos zugeben, dass Goethes Grundprinzipien von ihm nie als zusammenhängendes Ganzes ausgesprochen worden sind, wollen wir durchaus nicht zugleich die Behauptung gerechtfertigt finden, dass Goethes Weltanschauung nicht aus einem ideellen Zentrum entspringt, das sich in eine streng wissenschaftliche Fassung bringen lässt.

Wir müssen uns vor allem klar darüber sein, um was es sich hierbei handelt. Was in Goethes Geist als das innere, treibende Prinzip in allen seinen Schöpfungen wirkte, sie durchdrang und belebte, konnte sich als *solches* in seiner Besonderheit nicht in den Vordergrund drängen. Eben weil es bei Goethe *alles* durchdringt, konnte es nicht als *Einzelnes* zu gleicher Zeit vor sein Bewusstsein treten. Wäre das Letztere der Fall gewesen, dann hätte es als Abgeschlossenes, Ruhendes vor seinen Geist treten müssen, anstatt dass es, wie es wirklich der

Fall war, stets ein Tätiges, Wirkendes war. Dem Ausleger Goethes obliegt es, den mannigfachen Betätigungen und Offenbarungen dieses Prinzipes, seinem stetigen Flusse, zu folgen, um es dann in ideellen Umrissen auch als abgeschlossenes Ganzes zu zeichnen. Wenn es uns gelingt, den wissenschaftlichen Inhalt dieses Prinzipes klar und bestimmt auszusprechen und allseitig in wissenschaftlicher Folgerichtigkeit zu entwickeln, dann werden uns die exoterischen Ausführungen Goethes erst in ihrer wahren Beleuchtung erscheinen, weil wir sie als in ihrer Entwickelung, von einem gemeinsamen Zentrum aus, erblicken werden.

In diesem Kapitel soll uns Goethes Erkenntnistheorie beschäftigen. Was die Aufgabe dieser Wissenschaft anlangt, so ist leider seit Kant eine Verwirrung eingetreten, die wir hier kurz andeuten müssen, bevor wir zu dem Verhältnis Goethes zu derselben übergehen.

Kant glaubte, die Philosophie vor ihm habe sich deshalb auf einem Irrwege befunden, weil sie die Erkenntnis des Wesens der Dinge anstrebte, ohne sich zuerst nur zu fragen, wie eine solche Erkenntnis möglich sei. Er sah das Grundübel aller bisherigen Philosophie darin, dass man über die Natur des zu erkennenden Objektes nachdachte, bevor man das Erkennen selbst in Bezug auf seine Fähigkeit geprüft hatte. Diese letztere Prüfung machte er daher zum philosophischen Grundproblem und inaugurierte damit eine neue Ideenrichtung. Die auf Kant fußende Philosophie hat seitdem unsägliche wissenschaftliche Kraft auf die Beantwortung dieser Frage verwendet, und heute mehr als je sucht man in philosophischen Kreisen der Lösung dieser Aufgabe näherzukommen. Die

Erkenntnistheorie aber, die in der Gegenwart geradezu zur wissenschaftlichen Zeitfrage geworden ist, soll nichts weiter sein als die ausführliche Antwort auf die Frage: Wie ist Erkenntnis möglich? Auf Goethe angewendet, würde dann die Frage heißen: Wie dachte sich Goethe die Möglichkeit einer Erkenntnis?

Bei genauerem Zusehen stellt sich aber heraus, dass die Beantwortung der gestellten Frage durchaus nicht an die Spitze der Erkenntnistheorie gestellt werden darf. Wenn ich nach der Möglichkeit eines Dinges frage, dann muss ich vorher dasselbe erst untersucht haben. Wie aber, wenn sich der Begriff der Erkenntnis, den Kant und seine Anhänger haben, und von dem sie fragen, ob er möglich ist oder nicht, selbst als durchaus unhaltbar erwiese, wenn er vor einer eindringenden Kritik nicht standhalten könnte? Wenn unser Erkenntnisprozess etwas ganz anderes wäre als das von Kant Definierte? Dann wäre die ganze Arbeit nichtig. Kant hat den landläufigen Begriff des Erkennens angenommen und nach seiner Möglichkeit gefragt. Nach diesem Begriffe soll das Erkennen in einem Abbilden von außer dem Bewusstsein stehenden, *an sich* bestehenden Seinsverhältnissen bestehen. Man wird aber so lange über die Möglichkeit der Erkenntnis nichts ausmachen können, als man nicht die Frage nach dem *Was* des Erkennens selbst beantwortet hat. Damit wird die Frage: *Was ist das Erkennen?* zur ersten der Erkenntnistheorie gemacht. In Bezug auf Goethe wird es also unsere Aufgabe sein, zu zeigen, was sich Goethe unter *Erkennen* vorstellte.

Die Bildung eines Einzelurteiles, die Feststellung einer Tatsache oder Tatsachenreihe, die man nach Kant schon

Erkenntnis nennen könnte, ist im Sinne Goethes noch durchaus nicht *Erkennen.* Er hätte sonst vom Stil nicht gesagt, dass er auf den tiefsten Grundfesten der *Erkenntnis* beruhe und dadurch im Gegensatze zur einfachen Naturnachahmung steht, bei welcher der Künstler sich an die Gegenstände der Natur wendet, mit Treue und Fleiß ihre Gestalten, ihre Farben auf das Genaueste nachahmt, sich gewissenhaft niemals von ihr *entfernt.* Dieses *Entfernen* von der Sinnenwelt in ihrer *Unmittelbarkeit* ist bezeichnend für Goethes Ansicht vom wirklichen *Erkennen.* Das unmittelbar Gegebene ist die *Erfahrung.* Im *Erkennen* schaffen wir aber ein Bild von dem unmittelbar Gegebenen, das wesentlich *mehr* enthält, als was die Sinne, die doch die Vermittler aller Erfahrung sind, liefern können. Wir müssen, um im Goethe'schen Sinne die Natur zu erkennen, sie nicht in ihrer Tatsächlichkeit festhalten, sondern sie muss sich im Prozesse des Erkennens als ein wesentlich Höheres entpuppen, als was sie im ersten Gegenübertreten erscheint. Die Mill'sche Schule nimmt an, alles, was wir mit der Erfahrung tun können, sei ein bloßes Zusammenfassen einzelner Dinge in Gruppen, die wir dann als abstrakte Begriffe festhielten. Das ist kein wahres Erkennen. Denn jene abstrakten Begriffe Mills haben keine andere Aufgabe, als das zusammenzufassen, was sich den Sinnen darbietet mit allen Qualitäten der unmittelbaren Erfahrung. Ein wahres Erkennen muss zugeben, dass die unmittelbare Gestalt der sinnenfällig gegebenen Welt noch nicht ihre wesentliche ist, sondern dass sich uns diese erst im Prozesse des Erkennens enthüllt. Das Erkennen muss uns das liefern, was uns die Sinnenerfahrung vorenthält, was aber doch wirklich ist. Das Mill'sche Erkennen ist deshalb kein wahrhaftes Erkennen, weil es nur ein ausgebildetes Erfahren ist. Es lässt die Dinge so, wie sie Augen und Ohren liefern. Nicht das Gebiet des Erfahrbaren sollen wir überschreiten und uns in ein Phantasiegebilde verlieren, wie es die Metaphysiker älterer und neuerer Zeit liebten, sondern wir sollen von der Gestalt des Erfahrbaren, wie sie sich uns in dem für die Sinne Gegebenen darstellt, zu einer solchen fortschreiten, die unsere Vernunft befriedigt.

Es tritt nun die Frage an uns heran: Wie verhält sich das unmittelbar Erfahrene zu dem im Prozesse des Erkennens entstandenen Bild der Erfahrung? Wir wollen diese Frage zuerst ganz selbstständig beantworten und dann zeigen, dass die Antwort, die wir geben, eine Konsequenz der Goethe'schen Weltanschauung ist.

Zunächst stellt sich uns die Welt als eine Mannigfaltigkeit im Raum und in der Zeit dar. Wir nehmen räumlich und zeitlich gesonderte Einzelheiten wahr: da diese Farbe, dort jene Gestalt; jetzt diesen Ton, dann jenes Geräusch etc. Nehmen wir zuerst ein Beispiel aus der unorganischen Welt und sondern wir ganz genau das, was wir mit den Sinnen wahrnehmen, ab von dem, was der Erkenntnisprozess liefert. Wir sehen einen Stein, der gegen eine Glastafel fliegt, dieselbe durchbohrt und dann nach einer gewissen Zeit zur Erde fällt. Wir fragen, was ist hier in unmittelbarer Erfahrung gegeben? Eine Reihe aufeinanderfolgender Gesichts-Wahrnehmungen, ausgehend von den Orten, die der Stein nacheinander eingenommen hat, eine Reihe von Schallwahrnehmungen beim Zerbrechen der Scheibe, das Hinwegfliegen der

Glasscherben etc. Wenn man sich nicht täuschen will, so muss man sagen: der *unmittelbaren* Erfahrung ist nichts weiter gegeben als dieses zusammenhangslose Aggregat von Wahrnehmungsakten.

Dieselbe strenge Abgrenzung des unmittelbar Wahrgenommenen (der sinnlichen Erfahrung) findet man auch bei Volkelt in seiner ausgezeichneten Schrift «Kants Erkenntnistheorie ihren Grundprinzipien nach entwickelt», die zu dem Besten gehört, was die neuere Philosophie hervorgebracht hat. Es ist aber durchaus nicht einzusehen, warum Volkelt die zusammenhangslosen Wahrnehmungsbilder als Vorstellungen auffasst und sich damit von vornherein den Weg zu einer möglichen objektiven Erkenntnis abschneidet. Die unmittelbare Erfahrung von vornherein als ein Ganzes von Vorstellungen auffassen, ist doch entschieden ein Vorurteil. Wenn ich irgendeinen Gegenstand vor mir habe, so sehe ich an ihm Gestalt, Farbe, ich nehme eine gewisse Härte an ihm wahr etc. Ob dieses Aggregat von meinen Sinnen gegebenen Bildern ein außer mir Liegendes, ob es bloßes Vorstellungsgebilde ist: ich weiß es von vornherein nicht. So wenig ich von vornherein – ohne denkende Erwägung – die Erwärmung des Steines als Folge der erwärmenden Sonnenstrahlen erkenne, so wenig weiß ich, in welcher Beziehung die mir gegebene Welt zu meinem Vorstellungsvermögen steht. Volkelt stellt an die Spitze der Erkenntnistheorie den Satz: «dass wir eine Mannigfaltigkeit so und so beschaffener Vorstellungen haben». Dass wir eine Mannigfaltigkeit gegeben haben, ist richtig, aber woher wissen wir, dass diese Mannigfaltigkeit aus Vorstellungen besteht? Volkelt tut in der Tat etwas sehr Unstatthaftes, wenn er erst behauptet: Wir müssen festhalten, was uns in unmittelbarer Erfahrung gegeben ist, und dann die Voraussetzung, die nicht gegeben sein kann, macht, dass die Erfahrungswelt Vorstellungswelt ist. Wenn wir eine solche Voraussetzung machen, wie es die Volkelt'sche ist, dann sind wir sofort zur oben gekennzeichneten falschen Fragestellung in der Erkenntnistheorie gezwungen. Sind unsere Wahrnehmungen Vorstellungen, dann ist unser gesamtes Wissen Vorstellungswissen und es entsteht die Frage: Wie ist eine Übereinstimmung der Vorstellung mit dem Gegenstande möglich, den wir vorstellen?

Wo aber hat je eine wirkliche Wissenschaft mit dieser Frage etwas zu tun? Man betrachte die Mathematik! Sie hat ein Gebilde vor sich, das durch den Schnitt dreier Geraden entstanden ist: ein Dreieck [Fig. 2]. Die drei Winkel α, β, γ stehen in einer konstanten Beziehung; sie machen zusammen einen gestreckten Winkel oder zwei Rechte aus (= 180°). Das ist ein mathematisches Urteil. Wahrgenommen sind die Winkel α, β, γ. Aufgrund denkender Erwägung stellt sich das obige Erkenntnisurteil ein. Es stellt einen Zusammenhang dreier Wahrnehmungsbilder her. Von einem Reflektieren auf irgendeinen hinter

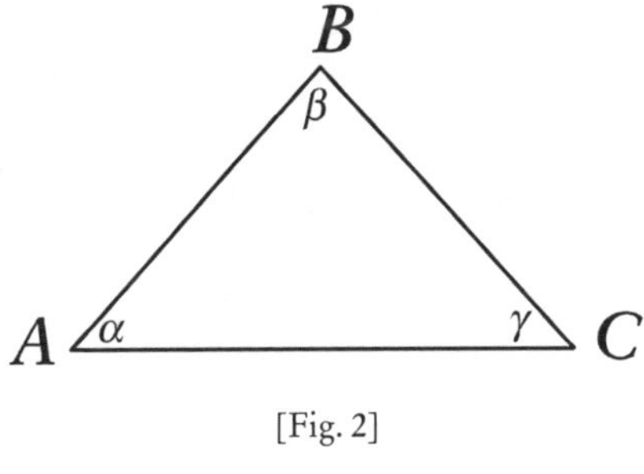

[Fig. 2]

der Vorstellung des Dreieckes stehenden Gegenstand ist nicht die Rede. Und so machen es alle Wissenschaften. Sie spinnen Fäden von Vorstellungsbild zu Vorstellungsbild, schaffen Ordnung in dem, was der unmittelbaren Wahrnehmung ein Chaos ist; nirgends aber kommt etwas außer dem Gegebenen in Betracht. Wahrheit ist nicht Übereinstimmung einer Vorstellung mit ihrem Gegenstande, sondern der Ausdruck eines Verhältnisses zweier wahrgenommener Fakta.

Wir kommen auf unser Beispiel von dem geworfenen Stein zurück. Wir verbinden die Gesichtswahrnehmungen, die von den einzelnen Orten, an denen sich der Stein befindet, ausgehen. Diese Verbindung gibt eine krumme Linie (Wurflinie); wir erhalten das Gesetz des schiefen Wurfes; wenn wir ferner die materielle Beschaffenheit des Glases in Betracht ziehen, dann den fliegenden Stein als *Ursache*, das Zerbrechen der Scheibe als *Wirkung* auffassen etc., so haben wir das Gegebene mit Begriffen so durchtränkt, dass es uns verständlich wird. Diese ganze Arbeit, welche die Mannigfaltigkeit der Wahrnehmung in eine begriffliche *Einheit* zusammenfasst, vollzieht sich *innerhalb* unseres Bewusstseins. Der ideelle Zusammenhang der Wahrnehmungsbilder ist nicht durch die Sinne gegeben, sondern von unserem Geiste schlechterdings selbstständig erfasst. *Für ein mit bloßem sinnlichem Wahrnehmungsvermögen begabtes Wesen wäre diese ganze Arbeit einfach nicht da.* Es würde für dasselbe die Außenwelt einfach jenes zusammenhangslose Wahrnehmungschaos bleiben, das wir als das uns zunächst (unmittelbar) Gegenübertretende charakterisiert haben.

So ist also der *Ort*, wo die Wahrnehmungsbilder in ihrem ideellen Zusammenhange erscheinen, wo den Ersteren der Letztere als deren begriffliches *Gegenbild* entgegengehalten wird, das menschliche Bewusstsein. Wenn nun auch dieser begriffliche (gesetzliche) Zusammenhang seiner substanziellen Beschaffenheit nach *im* Bewusstsein produziert ist, so folgt daraus noch durchaus nicht, dass er auch seiner Bedeutung nach nur subjektiv ist. Er entspringt vielmehr ebenso sehr seinem *Inhalte* nach aus der Objektivität, wie er seiner begrifflichen *Form* nach aus dem Bewusstsein entspringt. Er ist die notwendige objektive Ergänzung des Wahrnehmungsbildes. Gerade deswegen, weil das Wahrnehmungsbild ein unvollständig, in sich unvollendetes ist, sind wir gezwungen, demselben als sinnlicher Erfahrung die notwendige Ergänzung hinzuzufügen. Wäre das unmittelbar Gegebene sich selbst so weit genug, dass uns nicht an jedem Punkte desselben ein Problem erwüchse, wir brauchten nimmermehr über dasselbe hinauszugehen. Aber die Wahrnehmungsbilder folgen durchaus nicht *so* aufeinander und auseinander, dass wir sie selbst als gegenseitige Folgen voneinander ansehen können, sie folgen vielmehr aus etwas anderem, was der sinnlichen Auffassung verschlossen ist. Es tritt ihnen das begriffliche Auffassen gegenüber und erfasst auch jenen Teil der Wirklichkeit, der den Sinnen verschlossen bleibt. Das Erkennen wäre schlechterdings ein nutzloser Prozess, wenn in der Sinnenerfahrung uns ein Vollendetes überliefert würde. Jedes Zusammenfassen, Ordnen, Gruppieren der sinnenfälligen Tatsachen hätte keinerlei objektiven Wert. Das Erkennen hat nur einen Sinn, wenn wir die den Sinnen gegebene Gestalt nicht als eine vollendete gelten lassen, wenn sie uns eine Halbheit ist, die noch Höheres in sich birgt, was aber nicht mehr sinnlich wahrnehmbar ist. Da tritt der Geist ein. Er nimmt jenes Höhere wahr. Deshalb darf das Denken auch nicht so gefasst werden, als wenn es zu dem Inhalte der Wirklichkeit etwas hinzubrächte. Es ist nicht mehr und nicht weniger Organ des Wahrnehmens wie Auge und Ohr. So wie jenes Farben, dieses Töne, so nimmt das Denken Ideen wahr. Der Idealismus ist deshalb mit dem Prinzipe des empirischen Forschens ganz gut vereinbar. Die Idee ist nicht Inhalt des subjektiven Denkens, sondern Forschungsresultat. *Die Wirklichkeit tritt uns, indem wir uns ihr mit offenen Sinnen entgegenstellen, gegenüber. Sie tritt uns in einer Gestalt gegenüber, die wir nicht als ihre wahre ansehen können; die letztere erreichen wir erst, wenn wir unser Denken in Fluss bringen.* Erkennen heißt: Zu der halben Wirklichkeit der Sinnenerfahrung die Wahrnehmung des Denkens hinzufügen, auf dass ihr Bild vollständig werde.

Es kommt alles darauf an, wie man sich das Verhältnis von Idee und Wirklichkeit denkt. Unter der letzteren will ich hier die Gesamtheit der durch die Sinne dem Menschen vermittelten Anschauungen verstehen. Da ist die am weitesten verbreitete Ansicht die, dass der Begriff bloß ein dem Bewusstsein angehöriges Mittel sei, durch das es sich der Daten der Wirklichkeit bemächtigt. Das Wesen der Wirklichkeit liege im Ansich der Dinge selbst, sodass, wenn wir wirklich imstande wären, auf den Urgrund der Dinge zu kommen, wir uns doch nur des begrifflichen Abbildes desselben und keineswegs seiner selbst bemächtigen könnten. Da sind also zwei ganz getrennte Welten vorausgesetzt. Die objektive Außenwelt, die ihr Wesen, die Gründe ihres Daseins in sich trägt, und die subjektiv-ideale Innenwelt, die ein begriffliches Abbild der Außenwelt sein soll. Die letztere ist für das Objektive ganz gleichgültig, sie wird von ihm nicht gefordert, sie ist nur für den erkennenden Menschen da. Die Kongruenz dieser beiden Welten würde das erkenntnistheoretische Ideal dieser Grundansicht sein. Ich rechne zur letzteren nicht nur die naturwissenschaftliche Richtung unserer Zeit, sondern auch die Philosophie Kants, Schopenhauers und der Neukantianer und nicht weniger die letzte Phase der Philosophie Schellings. Alle diese Richtungen stimmen darin überein, dass sie die Essenz der Welt in einem Transsubjektiven suchen und von ihrem Standpunkte aus zugeben müssen, dass die subjektiv-ideale Welt, die ihnen deshalb auch bloße Vorstellungswelt ist, nichts für die Wirklichkeit selbst, sondern einzig und allein etwas für das menschliche Bewusstsein bedeutet.

Ich habe oben bereits angedeutet, dass diese Ansicht zu der Konsequenz einer vollkommenen Kongruenz von Begriff (Idee) und Anschauung führt. Was sich in der letzteren vorfindet, müsste in ihrem begrifflichen Gegenbilde wieder enthalten sein, nur in ideeller Form. Hinsichtlich des Inhaltes müssten sich die beiden Welten vollständig decken. Die Verhältnisse der räumlich-zeitlichen Wirklichkeit müssten sich genau in der Idee wiederholen, nur dass statt der wahrgenommenen Ausdehnung, Gestalt, Farbe etc. die entsprechende Vorstellung vorhanden sein müsste. Wenn ich z. B. ein Dreieck sehe, so müsste ich seine Umrisse, die Größe, Richtung seiner Seiten etc. im Gedanken verfolgen und mir eine begriffliche Fotografie verfertigen. Bei einem zweiten Dreiecke müsste ich genau dasselbe machen und so bei jedem Gegenstand der äußeren und inneren Sinnenwelt. Es würde sich so jedes Ding seinem Ort, seinen Eigenschaften nach genau in meinem idealen Weltbilde wiederfinden.

Wir müssen uns nun fragen: Entspricht diese Konsequenz den Tatsachen? Ganz und gar nicht. Mein Begriff des Dreieckes ist ein einziger, der alle einzelnen, angeschauten Dreiecke umfasst, und ich mag ihn noch so oft vorstellen, er bleibt immer derselbe. Meine verschiedenen Vorstellungen des Dreieckes sind alle miteinander identisch. Ich habe überhaupt nur *einen* Begriff des Dreieckes.

In der Wirklichkeit stellt sich jedes Ding dar als ein besonderes, vollbestimmtes «Dieses», dem ebenso vollbestimmte, mit realer Wirklichkeit gesättigte «Jene» gegenüberstehen. Dieser Mannigfaltigkeit tritt der Begriff als strenge Einheit gegenüber. In ihm gibt es keine Besonderung, keine Teile, er vervielfältigt sich nicht, ist, unendlich oft vorgestellt, immer derselbe.

Es fragt sich nun: Was ist denn eigentlich der Träger dieser Identität des Begriffes? Seine Erscheinungsform als Vorstellung kann es in der Tat nicht sein, denn darin hatte Berkeley wohl vollkommen recht, dass er behauptet, die eine Vorstellung des Baumes von jetzt habe mit der desselben Baumes in einer Minute darauf, wenn ich zwischen beiden die Augen geschlossen halte, absolut nichts zu tun; ebenso wenig die verschiedenen Vorstellungen *eines* Gegenstandes bei mehreren Individuen miteinander. Es kann die Identität also nur im Inhalte der Vorstellung, in deren *Was* liegen. Das Bedeutungsvolle, der Gehalt muss mir die Identität verbürgen.

Damit fällt aber auch jene Ansicht, die dem Begriffe oder der Idee allen selbstständigen Inhalt abspricht. Dieselbe glaubt nämlich, die begriffliche Einheit sei als solche überhaupt ohne allen Inhalt, sie entstehe lediglich dadurch, dass gewisse Bestimmungen in den Erfahrungsobjekten hinweggelassen werden, das Gemeinsame hingegen herausgehoben und unserem Intellekte behufs einer bequemen Zusammenfassung der Mannigfaltigkeit der objektiven Wirklichkeit nach dem Prinzipe, durch möglichst wenige allgemeine Einheiten – also nach dem Prinzipe des kleinsten Kraftmaßes – die gesamte Erfahrung mit dem Geiste zu umfassen. Neben der modernen Naturphilosophie steht Schopenhauer auf diesem Standpunkte. In seiner schroffsten und deshalb einseitigsten Konsequenz aber wird er vertreten in dem Schriftchen von Rich. Avenarius: «Die Philosophie als Denken der Welt gemäß dem Prinzipe des kleinsten Kraftmaßes. Prolegomena zu einer Kritik der reinen Erfahrung.»

Diese Ansicht beruht aber lediglich auf einer vollständigen Verkennung nicht nur des Gehaltes des Begriffes, sondern auch der Anschauung.

Um hier Klarheit zu schaffen, ist es notwendig, auf den Grund zurückzugehen, der die Anschauung als ein Besonderes dem Begriffe als einem Allgemeinen gegenüberstellt.

Man wird sich fragen müssen: Worinnen liegt denn eigentlich das Charakteristikon des Besonderen? Ist dasselbe begrifflich zu bestimmen? Können wir sagen: *Diese* begriffliche Einheit muss in diese oder jene anschaulichen, besonderen Mannigfaltigkeiten zerfallen? Nein, ist die ganz bestimmte Antwort. Der Begriff selbst kennt die Besonderheit gar nicht. Sie muss also in Elementen liegen, die dem Begriffe als solchem gar nicht zugänglich sind. Nachdem wir aber ein Zwischenglied zwischen Anschauung und Begriff nicht kennen – wollte man nicht etwa Kants phantastisch-mystische Schemen anführen, die aber heute doch nur für Tändelei gelten können –, so müssen diese Elemente der Anschauung selbst angehören. Der Grund der Besonderung kann nicht aus dem Begriffe abgeleitet, sondern muss innerhalb der Anschauung selbst gesucht werden. Das, was die Besonderheit eines Objektes ausmacht, lässt sich nicht *begreifen*, sondern nur *anschauen*. Darin liegt der Grund, warum jede Philosophie scheitern muss, die aus dem Begriffe selbst die ganze anschauliche Wirklichkeit ihrer Besonderheit nach ableiten (deduzieren) will. Da liegt auch der klassische Irrtum Fichtes, der die ganze Welt aus dem Bewusstsein ableiten wollte.

Wer diese Unmöglichkeit aber der Idealphilosophie als einen Mangel vorwirft und sie damit abfertigen will, der handelt in der Tat um nichts vernünftiger als Krug, der von der Identitätsphilosophie forderte, sie solle ihm seine Schreibfeder deduzieren.

Was die Anschauung wirklich wesentlich von der Idee unterscheidet, ist eben dieses Element, das nicht in Begriffe gebracht werden kann und das eben erfahren werden muss. Dadurch stehen sich Begriff und Anschauung zwar als wesensgleiche, jedoch verschiedene Seiten der Welt gegenüber. Und da die letztere den ersteren fordert, wie wir oben dargelegt haben, beweist sie, dass sie ihre Essenz nicht in ihrer Besonderheit, sondern in der begrifflichen Allgemeinheit hat. Diese Allgemeinheit muss aber der Erscheinung nach im Subjekte erst aufgefunden werden, denn sie kann zwar vom Subjekte *an* dem Objekte, nicht aber *aus* dem letzteren genommen werden.

Der Begriff kann seinen Inhalt nicht aus der Erfahrung entlehnen, denn er nimmt gerade das Charakteristische der Erfahrung, die Besonderheit, nicht in sich auf. Alles, was die letztere konstituiert, ist ihm fremd. Er muss sich also selbst seinen Inhalt geben.

Man sagt gewöhnlich, das Erfahrungsobjekt sei individuell, sei lebendige Anschauung, der Begriff dagegen abstrakt, gegen die inhaltsvolle Anschauung arm, dürftig, leer. Aber worin wird hier der Reichtum der Bestimmungen gesucht? In der Zahl derselben, die eben bei der Unendlichkeit des Raumes unendlich groß sein kann. Darum ist aber der Begriff nicht weniger vollbestimmt. Die Zahl von dort ist bei ihm durch Qualitäten ersetzt. So wie aber im Begriffe sich die Zahl nicht findet, so fehlt der Anschauung das Dynamisch-Qualitative der Charaktere. Der Begriff ist ebenso individuell, ebenso inhaltsvoll wie die Anschauung. Der Unterschied ist nur der, dass bei Erfassung des Inhalts der Anschauung nichts notwendig ist als offene Sinne, rein passives Verhalten der Außenwelt gegenüber, während der ideelle Kern der Welt im Geiste durch dessen eigenes spontanes Verhalten entstehen muss, wenn er überhaupt zum Vorschein kommen soll. Es ist eine ganz belanglose und müßige Redensart zu sagen: der Begriff sei der Feind der lebendigen Anschauung. Er ist ihr Wesen, das eigentlich treibende und wirkende Prinzip in ihr, fügt zu ihrem Inhalte den seinen hinzu, ohne den ersteren aufzuheben – denn er geht ihn als solcher nichts an – und er sollte der Feind der Anschauung sein! Feind ist er ihr nur, wenn eine sich selbst missverstehende Philosophie den ganzen, reichen Inhalt der Sinnenwelt aus der Idee herausspinnen will. Denn sie liefert dann, statt der lebendigen Natur, ein leeres Phrasenschema.

Nur auf die von uns angedeutete Weise kommt man zu einer befriedigenden Erklärung dessen, was eigentlich Erfahrungswissen ist. Die Notwendigkeit, zur begrifflichen Erkenntnis fortzuschreiten, wäre schlechterdings nicht einzusehen, wenn der Begriff nichts Neues zur sinnenfälligen Anschauung hinzubrächte. Das reine Erfahrungswissen dürfte keinen Schritt über die Millionen Einzelheiten hinausmachen, die uns in der Anschauung vorliegen. Das reine Erfahrungswissen muss konsequenterweise seinen eigenen Inhalt negieren. Denn wozu im Begriffe noch einmal schaffen, was in der Anschauung ja ohnehin vorhanden ist? Der konsequente Positivismus müsste nach diesen Erwägungen einfach jede wissenschaftliche Arbeit einstellen und sich auf die bloße Zufälligkeit verlassen. Indem er das nicht tut, führt er tatsächlich aus, was er theoretisch verneint. Überhaupt gibt sowohl der Materialismus wie der Realismus implizite zu, was wir behaupten. Sein eigenes Vorgehen hat nur eine Berechtigung von *unserem* Standpunkte aus, während es mit seinen eigenen theoretischen Grundanschauungen im schreiendsten Widerspruche steht.

Von unserem Standpunkte aus erklärt sich die Notwendigkeit wissenschaftlicher Erkenntnis und die Überschreitung der Erfahrung ganz widerspruchslos. Als das zuerst und unmittelbar Gegebene tritt uns die Sinnenwelt gegenüber, sie sieht uns wie ein ungeheures Rätsel an, weil wir das Treibende, Wirkende derselben in ihr selbst nimmermehr finden können. Da tritt die Vernunft hinzu und hält in der idealen Welt der Sinnenwelt die prinzipielle Wesenheit gegenüber, die die Lösung des Rätsels bildet. So objektiv die Sinnenwelt, so objektiv sind diese Prinzipien. Dass sie für die Sinne *nicht*, sondern nur für die Vernunft zur Erscheinung kommen, ist für ihren Inhalt gleichgültig. Gäbe es keine denkenden Wesen, so kämen diese Prinzipien zwar niemals zur Erscheinung; sie wären deshalb aber nicht minder die Essenz der Erscheinungswelt.

Damit haben wir der transzendenten Weltansicht Lockes, Kants, des späteren Schelling, Schopenhauers, Volkelts, der Neukantianer und der modernen Naturforscher eine wahrhaft immanente gegenübergestellt.

Jene suchen den Weltgrund in einem dem Bewusstsein Fremden, Jenseitigen, die immanente Philosophie in dem, was für die Vernunft zur Erscheinung kommt. Die transzendente Weltansicht betrachtet die begriffliche Erkenntnis als Bild der Welt, die immanente als die höchste Erscheinungsform derselben. Jene kann daher nur eine formale Erkenntnistheorie liefern, die sich auf die Frage gründet: *Welches ist das Verhältnis von Denken und Sein?* Diese stellt an die Spitze ihrer Erkenntnistheorie die Frage: Was ist Erkennen? Jene geht von dem Vorurteil einer essenziellen Differenz von Denken und Sein aus, diese geht vorurteilslos auf das allein Gewisse, das Denken, los und weiß, dass sie außer dem Denken kein Sein finden kann.

Fassen wir die an der Hand erkenntnistheoretischer Erwägungen gewonnenen Resultate zusammen, so ergibt sich Folgendes: Wir haben von der völlig bestimmungslosen, unmittelbaren Form der Wirklichkeit auszugehen, von dem, was den Sinnen gegeben ist, bevor wir unser Denken in Fluss bringen, von dem *nur* Gesehenen, *nur* Gehörten usw. Es kommt darauf an, dass wir uns bewusst sind, was uns die Sinne liefern und was das Denken. Die Sinne sagen uns nicht, dass die Dinge in irgendeinem Verhältnisse zueinander stehen, wie etwa, dass *dieses* Ursache, *jenes* Wirkung ist. Für die Sinne sind alle Dinge gleich wesentlich für den Weltenbau. Das *gedankenlose* Betrachten weiß nicht, dass das Samenkorn auf einer höheren Stufe der Vollkommenheit steht als das Staubkorn auf der Straße. Für es sind beide gleichbedeutende Wesen, wenn sie äußerlich gleich aussehen. Napoleon ist auf dieser Stufe der Betrachtung nicht welthistorisch wichtiger als Hinz oder Kunz im abgelegenen Gebirgsdorfe. Bis hierher ist die Erkenntnistheorie von heute vorgedrungen. Dass sie aber diese Wahrheiten keineswegs erschöpfend durchdacht hat, das zeigt der Umstand, dass fast alle Erkenntnistheoretiker den Fehler machen, diesem vorläufig unbestimmten und bestimmungslosen Gebilde, dem wir auf der ersten Stufe unseres Wahrnehmens gegenübertreten, sogleich das Prädikat beizulegen, dass es *Vorstellung* sei. Das heißt doch gegen die eigene, eben gewonnene Einsicht in der gröbsten Weise verstoßen. So wenig wir, wenn wir bei der unmittelbaren Sinnesauffassung stehen bleiben, wissen, dass der fallende Stein die *Ursache* der Vertiefung an dem Orte ist, wo er aufgefallen, so wenig wissen wir, dass er *Vorstellung* ist. So wie wir zu jenem erst durch mannigfache Erwägungen gelangen können, so könnten wir auch zu der Erkenntnis, dass die uns gegebene Welt bloße Vorstellung sei, auch wenn sie richtig wäre, nur durch Nachdenken kommen. Ob das, was sie mir vermitteln, ein reales Wesen, ob es bloß Vorstellung ist, darüber geben uns die Sinne keinen Aufschluss. Die Sinnenwelt stellt sich uns gegenüber wie aus der Pistole geschossen. Wir müssen, wenn wir sie in ihrer Reinheit haben wollen, uns enthalten, ihr irgendein charakterisierendes Prädikat beizulegen. Wir können nur das eine sagen: Sie tritt uns gegenüber, sie ist uns gegeben. Damit ist über sie selbst eben noch gar nichts ausgemacht. Nur wenn wir so verfahren, versperren wir uns nicht den Weg zu einer unbefangenen Beurteilung dieses Gegebenen. Wenn wir ihm im Vorhinein ein Charakteristikon beilegen, so hört diese Unbefangenheit auf. Wenn wir z. B. sagen: das Gegebene sei Vorstellung, so kann die ganze folgende Untersuchung nur unter dieser Voraussetzung geführt werden. Wir lieferten auf diese Weise keine voraussetzungslose Erkenntnistheorie, sondern wir beantworteten die Frage: Was ist Erkennen *unter der Voraussetzung*, dass das den Sinnen Gegebene Vorstellung ist? Das ist der Grundfehler der Erkenntnistheorie Volkelts Er stellt am Beginne derselben in aller Strenge die Forderung auf, dass die Erkenntnistheorie *voraussetzungslos* sein müsse. Er stellt aber an die Spitze den Satz: dass wir eine Mannigfaltigkeit von *Vorstellungen* haben. So ist seine Erkenntnistheorie nur die Beantwortung der Frage: Wie ist Erkennen möglich unter der Voraussetzung, dass das Gegebene eine Mannigfaltigkeit von Vorstellungen ist? Für uns wird sich die Sache ganz anders stellen. Wir nehmen das Gegebene, wie es ist: als Mannigfaltigkeit von – irgendetwas, das sich uns selbst enthüllen wird, wenn wir uns von ihm fortdrängen lassen. So haben wir Aussicht, zu einer *objektiven* Erkenntnis zu gelangen, weil wir das Objekt selbst sprechen lassen. Wir können hoffen, dass uns dieses Gebilde, dem wir gegenüberstehen, alles enthüllt, wessen wir bedürfen, wenn wir den freien Zutritt seiner Kundgebungen zu unserem Urteilsvermögen nicht durch ein hemmendes Vorurteil unmöglich machen. Denn selbst dann, wenn uns die Wirklichkeit ewig rätselhaft bleiben sollte, hätte eine solche Wahrheit nur Wert, wenn sie an der Hand der Dinge gewonnen wäre. Völlig bedeutungslos aber wäre die Behauptung: unser Bewusstsein sei so und so beschaffen, deshalb können wir über die Dinge der Welt nicht ins Klare kommen. Ob unsere geistigen Kräfte ausreichen, das Wesen der Dinge zu erfassen, müssen wir an diesen selbst erproben. Ich kann die vollkommensten Geisteskräfte haben; wenn die Dinge keinen Aufschluss über sich geben, so helfen mir meine Anlagen nichts. Und umgekehrt, ich mag wissen, dass meine Kräfte gering sind; ob sie nicht dennoch hinreichen, die Dinge zu erkennen, weiß ich deshalb noch nicht.

Was wir weiter eingesehen haben, ist dieses: Das unmittelbar Gegebene lässt uns in der charakterisierten Form unbefriedigt. Es tritt uns wie eine Forderung, wie ein zu lösendes Rätsel gegenüber. Es sagt uns: Ich bin da; aber so wie ich dir da entgegentrete, bin ich nicht in meiner wahren Gestalt. Indem wir diese Stimme von außen vernehmen, indem wir uns bewusst werden, dass wir einer Halbheit, einem Wesen gegenüberstehen, das uns seine bessere Seite verbirgt, kündigt sich in unserem Innern die Tätigkeit jenes Organes an, durch das wir über die andere Seite des Wirklichen Aufschluss erlangen, durch das wir die Halbheit zu einer Ganzheit zu ergänzen imstande sind. Wir werden uns bewusst, dass wir das, was wir nicht sehen, hören usw., durch das Denken ergänzen müssen. Das Denken ist berufen, das Rätsel zu lösen, das uns die Anschauung aufgibt.

Klarheit über dieses Verhältnis wird uns erst, wenn wir untersuchen, warum wir von der anschaulichen Wirklichkeit *unbefriedigt*, von der gedachten dagegen *befriedigt* sind. Die anschauliche Wirklichkeit tritt uns als Fertiges gegenüber. Es ist eben da, wir haben nichts dazu beigetragen, dass es so ist. Wir fühlen uns daher einem fremden Wesen gegenüber, das wir nicht produziert haben, ja bei dessen Produktion wir nicht einmal gegenwärtig waren. Wir stehen vor einem Gewordenen. Erfassen aber können wir nur das, von dem wir wissen, wie es so geworden, wie es zustande gekommen ist; wenn wir wissen, wo die Fäden sind, an denen das hängt, was vor uns erscheint. Bei unserem Denken ist das anders. Ein Gedankengebilde tritt mir nicht gegenüber, ohne dass ich selbst an seinem Zustandekommen mitwirke; es kommt nur so in das Feld meines Wahrnehmens, dass ich es selbst aus dem dunkeln Abgrund der Wahrnehmungslosigkeit heraufhebe. Der Gedanke tritt in mir nicht als fertiges Gebilde auf, wie die Sinneswahrnehmung, sondern ich bin mir bewusst, dass, wenn ich ihn in einer abgeschlossenen Form festhalte, ich ihn selbst auf diese Form gebracht habe. Was mir vorliegt, erscheint mir nicht als *erstes*, sondern als *letztes*, als der

Abschluss eines Prozesses, der mit mir so verwachsen ist, dass ich immer innerhalb seiner gestanden bin. Das aber ist es, was ich bei einem Dinge, das in den Horizont meines Wahrnehmens tritt, verlangen muss, um es zu begreifen. Es darf mir nichts dunkel bleiben, es darf nichts als Abgeschlossenes erscheinen; ich muss es selbst verfolgen bis zu jener Stufe, wo es ein Fertiges geworden ist. Deshalb drängt uns die unmittelbare Form der Wirklichkeit, die wir gewöhnlich *Erfahrung* nennen, zu einer wissenschaftlichen Bearbeitung. Wenn wir unser Denken in Fluss bringen, dann gehen wir auf die uns zuerst verborgen gebliebenen Bedingungen des Gegebenen zurück, wir arbeiten uns vom Produkt zur Produktion empor, wir gelangen dazu, dass uns die Sinneswahrnehmung auf dieselbe Weise durchsichtig wird wie der Gedanke. Unser Erkenntnisbedürfnis wird so befriedigt. Wir können also erst dann mit einem Dinge wissenschaftlich abschließen, wenn wir das unmittelbar Wahrgenommene mit dem Denken ganz (restlos) durchdrungen haben. Ein Prozess erscheint nur dann als von uns ganz durchdrungen, wenn er unsere eigene Tätigkeit ist. Ein Gedanke erscheint als der Abschluss eines Prozesses, innerhalb dessen wir stehen. Das Denken ist aber der einzige Prozess, bei dem wir uns ganz innerhalb stellen können, in dem wir aufgehen können. Daher muss der wissenschaftlichen Betrachtung die erfahrene Wirklichkeit auf dieselbe Weise als aus der Gedankenentwickelung hervorgehend erscheinen wie ein reiner Gedanke selbst. Das Wesen eines Dinges erforschen heißt, im Zentrum der Gedankenwelt einsetzen und aus diesem heraus arbeiten, bis uns ein solches Gedankengebilde vor die Seele tritt, das uns mit dem erfahrenen Dinge identisch erscheint. Wenn wir von dem Wesen eines Dinges oder der Welt überhaupt sprechen, so können wir also gar nichts anderes meinen als das Begreifen der Wirklichkeit als *Gedanke*, als *Idee*. In der *Idee* erkennen wir dasjenige, woraus wir alles andere herleiten müssen: das Prinzip der Dinge. Was die Philosophen das Absolute, das ewige Sein, den Weltengrund, was die Religionen Gott nennen, das nennen wir, aufgrund unserer erkenntnistheoretischen Erörterungen: die *Idee*. Alles, was in der Welt nicht *unmittelbar* als Idee erscheint, wird zuletzt doch als aus ihr hervorgehend erkannt. Was oberflächliche Betrachtung bar alles Anteils an der Idee glaubt, leitet tieferes Denken aus ihr ab. Keine andere Form des Daseins kann uns befriedigen als die aus der Idee hergeleitete. Nichts darf abseits stehen bleiben, alles muss ein Teil des großen Ganzen werden, das die Idee umspannt. Sie aber fordert kein Hinausgehen über sich selbst. Sie ist die auf sich gebaute, in sich selbst fest begründete Wesenheit. Das liegt nicht etwa darinnen, dass wir sie in unserem Bewusstsein unmittelbar gegenwärtig haben. Das liegt an ihr selbst. Wenn sie ihr Wesen nicht selbst ausspräche, dann würde sie uns eben auch so erscheinen wie die übrige Wirklichkeit: aufklärungsbedürftig. Das scheint denn doch dem zu widersprechen, was wir oben sagten: die Idee erschiene deshalb in einer uns befriedigenden Form, weil wir bei ihrem Zustandekommen tätig Mitwirken. Das rührt aber nicht von der Organisation unseres Bewusstseins her. Wäre die Idee nicht eine auf sich selbst gebaute Wesenheit, so könnten wir ein solches Bewusstsein gar nicht haben. Wenn etwas das Zentrum, aus dem es entspringt, nicht *in* sich, sondern *außer* sich hat, so kann ich, wenn es mir gegenübertritt, mich mit ihm nicht befriedigt erklären; ich muss über dasselbe hinausgehen, eben zu jenem Zentrum. Nur wenn ich auf etwas stoße, das nicht über sich hinausweist, dann erlange ich das Bewusstsein: jetzt stehst du innerhalb des Zentrums; hier kannst du stehen bleiben. *Mein Bewusstsein, dass ich innerhalb eines Dinges stehe, ist nur die Folge von der objektiven Beschaffenheit dieses Dinges, dass es sein Prinzip mit sich bringe.* Wir gelangen, indem wir uns der Idee bemächtigen, in den Kern der Welt. Was wir hier erfassen, ist jenes, aus dem alles hervorgeht. Wir werden mit diesem Prinzipe eine Einheit, deshalb erscheint uns die Idee, die das Objektivste ist, zugleich als das Subjektivste, Individuellste.

Die sinnenfällige Wirklichkeit ist uns ja gerade deshalb so rätselhaft, weil wir ihr Zentrum nicht in ihr selbst finden. Sie hört es auf zu sein, wenn wir erkennen, dass sie mit der Gedankenwelt, die *in uns* zur Erscheinung kommt, *dasselbe* Zentrum hat.

Dieses Zentrum kann nur ein *einheitliches* sein. Es muss ja *so* sein, dass alles Übrige darauf hinweist als auf seinen Erklärungsgrund. Gäbe es mehrere Centra der Welt – mehrere Principia, aus denen die Welt zu erklären wäre – und wiese ein Gebiet der Wirklichkeit auf *dieses*, ein anderes auf *jenes* Weltprinzip hin, so wären wir, sobald wir uns in einem Wirklichkeitsgebiet befänden, nur auf das eine Zentrum hingewiesen. Es fiele uns gar nicht ein, noch nach einem andern zu fragen. Nichts wusste das eine Gebiet von dem andern. Sie wären füreinander einfach nicht da. Es hat deshalb gar keinen Sinn, von mehr als einer Welt zu sprechen. Die *Idee* ist daher an allen

Orten der Welt, in allen Bewusstseinen *eine* und *dieselbe*. Dass es verschiedene Bewusstseine gibt und jedes die Idee vorstellt, ändert nichts an der Sache. Der Ideengehalt der Welt ist auf sich selbst gebaut, in sich vollkommen. Wir erzeugen ihn nicht, wir suchen ihn nur zu erfassen. Das Denken erzeugt ihn nicht, sondern nimmt ihn wahr. Es ist nicht Produzent, sondern Organ der Auffassung. So, wie verschiedene Augen einen und denselben Gegenstand sehen, so denken verschiedene Bewusstseine einen und denselben Gedankeninhalt. Die mannigfaltigen Bewusstseine denken ein und dasselbe; sie nähern sich dem einen nur von verschiedenen Seiten. Deshalb erscheint es ihnen mannigfaltig modifiziert. Diese Modifikation ist aber keine Verschiedenheit der Objekte, sondern nur ein Auffassen unter andern Gesichtswinkeln. Die Verschiedenheit der menschlichen Ansichten ist ebenso erklärlich wie die Verschiedenheit, die eine Landschaft für zwei an verschiedenen Orten befindliche Beobachter aufweist. Wenn man nur überhaupt imstande ist, bis zur Ideenwelt vorzudringen, so kann man sicher sein, dass man zuletzt eine mit allen Menschen gemeinsame Ideenwelt hat. Es kann sich dann höchstens noch darum handeln, dass wir sie auf recht einseitige Weise erfassen, dass wir auf einem Standpunkte stehen, wo sie uns gerade im ungünstigsten Lichte erscheint usw.

Der vollständigen von allem Gedankeninhalt entblößten Sinnenwelt stehen wir wohl niemals gegenüber. Höchstens im ersten Kindesalter, wo vom Denken noch keine Spur da ist, kommen wir der reinen Sinnesauffassung nahe. Im gewöhnlichen Leben haben wir es mit einer Erfahrung zu tun, die halb und halb von dem Denken durchtränkt ist, die schon mehr oder weniger aus dem Dunkel des Anschauens zur lichten Klarheit des geistigen Erfassens gehoben erscheint. Die Wissenschaften arbeiten darauf hinaus, diese Dunkelheit völlig zu überwinden und nichts in der Erfahrung zu lassen, was nicht von dem Gedanken durchsetzt würde. Was hat nun gegenüber den übrigen Wissenschaften die Erkenntnistheorie für eine Aufgabe erfüllt? Sie hat uns aufgeklärt über Zweck und Aufgabe aller Wissenschaft. Sie hat uns gezeigt, welche Bedeutung der Inhalt der einzelnen Wissenschaften hat. *Unsere Erkenntnistheorie ist die Wissenschaft von der Bestimmung aller andern Wissenschaften.* Sie hat uns aufgeklärt darüber, dass das in den einzelnen Wissenschaften Gewonnene der objektive Grund des Weltendaseins ist. Die Wissenschaften gelangen zu einer Reihe von Begriffen; über die eigentliche Aufgabe dieser Begriffe belehrt uns die Erkenntnistheorie. Mit diesem charakteristischen Ergebnis weicht unsere im Sinne der Goethe'schen Denkweise gehaltene Erkenntnistheorie von allen andern Erkenntnistheorien der Gegenwart ab. Sie will nicht bloß einen formalen Zusammenhang zwischen Denken und Sein feststellen, sie will das erkenntnistheoretische Problem nicht bloß logisch lösen, sie will zu einem positiven Resultat kommen. Sie zeigt, *was* der Inhalt unseres Denkens ist, und findet, *dass* dieses *Was* zugleich der objektive Weltinhalt ist. So wird uns die Erkenntnistheorie zur bedeutungsvollsten Wissenschaft für den Menschen. Sie klärt den Menschen über sich selbst auf, sie zeigt ihm seine Stellung in der Welt; sie ist damit ein Quell der Befriedigung für ihn. *Sie* sagt ihm erst, wozu er berufen ist. Im Besitze ihrer Wahrheiten fühlt sich der Mensch gehoben; sein wissenschaftliches Forschen gewinnt eine neue Beleuchtung. Nun erst weiß er, dass er mit dem Kern des Weltendaseins unmittelbarst verknüpft ist, dass *er* diesen Kern, der allen übrigen Wesen verborgen bleibt, enthüllt, dass in ihm der Weltgeist zur Erscheinung kommt, dass er ihm innewohnt. Er sieht in sich selbst den Vollender des Weltprozesses, er sieht, dass er berufen ist, das zu vollenden, was die andern Kräfte der Welt nicht vermögen, dass er der Schöpfung die Krone aufzusetzen hat. Lehrt die Religion, dass Gott den Menschen nach seinem Ebenbilde geschaffen hat, so lehrt uns unsere Erkenntnistheorie, dass Gott die Schöpfung überhaupt nur bis zu einem gewissen Punkte geführt hat. Da hat er den Menschen entstehen lassen und dieser stellt sich, indem er sich selbst erkennt und um sich blickt, die Aufgabe, fortzuwirken, zu vollenden, was die Urkraft begonnen hat. Der Mensch vertieft sich in die Welt und erkennt, was sich auf dem Boden, der gelegt ist, weiter bauen lässt, er ersieht die Andeutung, die der Urgeist gemacht, und führt das Angedeutete aus. So ist die Erkenntnistheorie zugleich die Lehre von der Bedeutung und Bestimmung des Menschen und sie löst diese Aufgabe (von der «Bestimmung des Menschen») in viel bestimmterer Weise, als dies Fichte am Wendepunkte des 18. und 19. Jahrhunderts getan hat. Man gelangt durch das Buch dieses starken Geistes durchaus nicht zu jener vollen Befriedigung, die uns durch unsere Erkenntnistheorie werden muss.

Wir haben allem einzelnen Dasein gegenüber die Aufgabe, es zu bearbeiten, dass es als von der Idee ausfließend erscheint, dass es als Einzelnes ganz verflüchtigt und aufgeht in der *Idee*, in deren Element wir uns versetzt fühlen. *Unser Geist hat die Aufgabe, sich so auszubilden, dass er imstande ist, aller ihm gegebenen Wirklichkeit eine solche Seite abzugewinnen, dass sie von der Idee ausgehend erscheint.* Wir müssen uns als fortwährende Arbeiter erweisen in dem Sinne, dass wir jedes Erfahrungsobjekt so umgestalten, dass es als Teil unseres ideellen Weltbildes auftritt. Damit sind wir da angekommen, wo die Goethe'sche Weltbetrachtungsweise einsetzt. Wir müssen das Gesagte so anwenden, dass wir uns vorstellen, das von uns dargestellte Verhältnis von Idee und Wirklichkeit sei im Goethe'schen Forschen Tat; er geht den Dingen so zu Leibe, wie wir es gerechtfertigt haben. Er sieht ja selbst sein inneres Wirken als eine lebendige Heuristik an, die, eine unbekannte geahnete Regel (die Idee) anerkennend, solche in der Außenwelt zu finden und in die Außenwelt einzuführen trachtet («Spr. in Prosa» 287). Wenn Goethe fordert, dass der Mensch seine Organe belehren soll («Spr. in Prosa» 561), so hat das auch nur den Sinn, dass der Mensch sich nicht einfach dem hingibt, was ihm seine Sinne überliefern, sondern er gibt seinen Sinnen die Richtung, dass sie ihm die Dinge im rechten Lichte zeigen.

Wissen und Handeln im Lichte der Goethe'schen Denkweise

I. Methodologie

Wir haben das Verhältnis von der durch das wissenschaftliche Denken gewonnenen Ideenwelt und der unmittelbar gegebenen Erfahrung festgestellt. Wir haben Anfang und Ende eines Prozesses kennengelernt: ideenentblößte Erfahrung und ideenerfüllte Wirklichkeitsauffassung. Zwischen beiden liegt aber menschliche Tätigkeit. Der Mensch hat tätig das Ende aus dem Anfang hervorgehen zu lassen. Die Art, *wie* er das tut, ist nun die Methode. Es ist nun selbstverständlich, dass unsere Auffassung jenes Verhältnisses von Anfang und Ende der Wissenschaft auch eine eigentümliche Methode bedingen wird. Wovon werden wir bei Entwickelung derselben auszugehen haben? Das wissenschaftliche Denken muss sich Schritt für Schritt als ein Überwinden jener dunkeln Wirklichkeitsform ergeben, die wir als unmittelbar Gegebenes bezeichnet haben, und ein Heraufheben desselben in die lichte Klarheit der Idee. Die Methode wird also darinnen bestehen müssen, dass wir bei jeglichem Dinge die Frage beantworten: Welchen Anteil hat es für die einheitliche Ideenwelt; welche Stelle nimmt es in dem ideellen Bilde ein, das ich mir von der Welt mache? Wenn ich das eingesehen habe, wenn ich erkannt habe, wie ein Ding sich an meine Ideen anschließt, dann ist mein Erkenntnisbedürfnis befriedigt. Für das letztere gibt es nur ein Nichtbefriedigendes: Wenn mir ein Ding gegenübertritt, das sich nirgends an die von mir vertretene Anschauung anschließen will. Das ideelle Unbehagen muss überwunden werden, das daraus fließt, dass es irgendetwas gibt, von dem ich mir sagen müsste: Ich sehe, es ist da; wenn ich ihm gegenübertrete, sieht es mich wie ein Fragezeichen an; aber ich finde nirgends in der Harmonie meiner Gedanken den Punkt, wo ich es einreihen könnte; die Fragen, die ich in Ansehung seiner stellen muss, bleiben unbeantwortet; ich mag mein Gedankensystem drehen und wenden, wie ich will. Daraus ersehen wir, wessen wir in Ansehung eines jeden Dinges bedürfen. Wenn ich ihm gegenübertrete, starrt es mich als Einzelnes an. In mir drängt die Gedankenwelt jenem Punkte zu, wo der Begriff des Dinges liegt. Ich ruhe nicht eher, bis das, was mir zuerst als Einzelnes gegenübergetreten ist, als Glied innerhalb der Gedankenwelt erscheint. So löst sich das Einzelne als solches auf und erscheint in einem großen Zusammenhange. Jetzt ist es von der andern Gedankenmasse beleuchtet, jetzt ist es dienendes Glied und es ist mir völlig klar, was es innerhalb der großen Harmonie zu bedeuten hat. Das geht in uns vor, wenn wir einem Gegenstande der Erfahrung betrachtend gegenübertreten. Aller Fortschritt der Wissenschaft beruht auf dem Gewahrwerden des Punktes, wo sich irgendeine Erscheinung in die Harmonie der Gedankenwelt eingliedern lässt. Man darf das nicht missverstehen. Es kann nicht so gemeint sein, als wenn jede Erscheinung durch die hergebrachten Begriffe erklärbar sein müsse; als ob unsere Ideenwelt abgeschlossen wäre und alles neu zu Erfahrende sich mit irgendeinem Begriffe, *den wir schon besitzen*, decken müsse. Jenes Drängen der Gedankenwelt kann auch zu einem Punkte hingehen, der bisher überhaupt noch von keinem Menschen gedacht worden. Und das ideelle Fortschreiten der Geschichte der Wissenschaft beruht gerade darauf, dass das Denken *neue* Ideengebilde an die Oberfläche wirft. Jedes solche Gedankengebilde hängt mit tausend Fäden mit allen andern möglichen Gedanken zusammen. Mit diesem Begriffe in dieser, mit einem andern in einer andern Weise. *Und darinnen besteht die wissenschaftliche Methode, dass wir den Begriff einer einzelnen Erscheinung in seinem Zusammenhange mit der übrigen Ideenwelt aufzeigen.* Wir nennen diesen Vorgang: Ableiten (Beweisen) des Begriffes. Alles wissenschaftliche Denken besteht aber nur darinnen, dass wir die bestehenden Übergänge von Begriff zu Begriff finden, besteht in dem Hervorgehenlassen eines Begriffes aus dem andern. Hin- und Herbewegung unseres Denkens von Begriff zu Begriff, das ist wissenschaftliche Methode. Man wird nun sagen, das sei ja die alte Geschichte von der Korrespondenz von Begriffswelt und Erfahrungswelt. Wir müssten voraussetzen, dass die Welt außer uns (das Transsubjektive) unserer Begriffswelt korrespondiere, wenn wir glauben sollen, dass das Hin- und Hergehen von Begriff zu Begriff zu einem Bilde der Wirklichkeit führe. Das ist aber nur eine verfehlte Auffassung des Verhältnisses von Einzelgebilde und Begriff. Wenn ich einem Gebilde der Erfahrungswelt gegenübertrete, so weiß ich überhaupt gar nicht, *was* es ist. Erst, wenn ich es überwunden, wenn mir sein Begriff aufgeleuchtet hat, dann weiß ich, *was* ich vor mir habe. Das will doch aber nicht sagen, dass jenes Einzelgebilde und der Begriff zwei *verschiedene* Dinge sind. Nein, sie sind dasselbe und was mir im Besonderen gegenübertritt, ist nichts als der *Begriff*. Der Grund, warum ich jenes Gebilde als abgesondertes, von der andern Wirklichkeit getrenntes Stück sehe, ist eben der, dass ich es seiner Wesenheit nach noch nicht erkenne, dass es mir noch nicht als das entgegentritt, *was* es ist. Daraus ergibt sich das Mittel, unsere wissenschaftliche Methode weiter zu charakterisieren. Jedes einzelne Wirklichkeitsgebilde repräsentiert innerhalb des Gedankensystems einen bestimmten Inhalt. Es ist in der Allheit der Ideenwelt begründet und kann nur im Zusammenhange mit ihr begriffen werden. So muss notwendig jedes Ding zu einer doppelten Denkarbeit auffordern. Zuerst ist der Gedanke in scharfen Konturen festzustellen, der ihm entspricht, und hernach sind alle Fäden festzustellen, die von diesem Gedanken zur Gesamt-Gedankenwelt führen. Klarheit im Einzelnen und Tiefe im Ganzen sind die zwei bedeutendsten Erfordernisse der Wirklichkeit. Jene ist Sache des Verstandes, diese Sache der Vernunft. Der Verstand schafft Gedankengebilde für die einzelnen Dinge der Wirklichkeit. Er entspricht seiner Aufgabe umso mehr, je genauer er dieselben umgrenzt, je schärfere Konturen er zieht. Die Vernunft hat dann diese Gebilde in die Harmonie der gesamten Ideenwelt einzureihen. Das setzt natürlich Folgendes voraus: In dem Inhalte der Gedankengebilde, die der Verstand schafft, ist jene Einheit schon, lebt schon ein und dasselbe Leben, nur hält der Verstand alles künstlich auseinander. Die Vernunft hebt, ohne die Klarheit zu verwischen, nur die Trennung wieder auf. Der Verstand entfernt uns von der Wirklichkeit, die Vernunft führt uns auf sie wieder zurück. Grafisch wird sich das so darstellen:

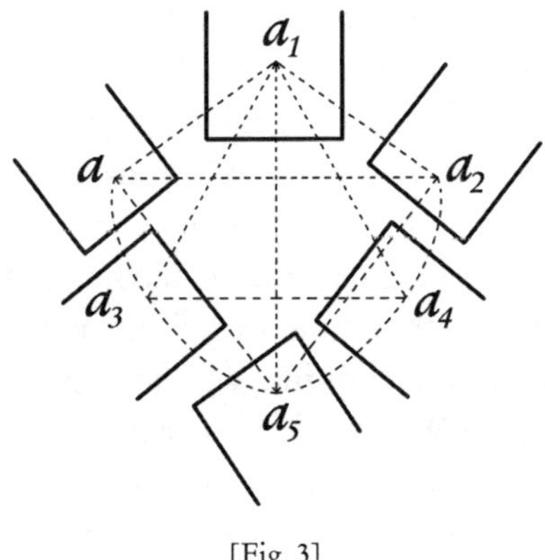

[Fig. 3]

In dem oben stehenden Gebilde [Fig. 3] hängt alles zusammen; es lebt in allen Teilen dasselbe Prinzip. Der Verstand schafft die Trennung der einzelnen Gebilde,[2] weil sie uns ja in dem Gegebenen als *Einzelne* gegenübertreten, und die Vernunft erkennt die Einheitlichkeit.[3] Wenn wir folgende zwei Wahrnehmungen haben: 1) die einfallenden Sonnenstrahlen und 2) einen erwärmten Stein, so hält der Verstand die beiden Dinge auseinander, weil sie uns als *zwei* gegenübertreten; er hält das eine als Ursache, das andere als Wirkung fest; dann tritt die Vernunft hinzu, reißt die Scheidewand nieder und erkennt die *Einheit in der Zweiheit*. Alle Begriffe, die der Verstand schafft: Ursache und Wirkung, Substanz und Eigenschaft, Leib und Seele, Idee und Wirklichkeit, Gott und Welt etc. sind nur da, um die einheitliche Wirklichkeit künstlich aus-

2 Diese Trennung ist durch die absondernden ganz ausgezogenen Linien charakterisiert.

3 Dieselbe ist durch die punktierten Linien versinnlicht.

einanderzuhalten, und die Vernunft hat, ohne den damit geschaffenen Inhalt zu verwischen, ohne die Klarheit des Verstandes mystisch zu verdunkeln, in der Vielheit die innere Einheit aufzusuchen. Sie kommt damit auf das zurück, wovon sich der Verstand entfernt hat, auf die einheitliche Wirklichkeit. Will man eine genaue Nomenklatur haben, so nenne man die Verstandesgebilde *Begriffe*, die Vernunftschöpfungen *Ideen*. Und man sieht, dass der Weg der Wissenschaft ist: sich durch den Begriff zur Idee zu erheben. Und hier ist der Ort, wo sich uns in der klarsten Weise das subjektive und das objektive Element unseres Erkennens auseinanderlegen. Es ist ersichtlich, dass die Trennung nur subjektiven Bestand hat, nur durch unsern Verstand geschaffen ist. Es kann mich nicht hindern, dass ich ein und dieselbe objektive Einheit in Gedankengebilde zerlege, die von denen meines Mitmenschen verschieden sind; das hindert nicht, dass meine Vernunft in der Verbindung wieder zu derselben objektiven Einheit gelangt, von der wir ja beide ausgegangen sind. Das einheitliche Wirklichkeitsgebilde sei sinnbildlich dargestellt [Fig. 4].

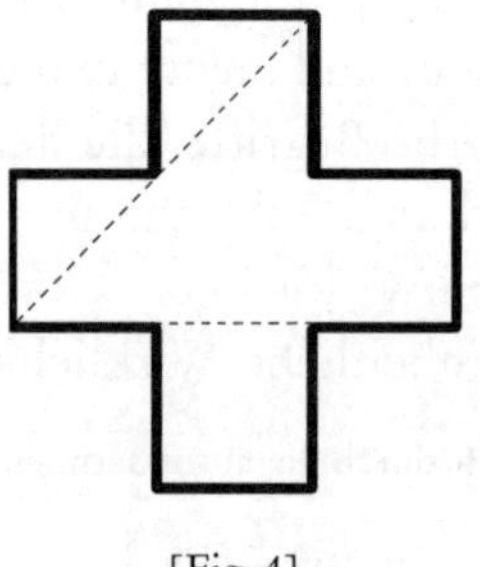

[Fig. 4]

Ich trenne es verstandesgemäß so [Fig. 5]:

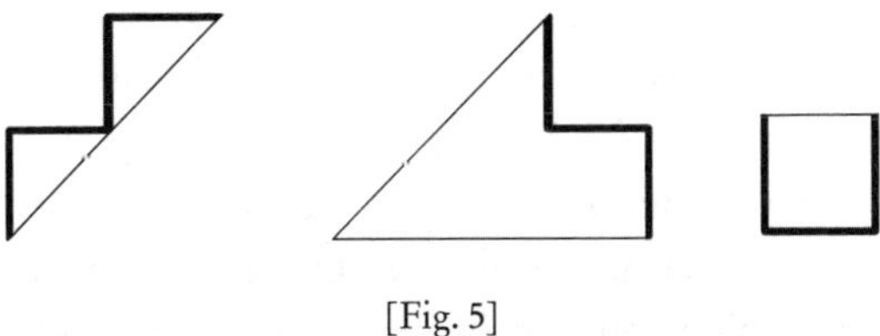

[Fig. 5]

ein anderer [Fig. 6]:

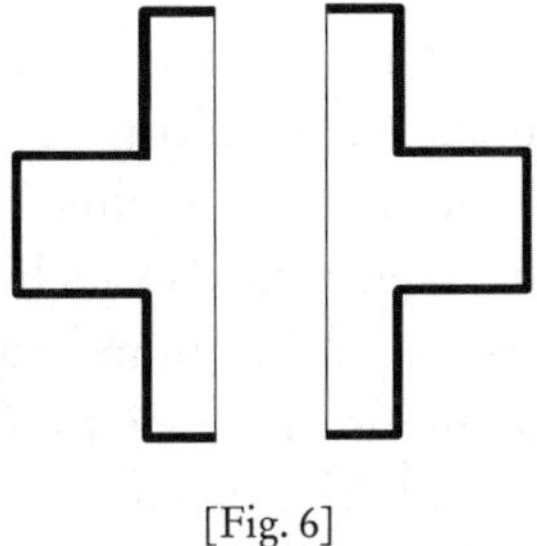

[Fig. 6]

Wir fassen es vernunftgemäß zusammen und erhalten dasselbe Gebilde. Damit wird es uns erklärlich, wie die Menschen so verschiedene Begriffe, so verschiedene Anschauungen von der Wirklichkeit haben können, trotzdem diese doch nur *eine* sein kann. *Die Verschiedenheit liegt in der Verschiedenheit unserer Verstandeswelten.* Damit verbreitet sich für uns ein Licht über die Entwickelung verschiedener wissenschaftlicher Standpunkte. Wir begreifen, woher die vielfachen philosophischen Standpunkte kommen, und haben nicht nötig, ausschließlich einer die Palme der Wahrheit zuzuerkennen. Wir wissen auch, welchen Standpunkt wir selbst gegenüber der Vielheit menschlicher Anschauungen einzunehmen haben. Wir werden nicht ausschließlich fragen: Was ist wahr, was ist falsch? Wir werden immer untersuchen, in welcher Art die Verstandeswelt eines Denkers aus der Weltharmonie hervorgeht, wir werden zu begreifen suchen und nicht aburteilen und sogleich als Irrtum ansehen, was mit der eigenen Auffassung nicht übereinstimmt. Zu diesem Quell der Verschiedenheit unserer wissenschaftlichen Standpunkte tritt dadurch ein neuer, dass jeder einzelne Mensch ein anderes Erfahrungsfeld hat. Es tritt ja jedem aus der gesamten Wirklichkeit gleichsam ein Ausschnitt gegenüber. Diesen bearbeitet sein Verstand und der ist ihm der Vermittler auf dem Wege zur Idee. Wenn wir also auch alle dieselbe Idee wahrnehmen, so ist das doch immer auf andern Gebieten der Fall. Es kann also nur das *Endresultat*, zu dem wir kommen, *dasselbe* sein; die *Wege* hingegen können *verschieden* sein. Es kommt überhaupt gar nicht darauf an, dass die einzelnen Urteile und Begriffe, aus denen sich unser Wissen zusammensetzt, übereinstimmen, sondern nur darauf, dass sie uns zuletzt dahin führen, *dass wir in dem Fahrwasser der Idee schwimmen.* Und in diesem Fahrwasser müssen sich zuletzt alle Menschen treffen, wenn sie energisches Denken über ihren Sonderstandpunkt hinausführt. Es kann ja möglich sein, dass uns eine beschränkte Erfahrung oder ein unproduktiver Geist zu einer *einseitigen*, unvollständigen Ansicht führt, aber selbst die geringste Summe dessen, was wir erfahren, muss uns zuletzt zur Idee führen, denn zur letzteren erheben wir uns nicht durch eine mehr oder weniger große Erfahrung, sondern allein durch unsere Fähigkeiten als menschliche Persönlichkeit. Eine beschränkte Erfahrung kann nur zur Folge haben, dass wir die Idee in einseitiger Weise *aussprechen*, dass wir über geringe Mittel verfügen, das Licht, das in uns leuchtet, zum Ausdruck zu bringen; sie kann uns aber nicht überhaupt hindern, jenes Licht in uns aufgehen zu lassen. Ob unsere wissenschaftliche oder überhaupt *Weltansicht* auch vollständig sei, das ist neben der nach ihrer geistigen Tiefe eine ganz andere Frage. Wenn man nun an Goethe wieder herantritt, so wird man viele seiner Darlegungen, mit unseren Ausführungen in diesem Kapitel zusammengehalten, als einfache Konsequenzen der letztern erkennen. Dieses Verhältnis halten wir für das einzig richtige zwischen Autor und Ausleger. Wenn Goethe sagt: «Kenne ich mein Verhältnis zu mir selbst und zur Außenwelt, so heiß' ich's Wahrheit. Und so kann jeder seine eigene Wahrheit haben und es ist doch immer dieselbige» («Spr. in Prosa» 211), so ist das nur mit Voraussetzung dessen, was wir hier entwickelt haben, zu verstehen.

II. Dogmatische und immanente Methode

Ein wissenschaftliches Urteil kommt dadurch zustande, dass wir entweder zwei Begriffe oder eine Wahrnehmung und einen Begriff verbinden. Von der erstern Art ist das Urteil: Keine Wirkung ohne Ursache; von der letztern: Die Tulpe ist eine Pflanze. Das tägliche Leben erkennt dann auch noch Urteile, wo Wahrnehmung mit Wahrnehmung verbunden wird, z.B.: Die Rose ist rot. Wenn wir ein Urteil vollziehen, so geschieht dies aus diesem oder jenem Grunde. Nun kann es über diesen Grund zwei verschiedene Ansichten geben. Die eine nimmt an, dass die *sachlichen* (objektiven) Gründe, warum das Urteil, das wir vollziehen, *wahr* ist, jenseits dessen liegen, was uns in den in das Urteil eingehenden Begriffen oder Wahrnehmungen gegeben ist. *Der Grund, warum ein Urteil wahr ist, fällt nach dieser Ansicht nicht zusammen mit den subjektiven Gründen, aus denen wir dieses Urteil fällen.* Unsere *logischen* Gründe haben nach dieser Ansicht mit den *objektiven* nichts zu tun. Es kann sein, dass diese Ansicht irgendeinen Weg vorschlägt, um zu den objektiven Gründen unserer Einsichten zu kommen, die Mittel, die unser *erkennendes Denken* hat, reichen dazu nicht aus. Für das Erkennen liegt die meine Behauptungen bedingende objektive Wesenheit in einer mir unbekannten Welt; die Behauptung mit ihren formellen Gründen (Widerspruchslosigkeit, Stützung durch verschiedene Axiome etc.) allein in der meinigen. Eine Wissenschaft, die auf dieser Anschauung beruht, ist eine *dogmatische*. Eine solche dogmatische Wissenschaft ist sowohl die theologisierende Philosophie, die sich auf den Offenbarungsglauben stützt, als auch die moderne Erfahrungswissenschaft, denn es gibt nicht nur ein *Dogma der Offenbarung*, es gibt auch ein *Dogma der Erfahrung*. Das Dogma der Offenbarung überliefert dem Menschen Wahrheiten über Dinge, die seinem Gesichtskreise völlig entzogen sind. Er kennt die Welt nicht, über die ihm die fertigen Behauptungen zu glauben, vorgeschrieben wird. Er kann an die Gründe der letztern nicht herankommen. Er kann daher nie eine Einsicht gewinnen, *warum* sie wahr sind. Er kann kein *Wissen*, nur einen *Glauben*, gewinnen. Dagegen sind aber auch die Behauptungen jener Erfahrungswissenschaft bloße Dogmen, die da glaubt, dass man bei der bloßen, reinen Erfahrung stehen bleiben soll und nur deren Veränderungen beobachten, beschreiben und systematisch zusammenstellen soll, ohne sich zu den in der bloßen unmittelbaren Erfahrung *noch nicht* gegebenen Bedingungen zu erheben. Wir gewinnen ja die Wahrheit auch in diesem Falle nicht durch die Einsicht in die Sache, sondern sie wird uns von außen aufgedrängt. Ich sehe, was vorgeht und da ist, und registriere es; warum das nun so ist, das liegt im Objekte. Ich sehe nur die Folge, nicht den Grund. Das *Dogma der Offenbarung* beherrschte ehedem die Wissenschaft, heute tut es das *Dogma der Erfahrung*. Ehedem galt es als Vermessenheit, über die *Gründe* der geoffenbarten Wahrheiten nachzudenken; heute gilt es als Unmöglichkeit, anderes zu wissen, als was die Tatsachen aussprechen. Das «*Warum* sie so und nicht anders sprechen» gilt als unerfahrbar und deshalb unerreichbar.

Unsere Ausführungen haben gezeigt, dass die Annahme eines Grundes, warum ein Urteil *wahr* ist, neben dem, warum wir es als wahr *anerkennen*, ein Unding ist. Wenn wir bis zu dem Punkte vordringen, wo uns die Wesenheit einer Sache als Idee aufgeht, so erblicken wir in der letztern etwas völlig in sich Abgeschlossenes, etwas sich selbst Stützendes und Tragendes, das gar keine Erklärung von außen mehr fordert, sodass wir dabei stehen bleiben können. Wir sehen an der Idee – wenn wir nur die Fähigkeit dazu haben –, dass sie alles, was sie konstituiert, in sich selber hat, dass wir mit ihr alles haben, wonach gefragt werden kann. Der gesamte Seinsgrund ist in der Idee aufgegangen, hat sich in sie ergossen, rückhaltlos, sodass wir ihn nirgends als in ihr zu suchen haben. In der Idee haben wir nicht ein *Bild* von dem, was wir zu den Dingen suchen; wir haben dieses Gesuchte selbst. Indem die Teile unserer Ideenwelt in den Urteilen zusammenfließen, ist es der eigene Inhalt derselben, der das bewirkt, nicht Gründe, die außerhalb liegen. In unserem Denken sind die sachlichen und nicht bloß die formellen Gründe für unsere Behauptungen unmittelbar gegenwärtig.

Damit ist die Ansicht abgewiesen, welche eine außerideelle absolute Realität annimmt, von denen alle Dinge, einschließlich des Denkens selbst, getragen werden. Für diese Weltansicht kann der Grund zu dem Bestehenden überhaupt nicht in dem uns Erreichbaren gefunden werden. Er ist der uns vorliegenden Welt nicht eingeboren, er ist außerhalb ihrer vorhanden; ein Wesen für sich, das neben ihr besteht. Diese Ansicht kann man *Realismus* nennen. Sie tritt in zwei Formen auf. Sie nimmt entweder eine Vielzahl von realen Wesen an, die der Welt zum Grunde liegen (Leibniz, Herbart), oder ein *einheitliches* Reales (Schopenhauer). Ein solches *Seiendes* kann nie als mit der Idee identisch erkannt werden; es ist schon als wesensverschieden von ihr vorausgesetzt. Wer sich des klaren Sinnes der Frage nach dem Wesen der Erscheinungen bewusst wird, kann ein Anhänger dieses Realismus nicht sein. Was hat es denn für einen Sinn, nach dem *Wesen der Welt* zu fragen? Es hat gar keinen andern Sinn, als dass, wenn ich einem Dinge gegenübertrete, sich in mir eine Stimme geltend macht, die mir sagt, dass das Ding letzten Endes noch etwas ganz anderes ist, als was ich sinnenfällig wahrnehme. Das, was es noch ist, arbeitet schon in mir, drängt in mir zur Erscheinung, während ich das Ding außer mir erblicke. Nur weil die in mir arbeitende Ideenwelt mich drängt, die mich umgebende Welt aus ihr zu erklären, fordere ich eine solche Erklärung. Für ein Wesen, in dem sich keine Ideen emporarbeiten, ist der Drang, die Dinge noch weiter zu *erklären*, nicht da; sie sind an der sinnenfälligen Erscheinung voll befriedigt. Die Forderung nach Erklärung der Welt geht hervor aus dem Bedürfnisse des Denkens, den für letzteres erreichbaren Inhalt mit der erscheinenden Wirklichkeit in eins zu verschmelzen, alles begrifflich zu durchdringen, das, was wir *sehen*, *hören* usw., zu einem solchen zu machen, das wir *verstehen*. Wer diese Sätze ihrer vollen Tragweite nach in Erwägung zieht, kann unmöglich ein Anhänger des oben charakterisierten Realismus sein. Die Welt durch ein Reales, das nicht Idee ist, erklären zu wollen, ist ein solcher Widerspruch, dass man gar nicht begreift, wie es überhaupt möglich ist, dass er Anhänger gewinnen konnte. Das uns wahrnehmbare Wirkliche durch irgendetwas zu erklären, was sich innerhalb des Denkens gar nicht geltend macht, ja was grundsätzlich verschieden von dem Gedanklichen sein soll, können wir weder das Bedürfnis haben, noch ist ein solches Beginnen möglich. Erstens: Woher sollen wir das Bedürfnis haben, die Welt durch etwas zu erklären, das sich uns nirgends aufdrängt, das sich uns verbirgt? Und nehmen wir an, es trete uns entgegen, dann entsteht wieder die Frage: in welcher Form und wo? Im Denken kann es doch nicht sein. Und selbst wieder in der äußern oder innern Wahrnehmung?

Was soll es denn dann für einen Sinn haben, die Sinnenwelt durch qualitativ Gleichstehendes zu erklären. Bliebe nur noch ein Drittes: die Annahme, wir hätten ein Vermögen, das außergedankliche und realste Wesen auf anderm Wege als durch Denken und Wahrnehmung zu erreichen. Wer diese Annahme macht, ist in den Mystizismus verfallen. Wir haben uns mit ihm nicht zu befassen; denn uns geht nur das Verhältnis von Denken und Sein, von *Idee* und *Wirklichkeit* an. Für den Mystizismus muss ein Mystiker eine Erkenntnistheorie schreiben. Der Standpunkt des spätern Schelling, wonach wir mithilfe unserer Vernunft nur das *Was* des Weltinhaltes entwickeln, nicht aber das *Dass* erreichen können, erscheint uns als das größte Unding. Denn für uns ist das *Dass* die Voraussetzung des *Was*, und wir wüssten nicht, wie wir zu dem *Was* eines Dinges kommen sollten, dessen *Dass* nicht vorher schon sichergestellt wäre. Das *Dass* wohnt doch dem Inhalt meiner Vernunft schon inne, indem ich sein *Was* ergreife. Diese Annahme Schellings, dass wir einen positiven Weltinhalt haben können, ohne die Überzeugung, *dass* er existiere, und dass wir dieses *Dass* erst durch *höhere Erfahrung* gewinnen müssen, erscheint uns vor einem sich selbst verstehenden Denken so unbegreiflich, dass wir annehmen müssen, Schelling habe in seiner spätern Zeit den Standpunkt seiner Jugend, der auf Goethe einen so mächtigen Eindruck machte, selbst nicht mehr verstanden.

Es geht nicht an, höhere Daseinsformen anzunehmen als die, welche der Ideenwelt zukommen. Nur weil der Mensch nur zu oft nicht imstande ist, zu begreifen, dass das Sein der Idee ein weit höheres, volleres ist als das der wahrgenommenen Wirklichkeit, sucht er noch eine weitere Realität. Er hält das Ideen-Sein für ein Chimärenhaftes, der Durchtränkung mit dem Realen Entbehrendes und ist damit nicht zufrieden. Er kann eben die Idee in ihrer Positivität nicht erfassen, er hat sie nur als Abstraktes, er ahnt ihre Fülle, ihre innere Vollendetheit und Gediegenheit nicht. Wir müssen aber an die Bildung die Anforderung stellen, dass sie sich hinaufarbeite bis zu jenem höhern Standpunkt, wo auch ein *Sein*, das nicht mit Augen gesehen, nicht mit Händen gegriffen, sondern mit der Vernunft erfasst werden muss, als *Reales* angesehen wird. Wir haben also eigentlich einen *Idealismus* begründet, der *Realismus* zugleich ist. Unser Gedankengang ist: Das Denken drängt nach Erklärung der Wirklichkeit aus der Idee. Es verbirgt dieses Drängen in die Frage: *Was ist das Wesen der Wirklichkeit?* Nach dem Inhalt dieses Wesens selbst fragen wir erst am Ende der Wissenschaft, nicht wie es der Realismus macht, ein Reales vorauszusetzen und daraus dann die Wirklichkeit abzuleiten. Wir unterscheiden uns von dem Realismus durch das volle Bewusstsein davon, dass wir ein Mittel, die Welt zu erklären, nur in der *Idee* haben. Auch der Realismus hat *nur* dieses Mittel, aber er weiß es nicht. Er leitet die Welt aus Ideen ab, aber er glaubt, er leite sie aus einer andern Realität her. Leibnizens Monadenwelt ist nichts als eine Ideenwelt, aber er glaubt in ihr eine höhere Realität als eine ideelle zu besitzen. Alle Realisten machen den gleichen Fehler: Sie sinnen Wesen aus und werden nicht gewahr, dass sie aus der Idee nicht hinauskommen. Wir haben diesen Realismus abgewiesen, weil er sich über die Ideenwesenheit seines Weltgrundes täuscht, wir haben aber auch jenen falschen Idealismus abzuweisen, der da glaubt, weil wir über die Idee nicht hinauskommen, kommen wir über unser Bewusstsein nicht hinaus und es seien alle uns gegebenen Vorstellungen und alle Welt nur subjektiver Schein, nur ein Traum, den unser Bewusstsein träumt (Fichte). Diese Idealisten begreifen wieder nicht, dass, obzwar wir über die Idee nicht hinauskommen, wir doch *in* der Idee das Objektive haben, das in sich selbst und nicht im Subjekt Gegründete. Sie bedenken nicht, dass, wenn wir auch nicht aus der Einheitlichkeit des Denkens hinauskommen, wir mit dem vernünftigen Denken mitten in die volle Objektivität hineinkommen. *Die Realisten begreifen nicht, dass das Objektive Idee ist, die Idealisten nicht, dass die Idee objektiv ist.*

Wir haben uns noch mit den reinen Empiristen zu beschäftigen, die jedes Erklären des Wirklichen durch die Idee als eine unstatthafte philosophische Deduktion ansehen und das Stehenbleiben beim Sinnlich-Fassbaren fordern. Gegen diesen Standpunkt können wir einfach das sagen, dass *seine* Forderung doch nur eine *methodische*, nur eine *formelle* sein kann. Wir sollen beim Gegebenen stehen bleiben, heißt doch nur: Wir sollen uns das aneignen, was uns gegenübertritt. Über das *Was* desselben kann *dieser* Standpunkt am allerwenigsten etwas ausmachen, denn dieses *Was* muss ihm eben von dem Gegebenen selbst kommen. Wie man mit der Forderung der reinen Erfahrung zugleich fordern kann, nicht über die Sinnenwelt hinauszugehen, da doch die Idee ebenso die Forderung des Gegebenseins erfüllen kann, ist uns völlig unbegreiflich. Das positivistische Erfahrungsprinzip muss die Frage ganz offenlassen, *was* gegeben ist, und vereinigt sich somit ganz gut mit einem idealistischen Forschungsresultat. Dann aber ist diese Forderung ebenfalls mit der unsern zusammenfallend. Und wir vereinigen in unsrer Ansicht alle Standpunkte, *insofern sie Berechtigung* haben. Unser Standpunkt ist Idealismus, weil er in der Idee den Weltgrund sieht; er ist Realismus, weil er die Idee als das Reale anspricht, und er ist Positivismus oder Empirismus, weil *er* zu dem Inhalt der Idee nicht durch apriorische Konstruktion, sondern zu ihm als einem Gegebenen kommen will. Wir haben eine empirische Methode, die in das Reale dringt und sich im idealistischen Forschungsresultat zuletzt befriedigt. Ein Schließen von einem Gegebenen als einem Bekannten auf ein zugrunde liegendes Nicht-Gegebenes, Bedingendes kennen wir nicht. Einen Schluss, wo irgendein Glied des Schlusses nicht gegeben ist, weisen wir ab. Das Schließen ist nur ein Übergehen von gegebenen Elementen zu andern ebenso gegebenen. Wir verbinden im Schlusse *a* mit *b* durch *c*; aber alles das muss *gegeben* sein. Wenn Volkelt sagt, unser Denken drängt uns dazu, zu dem Gegebenen eine Voraussetzung zu machen und es zu überschreiten, so sagen wir: In unserem Denken drängt uns schon *das*, was wir zu dem unmittelbar Gegebenen hinzufügen wollen. *Wir müssen daher jede Metaphysik* abweisen. Die Metaphysik will ja das Gegebene durch ein *Nicht-Gegebenes*, Erschlossenes erklären (Wolff, Herbart). Wir sehen in dem Schließen nur eine formelle Tätigkeit, die zu nichts Neuem führt, die nur Übergänge zwischen Positiv-Vorliegendem herbeiführt.

Welche Gestalt hat die fertige Wissenschaft im Lichte der Goethe'schen Denkweise? Vor allem müssen wir festhalten, dass der gesamte *Inhalt* der Wissenschaft ein Gegebenes ist; teils gegeben als Sinnenwelt von außen, teils als Ideenwelt von innen. Alle unsere wissenschaftliche Tätigkeit wird also darinnen bestehen, die Form, in der uns dieser Gesamtinhalt des Gegebenen gegenübertritt, zu überwinden und zu einer uns befriedigenden zu machen. Dies ist notwendig, weil die innerliche Einheitlichkeit des Gegebenen in der ersten Form des Auftretens, wo uns nur die äußere Oberfläche erscheint, verborgen bleibt. Nun stellt sich diese methodische Tätigkeit, die einen solchen Zusammenhang herstellt, verschieden heraus, je nach den Erscheinungsgebieten, die wir bearbeiten. Der erste Fall ist folgender: Wir haben eine Mannigfaltigkeit von sinnenfällig gegebenen Elementen. Diese stehen miteinander in Wechselbeziehung. Diese Wechselbeziehung wird uns klar, wenn wir uns ideell in die Sache vertiefen. Dann erscheint uns irgendeines der Elemente durch die andern mehr oder weniger und in dieser oder jener Weise bestimmt. Die Daseinsverhältnisse des einen werden uns durch die des andern begreiflich. Wir leiten die eine Erscheinung aus der andern ab. Die Erscheinung des erwärmten Steines leiten wir als Wirkung von den erwärmenden Sonnenstrahlen, als der Ursache, ab. Was wir an dem einen Dinge wahrnehmen, haben wir da erklärt, wenn wir es aus einem andern wahrnehmbaren ableiten. Wir sehen, in welcher Weise auf diesem Gebiete das ideelle Gesetz auftritt. Es umspannt die Dinge der Sinnenwelt, steht über ihnen. Es bestimmt die gesetzmäßige Wirkungsweise des einen Dinges, indem sie sie durch ein anderes bedingt sein lässt. Wir haben hier die Aufgabe, die Reihe der Erscheinungen so zusammenzustellen, dass eine aus der andern mit Notwendigkeit hervorgeht, dass sie alle ein Ganzes, durch und durch Gesetzmäßiges ausmachen. Das Gebiet, das in dieser Weise zu erklären ist, ist die *unorganische Natur*. Nun treten uns in der Erfahrung die einzelnen Erscheinungen keineswegs so gegenüber, dass das Nächste im Raum und in der Zeit auch das Nächste dem innern Wesen nach ist. Wir müssen erst von dem räumlich und zeitlich Nächsten zu dem begrifflich Nächsten übergehen. Wir müssen zu einer Erscheinung die dem Wesen nach sich unmittelbar an sie anschließenden suchen. Wir müssen trachten, eine sich selbst ergänzende, sich tragende, sich gegenseitig stützende Reihe von Tatsachen zusammenzustellen. Daraus gewinnen wir eine Gruppe von aufeinander wirkenden sinnenfälligen Elementen der Wirklichkeit, und das Phänomen, das sich vor uns abwickelt, folgt unmittelbar aus den in Betracht kommenden Faktoren in durchsichtiger, klarer Weise. Ein solches Phänomen nennen wir mit Goethe Urphänomen oder Grundtatsache. *Dieses Urphänomen ist identisch mit dem objektiven Naturgesetz.* Die hier besprochene Zusammenstellung kann entweder bloß im Gedanken geschehen, wie wenn ich die drei bei einem waagrecht geworfenen Stein in Betracht kommenden bedingenden Faktoren denke: 1) die Stoßkraft, 2) die Anziehungskraft der Erde und 3) den Luftwiderstand und dann die Bahn des fliegenden Steines aus diesen Faktoren ableite, oder aber: Ich kann die einzelnen Faktoren wirklich zusammenbringen und dann das aus ihrer Wechselwirkung folgende Phänomen abwarten. Das ist beim *Versuche* der Fall. Während uns ein Phänomen der Außenwelt unklar ist, weil wir nur das Bedingte (die Erscheinung), nicht die Bedingung kennen, ist uns das Phänomen, das der Versuch liefert, klar, denn wir haben die bedingenden Faktoren selbst zusammengestellt. Das ist der Weg *der Naturforschung, dass sie von der Erfahrung ausgehe, um zu sehen, was wirklich ist; zu der Beobachtung fortschreite, um zu sehen, warum dieses wirklich ist, und sich dann zum Versuche steigere, um zu sehen, was wirklich sein kann.* –

Leider scheint gerade jener Aufsatz Goethes verloren gegangen zu sein, der diesen Ansichten am besten zur Stütze dienen könnte. Er ist eine Fortsetzung des Aufsatzes: «Der Versuch als Vermittler von Subjekt und Objekt» gewesen. Wir wollen, von dem letzteren ausgehend, den möglichen Inhalt des ersteren nach der einzigen uns zugänglichen Quelle, dem Briefwechsel Goethes und Schillers, zu rekonstruieren suchen. Der Aufsatz: «Der Versuch etc.» ist hervorgegangen aus jenen Studien Goethes, die er anstellte, um seine optischen Arbeiten zu rechtfertigen. Er ist dann liegen geblieben, bis der Dichter im Jahre 1798 diese Studien mit frischer Kraft aufnahm und in Gemeinschaft mit Schiller die Grundprinzipien der naturwissenschaftlichen Methode einer gründlichen und von allem wissenschaftlichen Ernst getragenen Untersuchung unterzog. Am 10. Jänner 1798 (s. Goethes Briefwechsel mit Schiller Nr. 407) schickte er nun den oben erwähnten Aufsatz an Schiller zur Erwägung und am 13. (Briefw. Nr. 409) kündigt er dem Freunde an, dass er willens sei, die dort ausgesprochenen Ansichten in einem neuen Aufsatze weiter auszuarbeiten. Dieser Arbeit unterzog er sich auch und schon am 17. (Briefw. Nr. 411) ging ein kleiner Aufsatz an Schiller ab, der eine Charakteristik der Methoden der Naturwissenschaft enthalten hat. Dieser Aufsatz findet sich nun in den Werken nicht. Er wäre unstreitig derjenige, der für die Würdigung von Goethes Grundanschauungen über die naturwissenschaftliche Methode die besten Anhaltspunkte gewährte. Wir können aber die Gedanken, die in demselben niedergelegt sind, aus dem ausführlichen Briefe Schillers vom 19. Jänner 1798 (Briefw. Nr. 412) erkennen, wobei in Betracht kommt, dass wir zu dem daselbst Angedeuteten vielfache Belege und Ergänzungen in Goethes «Sprüchen in Prosa» finden.

Goethe unterscheidet drei Methoden der naturwissenschaftlichen Forschung. Dieselben beruhen auf drei verschiedenen Auffassungen der Phänomene. Die erste Methode ist der *gemeine Empirismus*, der nicht über das *empirische Phänomen*, über den unmittelbaren Tatbestand hinausgeht. Er bleibt bei *einzelnen* Erscheinungen stehen. Will der gemeine Empirismus konsequent sein, so muss er seine ganze Tätigkeit darauf beschränken, jedes ihm aufstoßende Phänomen genau nach allen Einzelheiten zu beschreiben, d.i. den empirischen Tatbestand aufzunehmen. Wissenschaft wäre ihm nur die Summe aller dieser Einzelbeschreibungen aufgenommener Tatbestände. Gegenüber dem gemeinen Empirismus bildet nun der *Rationalismus* die nächsthöhere Stufe. Dieser geht auf das *wissenschaftliche Phänomen*. Diese Anschauung beschränkt sich nicht mehr auf die bloße Beschreibung der Phänomene, sondern sie sucht dieselben durch Aufdeckung der Ursachen, durch Aufstellung von Hypothesen etc. zu *erklären*. Es ist die Stufe, wo der Verstand aus den Erscheinungen auf deren Ursachen und Zusammenhänge *schließt*. Sowohl die erstere wie die letzte Methode erklärt Goethe für Einseitigkeiten. Der gemeine Empirismus ist die rohe Unwissenschaft, weil er nie aus der bloßen Auffassung der Zufälligkeiten herauskommt, der Rationalismus dagegen interpretiert in die Erscheinungswelt Ursachen und Zusammenhänge hinein, die nicht in derselben sind. Jener kann sich aus der Fülle der Erscheinungen nicht zum freien Denken erheben, dieser verliert dieselbe als den sichern Boden unter seinen Füßen und verfällt der Willkür der Einbildungskraft und des subjektiven Einfalles. Goethe rügt die Sucht, mit Erscheinungen sogleich durch subjektive Willkür Folgerungen zu verbinden, mit den schärfsten Worten, so «Sprüche in Prosa» 780: «Es ist eine schlimme Sache, die doch manchem Beobachter begegnet, mit einer Anschauung sogleich eine Folgerung zu verknüpfen und beide für gleichgeltend zu achten», und: «Theorien sind gewöhnlich Übereilungen eines ungeduldigen Verstandes, der die Phänomene gern los sein möchte und an ihrer Stelle deswegen Bilder, Begriffe, ja oft nur Worte einschiebt. Man ahnet, man sieht wohl auch, dass es nur ein Behelf ist; liebt sich nicht aber Leidenschaft und Parteigeist jederzeit Behelfe? Und mit Recht, da sie ihrer so sehr bedürfen.» Besonders tadelt Goethe den Missbrauch, den die Kausalbestimmung veranlasst. Der Rationalismus in seiner ungezügelten Phantastik sucht dort Kausalität, wo sie, durch die Fakten zu suchen, nicht geboten ist. «Sprüche in Prosa» 798 heißt: «Der eingeborenste Begriff, der notwendigste, von *Ur-*

sache und *Wirkung*, wird in der Anwendung die Veranlassung zu unzähligen sich immer wiederholenden Irrtümern.» Namentlich führt ihn seine Sucht nach einfachen Verbindungen dahin, die Phänomene wie die Glieder einer Kette nach Ursache und Wirkung rein der *Länge* nach aneinandergereiht zu denken; während die Wahrheit doch ist, dass irgendeine Erscheinung, die durch eine der Zeit nach frühere *kausal* bedingt ist, zugleich auch noch von vielen andern Einwirkungen abhängt. Es wird in diesem Falle bloß die *Länge* und nicht die *Breite* der Natur in Anschlag gebracht. Beide Wege, der gemeine Empirismus und der Rationalismus, sind nun für Goethe wohl Durchgangspunkte für die höchste wissenschaftliche Methode, aber eben nur *Durchgangspunkte*, die überwunden werden müssen. Und dies geschieht mit dem *rationellen Empirismus*, der sich mit dem *reinen Phänomen*, das identisch mit dem objektiven Naturgesetz ist, beschäftigt. Die *gemeine Empirie*, die unmittelbare Erfahrung bietet uns nur *Einzelnes*, Unzusammenhängendes, ein Aggregat von Erscheinungen. Das heißt, sie bietet uns das nicht als letzten Abschluss der wissenschaftlichen Betrachtung, wohl aber als *erste* Erfahrung. Unser wissenschaftliches Bedürfnis sucht aber nur Zusammenhängendes, begreift das Einzelne nur als Glied einer Verbindung. So gehen das Bedürfnis des Begreifens und die Tatsachen der Natur scheinbar auseinander. Im Geiste ist nur Zusammenhang, in der Natur nur Sonderung, der Geist erstrebt die *Gattung*, die Natur schafft nur Individuen. Die Lösung dieses Widerspruches ergibt sich aus der Erwägung, dass einerseits die verbindende Kraft des Geistes inhaltslos ist, somit allein, durch sich selbst, *nichts* Positives erkennen kann, dass andrerseits die Sonderung der Naturobjekte nicht in deren Wesen selbst begründet ist, sondern in deren räumlicher Erscheinung, dass vielmehr bei Durchdringung des Wesens des Individuellen, des Besondern, dieses selbst uns auf die Gattung hinweist. Weil die Objekte der Natur in der Erscheinung gesondert sind, bedarf es der zusammenfassenden Kraft des Geistes, ihre *innere* Einheit zu zeigen. Weil die Einheit des Verstandes für sich leer ist, muss er sie mit den Objekten der Natur erfüllen. So kommen auf dieser *dritten Stufe* Phänomen und Geistesvermögen einander entgegen und gehen in *eins* auf und der Geist kann jetzt erst voll befriedigt sein. –

Ein weiteres Gebiet der Forschung ist jenes, wo uns das Einzelne in seiner Daseinsweise nicht als die Folge eines andern, neben ihm Bestehenden erscheint, wo wir es daher auch nicht dadurch begreifen, dass wir ein anderes, Gleichartiges zu Hilfe rufen. Hier erscheint uns eine Reihe von sinnenfälligen Erscheinungselementen als unmittelbare Ausgestaltung eines einheitlichen Prinzipes und wir müssen zu diesem Prinzipe vordringen, wenn wir die Einzelerscheinung begreifen wollen. Wir können auf diesem Gebiete das Phänomen nicht aus äußerer Einwirkung erklären, wir müssen es von innen heraus ableiten. Was früher bestimmend war, ist jetzt bloß veranlassend. Während ich beim frühern Gebiet alles begriffen habe, wenn es mir gelungen ist, es als Folge eines andern anzusehen, es von einer äußern Bedingung abzuleiten, werde ich hier zu einer andern Fragestellung gezwungen. Wenn ich den äußern Einfluss kenne, so habe ich noch keinen Aufschluss darüber erlangt, dass das Phänomen gerade in dieser und keiner andern Weise abläuft. Ich muss es von dem zentralen Prinzip jenes Dinges ableiten, auf das der äußere Einfluss stattgefunden hat. Ich kann nicht sagen: dieser äußere Einfluss hat diese Wirkung, sondern nur: Auf *diesen* bestimmten äußeren Einfluss antwortet das innere Wirkungsprinzip in *dieser* bestimmten Weise. Was geschieht, ist Folge einer *innern* Gesetzlichkeit. Ich muss also diese innere Gesetzlichkeit kennen. Ich muss erforschen, was sich von innen heraus gestaltet. Dieses sich gestaltende Prinzip, das auf diesem Gebiete jedem Phänomen zugrunde liegt, das ich in allem zu suchen habe, ist der *Typus*. Wir sind im Gebiete der organischen Natur. Was in der unorganischen Natur Urphänomen, das ist in der Organik *Typus*. Der Typus ist ein *allgemeines Bild des Organismus*: die Idee desselben; die Tierheit im Tiere. Die weitere Ausführung dieses Gedankenganges wolle man im ersten Bande der naturwissenschaftlichen Schriften Nachlesen. Wir mussten hier die Hauptpunkte wegen des Zusammenhangs noch einmal anführen. In den ethischen und historischen Wissenschaften haben wir es dann mit der Idee im engeren Sinne zu tun. Die Ethik und die Geschichte sind Idealwissenschaften. Ihre Wirklichkeit sind Ideen. – Der Einzelwissenschaft obliegt es, das Gegebene so weit zu bearbeiten, dass sie es bis zu Urphänomen, Typus und den leitenden Ideen in der Geschichte bringt. «Kann der Physiker zur Erkenntnis desjenigen gelangen, was wir ein Urphänomen genannt haben, so ist er geborgen, und der Philosoph mit ihm; er, denn er überzeugt sich, dass er an die Grenze seiner Wissenschaft gelangt sei, dass er sich auf der empirischen Höhe befinde, wo er rückwärts die Erfahrung in allen ihren Stufen überschauen, und vorwärts in das Reich der

Theorie, wo nicht eintreten, doch einblicken könne. Der Philosoph ist geborgen: denn er nimmt aus des Physikers Hand ein Letztes, das bei ihm ein Erstes wird» («Zur Farbenlehre» § 720). – Hier tritt nämlich der Philosoph mit seiner Arbeit auf. Er ergreift die Urphänomene und bringt sie in den befriedigenden ideellen Zusammenhang. Wir sehen, durch was im Sinne der Goethe'schen Weltanschauung die Metaphysik zu ersetzen ist: durch eine ideengemäße Betrachtung, Zusammenstellung und Ableitung der Urphänomene. In diesem Sinne spricht sich Goethe wiederholt über das Verhältnis von empirischer Wissenschaft und Philosophie aus; besonders deutlich in seinen Briefen an Hegel (Strehlke I, 239). Goethe spricht in den «Annalen» wiederholt von einem Schema der Naturwissenschaft. Wenn sich dasselbe vorfände, würden wir daraus ersehen, wie er sich selbst das Verhältnis der einzelnen Urphänomene untereinander dachte; wie er sie in eine notwendige Kette zusammenstellte. Eine Vorstellung davon gewinnen wir auch, wenn wir die Tabelle berücksichtigen, die er im 1. B. 4. H. «Zur Naturwissenschaft» von allen möglichen Wirkungsarten gibt:

Zufällig
Mechanisch
Physisch
Chemisch
Organisch
Psychisch
Ethisch
Religiös
Genial.

Nach dieser aufsteigenden Reihe hätte man sich bei Anordnung der Urphänomene zu richten.

IV. Über Erkenntnisgrenzen und Hypothesenbildung

Man spricht heute viel von Grenzen unseres Erkennens. Unsere Fähigkeit, das Bestehende zu erklären, soll nur bis zu einem gewissen Punkte reichen, bei dem sollen wir haltmachen. Wir glauben, in Bezug auf diese Frage das Richtige zu treffen, wenn wir sie richtigstellen. Denn es kommt ja so vielfach nur auf eine richtige Fragestellung an, und ein ganzes Heer von Irrtümern wird zerstreut. Wenn wir bedenken, dass der Gegenstand, in Bezug auf welchen sich in uns ein Erklärungsbedürfnis geltend macht, gegeben sein muss, so ist es klar, dass das Gegebene selbst uns eine Grenze nicht setzen kann. Denn um überhaupt den Anspruch zu erheben, erklärt, begriffen zu werden, muss es uns innerhalb der gegebenen Wirklichkeit gegenübertreten. Was nicht in den Horizont des Gegebenen eintritt, braucht nicht erklärt zu werden. Die Grenze könnte also nur darinnen liegen, dass uns einem gegebenen Wirklichen gegenüber die Mittel fehlen, es zu erklären. Nun kommt unser Erklärungsbedürfnis aber gerade daher, dass das, als was wir ein Gegebenes ansehen wollen, durch was wir es erklären wollen, sich in den Horizont des uns gedanklich Gegebenen eindrängt. Weit entfernt, dass das erklärende *Wesen* eines Dinges uns unbekannt wäre, ist es vielmehr selbst das, was durch sein Auftreten im Geiste die Erklärung notwendig macht. Was erklärt werden soll und durch was dieses erklärt werden soll, liegt vor. Es handelt sich nur um die Verbindung beider. Das Erklären ist kein Suchen eines Unbekannten, nur eine Auseinandersetzung über den gegenseitigen Bezug zweier Bekannter. Durch irgendetwas ein Gegebenes zu erklären, von dem wir kein Wissen haben, sollte uns nie der Einfall kommen. Es kann also von prinzipiellen Grenzen des Erklärens gar nicht die Rede sein. Nun kommt da freilich etwas in Betracht, was der Theorie einer Erkenntnisgrenze einen Schein von Recht gibt. Es kann sein, dass wir von einem Wirklichen zwar ahnen, dass es da ist, dass es aber doch unserer Wahrnehmung entrückt ist. Wir können irgendwelche Spuren, Wirkungen eines Dinges wahrnehmen und dann die Annahme machen, dass dies Ding vorhanden ist. Und hier kann etwa von einer Grenze des Wissens gesprochen werden. Das, was wir als nicht erreichbar voraussetzen, ist hier aber kein solches, aus dem irgendetwas prinzipiell zu erklären wäre, es ist ein Wahrzunehmendes, wenn auch kein Wahrgenommenes. Die Hindernisse, warum ich es nicht wahrnehme, sind keine Erkenntnisgrenzen, sondern rein zufällige, äußere. Ja sie können wohl gar überwunden werden; was ich heute bloß ahne, kann ich morgen erfahren. Das ist aber mit einem Prinzip nicht so; da gibt es keine äußern Hindernisse, die ja zumeist nur in Ort und Zeit liegen; das Prinzip ist mir innerlich gegeben. Ich ahne es nicht aus einem andern, wenn ich es nicht selbst erschaue.

Damit hängt nun die Theorie der Hypothese zusammen. Eine Hypothese ist eine Annahme, die wir machen und von der wir uns nicht direkt, sondern nur durch ihre Wirkungen überzeugen können. Wir sehen eine Erscheinungsreihe. Sie ist uns nur erklärlich, wenn wir etwas zugrunde legen, das wir nicht unmittelbar wahrnehmen. Darf eine solche Annahme sich auf ein Prinzip erstrecken? Offenbar nicht. Denn ein Inneres, das ich voraussetze, ohne es gewahr zu werden, ist ein vollkommener Widerspruch. Die Hypothese kann nur solches annehmen, das ich zwar nicht wahrnehme, aber sofort wahrnehmen würde, wenn ich die äußern Hindernisse wegräumte. *Die Hypothese kann zwar nicht Wahrgenommenes, sie muss aber Wahrnehmbares voraussetzen.* So ist jede Hypothese in dem Fall, dass ihr Inhalt durch eine künftige Erfahrung direkt bestätigt werden kann. *Nur* Hypothesen, die aufhören *können,* es zu sein, haben eine Berechtigung. Hypothesen über *zentrale Wissenschaftsprinzipien* haben keinen Wert. Was nicht durch ein positiv gegebenes Prinzip, das uns bekannt ist, erklärt wird, das ist überhaupt einer Erklärung nicht fähig und auch nicht bedürftig.

V. Ethische und historische Wissenschaften

Die Beantwortung der Frage: «Was ist Erkennen?» hat uns über die Stellung des Menschen im Weltall aufgeklärt. Es kann nun nicht fehlen, dass die Ansicht, die wir an der Hand dieser Frage entwickelt haben, auch über Wert und Bedeutung des menschlichen Handelns Licht verbreitet. Was wir in der Welt vollbringen, dem müssen wir ja eine größere oder geringere Bedeutung beilegen, je nachdem wir unsere Bestimmung höher oder minder bedeutend auffassen.

Die erste Aufgabe, der wir uns nun zu unterziehen haben, wird die Untersuchung des Charakters der menschlichen Tätigkeit sein. Wie stellt sich das, was wir als Wirkung menschlichen Tuns auffassen müssen, zu andern Wirksamkeiten innerhalb des Weltprozesses? Betrachten wir zwei Dinge: ein Naturprodukt und ein Geschöpf menschlicher Tätigkeit, die Kristallgestalt und etwa ein Wagenrad. In beiden Fällen erscheint uns das vorliegende Objekt als Ergebnis von in Begriffen ausdrückbaren Gesetzen. Der Unterschied liegt nur darinnen, dass wir den Kristall als das *unmittelbare* Produkt der ihn bestimmenden Naturgesetzlichkeiten ansehen müssen, während beim Wagenrad der Mensch in die Mitte zwischen Begriff und Gegenstand tritt. Was wir im Naturprodukt als dem Wirklichen zum Grunde liegend denken, das führen wir in unserem Handeln in die Wirklichkeit ein. Im Erkennen erfahren wir, welches die ideellen Bedingungen der Sinneserfahrung sind; wir bringen die Ideenwelt, die in der Wirklichkeit schon liegt, zum Vorschein, wir schließen also den Weltprozess in der Hinsicht ab, dass wir den Produzenten, der ewig die Produkte hervorgehen lässt, aber ohne unser Denken ewig in ihnen verborgen bliebe, zur Erscheinung rufen. Im Handeln aber ergänzen wir diesen Prozess dadurch, dass wir die Ideenwelt, insofern sie noch nicht Wirklichkeit ist, in solche umsetzen. Nun haben wir die Idee als das erkannt, was allem Wirklichen zugrunde liegt, als das Bedingende, die Intention der Natur. Unser Erkennen führt uns dahin, die Tendenz des Weltprozesses, die Intention der Schöpfung aus den in der uns umgebenden Natur enthaltenen Andeutungen zu finden. Haben wir das erreicht, dann ist unserem Handeln die Aufgabe zuerteilt, selbstständig an der Verwirklichung jener Intention mitzuarbeiten. Und so erscheint uns unser Handeln direkt als eine Fortsetzung jener Art von Wirksamkeit, die auch die Natur erfüllt. Es erscheint uns als unmittelbarer Ausfluss des Weltgrundes. Aber doch welch ein Unterschied gegenüber der andern (Natur-)Tätigkeit! Das Naturprodukt hat keineswegs in sich selbst die ideelle Gesetzmäßigkeit, von der es beherrscht erscheint. Es bedarf bei ihm des Gegenübertretens eines Höhern, des menschlichen Denkens, dann erscheint *diesem* das, wovon jenes beherrscht wird. Beim menschlichen Tun ist das anders. Da wohnt dem tätigen Objekt unmittelbar die Idee inne und träte ihm ein höheres Wesen gegenüber, so könnte es in seiner Tätigkeit nichts anderes finden, als was dieses selbst in sein Tun gelegt hat. Denn ein vollkommenes menschliches Handeln ist das Ergebnis unserer Absichten und nur dieses. Blicken wir ein Naturprodukt an, das auf ein anderes wirkt, so stellt sich die Sache so: Wir sehen eine Wirkung, diese Wirkung ist bedingt durch in Begriffe zu fassende Gesetze. Wollen wir aber die Wirkung begreifen, da genügt es nicht, dass wir sie mit irgendwelchen Gesetzen zusammenhalten, wir müssen ein zweites wahrzunehmendes – allerdings wieder ganz in Begriffe aufzulösendes – Ding haben. Wenn wir einen Eindruck in dem Boden sehen, so suchen wir nach dem Gegenstand, der ihn gemacht. Das führt zu dem Begriffe einer solchen Wirkung, wo die Ursache einer Erscheinung wieder in Form einer äußern Wahrnehmung erscheint, d. i. aber zum Begriffe der *Kraft*. Die Kraft kann uns nur da entgegentreten, wo die Idee zuerst an einem Wahrnehmungsobjekte erscheint und erst unter dieser Form auf ein anderes Objekt wirkt. Der Gegensatz hierzu ist, wenn diese Vermittlung wegfällt, wenn die Idee unmittelbar an die Sinnenwelt herantritt. Da erscheint die Idee selbst verursachend. Und hier ist es, wo wir vom *Willen* sprechen. *Wille ist also die Idee selbst als Kraft aufgefasst.* Von einem selbstständigen Willen zu sprechen, ist völlig unstatthaft. Wenn der Mensch irgendetwas vollbringt, so kann man nicht sagen, es komme zu der Vorstellung noch der Wille hinzu. Spricht man so, so hat man die Begriffe nicht klar erfasst, denn, was ist die menschliche Persönlichkeit, wenn man von der sie erfüllenden Ideenwelt absieht? Doch ein tätiges Dasein. Wer sie anders fasste: als totes, untätiges Naturprodukt, setzte sie ja dem Steine auf der Straße gleich. Dieses tätige Dasein ist aber ein Abstraktum, es ist nichts Wirkliches. Man kann es nicht fassen, es ist ohne Inhalt. Will man es fassen, will man einen Inhalt, dann erhält man eben die im Tun begriffene Ideenwelt. E. v. Hartmann macht dieses Abstraktum zu einem zweiten welt-konstituierenden Prinzip neben der Idee. Es ist aber nichts anderes als die Idee selbst, nur in einer Form des Auftretens. Wille ohne Idee wäre *nichts*. Das Gleiche kann man nicht von der Idee sagen, denn die Tätigkeit ist ein Element von ihr, während sie die sich selbst tragende Wesenheit ist.

Dies zur Charakteristik des menschlichen Tuns. Wir schreiten zu einem weitern wesentlichen Kennzeichen desselben, das aus dem bisher Gesagten sich mit Notwendigkeit ergibt. Das Erklären eines Vorganges in der Natur ist ein Zurückgehen auf die Bedingungen desselben: ein Aufsuchen des Produzenten zu dem gegebenen Produkte. Wenn ich eine Wirkung wahrnehme und dazu die Ursache suche, so genügen diese zwei Wahrnehmungen keineswegs meinem Erklärungsbedürfnisse. Ich muss zu den Gesetzen zurückgehen, nach denen *diese* Ursache *diese* Wirkung hervorbringt. Beim menschlichen Handeln ist das nun anders. Da tritt die eine Erscheinung bedingende Gesetzlichkeit selbst in Aktion; was ein Produkt konstituiert, tritt selbst auf den Schauplatz des Wirkens. Wir haben es mit einem erscheinenden Dasein zu tun, bei dem wir stehen bleiben können, bei dem wir nicht nach den tiefer liegenden Bedingungen zu fragen brauchen. Ein Kunstwerk haben wir begriffen, wenn wir die Idee kennen, die in demselben verkörpert ist; wir brauchen nach keinem weitern gesetzmäßigen Zusammenhang zwischen Idee (Ursache) und Werk (Wirkung) zu fragen. Das Handeln eines Staatsmannes begreifen wir, wenn wir seine Intentionen (Ideen) kennen, wir brauchen nicht weiter über das, was in die Erscheinung tritt, hinauszugehen. *Dadurch also unterscheiden sich Prozesse der Natur von Handlungen des Menschen, dass bei jenen das Gesetz als der bedingende Hintergrund des erscheinenden Daseins zu betrachten ist, während bei diesen das Dasein selbst Gesetz ist und von nichts mehr als von sich selbst bedingt erscheint.* Dadurch legt sich jeder Naturprozess in ein Bedingendes und ein Bedingtes auseinander und das Letztere folgt mit *Notwendigkeit* aus dem Ersten, während das menschliche Handeln nur sich selbst bedingt. Das aber ist das Wirken mit *Freiheit.* Indem die Intentionen der Natur, die hinter den Erscheinungen stehen und sie bedingen, in den Menschen einziehen, werden sie selbst zur *Erscheinung*, aber sie sind jetzt gleichsam rückenfrei. Wenn alle Naturprozesse nur Manifestationen der Idee sind, so ist das menschliche Tun die agierende Idee selbst.

Indem unsere Erkenntnistheorie zu dem Schlusse gekommen ist, dass der Inhalt unseres Bewusstseins nicht bloß ein Mittel sei, sich von dem Weltengrunde ein Abbild zu machen, sondern dass dieser Weltengrund selbst in seiner ureigensten Gestalt in unserem Denken zutage tritt, so können wir nicht anders, als im menschlichen Handeln auch unmittelbar das unbedingte Handeln jenes Urgrundes selbst erkennen. Einen Weltlenker, der außerhalb unserer selbst unsern Handlungen Ziel und Richtung setzte, kennen wir nicht. Der Weltlenker hat sich seiner Macht begeben, hat alles an den Menschen abgegeben, mit Vernichtung seines Sonderdaseins, und dem Menschen die Aufgabe zuerteilt: wirke weiter. Der Mensch findet sich in der Welt, erblickt die Natur, in derselben die Andeutung eines Tiefern, Bedingenden, einer Intention. Sein Denken befähigt ihn, diese Intention zu erkennen. Sie wird sein geistiger Besitz. Er hat die Welt durchdrungen; er tritt handelnd auf, jene Intentionen fortzusetzen. Damit ist die hier vorgetragene Philosophie die wahre *Freiheitsphilosophie*. Sie lässt für die menschlichen Handlungen weder die Naturnotwendigkeit gelten, noch den Einfluss eines außerweltlichen Schöpfers oder Weltlenkers. Der Mensch wäre in dem einen wie in dem andern Falle *unfrei*. Wirkte in ihm die Naturnotwendigkeit wie in den andern Wesen, dann vollführte er seine Taten aus Zwang, dann wäre auch bei ihm ein Zurückgehen auf Bedingungen notwendig, die dem erscheinenden Dasein zugrunde liegen, und von Freiheit keine Rede. Es ist natürlich nicht ausgeschlossen, dass es unzählige menschliche Verrichtungen gibt, die nur unter diesen Gesichtspunkt fallen, allein diese kommen hier nicht in Betracht. Der Mensch, insofern er ein Naturwesen ist, ist auch nach den für das Naturwirken geltenden Gesetzen zu begreifen. Allein weder als erkennendes noch als wahrhaft ethisches Wesen ist sein Auftreten aus bloßen Naturgesetzen einzusehen. Da tritt er eben aus der Sphäre der Naturwirklichkeiten heraus. Und für diese höchste Potenz seines Daseins, die mehr Ideal als Wirklichkeit ist, gilt das hier Festgestellte. Des Menschen Lebensweg besteht darinnen, dass er sich vom Naturwesen zu einem solchen entwickelt, wie wir es hier kennengelernt; er soll sich frei machen von allen Naturgesetzen und sein eigener Gesetzgeber werden.

Aber auch den Einfluss eines außerweltlichen Lenkers der Menschengeschicke müssen wir ablehnen. Auch da, wo ein solcher angenommen wird, kann von wahrer Freiheit nicht die Rede sein. Da bestimmt *er* die Richtung des menschlichen Handelns und der Mensch hat auszuführen, was ihm jener zu tun vorgesetzt. Er empfindet den Antrieb zu seinen Handlungen nicht als Ideal, das er sich selbst vorsetzt, sondern als *Gebot* jenes Lenkers; wieder ist sein Handeln nicht *unbedingt*, sondern *bedingt*. Der Mensch fühlte sich dann eben nicht rückenfrei, sondern abhängig, nur Mittel für die Intentionen einer höhern Macht.

Wir haben gesehen, dass der Dogmatismus darinnen besteht, da der Grund, warum irgendetwas wahr ist, in einem unserem Bewusstsein Jenseitigen, Unzugänglichen (Transsubjektiven) gesucht wird, im Gegensatze zu unserer Ansicht, die ein Urteil nur deshalb wahr sein lässt, weil der Grund dazu in den im Bewusstsein liegenden, in das Urteil einfließenden Begriffen liegt. Wer sich einen Weltengrund außer unserer Ideenwelt denkt, der denkt sich, dass der ideale Grund, warum von uns etwas als wahr *erkannt wird*, ein anderer ist, als warum es objektiv wahr *ist*. So ist die Wahrheit als Dogma aufgefasst. Und auf dem Gebiete der Ethik ist das *Gebot* das, was in der Wissenschaft das *Dogma* ist. Der Mensch handelt, wenn er die Antriebe zu seinem Handeln in Geboten sucht, nach Gesetzen, deren Begründung nicht von ihm abhängt; er denkt sich eine Norm, die von außen seinem Handeln vorgeschrieben ist. Er handelt aus *Pflicht*. Von Pflicht zu reden, hat nur bei dieser Auffassung Sinn. Wir müssen den Antrieb von außen empfinden und die *Notwendigkeit* anerkennen, ihm zu folgen, dann handeln wir aus *Pflicht*. Unsere Erkenntnistheorie kann ein solches Handeln da, wo der Mensch in seiner sittlichen Vollendung auftritt, nicht gelten lassen. Wir wissen, dass die Ideenwelt die unendliche Vollkommenheit selbst ist, wir wissen, dass mit ihr die Antriebe unseres Handelns *in* uns liegen, und wir müssen demzufolge nur ein solches Handeln als ethisch gelten lassen, bei dem die Tat nur aus der in uns liegenden Idee derselben fließt. Der Mensch vollbringt von diesem Gesichtspunkte aus nur deshalb eine Handlung, weil deren Wirklichkeit für ihn Bedürfnis ist. Er handelt, weil ein innerer (eigener) Drang, nicht eine äußere Macht, ihn treibt. Das Objekt seines Handelns, sobald er sich einen Begriff davon macht, erfüllt ihn so, dass er es zu verwirklichen strebt. In dem Bedürfnisse nach Verwirklichung einer Idee, in dem Drange nach der Ausgestaltung einer Absicht soll auch der einzige Antrieb unseres Handelns sein. In der Idee soll sich alles ausleben, was uns zum Tun drängt. Wir handeln dann nicht aus Pflicht, wir handeln nicht einem Triebe folgend, wir handeln aus *Liebe zu dem Objekt*, auf das unsere Handlung sich erstrecken soll. Das Objekt, indem wir es vorstellen, ruft in uns den Drang nach einer ihm angemessenen Handlung hervor. Ein solches Handeln ist allein ein freies. Denn müsste zu dem Interesse, das wir an dem Objekt nehmen, noch ein zweiter anderweitiger Anlass kommen, dann wollen wir nicht dieses Objekt um seiner selbst willen, wir wollen ein *anderes* und vollbringen *dieses*, was wir *nicht* wollen; wir vollführten eine Handlung *gegen* unsern Willen. Das wäre etwa beim Handeln aus *Egoismus* der Fall. Da nehmen wir an der Handlung selbst kein Interesse, sie ist uns nicht Bedürfnis, wohl aber der Nutzen, den sie uns bringt. Dann aber empfinden wir es auch zugleich als Zwang, dass wir jene Handlung, nur dieses Zweckes willen, vollbringen müssen. Sie selbst ist uns nicht Bedürfnis; denn wir unterließen sie, wenn sie den Nutzen nicht im Gefolge hätte. Eine Handlung aber, die wir nicht um ihrer selbst vollbringen, ist eine unfreie. *Der Egoismus handelt unfrei.* Unfrei handelt überhaupt jeder Mensch, der eine Handlung aus einem Anlass vollbringt, der nicht aus dem objektiven Inhalt der Handlung selbst folgt. Eine Handlung um ihrer selbst willen ausführen, heißt, *aus Liebe* handeln. *Nur derjenige, den die Liebe zum Tun, die Hingabe an die Objektivität leitet, handelt wahrhaft frei.* Wer dieser selbstlosen Hingabe nicht fähig ist, wird seine Tätigkeit nie als eine *freie* ansehen können.

Soll das Handeln des Menschen nichts anderes sein als die Verwirklichung seines eigenen Ideengehaltes, dann ist es natürlich, dass solcher Gehalt in ihm liegen muss. Sein Geist muss produktiv wirken. Denn, was sollte ihn mit dem Drange erfüllen, etwas zu vollbringen, wenn nicht eine sich in seinem Geiste heraufarbeitende Idee? Diese

Idee wird sich umso fruchtbarer erweisen, in je bestimmtern Umrissen, mit je deutlicherm Inhalte sie im Geiste auftritt. Denn nur das kann uns ja mit aller Gewalt zur Verwirklichung drängen, das seinem ganzen «Was» nach vollbestimmt ist. Das nur dunkel vorgestellte, das unbestimmt gelassene Ideal ist als Antrieb des Handelns ungeeignet. Was soll uns an ihm eineifern, da sein Inhalt nicht offen und klar am Tage liegt. Die Antriebe für unser Handeln müssen daher immer in Form individueller Intentionen auftreten. Alles, was der Mensch Fruchtbringendes vollführt, verdankt solchen individuellen Impulsen seine Entstehung. Völlig wertlos erweisen sich allgemeine Sittengesetze, ethische Normen usw., die für alle Menschen Gültigkeit haben sollen. Wenn Kant nur dasjenige als sittlich gelten lässt, was sich für alle Menschen als Gesetz eignet, so ist dem gegenüber zu sagen, dass alles positive Handeln aufhören müsste, alles Große aus der Welt verschwinden müsste, wenn jeder nur das tun sollte, was sich für alle eignet. Nein, nicht solche vagen, allgemeine ethische Normen, sondern die individuellsten Ideale sollen unser Handeln leiten. Nicht alles ist für alle gleich würdig zu vollbringen, sondern dies für *den*, für jenen das, je nachdem einer den Beruf zu einer Sache fühlt. J. Kreyenbühl hat hierüber treffliche Worte in seinem Aufsatze: «Die ethische Freiheit bei Kant» (Phil. Monatshefte, XVIII. Band, 3. H.) gesagt: «Soll ja die Freiheit *meine* Freiheit, die sittliche Tat *meine* Tat, soll das Gute und Rechte durch *mich*, durch die Handlung dieser besondern individuellen Persönlichkeit verwirklicht werden, so kann mir unmöglich ein allgemeines Gesetz genügen, das von aller Individualität und Besonderheit der beim Handeln konkurrierenden Umstände absieht und mir befiehlt vor jeder Handlung zu prüfen, ob das ihr zugrunde liegende Motiv der abstrakten Norm der allgemeinen Menschennatur entspreche, ob es so, wie es in mir lebt und wirkt, allgemein gültige Maxime werden könne.» «Eine derartige Anpassung an das allgemein Übliche und Gebräuchliche würde jede individuelle Freiheit, jeden Fortschritt über das Ordinäre und Hausbackene, jede bedeutende, hervorragende und bahnbrechende ethische Leistung unmöglich machen.»

Diese Ausführungen verbreiten Licht über jene Fragen, die eine allgemeine Ethik zu beantworten hat. Man behandelt die letztere ja vielfach so, als ob sie eine Summe von Normen sei, nach denen das menschliche Handeln sich zu richten habe. Man stellt von diesem Gesichtspunkte aus die Ethik der Naturwissenschaft und überhaupt der Wissenschaft vom Seienden gegenüber. Während nämlich die letztere uns die Gesetze von dem, was besteht, was *ist*, vermitteln soll, hätte uns die Ethik jene vom Seinsollenden zu lehren. Die Ethik soll ein Kodex von allen Idealen des Menschen sein, eine ausführliche Antwort auf die Frage: *Was ist gut?* Eine solche Wissenschaft ist aber unmöglich. Es kann keine allgemeine Antwort auf diese Frage geben. Das ethische Handeln ist ja ein Produkt dessen, was sich im Individuum geltend macht; es ist immer im einzelnen Fall gegeben, nie im Allgemeinen. Es gibt keine allgemeinen Gesetze darüber, was man tun soll und was nicht. Man sehe nur ja nicht die einzelnen Rechtssatzungen verschiedener Völker als solche an. Sie sind auch nichts weiter als der Ausfluss individueller Intentionen. Was diese oder jene Persönlichkeit als sittliches Motiv empfunden hat, hat sich einem ganzen Volke mitgeteilt, ist zum *«Recht dieses Volkes»* geworden. Ein allgemeines Naturrecht, das für alle Menschen und alle Zeiten gelte, ist ein Unding. Rechtsanschauungen und Sittlichkeitsbegriffe kommen und gehen mit den Völkern, ja sogar mit den Individuen. Immer ist die Individualität maßgebend. In obigem Sinne von einer Ethik zu sprechen, ist also unstatthaft. Aber es gibt andere Fragen, die in dieser Wissenschaft zu beantworten sind, Fragen, die zum Teile in diesen Erörterungen kurz beleuchtet worden sind. Ich erwähne nur: Die Feststellung des Unterschiedes von menschlichem Handeln und Naturwirken, die Frage nach dem Wesen des Willens und der Freiheit etc. Alle diese Einzelaufgaben lassen sich unter die eine subsumieren: Inwiefern ist der Mensch ein ethisches Wesen? Das bezweckt aber nichts anderes als die Erkenntnis der sittlichen Natur des Menschen. Es wird nicht gefragt: Was soll der Mensch tun?, sondern: Was *ist* das, was er tut, seinem innern Wesen nach? Und damit fällt jene Scheidewand, welche alle Wissenschaft in zwei Sphären trennt: in eine Lehre vom Seienden und eine vom Seinsollenden. *Die Ethik ist ebenso wie alle andern Wissenschaften eine Lehre vom Seienden.* In dieser Hinsicht geht der einheitliche Zug durch alle Wissenschaften, dass sie von einem Gegebenen ausgehen und zu dessen Bedingungen fortschreiten. Vom menschlichen Handeln selbst aber kann es keine Wissenschaft geben, denn das ist unbedingt, produktiv, schöpferisch. Die Jurisprudenz ist keine Wissenschaft, sondern nur eine *Notizensammlung* jener Rechtsgewohnheiten, die einer Volksindividualität eigen sind.

Der Mensch gehört nun nicht allein sich selbst; er gehört als Glied zwei höhern Totalitäten an. Erstens ist er ein Glied seines Volkes, mit dem ihn gemeinschaftliche Sitten, ein gemeinschaftliches Kulturleben, eine Sprache und gemeinsame Anschauungen vereinigen. Dann aber ist er auch ein Bürger der Geschichte, das einzelne Glied in dem großen historischen Prozesse der Menschheitsentwickelung. Durch diese doppelte Zugehörigkeit zu einem Ganzen scheint sein freies Handeln beeinträchtigt. Was er tut, scheint nicht allein ein Ausfluss seines eigenen individuellen Ichs zu sein; er erscheint *bedingt* durch die Gemeinsamkeiten, die er mit seinem Volke hat, seine Individualität scheint durch den Volkscharakter vernichtet. Bin ich denn dann noch frei, wenn man meine Handlungen nicht allein aus meiner, sondern wesentlich auch aus der Natur meines Volkes erklärlich findet? Handle ich da nicht deshalb so, weil mich die Natur gerade zum Gliede *dieser* Volksgenossenschaft gemacht hat? Und mit der zweiten Zugehörigkeit ist es nicht anders. Die Geschichte weist mir den Platz meines Wirkens an. Ich bin von der Kulturepoche abhängig, in der ich geboren bin; ich bin ein Kind meiner Zeit. Wenn man aber den Menschen zugleich als erkennendes *und* handelndes Wesen auffasst, dann löst sich dieser Widerspruch. Durch sein Erkenntnisvermögen dringt der Mensch in den Charakter seiner Volksindividualität ein; es wird ihm klar, wohin seine Mitbürger steuern; wovon er so bedingt erscheint, das überwindet er und nimmt es als vollerkannte Vorstellung in sich auf, es wird in ihm individuell und erhält ganz den persönlichen Charakter, den das Wirken aus *Freiheit* hat. Ebenso stellt sich die Sache mit der historischen

Entwickelung, innerhalb welcher der Mensch auftritt. Er erhebt sich zur Erkenntnis der leitenden Ideen, der sittlichen Kräfte, die da walten, und dann wirken sie nicht mehr als ihn bedingende, sondern sie werden in ihm zu individuellen Triebkräften. Der Mensch muss sich eben hinaufarbeiten, damit er nicht geleitet werde, sondern sich selbst leite. Er muss sich nicht blindlings von seinem Volkscharakter führen lassen, sondern sich zur Erkenntnis desselben erheben, damit er *bewusst* im Sinne seines Volkes handle. Er darf sich nicht von dem Kulturfortschritte tragen lassen, sondern er muss die Ideen seiner Zeit zu seinen eigenen machen. Dazu ist vor allem notwendig, dass der Mensch seine Zeit verstehe. Dann wird er mit Freiheit ihre Aufgaben erfüllen, dann wird er mit seiner eigenen Arbeit an der rechten Stelle ansetzen. Hier haben die Geisteswissenschaften (Geschichte, Kultur- und Literaturgeschichte etc.) vermittelnd einzutreten. In den Geisteswissenschaften hat es der Mensch mit seinen eigenen Leistungen zu tun, mit den Schöpfungen der Kultur, der Literatur, mit der Kunst etc. Geistiges wird durch den Geist erfasst. Und der Zweck der Geisteswissenschaften soll kein anderer sein, als dass der Mensch erkenne, wohin er von dem Zufalle gestellt ist; er soll erkennen, was schon geleistet ist, was *ihm* zu tun obliegt. Er muss durch die Geisteswissenschaften den rechten Punkt finden, um mit seiner Persönlichkeit an dem Getriebe der Welt teilzunehmen. Der Mensch muss die Geisteswelt kennen und nach dieser Erkenntnis seinen Anteil an ihr bestimmen. –

Gustav Freytag sagt in der Vorrede zum ersten Bande seiner «Bilder aus der deutschen Vergangenheit»: «Alle großen Schöpfungen der Volkskraft, angestammte Religion, Sitte, Recht, Staatsbildung sind für uns nicht mehr die Resultate einzelner Männer, sie sind organische Schöpfungen eines hohen Lebens, welches zu jeder Zeit nur durch das Individuum zur Erscheinung kommt, und zu jeder Zeit den geistigen Gehalt der Individuen in sich zu einem mächtigen Ganzen zusammenfasst.» «So darf man wohl, ohne etwas Mystisches zu sagen, von einer *Volksseele* sprechen.» «Aber nicht mehr bewusst, wie die Willenskraft eines Mannes, arbeitet das Leben eines Volkes. Das Freie, Verständige in der Geschichte vertritt der Mann, die Volkskraft wirkt unablässig mit dem dunklen *Zwang* einer *Urgewalt.*» Hätte Freytag dieses Leben des Volkes untersucht, so hätte er wohl gefunden, dass es sich in das Wirken einer Summe von Einzel-Individuen auflöst, die jenen dunklen Zwang überwinden, das Unbewusste in ihr Bewusstsein heraufheben, und er hätte gesehen, wie *das* aus den individuellen Willensimpulsen, aus dem freien Handeln der Menschen hervorgeht, was er als *Volksseele*, als *dunklen Zwang* anspricht.

Aber noch etwas kommt in Bezug auf das Wirken des Menschen innerhalb seines Volkes in Betracht. Jede Persönlichkeit repräsentiert eine geistige Potenz, eine Summe von Kräften, die nach der Möglichkeit, zu wirken, suchen. Jedermann muss deshalb den Platz finden, wo sich sein Wirken in der zweckmäßigsten Weise in seinen Volksorganismus eingliedern kann. Es darf nicht dem Zufalle überlassen bleiben, ob er diesen Platz findet. Die Staatsverfassung hat keinen andern Zweck, als dafür zu sorgen, dass jeder einen angemessenen Wirkungskreis finde. Der Staat ist die Form, in der sich der Organismus eines Volkes darlebt.

Die Volkskunde und Staatswissenschaft hat die Weise zu erforschen, inwiefern die einzelne Persönlichkeit innerhalb des Staates zu einer ihr entsprechenden Geltung kommen kann. Die Verfassung muss aus dem innersten Wesen eines Volkes hervorgehen. Der Volkscharakter in einzelnen Sätzen ausgedrückt, das ist die beste Staatsverfassung. Der Staatsmann kann dem Volke keine Verfassung aufdrängen. Es ist einfach Torheit, wenn man glaubt, alle Staaten können nach der in Frankreich und England üblichen *liberalen Schablone* regiert werden. Der Staatslenker hat die tiefen Eigentümlichkeiten seines Volkes zu erforschen und den Tendenzen, die in ihm schlummern, durch die Verfassung die ihnen entsprechende Richtung zu geben. Es kann vorkommen, dass die Mehrheit des Volkes in Bahnen einlenken will, die gegen seine eigene Natur gehen, dann hat sich der Staatsmann von der letztern und nicht von den zufälligen Forderungen der Mehrheit leiten zu lassen; er hat die *Volkheit* gegen das Volk in diesem Falle zu vertreten («Spr. in Prosa» 477).

Hieran müssen wir noch ein Wort über die *Methode der Geschichte* anschließen. Die Geschichte muss stets im Auge haben, dass die Ursachen zu den historischen Ereignissen in den individuellen Absichten, Plänen etc. der Menschen zu suchen sind. Alles Ableiten der historischen Tatsachen aus Plänen, die der Geschichte zugrunde liegen, ist ein Irrtum. Es handelt sich immer nur darum, welche Ziele sich diese oder jene Persönlichkeit vorgesetzt, welche Wege sie eingeschlagen usf. Die Geschichte ist durchaus auf die Menschennatur zu gründen. *Ihr* Wollen, ihre Tendenzen sind zu begreifen.[4]

Wir können nun wieder das hier über die ethische Wissenschaft Gesagte durch Aussprüche Goethes belegen. Wenn er sagt: «Die vernünftige Welt ist als ein großes unsterbliches Individuum zu betrachten, das unaufhaltsam das Notwendige bewirkt und dadurch sich sogar über das Zufällige zum Herrn macht» («Spr. in Prosa» 4), so ist das nur aus dem Verhältnisse, in dem wir den Menschen mit der Geschichtsentwickelung erblicken, zu erklären. – Der Hinweis auf ein positives individuelles Substrat des Wirkens liegt in den Worten: «Unbedingte Tätigkeit, von welcher Art sie sei, macht zuletzt bankerott» (9). Dasselbe in: «Der geringste Mensch kann komplett sein, wenn er sich innerhalb der Grenzen seiner Fähigkeiten und Fertigkeiten bewegt» (18). – Die Notwendigkeit, dass der Mensch sich zu den leitenden Ideen seines Volkes und seiner Zeit erhebe, ist ausgesprochen in (585): «Frage sich doch jeder, mit welchem Organ er allenfalls in seine Zeit einwirken kann und wird», und (632): «Man muss wissen, wo man steht und wohin die andern wollen.» Unsere Ansicht von der Pflicht ist wiederzuerkennen in (655): «*Pflicht*, wo man liebt, was man sich selbst befiehlt.»

Wir haben den Menschen als erkennendes und handelndes Wesen durchaus auf sich selbst gestellt. Wir haben seine Ideenwelt als mit dem Weltengrunde zusammen-

4 Als mustergültige historische Darstellung in unserem Sinne ist z.B. das Buch von *Max Koch: «Shakespeare»* (Stuttgart 1885) anzusehen (s. besonders die hervorragende Abhandlung darinnen: IV. Die Renaissance).

fallend bezeichnet und haben erkannt, dass alles, was er tut, nur als der Ausfluss seiner eigenen Individualität anzusehen ist. Wir suchen den Kern des Daseins in dem Menschen selbst. Ihm offenbart niemand eine dogmatische Wahrheit, ihn treibt niemand beim Handeln. Er ist sich selbst genug. Er muss alles durch sich selbst, nichts durch ein anderes Wesen sein. Er muss alles aus sich selbst schöpfen.

Also auch den Quell für seine Glückseligkeit. Wir haben ja erkannt, dass von einer Macht, die den Menschen lenkte, die sein Dasein nach Richtung und Inhalt bestimmte, ihn zur Unfreiheit verdammte, nicht die Rede sein kann. Soll dem Menschen daher Glückseligkeit werden, so kann das nur durch ihn selbst geschehen. So wenig eine äußere Macht uns die Normen unseres Handelns vorschreibt, so wenig wird eine solche den Dingen die Fähigkeit erteilen, dass sie in uns das Gefühl der Befriedigung erwecken, wenn wir es nicht selbst tun. Lust und Unlust sind für den Menschen nur da, wenn er selbst zuerst den Gegenständen das Vermögen beilegt, diese Gefühle in ihm wachzurufen. Ein Schöpfer, der von außen bestimmte, was uns Lust, was Unlust machen soll, führte uns am Gängelbande.

Damit ist jeder Optimismus und Pessimismus widerlegt. Der Optimismus nimmt an, dass die Welt vollkommen sei, dass sie für den Menschen der Quell höchster Zufriedenheit sein müsse. Soll das aber der Fall sein, so muss der Mensch erst *in sich* jene Bedürfnisse entwickeln, wodurch ihm diese Zufriedenheit wird. Er muss den Gegenständen das abgewinnen, wonach er verlangt. Der Pessimismus glaubt, die Einrichtung der Welt sei eine solche, dass sie den Menschen ewig unbefriedigt lasse, dass er nie glücklich sein könne. Welch ein erbarmungswürdiges Geschöpf wäre der Mensch, wenn ihm die Natur von außen Befriedigung böte! Alles Wehklagen über ein Dasein, das uns nicht befriedigt, über diese harte Welt muss schwinden gegenüber dem Gedanken, dass uns keine Macht der Welt befriedigen könnte, wenn wir ihr nicht zuerst selbst jene Zauberkraft verleihen, durch die es uns erhebt, erfreut. Befriedigung muss uns aus dem werden, wozu wir die Dinge machen, aus unsern eigenen Schöpfungen. Nur das ist freier Wesen würdig.

Verhältnis der Goethe'schen Denkweise zu andern Ansichten

Wenn von dem Einflusse älterer oder gleichzeitiger Denker auf die Entwickelung des Goethe'schen Geistes gesprochen wird, so kann das nicht in dem Sinne geschehen, als ob er seine Ansichten aufgrund von deren Lehren gebildet hätte. Die Art und Weise, wie er denken musste, wie er die Welt ansah, lag in der ganzen Anlage seiner Natur vorgebildet. Und zwar lag sie von frühester Jugend an in seinem Wesen. In Bezug darauf blieb er sich dann auch sein ganzes Leben lang gleich. Es sind vornehmlich zwei bedeutsame Charakterzüge, die hier in Betracht kommen. Der erste ist der Drang nach den Quellen, nach der Tiefe alles Seins. Es ist im letzten Grunde der Glaube an die Idee. Die Ahnung eines Höhern, Bessern erfüllt Goethe stets. Man möchte das einen tief religiösen Zug seines Geistes nennen. Was so vielen ein Bedürfnis ist: Die Dinge unter Abstreifung eines jeglichen Heiligen zu sich herabzuziehen, das kennt er nicht. *Er hat aber das andere Bedürfnis, ein Höheres zu ahnen und sich zu ihm emporzuarbeiten.* Jedem Dinge sucht er eine Seite abzugewinnen, wodurch es uns heilig wird. Schröer hat das in geistvollster Weise in Bezug auf Goethes Verhalten in der Liebe gezeigt. Alles Frivole, Leichtfertige wird abgestreift und die Liebe wird für Goethe ein Frommsein. Dieser Grundzug seines Wesens ist am schönsten in seinen Worten ausgesprochen:

In unsers Busens Reine wogt ein Streben,
Sich einem *Höhern, Reinern, Unbekannten*
Aus Dankbarkeit freiwillig hinzugeben.
– – – – –
Wir heißen's: *Frommsein!*

Diese Seite seines Wesens ist nun unzertrennlich mit einer andern in Verbindung. Er sucht an dieses Höhere nie unmittelbar heranzutreten; er sucht sich ihm immer durch die Natur zu nähern. «Das Wahre ist gottähnlich; es erscheint nicht unmittelbar, wir müssen es aus seinen Manifestationen erraten» («Spr. in Prosa» 430). Neben dem Glauben an die Idee hat Goethe auch den andern, dass wir die Idee durch Betrachtung der Wirklichkeit gewinnen; es fällt ihm nicht ein, die Gottheit anderswo zu suchen als in den Werken der Natur, aber diesen sucht er überall ihre göttliche Seite abzugewinnen. Wenn er in seiner Knabenzeit dem großen Gotte, der «*mit der Natur in unmittelbarer Verbindung steht*» (s. «D. u. W.» I, 37), einen Altar errichtet, so entspringt dieser Kultus schon entschieden aus dem Glauben, dass wir das Höchste, zu dem wir gelangen können, durch treues Pflegen des Verkehres mit der Natur gewinnen. So ist denn Goethe jene Betrachtungsweise angeboren, die wir erkenntnistheoretisch gerechtfertigt haben. Er tritt an die Wirklichkeit heran in der Überzeugung, dass alles nur eine Manifestation der Idee ist, die wir erst gewinnen, wenn wir die Sinneserfahrung in geistiges Anschauen hinaufheben. Diese Überzeugung lag in ihm und er betrachtete von Jugend auf die Welt aufgrund dieser Voraussetzung. Kein Philosoph konnte ihm diese Überzeugung geben. Nicht das ist es also, was Goethe bei den Philosophen suchte. Es war etwas anderes. Wenn seine Weise, die Dinge zu betrachten, auch tief in seinem Wesen lag, so brauchte er doch eine Sprache, sie auszudrücken. Sein Wesen wirkte philosophisch, d.h. so, dass es sich nur in philosophischen Formeln aussprechen, nur von philosophischen Voraussetzungen aus rechtfertigen lässt. Um nun das, was er *war*, auch sich deutlich zum Bewusstsein zu bringen, um das, was bei ihm lebendiges *Tun* war, auch zu *wissen*, sah er sich bei den Philosophen um. Er suchte bei ihnen eine Erklärung und Rechtfertigung seines Wesens. Das ist sein Verhältnis zu den Philosophen. Zu diesem Zwecke studierte er in der Jugend Spinoza und ließ sich später mit den philosophischen Zeitgenossen in wissenschaftliche Verhandlungen ein. In seinen Jünglingsjahren schienen dem Dichter am meisten Spinoza und Giordano Bruno sein eigenes Wesen auszusprechen. Es ist merkwürdig, dass er beide Denker zuerst aus gegnerischen Schriften kennenlernte und trotz dieses Umstandes erkannte, wie ihre Lehren zu seiner Natur stehen. Besonders an seinem Verhältnis zu *Giordano Brunos* Lehren sehen wir das Gesagte erhärtet. Er lernt ihn aus Bayles Wörterbuch, wo er heftig angegriffen wird, kennen. Und er erhält von ihm einen so tiefen Eindruck, dass wir in jenen Teilen des «Faust», die, der Konzeption nach, aus der Zeit um 1770 stammen, wo er Bayle las, sprachliche Anklänge an Sätze von Bruno finden (s. «Goethe-Jahrb.» VII. Band, 1886). In den «Tag- und Jahresheften» erzählt der Dichter, dass er sich wieder 1812 mit Giordano Bruno beschäftigt habe. Auch diesmal ist der Eindruck ein gewaltiger und in vielen der nach diesem Jahre entstandenen Gedichte erkennen wir Anklänge an den Philosophen von

Nola. Das alles ist aber nicht so zu nehmen, als ob Goethe von Bruno irgendetwas entlehnt oder gelernt hätte; er fand bei ihm nur die Formel, das, was längst in seiner Natur lag, auszusprechen. Er fand, dass er sein eigenes Innere am klarsten darlege, wenn er es mit den Worten jenes Denkers tat. Bruno betrachtet die universelle Vernunft als die Erzeugerin und Lenkerin des Weltalls. Er nennt sie den *innern Künstler*, der die Materie formt und *von innen* heraus gestaltet. Sie ist die Ursache von allem Bestehenden und es gibt kein Wesen, an dessen Sein sie nicht liebevoll Anteil nähme. «Das Ding sei noch so klein und winzig, es hat in sich einen Teil von geistiger Substanz» (s. G. Br. «Von der Ursache etc.» hrsg. v. Adolf Lasson, Heidelberg 1882). Das war ja auch Goethes Ansicht, dass wir ein Ding erst zu beurteilen wissen, wenn wir sehen, wie es von der allgemeinen Vernunft an seinen Ort gestellt worden, wie es gerade zu dem geworden ist, als was es uns gegenübertritt. Wenn wir mit den Sinnen wahrnehmen, so genügt das nicht, denn die Sinne sagen uns nicht, wie ein Ding mit der allgemeinen Weltidee zusammenhängt, was es für das große Ganze zu bedeuten hat. Da müssen wir so schauen, dass uns unsere Vernunft einen ideellen Untergrund schafft, auf dem uns dann das erscheint, was uns die Sinne überliefern; wir müssen, wie es Goethe ausdrückt, mit den *Augen des Geistes* schauen. Auch um diese Überzeugung auszusprechen, fand er bei Bruno eine Formel: «Denn wie wir nicht mit einem und demselben Sinn Farben und Töne erkennen, so sehen wir auch nicht mit einem und demselben Auge das Substrat der Künste und das Substrat der Natur», weil wir «mit den *sinnlichen Augen* jenes und mit dem *Auge der Vernunft* dieses sehen» (s. Lasson, S. 77). Und mit *Spinoza* ist es nicht anders. Spinozas Lehre beruht ja darauf, dass die Gottheit in der Welt aufgegangen ist. Das menschliche Wissen kann also nur bezwecken, sich in die Welt zu vertiefen, um Gott zu erkennen. Jeder andere Weg, zu Gott zu gelangen, muss für einen konsequent im Sinne des Spinozismus denkenden Menschen unmöglich erscheinen. Denn Gott hat jede eigene Existenz aufgegeben, außer der Welt ist er nirgends. Wir müssen ihn aber da aufsuchen, wo er ist. Jedes eigentliche Wissen muss also so beschaffen sein, dass es uns in jedem Stück Welterkenntnis ein Stück Gotteserkenntnis überliefert. Das *Erkennen* auf seiner höchsten Stufe ist also ein Zusammengehen mit der Gottheit. Wir nennen es da *anschauliches Wissen*. Wir erkennen die Dinge «sub specie aeternitatis», d.h. als Ausflüsse der Gottheit. Die Gesetze, die unser Geist in der Natur erkennt, *sind* also Gott in seiner Wesenheit, nicht nur von ihm gemacht. Was wir als logische Notwendigkeit erkennen, ist so, weil ihm das Wesen der Gottheit, d.i. die ewige Gesetzlichkeit innewohnt. Das war eine dem Goethe'schen Geist gemäße Anschauung. Sein fester Glaube, dass uns die Natur in all ihrem Treiben ein Göttliches offenbare, lag ihm hier in klaren Sätzen vor. «Ich halte mich fest und fester an die Gottesverehrung des Atheisten» (Spinoza), schreibt er an Jacobi, als dieser die Lehre Spinozas in einem andern Lichte erscheinen lassen wollte. Darinnen liegt das Verwandschaftliche mit Spinoza bei Goethe. Und wenn man gegenüber dieser tiefen, innern Harmonie zwischen Goethes Wesen und Spinozas Lehre immer und immer das rein Äußerliche hervorhebt: Goethe wurde von Spinoza angezogen, weil er wie dieser die Endursachen in der Welterklärung nicht dulden wollte, so zeugt das von einer oberflächlichen Beurteilung der Sachlage. Dass Goethe wie Spinoza die Endursachen verwarfen, war nur eine *Folge* ihrer Ansichten. Man lege sich doch nur die Theorie von den Endursachen klar vor. Es wird ein Ding nach Dasein und Beschaffenheit dadurch erklärt, dass man seine Notwendigkeit für ein anderes dartut. Man zeigt, dieses Ding ist so und so beschaffen, weil jenes andere so und so ist. Das setzt voraus, dass ein Weltengrund existiere, der über den beiden Wesen stehe und sie so einrichte, dass sie füreinander passen. Wenn aber der Weltengrund einem jeden Ding innewohnt, dann hat diese Erklärungsweise keinen Sinn. Denn dann muss uns die Beschaffenheit eines Dinges als Folge des *in* ihm wirksamen Prinzipes erscheinen. Wir werden in der Natur eines Dinges den Grund suchen, warum es so und nicht anders ist. Wenn wir den Glauben haben, dass Göttliches einem jeden Dinge innewohnt, dann wird es uns doch nicht einfallen, zur Erklärung seiner Gesetzlichkeit nach einem äußerlichen Prinzip zu suchen. Auch das Verhältnis Goethes zu Spinoza ist nicht anders zu fassen, denn so, dass er bei ihm die Formeln, die wissenschaftliche Sprache fand, um die in ihm liegende Welt auszusprechen.

Wenn wir nun auf Goethes Beziehung zu den gleichzeitigen Philosophen übergehen, so haben wir vor allem von *Kant* zu sprechen. Kant wird allgemein als der Begründer der heutigen Philosophie angesehen. Zu seiner Zeit rief er eine so mächtige Bewegung hervor, dass es für jeden Gebildeten Bedürfnis war, sich mit ihm auseinanderzusetzen. Auch für Goethe wurde diese Auseinandersetzung eine Notwendigkeit. Sie konnte aber für ihn nicht fruchtbar sein. Denn es besteht ein tiefer Gegensatz zwischen dem, was die Kant'sche Philosophie lehrt, und dem, was wir als Goethe'sche Denkweise erkennen. Ja, man kann geradezu sagen, dass das gesamte deutsche Denken in zwei parallelen Richtungen abläuft, einer von der Kant'schen Denkweise durchtränkten und einer anderen, die dem Goethe'schen Denken nahesteht. Indem sich aber heute die Philosophie immer mehr Kant nähert, entfernt sie sich von Goethe und damit geht für unsere Zeit immer mehr die Möglichkeit verloren, die Goethe'sche Weltanschauung zu begreifen und zu würdigen. Wir wollen die Hauptsätze der Kant'schen Lehre insoweit hierhersetzen als sie Interesse für die Ansichten Goethes haben. Der Ausgangspunkt für das menschliche Denken ist für Kant die Erfahrung, d. h. die den Sinnen (worinnen der innere Sinn, der uns die psychischen, historischen etc. Tatsachen übermittelt, inbegriffen ist) gegebene Welt. Diese ist eine Mannigfaltigkeit von Dingen im Raume und von Prozessen in der Zeit. Dass mir gerade dieses Ding gegenübertritt, dass ich gerade jenen Prozess erlebe, ist gleichgültig; es könnte auch anders sein. Ich kann mir überhaupt die ganze Mannigfaltigkeit von Dingen und Prozessen wegdenken. Was ich mir aber nicht wegdenken kann, das ist *Raum* und *Zeit*. Es kann für mich nichts geben, was nicht räumlich oder zeitlich wäre. Selbst wenn es ein raumloses oder zeitloses Ding gibt, kann ich nichts davon wissen, denn ich kann mir ohne Raum und Zeit nichts vorstellen. Ob den Dingen selbst Raum und Zeit zukomme, weiß ich nicht; ich weiß nur, dass die Dinge für mich in diesen Formen auftreten müssen. Raum und Zeit sind somit die Vorbedingungen *meiner* sinnlichen Wahrnehmung. Ich weiß von dem Ding an sich nichts; ich weiß nur, wie es mir *erscheinen* muss, wenn es für mich da sein soll. Kant leitet mit diesen Sätzen ein neues Problem ein. Er tritt mit einer neuen Fragestellung in der Wissenschaft auf. Statt wie die frühern Philosophen zu fragen: Wie sind die Dinge beschaffen?, fragt er: Wie müssen uns die Dinge erscheinen, damit sie Gegenstand unseres Wissens werden können? Die Philosophie ist für Kant die Wissenschaft von den Bedingungen der Möglichkeit der Welt als einer menschlichen Erscheinung. Von dem Ding an sich wissen wir nichts. Wir haben unsere Aufgabe noch nicht erfüllt, wenn wir bis zur sinnlichen Anschauung einer Mannigfaltigkeit in Zeit und Raum kommen. Wir streben darnach, diese Mannigfaltigkeit in eine Einheit zusammenzufassen. Und das ist Sache des Verstandes. Der Verstand ist als eine Summe von Tätigkeiten aufzufassen, die den Zweck haben, die Sinnenwelt nach gewissen in ihm vorgezeichneten Formen zusammenzufassen. Er fasst zwei sinnenfällige Wahrnehmungen zusammen, indem er z.B. die eine als Ursache, die andere als Wirkung bezeichnet oder die eine als Substanz, die andere als Eigenschaft etc. Auch hier ist es die Aufgabe der philosophischen Wissenschaft, zu zeigen, unter welchen Bedingungen es dem Verstande gelingt, sich ein System der Welt zu bilden. So ist die Welt eigentlich im Sinne Kants eine in den Formen der Sinnenwelt und des Verstandes auftretende subjektive Erscheinung. Es ist nur gewiss, dass es ein Ding an sich gibt, wie es uns erscheint, das hängt von unserer Organisation ab. Es ist nun auch natürlich, dass es keinen Sinn hat, jener Welt, die der Verstand im Verein mit den Sinnen geformt hat, eine andere als eine Bedeutung für unser Erkenntnisvermögen zuzuschreiben. Am klarsten wird das da, wo Kant von der Bedeutung der Ideenwelt spricht. Die Ideen sind für ihn nichts als höhere Gesichtspunkte der Vernunft, unter denen die niederen Einheiten, die der Verstand geschaffen, begriffen werden. Der Verstand bringt z. B. die Seelenerscheinungen in einen Zusammenhang; die Vernunft, als das Ideenvermögen, fasst dann diesen Zusammenhang *so, als wenn* alles von einer Seele ausgehe. Das hat aber für die Sache selbst keine Bedeutung, ist nur Orientierungsmittel für unser Erkenntnisvermögen. Dies der Inhalt von Kants theoretischer Philosophie, soweit er uns hier interessieren kann. Man sieht in ihr sofort den entgegengesetzten Pol der Goethe'schen. Die gegebene Wirklichkeit wird von Kant nach uns selbst bestimmt; sie ist so, weil wir sie so vorstellen. Kant überspringt die eigentliche erkenntnistheoretische Frage. Er macht am Eingange seiner Vernunftkritik zwei Schritte, die er nicht rechtfertigt, und an diesem Fehler krankt sein ganzes philosophisches Lehrgebäude. Er stellt sogleich die Unterscheidung von Objekt und Subjekt auf, ohne zu fragen, was für eine Bedeutung es denn überhaupt hat, wenn der Verstand die Trennung zweier Wirklichkeitsgebiete (hier erkennendes Subjekt und zu erkennendes Objekt) vornimmt. Dann sucht er das gegenseitige Verhältnis dieser beiden Gebiete *begrifflich* herzustellen, wieder ohne zu fragen, welchen Sinn eine solche Feststellung hat. Hätte er die erkenntnistheoretische Hauptfrage nicht übersprungen, so hätte er gesehen, dass die Auseinanderhaltung von Subjekt und

Objekt nur ein Durchgangspunkt unseres Erkennens ist, dass beiden eine tiefere, der Vernunft erfassbare Einheit zugrunde liegt und dass dasjenige, was einem Ding als Eigenschaft zuerkannt wird, insofern es in Bezug auf ein erkennendes Subjekt gedacht wird, keineswegs nur subjektive Gültigkeit hat. Das Ding ist eine Vernunfteinheit und die Trennung in ein «Ding an sich» und «Ding für uns» ist Verstandesprodukt; es geht also nicht an, zu sagen, was dem Dinge in einer Beziehung zuerkannt wird, kann ihm in anderer abgesprochen werden. Denn ob ich dasselbe Ding einmal unter diesem, ein andermal unter jenem Gesichtspunkte betrachte: es ist ja doch ein einheitliches Ganzes.

Es ist ein Fehler, der sich durch Kants ganzes Lehrgebäude durchzieht, dass er die sinnenfällige Mannigfaltigkeit als etwas Festes ansieht, und dass er glaubt, Wissenschaft bestehe darinnen, diese Mannigfaltigkeit in ein System zu bringen. Er vermutet gar nicht, dass das Mannigfaltige kein Letztes ist, das man *überwinden* muss, wenn man es begreifen will; und deshalb wird ihm alle Theorie bloß eine Zutat, die Verstand und Vernunft zur Erfahrung hinzubringen. Die Idee ist ihm nicht das, was der Vernunft als der tiefere Grund der gegebenen Welt erscheint, wenn sie die an der Oberfläche gelegene Mannigfaltigkeit überwunden hat, sondern nur ein methodisches Prinzip, nach dem dieselbe die Erscheinungen behufs ihrer leichteren Übersicht anordnet. Wir gingen nach Kant'scher Anschauung ganz fehl, wenn wir die Dinge als aus der Idee ableitbar betrachteten; wir können unsere Erfahrungen nur so anordnen, *als ob* sie aus einer Einheit stammten. Von dem Grund der Dinge, von dem «An sich» haben wir nach Kant keine Ahnung. Unser Wissen von den Dingen ist nur in Bezug auf uns da, ist nur *für* unsere Individualität gültig. Aus dieser Ansicht über die Welt konnte Goethe nicht viel gewinnen. Ihm blieb die Betrachtung der Dinge in Bezug auf uns immer die ganz untergeordnete, welche die Wirkung der Gegenstände auf unser Gefühl der Lust und Unlust betrifft; von der Wissenschaft fordert er mehr als bloß die Angabe, wie die Dinge in Bezug auf uns sind. S. unten den Aufsatz: «Der Versuch etc.» S. 10, wo die Aufgabe des Forschers bestimmt wird: «Er soll den Maßstab zur Erkenntnis, die Data zur Beurteilung nicht aus sich, sondern aus dem Kreise der Dinge nehmen, die er beobachtet.» Mit diesem einzigen Satz ist der tiefe Gegensatz Kant'scher und Goethe'scher Denkweise gekennzeichnet. Während bei Kant alles Urteilen über die Dinge nur ein Produkt aus Subjekt *und* Objekt ist und nur ein Wissen darüber liefert, wie das Subjekt das Objekt anschaut, geht das Subjekt bei Goethe selbstlos in dem Objekte auf und entnimmt die Data zur Beurteilung aus dem Kreise der Dinge. Goethe sagt daher von Kants Schülern selbst: «sie hörten mich wohl, konnten mir aber nichts erwidern, *noch irgend förderlich sein.*» Mehr glaubte der Dichter aus Kants Kritik der Urteilskraft gewonnen zu haben. Diesen Punkt haben wir schon besprochen (s. S. XII [180f.]).

Ungleich mehr als durch Kant wurde Goethe in philosophischer Beziehung durch Schiller gefördert. Durch ihn wurde er nämlich wirklich um eine Stufe weiter in der Erkenntnis seiner eigenen Anschauungsweise gebracht. Bis zu jenem berühmten ersten Gespräch mit

Schiller hatte Goethe eine gewisse Weise, die Welt anzuschauen, geübt. Er hatte die Pflanzen betrachtet, ihnen eine Urpflanze zugrunde gelegt und die einzelnen Formen daraus abgeleitet. Diese Urpflanze (und auch ein entsprechendes Urtier) hatte sich in seinem Geiste gestaltet, war ihm bei der Erklärung der einschlägigen Erscheinungen dienlich. Er hatte aber nie darüber nachgedacht, *was* denn diese Urpflanze ihrem Wesen nach sei. Schiller öffnete ihm die Augen, indem er ihm sagte: Sie ist eine *Idee*. Von jetzt ab ist sich Goethe seines Idealismus erst bewusst. Er nennt die Urpflanze daher bis zu jenem Gespräche eine Erfahrung, denn er glaubte sie mit Augen zu sehen. In der später hinzugekommenen Einleitung aber sagt er: «so trachtete ich nunmehr das Urtier zu finden, das heißt denn doch zuletzt, den Begriff, die *Idee* des Tieres.» Dabei ist aber festzuhalten, dass Schiller Goethen nichts dem letztern Fremdes überlieferte, sondern vielmehr sich selbst erst durch die Betrachtung des Goethe'schen Geistes zur Erkenntnis des *objektiven Idealismus* durchrang. *Er* fand nur den Terminus für die Anschauungsweise, die er an Goethe erkannte und bewunderte.

Wenig Förderung hat Goethe von Fichte erfahren. Fichte bewegte sich in einer dem Goethe'schen Denken viel zu fremden Sphäre, als dass eine solche möglich gewesen wäre. Fichte hat die Wissenschaft des Bewusstseins in der scharfsinnigsten Weise begründet. Er hat die Tätigkeit, durch welche das «Ich» die gegebene Welt in eine gedachte verwandelt, in einzig musterhafter Weise abgeleitet. Dabei hat er aber den Fehler gemacht, dass er diese Tätigkeit des Ich nicht bloß als eine solche auffasste, die den gegebenen Inhalt in eine befriedigende Form bringt, die zusammenhanglos Gegebenes in die entsprechenden Zusammenhänge bringt; er hat sie als ein Erschaffen alles dessen angesehen, was innerhalb des «Ich» sich abspielt. Dadurch erscheint seine Lehre als ein einseitiger Idealismus, der seinen ganzen Inhalt aus dem Bewusstsein nimmt. Goethe, der stets auf das Objektive ging, konnte wohl wenig Anziehendes in Fichtes Bewusstseinsphilosophie finden. Für das Gebiet, wo sie gilt, fehlte Goethe das Verständnis; die Ausdehnung aber, die ihr Fichte gab – er sah sie als Universalwissenschaft an –, konnte dem Dichter nur als ein Irrtum erscheinen.

Viel mehr Berührungspunkte hatte Goethe mit Schelling. Dieser war ein Schüler Fichtes. Er führte aber nicht nur die Analyse der Tätigkeit des «Ich» weiter, sondern er verfolgte auch jene Tätigkeit innerhalb des Bewusstseins, durch welches das letztere die *Natur* erfasst. Das, was sich im Ich beim Erkennen der Natur abspielt, schien Schelling zugleich das Objektive der Natur, das eigentliche Prinzip in ihr zu sein. Die Natur draußen war ihm nur eine festgewordene Form unserer Naturbegriffe. Was in uns als Naturanschauung lebt, das erscheint uns außen wieder, nur auseinandergezogen, räumlich-zeitlich. Was uns von außen her als Natur entgegentritt, ist fertiges Produkt, ist nur das Bedingte, die starr gewordene Form eines lebendigen Prinzips. Dieses Prinzip können wir nicht durch Erfahrung von außen her gewinnen. Wir müssen es in unserm Innern erst schaffen. «Über die Natur philosophieren, heißt die Natur schaffen», sagt deshalb unser Philosoph. «Die Natur als bloßes Produkt (*natura naturata*) nennen wir Natur als Objekt (auf diese allein geht alle Empirie). Die Natur als Produktivität (*natura naturans*) nennen wir Natur als Subjekt (auf diese allein geht alle Theorie).» (Einleitung zu s. «Entwurf e. Syst. d. Naturphilos.» S. 22.) «Der Gegensatz zwischen Empirie und Wissenschaft beruht nun eben darauf, dass jene ihr Objekt im *Sein* als etwas Fertiges und zustande Gebrachtes, die Wissenschaft dagegen das Objekt im *Werden* und als ein erst zustande zu Bringendes betrachtet.» (Ebda. S. 20.) Durch diese Lehre, die Goethe teils aus Schellings Schriften, teils aus persönlichem Umgang mit dem Philosophen kennenlernte, wurde der Dichter wieder um eine Stufe höher gebracht. Jetzt entwickelte sich bei ihm die Ansicht, dass seine Tendenz darauf gehe, von dem Fertigen, dem Produkte zu dem Werdenden, Produzierenden fortzuschreiten. Und mit entschiedenem Anklang an Schelling schreibt er im Aufsatz «Anschauende Urteilskraft», dass sein Streben war, sich «durch das Anschauen einer immer schaffenden Natur zur geistigen Teilnahme an ihren *Produktionen* würdig zu machen». Naturw. Schr. I, S. 116.

Durch Hegel endlich erhielt Goethe die letzte Förderung vonseiten der Philosophie. Durch Hegel erlangte er nämlich Klarheit darüber, wie sich das, was er *Urphänomen* nannte, in die Philosophie einreihe. Hegel hat die Bedeutung des Urphänomens am tiefsten begriffen und in seinem Briefe an Goethe vom 24. Febr. 1821 trefflich charakterisiert mit den Worten: «Das Einfache und Abstrakte, das Sie sehr treffend das Urphänomen nennen, stellen Sie an die Spitze, zeigen dann die konkreteren Erscheinungen auf, als entstehend durch das Hinzukommen weiterer Einwirkungsweisen und Umstände und regieren den ganzen Verlauf so, dass die Reihenfolge von den einfachen Bedingungen zu den zusammengesetzteren fortschreitet und, so rangiert, das Verwickelte nun, durch diese Dekomposition, in seiner Klarheit erscheint. Das Urphänomen auszuspüren, es von den andern ihm selbst zufälligen Umgebungen zu befreien, – es abstrakt, wie wir dies heißen, aufzufassen, dies halte ich für eine Sache des großen geistigen Natursinns sowie jenen Gang überhaupt für das wahrhaft Wissenschaftliche der Erkenntnis in diesem Felde.» «Darf ich Ew. etc. aber nun auch noch von dem besondern Interesse sprechen, welches ein so herausgehobenes Urphänomen für uns Philosophen hat, dass wir nämlich ein solches Präparat geradezu in den philosophischen Nutzen verwenden können! – Haben wir nämlich unser zunächst austernhaftes, graues oder ganz schwarzes Absolutes, doch gegen Luft und Licht hingearbeitet, dass es desselben begehrlich geworden, so brauchen wir Fensterstellen, um es vollends an das Licht des Tages herauszuführen; unsere Schemen würden zu Dunst verschweben, wenn wir sie so geradezu in die bunte, verworrene Gesellschaft der widerwärtigen Welt versetzen wollten. Hier kommen uns nun Ew. Wohlgeboren Urphänomene vortrefflich zustatten; in diesem Zwielichte, geistig und begreiflich durch seine Einfachheit, sichtlich und greiflich durch seine Sinnlichkeit – begrüßen sich die beiden Welten, unser Abstruses, und das erscheinende Dasein, einander.» So wird durch Hegel für Goethe der Gedanke klar, dass der empirische Forscher bis zu den Urphänomenen zu gehen hat, und dass von da aus die Wege des Philosophen weiterführen. Daraus geht aber auch hervor, dass der Grundgedanke der Hegel'schen Philosophie eine Konsequenz der Goethe'schen Denkweise ist. Die Überwindung der Wirklichkeit, die Vertiefung in dieselbe, um vom Geschaffenen zum Schaffen, vom Bedingten zur Bedingung aufzusteigen, liegt bei Goethe, aber auch bei Hegel zugrunde. Hegel will ja in der Philosophie nichts anderes bieten als den ewigen Prozess, aus dem alles, was endlich ist, hervorgeht. Er will das Gegebene als eine Folge dessen erkennen, was er als Unbedingtes gelten lassen kann.

So bedeutet für Goethe das Bekanntwerden mit Philosophen und philosophischen Richtungen eine fortschreitende Aufklärung darüber, was schon in ihm lag. Er hat für seine Anschauung nichts gewonnen; ihm wurden nur die Mittel an die Hand gegeben, darüber zu reden, was er tat, was in seiner Seele vorging.

So bietet denn die Goethe'sche Weltansicht genugsam Anhaltspunkte zur philosophischen Ausgestaltung. Diese sind aber zunächst nur von den Schülern Hegels aufgegriffen worden. Die übrige Philosophie steht der Goethe'schen Anschauung vornehm ablehnend gegenüber. Nur Schopenhauer stützt sich in manchen Punkten auf den von ihm hochgeschätzten Dichter. Von seiner Apologetik der Farbenlehre werden wir im 3. Bande sprechen. Hier kommt es auf das allgemeine Verhältnis von Schopenhauers Lehre zu Goethe an.[5] In einem

5 Sehr lesenswert ist Dr. Ad. *Harpfs* Aufsatz «Goethe und Schopenhauer» (Phil. Monatshefte 1885). Harpf, der auch schon eine treffliche Abhandlung über «Goethes Erkenntnisprinzip» (Phil. Monatshefte 1884) geschrieben hat, zeigt die Übereinstimmung des «immanenten Dogmatismus» Schopenhauers mit dem gegenständlichen Wissen Goethes. Den prinzipiellen Unterschied zwischen Goethe und Sch., wie wir ihn oben charakterisieren, findet Harpf, der selbst Schopenhauerianer ist, nicht heraus. Dennoch verdienen die Ausführungen Harpfs alle Aufmerksamkeit.

Punkte kommt der Frankfurter Philosoph an Goethe heran. Schopenhauer weist nämlich alles Herleiten der uns gegebenen Phänomene aus äußern Ursachen ab und lässt nur eine innere Gesetzmäßigkeit gelten, nur ein Herleiten einer Erscheinung aus der andern. Das kommt scheinbar dem Goethe'schen Prinzip gleich, die Data der Erklärung aus den Dingen selbst zu nehmen; aber eben nur scheinbar. Denn während Schopenhauer innerhalb des Phänomenalen bleiben will, weil wir das außer demselben Liegende «An sich» im Erkennen nicht erreichen können, da alle uns gegebenen Erscheinungen nur Vorstellungen sind und unser Vorstellungsvermögen uns nie über unser Bewusstsein hinausführt, will Goethe innerhalb der Phänomene bleiben, weil er eben in ihnen selbst die Data zu ihrer Erklärung sucht. –

Zum Schlusse wollen wir noch die Goethe'sche Weltansicht mit der bedeutsamsten wissenschaftlichen Erscheinung unserer Zeit, mit den Anschauungen Ed. v. Hartmanns zusammenhalten. Die «Philosophie des Unbewussten» dieses Denkers ist ein Werk von größter geschichtlicher Bedeutung. Mit den übrigen Schriften Hartmanns, die das dort Skizzierte nach allen Seiten ausbauen, ja wohl in vieler Hinsicht neue Gesichtspunkte zu jenem Hauptwerke hinzubringen, zusammen, spiegelt sich in ihr der gesamte geistige Inhalt unserer Zeit. Hartmann zeichnet ein bewunderungswerter Tiefsinn und eine erstaunliche Beherrschung des Materials der einzelnen Wissenschaften aus. Er steht heute auf der Hochwacht der Bildung. Man braucht sein Anhänger nicht zu sein, und man wird ihm das rückhaltlos zuerkennen müssen.

Seine Anschauung steht nun der Goethe'schen nicht so fern, als man auf den ersten Blick glauben möchte. Wem nichts anderes vorliegt als die «Philosophie des Unbewussten», der wird das nun freilich nicht einsehen können. Denn die entschiedenen Berührungspunkte beider Denker sieht man erst, wenn man auf die *Konsequenzen* geht, die Hartmann aus seinen Prinzipien gezogen und die er in seinen spätern Schriften niedergelegt hat.

Hartmanns Philosophie ist Idealismus. Er will zwar kein *bloßer* Idealist sein. Allein, wo er behufs der Welterklärung etwas Positives braucht, ruft er doch die Idee zu Hilfe. Und das Wichtigste ist, dass er die Idee überall zugrunde liegend denkt. Denn seine Annahme eines Unbewussten hat ja keinen andern Sinn, als dass jenes, das in unserm Bewusstsein als Idee vorhanden ist, nicht notwendig an diese Erscheinungsform – innerhalb des Bewusstseins – gebunden ist. Die Idee ist nicht nur vorhanden (wirksam), wo sie *bewusst* wird, sondern auch in anderer Form. Sie ist mehr denn bloßes subjektives Phänomen, sie hat eine in sich selbst gegründete Bedeutung. Sie ist nicht bloß im Subjekte gegenwärtig, sie ist objektives Weltprinzip. Wenn auch Hartmann *neben* der Idee noch den Willen unter die die Welt konstituierenden Prinzipien aufnimmt, so ist es doch unbegreiflich, wie es noch immer Philosophen gibt, die ihn für einen Schopenhauerianer ansehen. Schopenhauer hat die Ansicht, dass aller Begriffsinhalt nur subjektiv, nur Bewusstseinsphänomen sei, auf die Spitze getrieben. Bei ihm kann davon gar nicht die Rede sein, dass die Idee an der Konstitution der Welt als reales Prinzip teilgenommen hat. Bei ihm ist der Wille *ausschließlicher* Weltgrund. Deswegen konnte es

Schopenhauer nie zu einer inhaltsvollen Behandlung der philosophischen Spezialwissenschaften bringen, während Hartmann seine Prinzipien schon in alle besondern Wissenschaften hinein verfolgt hat. Während Schopenhauer über den ganzen reichen Inhalt der Geschichte nichts zu sagen weiß, als dass er eine Manifestation des Willens ist, weiß Ed. v. Hartmann von jeder einzelnen historischen Erscheinung den ideellen Kern zu finden und sie damit in der richtigen Weise der gesamten geschichtlichen Entwickelung der Menschheit einzugliedern. Schopenhauer kann das Einzelwesen, die Einzelerscheinung nicht interessieren, denn er weiß von ihr nur das *eine* Wesentliche zu sagen, dass sie eine Ausgestaltung des Willens ist. Hartmann greift jedes Sonderdasein auf und zeigt, wie überall die Idee wahrzunehmen ist. Der Grundcharakter von Schopenhauers Weltanschauung ist Einförmigkeit, der v. Hartmanns Einheitlichkeit. Schopenhauer legt einen inhaltsleeren, einförmigen Drang der Welt zugrunde, Hartmann den reichen Inhalt der Idee. Schopenhauer legt die abstrakte Einheit zugrunde, bei Hartmann finden wir die konkrete Idee als Prinzip, bei der die Einheit – besser Einheitlichkeit – nur eine Eigenschaft ist. Schopenhauer hätte nie wie Hartmann eine Geschichtsphilosophie, nie eine Religionswissenschaft schaffen können. Wenn Hartmann sagt: «Die Vernunft ist das logische Formalprinzip der mit dem Willen untrennbar geeinten Idee und regelt und bestimmt als solches den Inhalt des Weltprozesses ohne Rest» («Phil. Frag. d. Gegenwart» S. 27), so macht ihm diese Voraussetzung möglich, in jeder Erscheinung, die uns in Natur und Geschichte gegenübertritt, den logischen Kern, der zwar für die Sinne *nicht*, wohl aber für das Denken erfassbar ist, aufzusuchen und sie so zu erklären. Wer diese Voraussetzung nicht macht, wird nie rechtfertigen können, warum er überhaupt über die Welt durch Nachdenken vermittelst Ideen etwas ausmachen will.

Mit seinem objektiven Idealismus steht Ed. v. Hartmann ganz auf dem Boden Goethe'scher Weltanschauung. Wenn Goethe sagt: «Alles, was wir gewahr werden und wovon wir reden, sind nur Manifestationen der Idee» («Spr. in Prosa» 33), und wenn er fordert, der Mensch müsse in sich ein solches Erkenntnisvermögen ausbilden, dass ihm die Idee so anschaulich wird, wie den Sinnen die äußere Wahrnehmung, so steht er auf jenem Boden, wo die Idee nicht bloß Bewusstseinsphänomen, sondern objektives Weltprinzip ist; das Denken ist das Aufblitzen dessen im Bewusstsein, was objektiv die Welt konstituiert. Das Wesentliche an der Idee ist also nicht das, was sie für uns, für unser Bewusstsein, ist, sondern was sie an sich selbst ist. Denn durch die ihr eigene Wesenheit liegt sie der Welt als Prinzip zugrunde. Deshalb ist das Denken ein Gewahrwerden dessen, was an und für sich ist. Obwohl also die Idee gar nicht zur Erscheinung kommen würde, wenn es kein Bewusstsein gäbe, so muss sie doch so erfasst werden, dass nicht die Bewusstheit ihr Charakteristikon ausmacht, sondern das, was sie an sich ist, was in ihr selbst liegt, wozu das Bewusstwerden nichts tut. Deshalb müssen wir nach Ed. v. Hartmann die Idee, abgesehen von dem Bewusstwerden, als wirkendes Unbewusstes der Welt zugrunde legen. Das ist das Wesentliche bei Hartmann, dass wir die Idee in allem Bewusstlosen zu suchen haben.

Mit der Unterscheidung von Bewusstem und Unbewusstem ist aber nicht viel getan. Denn das ist ja doch nur ein Unterschied *für mein Bewusstsein*. Man muss aber der Idee in ihrer Objektivität, in ihrer vollen Inhaltlichkeit zu Leibe gehen, man muss nicht nur darauf sehen, *dass* die Idee unbewusst wirksam ist, sondern *was* dieses Wirksame ist. Wäre Hartmann dabei stehen geblieben, dass die Idee unbewusst ist, und hätte er aus diesem Unbewussten – also aus einem einseitigen Merkmal der Idee – die Welt erklärt, er hätte zu den vielen Systemen, die die Welt aus irgendeinem abstrakten Formelprinzip ableiten, ein neues einförmiges System geschaffen. Und man kann sein erstes Hauptwerk nicht ganz von dieser Einförmigkeit freisprechen. Aber Ed. v. Hartmanns Geist wirkt zu intensiv, zu umfassend und tiefdringend, als dass er nicht erkannt hätte: Die Idee darf nicht bloß als Unbewusstes gefasst werden, man muss sich vielmehr eben in das vertiefen, was man als unbewusst anzusprechen hat, muss über diese Eigenschaft hinaus auf dessen konkreten Inhalt gehen und daraus die Welt der Einzelerscheinungen ableiten. So hat sich Hartmann vom abstrakten Monisten, der er in seiner «Philosophie des Unbewussten» noch ist, zum konkreten Monisten herausgebildet. Und die konkrete Idee ist es, was Goethe unter den drei Formen: Urphänomen, Typus und «Idee im engern Sinne» anspricht.

Das Gewahrwerden eines Objektiven in unserer Ideenwelt und die aus diesem Gewahrwerden folgende Hingabe an dasselbe ist es, was wir von Goethes Weltanschauung in Ed. v. Hartmanns Philosophie wiederfinden. Hartmann ist durch seine Philosophie des Unbewussten zu diesem Aufgehen in der objektiven Idee geführt worden. Da er erkannte, dass in der Bewusstheit nicht das Wesen der Idee liegt, hatte er die letztere auch als an und für sich Bestehendes, als Objektives anerkennen müssen. Dass er daneben noch den Willen in die konstitutiven Weltprinzipien aufnimmt, unterscheidet ihn freilich wieder von Goethe. Jedoch wo Hartmann wirklich fruchtbringend ist, da kommt das Willensmotiv gar nicht in Betracht. Dass er es überhaupt annimmt, kommt daher, weil er die Idee als Ruhendes ansieht, das, um zur Wirkung zu kommen, vom Willen den Anstoß braucht. Nach Hartmann kann der Wille allein nie zur Schöpfung der Welt kommen, denn er ist der leere, blinde Drang zum Dasein. Soll er *etwas* hervorbringen, so muss die Idee hinzutreten, denn nur diese gibt ihm den *Inhalt* seines Wirkens. Allein was sollen wir mit jenem Willen anfangen? Er entschlüpft uns, indem wir ihn erfassen wollen, denn wir können ja doch das inhaltslose, leere Drängen nicht erfassen. Und so kommt es, dass doch alles das, was wir wirklich von dem Weltprinzip erfassen, Idee ist, *denn das Erfassbare muss eben Inhalt haben.* Wir können nur das Inhaltsvolle begreifen, nicht das Inhaltsleere. Sollen wir also den Begriff *Willen* erfassen, so muss er ja doch am Inhalt der Idee auftreten; er kann nur an und mit der Idee, als die Form ihres Auftretens, erscheinen, niemals selbstständig. Was existiert, muss *Inhalt* haben, es kann nur ein erfülltes, kein leeres Sein geben. Deshalb stellt Goethe die Idee als *tätig* vor, als Wirksames, das keines Anstoßes mehr bedarf. Denn das Inhaltsvolle darf und kann nicht von einem Inhaltsleeren erst den Anstoß bekommen, ins Dasein zu treten. Die Idee ist deshalb im

Sinne Goethes als *Entelechie*, d.i. schon als tätiges Dasein zu fassen, und man muss von seiner Form als einem Tätigen zuerst abstrahieren, wenn man es dann wieder unter dem Namen *Wille* hinzubringen will. Das Willensmotiv ist auch für die positive Wissenschaft ganz wertlos. Auch Hartmann braucht es nicht, wo er an die konkrete Erscheinung herantritt.

Haben wir in der Naturansicht Hartmanns ein Anklingen an Goethes Weltansicht erkannt, so finden wir es in der Ethik jenes Philosophen noch bedeutsamer. Eduard v. Hartmann findet, dass alles Streben nach Glück, alles Jagen des Egoismus ethisch wertlos ist, weil wir ja doch auf diesem Wege nie zur Befriedigung kommen können. Das Handeln aus Egoismus und zur Befriedigung desselben hält Hartmann für ein illusorisches. Wir sollen unsere Aufgabe, die uns in der Welt gestellt ist, erfassen und rein um *dieser* selbst willen, mit Entäußerung unseres Selbst, wirken. Wir sollen in der Hingabe an das Objekt, ohne Anspruch, für unser Subjekt etwas herauszuschlagen, unser Ziel finden. Dieses letztere macht aber den Grundzug der Ethik Goethes aus. Hartmann hätte das Wort nicht unterdrücken sollen, das den Charakter seiner Sittenlehre ausdrückt: *die Liebe*.[6] Wo wir keinen persönlichen Anspruch machen, wo wir nur handeln, weil uns das Objektive treibt, wo wir in der Tat selbst

6 Damit soll nun nicht behauptet werden, dass in Hartmanns Ethik der Begriff der *Liebe* nicht seine Berücksichtigung finde. H. hat denselben in phänomenaler und metaphysischer Beziehung behandelt (s. «Das sittl. Bewußtsein» 2. Aufl. S. 223–247, 629–631, 641, 638–641). Nur lässt er die Liebe nicht als das letzte Wort der Ethik gelten. Die opferwillige, liebevolle Hingabe an den Weltprozess scheint ihm kein *Letztes* zu sein, sondern nur *das Mittel* zur Erlösung von der Unruhe des Daseins und zur Wiedergewinnung der verlorenen seligen Ruhe.

die Motive der Tätigkeit finden, da handeln wir sittlich. *Da aber handeln wir aus Liebe.* Aller Eigenwille, alles Persönliche muss da schwinden. Es ist für Hartmanns mächtig und gesund wirkenden Geist charakteristisch, dass er in der Theorie, trotzdem er die Idee zuerst in der einseitigen Weise des Unbewussten gefasst hat, doch zum konkreten Idealismus vorgedrungen ist und dass, trotzdem er in der Ethik vom Pessimismus ausgegangen, ihn dieser verfehlte Standpunkt zur *Sittenlehre der Liebe* geführt hat. Der Pessimismus Hartmanns hat ja nicht den Sinn, den jene Menschen in ihn legen, die gerne über die Fruchtlosigkeit unseres Wirkens klagen, weil sie darin eine Berechtigung abzuleiten hoffen dafür, dass sie die Hände in den Schoß legen und nichts vollbringen. Hartmann bleibt nicht bei der Klage stehen, er erhebt sich über jede solche Anwandlung zu einer reinen Ethik. Er zeigt die Wertlosigkeit des Jagens nach dem Glück, indem er dessen Fruchtlosigkeit enthüllt. Er weist uns damit auf unsere Tätigkeit. Dass er überhaupt Pessimist ist, das ist sein Irrtum, das ist vielleicht noch ein Anhängsel aus frühern Stadien seines Denkens. Da, wo er jetzt steht, müsste er einsehen, dass der empirische Nachweis, dass in der Welt des Wirklichen das Nicht-Befriedigende überwiegt, den Pessimismus nicht begründen kann. Denn der höhere Mensch kann gar nichts anderes wünschen, als dass er sich sein Glück selbst erringen muss. Er will es nicht als Geschenk von außen. Er will das Glück bloß in seiner Tat haben. Hartmanns Pessimismus löst sich vor (Hartmanns eigenem) höherem Denken auf. *Weil uns die Welt unbefriedigt lässt, schaffen wir uns selbst das schönste Glück in unserm Wirken.*

So ist uns Hartmanns Philosophie wieder ein Beweis dafür, wie man, von verschiedenen Ausgangspunkten ausgehend, zu dem gleichen Ziele kommt. Hartmann geht von andern Voraussetzungen aus als Goethe; aber in der Ausführung tritt uns auf Schritt und Tritt Goethe'scher Ideengang gegenüber. Wir haben das hier ausgeführt, weil uns darum zu tun war, die tiefe, innere Gediegenheit der Goethe'schen Weltansicht zu zeigen. Sie liegt so tief im Weltwesen begründet, dass wir ihren Grundzügen überall da begegnen müssen, wo energisches Denken zu den Quellen des Wissens vordringt. In diesem Goethe war so sehr alles ursprünglich, so gar nichts nebensächliche Modeansicht der Zeit, dass auch der Widerstrebende in *seinem* Sinne denken muss. In einzelnen Individuen spricht sich eben das ewige Welträtsel aus; in der Neuzeit in Goethe am bedeutungsvollsten, deshalb kann man geradezu sagen, die Höhe der Anschauung eines Menschen kann heute *an dem Verhältnisse gemessen werden, in welchem sie zur Goethe'schen steht.*

Goethe und die Mathematik

Zu den Haupthindernissen, die einer gerechten Würdigung von Goethes Bedeutung für die Wissenschaft entgegenstehen, gehört das Vorurteil, das über sein Verhältnis zur Mathematik besteht. Dieses Vorurteil ist ein doppeltes. Einmal glaubt man, Goethe sei ein Feind dieser Wissenschaft gewesen und habe ihre hohe Bedeutung für das menschliche Erkennen in arger Weise verkannt, und zweitens behauptet man, der Dichter habe jede mathematische Behandlungsweise aus den physikalischen Teilen der Naturlehre, die er gepflegt, nur deshalb ausgeschieden, weil sie ihm, der sich keiner Kultur in der Mathematik erfreute, unbequem war.

Was den ersten Punkt betrifft, so ist dagegen zu sagen, dass Goethe wiederholt in so entschiedener Weise seiner Bewunderung der mathematischen Wissenschaft Ausdruck gegeben hat, dass von einer Geringschätzung derselben durchaus nicht die Rede sein kann. Ja, er will die gesamte Naturwissenschaft von jener Strenge durchdrungen wissen, die der Mathematik eigen ist. «Die Bedächtlichkeit, nur das Nächste ans Nächste zu reihen, oder vielmehr das Nächste aus dem Nächsten zu folgern, haben wir von den Mathematikern zu lernen, und selbst da, wo wir uns keiner Rechnung bedienen, müssen wir immer so zu Werke gehen, als wenn wir dem strengsten Geometer Rechenschaft zu geben schuldig wären.» (S. unten S. 19, 3–8.) Vgl. auch S. 45, 13ff.: «Ich hörte mich anklagen, als sei ich ein Widersacher, ein Feind der Mathematik überhaupt, *die doch niemand höher schätzen kann als ich.*»

Was den zweiten Vorwurf betrifft, so ist er ein solcher, dass ihn kaum jemand im Ernste erheben kann, der einen Einblick in Goethes Wesen getan hat. Wie oft hat sich denn nicht Goethe gegen das Beginnen problematischer Naturen ausgesprochen, die Zielen zustreben, unbekümmert darum, ob sie sich damit innerhalb der Grenzen ihrer Fähigkeiten bewegen! Und er selbst sollte dieses Gebot überschritten, er sollte naturwissenschaftliche Ansichten aufgestellt haben, mit Hinwegsetzung über seine Unzulänglichkeit in mathematischen Dingen? Goethe wusste, dass der Wege zum *Wahren* unendlich viele sind, und dass ein jeder jenen wandeln kann, der seinen Fähigkeiten gemäß ist, und er kommt ans Ziel. «Jeder Mensch muss nach seiner Weise denken; denn er findet auf seinem Wege immer ein Wahres oder eine Art von Wahrem, die ihm durchs Leben hilft; nur er darf sich nicht gehen lassen, er muss sich kontrollieren» («Spr. in Prosa» 8). «Der geringste Mensch kann komplett sein, wenn er sich innerhalb der Grenzen seiner Fähigkeiten und Fertigkeiten bewegt; aber selbst schöne Vorzüge werden verdunkelt, aufgehoben und vernichtet, wenn jenes unerlässlich geforderte Ebenmaß abgeht» («Spr. in Prosa» 17, 18).

Es wäre lächerlich, wenn man behaupten wollte, Goethe habe, um überhaupt etwas zu leisten, sich auf ein Feld begeben, das außerhalb seines Gesichtskreises lag. Es kommt alles darauf an, festzustellen, was Mathematik zu leisten hat, und wo ihre Anwendung auf Naturwissenschaft beginnt. Darüber hat Goethe nun wirklich die gewissenhaftesten Betrachtungen angestellt. Der Dichter entwickelt da, wo es sich darum handelt, die Grenzen seiner produktiven Kraft zu bestimmen, einen Scharfsinn, der nur noch von seinem genialischen Tiefsinn übertroffen wird. Darauf möchten wir vor allem jene aufmerksam machen, die über Goethes wissenschaftliches Denken nichts anderes zu sagen wissen, als dass ihm die logisch-reflektierende Denkweise abging. Die Art, wie Goethe die Grenze zwischen der naturwissenschaftlichen Methode, die er anwendete, und jener der Mathematiker bestimmte, verrät eine tiefe Einsicht in die *Natur* der mathematischen Wissenschaft. Er wusste genau, welches der Grund der Gewissheit mathematischer Lehrsätze ist, er hatte sich eine klare Vorstellung darüber gebildet, in welchem Verhältnisse die mathematische zu der übrigen Naturgesetzlichkeit stehe.

Soll eine Wissenschaft überhaupt einen Erkenntniswert haben, so muss sie uns ein bestimmtes Wirklichkeitsgebiet erschließen. Es muss sich in ihr irgendeine Seite des Weltinhaltes ausprägen. Die Art, wie sie das tut, bildet den *Geist* der betreffenden Wissenschaft. Diesen Geist der Mathematik musste Goethe kennen, um zu wissen, was in der Naturwissenschaft ohne Hilfe des Kalküls zu erreichen ist, und was nicht. Hier liegt der Punkt, auf den es ankommt. Goethe selbst hat mit aller Bestimmtheit darauf hingewiesen. Die Art, wie er es tut, verrät eine tiefe Einsicht in die Natur des Mathematischen.

Wir wollen auf diese Natur näher eingehen. Gegenstand der Mathematik ist die Größe; das, was ein Mehr oder Weniger zulässt. Die Größe ist aber nichts an sich selbst Bestehendes. Es gibt im weiten Umkreise menschlicher Erfahrung kein Ding, das *nur* Größe ist. Neben andern Merkmalen hat jedes Ding auch solche, die durch

Zahlen zu bestimmen sind. Da die Mathematik sich mit Größen beschäftigt, hat sie zu ihrem Gegenstande keine in sich vollendeten Erfahrungsobjekte, sondern nur alles das von ihnen, was sich messen oder zählen lässt. Sie sondert sich alles, was sich der letztern Operation unterwerfen lässt, von den Dingen ab. So erhält sie eine ganze Welt von Abstraktionen, innerhalb welcher sie dann arbeitet. Sie hat es nicht mit Dingen zu tun, sondern nur mit Dingen, insofern sie Größen sind. Sie muss zugeben, dass sie da nur *eine* Seite des Wirklichen behandelt und dass die letztere noch viele andere Seiten hat, über die sie keine Macht hat. Die mathematischen Urteile sind keine Urteile, die wirkliche Objekte voll umfassen, sondern sie haben nur innerhalb der ideellen Welt von Abstraktionen Gültigkeit, die wir selbst als *eine* Seite der Wirklichkeit von der letztern begrifflich abgesondert haben. Die Mathematik abstrahiert die Größe und die Zahl von den Dingen, stellt die ganz ideellen Bezüge zwischen Größen und Zahlen her und schwebt so in einer reinen Gedankenwelt. Die Dinge der Wirklichkeit, insofern sie Größe und Zahl sind, erlauben dann die Anwendung der mathematischen Wahrheiten. Es ist also ein entschiedener Irrtum, zu glauben, dass man mit mathematischen Urteilen die Gesamtnatur erfassen könne. Die Natur ist eben nicht bloß Quantum; sie ist auch Quale und die Mathematik hat es nur mit dem Ersteren zu tun. Es müssen sich die mathematische Behandlung und die rein auf das Qualitative ausgehende in die Hände arbeiten; sie werden sich am Dinge, von dem sie jede *eine Seite* erfassen, begegnen. Goethe bezeichnet dieses Verhältnis mit den Worten: «Die Mathematik ist wie die Dialektik ein Organ des innern höhern Sinnes; in der Ausübung ist sie eine Kunst wie die Beredsamkeit. Für beide hat nichts wert als die Form; der Gehalt ist ihnen gleichgültig. Ob die Mathematik Pfennige oder Guineen berechne, die Rhetorik Wahres oder Falsches verteidige, ist beiden vollkommen gleich» («Spr. in Prosa» 946). Und «Farbenl.» 724: «Wer bekennt nicht, dass die Mathematik, als eines der herrlichsten menschlichen Organe, der Physik *von einer Seite* sehr viel genutzt?» In dieser Erkenntnis sah Goethe die Möglichkeit, dass ein Geist, der sich in Mathematik keiner Kultur erfreut, sich mit physikalischen Problemen befassen kann. Er muss sich auf das Qualitative beschränken.

Goethe wird sehr oft dort gesucht, wo er durchaus nicht zu finden ist. Unter vielen andern Dingen ist das bei der Beurteilung der geologischen Forschungen des Dichters geschehen. Viel mehr aber als irgendwo wäre es hier notwendig, dass alles, was Goethe über Einzelheiten geschrieben, zurückträte hinter den großartigen Intentionen, von denen er ausging. Er muss hier vor allem nach seiner eigenen Maxime: «In den Werken des Menschen wie in denen der Natur sind eigentlich die Absichten vorzüglich der Aufmerksamkeit wert» («Spr. in Prosa» 10) und «Der *Geist*, aus dem wir handeln, ist das Höchste» beurteilt werden. Nicht was er erreichte, sondern *wie* er es anstrebte, ist für uns das Vorbildliche. Es handelt sich nicht um eine Lehrmeinung, sondern um eine mitzuteilende Methode. Die erste hängt von den wissenschaftlichen Mitteln der Zeit ab und kann überholt werden, die letzte ist hervorgegangen aus der großen Geistesanlage Goethes und hält Stand, auch wenn sich wissenschaftliche Werkzeuge vervollkommnen und die Erfahrung sich erweitert.

In die Geologie wurde Goethe durch die Beschäftigung mit den Ilmenauer Bergwerken geführt, zu der er amtlich verpflichtet war. Als Karl August zur Regierung kam, widmete er sich mit großem Ernste diesem Bergwerke, das lange vernachlässigt worden war. Es sollten zunächst die Gründe des Verfalls desselben durch Sachverständige genau untersucht und dann alles Mögliche zur Wiederbelebung des Betriebes getan werden. Goethe stand dabei dem Herzog zur Seite. Er betrieb die Angelegenheit auf das energischste. Das führte ihn denn oft in die Bergwerke von Ilmenau. Er wollte sich mit dem Stand der Sache selbst genau bekannt machen. Im Mai 1776 zum ersten Male und dann noch oft war er in Ilmenau.

Mitten in diesen *praktischen* Sorgen ging ihm nun das *wissenschaftliche* Bedürfnis auf, den Gesetzen jener Erscheinungen näher zu kommen, die er da zu beobachten in der Lage war. Die umfassende Naturanschauung, die sich in seinem Geiste zu immer größerer Klarheit heraufarbeitete (s. Aufs. «Die Natur» S. 1–5), zwang ihn, das, was sich da vor seinen Augen ausbreitete, in seinem Sinne zu erklären.

Es macht sich hier gleich eine tief in Goethes Natur liegende Eigentümlichkeit geltend. Er hat ein wesentlich anderes Bedürfnis als viele Forscher. Während bei letztern das Hauptsächliche in der Erkenntnis des Einzelnen liegt, während sie gewöhnlich an einem ideellen Bau, einem Systeme nur insoweit Interesse nehmen, als es ihnen beim Beobachten des Einzelnen behilflich ist, ist für Goethe die Einzelheit nur Durchgangspunkt zu einer umfassenden Gesamtauffassung des Seienden. Wir lesen in dem Aufsatz «Die Natur»: «Sie lebt in lauter Kindern und die *Mutter*, wo ist sie?» Dasselbe Streben, nicht nur das unmittelbar Existierende, sondern dessen tiefere Grundlage zu erkennen, finden wir ja auch im «Faust» («Schau' alle Wirkungskraft und Samen»). So wird ihm denn auch das, was er auf und unter der Erdoberfläche beobachtet, ein Mittel, in das Rätsel der Weltbildung einzudringen. Was er am 23. Dez. 1786 an die Herzogin Luise schreibt: «Die Naturwerke sind immer wie ein frisch ausgesprochenes Wort Gottes», beseelt all sein Forschen und das sinnlich Erfahrbare wird ihm zur Schrift, aus der er jenes Wort der Schöpfung zu lesen hat. In diesem Sinne schreibt er am 22. August 1784 an Frau von Stein: «*Die große und schöne Schrift* sei immer lesbar und nur dann nicht zu entziffern, wenn die Menschen ihre kleinlichen Vorstellungen und ihre Beschränktheit auf unendliche Wesen übertragen wollen.» Dieselbe Tendenz finden wir im «Wilhelm Meister»: «Wenn ich nun aber eben diese Spalten und Risse als Buchstaben behandelte, sie zu entziffern hätte, sie zu Worten bildete und sie fertig zu lesen lernte, hättest du etwas dagegen?»

So sehen wir denn den Dichter vom Ende der Siebzigerjahre an unablässig bemüht, diese Schrift zu entziffern. Sein Streben ging dahin, sich zu einer solchen Anschauung emporzuarbeiten, dass ihm das, was er getrennt *sah*, im innern, notwendigen Zusammenhange erscheine. Seine Methode war «die entwickelnde, entfaltende, keineswegs die zusammenstellende, ordnende». Ihm genügte es nicht, da den Granit, dort den Porphyr etc. zu sehen, und sie einfach nach äußerlichen Merkmalen aneinanderzureihen, er strebte nach einem Gesetze, das aller Gesteinsbildung zugrunde lag und das er sich nur im Geiste vorzuhalten brauchte, um zu verstehen, wie da Granit, dort Porphyr entstehen musste. Er ging von dem Unterscheidenden auf das Gemeinsame zurück. Am 12. Juni 1784 schreibt er an Frau von Stein: «Der einfache Faden, den ich mir gesponnen, führt mich durch alle diese unterirdischen Labyrinthe gar schön durch und gibt eine Übersicht selbst in der Verwirrung.» Er sucht das gemeinsame Prinzip, das je nach den verschiedenen Umständen, unter denen es zur Geltung kommt, einmal *diese*, das andere Mal *jene* Gesteinsart hervorbringt. Nichts in der Erfahrung ist ihm ein Festes, bei dem man stehen bleiben könne, nur das *Prinzip*, das allem zugrunde liegt, ist ein solches. Er ist daher auch immer bestrebt, die *Übergänge* von Gestein zu Gestein zu finden. Aus ihnen ist ja die Absicht, die Entstehungstendenz viel besser zu erkennen, als aus dem in *bestimmter* Weise ausgebildeten Produkt, wo ja die Natur nur in einseitiger Weise ihr Wesen offenbart, ja gar oft bei «ihren Spezifikationen sich in eine Sackgasse verirrt».

Es ist ein Irrtum, wenn man diese Methode Goethes damit widerlegt zu haben glaubt, dass man darauf hinweist, die heutige Geologie kenne ein solches Übergehen eines Gesteines in ein anderes nicht. Goethe hat ja nie behauptet, dass Granit tatsächlich in etwas anderes übergeht. Was einmal Granit ist, ist fertiges, abgeschlossenes Produkt und hat nicht mehr die innere Triebkraft, aus sich selbst heraus ein anderes zu werden. Was aber Goethe suchte, das fehlt der heutigen Geologie eben, das ist die *Idee*, das Prinzip, das den Granit konstituiert, bevor er Granit geworden ist, und *diese* Idee ist dieselbe, die auch allen andern Bildungen zugrunde liegt. Wenn also Goethe von einem Übergehen eines Gesteines in ein anderes spricht, so meint er damit nicht ein *tatsächliches* Umwandeln, sondern eine Entwickelung der objektiven Idee, die sich zu den einzelnen Gebilden ausgestaltet, jetzt diese Form festhält und Granit wird, dann wieder eine andere Möglichkeit aus sich herausbildet und Schiefer wird etc. Nicht eine wüste Metamorphosenlehre, sondern *konkreter Idealismus* ist Goethes Ansicht auch auf diesem Gebiete. Zur vollen Geltung mit allem, was in ihr liegt, kann aber jenes gesteinsbildende Prinzip nur im ganzen Erdkörper kommen. Daher wird die Bildungsgeschichte des Erdkörpers für Goethe die Hauptsache und jedes Einzelne hat sich derselben einzureihen. Es kommt ihm darauf an, welche Stelle ein Gestein im Erdganzen einnimmt; das Einzelne interessiert ihn nur mehr als Teil des Ganzen. Es erscheint ihm schließlich dasjenige mineralogisch-geologische System als das richtige, das die Vorgänge in der Erde nachschafft, das zeigt, warum an dieser Stelle gerade das, an jener das andere entstehen musste. Das Vorkommen wird ihm ausschlaggebend. Er tadelt es daher an Werners Lehre, die er sonst so hoch verehrt, dass sie die Mineralien nicht nach dem Vorkommen, das uns über ihr Entstehen Aufschluss gibt, als vielmehr nach zufälligen äußern Kennzeichen anordnet. *Das vollkommene System macht nicht der Forscher, sondern das hat die Natur selbst gemacht.*

Es ist nun festzuhalten, dass Goethe in der ganzen Natur *ein* großes Reich, eine Harmonie sah. Er behauptet, dass alle natürlichen Dinge von *einer* Tendenz beseelt sind. Was daher gleicher Art ist, musste für ihn von der gleichen Gesetzmäßigkeit bedingt erscheinen. Er konnte nicht zugeben, dass in den geologischen Erscheinungen, die ja nichts weiter sind als anorganische Wesenheiten, andere Triebfedern geltend sind als in der übrigen anorganischen Natur. *Die Ausdehnung der anorganischen Wirkensgesetze auf die Geologie ist Goethes erste geologische Tat.* Dieses Prinzip war es, das ihn bei Erklärung der böhmischen Gebirge, das ihn bei Erklärung der am Serapis-Tempel zu Pozzuoli beobachteten

Erscheinungen leitete. Er suchte dadurch Prinzip in die tote Erdkruste zu bringen, dass er sie als durch jene Gesetze entstanden dachte, die wir immer vor unsern Augen bei physikalischen Erscheinungen wirken sehen. Die geologischen Theorien eines Hutton, Elie de Beaumont waren ihm innerlichst zuwider. Was sollte er mit Erklärungen anfangen, die alle Naturordnung *durchbrechen*? Es ist banal, wenn man so oft die Phrase hört, Goethes *ruhiger Natur* habe die Theorie des Hebens und Senkens etc. widersprochen. Nein, sie widersprach seinem Sinne für eine *einheitliche* Naturanschauung. Er konnte sie dem Naturgemäßen nicht einfügen. Und diesem Sinne verdankt er es, dass er frühzeitig (schon 1782) zu einer Ansicht gelangte, zu der sich die Fach-Geologie erst nach Jahrzehnten aufschwang: zur Ansicht, dass die versteinerten Tier- und Pflanzenreste in einem notwendigen Zusammenhange mit dem Gestein stehen, in dem sie gefunden werden. Voltaire hatte von ihnen noch als von Natur*spielen* gesprochen, weil er keine Ahnung von der Konsequenz in der Naturgesetzlichkeit hatte. Goethe konnte ein Ding an irgendeinem Orte begreiflich nur finden, wenn sich ein einfacher natürlicher Zusammenhang mit der Umgebung des Dinges fand. Es ist auch dasselbe Prinzip, das Goethe auf die fruchtbare *Idee von der Eiszeit* führte (s. «Geologische Probleme und Versuch ihrer Auflösung»). Er suchte nach einer einfachen, naturgemäßen Erklärung des Vorkommens der auf großen Flächen weit entfernten Granitmassen. Die Erklärung, dass sie bei dem tumultuarischen Aufstand der weit rückwärts im Land gelegenen Gebirge *seien dahin geschleudert worden*, musste er ja abweisen, weil sie eine

Naturtatsache nicht aus den bestehenden, wirkenden Naturgesetzen, sondern durch eine Ausnahme von denselben, ja ein Verlassen derselben, herleitete. Er nahm an, dass das nördliche Deutschland einst bei großer Kälte einen Tausende Fuß hohen allgemeinen Wasserstand hatte, dass ein großer Teil von einer Eisfläche bedeckt war, und dass jene Granitblöcke liegen geblieben sind, nachdem das Eis abgeschmolzen. Damit war eine auf bekannte, für uns erfahrbare Gesetze sich stützende Ansicht gegeben. In dieser Geltendmachung einer allgemeinen Naturgesetzlichkeit ist Goethes Bedeutung für die Geologie zu suchen. *Wie* er den Kammerberg erklärt, ob er mit seiner Meinung über den Karlsbader Sprudel das Richtige getroffen, ist belanglos. «Es ist hier die Rede nicht von einer durchzusetzenden Meinung, sondern von einer mitzuteilenden Methode, deren sich jeder als eines Werkzeugs nach seiner Art bedienen möge.» (Goethe an Hegel 7. Okt. 1820.)

Gerade so wie in der Geologie irrt man in der Meteorologie, wenn man auf das tatsächlich von Goethe Errungene eingeht und darinnen die Hauptsache sucht (s. unten S. 398). Seine meteorologischen Versuche sind ja nirgends vollendet. Überall ist nur auf die Absicht zu sehen. Sein Denken war immer darauf gerichtet den *prägnanten*[7] Punkt zu finden, von dem aus sich eine Reihe von Erscheinungen von innen heraus regelt. Alle Erklärung, die von da und dort Äußerliches, Zufälliges herbeizieht, um eine regelmäßige Reihe von Phänomenen zu verbinden, war seinem Sinne nicht gemäß. Er suchte, wenn ihm ein Phänomen aufstieß, alles mit ihm Verwandte, alle Tatsachen, die in denselben Kreis gehörten; sodass ihm ein Ganzes, eine Totalität vorlag. Innerhalb dieses Kreises musste sich dann ein Prinzip finden, das alle Regelmäßigkeit, ja den ganzen Kreis der verwandten Erscheinungen als eine Notwendigkeit erscheinen ließ. Nicht naturgemäß erschien es ihm, die Erscheinungen *dieses* Kreises durch Herbeiziehung von außerhalb derselben liegenden Verhältnissen zu erklären. Hierinnen haben wir den Schlüssel zu dem Prinzipe, das er in der Meteorologie aufstellte, zu suchen. «Die völlige Unzugänglichkeit, so konstante Phänomene den Planeten, dem Monde, einer unbekannten Ebbe und Flut des Luftkreises zuzuschreiben, ließ sich Tag für Tag mehr empfinden.» «Alle dergleichen Einwirkungen aber lehnen

7 S. den Aufsatz: «Bedeutende Fördernis durch ein einziges geistreiches Wort» S. 31 ff.

wir ab; die Witterungserscheinungen auf der Erde halten wir weder für kosmisch noch planetarisch, sondern wir müssen sie nach unseren Prämissen für rein *tellurisch* erklären.» Er wollte die Erscheinungen der Atmosphäre auf ihre in dem Wesen der Erde selbst liegenden Ursachen zurückführen. Es handelte sich zunächst darum, den Punkt zu finden, wo sich die alles übrige bedingende Grundgesetzlichkeit unmittelbar ausspricht. Ein solches Phänomen lieferte der Barometerstand. Den sah denn auch Goethe als das Urphänomen an und suchte alles Übrige an ihn anzuschließen. Das Steigen und Sinken des Barometers suchte er zu verfolgen und darinnen glaubte er auch eine Regelmäßigkeit wahrzunehmen. Er studierte die *Schrön'sche* Tabelle und fand, «dass gedachtes Steigen und Fallen an verschiedenen, näher und ferner, nicht weniger in unterschiedenen Längen, Breiten und Höhen gelegenen Beobachtungsorten *einen fast parallelen Gang habe*». Da ihm dieses Steigen und Fallen unmittelbar als Schwereerscheinung erschien, so glaubte er in den Veränderungen des Barometers einen unmittelbaren Ausdruck für die Qualität der Schwerkraft selbst zu erkennen. Man muss in diese Goethe'sche Erklärung nur nichts weiter hineinlegen. Goethe lehnte ja alles Aufstellen von Hypothesen ab. Er wollte nicht mehr als einen *Ausdruck* für eine zu beobachtende Erscheinung liefern, nicht eine eigentliche, faktische Ursache, im Sinne der heutigen Naturwissenschaft. An *diese* Erscheinung sollten die übrigen atmosphärischen Erscheinungen naturgemäß sich anreihen. Am meisten interessierte den Dichter die Wolkenbildung. Für diese hatte er in der Lehre Howards ein Mittel gefunden, die fortwährend schwankenden Gebilde in gewissen Grundzuständen festzuhalten und so, «was in schwankender Erscheinung lebt», mit «dauernden Gedanken zu befestigen». Er suchte nun nur noch ein Mittel, das der Umbildung der Wolkenformen zu Hilfe kam, sowie er in jener «geistigen Leiter» ein Mittel fand, die Umbildung der typischen Blattgestalt an der Pflanze zu erklären. Sowie ihm dort jene geistige Leiter, so ist ihm in der Meteorologie ein verschiedenes «Geeigenschaftetsein» der Atmosphäre in verschiedenen Höhen der Faden, an dem er die einzelnen Gebilde befestigt. Da wie dort muss man festhalten, dass es Goethe nie einfallen konnte, einen solchen Faden für ein wirkliches Gebilde anzusehen. Er war sich genau bewusst, dass *nur* das einzelne Gebilde als für die Sinne *im Raume* wirklich anzusehen ist, und dass alle höhern Erklärungsprinzipien nur für *die Augen des Geistes* da sind. Heutige Widerlegungen Goethes sind deshalb vielfach ein Kampf mit Windmühlen. Man legt seinen Prinzipien eine Wirklichkeitsform bei, die er ihnen selbst absprach, und glaubt ihn damit überwunden zu haben. Jene Form der Realität aber, die *er* zugrunde legte, die objektive, konkrete Idee kennt die heutige Naturlehre nicht. Goethe muss ihr daher von dieser Seite aus fremd bleiben.

R. Steiner

Ausgewählte Kommentare in GA 1b: Zur «Naturwissenschaft»

Die Natur

Die Natur ist auch im Menschen tätig. Was er vollbringt, ist der Naturwirksamkeit nicht völlig fremd, sondern nur die höchste Vollendung derselben. Wir mögen vollbringen, was wir wollen, *gegen die Natur können wir nichts tun*. [GA 1b, S. 5]

Der Mensch erhält nicht wie die übrigen Lebewesen seine Bestimmung – in Form von Trieben, Instinkten etc. – von der Natur vorgezeichnet. Er tritt völlig frei in die Welt ein, um der eigene Herr seines Glückes zu sein. Die Natur entlässt ihn aus ihren Banden, auf dass *er* sich selbst eine Bestimmung setze. [GA 1b, S. 5]

Es sind immer dieselben schaffenden Kräfte der Natur, im Grunde also dieselben Geschöpfe; nur stets in neuen Formen und Gestalten. [GA 1b, S. 5]

Er hielt zwar immer daran fest, dass auch die intensivste und umfassendste Naturauffassung nicht in alle Geheimnisse der Natur eindringe [...]. Dabei denkt er sich die Sache aber nicht so, als ob die treibenden Kräfte, die Prinzipien der Naturwirksamkeit unserer Erkenntnis unzugänglich seien. [...] D. h., wir können mit unserem Geiste, dessen Inhalt doch das Ideelle ist, den natürlichen Bestimmtheiten, die wir mit den Sinnen wahrnehmen, nicht mehr beikommen, weil sie so spezifiziert sind, dass sich in ihnen als einem Besondern kaum mehr die Spuren des Ideell-Allgemeinen wahrnehmen lassen. Die eigentlichen zentralen Prinzipien der Naturwirksamkeit sind dem Menschen, der sich bis zur vernunftgemäßen Auffassung erhebt, durchaus zugänglich. [GA 1b, S. 5 f.]

Sie bringt Einzelgeschöpfe mit vollkommenem, in sich abgeschlossenem Leben hervor, die selbst eine Natur für sich, eine kleine Welt sind; dann macht sie sich wieder als Ganzheit geltend und zerstört ein solches Einzelleben, d. h., sie lässt es nur als einen *Teil* von sich gelten, setzt sich über sein Eigenleben hinweg. [GA 1b, S. 6]

Sinnenfällig wahrnehmbar sind nur die Geschöpfe der Natur, nicht ihre schaffende Kraft. [...] Die letztere (die Mutter) wird uns erst in der Wissenschaft vermittelt, wenn wir uns von der Natur als einer Mannigfaltigkeit von Produkten zu ihr als der Produzentin erheben. Wir müssen von den gegebenen Dingen zu den Kräften der Natur vorschreiten, von der Wirkung zu dem Wirkenden. [GA 1b, S. 6]

Die Gegenstände, die wir mit den Sinnen wahrnehmen, sind, wie wir schon oben gesehen, derart bestimmt, dass wir nicht alles, was wir mit den Sinnen wahrnehmen, auch mit dem Begriffe erreichen können. Gegenüber der *scharfen Bestimmtheit* der Begriffsbilder, die wir uns von den Dingen machen, erscheinen diese selbst weniger scharf umrissen (*weich*), mit unbestimmteren Konturen. [GA 1b, S. 6]

Es war stets Goethes Bestreben, jedes Ding aus sich selbst zu erklären, aus dem der Sache zugrunde liegenden Wesen. Aus diesem Wesen erkennt man ja, nach Goethes Begriffe, erst, dass ein Ding *dieses* und kein anderes ist. [GA 1b, S. 6]

Goethe stellt sich die Natur nicht als abgeschlossenes, fertiges Produkt, sondern tätig, als *Produzentin* vor. Natur ist ihm nicht das Aggregat der Naturdinge, sondern die lebendige Harmonie der Naturkräfte. Nicht das Fertige, das Werdende war für ihn Gegenstand der Forschung. [GA 1b, S. 6]

Ausnahmen der Natur ließ Goethe nicht gelten. Denn selbst das scheinbar Unnatürliche kann nur den in der Gesamtnatur liegenden Kräften seinen Ursprung verdanken, muss sich somit naturgesetzlich erklären lassen. [GA 1b, S. 7]

Alle Vorgänge in der Natur verlaufen nach Gesetzen. Die Natur ist sich aber des Gewebes gesetzlicher Abhängigkeiten, das sich durch sie zieht, nicht bewusst. Nur *wir* erhalten durch unsere begreifende Tätigkeit Kenntnis dieser Gesetzlichkeiten. Was in unserem Geiste als bewusster Begriffsinhalt über die Natur, das ist in der Natur selbst als unbewusste Gesetzmäßigkeit vorhanden. [GA 1b, S. 7]

Wie hoch steht Goethes Weltansicht, wie sie sich in diesen Zeilen ausspricht, über dem Pessimismus, der jedes Bedürfnis für ein Attentat auf die menschliche Glückseligkeit ansieht. Für Goethes gesunde Natur ist das Bedürfnis Wohltat, weil er genugsam Quellen der Befriedigung kennt; für den Pessimismus liefert es freilich nur ein Ding mehr, dem man *entsagen* muss. [GA 1b, S. 8]

[... Die Natur] spricht das Geheimnis ihres Wesens nicht selbst aus, sondern durch den Geist des Menschen, dessen denkender Betrachtung sie es enthüllt. [GA 1b, S. 8]

{Ihre Krone ist die Liebe. Nur durch sie kommt man ihr nahe. Sie macht Klüfte zwischen allen Wesen, und alles will sich verschlingen. Sie hat alles isoliert, um alles zusammenzuziehen. Durch ein paar Züge aus dem Becher der Liebe hält sie für ein Leben voll Mühe schadlos.} Im Grunde nur eine feinere Ausbildung der [obigen] Gedanken. [GA 1b, S. 8]

Die Natur entfremdet die Wesen, auf dass sie selbstständig seien und als solche sich wieder verbinden. Im Menschen vervollkommnet sich das dahin, dass er seine eigene Selbstheit vergisst, um ganz in dem andern (geliebten) Wesen aufzugehen (die Liebe). So hat die Natur dafür gesorgt, dass der Mensch *aus Freiheit* das vollbringe, was auch sonst ihrer Intention gemäß ist. [GA 1b, S. 8]

In diesen Zeilen spricht Goethe zusammenfassend seine Ansicht von der Einheit der Welt aus. Auf der untersten Stufe der Naturwirksamkeit und in den erhabensten Schöpfungen des Menschengeistes sieht er eine und dieselbe Gesetzmäßigkeit walten. Seine Ansicht ist nicht zu verwechseln mit dem Naturalismus, der nicht wie Goethe eine *einheitliche* Gesetzmäßigkeit, sondern geradezu die *Naturnotwendigkeit* sich überall wirksam denkt. Goethe denkt der Natur und dem Geiste eine Grundwesenheit zugrunde liegend. Der Naturalismus macht die Natur selbst zum einzig wirklichen Wesen und leugnet den Geist. [GA 1b, S. 9]

Hier schon deutet Goethe seine Ansicht von der Wahrheit an, die er dann immer festgehalten, nur noch bestimmter, ausgebildet hat. Nicht die abstrakte Übereinstimmung unserer Begriffe mit irgendwelchen Dingen, sondern das Hineinarbeiten in die ideale Welt ist das Wesen der Wahrheit. Und so wie je nach Ort und Zeit, an dem und in der wir uns befinden, uns die sinnenfällige Wirklichkeit *anders* erscheint, so auch die ideelle. So können verschiedene Menschen verschiedene Begriffe haben und doch alle im Besitze der *Wahrheit* sein. Für Goethes Anschauung ist die historische Entwicklung der Wissenschaft, die oft alte Begriffe durch neue ersetzt, kein Mangel derselben. [GA 1b, S. 9]

Goethe spricht hier mit der Zuversicht eines naiven Gemütes das absolute Vertrauen aus, das ein dem Edlen zugewandter Mensch in die Bestimmung seines Daseins hat, auch wenn er diese Bestimmung nicht mit *bewusster* Absichtlichkeit verfolgt, sondern so lebt, als wenn er einfach einem unbewussten Drange folgte, den das Schicksal in seine Persönlichkeit gelegt hat, und hofft, dass ihn dieser Drang von selbst zum Rechten führe. [GA 1b, S. 9]

Der Versuch als Vermittler von Objekt und Subjekt

Hier zeigt sich, wie Goethes Weltanschauung gerade der entgegengesetzte Pol der Kant'schen ist. Für Kant gibt es überhaupt keine Ansicht über die Dinge, wie sie an sich selbst sind, sondern nur wie sie in Bezug auf uns *erscheinen*. Diese Ansicht lässt Goethe nur als ganz untergeordnete Art gelten, sich zu den Dingen in ein Verhältnis zu setzen. [GA 1b, S. 10]

Goethe interessierte sich für das Leben der Forscher und die Art, wie sie zu ihren Forschungen gelangt, ebenso wie für die letzteren selbst. Aus dieser Tendenz entsprang die Geschichte der Farbenlehre, aus dieser Tendenz erkundigte er sich bei Howard selbst, wie dieser zu seinen Forschungen über die Wolkenbildung gekommen. [GA 1b, S. 11]

Zur wissenschaftlichen Erkenntnis ist nach Goethes Ansicht Erfahrung und Geist notwendig. Die Erfahrung allein genügt weder dem Forscher noch dem Künstler. Denn die Erfahrung liefert uns nur das Fertige, Gebildete. Auf dieses kommt es aber weniger an, als auf die bildende Kraft, die nur der Geist erkennt. [GA 1b, S. 12]

Goethe arbeitet darauf hin, dass der menschliche Verstand nur die Rolle des Vermittlers spiele, der die Naturobjekte in eine solche Lage bringt, dass sie die Geheimnisse ihrer Wirksamkeit selbst aussprechen. So liegt in Goethes Tendenz eine Theorie, aus der alles Willkürlich-Subjektive entfernt ist. [GA 1b, S. 12]

Die Kunst hat zwar auch wie die Wissenschaft die Aufgabe, das Allgemeine darzustellen; aber in ihr geschieht dies stets *im Bilde*, nicht im Begriffe (in der Idee). Während die Wissenschaft darauf ausgeht, das einzige Allgemeine, das dem Weltinhalte zugrunde liegt, zu suchen, ist es die Aufgabe der Kunst, dieses Allgemeine einem individuellen Gegenstande (Stoffe) einzupflanzen. In der Wissenschaft handelt es sich um das *Was*, in der Kunst um das *Wie*. Als Individuelles muss das Kunstprodukt rein aus der Individualität des Künstlers hervorgehen. Jede fremde Einmischung zerstört die Individualität. [GA 1b, S. 13]

Jede Naturerscheinung ist das Produkt von Vorbedingungen, die in einer gewissen Konstellation oder Kombination der Naturdinge liegen. Beobachten wir eine Erscheinung, wie sie uns einfach in der Natur gegenübertritt, bei der *wir* also nicht die Kombination der Naturdinge geschaffen, so wird es uns schwer, die Erscheinung als Folge der Bedingungen zu begreifen. Anders ist das beim Versuch, wo wir die Bedingungen geschaffen, also genau wissen, woraus eine bestimmte Erscheinung fließt. [GA 1b, S. 14]

Jeder einzelne Versuch zeigt uns eine bestimmte Art von Naturwirksamkeit doch nur in einseitiger Weise. In keinem einzelnen Falle wird *für die Sinne* die Absicht, von der Goethe sagt, dass *sie* vorzüglich der Aufmerksamkeit wert ist, voll zur Geltung kommen. Man muss eine Reihe verwandter Erscheinungen betrachten, um aus vielen Äußerungen der «Absicht» diese selbst zu erkennen. [GA 1b, S. 14]

Versuche vereinigen heißt, sie so zusammenzustellen, dass ihrer mehrere wirklich ein objektives Naturgesetz zur Anschauung bringen. Zumeist wird der Fehler gemacht, Versuche nebeneinander zu betrachten, die nicht miteinander zu tun haben und die nur künstlich unter einen Gesichtspunkt gebracht werden. [GA 1b, S. 14]

Die Fakten erscheinen eben nur den Sinnen isoliert; der *Geist* sieht aus einer ganzen Reihe solcher Fakten *eine* einzige Naturgesetzlichkeit heraus. [GA 1b, S. 17]

Es wird sich immer darum handeln, was ist *inneres Wesen* einer Erscheinung und was *zufällige Äußerlichkeit*. Schließt man gleich von *einem* Versuche auf das Wesen, so gerät man sehr leicht in den Irrtum, die Äußerlichkeiten in das *innere Wesen* mit einzurechnen. Bei einer *Reihe* von Versuchen wird man aber bemerken, dass ein gewisser *Kern* der Erscheinungen derselbe bleibt, während die Äußerlichkeiten eben als solche dadurch erkannt werben, dass sie sich fortwährend ändern. [GA 1b, S. 17]

Es handelt sich darum, eine Reihe verwandter Phänomene so zusammenzustellen, dass sie eine und dieselbe Naturgesetzlichkeit auf verschiedene – überhaupt alle möglichen – Arten aussprechen. Wir blicken dann durch diese Reihe auf jene Naturgesetzlichkeit hindurch, die ihnen allen zugrunde liegt. Indem wir so eine Anzahl Erfahrungen machen, entdecken wir innerhalb ihrer ein Objektives, das über ihnen steht und das uns eine *höhere Erfahrung* (Urphänomen) in der Erfahrung ist. Unserem Verstande kommt bei dieser Methode nur die Funktion zu, die Phänomene so anzuordnen, dass sie in voller Klarheit jene höhere Gesetzlichkeit aussprechen. Ist es nun gelungen, eine solche Reihe von Versuchen zusammenzustellen, so braucht man dann nur den Zusammenhang wieder herzustellen und das Naturgesetz spricht sich wieder objektiv aus. Schließt man aus einem einzelnen Versuche, so ist der Schluss eine rein subjektive Zutat zu dem Phänomen und kann keineswegs Anspruch auf Objektivität machen. [GA 1b, S. 18]

Die wissenschaftliche Aneinanderreihung dieser *Erfahrungen der höhern Art* wäre eine Naturphilosophie im Sinne Goethes. [GA 1b, S. 19]

Die Verbindung isolierter Fakta durch Witz, Einbildungskraft etc. zu einer Theorie ist eine der Sache aufgezwungene, subjektiv-willkürliche Methode. Nach Goethes Ansicht müssen die Phänomene naturgemäß aneinandergereiht werden, sodass *sie* dem, der sie in ihrer Gesamtheit überblickt, selbst die höhere Gesetzlichkeit, die ihnen zugrunde liegt, aussprechen. [GA 1b, S. 20]

Ernst Stiedenroth: Psychologie zur Erklärung der Seelenerscheinungen

Die Scheidung und Trennung dessen, was nur dann begriffen werden kann, wenn man es in seinem Hervorgehen aus einem Ganzen erfasst, war gegen Goethes Denkart. In seiner Natur lag die entwickelnde, entfaltende Methode, nicht die zusammenstellende, ordnende. [GA 1b, S. 23]

Reproduktion ist die gedankenmäßige Wiederhervorbringung von Vorstellungen, die wir schon einmal gehabt haben. [...] Wir reproduzieren nur solche Vorstellungen, die mit denen im Momente der Reproduktion verwandt sind. Deshalb hängt die letztere erstens davon ab, dass wir die gegenwärtige Vorstellung scharf ins Auge fassen, um gewahr zu werden, was mit ihr verwandt ist, und zweitens davon, dass wir in unserem Gedankensysteme wirklich Gedankenverbindungen gebildet haben, sodass ein Gedanke eben auf andere hinüberleitet. [GA 1b, S. 24]

Einwirkung der neuern Philosophie

Eigentlich ist doch Goethes Weltanschauung gerade der entgegengesetzte Pol der Kant'schen Philosophie. Man sieht das hier vor allem darinnen, dass Goethe die Kant'schen Kunstausdrücke in einem dem Königsberger Philosophen ganz fremden Sinne gebraucht. Die Bedeutung der Ideen, der Gegensatz von Objekt und Subjekt sind durchaus anders bei Goethe, anders bei Kant. [GA 1b, S. 27]

Obwohl Kant noch nicht erkannte, dass es im Grunde *eine* Wesenheit ist, die sich in Kunst und Natur manifestiert, so ist seine Auslegung des Zusammenhangs der beiden doch ein Analogon dieser Vorstellungsweise. Sie sieht in der Urteilskraft ein gemeinsames Organ für Kunst und Natur; sie hält ästhetisches Urteilen und teleologisches für verwandte Verrichtungen des Geistes. Das musste Goethe anziehen, der ja in den Produkten der Kunst nur höhere Naturprodukte, in den Kunstgesetzen die gesteigerten Naturgesetze sah. [GA 1b, S. 28]

Bedeutende Fördernis durch ein einziges geistreiches Wort

Goethe hat eigentlich schon in seiner Jugend diese Eigentümlichkeit seines Denkens ausgesprochen. Wenn er sich das intuitive Schauen im Sinne Spinozas zuspricht, so ist das ja auch nichts anderes als das gegenständliche Denken. [GA 1b, S. 31]

Dem liegt die Ansicht zugrunde, dass das am Besonderen, Empirischen gewonnene Ideelle der Quell ist, aus dem uns die Ausklärung über die wahrgenommenen Phänomene wird, und nicht irgendein zeitlicher oder räumlicher Prozess. Denn wäre das letztere der Fall, so könnte keine Erscheinung weggelassen werden, wenn man eine Erklärung haben will. Nur die Überzeugung, dass die Gesetzlichkeit in *diesem* von mir beobachteten Objekt zum Ausdruck kommt, dass sie also, weil sie *objektiv* ist, auch in *jenem* auftreten muss, wenn mir auch nicht die Möglichkeit der Beobachtung desselben gegeben ist, lässt eine solche Verfahrungsart zu. [GA 1b, S. 34–35]

Erfinden und Entdecken

Es war Goethes Ansicht, dass der Mensch seinen ureigensten Besitz nur das nennen kann, was er versteht. [GA 1b, S. 43]

Über Mathematik und deren Missbrauch sowie das periodische Vorwalten einzelner wissenschaftlicher Zweige

Man macht Goethe oft den Vorwurf, dass er ohne Hilfe der Mathematik die Natur erforschen wollte. Die heutige Naturwissenschaft, die alles Qualitative in der Natur in Quantitatives (Bewegung) auflöst, hat von ihrem Standpunkte aus freilich recht. Allein Goethe blieb innerhalb des Qualitativen stehen. Er sucht vor allem das Quale festzustellen, das *Wie* der Erscheinungen. Die Mathematik kann doch erst ihr Recht behaupten, wenn das *Wie* festgestellt ist und es sich dann um die Grade etc. handelt, in denen sich das *Wie* manifestiert. [...] So wenig kann von Goethe als von einem Widersacher der Mathematik die Rede sein, dass er gerade die Methode dieser Wissenschaft als Muster für die Naturwissenschaft aufstellte. [GA 1b, S. 45]

Goethes Bestreben ging immer dahin, die Totalität der Erscheinungen zu fassen oder, wie Schiller es ausdrückt, aus der Allheit der Erscheinungsformen das Einzelne abzuleiten. Er konnte daher bei keinem Einzelnen stehen bleiben, das als solches ein Unabgeschlossenes ist, und das nur aus einem andern erklärt werden kann. Ein einzelnes Mineral ist aber nichts Abgeschlossenes, es kann erst zum Begriffe werden, wenn wir es im Zusammenhang mit dem geologischen Entwicklungsgang des Erdganzen erfassen. [GA 1b, S. 51 f.]

Vorschlag zur Güte

«Die Natur gehört sich selbst an»: sie ist eine in sich abgeschlossene, sich selbst genügsame Ganzheit.– «Wesen dem Wesen»: Goethe war bestrebt, die Bedingung der Existenz eines Wesens in diesem selbst aufzusuchen. Das Herleiten aus anderem war ihm nicht gemäß. Wenn er gewahr wird, dass irgendein Wesen seine Existenzbedingungen nicht *in,* sondern *außer* sich hat, dann kann er es nicht als Einzelnes gelten lassen, er schreitet fort bis zur Ganzheit, der es selbst als Teil angehört, und *diese* ist ihm erst Objekt der Wissenschaft. [GA 1b, S. 57]

Wir stehen mit der Natur in Bezug, sie wirkt auf uns, wir auf sie. Je nach unserer Individualität entsteht in uns ein Bild von ihrer Gesetzmäßigkeit. Es kommt darauf an, dieses Verhältnis zu sich selbst und zur Natur zu kennen. *Das ist Wahrheit.* Und so kann im Grunde jeder seine eigene Wahrheit haben und sie ist immer doch dieselbe. Sie ist nur modifiziert nach der individuellen Weise des Schauens eines Einzelnen, ist aber die Blüte einer und derselben Pflanze. [GA 1b, S. 57]

Jeder soll die Grenze seiner Wirksamkeit kennen. Will er erreichen, was ihm durch seine Individualität oder Lage notwendig versagt sein muss, dann muss er Unbrauchbares liefern. [GA 1b, S. 58]

Analyse und Synthese

Analyse ist das verstandesmäßige Zerlegen der in der Sinnenwelt gegebenen Tatsachen und Gegenstände; *Synthese* das Zusammenfassen derselben zu einem einheitlichen Begriff. Es steht nun fest, dass die Synthese im wahren Sinne des Wortes nichts weiter ist als ein Zurückgehen auf das, was der Verstand durch sein Scheiden vernichtet hat. Sie ist also zur Auffassung der Wirklichkeit unerlässlich. [GA 1b, S. 59]

Weil eben jeder Analyse des Verstandes eine Synthese in der Wirklichkeit zugrunde liegen muss. [GA 1b, S. 60]

Sie [die Hypothese] darf eben im Sinne Goethes nicht mehr sein als ein methodisches Prinzip, das uns nicht hindert, die Erscheinungen in aller Unbefangenheit zu betrachten. [GA 1b, S. 60]

Erläuterungen zu dem aphoristischen Aufsatz «Die Natur»

Goethes Ansicht auf jener frühen Stufe war ein Drängen nach dem All der Natur, nach den in ihr wirkenden verborgenen Kräften. Die Individualität, das Einzelwesen hatte in seinem Geist erst später einen scharf umrissenen Begriff hervorgerufen. [GA 1b, S. 63]

In den Begriffen *Polarität* und *Steigerung* glaubte Goethe ein methodisches Prinzip zu besitzen, die einzelnen Tatsachen ihrer notwendigen Folge nach zu fassen. [GA 1b, S. 63]

Man möchte sagen, jener Komparativ der Goethe'schen Weltansicht repräsentiert sein Suchen des Urprinzips als solches, während der Superlativ sein Augenmerk auf die Weise richtet, *wie* sich das Urprinzip in die Einzelwesen ausgegossen hat. [GA 1b, S. 64]

Physiognomische Fragmente

Nach Goethes Ansicht ist eben auch das Mittelmäßige die Folge einer inneren Gesetzlichkeit, wie das Unnatürlichste Natur ist. [GA 1b, S. 71]

Leben und Verdienste des Doktor Joachim Jungius, Rektors zu Hamburg

Das ist ja der Weg, den alle Wissenschaften nehmen: sie verlassen die unterschiedslose Mannigfaltigkeit und unterscheiden. Das Unterschiedene lassen sie wieder ineinanderfließen und haben dann in durchsichtiger Klarheit, was der Sinnesauffassung dunkel ist. [GA 1b, S. 102]

Nach Goethes Ansicht kann es sich nicht darum handeln, geometrisch Regelmäßiges im Leben der Pflanze zu finden, sondern allein das Naturgemäße. Und naturgemäß ist auch das scheinbar Unnatürlichste. [GA 1b, S. 106]

Zur Kenntnis der böhmischen Gebirge: Karlsbad

Urgegend, d.h. im Sinne Goethes eine Gegend, in der die geologischen Vorkommnisse in einer *typischen Form* vorkommen. Es ist in einer solchen an einem Orte zusammengedrängt, was sonst nur über weite Flächen verbreitet ist, und in einer solchen Weise, dass sich in den Tatsachen unmittelbar das *Gesetzliche* des betreffenden Erscheinungsgebietes ausspricht. Man könnte statt *Urgegend* setzen: *typische Örtlichkeit*. [GA 1b, S. 132 f.]

Joseph Müllerische Sammlung

Hieraus ersehen wir, dass Goethe, ebenso wie er [Joseph Müller] der Ansicht war, dass kein *einzelnes* Phänomen ein allgemeines Naturgesetz zu beweisen imstande ist, dasselbe auch in Bezug auf das Verhalten der typischen Gestalten zu den einzelnen Individuen behauptet. *Erst eine Reihe von diesen kann uns den allgemeinen Begriff oder die Idee näherbringen.* [GA 1b, S. 145]

An Herrn von Leonhard

Goethes Neigung ging stets dahin, ein (aus einzelnen Bestandteilen) bestehendes Gestein so zu erklären, dass er dafür eine *Einheit* annahm, die sich in die Teile gesondert hat (dynamische Ansicht). Die entgegengesetzte (mechanische) Annahme, wonach die Teile das erste waren, und diese sich zu einem Aggregat zusammengesetzt haben, war seiner ganzen Denkungsart zuwider. [GA 1b, S. 155]

Freimütiges Bekenntnis

Goethe erkannte überhaupt einer theoretischen Ansicht nur dann Berechtigung zu, wenn sie sich zur Beherrschung eines Erfahrungsgebietes fruchtbar erweist. [GA 1b, S. 162]

Gestaltung großer anorganischer Massen

Goethes Theorien laufen immer darauf hinaus, die *ideellen* Grundlagen der realen Erscheinungen zu finden, um so die Naturphänomene gleichsam nachkonstruieren zu können. Eine Hypothese, die nur über das Wesen eines Naturereignisses etwas festsetzt, ohne ein methodisches Prinzip an die Hand zu geben, die Natur im Schaffen zu belauschen, schien ihm daher wertlos. [GA 1b, S. 170]

Gebirgsgestaltung im Ganzen und Einzelnen

Es war Goethes Ansicht, dass alles, was an Gesetzlichkeit der Möglichkeit nach in der Natur liegt, auch einmal an einem Punkte in die Erscheinung eintreten müsse. [GA 1b, S. 178]

Marienbad überhaupt und besonders in Rücksicht auf Geologie

Urbildung heißt hier typische Bildung, d. h. jene, welche den der Sache am angemessensten Charakter trägt. An sie schließen sich dann die abgeleiteten Bildungen, d. h. jene, für deren Gestaltung nicht mehr ausschließlich das Wesen der Sache, sondern äußere Umstände maßgebend sind. [GA 1b, S. 241]

Geologische Probleme und Versuch ihrer Auflösung

Die von Goethe gemeinte Bewegung ist eine dynamische, eine Umgestaltung des Dinges, während die von ihm bekämpfte eine bloß mechanische Ortsveränderung ist. [GA 1b, S. 310]

Das, was mit einer Theorie erreicht werden soll, eine Regel, die uns ermöglicht, in irgendeinem Punkte der Erscheinungen anzusetzen und sie von da aus nach vorn und rückwärts, ihrem Vernunftzusammenhange gemäß, zu verfolgen, gibt die von Goethe bekämpfte Theorie nicht. [GA 1b, S. 310]

Solchen Forschern fehlt dann durchaus die Einsicht in die Aufgaben, welche die Wissenschaften in Bezug auf das menschliche Leben zu erfüllen haben. Sie betreiben den besondern Zweig, dem sie sich gewidmet, ohne die Einheitlichkeit in allem Wissen zu ahnen. Ihrem Schaffen liegt nicht jene mächtige Triebfeder zugrunde, die wir von allem Betrieb der Wissenschaft fordern möchten: das große Problem zu lösen, das uns die Wirklichkeit bei jedem Blicke, den wir in sie hineinwerfen, aufgibt. [GA 1b, S. 311]

Verschiedene Bekenntnisse

Die erste Art, in der jemand von einer Sache ergriffen wird, muss offenbar in seinem Wesen begründet, muss seiner Individualität entsprechend sein. *Sie muss daher für seinen weiteren Entwicklungsgang richtunggebend sein.* [GA 1b, S. 312]

Man ist nur zu sehr geneigt, die Abneigung Goethes den Theorien von einem gewaltsamen Heben und Senken etc. einer zufälligen, subjektiven Richtung seines Geistes zuzuschreiben. *Sie liegt aber viel tiefer.* Jene abgelehnte Theorie bringt einzelne Naturtatsachen in einen äußeren Zusammenhang, sie lässt eine Reihe von Phänomenen dadurch entstehen, dass *zufällig* ein anderes diesen oder jenen Gang genommen. Das konnte Goethe nicht befriedigen. Bei ihm musste zu dem, was in der Erscheinung vor sich geht, in der Tiefe der Natur die Tendenz vorgebildet sein. Wenn in der Natur etwas geschieht, so muss es naturgemäß die *Folge eines andern* sein und aus demselben nach einem *bestimmten* Gesetze fließen, nicht aber die mechanische (zufällige) Wirkung desselben. [GA 1b, S. 313]

Goethe findet den Fehler, den er so oft rügt, auch hier. Es wird *ein* Phänomen oder eine *beschränkte* Anzahl derselben verfolgt, darauf eine Behauptung gebaut und diese dann auf alles Verwandte übertragen. [...] Goethe charakterisiert jenem abgelehnten gegenüber hier *sein* Verfahren, das darin besteht, von einem Punkte aus die Phänomene nach vorne und rückwärts zu verfolgen, um so auf jenes Etwas zu stoßen, das ihnen rein objektiv, als Gesetzmäßigkeit zugrunde liegt: *die Idee*. [GA 1b, S. 315]

Wolkengestalt nach Howard

Liegt in Goethes Ansicht begründet, dass alle Wahrheit eng mit der Person des Forschers zusammenhängt. Wenn wir auch alle nur *eine* Wahrheit haben, so spricht sie doch jeder so aus, wie es *seiner* Natur gemäß ist. Wir müssen uns daher in die Natur einer Persönlichkeit versenken, wenn wir sie ganz verstehen wollen. Deshalb stellte Goethe das biografische Moment in der Forschung so hoch. [GA 1b, S. 323]

Goethes Geist drängte stets dahin, das, was die Sinne scheinbar ordnungs- und regellos ablaufen sehen, als die Äußerung einer innern Einheit zu erkennen. Wenn es ihm gelang, dies den Sinnen Gebotene als gesetzmäßige Folge von Bedingungen anzusehen, die die Vernunft zu den Erscheinungen hinzufügt, so war er befriedigt. [GA 1b, S. 324]

Es ist durchaus bezeichnend für Goethes objektiven Idealismus, dass er sich durch scheinbare Nichtübereinstimmung der Empirie mit der Theorie nicht sogleich beirren lässt. Es kommt nur darauf an, ob die Grundphänomene klar erfasst sind, dann kann sie der einzelne Fall nicht erschüttern; es handelt sich dann nur zu erklären, inwiefern im Besondern diese oder jene Abweichung möglich ist. [GA 1b, S. 324 f.]

Während andere Forscher durch künstlich ausgedachte Methoden, sucht Goethe die Naturphänomene dadurch zu erklären, dass er die Objekte in solche gegenseitige Beziehungen bringt, dass sie selbst ihre Gesetzlichkeit aussprechen. [GA 1b, S. 328]

Spricht mit wenigen Worten das Wesen des *objektiven Idealismus* aus. Derselbe tritt an die Phänomene heran, betrachtet sie objektiv und hofft, dass er in dieser fortgehenden Betrachtung der *Idee*, der eigentlichen Grundgesetzlichkeit begegnen wird. Er legt also die Idee nicht in die Natur hinein, sondern *sucht* sie aus derselben zu gewinnen. [GA 1b, S. 328 f.]

Das hier Gesagte ist durchaus ein Analogon zu der Auseinandersetzung über «die geistige Leiter» in seiner «Metamorphose der Pflanzen». So wie er die Einheit in allen Pflanzenorganen sucht, indem er die Urgestalt in ihren Verwandlungen verfolgt und das Flüssige in gewissen mittleren

Zuständen festhält, so macht er es hier mit den Wolkenformen. Die drei oder vier Luftregionen sind auch nur solche mittlere Zustände, in denen er die im Grunde unendlichen Gestaltenformen festhält, gleichsam Punkte, in denen der betrachtende Geist ausruht, wenn er die sich stets verändernden Erscheinungen verfolgt. Es wäre Voreingenommenheit, wollte man dahinter irgendwelche Hypothesen über die Konstitution der Atmosphäre etc. vermuten und so Goethe mystischer Annahmen beschuldigen, da er doch nichts wollte, als die notwendigen Zusammenhänge der Erscheinungsformen feststellen. [GA 1b, S. 343 f.]

Im Grunde kann die Wissenschaft, wenn sie objektiv sein will, nichts wollen, als das enthüllen, was der bloßen unwissenschaftlichen Weltbetrachtung verborgen bleibt. Eigentlich handelt es sich zuerst darum, die Einzelfaktoren, aus denen die uns gegebene Welt konstituiert ist, zu finden. Dies ist das *Unterscheiden*. Wir gehen damit über die Sinnenwelt hinaus, die ein ungeschiedenes Ganze ist. Aus den so gewonnenen Einzelfaktoren haben wir dann im Geiste die Welt von Neuem aufzubauen und damit erhalten wir wieder eine Einheit, wie die sinnenfällige Wirklichkeit es ist. Wir erhalten das geistige Korrelat derselben. Das ist der Gang, den alle wahre Wissenschaft zu nehmen hat. [GA 1b, S. 346 f.]

Versuch einer Witterungslehre

Goethe sah in der uns gegebenen Welt durchaus einen Ausfluss des Göttlichen; daher sind ihm die Urphänomene dasjenige, wo wir das Göttliche in der Natur am reinsten gewahr werden. Die Ansicht, die annimmt, die Natur verberge Gott, war ihm in der Seele zuwider. [...] Gerade weil sich nach Goethes Ansicht die Gottheit in der unseren Sinnen gegebenen Welt auslebt, kann er sagen, er halte sich ans *Schauen* und nicht ans *Glauben*. [GA 1b, S. 374]

Der Zusammenhang nach Ursache und Wirkung, den die heutige Naturwissenschaft als den *einzigen* gelten lassen will, ist dies keineswegs. Es handelt sich vor allem darum, die *Bezüge* der Erscheinungen kennenzulernen und diese werden sich dann in weitaus mehr Zusammenhangsformen als in der einzigen der Kausalität kundgeben. [GA 1b, S. 385]

So hielt es denn auch Goethe für das der Wissenschaft Angemessenste, die Erscheinungen so weit zu verfolgen, als es die uns zu Gebote stehenden Mittel erlauben; was darüber geht, aber als Problem liegen zu lassen, in der Hoffnung, dass einem Spätern die Verhältnisse günstiger sein und ihm die Lösung ermöglichen werden. [GA 1b, S. 398]

Also nicht wie ein fertiges *Ergebnis*, das keiner Veränderung fähig ist, will Goethe seine Ansicht aufgefasst wissen, sondern wie ein methodisches Prinzip, das bestimmt ist, bei der Zusammenstellung der Fakten dem forschenden Geist als Führer zu dienen. [GA 1b, S. 398]

Goethes Werke, Band XXXV Naturwissenschaftliche Schriften, Dritter Band, 1890 GA 1c

Vorrede

Diese Einleitung ist nicht aus dem Grunde geschrieben worden, weil in unsere Goethe-Ausgabe eben auch die Farbenlehre mit einer Einleitung versehen aufgenommen werden muss. Sie entstammt einem tiefen Geistesbedürfnis des Herausgebers. Derselbe ist von dem Studium der *Mathematik* und *Physik* ausgegangen und wurde durch die vielen Widersprüche, die das System unserer modernen Naturanschauung durchsetzen, mit innerer Notwendigkeit zur kritischen Untersuchung über die methodologische Grundlage derselben geführt. Auf das Prinzip des strengen Erfahrungswissens wiesen ihn seine anfänglichen Studien, auf eine streng wissenschaftliche Erkenntnistheorie die Einsicht in jene Widersprüche. Gegen ein Umschlagen in rein Hegel'sche Begriffskonstruktionen war er durch seinen positiven Ausgangspunkt geschützt. Er fand endlich mithilfe seiner erkenntnistheoretischen Studien den Grund vieler Irrtümer der modernen Naturwissenschaft in der ganz falschen Stellung, welche die letztere der einfachen Sinnesempfindung angewiesen hat. Unsere Wissenschaft verlegt alle sinnlichen Qualitäten (Ton, Farbe, Wärme etc.) in das Subjekt und ist der Meinung, dass «außerhalb» des Subjektes diesen Qualitäten nichts entspricht als Bewegungsvorgänge der Materie.

Diese Bewegungsvorgänge, die das einzige im «Reiche der Natur» Existierende sein sollen, können natürlich nicht mehr wahrgenommen werden. Sie sind aufgrund der subjektiven Qualitäten *erschlossen*.

Nun kann aber diese Erschließung konsequentem Denken gegenüber nicht anders denn als eine Halbheit erscheinen. *Bewegung* ist zunächst ein Begriff, den wir *aus* der Sinnenwelt entlehnt haben, d.h., der uns nur an Dingen mit jenen sinnlichen Qualitäten entgegentritt. Wir kennen keine Bewegung außer einer solchen an Sinnesobjekten. Überträgt man nun dieses Prädikat auf nicht sinnliche Wesen, wie es die Elemente der diskontinuierlichen Materie (Atome) sein sollen, so muss man sich doch dessen klar bewusst sein, dass durch diese Übertragung einem sinnlich wahrgenommenen Attribut eine wesentlich anders gedachte Daseinsform beigelegt wird. Demselben Widerspruch verfällt man, wenn man zu einem wirklichen Inhalte für den zunächst ganz leeren Atombegriff kommen will. Es müssen ihm eben sinnliche Qualitäten, wenn auch noch so sublimiert, beigelegt werden. Der eine legt dem Atome Undurchdringlichkeit, Kraftwirkung, der andere Ausdehnung u. dgl. bei, kurz ein jeder irgendwelche aus der Sinnenwelt entlehnte Eigenschaften. Wenn man das nicht tut, bleibt man vollständig im Leeren.

Darinnen liegt die Halbheit. Man macht mitten durch das sinnlich Wahrnehmbare einen Strich und erklärt den einen Teil für objektiv, den andern für subjektiv. Nur das eine ist konsequent: Wenn es Atome gibt, so sind diese einfach Teile der Materie mit den Eigenschaften der Materie und nur wegen ihrer für unsere Sinne unzugänglichen Kleinheit nicht wahrnehmbar.

Damit aber verschwindet die Möglichkeit, in der Bewegung der Atome etwas zu suchen, was als ein Objektives den subjektiven Qualitäten des Tones, der Farbe etc. gegenübergestellt werden dürfte. Und es hört auch die Möglichkeit auf, in dem Zusammenhang zwischen der Bewegung und der Empfindung des «Rot» z. B. mehr zu suchen als zwischen zwei Vorgängen, die ganz der Sinnenwelt angehören.

Für den Herausgeber war es also klar: Ätherbewegung, Atomlagerung usw. gehören auf dasselbe Blatt wie die Sinnesempfindungen selbst. Die letzteren für subjektiv zu erklären, ist nur das Ergebnis einer unklaren Reflexion. Erklärt man die sinnliche Qualität für subjektiv, so muss man es mit der Ätherbewegung geradeso tun. Wir nehmen die letztere nicht aus einem prinzipiellen Grunde nicht wahr, sondern nur deswegen, weil unsere Sinnesorgane nicht fein genug organisiert sind. Das ist aber ein rein zufälliger Umstand. Es könnte sein, dass dann die Menschheit bei zunehmender Verfeinerung der Sinnesorgane dereinst dazu käme, auch Ätherbewegungen unmittelbar wahrzunehmen. Wenn dann ein Mensch jener fernen Zukunft unsere subjektivische Theorie der Sinnesempfindungen akzeptierte, so müsste er diese Ätherbewegungen ebenso für subjektiv erklären, wie wir heute Farbe, Ton usw.

Man sieht, diese physikalische Theorie führt auf einen Widerspruch, der nicht zu beheben ist.

Eine zweite Stütze hat nun diese subjektivische Ansicht an *physiologischen Erwägungen.*

Die Physiologie weist nach, dass die Empfindung erst als das letzte Resultat eines mechanischen Vorganges auftritt, der sich zuerst von dem außerhalb unserer Leibessubstanz liegenden Teil der Körperwelt den Endorganen unseres Nervensystems in den Sinnesorganen mitteilt, von hier aus bis zum obersten Zentrum vermittelt wird, um dann erst als Empfindung ausgelöst zu werden. Die Widersprüche dieser physiologischen Theorie findet man in dem zweiten Kapitel unserer Einleitung dargelegt. Als subjektiv kann man doch hier nichts bezeichnen denn die Bewegungsform der Hirnsubstanz. Wie weit man auch in der Untersuchung der Vorgänge am Subjekte gehen mag, stets muss man auf diesem Wege im Mechanischen bleiben. Und die Empfindung wird man nirgends im Zentrum entdecken.

Es bleibt also nur die *philosophische* Erwägung übrig, um über die Subjektivität und Objektivität der Empfindung Aufschluss zu bekommen. Und diese liefert Folgendes: Was kann als «subjektiv» an der Wahrnehmung bezeichnet werden? Ohne da eine genaue Analyse des Begriffes von «subjektiv» zu haben, kann man überhaupt gar nicht vorwärtsschreiten. Die Subjektivität kann natürlich durch nichts anderes als durch sich selbst bestimmt werden. Alles, was nicht als durch das Subjekt bedingt nachgewiesen werden kann, darf nicht als «subjektiv» bezeichnet werden. Nun müssen wir uns fragen: Was können wir als dem menschlichen Subjekte *eigen* bezeichnen? Das, was es an sich selbst durch äußere oder innere Wahrnehmung erfahren kann. Durch *äußere* Wahrnehmung erfassen wir die körperliche Konstitution, durch *innere* Erfahrung unser eigenes Denken, Fühlen und Wollen. Was ist nun in ersterer Hinsicht als subjektiv zu bezeichnen? Die Konstitution des ganzen

Organismus, also auch der Sinnesorgane und des Gehirnes, die wahrscheinlich bei jedem Menschen in etwas anderer Modifikation erscheinen werden. Alles aber, was hier auf diesem Wege nachgewiesen werden kann, ist nur eine bestimmte Gestaltung in der Anordnung und Funktion der Substanzen, wodurch die Empfindung vermittelt wird. Subjektiv ist also eigentlich nur der Weg, den die Empfindung durchzumachen hat, bevor sie *meine* Empfindung genannt werden kann. Unsere Organisation vermittelt die Empfindung und diese Vermittlungswege sind subjektiv; die Empfindung selbst aber ist es nicht.

Nun bliebe also der Weg der inneren Erfahrung. Was erfahre ich in meinem Innern, wenn ich eine Empfindung als die meinige bezeichne? Ich erfahre, dass ich die Beziehung auf meine Individualität in meinem Denken vollziehe, dass ich mein Wissensgebiet auf diese Empfindung erstrecke; aber ich bin mir dessen nicht bewusst, dass ich den *Inhalt* der Empfindung erzeuge. Nur den Bezug zu mir stelle ich fest, die Qualität der Empfindung ist eine in sich begründete Tatsache.[1]

Wo wir auch anfangen, innen oder außen, wir kommen nicht bis zur Stelle, wo wir sagen könnten: Hier ist der subjektive Charakter der Empfindung gegeben. Auf den Inhalt der Empfindung ist der Begriff *«subjektiv»* nicht anwendbar.

Diese Erwägungen sind es, die den Herausgeber dazu zwangen, jede Theorie der Natur, die prinzipiell *über* das

1 Auszuführen, in welcher Beziehung diese Ansicht zu der steht, welche Johannes Rehmke in seinem ausgezeichneten Buche: «Die Welt als Wahrnehmung und Begriff» vertritt, würde hier zu weit führen. Es soll an geeignetem Orte von mir geschehen.

Gebiet der wahrgenommenen Welt hinausgeht, als unmöglich abzulehnen und lediglich in der Sinnenwelt das einzige Objekt der Naturwissenschaft zu suchen. Dann aber musste er in der gegenseitigen Abhängigkeit der Tatsachen eben dieser Sinnenwelt das suchen, was wir mit den *Naturgesetzen* aussprechen.

Und damit war er zu jener Ansicht von der naturwissenschaftlichen Methode gedrängt, die der Goethe'schen Farbenlehre zugrunde liegt. Wer diese Erwägungen für richtig findet, der wird diese Farbenlehre mit ganz anderen Augen lesen, als die modernen Naturforscher dies tun können. Er wird sehen, dass hier nicht Goethes Hypothese der Newtons gegenübersteht, sondern dass es sich hier um die Frage handelt: Ist die heutige theoretische Physik zu akzeptieren oder nicht? Wenn nicht, dann aber muss sich auch das Licht verlieren, das diese Physik über die Farbenlehre verbreitet. Welches unsere theoretische Grundlage der Physik ist, mag der Leser aus den folgenden Kapiteln der Einleitung erfahren, um dann von dieser Grundlage aus Goethes Auseinandersetzungen im rechten Lichte zu sehen.

Einleitung

I. Goethe und die moderne Naturwissenschaft

Gäbe es nicht eine Pflicht, die Wahrheit rückhaltlos zu sagen, wenn man sie erkannt zu haben glaubt, dann wären die folgenden Ausführungen wohl ungeschrieben geblieben. Das Urteil, das sie bei der heute herrschenden Richtung in den Naturwissenschaften vonseiten der Fachgelehrten erfahren werden, kann für mich nicht zweifelhaft sein. Man wird in ihnen den dilettantenhaften Versuch eines Menschen sehen, einer Sache das Wort zu reden, die bei allen «Einsichtigen» längst gerichtet ist. Wenn ich mir die Geringschätzung all derer vorhalte, die sich heute allein berufen glauben, über naturwissenschaftliche Fragen zu sprechen, dann muss ich mir gestehen, dass Verlockendes im landläufigen Sinne in diesem Versuche allerdings nicht gelegen ist. Allein ich konnte mich durch diese voraussichtlichen Einwände doch nicht abschrecken lassen. Denn ich kann mir alle diese Einwände ja selbst machen und weiß daher, wie wenig stichhaltig sie sind. «Wissenschaftlich» im Sinne der modernen Naturlehre zu denken, ist nicht eben schwer. Wir haben ja vor nicht zu langer Zeit einen merkwürdigen Fall erlebt. *Ed. v. Hartmann* trat mit seiner «Philosophie des Unbewussten» auf. Es wird heute am wenigsten dem geistvollen Verfasser dieses Buches selbst beifallen, dessen Unvollkommenheiten zu leugnen. Aber die Denkrichtung, der wir da gegenüberstehen, ist eine eindringende, den Sachen auf den Grund gehende. Sie ergriff daher mächtig alle Geister, die nach tieferer Erkenntnis

Bedürfnis hatten. Sie durchkreuzte aber die Bahnen der an der Oberfläche der Dinge tastenden Naturgelehrten. Diese lehnten sich allgemein dagegen *auf.* Nachdem verschiedene Angriffe von ihrer Seite ziemlich wirkungslos blieben, erschien eine Schrift von einem anonymen Verfasser: «Das Unbewusste vom Standpunkte des Darwinismus und der Deszendenztheorie», die mit aller nur denkbaren kritischen Schärfe alles gegen die neu begründete Philosophie vorbrachte, was sich vom Standpunkte moderner Naturwissenschaft gegen dieselbe sagen lässt. Diese Schrift machte Aufsehen. Die Anhänger der gegenwärtigen *Richtung* waren von ihr im höchsten Maße befriedigt. Sie erkannten es öffentlich an, dass der Verfasser einer der ihrigen sei und proklamierten seine Ausführungen als die ihrigen. Welche Enttäuschung mussten sie erfahren! Als sich der Verfasser wirklich nannte, war es – Ed. v. Hartmann. Damit ist aber *eines* mit überzeugender Kraft dargetan: Es ist nicht Unbekanntschaft mit den Ergebnissen der Naturforschung, nicht Dilettantismus der Grund, der es gewissen, nach tieferer Einsicht strebenden Geistern unmöglich macht, sich der Richtung anzuschließen, welche heute sich zur herrschenden aufwerfen will. Es ist aber die Erkenntnis, dass die Wege dieser Richtung nicht die rechten sind. Der Philosophie wird es nicht schwer, sich auf den Standpunkt der gegenwärtigen Naturanschauung zu stellen. Das hat Ed. v. Hartmann durch sein Verhalten für jeden, der sehen will, unwiderleglich gezeigt. Dies zur Bekräftigung meiner oben gemachten Behauptung, dass es auch mir nicht schwer wird, die Einwände, die man wider meine Ausführungen erheben kann, mir selbst zu machen.

Man sieht wohl gegenwärtig jeden für einen Dilettanten an, der überhaupt philosophisches Nachdenken über das Wesen der Dinge ernst nimmt. Eine Weltanschauung haben gilt bei unseren Zeitgenossen von der «mechanischen» oder gar bei jenen von der «positivistischen» Denkart für eine idealistische Schrulle. Begreiflich wird diese Ansicht freilich, wenn man sieht, in welcher hilflosen Unkenntnis sich diese positivistischen Denker befinden, wenn sie sich über das «Wesen der Materie», über «die Grenzen des Erkennens», über «die Natur der Atome» oder dergleichen Dinge vernehmen lassen. An diesen Beispielen kann man wahre Studien über dilettantisches Behandeln von einschneidenden Fragen der Wissenschaft machen.

Man muss den Mut haben, sich alles das gegenüber der Naturwissenschaft der Gegenwart zu gestehen, trotz der gewaltigen, bewunderungswürdigen Errungenschaften, die dieselbe Naturwissenschaft auf technischem Gebiete zu verzeichnen hat. Denn diese Errungenschaften haben mit dem wahrhaften Bedürfnis nach Natur-Erkenntnis nichts zu tun. Wir haben es ja gerade an Zeitgenossen erlebt, denen wir Erfindungen verdanken, deren Bedeutung für die Zukunft sich noch lange gar nicht einmal ahnen lässt, dass ihnen ein tieferes *wissenschaftliches* Bedürfnis abgeht. Es ist etwas ganz anderes, die Vorgänge der Natur zu beobachten, um ihre Kräfte in den Dienst der Technik zu stellen, als mithilfe dieser Vorgänge tiefer in das Wesen der Naturwirksamkeit hineinzublicken suchen. Wahre Wissenschaft ist nur da vorhanden, wo der Geist Befriedigung *seiner* Bedürfnisse sucht, *ohne äußeren Zweck.*

Wahre Wissenschaft im höhern Sinne des Wortes hat es nur mit ideellen Objekten zu tun; *sie kann nur Idealismus sein.* Denn sie hat ihren letzten Grund in Bedürfnissen, die aus dem Geiste stammen. Die Natur erweckt in uns Fragen, Probleme, die der Lösung zustreben. Aber sie kann diese Lösung nicht selbst liefern. Nur der Umstand, dass mit unserem Erkenntnisvermögen eine höhere Welt der Natur gegenübertritt, das *schafft auch* höhere Forderungen. Einem Wesen, dem diese höhere Natur nicht eigen wäre, gingen diese Probleme einfach nicht auf. Sie können daher ihre Antwort auch von keiner anderen Instanz als nur wieder von dieser höheren Natur erhalten. Wissenschaftliche Fragen sind daher wesentlich eine Angelegenheit, die der Geist mit sich selbst auszumachen hat. Sie führen ihn nicht aus seinem Elemente hinaus. Das Gebiet aber, in welchem, als in seinem ureigenen, der Geist lebt und webt, ist die Idee, ist die Gedankenwelt. Gedankliche Fragen durch gedankliche Antworten erledigen, das ist wissenschaftliche Tätigkeit im höchsten Sinne des Wortes. Und alle übrigen wissenschaftlichen Verrichtungen sind zuletzt nur dazu da, diesem höchsten Zwecke zu dienen. Man nehme die wissenschaftliche Beobachtung. Sie soll uns zur Erkenntnis eines Naturgesetzes führen. Das Gesetz selbst ist rein ideell. Schon das Bedürfnis nach einer hinter den Erscheinungen waltenden Gesetzlichkeit entstammt dem Geiste. Ein ungeistiges Wesen hätte dieses Bedürfnis nicht. Nun treten wir an die Beobachtung heran! Was wollen wir durch sie denn eigentlich erreichen? Soll uns auf die in unserem Geiste erzeugte Frage von außen, durch die Sinnenbeobachtung, etwas geliefert werden, das Antwort auf dieselbe sein könnte? Nimmermehr; denn warum sollten wir einer zweiten Beobachtung gegenüber uns befriedigter fühlen als bei der ersten? Wäre der Geist überhaupt mit dem beobachteten Objekte zufrieden, so müsste er es gleich mit dem ersten sein. Aber die eigentliche Frage ist gar nicht die nach einer zweiten Beobachtung, sondern nach der ideellen Grundlage der Beobachtungen. Was lässt diese Beobachtung für eine ideelle Erklärung zu, wie muss ich sie *denken,* damit sie mir möglich erscheint? Das sind die Fragen, die uns der Sinnenwelt gegenüber kommen. Ich muss aus den Tiefen meines Geistes selbst das heraussuchen, was mir der Sinnenwelt gegenüber fehlt. Wenn ich mir die höhere Natur, nach der mein Geist der sinnlichen gegenüber strebt, nicht schaffen kann, dann schafft sie mir keine Macht der äußeren Welt. Die Resultate der Wissenschaft können also nur aus dem Geiste kommen; sie können somit nur *Ideen* sein. Gegen diese notwendige Überlegung kann man nichts einwenden. Mit ihr ist aber der idealistische Charakter aller Wissenschaft gesichert.

Die moderne Naturwissenschaft kann ihrem ganzen Wesen nach nicht an die Idealität der Erkenntnis glauben. Denn ihr gilt die Idee nicht als das erste, ursprünglichste, sondern als das letzte *Produkt* der materiellen Prozesse. Sie ist sich dabei aber des Umstandes gar nicht bewusst, dass diese ihre materiellen Prozesse nur der sinnenfällig beobachtbaren Welt angehören, die sich aber, tiefer erfasst, ganz in Idee auflöst. Der in Betracht kommende Prozess stellt sich nämlich der Beobachtung folgendermaßen dar: Wir nehmen mit unseren Sinnen Tatsachen wahr, Tatsachen, die ganz nach den Gesetzen der Mechanik verlaufen, dann Erscheinungen der Wärme, des

Lichtes, des Magnetismus, der Elektricität, endlich des Lebensprozesses usw. Auf der höchsten Stufe des Lebens finden wir, dass sich dasselbe bis zur Bildung von Begriffen, Ideen erhebt, deren Träger eben das menschliche Gehirn ist. Aus einer solchen Gedankensphäre erwachsend finden wir unser eigenes «Ich». Dasselbe scheint das oberste Produkt eines durch eine lange Reihe physikalischer, chemischer und organischer Vorgänge vermittelten komplizierten Prozesses zu sein. Untersuchen wir aber die ideelle Welt, die den Inhalt jenes «Ich» ausmacht, so finden wir in ihr wesentlich *mehr* als bloß das Endprodukt jenes Prozesses. Wir finden, dass die einzelnen Teile derselben in einer ganz anderen Weise miteinander verknüpft sind, als die Teile jenes bloß beobachteten Prozesses. Indem der eine Gedanke in uns auftaucht, der dann einen zweiten fordert, finden wir, dass da ein ideeller Zusammenhang zwischen diesen zwei Objekten ist in ganz anderer Art, als wenn ich die Färbung eines Stoffes z. B. als Folge eines chemischen Agens beobachte. Es ist ja ganz selbstverständlich, dass die aufeinander folgenden Stadien des Gehirnprozesses im organischen Stoffwechsel ihre Quelle haben, wenngleich dieser selbst der Träger jener Gedankengebilde ist. Aber warum der zweite Gedanke aus dem ersten *folgt,* dazu finde ich in diesem Stoffwechsel *nicht*, wohl aber in dem logischen Gedankenzusammenhang den Grund. In der Welt der Gedanken herrscht somit außer der *organischen Notwendigkeit* eine *höhere ideelle.* Diese Notwendigkeit nun aber, die der Geist innerhalb seiner Ideenwelt findet, diese sucht er auch in dem übrigen Universum. Denn diese Notwendigkeit ersteht uns ja nur dadurch, dass wir nicht nur *beob-*

achten, sondern auch *denken.* Oder mit andern Worten: Die Dinge erscheinen nicht mehr in einem bloß tatsächlichen Zusammenhange, sondern durch eine innere, ideelle Notwendigkeit verknüpft, wenn wir sie nicht bloß durch die Beobachtung, sondern durch den Gedanken erfassen.

Man kann dem gegenüber nicht sagen: Was soll alles Erfassen der Erscheinungswelt in Gedanken, wenn die Dinge dieser Welt vielleicht ein solches Erfassen ihrer Natur nach gar nicht zulassen? Diese Frage kann nur der stellen, der die ganze Sache nicht in ihrem Kerne erfasst hat. Die Welt der Gedanken lebt in unserem Innern auf, sie tritt den sinnlich beobachtbaren Objekten gegenüber und fragt nun, welchen Bezug hat diese mir da gegenübertretende Welt zu mir selbst? Was ist sie mir gegenüber? Ich bin da mit meiner über aller Vergänglichkeit schwebenden ideellen Notwendigkeit, ich habe die Kraft in mir, mich selbst zu erklären. Wie aber erkläre ich das, was mir gegenüber auftritt?

Hier ist es, wo sich uns eine bedeutungsvolle Frage beantwortet, die *Friedr. Theod. Vischer* wiederholt aufgeworfen, und für den Angelpunkt alles philosophischen Nachdenkens erklärt hat: jene nach dem Zusammenhange von Geist und Natur. Was besteht für ein Verhältnis zwischen diesen beiden uns stets voneinander geschieden erscheinenden Wesenheiten? Wenn man diese Frage *recht* aufwirft, dann ist ihre Beantwortung nicht so schwierig, wie es scheint. Was kann die Frage denn nur für einen Sinn haben? Dieselbe wird ja nicht von einem Wesen gestellt, das *über* Natur und Geist als dritter stünde und von diesem seinen Standpunkte aus jenen Zusammenhang untersuchte, sondern von der einen der beiden

Wesenheiten, *von dem Geiste*, selbst. Der Letztere fragt: Welcher Zusammenhang besteht zwischen mir und der Natur? Das heißt aber wieder nichts anderes als: Wie kann ich mich selbst in eine Beziehung zu der mir gegenüberstehenden Natur bringen? Wie kann ich nach den in mir lebenden Bedürfnissen diese Beziehung ausdrücken? Ich lebe in *Ideen;* was für eine Idee entspricht der Natur? Wie kann ich das, was ich als Natur *anschaue*, als *Idee* ausdrücken? Es ist, als ob wir uns oftmals durch eine verfehlte Fragestellung selbst den Weg zu einer befriedigenden Antwort verlegten. Eine richtige Frage ist aber schon eine halbe Antwort.

Der Geist also sucht überall über die Folge der Tatsachen, wie sie ihm die bloße Beobachtung liefert, hinaus zu kommen und bis zu den *Ideen der Dinge* zu dringen. Die Wissenschaft fängt eben da an, wo das Denken anfängt. In ihren Ergebnissen liegt das in ideeller Notwendigkeit, was den Sinnen nur als Tatsachenfolge erscheint. Diese Ergebnisse sind nur scheinbar das letzte Produkt des oben geschilderten Prozesses; in Wahrheit sind sie dasjenige, was wir im ganzen Universum als die Grundlage von allem ansehen müssen. Wo sie dann für die Beobachtung erscheinen, das ist gleichgültig, denn davon hängt ja, wie wir gesehen haben, ihre Bedeutung nicht ab. Sie breiten das Netz ihrer ideellen Notwendigkeit über das ganze Universum aus.

Wir mögen von wo immer ausgehen; wenn wir geistige Kraft genug haben, treffen wir zuletzt auf die *Idee.*

Indem die moderne Physik dies vollständig verkennt, wird sie zu einer ganzen Reihe von Irrtümern geführt. Ich will hier nur auf einen solchen als Beispiel hinweisen.

Nehmen wir die Definition des in der Physik gewöhnlich unter den «allgemeinen Eigenschaften der Körper» angeführten *Beharrungsvermögens.* Dies wird gewöhnlich folgendermaßen definiert: Kein Körper kann ohne äußere Ursache den Zustand der Bewegung, in dem er sich befindet, verändern. Diese Definition erweckt die Vorstellung, als wenn der Begriff des an sich trägen Körpers aus der Erscheinungswelt abstrahiert wäre. Und *Mill,* der nirgends auf die Sache selbst eingeht, sondern zum Behufe einer erzwungenen Theorie alles auf den Kopf stellt, wird keinen Augenblick anstehen, die Sache auch so zu erklären. Dies ist aber doch ganz falsch. Der Begriff des trägen Körpers entsteht rein durch eine begriffliche Konstruktion. Indem ich das im Raume Ausgedehnte «Körper» nenne, kann ich mir solche Körper vorstellen, deren Veränderungen von äußeren Einflüssen herrühren, und solche, bei denen sie aus eigenem Antrieb geschehen. Finde ich nun in der Außenwelt etwas, was meinem gebildeten Begriffe: «Körper, der sich nicht ohne äußeren Antrieb verändern kann» entspricht, so nenne ich diesen *träge* oder dem Gesetz des Beharrungsvermögens unterworfen. Meine Begriffe sind nicht aus der Sinnenwelt abstrahiert, sondern frei aus der Idee konstruiert und mit ihrer Hilfe finde ich mich erst in der Sinnenwelt zurecht. Die obige Definition könnte nur lauten: Ein Körper, der nicht aus sich selbst heraus seinen Bewegungszustand ändern kann, heißt ein träger. Und wenn ich ihn als solchen erkannt habe, dann kann ich alles, was mit einem trägen Körper zusammenhängt, auch auf den in Rede stehenden anwenden.

Könnten wir die ganze Reihe von Vorgängen verfolgen, welche sich bei irgendeiner Sinneswahrnehmung vollziehen, von der peripherischen Endung des Nerven im Sinnesorgane bis in das Gehirn, so würden wir doch nirgends bis zu jenem Punkte gelangen, wo die mechanischen, chemischen und organischen, kurz die raumzeitlichen Prozesse aufhören und *das* auftritt, was wir eigentlich Sinneswahrnehmung nennen, z.B. die Empfindung der Wärme, des Lichtes, des Tones usw. Es ist die Stelle nicht zu finden, wo die verursachende Bewegung in ihre Wirkung, die Wahrnehmung, überginge. Können wir dann aber überhaupt davon sprechen, dass die beiden Dinge in dem Verhältnisse von Ursache und Wirkung stehen?

Wir wollen einmal die Tatsachen ganz objektiv untersuchen. Nehmen wir an, es trete eine bestimmte Empfindung in unserem Bewusstsein auf. Sie tritt dann zugleich *so* auf, dass sie uns auf irgendeinen Gegenstand verweist, von dem sie herstammt. Wenn ich die Empfindung des Rot habe, so verbinde ich, kraft des Inhaltes dieser Vorstellung, in der Regel damit zugleich ein bestimmtes Ortsdatum, d.i. eine Stelle im Raum, oder die Oberfläche eines Dinges, der ich das, was diese Empfindung ausdrückt, zuschreibe. Nur dann ist das nicht der Fall, wenn durch einen äußeren Einfluss das Sinnesorgan selbst in der ihm eigentümlichen Weise antwortet, wie wenn ich bei einem Schlage aufs Auge eine Lichtempfindung habe. Von diesen Fällen, in denen die Empfindungen übrigens niemals mit ihrer sonstigen Bestimmtheit auftreten, wollen wir absehen. Sie können uns ja, als Ausnahmsfälle, über die Natur der Dinge nicht belehren. Habe ich also die Empfindung des Rot mit einem bestimmten Ortsdatum, so werde ich zunächst an irgendein Ding in der Außenwelt als den Träger dieser Empfindung verwiesen. Ich kann mich nun ja wohl fragen, welche räumlich-zeitliche Vorgänge spielen sich in diesem Dinge ab, während es mir als mit der roten Farbe behaftet erscheint? Es wird sich mir dann zeigen, dass mechanische, chemische oder andere Vorgänge als Antwort auf meine Frage sich darbieten. Nun kann ich weiter gehen und die Vorgänge untersuchen, die sich auf dem Wege von jenem Dinge bis zu meinem Sinnesorgane vollzogen haben, um die Empfindung der roten Farbe für mich zu vermitteln. Da kann sich mir nun doch auch wieder nichts anderes als Bewegungsvorgänge oder elektrische Ströme oder chemische Veränderungen als solcher Vermittler darstellen. Das gleiche Resultat müsste sich mir ergeben, wenn ich die weitere Vermittlung vom Sinnesorgane bis zur Zentralstelle im Gehirne untersuchen könnte. *Was* auf diesem ganzen Wege vermittelt wird, das ist die in Rede stehende Wahrnehmung des Rot. *Wie* sich diese Wahrnehmung in einem bestimmten Dinge, das auf dem Wege von der Erregung bis zur Wahrnehmung liegt, darstellt, das hängt lediglich von der Natur dieses Dinges ab. Die Empfindung ist an jedem Orte vorhanden, vom Erreger bis zum Gehirne, aber nicht als solche, nicht expliziert, sondern *so*, wie es der Natur des Gegenstandes entspricht, der an jenem Orte sich befindet.

Daraus ergibt sich aber eine Wahrheit, die geeignet ist, Licht zu verbreiten über die gesamte theoretische Grundlage der Physik und Physiologie. Was erfahre ich aus der

Untersuchung eines Dinges, das von einem Prozesse, der in meinem Bewusstsein als Empfindung auftritt, ergriffen wird? Ich erfahre nicht mehr als die Art und Weise, wie jenes Ding auf die Aktion, die von der Empfindung ausgeht, antwortet, oder mit anderen Worten: wie sich eine Empfindung in irgendeinem Gegenstande der räumlich-zeitlichen Welt *auslebt.* Weit entfernt, dass ein solcher räumlich-zeitlicher Vorgang die *Ursache* ist, der *in* mir die Empfindung auslöst, ist vielmehr das ganz andere richtig: Der räumlich-zeitliche Vorgang ist die *Wirkung* der Empfindung in einem räumlich-zeitlich ausgedehnten Dinge. Ich könnte noch beliebig viele Dinge einschalten auf dem Wege von dem Erreger bis zu dem Wahrnehmungsorgane: in jedem wird hierbei dasjenige vorgehen, was in ihm vermöge seiner Natur vorgehen kann. Deshalb bleibt aber doch die *Empfindung* dasjenige, was sich in allen diesen Vorgängen auslebt.

Man hat also in den longitudinalen Schwingungen der Luft bei der Schallvermittelung oder in den hypothetischen Oszillationen des Äthers bei der Vermittlung des Lichtes nichts anderes zu sehen als die Art und Weise, wie die betreffenden Empfindungen in einem Medium auftreten können, das seiner Natur nach nur der Verdünnung und Verdichtung beziehungsweise der schwingenden Bewegung fähig ist. Die Empfindung als solche kann ich in dieser Welt nicht finden, *weil sie einfach nicht da sein kann.* In jenen Vorgängen habe ich aber durchaus nicht das Objektive der Empfindungsvorgänge gegeben, sondern eine Form ihres Auftretens.

Und fragen wir uns nun, welcher Art sind denn jene vermittelnden Vorgänge selbst? Untersuchen wir sie denn mit andern Mitteln als mithilfe unserer Sinne? Ja, kann ich denn meine Sinne selbst mit andern Mitteln als nur wieder mit eben diesen Sinnen untersuchen? Ist die peripherische Nervenendung, sind die Windungen des Gehirnes etwas anderes denn Sinneswahrnehmung? All das ist gleich subjektiv und gleich objektiv, wenn diese Unterscheidung überhaupt als berechtigt angenommen werden könnte. Jetzt können wir die Sache noch genauer fassen. Indem wir die Wahrnehmung von ihrer Erregung bis zu dem Wahrnehmungsorgane verfolgen, untersuchen wir nichts als den fortwährenden Übergang von einer Wahrnehmung zur andern. Das «Rot» liegt uns vor als dasjenige, um dessen willen wir überhaupt die ganze Untersuchung anstellen. Es weist uns auf seinen Erreger. In diesem beobachten wir andere Empfindungen als mit jenem Rot zusammenhängend. Es sind Bewegungsvorgänge. Dieselben treten dann als weitere Bewegungsvorgänge zwischen dem Erreger und dem Sinnesorgane auf usw. Alles dieses aber sind gleichfalls wahrgenommene Empfindungen. Und sie stellen nichts weiter dar als eine Metamorphose von Vorgängen, die, soweit sie überhaupt für die sinnliche Beobachtung in Betracht kommen, sich ganz restlos in Wahrnehmungen auflösen.

Die wahrgenommene Welt ist also nichts anderes als eine Summe von metamorphosierten Wahrnehmungen.

Wir mussten oben der Bequemlichkeit halber uns einer Ausdrucksweise bedienen, die mit dem gegenwärtigen Resultate nicht vollständig in Einklang zu bringen ist. Wir sagten, jedes in den Zwischenraum zwischen Erreger und Wahrnehmungsorgan eingeschaltete *Ding* bringe eine Empfindung in der Weise zum Ausdrucke, wie es seiner Natur gemäß ist. Streng genommen ja ist das Ding nichts weiter als die Summe jener Vorgänge, als welche es auftritt.

Man wird uns nun entgegnen: Mit dieser unserer Schlussweise schaffen wir alles Dauernde im fortlaufenden Weltprozesse hinweg, wir machen wie Heraklit den Fluss der Dinge, in dem nichts bestehen bleibt, zum alleinigen Weltprinzipe. Es müsse hinter den Erscheinungen ein «Ding an sich», hinter der Welt der Veränderungen eine «dauernde Materie» geben. Wir wollen denn doch einmal genauer untersuchen, was es denn eigentlich mit dieser «dauernden Materie», mit dieser «Dauer im Wechsel» überhaupt für eine Bewandtnis habe.

Wenn ich mein Auge einer roten Fläche gegenüberstelle, so tritt die Empfindung des Rot in meinem Bewusstsein auf. Wir haben nun an dieser Empfindung Anfang, Dauer und Ende zu unterscheiden. Der vorübergehenden Empfindung soll nun ein dauernder objektiver Vorgang gegenüberstehen, der als solcher wieder objektiv in der Zeit begrenzt ist, d.h. Anfang, Dauer und Ende hat. Dieser Vorgang aber soll an einer Materie vor sich gehen, die anfang- und endlos, d.i. unzerstörbar, ewig ist. Diese soll das eigentlich Dauernde im Wechsel der Prozesse sein. Die Schlussfolgerung hätte vielleicht einige Berechtigung, wenn der Zeitbegriff in der obigen Weise richtig auf die Empfindung angewendet wäre. Aber müssen wir denn nicht streng unterscheiden zwischen dem Inhalte der Empfindung und dem Auftreten derselben? In meiner Wahrnehmung sind freilich beide ein und dasselbe, denn es muss doch der Inhalt der Empfindung in derselben anwesend sein, sonst käme sie für mich ja gar nicht in

Betracht. Aber ist es für diesen Inhalt, rein als solchen genommen, nicht ganz gleichgültig, dass er jetzt in diesem Zeitmomente gerade in mein Bewusstsein ein- und nach so und so viel Sekunden aus demselben wieder austritt? Das, was den Inhalt der Empfindung, d.i. dasjenige, was allein objektiv in Betracht kommt, ausmacht, ist davon ganz unabhängig. Nun kann aber *das* doch nicht für eine wesentliche Bedingung des Bestandes einer Sache angesehen werden, was für deren Inhalt ganz gleichgültig ist.

Aber auch für einen objektiven Prozess, der Anfang und Ende hat, ist unsere Anwendung des Zeitbegriffes nicht richtig. Wenn an einem bestimmten Dinge eine neue Eigenschaft auftaucht, sich während einiger Zeit in verschiedenen Entwickelungszuständen erhält und dann wieder verschwindet, so müssen wir auch hier den *Inhalt* dieser Eigenschaft als das Wesentliche ansehen. Und dieses hat als solches absolut nichts zu tun mit den Begriffen Anfang, Dauer und Ende. Unter dem Wesentlichen verstehen wir hier das, wodurch ein Ding eigentlich gerade das ist, als was es sich darstellt. Nicht *dass* etwas in einem bestimmten Zeitmomente auftaucht, sondern *was* auftaucht, darauf kommt es an. Die Summe aller dieser mit dem «Was» ausgedrückten Bestimmungen macht den Inhalt der Welt aus. Nun lebt sich dieses «Was» aber in den mannigfaltigsten Bestimmungen, in den verschiedenartigsten Gestalten aus. Alle diese Gestalten sind in Beziehung zueinander, sie bedingen sich gegenseitig. Dadurch treten sie in das Verhältnis des außer einander nach *Raum* und *Zeit.* Aber nur einer ganz verfehlten Auffassung des Zeitbegriffes verdankt der Begriff der *Materie* seine Entstehung. Man glaubt die Welt zum wesenlosen Schein zu verflüchtigen, wenn man der veränderlichen Summe der Geschehnisse nicht ein in der Zeit Beharrendes, ein Unveränderliches untergelegt dächte, das bleibt, während seine Bestimmungen wechseln. Aber die Zeit ist ja nicht ein Gefäß, in dem die Veränderungen sich abspielen, sie ist nicht *vor* den Dingen und *außerhalb* derselben da. Die *Zeit* ist der sinnenfällige Ausdruck für den Umstand, dass die Tatsachen ihrem Inhalte nach voneinander in einer Folge abhängig sind. Nehmen wir an, wir hätten es mit dem wahrzunehmenden Tatsachenkomplex a_1 b_1 c_1 d_1 e_1 zu tun. Von diesem hängt mit innerer Notwendigkeit der andere Komplex a_2 b_2 c_2 d_2 e_2 ab; ich sehe den Inhalt dieses letzteren ein, wenn ich ihn ideell aus dem ersteren hervorgehen lasse. Nun nehmen wir an, beide Komplexe treten in die Erscheinung. Denn was wir früher besprochen haben, ist ihr ganz unzeitliches und unräumliches Wesen. Wenn a_2 b_2 c_2 d_2 e_2 in der Erscheinung auftreten soll, dann muss a_1 b_1 c_1 d_1 e_1 ebenfalls Erscheinung sein, und zwar so, dass nun a_2 b_2 c_2 d_2 e_2 auch in seiner Abhängigkeit davon erscheint. D.h., die Erscheinung a_1 b_1 c_1 d_1 e_1 muss da sein, der Erscheinung a_2 b_2 c_2 d_2 e_2 Platz machen, worauf diese letztere auftritt. Hier sehen wir, dass die Zeit erst da auftritt, wo das *Wesen* einer Sache in die *Erscheinung* tritt. Die Zeit gehört der Erscheinungswelt an. Sie hat mit dem Wesen selbst noch nichts zu tun. Dieses Wesen ist nur ideell zu erfassen. Nur wer diesen Rückgang von der Erscheinung zum Wesen in seinen Gedankengängen nicht vollziehen kann, der hypostasiert die Zeit als ein den Tatsachen Vorhergehendes. Dann braucht er aber ein Dasein, welches die Veränderungen überdauert. Als solches fasst er die unzerstörbare Materie auf. Damit hat er sich ein Ding geschaffen, dem die Zeit nichts anhaben soll, ein in allem Wechsel Beharrendes. Eigentlich aber hat er nur sein Unvermögen gezeigt, von der zeitlichen Erscheinung der Tatsachen zu ihrem Wesen vorzudringen, das mit der Zeit nichts zu tun hat. Kann ich denn von dem Wesen einer Tatsache sagen: es entsteht oder vergeht? Ich kann nur sagen, dass ihr Inhalt einen andern bedingt, und dass dann diese Bedingung als Zeitenfolge erscheint. Das Wesen einer Sache kann nicht zerstört werden, denn es ist außer aller Zeit und bedingt selbst die letztere. Damit haben wir zugleich eine Beleuchtung auf zwei Begriffe geworfen, für die noch wenig Verständnis zu finden ist, auf *Wesen* und *Erscheinung*. Wer die Sache in unserer Weise richtig auffasst, der kann nach einem Beweis von der Unzerstörbarkeit des Wesens einer Sache nicht suchen, weil die Zerstörung den Zeitbegriff in sich schließt, der mit dem Wesen nichts zu tun hat.

Nach diesen Ausführungen können wir sagen: *Das sinnenfällige Weltbild ist die Summe sich metamorphosierender Wahrnehmungen ohne eine zugrunde liegende Materie.*

Unsere Bemerkungen haben uns aber noch etwas anderes gezeigt. Wir haben nämlich gesehen, dass wir nicht von einem subjektiven Charakter dieser Wahrnehmungen sprechen können. Wir können, wenn wir eine Wahrnehmung haben, die Vorgänge von dem Erreger an bis zu unserem Zentralorgan verfolgen: Nirgends wird hier ein Punkt zu finden sein, wo der Sprung von der Objektivität des Nicht-Wahrgenommenen zur Subjektivität der Wahrnehmung nachzuweisen wäre. Damit ist der subjektive Charakter der Wahrnehmungswelt widerlegt. Die Welt der Wahrnehmung steht als auf sich begründeter Inhalt da, der mit Subjekt und Objekt vorläufig noch gar nichts zu tun hat.

Mit der obigen Ausführung ist natürlich nur jener Begriff der Materie getroffen, den die Physik ihren Betrachtungen zugrunde legt und den sie mit dem alten ebenfalls unrichtigen Substanzbegriff der Metaphysik identifiziert. Etwas anderes ist die Materie als das den Erscheinungen zugrunde liegende eigentlich Reale, etwas anderes die Materie als Phänomen, als Erscheinung. Auf den ersteren Begriff allein geht unsere Betrachtung. Der letztere wird durch sie nicht berührt. Denn wenn ich das den Raum erfüllende «Materie» nenne, so ist das bloß ein Wort für ein Phänomen, dem keine höhere Realität als anderen Phänomenen zugeschrieben wird. Ich muss mir dabei nur diesen Charakter der Materie stets gegenwärtig halten.

Die Welt dessen, was sich uns als Wahrnehmungen darstellt, d.h. Ausgedehntes, Bewegung, Ruhe, Kraft, Licht, Wärme, Farbe, Ton, Elektricität usw., das ist das Objekt aller Wissenschaft.

Wäre nun das wahrgenommene Weltbild ein solches, dass es so, wie es für unsere Sinne vor uns auftritt, sich ungetrübt seiner Wesenheit nach auslebte, mit andern Worten, wäre alles, was in der Erscheinung auftritt, ein vollkommener, durch nichts gestörter Abdruck der inneren Wesenheit der Dinge, dann wäre Wissenschaft die unnötigste Sache von der Welt. Denn die Aufgabe der Erkenntnis wäre schon in der Wahrnehmung voll und restlos erfüllt. Ja, wir könnten dann überhaupt gar nicht zwischen Wesen und Erscheinung unterscheiden. Beides fiele als identisch völlig zusammen.

Das ist aber nicht der Fall. Nehmen wir an, das in der Tatsachenwelt enthaltene Element *A* stehe in einem gewissen Zusammenhang mit dem Element *B*. Beide Elemente sind natürlich nach unseren Ausführungen nichts weiter als Phänomene. Der Zusammenhang kommt wieder als Phänomen zur Erscheinung. Dieses Phänomen wollen wir *C* nennen. Was wir nun innerhalb der Tatsachenwelt feststellen können, ist das Verhältnis von *A*, *B* und *C*. Nun aber bestehen neben *A*, *B* und *C* in der wahrnehmbaren Welt noch unendlich viele solcher Elemente. Nehmen wir ein beliebiges viertes *D*; es trete hinzu, und es wird sogleich alles sich als modifiziert darstellen. Statt dass *A*, im Verein mit *B*, *C* im Gefolge hat, wird durch das Hinzutreten von *D* ein wesentlich anderes Phänomen *E* auftreten.

Hierauf kommt es an. Wenn wir einem Phänomen gegenübertreten, so sehen wir es mannigfach bedingt. Wir müssen alle Beziehungen suchen, wenn wir das Phänomen verstehen sollen. Nun sind diese Beziehungen aber verschiedene, nähere und fernere. Dass mir ein Phänomen *E* gegenübertrete, daran sind andere Phänomene in näherer oder fernerer Beziehung die Veranlassung. Einige sind unbedingt notwendig, um überhaupt ein derartiges Phänomen entstehen zu lassen, andere hinderten wohl nicht, wenn sie abwesend wären, dass ein so geartetes Phänomen entstehe, aber sie bedingen, dass es gerade so entstehe. Daraus ersehen wir, dass wir zwischen notwendigen und zufälligen Bedingungen einer Erscheinung unterscheiden müssen. Phänomene nun, die so entstehen, dass dabei nur die notwendigen Bedingungen mitwirken, können wir *ursprüngliche*, die andern *abgeleitete* nennen. Wenn wir die ursprünglichen Phänomene aus ihren Bedingungen verstehen, dann können wir durch Hinzusetzung von neuen Bedingungen die abgeleiteten ebenfalls verstehen.

Hier wird uns die Aufgabe der Wissenschaft klar. Sie hat durch die phänomenale Welt so weit durchzudringen, dass sie Erscheinungen aufsucht, die nur von *notwendigen* Bedingungen abhängig sind. Und der sprachlich-begriffliche Ausdruck für solche notwendige Zusammenhänge sind die *Naturgesetze.*

Wenn man einer Sphäre von Erscheinungen gegenübertritt, dann hat man also, sobald man über die bloße Beschreibung und Registrierung hinaus ist, zunächst diejenigen Elemente festzustellen, die einander notwendig bedingen, und sie als Urphänomene hinzustellen. Dazu hat man dann jene Bedingungen zu setzen, welche schon in einem entfernteren Bezug zu jenen Elementen stehen, um zu sehen, wie sie jene ursprünglichen Phänomene modifizieren.

Dies ist das Verhältnis der Wissenschaft zur Erscheinungswelt: In letzterer treten die Phänomene durchaus als abgeleitete auf, sie sind deshalb von vorneherein unverständlich, in jener treten die Urphänomene an die Spitze und die abgeleiteten als Folge auf, wodurch der ganze Zusammenhang verständlich wird. Das System der Wissenschaft unterscheidet sich von dem System der Natur dadurch, dass in jenem der Zusammenhang der Erscheinungen vom Verstande hergestellt und dadurch verständlich gemacht wird. Die Wissenschaft hat nie und nimmer etwas zur Erscheinungswelt hinzuzubringen, sondern nur die verhüllten Bezüge derselben bloßzulegen. Aller Verstandesgebrauch darf sich nur auf die letztere Arbeit beschränken. Durch Zurückgehen auf ein Nicht-Erscheinendes, um die Erscheinungen zu erklären, überschreitet der Verstand und alles wissenschaftliche Treiben ihre Befugnis.

Nur wer die unbedingte Richtigkeit dieser unserer Ableitungen einsieht, kann Goethes Farbenlehre verstehen. Nachzudenken, was eine Wahrnehmung wie z.B. das Licht, die Farbe sonst noch sei, außer der Wesenheit, als welche sie auftreten, das lag Goethe ganz fern. Denn er kannte jene Befugnis des verständigen Denkens. Ihm war das Licht als Empfindung gegeben. Wenn er nun den Zusammenhang zwischen Licht und Farbe erklären wollte, so konnte das nicht durch eine Spekulation geschehen, sondern nur durch ein *Urphänomen*, indem er die notwendige Bedingung aufsuchte, die zum Lichte hinzutreten musste, um die Farbe entstehen zu lassen. Newton sah auch die Farbe in Verbindung mit dem Lichte auftreten, aber er dachte nun spekulativ nach: Wie entsteht die Farbe aus dem Lichte. Das lag in seiner spekulativen Denkweise, in Goethes gegenständlicher, allein sich selbst verstehender Denkweise lag das nicht. Deshalb musste ihm Newtons Annahme: «Das Licht ist aus farbigen Lichtern zusammengesetzt» als Ergebnis unrichtiger Spekulation erscheinen. Er hielt sich nur berechtigt über den *Zusammenhang* von Licht und Farbe unter Hinzutritt einer Bedingung etwas auszusagen, nicht aber über das Licht selbst durch Hinzufügung eines spekulativen Begriffes. Daher sein Satz: «Das Licht ist das einfachste, unzerlegteste, homogenste Wesen, das wir kennen. Es ist nicht zusammengesetzt.» Alle Aussagen über Zusammensetzung des Lichtes sind ja nur Aussagen des Verstandes über ein Phänomen. Die Befugnis des Verstandes erstreckt sich aber nur auf Aussagen über den *Zusammenhang* von Phänomenen.

Hiermit ist der tiefere Grund bloßgelegt, warum Goethe, als er durchs Prisma sah, nicht zu der Theorie Newtons sich bekennen *konnte*. Das Prisma hätte die *Bedingung* sein müssen für das Zustandekommen der Farbe. Es erwies sich aber eine andere Bedingung, die Anwesenheit eines Dunklen, als ursprünglicher zur Entstehung derselben.

Mit diesen Auseinandersetzungen glaube ich für den Leser der Goethe'schen Farbenlehre alle Hindernisse beseitigt zu haben, die den Weg zu diesem Werke verlegen.

Hätte man nicht immerfort die Differenz der beiden Farbentheorien in zwei einander widersprechenden Auslegungsarten gesucht, die man einfach nach ihrer Berechtigung dann untersuchen wollte, so wäre die Goethe'sche Farbenlehre längst in ihrer hohen wissenschaftlichen Bedeutung gewürdigt. Nur wer ganz erfüllt ist von so grundfalschen Vorstellungen, wie diese ist, dass man von den Wahrnehmungen durch verständiges Nachdenken zurückgehen müsse auf die Ursachen der Wahrnehmungen, der kann die Frage noch in der Weise aufwerfen, wie es die heutige Physik tut. Wer sich aber wirklich klar darüber geworden ist, dass Erklären der Erscheinungen nichts anderes heißt, als dieselben in einem von dem Verstande hergestellten Zusammenhänge *beobachten*, der muss die Goethe'sche Farbenlehre *im Prinzipe* akzeptieren. Denn nur sie ist die Folge einer richtigen Anschauungsweise über das Verhältnis unseres Denkens zur Natur. Newton hatte diese Anschauungsweise nicht. Es fällt mir natürlich nicht ein, alle Einzelheiten der Goethe'schen Farbenlehre verteidigen zu wollen. Was ich aufrechterhalten wissen will, ist nur das *Prinzip*. Aber es kann auch hier nicht meine Aufgabe sein, die zu Goethes Zeit noch unbekannten Erscheinungen der Farbenlehre aus seinem Prinzipe abzuleiten. Sollte ich dereinst das Glück haben, Muße und Mittel zu besitzen, um eine Farbenlehre im Goethe'schen Sinne ganz auf der Höhe der modernen Errungenschaften der Naturwissenschaft zu schreiben, so wäre in einer solchen allein die angedeutete Aufgabe zu lösen. Ich würde das als zu meinen schönsten Lebensaufgaben gehörig betrachten. Diese Einleitung konnte sich allein auf die wissenschaftlich strenge Rechtfertigung von Goethes *Denkweise* in der Farbenlehre erstrecken. In dem Folgenden soll nun auch noch ein Licht auf den inneren Bau derselben geworfen werden.

III. Das System der Naturwissenschaft

Es könnte leicht scheinen, als ob wir mit unseren Untersuchungen, die dem Denken nur eine auf die Zusammenfassung der Wahrnehmungen abzielende Befugnis zugestehen, die selbstständige Bedeutung der Begriffe und Ideen, für die wir uns erst so energisch eingesetzt haben, nun selbst infrage stellen.

Nur eine ungenügende Auslegung dieser Untersuchungen kann zu dieser Ansicht verleiten.

Was erzielt das Denken, wenn es den Zusammenhang der Wahrnehmungen vollzieht?

Betrachten wir zwei Wahrnehmungen *A* und *B*. Diese sind uns zunächst als begriffsfreie Entitäten gegeben. Die Qualitäten, die meiner Sinneswahrnehmung gegeben sind, kann ich durch kein begriffliches Nachdenken in etwas anderes verwandeln. Ich kann auch keine gedankliche Qualität finden, durch die ich dasjenige, was in der sinnenfälligen Wirklichkeit gegeben ist, konstruieren könnte, wenn mir die Wahrnehmung mangelte. Ich kann nie einem Rotblinden eine Vorstellung der Qualität «Rot» verschaffen, auch wenn ich ihm dieselbe mit allen nur erdenklichen Mitteln begrifflich umschreibe. *Die Sinneswahrnehmung hat somit ein Etwas, das nie in den Begriff eingeht; das wahrgenommen werden muss, wenn es überhaupt Gegenstand unserer Erkenntnis werden soll.* Was *für* eine Rolle spielt also der Begriff, den wir mit irgendeiner Sinneswahrnehmung verknüpfen? Er muss offenbar ein ganz selbstständiges Element, etwas Neues hinzubringen, das auch zur Sinneswahrnehmung gehört, das aber in der Sinneswahrnehmung nicht zum Vorschein kommt.

Nun ist es aber doch gewiss, dass dieses neue «Etwas», das der Begriff zur Sinneswahrnehmung hinzubringt, erst das ausspricht, was unserem Erklärungsbedürfnis entgegenkommt. Wir sind erst imstande, irgendein Element in der Sinnenwelt zu verstehen, wenn wir einen Begriff davon haben. Was die sinnenfällige Wirklichkeit uns bietet, darauf können wir ja immer hinweisen, und jeder, der das Vermögen hat, gerade dieses in Rede stehende Element wahrzunehmen, weiß, um was es sich handelt. Durch den Begriff sind wir imstande, etwas von der Sinnenwelt zu sagen, was nicht wahrgenommen werden kann.

Daraus erhellt aber unmittelbar das Folgende. Wäre das Wesen der Sinneswahrnehmung in der sinnlichen Qualität erschöpft, dann könnte nicht in Form des Begriffes etwas völlig Neues hinzukommen. Die Sinneswahrnehmung ist also gar keine Totalität, sondern nur eine Seite einer solchen. Und zwar jene, die bloß angeschaut werden kann. Durch den Begriff erst wird uns das klar, *was* wir anschauen.

Jetzt können wir die *inhaltliche* Bedeutung dessen, was wir im vorigen Kapitel *methodisch* entwickelt haben, aussprechen: Durch die begriffliche Erfassung eines in der Sinnenwelt Gegebenen gelangt erst das *Was* des im Anschauen Gegebenen zur Erscheinung. Wir können den Inhalt des Angeschauten nicht aussprechen, weil der ganze Inhalt sich in dem *Wie* des Angeschauten, d. h. in der *Form* des Auftretens erschöpft. Somit finden wir im *Begriffe* das Was, den Inhalt des in der Sinnenwelt in Form der Anschauung Gegebenen.

Erst im Begriffe also bekommt die Welt ihren Inhalt. Nun haben wir aber gefunden, dass uns der Begriff über die einzelne Erscheinung hinaus auf den Zusammenhang der Dinge verweist. Somit stellt sich das, was in der Sinnenwelt getrennt, vereinzelt auftritt, für den Begriff als *einheitliches* Ganze dar. So entsteht durch unsere naturwissenschaftliche Methodik als Endziel die *monistische Naturwissenschaft*; aber sie ist nicht abstrakter Monismus, der die Einheit schon vorausnimmt, und dann die einzelnen Tatsachen des *konkreten* Daseins in gezwungener Weise darunter subsummiert, sondern der konkrete Monismus, der Stück für Stück zeigt, dass die scheinbare Mannigfaltigkeit des Sinnendaseins sich zuletzt nur als eine ideelle Einheit erweist. Die Vielheit ist nur eine Form, in der sich der einheitliche Weltinhalt ausspricht. Die Sinne, die nicht in der Lage sind, diesen einheitlichen Inhalt zu erfassen, kleben an der Vielheit, sie sind geborene Pluralisten. Das Denken aber überwindet die Vielheit und kommt so durch eine lange Arbeit auf das einheitliche Weltprinzip zurück.

Die Art nun, *wie* der Begriff (die Idee) in der Sinnenwelt sich auslebt, macht den Unterschied der Naturreiche. Gelangt das sinnenfällig wirkliche Wesen nur zu einem solchen Dasein, dass es völlig außerhalb des Begriffes steht, nur von ihm als einem *Gesetze* in seinen Veränderungen beherrscht wird, so nennen wir dieses Wesen *unorganisch*. Alles, was mit einem solchen vorgeht, ist auf die Einflüsse eines andern Wesens zurückzuführen, und wie die beiden aufeinander wirken, das lässt sich durch ein außer ihnen stehendes Gesetz erklären. In dieser Sphäre haben wir es mit Phänomenen und Gesetzen zu tun, die, wenn sie ursprünglich sind, *Urphänomene* heißen können. In diesem Falle steht also das wahrzunehmende Begriffliche außerhalb einer wahrgenommenen Mannigfaltigkeit.

Es kann aber eine sinnenfällige Einheit selbst schon über sich hinausweisen, sie kann, wenn wir sie erfassen wollen, uns nötigen, zu weiteren Bestimmungen als zu den uns wahrnehmbaren fortzugehen. Dann erscheint das begrifflich Erfassbare als sinnenfällige Einheit. Die beiden sind nicht identisch, aber der Begriff erscheint nicht *außer* der sinnlichen Mannigfaltigkeit als Gesetz, sondern in derselben als Prinzip. Er liegt ihr als das sie Durchsetzende, nicht mehr sinnlich Wahrnehmbare zugrunde, das wir *Typus* nennen. Damit hat es die *organische* Naturwissenschaft zu tun.

Aber auch hier erscheint der Begriff noch nicht in seiner ihm eigenen Form als Begriff, sondern erst als *Typus.* Wo nun derselbe nicht mehr bloß als solcher, als durchsetzendes Prinzip, sondern in seiner Begriffsform selbst auftritt, da erscheint er als *Bewusstsein*, da kommt endlich das zur Erscheinung, was auf den unteren Stufen nur dem Wesen nach vorhanden ist. Der Begriff wird hier selbst zur Wahrnehmung. Wir haben es mit dem selbstbewussten Menschen zu tun.

Naturgesetz, *Typus*, *Begriff* sind die drei Formen, in denen sich das Ideelle auslebt. Das Naturgesetz ist abstrakt, über der sinnenfälligen Mannigfaltigkeit stehend, es beherrscht die unorganische Naturwissenschaft. Hier fallen Idee und Wirklichkeit ganz auseinander. Der Typus vereinigt schon beide in einem Wesen. Das Geistige wird wirkendes Wesen, aber es wirkt noch nicht als solches, es ist nicht als solches da, sondern **muss**, wenn es seinem Dasein nach betrachtet werden will, als sinnenfälliges *angeschaut* werden. So ist es im Reiche der organischen Natur. Der Begriff ist auf wahrnehmbare Weise vorhanden. Im menschlichen Bewusstsein ist der Begriff selbst das Wahrnehmbare. Anschauung und Idee decken sich. Es ist eben das Ideelle, welches angeschaut wird. Deshalb können auf dieser Stufe auch die ideellen Daseinskerne der unteren Naturstufen zur Erscheinung kommen. Mit dem menschlichen Bewusstsein ist die Möglichkeit gegeben, dass das, was auf den unteren Stufen des Daseins bloß ist, aber nicht erscheint, nun auch erscheinende Wirklichkeit wird.

IV. Das System der Farbenlehre

Goethes Wirken fällt in eine Zeit, in welcher das Streben nach einem absoluten, in sich selber seine Befriedigung findenden Wissen alle Geister mächtig erfüllte. Das Erkennen wagte sich wieder einmal mit heiligem Eifer daran, alle Erkenntnismittel zu untersuchen, um der Lösung der höchsten Fragen näher zu kommen. Die Zeit der morgenländischen Theosophie, Plato und Aristoteles, dann Cartesius und Spinoza sind in den vorangehenden Epochen der Weltgeschichte die Repräsentanten einer gleich innerlichen Vertiefung. Goethe ist ohne Kant, Fichte, Schelling und Hegel nicht denkbar. War diesen Geistern vor allem der Blick in die Tiefe, das Auge für das Höchste eigen, so ruhte sein Anschauen auf den Dingen der unmittelbaren Wirklichkeit. Aber in diesem Anschauen liegt etwas von jener Tiefe selbst. Er übte diesen Blick in der Betrachtung der Natur. Der Geist jener Zeit ist wie ein Fluidum über seine Naturbetrachtungen ausgegossen. Daher das Gewaltige derselben, das bei der Betrachtung der Einzelheiten sich stets den großen Zug bewahrt. Goethes Wissenschaft geht immer auf das Zentrale.

Mehr als anderswo können wir diese Wahrnehmung an der Farbenlehre machen. Sie ist ja neben dem Versuche über die Metamorphose der Pflanzen allein zu einem abgeschlossenen Ganzen geworden. Und was für ein streng geschlossenes, von der Statur der Sache selbst gefordertes System stellt sie dar!

Wir wollen diesen Bau einmal, seinem inneren Gefüge nach, betrachten.

Dass irgendetwas, was im Wesen der Natur begründet ist, zur Erscheinung komme, dazu ist die notwendige Voraussetzung, dass eine Gelegenheitsursache, ein Organ da sei, in dem das eben Besagte sich darstelle. Die ewigen, ehernen Gesetze der Natur würden zwar herrschen, auch wenn sie nie in einem Menschengeiste sich darstellten, allein ihre Erscheinung als solche wäre nicht möglich. Sie wären bloß dem Wesen, nicht der Erscheinung nach da. So auch wäre es mit der Welt des Lichtes und der Farbe, wenn kein wahrnehmendes Auge sich ihnen entgegenstellte. Die Farbe darf nicht in Schopenhauer'scher Manier von dem Auge ihrem Wesen nach abgeleitet werden, wohl aber muss in dem Auge die Möglichkeit nachgewiesen werden, dass die Farbe erscheine. Das Auge bedingt nicht die Farbe, aber es ist die Ursache ihrer Erscheinung.

Hier muss also die Farbenlehre einsetzen. Sie muss das Auge untersuchen, dessen Natur bloßlegen. Deshalb stellt Goethe die *physiologische* Farbenlehre an die Spitze. Aber seine Auffassung ist auch da von dem, was man gewöhnlich unter diesem Teile der Optik versteht, wesentlich verschieden. Er will nicht aus dem Baue des Auges dessen Funktionen erklären, sondern er will das Auge unter verschiedenen Bedingungen betrachten, um zur Erkenntnis seiner Fähigkeiten und Vermögen zu kommen. Sein Vorgang ist auch hier ein wesentlich *beobachtender*. Was stellt sich ein, wenn Licht und Finsternis auf das Auge wirken; was, wenn begrenzte Bilder in Beziehung zu demselben treten usw.? Er fragt zunächst nicht, welche Prozesse spielen sich im Auge ab, wenn diese oder jene Wahrnehmung zustande kommt, sondern er sucht zu ergründen, was überhaupt zustande kommen kann. Für seinen Zweck ist das zunächst die allein wichtige Frage. Die andere gehört streng genommen nicht in das Gebiet der physiologischen Farbenlehre, sondern in die Lehre von dem menschlichen Organismus, d. h. in die allgemeine Physiologie. Goethe hat es nur zu tun mit dem Auge, sofern es sieht und nicht mit der Erklärung des Sehens aus jenen Wahrnehmungen, die wir an dem toten Auge machen können.

Von da aus geht er dann über zu den objektiven Vorgängen, welche die Farbenerscheinungen veranlassen. Und hier ist wichtig festzuhalten, dass Goethe unter diesen objektiven Vorgängen keineswegs die nicht mehr wahrnehmbaren hypothetischen stofflichen oder Bewegungsvorgänge im Sinne hat, sondern dass er durchaus innerhalb der wahrnehmbaren Welt stehen bleibt. Seine *physische Farbenlehre*, welche den zweiten Teil bildet, sucht die Bedingungen, die vom Auge unabhängig sind und mit der Entstehung der Farben zusammenhängen. Dabei sind aber diese Bedingungen doch immer noch Wahrnehmungen. Wie mithilfe des Prismas, der Linsen usw. an dem Lichte die Farben entstehen, das untersucht er hier. Er bleibt aber vorläufig dabei stehen, die Farbe als solche, in ihrem Werden zu verfolgen, wie sie an sich, abgesondert von Körpern entsteht.

Erst in einem eigenen Kapitel, der *chemischen Farbenlehre*, geht er über zu den fixierten, an den Körpern haftenden Farben. Ist in der *physiologischen* Farbenlehre die Frage beantwortet, wie können Farben überhaupt zur Erscheinung kommen, in der *physischen* jene, wie kommen die Farben unter äußeren Bedingungen zustande, so beantwortet er hier das Problem, wie erscheint die Körperwelt als *farbige*?

So schreitet Goethe von der Betrachtung der Farbe als eines Attributes der Erscheinungswelt zu dieser selbst als in jenem Attribute erscheinend vorwärts. Hier bleibt er nicht stehen, sondern er betrachtet zuletzt die höhere Beziehung der farbigen Körperwelt auf die Seele in dem Kapitel: *Sinnlich-sittliche Wirkung der Farbe.*

Dies ist der strenge, geschlossene Weg einer Wissenschaft: von dem Subjekte als der Bedingung wieder zurück zu dem Subjekte als dem sich in und mit seiner Welt Befriedigenden.

Wer wird hier nicht den Drang der Zeit wiedererkennen: vom Subjekte zum Objekte und wieder in das Subjekt zurück, der Hegel zur Architektonik seines ganzen Systems geführt hat.

In diesem Sinne erscheint denn als das eigentlich optische Hauptwerk Goethes der «Entwurf einer Farbenlehre». Die beiden Stücke: «Beiträge zur Optik» und die «Elemente der Farbenlehre», die in dieser Ausgabe jenem «Entwurfe» vorangehen, müssen als Vorstudien gelten. Die «Enthüllungen der Theorie Newtons» nur als eine polemische Beigabe seiner Arbeit.

V. Der Goethe'sche Raumbegriff

Da nur bei einer mit der Goethe'schen ganz zusammenfallenden Anschauung vom *Raume* ein volles Verständnis seiner physikalischen Arbeiten möglich ist, so wollen wir hier dieselbe entwickeln. Wer zu dieser Anschauung kommen will, der muss aus unseren bisherigen Ausführungen folgende Überzeugung gewonnen haben: 1) Die Dinge, die uns in der Erfahrung als Einzelne gegenübertreten, haben einen inneren Bezug auf einander. Sie sind in Wahrheit durch ein einheitliches Weltenband zusammengehalten. Es lebt in ihnen allen *ein* gemeinsames Prinzip. 2) Wenn unser Geist an die Dinge herantritt und das Getrennte durch ein geistiges Band zu umfassen strebt, so ist die begriffliche Einheit, die er herstellt, den Objekten nicht äußerlich, sondern sie ist herausgeholt aus der inneren Wesenheit der Natur selbst. Die menschliche Erkenntnis ist kein außer den Dingen sich abspielender, aus bloßer subjektiver Willkür entspringender Prozess, sondern, was da in unserem Geist als Naturgesetz auftritt, was sich in unserer Seele auslebt, das ist der Herzschlag des Universums selbst.

Zu unserem jetzigen Zwecke wollen wir die alleräußerlichste Beziehung, die unser Geist zwischen den Objekten der Erfahrung herstellt, einer Betrachtung unterziehen. Wir betrachten den einfachsten Fall, in dem uns die Erfahrung zu einer geistigen Arbeit auffordert. Es seien zwei einfache Elemente der Erscheinungswelt gegeben. Um unsere Untersuchung nicht zu komplizieren, nehmen wir möglichst Einfaches, z.B. zwei leuchtende Punkte. Wir wollen ganz davon absehen, dass wir vielleicht in jedem dieser leuchtenden Punkte selbst schon etwas ungeheuer Kompliziertes vor uns haben, das unserem Geiste eine Aufgabe stellt. Wir wollen auch von der Qualität der konkreten Elemente der Sinnenwelt, die wir vor uns haben, absehen und ganz allein den Umstand in Betracht ziehen, dass wir zwei voneinander abgesonderte, d. h. für die Sinne abgesondert erscheinende Elemente vor uns haben. Zwei Faktoren, die jeder für sich geeignet sind, auf unsere Sinne einen Eindruck zu machen, das ist alles, was wir voraussetzen. Wir wollen ferner annehmen, dass das Dasein des einen dieser Faktoren jenes des andern nicht ausschließt. *Ein* Wahrnehmungsorgan kann beide wahrnehmen.

Wenn wir nämlich annehmen, dass das *Dasein* des einen Elementes in irgendeiner Weise abhängig von dem des andern ist, so stehen wir vor einem von unserem jetzigen verschiedenen Problem. Ist das Dasein von *B* ein solches, dass es das Dasein von *A* ausschließt und doch von ihm seinem Wesen nach abhängig ist, dann müssen *A* und *B* in einem *Zeitverhältnis* stehen. Denn die Abhängigkeit des *B* von *A* bedingt, wenn man sich gleichzeitig vorstellt, dass das Dasein von *B* jenes von A ausschließt, dass dies letztere dem ersteren vorangeht. Doch das gehört auf ein anderes Blatt.

Für unseren jetzigen Zweck wollen wir ein *solches* Verhältnis nicht annehmen. Wir setzen voraus, dass die Dinge, mit denen wir es zu tun haben, sich hinsichtlich ihres Daseins nicht ausschließen, sondern vielmehr miteinander bestehende Wesenheiten sind. Wenn von jeder durch die innere Natur geforderten Beziehung abgesehen wird, so bleibt nur dies übrig, dass überhaupt ein Bezug der Sonderqualitäten besteht, dass ich von der einen auf die andere übergehen kann. Ich kann von dem einen Erfahrungselement zum zweiten gelangen. Für niemanden kann ein Zweifel darüber bestehen, was das für ein Verhältnis sein kann, das ich zwischen Dingen herstelle, ohne auf ihre Beschaffenheit, auf ihr Wesen selbst einzugehen. Wer sich fragt, welcher Übergang von einem Dinge zum andern gefunden werden kann, wenn dabei das Ding selbst gleichgültig bleibt, der muss sich darauf unbedingt die Antwort geben: *der Raum*. Jedes andere Verhältnis muss sich auf die qualitative Beschaffenheit dessen gründen, was gesondert im Weltendasein auftritt. Nur der Raum nimmt auf gar nichts anderes Rücksicht als darauf, dass die Dinge eben *gesonderte* sind. Wenn ich überlege: *A* ist oben, *B* unten, so bleibt mir völlig gleichgültig, was *A* und *B* sind. Ich verbinde mit ihnen gar keine andere Vorstellung, als dass sie eben getrennte Faktoren der von mir mit den Sinnen aufgefassten Welt sind.

Was unser Geist will, wenn er an die Erfahrung herantritt, das ist: Er will die Sonderheit überwinden, er will aufzeigen, dass in dem Einzelnen die Kraft des Ganzen zu sehen ist. Bei der räumlichen Anschauung will er sonst gar nichts überwinden als die Besonderheit als solche. Er will die *allerallgemeinste Beziehung* herstellen. Dass *A* und *B* jedes nicht eine Welt für sich sind, sondern einer Gemeinsamkeit angehören, das sagt die räumliche Betrachtung. Dies ist der Sinn des *Nebeneinander*. Wäre ein jedes Ding ein Wesen für sich, dann gäbe es kein *Nebeneinander*. Ich könnte überhaupt einen Bezug der Wesen aufeinander nicht herstellen.

Wir wollen nun untersuchen, was Weiteres aus dieser Herstellung einer äußeren Beziehung zweier Besonderheiten folgt. Zwei Elemente kann ich nur auf *eine* Art in solcher Beziehung denken. Ich denke *A neben B*. Dasselbe kann ich nun mit zwei anderen Elementen der Sinnenwelt *C* und *D* machen. Ich habe dadurch einen konkreten Bezug zwischen *A* und *B* und einen solchen zwischen

C und *D* festgesetzt. Ich will nun von den Elementen *A*, *B*, *C* und *D* ganz absehen und nur die konkreten zwei Bezüge wieder aufeinander beziehen. Es ist klar, dass ich diese als zwei besondere Entitäten gerade so aufeinander beziehen kann wie *A* und *B* selbst. Was ich hier aufeinander beziehe, sind konkrete Beziehungen. Ich kann sie *a* und *b* nennen. Wenn ich nun noch um einen Schritt weiter gehe, so kann ich *a* wieder auf *b* beziehen. Aber jetzt habe ich alle Besonderheit bereits verloren. Ich finde, wenn ich *a* betrachte, kein besonderes *A* und *B* mehr, welche aufeinander bezogen werden; ebenso wenig bei *b*. Ich finde in beiden nichts anderes, als dass überhaupt bezogen wurde. Diese Bestimmung ist aber in *a* und *b* ganz die gleiche. Was es mir möglich machte, *a* und *b* noch auseinanderzuhalten, das war, dass sie auf *A*, *B*, *C* und *D* hinwiesen. Lasse ich diesen Rest von Besonderheit weg und beziehe ich nur *a* und *b* noch aufeinander, d. h. den Umstand, dass überhaupt bezogen wurde (nicht, dass etwas Bestimmtes bezogen wurde), dann bin ich wieder ganz allgemein bei der räumlichen Beziehung angekommen, von der ich ausgegangen bin. Weiter kann ich nicht mehr gehen. Ich habe das erreicht, was ich vorher angestrebt habe: den *Raum* selbst.

Hierinnen liegt das Geheimnis der drei Dimensionen. In der ersten Dimension beziehe ich zwei konkrete Erscheinungselemente der Sinnenwelt aufeinander; in der zweiten Dimension beziehe ich diese räumlichen Bezüge selbst aufeinander. Ich habe eine Beziehung zwischen Beziehungen hergestellt. Die konkreten Erscheinungen habe ich abgestreift, die konkreten Beziehungen sind mir geblieben. Nun beziehe ich diese selbst räumlich aufeinander. D. h., ich sehe ganz davon ab, dass es konkrete Beziehungen sind, dann aber muss ich *ganz dasselbe*, was ich in der einen finde, in der zweiten wiederfinden. Ich stelle Beziehungen zwischen Gleichen her. Jetzt hört die Möglichkeit des Beziehens auf, weil der Unterschied aufhört.

Das, was ich vorher als Gesichtspunkt meiner Betrachtung angenommen habe, die ganz äußerliche Beziehung habe ich jetzt selbst als Sinnenvorstellung wieder erreicht, von der räumlichen Betrachtung bin ich, nachdem ich dreimal die Operation durchgeführt habe, zum Raum, d. i. zu meinem Ausgangspunkte gekommen.

Daher kann der Raum nur drei Dimensionen haben. Was wir hier mit der Raumvorstellung unternommen haben, ist eigentlich nur ein spezieller Fall der von uns immer angewendeten Methode, wenn wir an die Dinge betrachtend herantreten. Wir stellen konkrete Objekte unter einen allgemeinen Gesichtspunkt; dadurch gewinnen wir Begriffe von den Einzelheiten, diese Begriffe betrachten wir dann selbst wieder unter den gleichen Gesichtspunkten, sodass wir dann nur mehr die Begriffe der Begriffe vor uns haben; verbinden wir auch diese noch, dann verschmelzen sie in jene ideelle Einheit, die mit nichts anderem mehr als mit sich selbst unter einen Gesichtspunkt gebracht werden könnte. Nehmen wir ein besonderes Beispiel. Ich lerne zwei Menschen kennen: *A* und *B*. Ich betrachte sie unter dem Gesichtspunkte der Freundschaft. In diesem Falle werde ich einen ganz bestimmten Begriff *a* von der Freundschaft der beiden Leute bekommen. Ich betrachte nun zwei andere Menschen unter dem gleichen Gesichtspunkte, *C* und *D*. Ich bekomme einen andern Begriff *b* von dieser Freundschaft. Nun kann ich weiter gehen und diese beiden Freundschaftsbegriffe aufeinander beziehen. Was mir da übrig bleibt, wenn ich von dem Konkreten, das ich gewonnen habe, absehe, ist der *Begriff der Freundschaft überhaupt*. Diesen kann ich aber realiter auch erhalten, wenn ich die Menschen *E* und *F* unter dem gleichen Gesichtspunkte und ebenso *G* und *H* betrachte. In diesem wie in unzähligen anderen Fällen kann ich den Begriff der *Freundschaft überhaupt* erhalten. Alle diese Begriffe sind aber dem Wesen nach miteinander identisch, und wenn ich sie unter dem gleichen Gesichtspunkte betrachte, dann stellt sich heraus, dass ich eine Einheit gefunden habe. Ich bin wieder zu dem zurückgekehrt, wovon ich ausgegangen bin.

Der *Raum* ist also eine Ansicht von Dingen, eine Art, wie unser Geist sie in eine Einheit zusammenfasst. Die drei Dimensionen verhalten sich dabei in folgender Weise. Die erste Dimension stellt einen Bezug zwischen zwei Sinneswahrnehmungen her.[2] Sie ist also eine *konkrete Vorstellung*. Die zweite Dimension bezieht zwei konkrete Vorstellungen aufeinander und geht dadurch in das Gebiet der *Abstraktion* über. Die dritte Dimension endlich stellt nur noch die ideelle *Einheit* zwischen den Abstraktionen her. Es ist also ganz falsch, die drei Dimensionen des Raumes als völlig gleichbedeutend zu nehmen. Welche die erste ist, hängt natürlich von den wahrgenommenen Elementen ab. Dann aber haben die anderen eine ganz bestimmte und *andere* Bedeutung als

---

2 Sinneswahrnehmung bedeutet hier dasselbe, was Kant Empfindung nennt.

diese erste. Es war von Kant ganz falsch angenommen, dass er den Raum als *totum* auffasste, statt als eine begrifflich in sich bestimmbare Wesenheit.

Wir haben nun bisher vom Raume als von einem Verhältnis, einer Beziehung, gesprochen. Es fragt sich nun aber: gibt es denn nur dieses Verhältnis des Nebeneinander? Oder ist eine absolute Ortsbestimmung für ein jedes Ding vorhanden? Dieses letztere wäre natürlich durch unsere obigen Erklärungen gar nicht berührt. Untersuchen wir aber einmal, ob es ein solches Ortsverhältnis, ein ganz bestimmtes «Da» auch gibt. Was bezeichne ich in Wirklichkeit, wenn ich von einem solchen «Da» spreche? Doch nichts anderes, als ich gebe einen Gegenstand an, dem der eigentlich infrage kommende unmittelbar benachbart ist. «Da» heißt in Nachbarschaft von einem durch mich bezeichneten Objekte. Damit ist aber die absolute Ortsangabe auf ein *Raumverhältnis* zurückgeführt. Die angedeutete Untersuchung entfällt somit.

Werfen wir nun noch ganz bestimmt die Frage auf: Was ist nach den vorausgegangenen Untersuchungen der Raum? Nichts anderes als eine in den Dingen liegende Notwendigkeit, ihre Besonderheit in ganz äußerlicher Weise, ohne auf ihre Wesenheit einzugehen, zu überwinden und sie in eine Einheit, schon als solche äußerliche zu vereinigen. Der Raum ist also eine Art, die Welt als eine Einheit zu erfassen. *Der Raum ist eine Idee*. Nicht, wie Kant glaubte, eine Anschauung.

Als Goethe an die Betrachtung des Wesens der Farben herantrat, war es wesentlich ein Kunstinteresse, das ihn auf diesen Gegenstand brachte. Sein intuitiver Geist erkannte bald, dass die Farbengebung in der Malerei einer tiefen Gesetzlichkeit unterliege. Worinnen diese Gesetzlichkeit bestand, das konnte weder er selbst entdecken, so lange er sich nur im Gebiete der Malerei theoretisierend bewegte, noch vermochten ihm unterrichtete Maler darüber eine befriedigende Auskunft zu geben. Die letzteren wussten wohl praktisch, wie sie die Farben zu mischen und anzuwenden hatten, konnten sich aber darüber nicht in Begriffen aussprechen. Als Goethe nun in Italien nicht nur den erhabensten Kunstwerken dieser Art, sondern auch der farbenprächtigsten Natur gegenübertrat, da erwachte in ihm besonders mächtig der Drang, die Naturgesetze des Farbenwesens zu erkennen. Das rein Geschichtliche hierbei mag Gegenstand der Einleitung des nächsten Bandes sein, wo Goethe selbst in der «Geschichte der Farbenlehre» ein ausführliches Bekenntnis ablegt. Hier wollen wir nur das Psychologische und Sachliche auseinandersetzen.

Gleich nach seiner Rückkehr aus Italien begannen Goethes Farbenstudien. Dieselben wurden besonders intensiv in den Jahren 1790 und 1791, um dann den Dichter fortdauernd bis an sein Lebensende zu beschäftigen.

Wir müssen uns nun den Stand der Goethe'schen Weltanschauung in dieser Zeit, am Beginne seiner Farbenstudien, vergegenwärtigen. Damals hatte er bereits seinen großartigen Gedanken von der Metamorphose der organischen Wesen gefasst. Es war ihm schon durch seine Entdeckung des Zwischenkieferknochens die Anschauung der Einheit alles Naturdaseins aufgegangen. Das Einzelne erschien ihm als besondere Modifikation des idealen Prinzipes, das im Ganzen waltet. Er hatte es schon in seinen Briefen aus Italien ausgesprochen, dass eine Pflanze nur dadurch Pflanze ist, dass sie die «Idee der Pflanze» in sich trage. Diese Idee galt ihm als etwas Konkretes, als mit geistigem Inhalte erfüllte Einheit in allen besonderen Pflanzen. Sie war mit den Augen des Leibes nicht, wohl aber mit dem Auge des Geistes zu erfassen. Wer sie sehen kann, sieht sie in *jeder* Pflanze.

Damit erscheint das ganze Reich der Pflanzen und bei weiterer Ausgestaltung dieser Anschauung das ganze Naturreich überhaupt als eine mit dem Geiste zu erfassende Einheit.

Niemand aber vermag aus der bloßen Idee heraus die Mannigfaltigkeit, die vor den äußeren Sinnen austritt, zu konstruieren. Die Idee vermag der intuitive Geist zu erkennen. Die *einzelnen* Gestaltungen sind ihm nur zugänglich, wenn er die Sinne nach außen richtet, wenn er beobachtet, anschaut. Warum eine Modifikation der Idee gerade so und nicht anders als sinnenfällige Wirklichkeit austritt, dazu muss der Grund nicht ausgeklügelt, sondern im Reich der Wirklichkeit *gesucht* werden.

Dies ist Goethes eigenartige Anschauungsweise, die sich wohl am besten als *empirischer Idealismus* kennzeichnen lässt. Sie kann mit den Worten zusammengefasst werden: Den Dingen einer *sinnlichen Mannigfaltigkeit*, soweit sie gleichartig sind, liegt eine *geistige Einheit* zugrunde, die eben jene Gleichartigkeit und Zusammengehörigkeit bewirkt.

Von diesem Punkte ausgehend, entstand für Goethe die Frage: Welche geistige Einheit liegt der Mannigfaltigkeit der Farbenwahrnehmungen zugrunde? Was nehme ich in *jeder* Farbenmodifikation wahr? Und da ward ihm bald klar, dass das *Licht* die notwendige Grundlage jeder Farbe sei. Keine Farbe ohne Licht. Die Farben aber sind die Modifikationen des Lichtes. Und nun musste er jenes Element in der Wirklichkeit suchen, welches das Licht modifiziert, spezifiziert. Er fand, dass dies die lichtlose Materie, die Finsternis, kurz das dem Licht Entgegengesetzte ist. So war ihm jede Farbe durch Finsternis modifiziertes Licht. Es ist vollständig unrichtig, wenn man glaubt, Goethe habe mit dem Lichte etwa das konkrete Sonnenlicht, das gewöhnlich «weißes Licht» genannt wird, gemeint. Nur der Umstand, dass man sich von dieser Vorstellung nicht losmachen konnte und das auf so komplizierte Weise zusammengesetzte Sonnenlicht als den Repräsentanten des Lichtes an sich ansah, verhinderte das Verständnis der Goethe'schen Farbenlehre. Das Licht, wie es Goethe auffasst, und wie er es der Finsternis als seinem Gegenteil gegenüberstellt, ist eine rein geistige Entität, einfach das allen Farbenempfindungen Gemeinsame. Wenn Goethe das auch nirgends klar ausgesprochen hat, so ist doch seine ganze Farbenlehre so angelegt, dass nur dieses darunter verstanden werden darf. Wenn er mit dem Sonnenlichte experimentiert, um seine Theorie durchzuführen, so ist der Grund davon nur der, dass das Sonnenlicht, trotzdem es das Resultat so komplizierter Vorgänge ist, wie sie eben im Sonnenkörper auftreten, doch für uns sich als Einheit darstellt, die ihre Teile nur als aufgehobene in sich enthält. Das, was wir mithilfe des Sonnenlichtes für die Farbenlehre gewinnen, ist aber doch nur eine *Annäherung* an die Wahrheit. Man darf Goethes Theorie eben nicht so auffassen, als wenn nach ihr in jeder Farbe Licht und Finsternis real enthalten wären. Nein, sondern das Wirkliche, das unserm Auge gegenübertritt, ist nur eine bestimmte Farbennuance. Nur der Geist vermag diese sinnenfällige Tatsache in zwei geistige Entitäten auseinanderzulegen: Licht und Nicht-Licht.

Die äußeren Veranstaltungen, wodurch dieses geschieht, die materiellen Vorgänge in der Materie, werden davon nicht im Mindesten berührt. Das ist eine ganz andere Sache. Dass ein Schwingungsvorgang im Äther vorgeht, während vor mir «Rot» auftritt, das soll nicht bestritten werden. Aber was *real* eine Wahrnehmung zustande bringt, das hat, wie wir schon gezeigt haben, mit dem *Wesen des Inhaltes* gar nichts zu tun.

Man wird mir einwenden: Es lässt sich aber nachweisen, dass alles an der Empfindung subjektiv ist und nur der Bewegungsvorgang, der ihr zugrunde liegt, das außer unserem Gehirne real Existierende. Dann könnte man von einer *physikalischen Theorie* der Wahrnehmungen überhaupt nicht sprechen, sondern nur von einer solchen der zugrunde liegenden Bewegungsvorgänge. Mit diesem Beweise verhält es sich ungefähr so: Wenn jemand an einem Orte *A.* ein Telegramm an mich, der ich mich in *B.* befinde, aufgibt, dann ist das, was ich von dem Telegramm in die Hände bekomme, restlos in *B.* entstanden. Es ist der Telegrafist in *B.*; er schreibt auf Papier, das nie in *A.* war, mit Tinte, die nie in *A.* war; er selbst kennt *A.* gar nicht usw.; kurz es lässt sich beweisen, dass in das, was mir vorliegt, gar nichts von *A.* eingeflossen ist. Dennoch ist alles, was von *B.* herrührt, für den *Inhalt*, das Wesen, des Telegrammes ganz gleichgültig; was für mich in Betracht kommt, ist nur durch *B.* vermittelt. Will ich das Wesen des Inhaltes des Telegrammes erklären, dann muss ich ganz von dem absehen, was von *B.* herrührt.

Ebenso verhält es sich mit der Welt des Auges. Die Theorie muss sich auf das dem Auge Wahrnehmbare erstrecken und *innerhalb* derselben die Zusammenhänge suchen. Die materiellen raum-zeitlichen Vorgänge mögen recht wichtig sein für das *Zustandekommen* der Wahrnehmungen; mit dem *Wesen* derselben haben sie nichts zu tun.

Ebenso verhält es sich mit der heute vielfach besprochenen Frage: ob den verschiedenen Naturerscheinungen: Licht, Wärme, Elektrizität usw. nicht ein und dieselbe Bewegungsform im Äther zugrunde liegt? *Hertz* hat nämlich kürzlich gezeigt, dass die Verbreitung der elektrischen Wirkungen im Raume denselben Gesetzen unterliegt wie die Verbreitung der Lichtwirkungen. Daraus kann man schließen, dass die Wellen, welche die Träger des Lichtes sind, auch der Elektrizität zugrunde liegen. Man hat ja auch bisher schon angenommen, dass im Sonnenspektrum nur *eine* Art von Wellenbewegung tätig ist, die sich, je nachdem sie auf wärme-, licht- oder chemisch-empfindende Reagenzien fällt, Wärme-, Licht- oder chemische Wirkungen erzeugen.

Dies ist ja aber von vorneherein klar. Wenn man untersucht, was in dem Räumlich-Ausgedehnten vorgeht, während die in Rede stehenden Entitäten vermittelt werden, dann muss man auf eine *einheitliche* Bewegung kommen. Denn ein Medium, in dem *nur* Bewegung möglich ist, das muss auf alles durch Bewegung reagieren. Es wird auch alle Vermittelungen, die es übernehmen muss, durch Bewegung vollbringen. Wenn ich dann die Formen dieser Bewegung untersuche, dann erfahre ich nicht: was das Vermittelte ist, sondern auf welche Weise es an mich gebracht wird. Es ist einfach ein Unding, zu sagen: Wärme oder Licht sei Bewegung. Bewegung ist nur die Reaktion der bewegungsfähigen Materie auf das Licht.

Goethe selbst hat die Wellentheorie noch erlebt und in ihr nichts gesehen, was mit seiner Überzeugung von dem Wesen der Farbe nicht in Einklang zu bringen wäre.

Man muss sich nur von der Vorstellung losmachen, dass Licht und Finsternis bei Goethe reale Wesenheiten sind, sondern sie als *bloße* Prinzipien, geistige Entitäten ansehen; dann wird man eine ganz andere Ansicht über seine Farbenlehre gewinnen. Wenn man wie Newton unter dem Lichte nur eine Mischung aus allen Farben versteht, dann verschwindet jeglicher Begriff von dem konkreten Wesen «Licht». Dasselbe verflüchtigt sich vollständig zu einer leeren Allgemeinvorstellung, der in der Wirklichkeit nichts entspricht. Solche Abstraktionen waren der Goethe'schen Weltanschauung fremd. Für ihn musste eine jegliche Vorstellung *konkreten* Inhalt haben, nur hörte für ihn das «Konkrete» nicht beim «Physischen» auf.

Für «Licht» hat die moderne Physik eigentlich gar keinen Begriff. Sie kennt nur spezifizierte Lichter, Farben, die in bestimmten Mischungen den Eindruck: Weiß hervorrufen. Aber auch dieses «Weiß» darf nicht mit dem Lichte an sich identifiziert werden. Weiß ist eigentlich auch nichts weiter als eine *Mischfarbe*. Das «Licht» im Goethe'schen Sinne kennt die moderne Physik nicht. Ebenso wenig die «Finsternis». Die Farbenlehre Goethes bewegt sich somit in einem Gebiete, welches die Begriffsbestimmungen der Physiker gar nicht berührt. Die Physik *kennt* einfach alle die Grundbegriffe der Goethe'schen Farbenlehre nicht. Sie kann somit von ihrem Standpunkte aus diese Theorie gar nicht beurteilen. Goethe beginnt eben da, wo die Physik aufhört.

Es zeugt von einer ganz oberflächlichen Auffassung der Sache, wenn man fortwährend von dem Verhältnis Goethes zu Newton und der modernen Physik spricht und dabei gar nicht daran denkt, dass dies zwei völlig verschiedene Dinge sind.

Wir sind der Überzeugung, dass derjenige, welcher unsere Erörterungen über die Natur der Sinnesempfindungen im richtigen Sinne erfasst hat, gar keinen andern Eindruck von der Goethe'schen Farbenlehre gewinnen kann als den geschilderten. Wer freilich diese unsere grundlegenden Theorien *nicht* zugibt, der bleibt auf dem Standpunkt der physikalischen Optik stehen und damit lehnt er auch Goethes Farbenlehre ab.

Rudolf Steiner

In den beigefügten zwei Tafeln ist der Inhalt der von Goethe seinen *«Beiträgen zur Optik»* und der *«Farbenlehre»* beigegebenen Tafeln wiedergegeben; auf die volle Wiedergabe aller Figuren haben wir jedoch verzichtet. Nur, was zu den «Beiträgen zur Optik» gehört, erscheint auf Tafel I und II, Fig. 1–27 vollständig verzeichnet. Von den Figuren zur «Farbenlehre» wurde alles ausgeschieden, was zur Erklärung des Goethe'schen Textes *überflüssig* erscheint. Jedoch wurde der Grundsatz beobachtet, dass alle jene Figuren gegeben wurden, auf die der Text des didaktischen Teiles direkt verweist. Von der Kolorierung wurde abgesehen, und die entsprechenden Farbentöne bloß auf deutliche Weise durch eine Beschreibung sichtbar gemacht. Die Erklärung der Figuren 1–27 (Tafel I und II) findet man im Goethe'schen Text selbst (Seite 33–35). Die Nummerierung der Tafeln stimmt daselbst mit der unserigen vollständig überein. Der an das Schwarz nächstliegende Farbenton ist immer, wenn keine Schraffierung sich findet, *rot*, der daran schließende *gelb*; der enger schraffierte ist *violett*, der weiter schraffierte *blau*.

Fig. 28. Tafel II entspricht der Goethe'schen auf Tafel II (Nr. 1). Der schraffierte Rand ist *blau*, der durch die punktierte Linie in der Mitte abgegrenzte, unschraffierte, *gelb*. Die Figur gehört zu 148, 15–29.

Fig. 29 entspricht der Goethe'schen auf Tafel II (Nr. 2). Die schraffierten Ränder sind *blau*, die nicht schraffierten, durch Punkte abgegrenzten *gelb*. Gehört zu 149, 12–23.

Fig. 30 entspricht der Goethe'schen auf Tafel II (Nr. 4). Gehört zu Text 149, 25–29. Dort findet man auch die volle Erklärung.

Fig. 31 entspricht der Goethe'schen Tafel II (Nr. 3). Gehört zu 150, 8–12, wo man auch die Erklärung findet.

Fig. 32 entspricht der Goethe'schen auf Tafel IV (Nr. 2). Gehört zu 172, 9 – 173, 21. Die Einteilung in Kasen haben wir weggelassen, weil sich der Leser sehr leicht den ganzen schwarzen Raum durch Quer- und Längslinien in 36 Quadrate (je 4 in vertikaler, 9 in horizontaler Richtung) eingeteilt denken kann.

Fig. 33 entspricht der Goethe'schen auf Tafel III. Sie hat den Zweck, verschiedene Farbentöne auf verschiedenem Grunde durch das Prisma zu zeigen und auch *graue* aneinanderstoßende Flächen durch das Prisma zu beobachten. Sie gehört zum Texte 161, 1 – 170, 18.

Fig. 34 entspricht der Goethe'schen auf Tafel V. Sie soll zeigen, dass die Farbenerscheinung hinter dem Prisma eine verschiedene ist, je weiter von dem Prisma entfernt man das Spektrum mit einem Schirme auffängt. Wir haben die Gestalt des Spektrums in den Stellungen I, II, III, IV festgehalten. Goethe will damit zeigen, dass wir es mit keiner fertigen, sondern nur mit einer *werdenden* Erscheinung zu tun haben. Gehört zu 180, 30 ff.

Dem Text liegt die Einzelausgabe von 1810: «Zur Farbenlehre. Von Goethe. Erster Band.» zugrunde. Die späteren Ausgaben in den Werken wurden verglichen und wo es nötig schien, abweichende Lesarten angegeben. Der bereits ausgegebene Teil der Farbenlehre in der großen Weimarer Goethe-Ausgabe erschien erst nach der Drucklegung unseres Bandes. Wir bringen die – übrigens gerade in diesem Teile belanglosen – Lesarten als Nachtrag im nächsten Bande.

Rudolf Steiner

Ausgewählte Kommentare in GA 1c:
Zur «Optik und Farbenlehre»

Beiträge zur Optik. Erstes Stück

Goethe erkannte den rein formalen Charakter der Mathematik ganz gut. Diese Wissenschaft kann mit ihrer Beschränkung auf das Mehr oder Weniger ihr Reich erst da entwickeln, wo das *Wie*, die Qualität festgestellt ist. Über diese selbst zu entscheiden, hat sie nirgends. Das Quale nun ist es, welches in Bezug auf die Farbenwelt Goethe untersuchen wollte. [GA 1c, S. 7]

Den Hypothesen gesteht Goethe nur eine methodische Berechtigung zu. Solange unser Geist noch einem Phänomen gegenübersteht, das er nicht zum Versuche gesteigert hat, mag er sich eine hypothetische Ansicht darüber bilden, die ihn anleitet, ähnliche, verwandte Erscheinungen zu finden. Wenn es ihm aber dann gelungen ist, jenes Phänomen auf das Urphänomen zurückzuführen, dann soll er die Hypothese, die wohl für ihn, nicht aber für die Sache Bedeutung hat, wieder fallen lassen. Denn sie entsprang nicht dem innern Wesen der Erscheinung, sondern seiner Reflexion über dasselbe. [GA 1c, S. 8 f.]

Man *weiß* im Sinne Goethes, was man seinem tatsächlichen Gehalte nach kennt; man *begreift* dasjenige, dessen *ideelle* Grundlage man erfasst hat. [GA 1c, S. 9]

Das Licht an sich ist ebenso wenig sichtbar als die absolute Finsternis. Das Licht ist die reale Bedingung dafür, dass wir die Gegenstände sehen. [GA 1c, S. 11]

Die Sinnesempfindungen, die das Licht an den Körpern hervorruft, sind die Farben in dem im Texte angegebenen weitesten Sinne. Farbe ist das Licht, insofern es sinnenfällig erscheint. Wir sehen sogleich, dass wir im Sinne Goethes das Licht nicht mit seiner sinnenfälligen Erscheinung verwechseln dürfen. Wir erkennen die ideelle Wesenheit des Lichtes, legen sie unseren Betrachtungen zugrunde, aber *sinnlich wahrnehmen* können wir es bloß in seinen Wirkungen. [GA 1c, S. 11]

Weiß ist also im Sinne Goethes nur der Repräsentant des Lichtes, während es von der Newton'schen Optik geradezu als Licht selbst angesprochen wird. Man kann aber höchstens sagen, *weiß* sei ein *Zustand der Materie* unter dem Einfluss des unveränderten Lichtes oder *weiß* erscheine eine Materie, die sich als undurchsichtig dem Lichte widersetzt. [GA 1c, S. 12]

Deshalb ist *Rot* für Goethe nur ein Zustand des Gelben oder Blauen, in dem dieselben erscheinen, wenn sie gesteigert werden, und nicht eine ursprüngliche Elementarfarbe. [GA 1c, S. 13]

Goethe beschreibt hier die allerersten Erfahrungen, die wir mit dem Prisma machen. Von diesen wahrgenommenen Erscheinungen geht der Menschengeist immer aus. Wie sie ihm so in bunter Mannigfaltigkeit erscheinen, macht sich bei ihm sogleich das entschiedene Bedürfnis geltend, sie zu *erklären*. Das kann er aber nur, wenn er die Bedingungen kennt, unter denen sie entstehen. Diese wieder lernt er am besten kennen, wenn er sie selbst hervorruft. Dann hat er die *Erfahrung zum Versuch gesteigert*. Die Versuche hat er nun so anzustellen, dass er die Bedingungen in der verschiedensten Weise wirken lässt. Dadurch lernt er den größeren oder geringeren Einfluss einer jeden einzelnen Bedingung kennen. *Das ist die Vermannigfaltigung der Versuche*. Jetzt erst kann er zur höchsten Stufe emporsteigen und das Phänomen in jener einfachsten Weise aussprechen, wo die Bedingungen ihre ursprüngliche Wirkung zeigen, die nicht durch Nebenumstände beeinflusst ist. Das ist das *Urphänomen*, welches unmittelbar ein objektives Naturgesetz ausspricht. Diese Urphänomene zu suchen betrachtet Goethe als seine Aufgabe. [GA 1c, S. 14]

Man bemerke, wie Goethe von den Erfahrungen zum Versuche aufsteigt, indem er die Erscheinung in ihrer denkbar einfachsten Gestalt herauszuschälen sucht. Erst die komplizierteren Figuren, dann die einfachen Streifen und zuletzt einfach die Grenze zwischen Schwarz und Weiß. [...] Nun folgt, nachdem das einfachste (Ur-)Phänomen herausgesondert ist, die Vermannigfaltigung der Versuche, um allmählich die komplizierteren Erscheinungen aus den einfachen abzuleiten. [GA 1c, S. 18 f.]

Goethe sieht in dem kontinuierlichen Spektrum eine weniger ursprüngliche Erscheinung als in dem in der Mitte weißen beziehungsweise schwarzen. Denn dieses ist das ursprünglichere, während jenes nur durch Zusammenrücken der Grenzen entstanden ist. Das einfachste Phänomen ist überhaupt nur da vorhanden, wo eine einzige Grenze in Betracht kommt. Denn da sind die Bedingungen am einfachsten. Es ist ja die Hauptfrage nach der Entstehung der prismatischen Farben. Die Grundbedingung hierzu ist nur, dass die beiden Gegensätze, Schwarz und Weiß, an ihrer Grenze durch das Prisma betrachtet werden. Zwei Grenzen sind schon eine Vermannigfaltigung des Versuches. Und die Nähe der Grenzen ist eine zufällige Bestimmung, die mit den Hauptbedingungen nichts zu tun hat. Wenn man sie unter die Grundbedingungen aufnähme, wäre es gerade so, als wenn man bei dem Beweise, dass die Winkelsumme eines Dreieckes 180° ist, nur ein *gleichseitiges* Dreieck zugrunde legen wollte. [GA 1c, S. 21 f.]

Beiträge zur Optik. Zweites Stück

Statt des Ausdrucks *Strahlung* gebraucht Goethe später in der Farbenlehre den Ausdruck *Saum*. [GA 1c, S. 39]

Versuch, die Elemente der Farbenlehre zu entdecken

Als Sinnesempfindung ist das Schwarze etwas durchaus Positives. Wir nehmen eine *schwarze* Fläche als Qualität gerade so gut wahr wie eine weiße. Deshalb gilt es für Goethe nicht einfach als die Verneinung des Lichtes, sondern als das Entgegengesetzte, der negative Pol des Weißen. [GA 1c, S. 55]

In dem *Grau* ist Schwarz und Weiß als seine Bedingungen vorhanden. Es ist die Sache so aufzufassen, dass *Grau* nicht ein niederer Grad von Schwarz oder ein gemildertes Weiß ist, sondern dass an der Hervorbringung des Grau sich Schwarz und Weiß vereinigen. [GA 1c, S. 56]

Zur Farbenlehre

{Denn eigentlich unternehmen wir umsonst, das Wesen eines Dinges auszudrücken. Wirkungen werden wir gewahr, und eine vollständige Geschichte dieser Wirkungen umfasste wohl allenfalls das Wesen jenes Dinges. Vergebens bemühen wir uns, den Charakter eines Menschen zu schildern; man stelle dagegen seine Handlungen, seine Taten zusammen, und ein Bild des Charakters wird uns entgegentreten. – Die Farben sind Taten des Lichts, Taten und Leiden. In diesem Sinne können wir von denselben Aufschlüsse über das Licht erwarten.} Goethe will damit nicht sagen, dass uns das Wesen des Lichtes verschlossen bleibe, und wir etwa da an einer Grenze unseres Erkennens angelangt seien, sondern nur, dass wir das Licht nicht in abstrakte Begriffsformeln oder mechanische Bewegungsvorstellungen fassen sollen, sondern als das *Lebendig-Wirksame* in den Farbenerscheinungen. Nicht jenseits und abgesondert von den Farben, die als Wirkung des Lichtes erscheinen, sollen wir das letztere suchen, sondern *in* und *mit* denselben. [GA 1c, S. 77]

Mit der «ganzen Natur» ist hier natürlich nicht die *Summe* aller einzelnen Naturdinge gemeint, sondern das *Wesen* der Natur, die Idee derselben. Dieses Wesen wird als *Wirkendes* gedacht, das sich in jeder einzelnen Erscheinung auslebt. Wir müssen die einzelne Erscheinung nur recht erfassen, über ihre Außenseite hinweg in ihr Inneres kommen, dann geht uns die Natur als ein wirkendes Ganzes auf. Goethe steht hier weit über der modernen Naturwissenschaft, die bei der Summe der Erscheinungen stehen bleibt. [GA 1c, S. 77]

Jedes Naturding ist nur durch seine Begrenzung im Raum und in der Zeit ein einzelnes; aber es spricht sich in demselben die ganze Natur aus. Für die Sinne, für das Anschauungsvermögen gibt es unendlich viele Dinge, für die Vernunft nur die eine Natur, die sich unendlich mannigfaltig zu gestalten vermag. [GA 1c, S. 78]

Durch alle die angeführten Bezeichnungen suchen wir dasjenige, was uns als Einzelnes erscheint, aufeinander zu beziehen, sodass sich das Naturgebäude vor unseren geistigen Augen als Ganzes aufbaut und das Sinnliche mit dem Vernünftigen sich immer mehr deckt. [GA 1c, S. 78]

Das Anschauen der Natur muss mit *Ironie* geschehen, d.h., wir müssen uns darüber klar sein, welches Verhältnis unser Geist mit seinen Begriffen zu den Naturdingen hat. [GA 1c, S. 79]

Entwurf einer Farbenlehre: Didaktischer Teil

Es liegt in der Goethe'schen Weltauffassung, dass die Natur sich in dem Menschen jene Organe erschafft, durch die sie in ihrer höchsten Entfaltung erscheinen kann. Das Licht könnte ohne Auge nicht erscheinen. Was in der Natur *dem Wesen nach* begründet ist, schafft sich in dem Menschen die Organe, um zur sinnenfälligen Erscheinung zu kommen. [GA 1c, S. 88]

Der alte Mystiker ist Jakob Böhme. Derselbe sieht in seiner tiefsinnigen theosophischen Auffassung des Menschen dessen Wesen tief innerlich verwachsen mit dem Wesen der Welt selbst, sodass die Kräfte, die *außer* uns, im Weltall, walten, auch *in* uns wirksam sind. Wir erkennen den Ursprung der Dinge nach Jakob Böhme, weil wir selbst etwas mit diesem Ursprunge Verwandtes *in* uns haben. [GA 1c, S. 88]

Das Licht ist in seiner Einfachheit nicht weiter zu erklären, wir müssen es in seinem Verhältnis zur Materie, zu den Gegenständen erkennen, dann haben wir es selbst erkannt. [GA 1c, S. 89]

Zur Farbenlehre, Didaktischer Teil: 1. Physiologische Farben

In den *physiologischen Farben,* d.i. jenen Farben, für die man den Grund nicht in objektiven Vorgängen, sondern in der Natur des Sehorganes zu suchen hat, sieht Goethe das Fundament der ganzen Farbenlehre. Dies beruht auf seiner unumstößlichen Voraussetzung, dass wir nur dann ein Objekt in der uns umgebenden Welt wahrnehmen können, wenn diese Wahrnehmung in unseren Organen vorgebildet ist. Nur weil das Auge vermöge seiner Natur aus sich selbst die Farbe erzeugen kann, erscheint uns die Welt als eine farbige. [...] Goethe sucht daher zunächst festzustellen, inwieweit das Auge farbige Erscheinungen *aus sich selbst* hervorzurufen vermag. Erst aufgrund dieser Untersuchung kann mit Erfolg an die Feststellung jener objektiven Vorgänge geschritten werden, welche die Farbenwahrnehmung im Auge bewirken. Man würde aber trotzdem unrecht haben, wenn man wegen der entschiedenen Betonung der physiologischen oder subjektiven Farben bei Goethe ihm zumutete, dass er die *objektive Natur* der Farbenwahrnehmung geleugnet habe. Das ist ein Irrtum unserer, alle Wissenschaft in Materialismus auflösenden, Zeit, dass sie als *objektiv* nur *mechanische* (in räumlich-zeitlicher Form sich abspielende) Vorgänge gelten lässt. Es ist allerdings wahr, dass die

Farbenempfindung *uns nicht zum Bewusstsein käme*, wenn die Natur unseres Sehorganes sie nicht aus sich selbst zu erschaffen vermöchte: das sagt aber nur, dass wir imstande sein müssen, die in dem objektiven Weltgetriebe begründeten Vorgänge *nachzuschaffen*, damit die *Welt an sich* eine Welt *für uns* werde. In jedem menschlichen Subjekte wird eben die *objektive* Welt eine *subjektive*. Das Wahrnehmen und Erkennen als ein subjektives Nachschaffen der objektiven Welt aufzufassen und diesen Grundgedanken allen wissenschaftlichen Fragen zugrunde zu legen, ist ein Fortschritt, der namentlich auf Kants philosophischen Arbeiten beruht. [GA 1c, S. 94]

Wir haben schon bei Behandlung morphologischer Fragen bei Goethe Gelegenheit gehabt, darauf aufmerksam zu machen, wie er Abweichungen von den gesetzmäßigen Normen der Natur betrachtet und im wissenschaftlichen Sinne verwertet. Jede Missbildung, jedes Abnorme ist ihm die Ausgestaltung eines Gesetzmäßigen in einer *einseitigen* Richtung. Wenn irgendeine Bildung, ein Naturprozess, der einem *Ganzen* angehören sollte, aus seinen Schranken heraustritt und sich verselbstständigt, überwuchert, dann entstehen solche Abnormitäten. Sie sind natürlich nicht ungesetzmäßig, sondern nur durch entgegenstehende Kräfte nicht in den notwendigen Schranken gehalten. Sie sollten *mit*wirkend sein, und stattdessen werden sie *selbst*wirkend. Darinnen liegt nun aber auch ihre wissenschaftliche Verwendbarkeit. Man sieht aus ihnen, was in einen Naturprozess eingeht, welche Kräfte miteinander in Wechselwirkung sind. Die Forschung muss ja ohnehin das, was in der Natur vereinigt ist, trennen, um es begrifflich durchdringen zu können. In den Missbildungen und Abnormitäten kommt die Natur *unserem Erkennen* entgegen, indem sie uns real das vorführt, was wir sonst nur im Geiste *vorstellig* machen können. [GA 1c, S. 95]

Die Empfindung des *Schwarz* ist eine positive Empfindung, nicht die Abwesenheit jeglicher Empfindung. Wir haben bei geschlossenen Augen eine ganz bestimmte Vorstellung über die Ausdehnung des *schwarzen* Gesichtsfeldes. Wir lassen es sich nur so weit erstrecken, soweit die Möglichkeit reicht, *dass wir sehen können*. Auf diejenigen Teile des Raumes, in denen ein Sehen nach der Lage der Augen unmöglich wäre, übertragen wir die Empfindung des Schwarzen nicht. Hierinnen liegt die Berechtigung, das *Schwarz* als einen Zustand des Sehorganes aufzufassen, wenn es auch durch den völligen Mangel alles Lichtes hervorgerufen wird. [...] *Schwarz ist die Empfindung des nicht leuchtenden Körperlichen*. [GA 1c, S. 95 f.]

Die Grundlage des Farbensehens liegt also nach Goethe in der Möglichkeit, dass das Auge zunächst imstande ist, zwei einander vollständig entgegengesetzte Empfindungen zu vermitteln: die der Abwesenheit alles Lichtes und die des Vorhandenseins desselben als solchen, d. h. abgesehen von aller Qualität. Im «Sehen» ist eine lebendige Wechselwirkung dieser beiden Empfindungen gegeben. [GA 1c, S. 96]

Es muss besonders hervorgehoben werden, dass hier Goethe nicht eine anatomische Hypothese aufstellen, sondern einen ideellen Tatbestand feststellen wollte. Es ist ein grober Fehler, wenn man in der Wissenschaft sich solche Tatbestände einfach dadurch vom Halse schafft, dass man sie unbeachtet lässt. Alle höheren geistigen Prozesse glaubt der Materialismus damit aus der Welt zu schaffen, dass er sie leugnet. [GA 1c, S. 103]

Goethe nennt die Wahrnehmung eines Prozesses in der Natur, zu dem wir also erst die Bedingungen in derselben aufsuchen müssen, ein Phänomen; wenn wir diese Bedingungen selbst herstellen, sodass der Prozess als Folge der von uns eingeleiteten Maßnahmen erscheint, so haben wir es mit einem *Versuch* zu tun. Der Versuch ist das wissenschaftlich Wertvollere, weil wir den Zusammenhang von Ursache und Wirkung vollkommen übersehen. In der Steigerung von Phänomenen zu Versuchen sieht Goethe die eigentliche Aufgabe der anorganischen Naturwissenschaft. [GA 1c, S. 103 f.]

Mit der Erklärung, dass wenn man ein schwarzes Bild vor eine graue Fläche hält, die Netzhaut dann an einer Stelle in Ruhe ist und infolgedessen hierauf bei Wegnahme des schwarzen Bildes von der grauen Fläche lebhafter erregt wird als der übrige schon ermüdete Teil, ist Goethes hier ausgesprochene Idee nicht beseitigt, sondern höchstens zurückgeschoben. Denn dass die auf die Ruhe folgende höhere Erregbarkeit eintritt, ist eben das Charakteristische eines Lebendigen. Goethe setzt an die Stelle der leeren, abstrakten Vorstellungen von Erschlaffung, Ermüdung usw. die lebendige Idee und steht damit hoch über aller verstandesmäßigen Behandlung des Gegenstandes. Das Erfahrungsgemäße in die Idee zu verwandeln, ist aber nur produktiven Geistern möglich. [GA 1c, S. 104]

Alle wie immer gearteten Nachbilder zeigen dieses Abklingen in Farben, das, wenn es auch noch nicht anatomisch erklärt ist, doch zeigt, dass im Auge das gesamte Spektrum, einschließlich des Purpurrot, vorgebildet ist. [GA 1c, S. 105]

Zur Farbenlehre, Didaktischer Teil: 2. Physische Farben

Physische Farben im Sinne Goethes sind diejenigen, welche im Gegensatz zu den physiologischen in äußeren, materiellen Prozessen ihren Ursprung haben. Sie entstehen also als Folge gewisser Vorgänge in der objektiven, materiellen Natur und verschwinden wieder, sobald jene Vorgänge aufhören. Sie sind also keine Eigenschaften der Körper in der Natur, sondern *Begleiterscheinungen* der Phänomene in der Körperwelt. Und hierdurch unterscheiden sie sich von den chemischen Farben, die als Eigenschaften der Naturkörper aufzufassen sind. Letztere sind ein Gewordenes, Unveränderliches, wogegen die physischen Farben Prozesse, also ein *Werdendes* sind. [GA 1c, S. 131]

Es kommt also hier auf die äußeren Bedingungen an, welche das Licht als farbiges erscheinen lassen. Physisch ist die Farbe eben nur insoweit, als sie ihr Dasein diesen Bedingungen verdankt. [GA 1c, S. 132]

Diese Bemerkung zeigt, dass Goethe ganz im Sinne der deutschen Philosophie die Aufgabe der Wissenschaft in der gesetzmäßigen *Entwickelung* des einen Phänomens aus dem andern suchte. [GA 1c, S. 133]

In diesen Zeilen spricht Goethe sein *Urphänomen* der Farbenlehre aus: Licht durch ein trübes Mittel gesehen wird *gelb*; Finsternis durch ein erhelltes Mittel gesehen *blau*. [GA 1c, S. 135]

Hier spricht Goethe seine Ansicht über die eigentliche Aufgabe der Naturwissenschaft aus. Was wir unmittelbar in der Natur wahrnehmen, sind Phänomene, die von den mannigfaltigsten Bedingungen abhängen. Wenn wir irgendeine oder mehrere von diesen Bedingungen ändern, so ändert sich auch das Phänomen. Es wird sich nun darum handeln, festzustellen, wann diese Änderung eine untergeordnete, nebensächliche und wann eine durchgreifende ist. Alle jene Phänomene, die durch eine Änderung der Bedingungen sich nur unwesentlich ändern und einen *verwandten Zug* zeigen, weisen uns auf ein *Grund-* oder *Urphänomen* hin, das ihnen allen zugrunde liegt und in dem sich ein Naturgesetz ausspricht. Aufgabe des Naturforschers wird es also sein, eine solche Reihe von Phänomenen nebeneinanderzustellen, die immer nur durch eine Änderung der Bedingungen Modifikationen einer Grunderscheinung sind. Diese Grunderscheinung aber ist das objektive Naturgesetz. Keine Naturerklärung kann als solche über die Urphänomene hinausgehen. Es ist ein großer Irrtum, wenn man glaubt, die Urphänomene beweisen oder weiter erklären zu können. Wenn es selbst gelänge, irgendwo in der Welt das Atom nachzuweisen, so wäre die Wirkung des Atoms auf das Atom doch auch durch nichts anderes auszusprechen als durch ein Urphänomen. Man sollte daher die tiefsinnige Erfassung der Natur durch Goethe nicht fortwährend als Dilettantismus ansehen, während sie sich von der modernen Naturwissenschaft gerade durch die streng philosophische Begriffsfassung und Methode auszeichnet. Auch die Philosophie kann nicht über die Urphänomene hinausgehen; sie hat nur die Aufgabe, die durch die Naturforschung festgestellten Urphänomene in ihrer ideellen Folge auseinanderzuentwickeln. Während der Naturforscher die Phänomene nebeneinanderstellt, damit sich in ihnen das Urphänomen ausspricht, stellt der Philosoph die Urphänomene nebeneinander, damit sich darinnen die Naturideen aussprechen. [GA 1c, S. 141]

Die Sinne liefern uns nur nebeneinanderstehende Einzelheiten. Der Verstand und die Vernunft haben die Aufgabe, die Beziehungen dieser Einzelheiten herzustellen. Alle Wissenschaft beruht darauf, das als innerlich verwandt (aufeinander bezogen) darzustellen, was den Sinnen als zusammenhangloses Einzelne erscheint. [GA 1c, S. 143]

Hier tritt der Gegensatz Goethes und der Newtonianer mit aller Schärfe hervor. Während diese erklären, den verschiedenen Farben kommen verschiedene Grade der Brechbarkeit zu, sodass Rot am wenigsten, Violett am stärksten verrückt erscheine, findet Goethe, dass die verschieden starke Verrückung verschiedenfarbiger Bilder von dem Umstande herrührt, dass durch die Modifikationen am Rande immer ein Teil des Bildes abgedunkelt wird, während der andere in seiner Lichtwirkung gehoben wird. Wenn wir uns schematisch die sechs prismatischen Farben vorstellen, so müssen wir uns vorstellen, dass Rot durch ein Prisma gesehen mit einem roten und einem blauen Rande erscheint. Der schraffierte blaue Rand aber wird sich mit dem Rot zu einem unbemerkbaren Dunkel verbinden, sodass das rote Bild in der Richtung des Pfeiles verrückt erscheint. Umgekehrt ist das beim Blau der Fall. Durch diesen Umstand erscheint es, als ob die verschiedenen Farben verschieden stark gebrochen wären. Unsere Zeichnung versinnlicht ganz genau, wie die verschiedenen Farbenbilder nach der Brechung an verschiedenen Orten erscheinen, sodass jede Farbe nach der Brechung einen bestimmten Ort im Spektrum haben muss. – Hieraus kann man im Sinne Goethes die diskontinuierlichen Spektra erklären. Diese rühren bekanntlich von glühenden Gasen her. Letztere strahlen ein ihnen eigentümliches *farbiges Licht* aus. Dieses wird sich natürlich nach der Brechung an einem bestimmten Orte zeigen (wie eben bewiesen worden ist); wogegen feste und flüssige Körper, die ein nicht farbiges Licht ausstrahlen, ein *vollkommenes* (kontinuierliches) Spektrum zeigen. Die Phänomene der Spektralanalyse muss Goethe so erklären, dass die einem bestimmten Stoffe zukommende Farbe nach dem *Durchgang durch das Prisma* besonders klar erscheint, weil sie ja durch die Verdunkelung ihrer Umgebung stärker hervortreten muss. Daraus ergibt sich die Möglichkeit, einen Stoff aus seinem Spektrum zu bestimmen. [GA 1c, S. 164]

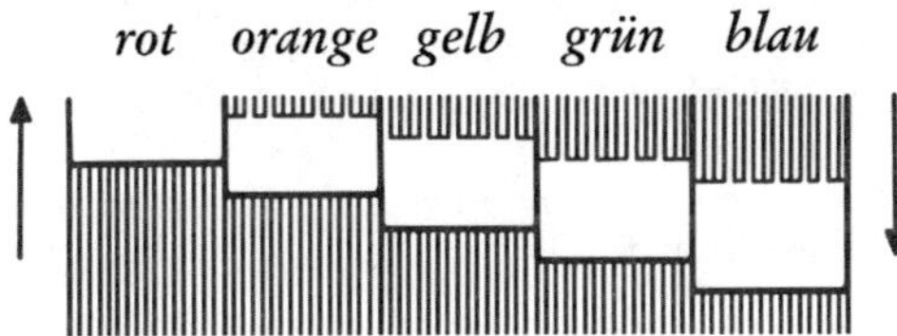

In der materialistischen Physik ist die Verwechslung der in die Phänomene hineingedachten Linien usw. mit objektiv an dem Phänomen vorhandenen Erscheinungsformen sehr häufig. Das Licht hat eine bestimmte Richtung. Diese können wir uns auf dem Papiere durch Linien versinnlichen. Wenn wir aber dann diese Linien so behandeln, als wären sie wirkliche Dinge, dann stellen wir an die Stelle der Erscheinungsform eine Fiktion. [GA 1c, S. 177]

Es ist für Goethe eben durchaus wichtig, die prismatische Farbe nicht als Abgeschlossenes, Fertiges anzusehen, sondern als ein mit der Konstellation seiner materiellen Bedingungen sich änderndes Phänomen. Das Rot z. B. ist für ihn kein Bestehendes, sondern ein Prozess, eine Erscheinung; es ist nicht in der *Wirklichkeit* im Weiß enthalten, sodass es einen Bestandteil desselben darstellte, sondern in dem Weiß ist nur die *Möglichkeit* enthalten, an ihm die Farbe durch äußere Mittel hervorzurufen. [GA 1c, S. 181]

Die Erscheinung, so wie es hier geschieht, in ihrem Werden zu erfassen, nicht an einer einzigen Stelle als fertige ins Auge zu fassen, fordert Goethe entschieden. [GA 1c, S. 185]

Goethe zeigt hier, wie durch Aufhebung der Bedingungen, die am Lichte die Farben erzeugen, auch die Farbenerscheinung aufgehoben wird. Wenn die Säume wieder in das Bild hineingeführt werden, dann hört auch die Farbenerscheinung auf. [GA 1c, S. 189]

Goethes immer im Gegenständlichen sich bewegender Vorstellungsweise war die abstrakte Vorstellung vom Lichte eben durchaus nicht gemäß. Er musste dem Lichte eine konkrete, wenn auch nur ideelle Existenz unterlegen. Dann aber konnte es die Farben nur im Kampfe mit der Materie erzeugen. Denn eben, wenn man das Licht als zusammengesetzt aus Lichtern sich vorstellt, bleibt keine konkrete Vorstellung für das Licht selbst übrig. [GA 1c, S. 192]

Zur Farbenlehre, Didaktischer Teil: 3. Chemische Farben

Chemische Farben sind eigentlich die unter dem Einfluss des Lichtes gefärbten Materien. Während in den physischen Farben die Farbe als solche existiert, aber nur solange die sie hervorrufenden Bedingungen bestehen, erscheint in den chemischen Farben die *Materie als Farbe*. Damit ist aber auch die Farbe fixiert, ihre Erscheinung ist nicht mehr von bestimmten Bedingungen, sondern von der Anwesenheit des Lichtes allein abhängig. [GA 1c, S. 221]

Die Farbe kann also nur in Anwesenheit des Lichtes entstehen. Sie ist nicht ein teilweises Licht, wie die Newton'sche Optik behauptet. [GA 1c, S. 241]

Goethe sieht in dem Heraufrücken der chemischen Prozesse aus dem Reiche des Unorganischen in jenes des Organischen zugleich eine Steigerung derselben. Es sind hier nicht mehr chemische Prozesse, wie sie bloß von den chemischen Kräften bestimmt werden, sondern wie sie zugleich von den Gesetzen der Organisation abhängen. Das Chemische erscheint sozusagen auf einer höheren Stufe. [GA 1c, S. 250]

Die Elementarfarbe ist ein Einzelnes. Da sich Goethe aber das Organische als ein bis ins kleinste durchaus Organisiertes denkt, so müssen die

Farben von der Organisation aufgenommen und durchaus zu einer höheren Einheit geworden sein. [GA 1c, S. 259]

Es spricht für Goethes gewaltige Naturanschauung, dass er, obwohl er den Menschen durchaus innerhalb der Naturreihe der Organisationen dachte, doch zugleich dessen höhere Natur nicht verkannte. Denn man hat hierinnen in zweierlei Weise gesündigt. Nach der einen Richtung, indem man den Menschen aus der Reihe der Naturwesen ganz herausgerissen und ihm auch empirisch einen ganz anderen Ursprung zugewiesen hat, als den übrigen Lebewesen; und nach der andern Richtung, indem man ihn einfach *bloß* als organisiertes und nicht zugleich als geistiges Wesen aufgefasst hat. Dass er dadurch, dass in ihm das Wesen der Welt in seiner reinsten Gestalt aufgegangen ist, sich gewaltig über seinen empirischen Ursprung erhoben hat, das wurde vergessen. [GA 1c, S. 260]

Zur Farbenlehre, Didaktischer Teil: 4. Allgemeine Ansichten nach innen

Allgemeine Ansichten nach innen, d. h. nach dem gemeinsamen Naturgrunde, aus dem die Farben hervorgehen. Goethe ist eben niemals zufrieden mit der bloßen Betrachtung der äußeren Tatsachen, sondern sucht überall nach den tiefer liegenden inneren, d. i. nicht mehr für die Sinne, sondern nur für die Vernunft wahrnehmbaren Gründen. [GA 1c, S. 266]

Man kommt der Natur nur dadurch nahe, dass man gewisse Phänomene aus dem allgemeinen Naturganzen heraushebt und sie für sich betrachtet. Hat man auf diese Weise eine hinreichend befriedigende Ansicht über das Einzelne erlangt, dann muss man freilich tiefer gehen, um zu sehen, wie sich diese Ansicht in eine allgemeine Naturauffassung einfügt. [GA 1c, S. 266]

Auf den Gegensatz wollte Goethe die gesamte Physik gestützt wissen. Die Natur wirkt, nach seiner Ansicht, in Gegensätzen, die in einer höhern Einheit begriffen sind. Ein solcher Gegensatz ist z. B. in der magnetischen, in der elektrischen Wirksamkeit etc. vorhanden. [GA 1c, S. 268]

Goethe definiert hier eine physikalische Einheit, bei der aber die zusammensetzenden Elemente als solche aufgehoben erscheinen. Er zeigt hiermit wieder seinen Widerwillen gegen die grob-sinnliche Auffassung, die da glaubt, in jeder Zusammensetzung müssten die zusammensetzenden Elemente real enthalten sein. Der Materialismus hat keine Vorstellung davon, dass mehrere Einfache in ein höheres Ganze aufgehen können und darinnen vollständig verschwinden, sodass sie nicht mehr als solche vorhanden sind. [GA 1c, S. 269]

Der Gegensatz, der in der physischen Natur auftritt, ist eben die Zweiheit als solche. Wir nehmen hier das eine, dort das andere wahr. Erst wenn der Geist tiefer eindringt, dann gewahrt er in der Zweiheit die höhere Einheit, ein Ganzes, das sich eben nur in Gegensätzen ausspricht. [GA 1c, S. 271]

Goethe stellt hier ganz genau die Aufgabe des Physikers und jene des Philosophen fest. Der erstere hat sich nur innerhalb der Phänomene zu bewegen. Denn in diesen spricht sich die unmittelbare Natur aus. Die abgeleiteten Erscheinungen auf die ursprünglichen zurückzuführen, das ist seine Aufgabe. Hat er das erreicht, dann muss er sich als Physiker beruhigen. […] Hier lässt nun der Physiker das Problem liegen. Er liefert eine gewisse Zahl von Urphänomenen. Diese hat der Philosoph aufzugreifen. Hier erst beginnt seine Arbeit. Er hat sie in einen geistigen Zusammenhang zu bringen, sodass sie uns als ein einheitliches Ganzes erscheinen. Leitet uns der Physiker zu den *Urphänomenen*, so leitet uns der Philosoph zur *Idee*. […]. D.h., bei dem Philosophen kommt es mehr darauf an, dass er eine Naturauffassung hat, nicht darauf, dass er Einzelheiten weiß. […] Was anderes ist es aber mit der Bedeutung, welche die philosophischen Theorien für den Physiker haben. Sie sollen ihm Leitsterne beim Verfolgen der Erscheinungen sein. Und da können sich wohl auch einseitige Ansichten als nützlich erweisen. [GA 1c, S. 274 f.]

Über Goethes Verhältnis zur Mathematik vergleiche man unsere Einleitung zum 2. Bande der naturwissenschaftlichen Schriften [GA 1b]. Er verkannte gewiss die ungeheure Bedeutung dieser Wissenschaft für die exakte Erfassung der Natur nicht, aber ebenso war ihm klar, dass Verhältnisse in derselben bestehen, die erst qualitativ festgestellt werden müssen, bevor sie einer quantitativen Untersuchung, wie sie ja die Mathematik ganz allein liefern kann, zu unterwerfen sind. Die Naturprozesse sind ja das Resultat vieler aufeinander einwirkender Elemente und sie ändern sich, wenn das eine oder das andere Element in größerem oder geringerem Maße auftritt; aber man muss erst feststellen, welche Wirkung diese Elemente überhaupt aufeinander haben, dann kann man erst die Abstufungen untersuchen, die von der Zahl und Quantität derselben herrühren. [GA 1c, S. 276]

Für die Praxis hat sich Goethes Farbenlehre sehr fruchtbar erwiesen. Darauf kam es ihm auch immer an, dass alles Geistige zuletzt irgendeinen Bezug zum Leben habe. [GA 1c, S. 279]

Bei Goethe handelte es sich ja nie um die Phänomene, sondern um eine Art, die Dinge aufzufassen. Nicht eine Summe von Tatsachen, sondern eine Methode, die Tatsachen zu behandeln, wollte er der Welt mitteilen. [GA 1c, S. 280]

Hier bekennt sich Goethe zu jener Methode, zu der sich jede echte Wissenschaftlichkeit bekennen muss, nämlich von dem Einfachen auszugehen, dazu ein anderes Einfaches zu suchen und diese in einer höheren Einheit zu verbinden. [GA 1c, S. 282]

Goethe liebte eine Zusammenstellung von Phänomenen nach bloßen äußeren Ähnlichkeiten nicht. […] Wenn er also wohl eine Verdeutlichung, eine Mitteilung durch Analogien gestattet, *für wissenschaftlich berechtigt hält sie Goethe nicht.* Deshalb waren ihm die Beziehungen, die man zwischen Ton und Farbe suchte, wohl nie mehr als eine wertlose Spielerei. [GA 1c, S. 285]

Es liegt in der Natur der Sprache, dass sie in diesem Sinne nur symbolisch sein kann. Die Worte sind ja zumeist in Bezug auf andere Gegenstände entstanden als die sind, auf die wir sie im wissenschaftlichen Betriebe anwenden. Wir können daher auch oft einem Dinge nur durch vielfaches Umschreiben, indem wir uns demselben gleichsam von vielen Seiten nähern, beikommen. [...] Goethe geht sogar so weit, dass er sich im Ausdrucke über natürliche Vorgänge lieber solcher sprachlicher Formeln bedienen will, wie wir sie für unser sittliches Leben brauchen, statt der mathematischen und mechanischen, weil die letzteren eine grobmaterialistische Auffassungsweise sehr fördern. [GA 1c, S. 286]

Zur Farbenlehre, Didaktischer Teil: 6. Sinnlich-sittliche Wirkung der Farbe

Das Grün ist die Ausgleichung der warmen und kalten Farben. Das Auge fühlt sich weder wie beim Gelb regsam, noch wie beim Blau sehnend gestimmt, sondern es ruht in voller Befriedigung. [GA 1c, S. 297]

Das Lebendige ist eine Totalität, die sich allseitig ausleben will. Wenn demnach einer seiner Zustände einseitig auf die Oberfläche tritt, so strebt der entgegengesetzte ebenfalls darnach, sich geltend zu machen. Nur auf der gleichzeitigen Wirkung beider beruht eine *einheitliche, sich selbst genügsame Wirkung*. [GA 1c, S. 298]

Das Charakteristische liegt eben darinnen, dass irgendein Einzelnes aus dem Ganzen heraustritt und dadurch dem Dinge, an dem es austritt, ein eigentümliches Gepräge verleiht. In dem Charakteristischen liegt etwas, wodurch sich irgendein Wesen von verwandten, zu ihm gehörigen unterscheidet; man könnte sagen: in dem Charakteristischen prägt sich das Eigensinnige eines Wesens aus, der Umstand, dass es etwas Besonderes für sich haben will. [GA 1c, S. 301]

Die einzelne Farbe stellt etwas Unfertiges, Einzelnes dar. Sie ist insoferne etwas der Idee nicht Gemäßes. Der Künstler, der das Gefühl von der Totalität der Idee in sich trägt, empfindet dieses Unfertige. [GA 1c, S. 309]

Im Organischen sieht Goethe ein bis ins Kleinste hinein Organisiertes, wie er in der Kunst ein bis ins Kleinste Empfundenes sieht. Deshalb ist auch in der Farbe des Fleisches alles Farbige, Stoffliche durch die Form, die Organisation, in eine höhere Sphäre gerückt. [GA 1c, S. 312]

Das Charakteristische verlangt das Hervortreten *eines* Zuges. Damit aber treten die andern zurück, und die künstlerische Totalität ist durchbrochen. Bei gleicher Anteilnahme aller in Betracht kommenden Einzelheiten verliert sich freilich wieder das Charaktervolle. Es tritt an die Stelle des letzteren eine mehr in sich geschlossene würdevollere *Ganzheit*. Sowie einerseits hierinnen der Weg zur ruhigen, klassischen Größe, so ist andrerseits auch die Abirrung in Fadheit und Uniformität gelegen. [GA 1c, S. 314]

Goethe unterscheidet strenge das Allegorische von dem Symbolischen. Das erstere sucht in einer sinnenfälligen Erscheinung einen Verstandesbegriff auszudrücken. Das hat immer etwas Willkürliches, Zufälliges. Das Symbolische hingegen sucht sich eine solche einzelne Erscheinung aus, die schon als solche die *Idee* ausdrückt. Hier gewahren wir wahrhaftig in dem Endlichen ein Unendliches. [GA 1c, S. 321]

Enthüllung der Theorie Newtons: Polemischer Teil

Die Berechtigung von Hypothesen war bei Goethe nur eine sehr beschränkte. Er gestand ihnen nur methodischen Wert für den Forscher zu, d. h., er hielt es für möglich, dass uns eine hypothetische Ansicht bei der Auffindung neuer Tatsachen behilflich ist. Wenn aber dann die Tatsachen in ihrer ordnungsgemäßen Zusammenstellung ihre innere Gesetzmäßigkeit selbst aussprechen, dann sollten wir die Hypothese wieder fallen lassen. Über das Innere der Dinge aber Hypothesen aufstellen, hielt Goethe für ganz wertlos. [GA 1c, S. 333]

Goethe sagt hier ausdrücklich, der *Lehrer* habe die Wahl von den Grundsätzen zu den Erfahrungen oder umgekehrt seinen Weg zu nehmen; also nicht etwa der Forscher. Denn dieser hat jene Methode zu wählen, die ihm von den Dingen selbst vorgeschrieben wird. Als Erstes treten ihm immer die Erscheinungen der Sinnenwelt entgegen. Diese fordern die Vernunft heraus. Sie soll tiefer bis zum Wesen vordringen. Sie soll den Ursprung der Sinnenwelt zeigen. Wenn sie nun wirklich produktiv ist, dann fügt sie zu der Erfahrung das *Gesetz*, die *Idee* hinzu und schafft auf diese Weise die Wissenschaft. Sind diese Ideen einmal da, dann können sie natürlich auch von dem Lehrer vorangestellt und die Erscheinungen von ihnen abgeleitet werden. Wenn aber der Forscher über eine Erscheinungsweise etwas feststellen will, bevor er sie erfahrungsgemäß erlebt, sinnlich ergriffen hat, dann haben seine Ansichten den Charakter vorgefasster Meinungen, die mit der Wirklichkeit nichts zu tun haben. Wahre Theorien müssen wie Antworten erscheinen, zu denen die Erfahrungswelt die Frage ist. [GA 1c, S. 334]

Die natürliche Verknüpfung der Farbenphänomene, d. i. die durch die Sache selbst geforderte, die einfach von dem Grundphänomen ausgeht und dieses durch Hinzufügen immer neuer Bedingungen vermannigfaltigt, sodass wir eigentlich vor einem von der Vernunft aufgerichteten systematischen Gebäude aus lauter Tatsachen stehen. Die Phänomene knüpfen sich hier selbst aneinander. Wenn wir dagegen eine vorgefasste Meinung aufstellen, und dann die Phänomene anführen, dann ist kein solcher notwendiger Zusammenhang unter ihnen. Sie weisen wohl alle auf jene Meinung hin, gehen aber nicht mit Notwendigkeit *auseinander* hervor. Es können beliebig viele zwischen zwei angeführten weggenommen oder eingeschaltet werden. Die Anordnung ist dann eine rein subjektive, vom Forscher ganz und gar willkürlich angenommene. [GA 1c, S. 335]

Da die Mathematik nur eine formale Wissenschaft ist, so müssen ihren Formeln und Ableitungen richtige inhaltliche Qualitäten zugrunde liegen, wenn sie einen Wert haben sollen. Die Mathematik an sich kann aber über qualitative Dinge, wie die Farben, nichts entscheiden. Man kann zwar nach dem Satze vom Kräfteparallelogramm berechnen, wie groß die Resultierende zweier unter einem Winkel aufeinander wirkenden Kräfte sein muss; aber nur, wenn vorher *physikalisch* nachgewiesen ist, dass die Diagonale in dem Kräfteparallelogramm wirklich das Maß für diese Resultierende sein muss. [GA 1c, S. 336]

Das Wahre betrachtet Goethe nicht als eine Errungenschaft einer bestimmten Zeit, sondern als ein Gemeingut aller Zeiten und Völker. Es kann zurückgedrängt, durch den Irrtum geschädigt werden, aber es kommt immer wieder zum Vorschein. Wenn daher irgendwo eine Wahrheit auftaucht, so ist das für Goethe immer nur eine neue Form eines alten Wahren. [GA 1c, S. 338]

Goethes ganze Weltansicht musste, wie wir schon mehrmals hervorgehoben, der *grob-sinnlichen* Anschauung widersprechen, dass dasjenige, was bei der Einwirkung auf das Licht *an diesem* erscheint, vorher *faktisch* schon in diesem enthalten gewesen sein müsse. Das äußerliche, rein mechanische Zusammengesetztsein des Lichtes widersprach seiner der Idee gemäßen Denkweise. [GA 1c, S. 339]

Goethe, der das Höchste darinnen sieht, dass alles Faktische schon Theorie ist, kann nicht zugeben, dass die Mittel, die man zur Erzeugung der Farben anwendet, einfach hinwegdisputiert werden. Für seine im höchsten und reinsten Sinne empiristische Denkweise ist die Theorie nur dazu da, um das, was wir mit den Sinnen wahrnehmen, in den vernunftgemäßen Zusammenhang zu bringen. Sie hat also, wenn zwei Wahrnehmungsqualitäten in Betracht kommen, einfach die Wirkung festzustellen, die daraus hervorgeht. Jedes Theoretisieren über die einfache Sinnesqualität erscheint Goethe *leer*. [GA 1c, S. 340]

Lichter: mit diesem Plural konnte Goethe durchaus nichts anfangen. So wie er sich bei seinen Pflanzenstudien fragte, was macht dieses oder jenes Individuum zur Pflanze, was ist das Wesen, so musste er fragen: was ist in aller Farbe das Gemeinsame, wodurch sie als Licht erscheint. Rot, Grün, Blau etc. haben doch nebst ihrer Verschiedenheit ein Gemeinsames, nämlich das *Lichtsein* so wie alle Tiere das Tiersein. So wie es eine Urpflanze, ein Urtier im Sinne Goethes geben musste, so musste es ein allen den unzähligen Lichterscheinungen zugrunde liegendes «Licht an sich» geben. Dieses kann modifiziert, in dieser oder jener Weise abgeändert werden, aber es darf nicht zum leeren Abstraktum herabsinken, wie es bei den Gegnern Goethes der Fall ist. Was ist das Wirkliche an der Vorstellung «Licht», wenn die einzelnen «Lichter» unvermittelt nebeneinanderstehen? [GA 1c, S. 341]

{Bilder, welche an Farbe verschieden sind, erscheinen durch Refraktion auf verschiedene Weise von der Stelle bewegt.} Das sah Goethe als den bloßen Tatbestand an; von diesem nun *auszugehen* und einfach eine Theorie darauf zu begründen, erschien ihm als Willkür. Er musste von dem allereinfachsten Phänomen ausgehen, dieses in seiner Reinheit entwickeln und allmählich vermannigfaltigen. Dadurch musste er auf seinem Wege *naturgemäß* auch auf das im Texte angegebene Phänomen stoßen. Dann aber erklärt es sich aus sich selbst. [GA 1c, S. 343]

Ein Versuch kann deshalb nichts beweisen, weil wir nicht wissen, welchen Anteil die einzelnen dabei in Betracht kommenden Bedingungen nehmen. Wir können den Anteil einer solchen Bedingung erst einsehen, wenn wir die Versuche vermannigfaltigen und dadurch die *Rolle* einer Bedingung in einer großen Anzahl von Fällen sehen. Dadurch wissen wir erst ihren Wert und Einfluss richtig zu schätzen. [GA 1c, S. 344]

Goethe verlangt von dem Forscher, dass er nur jene Bedingungen angebe, von denen das Phänomen wirklich abhängt. Denn wohin kämen wir, wenn wir alle Nebenbedingungen, die für das in Betracht kommende Phänomen gleichgültig sind, stets sorgfältig verzeichneten! Und dann können wir einen Satz in seiner Allgemeinheit nur begreifen, wenn wir eben alle untergeordneten Bedingungen aussondern. Wodurch leuchtet uns denn z. B. die Allgemeinheit des Pythagoräischen Lehrsatzes ein? Doch nur dadurch, dass wir wohl wissen, dass die Länge der Katheten und der Hypotenusen ganz gleichgültig ist, und nur der Umstand in Betracht kommt, dass ein Winkel ein rechter ist. So auch muss die Physik nur an dem festhalten, wovon das in Betracht kommende Naturgesetz abhängt. [GA 1c, S. 346]

Bei dem im Goethe'schen Sinne Experimentierenden hat jeder Versuch seine Stelle im Zusammenhange eines Ganzen. Und seine Erklärung liegt darinnen, wie er sich an die ihm vorhergehenden anschließt. Aus dieser Reihe herausgerissen, kann er nur zu einem unstatthaften Theoretisieren führen, das Wert und Einfluss der einzelnen Bedingungen unter- oder überschätzt. [GA 1c, S. 358]

Man kann innerhalb eines geschlossenen Lichtraumes wohl Linien ziehen, um die Richtung des Lichtes anzugeben, aber man muss sich darüber stets klar sein, dass dies doch nur Abstraktionen sind, die mit der objektiven Sache selbst gar nichts zu tun haben. Das Licht sich aus solchen einzelnen Strahlen zusammengesetzt denken, verrät eine ganz grobmaterialistische Vorstellungsart. [GA 1c, S. 362]

Hieraus ersieht man, wie es Goethe selbst im Sinne seiner Theorie bezeichnete, dass nach dem Durchgange durch das Prisma die verschiedenen Farben an immer andern Stellen erscheinen, nur sucht er das Phänomen nicht aus einer verschiedenen Brechbarkeit, sondern aus seinen tieferen Gründen herzuleiten. [GA 1c, S. 380]

Goethe betrachtet die durch das Prisma bewirkte Erscheinung nicht als abgeschlossene, fertige. Deshalb ist ihm das subjektive Bild, das er in dem Versuche sieht, auf den er sich hier bezieht, nicht das vom zweiten Prisma umgestaltete Bild des ersten, sondern das Produkt beider Prismen, ohne dass das Bild des ersten tatsächlich entstünde. Newton denkt sich jede Erscheinung als abgeschlossene, fertige. Deshalb kann bei ihm ein zweites Prisma nur das Bild des ersten verändern. Goethe aber sucht die Erscheinung im Werden zu ergreifen; deshalb bemächtigt sich, seiner Ansicht gemäß, das zweite Prisma der Erscheinung, ehe durch das erste ein objektives Bild entstanden ist. [GA 1c, S. 385]

Goethe unterscheidet streng zwischen den physischen und den fixierten chemischen Farben, die ihm eine Eigenschaft der Körperoberfläche sind. Nur diese sind ihm etwas Fertiges. Von ihnen gelten daher die Gesetze, die er über die prismatischen *Bilder* ableitet. Die physischen Farben aber sind ihm nichts Fertiges, sondern ein Flüchtiges, Werdendes. Wenn also Newton farbige Flächen und prismatische Spektralfarben wie ein und dasselbe Ding betrachtet, so hat er insofern unrecht im Goethe'schen Sinne, als die prismatische Farbe nur ein Produkt der Bedingungen ist, unter denen sie entsteht; nichts, von dem man als von etwas Wirklichem sprechen kann. Bei farbigen Flächen untersuchen wir die Veränderung von etwas bereits Differenziertem durch das Prisma, beim Lichte in den objektiven Versuchen wird die Differenzierung durch das Prisma hervorgerufen. [GA 1c, S. 392]

Das Wesentliche hierbei ist, dass Goethe nicht ein fingiertes Phänomen, sondern das unmittelbar Wahrnehmbare betrachtet. Es ist nicht ein leuchtender Punkt vorhanden, sondern ein Bild, von dem nach der Refraktion ein Doppelbild entsteht. Dadurch wird hier wie beim Prisma die Randerscheinung eintreten. [GA 1c, S. 401]

Da für Goethe das prismatische Spektrum kein Gewordenes, sondern ein Werdendes ist, so sind zwei Prismen für ihn ganz gleich einem mit entsprechend größerem brechenden Winkel zu achten. Denn das zweite Prisma wirkt nicht auf ein schon Entstandenes, sondern auf ein noch nicht Entstandenes, Unfertiges. Das Phänomen fällt jetzt einfach in zwei Teile auseinander, und die beiden Prismen bilden ein *Ganzes*. [GA 1c, S. 402]

Das spiegelnde Bild ist nach der Spiegelung ganz gleich dem direkten, denn das Licht hat keine andere Veränderung als nur die seiner Richtung erlitten. [GA 1c, S. 409]

Das hier Gesagte hat Goethe von allem Anfang an auf seine der Newton'schen Theorie entgegengesetzte Anschauung gebracht. Er sah (siehe Schluss des nächsten Bandes [GA 1e, S. 120–138]: «Konfession des Verfassers») durch ein Prisma auf eine weiße Wand, und diese erschien ihm nicht, wie er voraussetzen zu müssen glaubte, in den Regenbogenfarben, sondern weiß. Wenn das Prisma einfach die im weißen Lichte schon gelegenen Farben zum Vorschein brächte, so hätten sie ihm hier erscheinen müssen. Daraus schloss er, dass die Grenze eines Bildes wesentliche Bedingung zur Hervorbringung der Farbenerscheinung sei. [GA 1c, S. 409]

Wir haben hier wieder die Vorstellung, als ob die Strahlen, die man sich in das Licht hineindenkt, wirklich als Stäbe (etc.) darinnen seien, und das Licht daraus bestünde, während doch das Licht ein Unteilbares, in sich überall Gleiches darstellt. [GA 1c, S. 411]

Es ist überhaupt der Fehler der neueren Physik, dass sie nicht mit wirklichen Tatsachen, sondern mit fingierten Objekten operiert. Die Sonne ist uns im Prozesse des Sehens nur als Bild gegeben. Wenn uns dann die Forschung weiterführt und uns die handgreiflichen Ursachen dieses Bildes klarlegt, so dürfen wir nicht vergessen, dass jeder gedankliche Aufbau doch zuletzt auf die einfachen Sinnesempfindungen zurückgeht. Über diese kommen wir nicht hinaus. Das Licht werden wir nie aus einem Dinge ableiten, das nicht Licht ist, und an den Gegenständen werden wir das Licht gewahr, indem es begrenzte Flächen sichtbar macht. Für Goethe handelt es sich aber um die Sinnes*empfindung*, nicht um eine Veranlassung, die mit dieser dem Wesen nach nichts gemein hat. Und die Sinnesempfindung ist hier eine *begrenzte Fläche*. Und eine solche ist auch das Sonnenbild für die Empfindung. Denn wenn wir dann durch das Prisma sehen, so erblicken wir ja wieder nichts als dieselbe Empfindung in der durch das Prisma veränderten Gestalt. Der Vorgang erstreckt sich also nur von einer Empfindung zur andern. Alles Hinausgehen aus diesem Kreise (als Lichtstrahlen, Lichtbündel etc.) ist ganz und gar den Tatsachen widersprechend. [GA 1c, S. 417]

Goethe also sieht in dem Lichtstrahl nichts Wirkliches, sondern nur eine abstrakte Linie, die wir in die Richtung des Lichtes *hineindenken*, und die uns die bildliche Darstellung erleichtert, die aber mit dem objektiven Tatbestande nichts zu tun hat. [GA 1c, S. 429]

Hier macht Goethe eine äußerst wichtige methodische Bemerkung. Die Zeichnung und Rechnung hat die Erfahrung nur zu begleiten. Wir können Bilder von dem entwerfen, was wir wahrnehmen, können dies auch in mathematische Formeln kleiden. Aber wir dürfen dann nicht mit diesen Linien und Formeln im Abstrakten weiter operieren, als wenn sie die Sache selbst wären, und glauben, dass wir aus der Abstraktion die Wirklichkeit ableiten können. [GA 1c, S. 430]

Man kann natürlich nur von einer breiten Lichtmasse, nicht von einem breiten Strahl sprechen. Denn der Lichtstrahl ist, wie schon oft gesagt, eine *gedachte, mathematische* Linie ohne Breite, weil überhaupt ohne

Ausdehnung. Er versinnlicht nur die Richtung des Lichtes. [GA 1c, S. 447]

Goethe bemerkt hier: Diese Farben [der Seifenblasen] gehören in ein anderes Fach, weil sie bereits mitten zwischen den physischen Farben, die eben nur *werdende* sind und den chemischen, die bereits vollständig *fixiert* sind, drinnen stehen. Es können daher für sie nicht mehr dieselben Methoden gelten wie für die rein physischen Farben. [GA 1c, S. 453]

Wenn man nur jenes Licht als homogen gelten lassen wollte, das unveränderlich wäre, so gäbe es überhaupt keines, denn jedes zur Farbe bereits abgeschwächte Lichtbündel ist wieder weiter zu verändern. [GA 1c, S. 453]

Goethes Anschauungsweise wirkte nie abstrakt. Er dachte *in* den Sachen. Daher war ihm ein äußerliches Herumklügeln, wie das über den Parallelismus von Tonhöhen und Farbenlängen, zuwider. Ihre höhere Einheit kann sich uns nur enthüllen, wenn wir uns zu einer höheren, der Idee gemäßen, Naturanschauung erheben. Denn vor den in die Tiefe der Natur gehenden Blicken verschwinden die Unterschiede der einzelnen Naturreiche und erscheinen uns in einer höheren Einheit. Die letztere aber erreichen wir nicht durch äußerliches Vergleichen und Herumklügeln, sondern durch inneres Vertiefen. [GA 1c, S. 463]

Was in diesen Zeilen ausgesprochen ist, charakterisiert vollkommen die atomistische, der Goethe'schen vollkommen widersprechende Naturanschauung. Nach Goethes Anschauung vereinigen sich die Elemente zu einer höheren Einheit, die dann als Einheitlich-Ganzes wirkt, und in welcher die Teile nicht mehr als *solche*, als *einzelne* wirklich sind. Sie haben sich in einer höhern Einheit verloren. So ist für ihn das Grün die höhere Einheit von Gelb und Blau, Purpur die höhere Einheit von Rot und Blau. [GA 1c, S. 468]

Das Weiß darf nicht mit dem Licht als solchem identifiziert werden. Denn Weiß entsteht dort, wo die Materie sich dem Lichte widersetzt. *Weiß* ist demnach eine Eigenschaft des Lichtes, insoferne es an einer undurchsichtigen Materie erscheint, von der es in keiner Weise sonst verändert wird, also wo namentlich keine Farbenerscheinung auftritt. Man sollte also nicht von *weißem* Licht sprechen, denn das Licht ist als solches völlig unsichtbar und enthält nur die Möglichkeit der Sichtbarkeit der Körper. Und *Weiß* ist eine Art, *wie* die Körper uns sichtbar werden. [GA 1c, S. 473]

Diese Ausführungen Goethes sind von besonderer Wichtigkeit, weil er darinnen zeigt, dass die Neutralisation der Farben zu Weiß nichts gegen seine Theorie beweise. Newton leitet das Auftreten der Farbenerscheinungen darauf zurück, dass die Farben aus dem «weißen Lichte» herausgelockt werden, in dem sie als solche enthalten sind. Wenn sie nachträglich dann Weiß geben, dann kann das in seinem Sinne nur auf einem Wieder-Vermischen beruhen. Goethe zeigt nun, dass die Bedingungen, welche an dem Lichte die Farben hervorrufen, einfach in den hier in Betracht kommenden Fällen in ihrer Wirkung behindert werden, wodurch die Farben auch nicht entstehen können. [GA 1c, S. 476]

Es war Goethe, seit er sich überhaupt mit der Farbenlehre beschäftigte, im innersten zuwider, dass Newton in dem Grau nur ein modifiziertes Weiß sieht. Die Unstatthaftigkeit davon tritt noch deutlicher hervor, wenn *Weiß* auch noch mit *Licht* identifiziert wird. Denn Licht und Nicht-Licht sind für Goethe polare Gegensätze, und *Weiß* und *Schwarz* nur die Repräsentanten jener ersten an der undurchsichtigen Materie. Wie soll also dadurch, dass ein *Grau* entsteht, bewiesen werden, dass die Farben das *Weiß* zusammensetzen? Das *Grau* nimmt an dem Schwarzen nicht minder teil als an dem Weißen. Die Farben also gewissermaßen auch. Sie sind also Halblichter oder Halbschatten, d.h. abgeschwächtes, modifiziertes Licht, Licht, an dem etwas geschehen ist; *nicht aber Lichter.* [GA 1c, S. 489]

Wenn eine graue Fläche durch Aufhellung *weiß* erscheint, so müssen die Bedingungen eintreten, die zur Hervorbringung des Weißen überhaupt notwendig sind: Es muss das Licht an der materiellen Grenze gleichsam fixiert werden. *Dann erscheint das Weiß an dem Grau, aber nicht das Grau als Weiß.* Es hat nicht eine Aufhellung des Grau stattgefunden, sondern das Weiße erscheint als physische Farbe an einem Körper, dessen chemische Farbe sonst grau ist. [GA 1c, S. 490f.]

Goethe ist der Ansicht, dass der Irrtum erst recht begriffen wird, wenn man einsieht, wie er sich in einem Geiste festgesetzt hat, so wie man ja auch die Wahrheit nur erkennt, wenn man sie in ihrer Entstehung im Individuum erfährt. Deshalb finden wir bei Goethe stets die besondere Betonung des Individuellen auch in der Geschichte der Wissenschaften. [GA 1c, S. 515].

Goethes Werke, Band XXXVI.1 Naturwissenschaftliche Schriften, Vierter Band, Erste Abteilung, 1897 GA 1d

Einleitung

1.

Es ist heute viel die Rede von der fruchtbaren Entwickelung der Naturwissenschaften im neunzehnten Jahrhundert. Ich glaube, man kann mit Recht nur von bedeutungsvollen naturwissenschaftlichen Erfahrungen sprechen, die gemacht worden sind, und von einer Umgestaltung der praktischen Lebensverhältnisse durch diese Erfahrungen. Was aber die Grundvorstellungen betrifft, durch welche die moderne Naturanschauung die Erfahrungswelt zu *begreifen* sucht, so halte ich diese für ungesund und einem energischen Denken gegenüber für unzulänglich. Ich habe mich darüber bereits in meiner Einleitung zu Goethes Farbenlehre (Band 35 dieser Goethe-Ausgabe) ausgesprochen. In jüngster Zeit hat nun ein namhafter Naturforscher der Gegenwart, der Chemiker *Wilhelm Ostwald*, dieselbe Ansicht geäußert («Die Überwindung des wissenschaftlichen Materialismus», Vortrag gehalten in der dritten allgemeinen Sitzung der Versammlung Deutscher Naturforscher und Ärzte zu Lübeck, am 20. September 1895. Leipzig 1895). Er sagt: «Vom Mathematiker bis zum praktischen Arzt wird jeder naturwissenschaftlich denkende Mensch auf die Frage, wie er sich die Welt ‹im Innern› gestaltet denkt, seine Ansicht dahin zusammenfassen, dass die Dinge sich aus bewegten *Atomen* zusammensetzen, und dass diese Atome und die zwischen ihnen wirkenden *Kräfte* die letzten Realitäten seien, aus denen die einzelnen Erscheinungen bestehen. In hundertfältigen Wiederholungen kann man diesen Satz hören und lesen, dass für die physikalische Welt kein anderes Verständnis gefunden werden kann, als indem man sie auf ‹Mechanik der Atome› zurückführt; Materie und Bewegung erscheinen als die letzten Begriffe, auf welche die Mannigfaltigkeit der Naturerscheinungen bezogen werden muss. Man kann diese Auffassung den *wissenschaftlichen Materialismus* nennen.» Ich habe in der erwähnten Einleitung (S. II f. [311 f.]) gesagt, dass die modernen physikalischen Grundanschauungen unhaltbar sind. Dasselbe spricht *Ostwald* (S. 6 seines Vortrages) mit folgenden Worten aus: *«Dass diese mechanische Weltansicht den Zweck nicht erfüllt, für den sie ausgebildet worden ist; dass sie mit unzweifelhaften und allgemein bekannten und anerkannten Wahrheiten in Widerspruch tritt.»* Die Übereinstimmung der Ausführungen *Ostwalds* und der meinigen geht noch weiter. Ich sage (S. XIV [332] meiner Einleitung): «Das sinnenfällige Weltbild ist die Summe sich metamorphosierender Wahrnehmungen *ohne eine zugrunde liegende Materie.*» Ostwald sagt (S. 12 f.): «Wenn wir uns aber überlegen, dass alles, was wir von einem bestimmten Stoffe wissen, die Kenntnis seiner Eigenschaften ist, so sehen wir, dass die Behauptung, *es sei ein bestimmter Stoff zwar noch vorhanden, hätte aber keine von seinen Eigenschaften mehr, von einem reinen Nonsens nicht sehr weit entfernt ist.*

Tatsächlich dient uns diese rein formelle Annahme nur dazu, die allgemeinen Tatsachen der chemischen Vorgänge, insbesondere die stöchiometrischen Maßgesetze, mit dem *willkürlichen Begriffe einer an sich unveränderlichen Materie* zu vereinigen.» Und S. IV [314f.] meiner Einleitung ist zu lesen: «Diese Erwägungen sind es, die den Herausgeber dazu zwingen, jede Theorie der Natur, die prinzipiell *über* das Gebiet der wahrgenommenen Welt hinausgeht, als unmöglich abzulehnen und *lediglich in der Sinnenwelt das einzige Objekt der Naturwissenschaft zu suchen.*» Das Gleiche finde ich in *Ostwalds* Vortrag ausgesprochen auf S. 25 und 22: «Was erfahren wir denn von der physischen Welt? Offenbar nur das, was uns unsere Sinneswerkzeuge davon zukommen lassen.» «*Realitäten*, aufweisbare und messbare Größen miteinander in bestimmte Beziehung zu setzen, sodass, wenn die einen gegeben sind, die andern gefolgert werden können, das ist die Aufgabe der Wissenschaft und sie kann nicht durch Unterlegung irgendeines hypothetischen Bildes, sondern nur durch *Nachweis gegenseitiger Abhängigkeitsbeziehungen messbarer Größen gelöst werden.*» Wenn man davon absieht, dass Prof. *Ostwald*, ganz wie es der Beschränktheit eines Naturhistorikers der Gegenwart entspricht, in der Sinnenwelt nichts sieht als aufweisbare und messbare *Größen*, so entspricht seine Ansicht vollständig der meinigen, wie ich sie z.B. in dem Satze (S. XXVIII [358]) ausgesprochen habe: «Die Theorie muss sich auf das Wahrnehmbare erstrecken und *innerhalb desselben die Zusammenhänge suchen.*»

Ich habe in meiner Einleitung zu Goethes Farbenlehre den gleichen Kampf gegen die naturwissenschaftlichen Grundvorstellungen der Gegenwart geführt wie Prof. *Ostwald* in seinem Vortrage «Die Überwindung des wissenschaftlichen Materialismus». Was ich an die Stelle dieser Grundvorstellungen gesetzt habe, stimmt allerdings nicht überein mit den Aufstellungen Ostwalds. Denn dieser geht, wie ich weiter unten zeigen werde, von denselben oberflächlichen Voraussetzungen aus wie seine Gegner, die Anhänger des wissenschaftlichen Materialismus. Ich habe auch ausgeführt, dass die Grundvorstellungen der modernen Naturanschauung die Ursache der ungesunden Beurteilung sind, die Goethes Farbenlehre erfahren hat und noch fortwährend erfährt.

Ich möchte nun etwas genauer mich mit der modernen Naturanschauung auseinandersetzen. Aus dem *Ziel*, das sich diese Naturanschauung gesetzt hat, suche ich zu erkennen, ob sie eine gesunde ist oder nicht.

Nicht mit Unrecht hat man die Grundformel, nach der die moderne Naturanschauung die Welt der Wahrnehmungen beurteilt, in den Worten des *Descartes* gesehen: «Ich finde, wenn ich die körperlichen Dinge näher prüfe, dass darin sehr wenig enthalten ist, was ich *klar* und *deutlich* einsehe, nämlich die Größe, oder die Ausdehnung in Länge, Tiefe, Breite, die Gestalt, die von der Endigung dieser Ausdehnung herrührt, die Lage, welche die verschieden gestalteten Körper unter sich haben, und die Bewegung oder Änderung dieser Lage, welchen man die Substanz, die Dauer und Zahl hinzufügen kann. Was die übrigen Sachen betrifft, wie das Licht, die Farben, die Töne, Gerüche, Geschmackempfindungen, Wärme, Kälte und die sonstigen, dem Tastsinn spürbaren Qualitäten (Glätte, Rauheit), so treten sie in meinem Geiste mit solcher *Dunkelheit* und *Verworrenheit* auf, dass ich nicht weiß, ob sie wahr oder falsch sind, d. h. ob die Ideen, die ich von diesen Gegenständen fasse, in der Tat die Ideen von irgendwelchen reellen Dingen sind, oder ob sie nur chimärische Wesen vorstellen, die nicht existieren können.» Im Sinne dieses *Descartes*'schen Satzes zu denken, ist den Bekennern der modernen Naturanschauung in einem solchen Grad zur Gewohnheit geworden, dass sie jede andere Denkweise kaum der Beachtung wert finden. Sie sagen: Was als Licht wahrgenommen wird, wird durch einen Bewegungsvorgang bewirkt, der durch eine mathematische Formel ausgedrückt werden kann. Wenn eine Farbe in der Erscheinungswelt auftritt, führen sie diese zurück auf eine schwingende Bewegung und berechnen die Zahl der Schwingungen in einer bestimmten Zeit. Sie glauben, die ganze Sinnenwelt werde erklärt sein, wenn gelungen sein wird, alle Wahrnehmungen auf Verhältnisse zurückzuführen, die in solchen mathematischen Formeln sich aussprechen lassen. Ein Geist, der eine solche Erklärung geben könnte, hätte nach Ansicht dieser Naturgelehrten das Äußerste erreicht, was dem Menschen in Bezug auf Erkenntnis der Naturerscheinungen möglich ist. *Du Bois-Reymond*, ein Repräsentant dieser Gelehrten, sagt von einem solchen Geiste: Ihm «wären die Haare auf unserem Haupte gezählt, und ohne sein Wissen fiele kein Sperling zur Erde». («Grenzen des Naturerkennens», S. 13.) Die Welt zu einem Rechenexempel zu machen, ist das Ideal der modernen Naturanschauung.

Da ohne das Vorhandensein von Kräften die Teile der angenommenen Materie niemals in Bewegung geraten würden, so nehmen die modernen Naturgelehrten auch die *Kraft* unter die Elemente auf, aus denen sie die Welt erklären, und *Du Bois-Reymond* sagt: «Naturerkennen ist Zurückführen der Veränderungen in der Körperwelt auf Bewegungen von Atomen, die durch deren von der Zeit unabhängigen Zentralkräfte bewirkt werden, oder Auflösung der Naturvorgänge in *Mechanik der Atome*.» Durch die Einführung des *Kraftbegriffs* geht die Mathematik in die Mechanik über.

Die Philosophen von heute stehen so sehr unter dem Einfluss der Naturgelehrten, dass sie allen Mut zu selbstständigem Denken verloren haben. Sie nehmen die Aufstellungen der Naturgelehrten rückhaltlos an. Einer der angesehensten deutschen Philosophen, *W. Wundt* sagt in seiner «Logik» (Bd. 2., 1. Abteilung, S. 266): «Mit Rücksicht und in Anwendung des Grundsatzes, dass wegen der qualitativen Unveränderlichkeit der Materie alle Naturvorgänge in letzter Instanz Bewegungen sind, betrachtet man als das Ziel der Physik ihre vollständige Überführung in *angewandte Mechanik*.»

Du Bois-Reymond findet: «Es ist eine psychologische Erfahrungstatsache, dass, wo solche Auflösung (der Naturvorgänge in Mechanik der Atome) gelingt, unser Kausalitätsbedürfnis vorläufig sich befriedigt fühlt.» Das mag für Herrn Du Bois-Reymond eine Erfahrungstatsache sein. Aber es muss diesem Herrn gesagt werden, dass es noch andere Menschen gibt, die sich durch eine banale Erklärung der Körperwelt – wie er sie im Auge hat – durchaus nicht befriedigt fühlen.

Zu diesen anderen Menschen gehört *Goethe*. Wessen Kausalitätsbedürfnis befriedigt ist, wenn es ihm gelungen ist, die Naturvorgänge auf Mechanik der Atome zurückzuführen, dem fehlt das Organ, um Goethe zu verstehen.

2.

Größe, Gestalt, Lage, Bewegung, Kraft usw. sind genau in demselben Sinne Wahrnehmungen wie Licht, Farben, Töne, Gerüche, Geschmackempfindungen, Wärme, Kälte usw. Wer die Größe eines Dinges von seinen übrigen Eigenschaften absondert und für sich betrachtet, der hat es nicht mehr mit einem *wirklichen* Dinge, sondern mit einer Abstraktion des Verstandes zu tun. Es ist das Widersinnigste, das sich denken lässt, einem von der sinnlichen Wahrnehmung abgezogenen Abstraktum einen andern Grad von Realität zuzuschreiben als einem Dinge der sinnlichen Wahrnehmung selbst. Die Raum- und Zahlverhältnisse haben vor den übrigen Sinneswahrnehmungen nichts voraus als ihre größere Einfachheit und leichtere Überschaubarkeit. Auf dieser Einfachheit und Überschaubarkeit beruht die Sicherheit der mathematischen Wissenschaften. Wenn die moderne Naturanschauung alle Vorgänge der Körperwelt auf mathematisch und mechanisch Ausdrückbares zurückführt, so beruht dies darauf, dass das Mathematische und Mechanische für unser Denken leicht und bequem zu handhaben ist. Und das menschliche Denken neigt zur Bequemlichkeit. Man kann das gerade an *Ostwalds* oben erwähntem Vortrage sehen. Dieser Naturgelehrte will, an die Stelle von Materie und Kraft, die *Energie* setzen. Man höre: «Welches ist die Bedingung, damit eines unserer (Sinnes-)Werkzeuge sich betätigt? Wir mögen die Sache wenden, wie wir wollen, wir finden nichts Gemeinsames als das: *Die Sinneswerkzeuge reagieren auf Energieunterschiede zwischen ihnen und der Umgebung.* In einer Welt, deren Temperatur überall die unseres Körpers wäre, würden wir auf keine Weise etwas von der Wärme erfahren können, ebenso wie wir keinerlei Empfindung von dem konstanten Atmosphärendruck haben, unter dem wir leben; erst wenn wir Räume anderen Druckes Herstellen, gelangen wir zu seiner Kenntnis.» (S. 25 f. des Vortrags.) Und weiter (S. 29): «Denken Sie sich, Sie bekämen einen Schlag mit einem Stocke! Was fühlen Sie dann, den Stock oder seine Energie? Die Antwort kann nur eine sein: die Energie. Denn der Stock ist das harmloseste Ding von der Welt, solange er nicht geschwungen wird. Aber wir können uns auch an einem ruhenden Stocke stoßen! Ganz richtig: Was wir empfinden, sind, wie schon betont, Unterschiede der Energiezustände gegen unsere Sinnesapparate, und daher ist es gleichgültig, ob sich der Stock gegen uns oder wir uns gegen den Stock bewegen. Haben aber beide gleiche oder gleichgerichtete Geschwindigkeit, so existiert der Stock für unser Gefühl nicht mehr, denn er kann nicht mit uns in Berührung kommen und einen Energieaustausch bewerkstelligen.» Diese Auslassungen beweisen, dass *Ostwald* die *Energie* aus dem Gebiete der Wahrnehmungswelt aussondert, d.h. von allem, was nicht Energie ist, abstrahiert. Er führt alles Wahrnehmbare auf eine einzige Eigenschaft des Wahrnehmbaren, auf die Äußerung von Energie, also auf einen abstrakten Begriff zurück. Die Befangenheit *Ostwalds* in den naturwissenschaftlichen Gewohnheiten der Gegenwart ist deutlich erkennbar. Auch er könnte, wenn er gefragt würde, zur Rechtfertigung seines Verfahrens nichts anführen, als da es für ihn eine psychologische Erfahrungstatsache ist, dass sein Kausalitätsbedürfnis befriedigt ist, wenn er die Naturvorgänge in Äußerungen der *Energie* aufgelöst hat. Es ist im Wesen gleichgültig: ob *Du Bois-Reymond* die Naturvorgänge in Mechanik der Atome, oder *Ostwald* in Energieäußerungen auflöst. Beides entspringt der Neigung des menschlichen Denkens zur Bequemlichkeit.

Ostwald sagt am Schlusse seines Vortrags (S. 34): «Ist die Energie, so notwendig und nützlich sie auch zum Verständnis der Natur ist, auch *zureichend* für diesen Zweck (nämlich die Erklärung der Körperwelt)? Oder gibt es Erscheinungen, welche durch die bisher bekannten Gesetze der Energie nicht vollständig dargestellt werden können? ... Ich glaube der Verantwortlichkeit, die ich heute durch meine Darlegung Ihnen gegenüber eingenommen habe, nicht besser gerecht werden zu können, als wenn ich hervorhebe, dass diese Frage mit Nein zu beantworten ist. So immens die Vorzüge sind, welche die energetische Weltauffassung vor der mechanischen oder materialistischen hat, so lassen sich schon jetzt, wie mir scheint, einige Punkte bezeichnen, welche durch die bekannten Hauptsätze der Energetik nicht gedeckt werden, und welche daher auf das Vorhandensein von Prinzipien hinweisen, die über diese hinausgehen. Die Energetik wird neben diesen neuen Sätzen bestehen bleiben. Nur wird sie künftig nicht, wie wir sie noch heute ansehen müssen, das umfassendste Prinzip für die Bewältigung der natürlichen Erscheinungen sein, sondern wird voraussichtlich als ein besonderer Fall noch allgemeinerer Verhältnisse erscheinen, *von deren Form wir zurzeit allerdings kaum eine Ahnung haben.*»

3.

Würden unsere Naturgelehrten auch Schriften von Leuten lesen, die außerhalb ihrer Gilde stehen, so hätte Prof. *Ostwald* eine Bemerkung wie diese nicht machen können. Denn ich habe bereits 1891, in der erwähnten Einleitung zur Goethe'schen Farbenlehre, ausgesprochen, dass wir von solchen «Formen» allerdings eine Ahnung und mehr als eine solche haben können, und dass in dem Ausbau der naturwissenschaftlichen Grundvorstellungen Goethes die Aufgabe der Naturwissenschaft der Zukunft liegt.

So wenig als die Vorgänge der Körperwelt sich in Mechanik der Atome, so wenig lassen sie sich in Energieverhältnisse «auflösen». Durch ein solches Verfahren wird nichts weiter erreicht, als dass die Aufmerksamkeit von dem Inhalt der wirklichen Sinnenwelt abgelenkt und einem unwirklichen Abstraktum zugewendet wird, dessen ärmlicher Fond von Eigenschaften doch auch nur aus derselben Sinnenwelt entnommen ist. Man kann nicht die eine Gruppe von Eigenschaften der Sinnenwelt: Licht, Farben, Töne, Gerüche, Geschmäcke, Wärmeverhältnisse usw. dadurch erklären, dass man sie «auflöst» in die andere Gruppe von Eigenschaften derselben Sinnenwelt: Größe, Gestalt, Lage, Zahl, Energie usw. Nicht «Auflösung» der einen Art von Eigenschaften in die andere kann Aufgabe der Naturwissenschaft sein, sondern Aufsuchung von Beziehungen und Verhältnissen zwischen den wahrnehmbaren Eigenschaften der Sinnenwelt. Wir entdecken dann gewisse Bedingungen, unter denen eine Sinneswahrnehmung die andere notwendig nach sich zieht. Wir finden, dass zwischen gewissen Erscheinungen ein intimerer Zusammenhang besteht als zwischen anderen. Wir verknüpfen die Erscheinungen dann nicht mehr in der Weise, wie sie sich der zufälligen Beobachtung darbieten. Denn wir erkennen, dass gewisse Zusammenhänge von Erscheinungen *notwendig* sind. Ihnen gegenüber sind andere Zusammenhänge *zufällig*. Notwendige Zusammenhänge von Erscheinungen nennt Goethe *Urphänomene*.

Der Ausdruck eines Urphänomens besteht immer darin, dass man von einer bestimmten sinnlichen Wahrnehmung sagt, sie rufe notwendig eine andere hervor. Dieser Ausdruck ist das, was man ein *Naturgesetz* nennt. Wenn man sagt: «Durch Erwärmung wird ein Körper ausgedehnt», so hat man einen notwendigen Zusammenhang von Erscheinungen der Sinnenwelt (Wärme, Ausdehnung) zum Ausdrucke gebracht. Man hat ein *Urphänomen* erkannt und es in Form eines *Naturgesetzes* ausgesprochen. Die Urphänomene sind die von Ostwald gesuchten Formen für die allgemeinsten Verhältnisse der unorganischen Natur.

Die Gesetze der Mathematik und Mechanik sind ebenso nur Ausdrücke von Urphänomenen wie die Gesetze, die andere sinnliche Zusammenhänge in eine Formel bringen. Wenn G. *Kirchhoff* sagt: Die Aufgabe der Mechanik ist: «Die in der Natur vor sich gehenden Bewegungen *vollständig* und auf die *einfachste Weise* zu beschreiben», so irrt er. Die Mechanik beschreibt die in der Natur vor sich gehenden Bewegungen nicht bloß auf die einfachste Weise und vollständig, sondern sie sucht gewisse *notwendige* Bewegungsvorgänge auf, die sie aus der Summe der in der Natur vor sich gehenden Bewegungen heraushebt, und spricht diese notwendigen Bewegungsvorgänge als *mechanische Grundgesetze* aus. Es muss als ein Gipfel der Gedankenlosigkeit bezeichnet werden, dass der Kirchhoff'sche Satz immer und immer wieder als etwas besonders Bedeutendes angeführt wird, ohne Gefühl davon, dass die Aufstellung des einfachsten Grundgesetzes der Mechanik ihn widerlegt.

Das Urphänomen stellt einen notwendigen Zusammenhang von Elementen der Wahrnehmungswelt dar. Es kann deshalb kaum etwas Unzutreffenderes gesagt werden, als was *H. Helmholtz* in seiner Rede auf der Weimarer Goethe-Versammlung vom 11. Juni 1892 vorgebracht hat: «Es ist zu bedauern, dass Goethe zu jener Zeit die von *Huygens* schon aufgestellte Undulationstheorie des Lichtes nicht gekannt hat; diese würde ihm ein viel richtigeres und anschaulicheres ‹Urphänomen› an die Hand gegeben haben als der dazu kaum geeignete und sehr verwickelte Vorgang, den er sich in den Farben trüber Medien zu diesem Ende wählte.» (S. 34 der im Verlag von Gebrüder Paetel 1892 gedruckten Rede: «Goethes Vorahnungen kommender wissenschaftlicher Ideen».)

Also die unwahrnehmbaren Undulationsbewegungen, die zu den Lichterscheinungen von den Bekennern der modernen Naturanschauung *hinzugedacht* werden, sollen Goethe ein viel richtigeres und anschaulicheres *«Urphänomen»* an die Hand gegeben haben als der keineswegs verwickelte, sondern sich vor unseren Augen abspielende Prozess, der darin besteht, dass Licht durch ein trübes Mittel gesehen *gelb*; Finsternis durch ein erhelltes Mittel gesehen *blau* erscheint. Die «Auflösung» der sinnlich wahrnehmbaren Vorgänge in unwahrnehmbare mechanische Bewegungen ist den modernen Physikern so sehr zur Gewohnheit geworden, dass sie gar keine Ahnung davon zu haben scheinen, dass sie ein Abstraktum an die Stelle der Wirklichkeit setzen. Aussprüche wie den Helmholtz'schen wird man erst tun dürfen, wenn alle Sätze Goethes von der Art des folgenden aus der Welt geschafft sein werden: «Das Höchste wäre: zu begreifen, dass alles Faktische schon Theorie ist. Die Bläue des Himmels offenbart uns das Grundgesetz der Chromatik. *Man suche nur nichts hinter den Phänomenen; sie selbst sind die Lehre.*» Goethe bleibt innerhalb der Erscheinungswelt stehen, die modernen Physiker lesen einige Fetzen aus der Erscheinungswelt auf und versetzen diese *hinter* die Phänomene, um dann von diesen hypothetischen Realitäten die Phänomene der wirklich wahrnehmbaren Erfahrung abzuleiten.

4.

Einzelne jüngere Physiker behaupten, sie legen dem Begriffe der bewegten Materie keinen über die Erfahrung hinausgehenden Sinn bei. Einer von ihnen, der das merkwürdige Kunststück zustande bringt, Anhänger der mechanischen Naturlehre und der indischen Mystik zugleich zu sein, *Anton Lampa* (vgl. dessen «Nächte des Suchenden», Braunschweig 1893), bemerkt gegen die Ausführungen *Ostwalds*, dass dieser «einen Kampf führt, wie weiland der tapfere Manchaner gegen die Windmühlen. Wo ist denn der Riese des wissenschaftlichen (Ostwald meint naturwissenschaftlichen) Materialismus? Den gibt es ja gar nicht. Es hat einmal einen sogenannten naturwissenschaftlichen Materialismus der Herren Büchner, Vogt und Moleschott gegeben, ja gibt ihn noch; in der Naturwissenschaft selbst aber existiert er nicht, in der Naturwissenschaft war er auch nie zu Hause. Das hat Ostwald übersehen, sonst wäre er bloß gegen die *mechanische* Auffassungsweise zu Felde gezogen, was er zufolge seines Missverständnisses nur nebenbei tut, was er aber ohne dieses Missverständnis wahrscheinlich überhaupt nicht getan hätte. Kann man denn glauben, dass eine Naturforschung, welche die Bahnen wandelt, die Kirchhoff eingeschlagen, den Begriff der Materie in einem solchen Sinne fassen kann, wie der Materialismus es getan? Das ist unmöglich, das ist ein offen zutage liegender Widerspruch. Der Begriff der Materie kann, gleich wie jener der Kraft, bloß einen durch die Forderung nach einer möglichst einfachen Beschreibung präzisierten, d. h. kantisch ausgedrückt, bloß empirischen Sinn haben. Und wenn irgendein Naturforscher mit dem Worte Materie einen darüber hinausliegenden Sinn verbindet, so tut er das nicht als Naturforscher, sondern als materialistischer Philosoph.» («Die Zeit», Nr. 61 vom 30. November 1895. Wien.)

Lampa muss, nach diesen Worten, als Typus des normalen Naturforschers der Gegenwart bezeichnet werden. Dieser wendet die mechanische Naturerklärung an, weil sie bequem zu handhaben ist. Er vermeidet es aber, über den wahren Charakter dieser Naturerklärung nachzudenken, weil er sich vor der Verwickelung in Widersprüche fürchtet, denen sein Denken sich nicht gewachsen fühlt.

Wie kann jemand, der klares Denken liebt, mit dem Begriffe der Materie einen Sinn verbinden, ohne über die Erfahrungswelt hinauszugehen? In der Erfahrungswelt sind Körper von bestimmter Größe und Lage, es sind Bewegungen und Kräfte, ferner die Phänomene des Lichtes, der Farben, der Wärme, der Elektrizität, des Lebens usw. vorhanden. Darüber, dass die Größe, die Wärme, die Farbe usw. an einer Materie haften, sagt die Erfahrung nichts aus. Aufzufinden ist die Materie innerhalb der Erfahrungswelt nirgends. Wer Materie denken will, der muss sie zu der Erfahrung *hinzu*denken.

Ein solches Hinzudenken der Materie zu den Erscheinungen der Erfahrungswelt ist in den physikalischen und physiologischen Erwägungen zu bemerken, die in der modernen Naturlehre unter dem Einflusse *Kants* und *Johannes Müllers* heimisch geworden sind. Diese Erwägungen haben zu dem Glauben geführt, dass die äußeren Vorgänge, die den Schall im Ohre, das Licht im Auge, die Wärme im Organe des Wärmesinnes usw. entstehen lassen, nichts gemein haben mit der Schallempfindung, der Licht- und Wärmeempfindung usw. Diese äußeren Vorgänge sollen vielmehr gewisse Bewegungen der Materie sein. Der Naturforscher untersucht dann, welche Art von äußeren Bewegungsvorgängen in der menschlichen Seele Schall, Licht, Farbe usw. entstehen lassen. Er kommt zu dem Schlusse, dass sich außerhalb des menschlichen Organismus nirgends im ganzen Weltenraum Rot, Gelb oder Blau finde, sondern dass es nur eine wellenförmige Bewegung einer feinen, elastischen Materie, des Äthers, gebe, die, wenn sie durch das Auge empfunden wird, sich als Rot, Gelb oder Blau darstellt. Wenn kein empfindendes Auge vorhanden wäre, so wäre auch keine Farbe, sondern nur bewegter Äther vorhanden, meint der moderne Naturlehrer. Der Äther sei das Objektive, die Farbe bloß etwas Subjektives, im menschlichen Körper Gebildetes. Der Leipziger Professor *Wundt*, den man zuweilen als einen der größten Philosophen der Gegenwart preisen hört, sagt deshalb von der Materie, sie sei ein Substrat, *«das uns niemals selbst, sondern immer nur in seinen Wirkungen anschaulich wird»*. Und er findet, dass «eine widerspruchlose Erklärung der Erscheinungen erst gelingt», wenn man ein solches Substrat annimmt. («Logik», II. Band S. 445.) Der Descartes'sche Wahn von deutlichen und verworrenen Vorstellungen ist zur grundlegenden Vorstellungsart der Physik geworden.

5.

Wessen Vorstellungsvermögen durch Descartes, Locke, Kant und die moderne Physiologie nicht vom Grund aus verdorben ist, der wird niemals begreifen, wie man Licht, Farbe, Ton, Wärme usw. bloß für subjektive Zustände des menschlichen Organismus ansehen und dennoch das Vorhandensein einer objektiven Welt von Vorgängen außerhalb des Organismus behaupten kann. Wer den menschlichen Organismus zum Erzeuger der Ton-, Wärme-, Farben- usw. Geschehnisse, macht, der muss ihn auch zum Hervorbringer der Ausdehnung, Größe, Lage, Bewegung, der Kräfte usw. machen. Denn diese mathematischen und mechanischen Qualitäten sind in Wirklichkeit mit dem übrigen Inhalte der Erfahrungswelt untrennbar verknüpft. Die Abtrennung der Raum-, Zahl- und Bewegungsverhältnisse sowie der Kraftäußerungen von den Wärme-, Ton-, Farben- und den anderen Sinnesqualitäten ist nur eine Funktion des abstrahierenden Denkens. Die Gesetze der Mathematik und Mechanik beziehen sich auf abstrakte Gegenstände und Vorgänge, die von der Erfahrungswelt abgezogen sind, und können daher auch nur innerhalb der Erfahrungswelt Anwendung finden. Werden aber auch die mathematischen und mechanischen Formen und Verhältnisse für bloß subjektive Zustände erklärt, dann bleibt nichts übrig, was dem Begriffe von objektiven Dingen und Ereignissen als Inhalt dienen könnte. Und aus einem leeren Begriffe können keine Erscheinungen abgeleitet werden.

So lange die modernen Naturgelehrten und ihre Schleppträger, die modernen Philosophen, daran festhalten, dass die Sinneswahrnehmungen nur subjektive Zustände sind, die durch objektive Vorgänge hervorgerufen werden, wird ein gesundes Denken ihnen stets entgegenhalten, dass sie entweder mit leeren Begriffen spielen, oder dem Objektiven einen Inhalt zuschreiben, den sie aus der für subjektiv erklärten Erfahrungswelt entlehnen. Ich habe in einer Reihe von Schriften das Widersinnige der Behauptung von der Subjektivität der Sinnesempfindungen nachgewiesen. («Erkenntnistheorie», Stuttgart 1886; «Wahrheit und Wissenschaft», Weimar 1892, und «Philosophie der Freiheit», 1894.)

Doch ich will davon absehen, ob den Bewegungsvorgängen und den sie hervorrufenden Kräften, auf die die neuere Physik alle Naturerscheinungen zurückführt, eine andere Realitätsform zugeschrieben wird als den Sinneswahrnehmungen, oder ob das nicht der Fall ist. Ich frage jetzt bloß, was die mathematisch-mechanische Naturanschauung leisten kann. *Anton Lampa* meint («Nächte des Suchenden», S. 92): «Mathematische Methode und Mathematik sind nicht identisch, denn die mathematische Methode ist durchführbar ohne Anwendung von Mathematik. Einen klassischen Beleg für diese Tatsache bieten uns innerhalb der Physik die Experimentaluntersuchungen über Elektrizität von *Faraday*, ‹der kaum ein Binom zu quadrieren verstand›. Die Mathematik ist ja nichts als ein Mittel, logische Operationen abzukürzen und daher in so verwickelten Fällen noch durchzuführen, wo uns das gewöhnliche logische Denken im Stiche lassen würde. Aber sie leistet gleichzeitig noch viel mehr: Indem jede Formel implizite ihren Werdeprozess ausdrückt, schlägt sie eine lebendige Brücke bis zu den elementaren Erscheinungen, welche als Ausgangspunkt der Untersuchung gedient hatten. Die Methode aber, welche sich der Mathematik nicht bedienen kann – was immer der Fall ist, wenn die in die Untersuchung eingehenden Größen nicht messbar sind – hat daher, um der mathematischen gleichzukommen, nicht nur streng logisch zu sein, sondern auch dem Geschäft der Zurückführung auf die Grunderscheinungen eine besondere Sorgfalt zuzuwenden, da sie der mathematischen Stütze entbehrend gerade hier leicht straucheln kann; wenn sie aber dieses leistet, wird sie wohl mit Recht auf den Titel einer mathematischen Anspruch erheben, insoferne damit der Grad der Exaktheit ausgedrückt werden soll.»

Ich würde mich mit Anton Lampa nicht so ausführlich beschäftigen, wenn er nicht durch einen Umstand für meine Zwecke ein besonders geeignetes Beispiel eines Naturforschers der Gegenwart wäre. Er befriedigt seine philosophischen Bedürfnisse aus der indischen Mystik und verunreinigt deshalb die mechanische Naturanschauung nicht wie andere mit allerlei philosophischen Nebenvorstellungen. Die Naturlehre, die er im Auge hat, ist, sozusagen, die chemisch reine Naturansicht der Gegenwart. Ich finde, dass Lampa ein Hauptkennzeichen der Mathematik gänzlich unberücksichtigt gelassen hat. Wohl schlägt jede mathematische Formel eine «lebendige Brücke» bis zu den elementaren Erscheinungen, welche als Ausgangspunkt der Untersuchungen gedient haben. Aber diese elementaren Erscheinungen sind von derselben Art wie die nicht elementaren, von denen aus die Brücke geschlagen wird. Der Mathematiker führt die Eigenschaften komplizierter Zahl- und Raumgebilde sowie deren wechselseitige Beziehungen auf die Eigenschaften und Beziehungen der einfachsten Zahl- und Raumgebilde zurück. Ebenso macht es der Mechaniker in seinem Gebiete. Er führt zusammengesetzte Bewegungsvorgänge und Kräftewirkungen auf einfache, leicht überschaubare Bewegungen und Kräftewirkungen zurück. Dabei bedient er sich der mathematischen Gesetze, insofern Bewegungen und Kraftäußerungen durch Raumgebilde und Zahlen ausdrückbar sind. In einer mathematischen Formel, die ein mechanisches Gesetz zum Ausdruck bringt, bedeuten die einzelnen Glieder nicht mehr rein mathematische Gebilde, sondern Kräfte und Bewegungen. Die Verhältnisse, in denen diese Glieder zueinanderstehen, werden nicht durch eine rein mathematische Gesetzmäßigkeit bestimmt, sondern durch die Eigenschaften der Kräfte und Bewegungen. Sobald man von diesem besonderen Inhalte der mechanischen Formeln absieht, hat man es nicht mehr mit mechanischer, sondern lediglich mit mathematischer Gesetzlichkeit zu tun. Wie die Mechanik zur reinen Mathematik, verhält sich die Physik zur Mechanik. Die Aufgabe des Physikers ist, komplizierte Vorgänge auf dem Gebiete der Farben-, Ton-, Wärmeerscheinungen, der Elektrizität, des Magnetismus usw. auf einfache Geschehnisse *innerhalb der gleichen Sphäre* zurückzuführen. Er hat z.B. komplizierte Farbenvorkommnisse auf die einfachsten Farbenvorkommnisse zurückzuführen. Dabei hat er sich der mathematischen und mechanischen Gesetzlichkeit zu bedienen, insofern die Farbenvorgänge in räumlich und zahlenmäßig zu bestimmenden Formen sich abspielen. Nicht die Zurückführung der Farben-, Ton- usw. Vorgänge auf Bewegungserscheinungen und Kräfteverhältnisse innerhalb einer farb- und tonlosen Materie, sondern die Aufsuchung der Zusammenhänge *innerhalb* der Farben-, Ton- usw. Erscheinungen entspricht auf physikalischem Gebiete der mathematischen Methode.

Die moderne Physik überspringt die Ton-, Farben- usw. Erscheinungen als solche und betrachtet nur unveränderliche, anziehende und abstoßende Kräfte und Bewegungen im Raume. Unter dem Einflusse dieser Vorstellungsart ist die Physik heute bereits angewandte Mathematik und Mechanik geworden, und die übrigen Gebiete der Naturwissenschaft sind auf dem Wege, das Gleiche zu werden.

Es ist unmöglich, eine «lebendige Brücke» zu schlagen von der Tatsache: An diesem Orte des Raumes herrscht ein bestimmter Bewegungsvorgang der farblosen Materie, und der andern Tatsache: Der Mensch sieht an diesem Orte Rot. Aus Bewegung kann nur wieder Bewegung abgeleitet werden. Und aus der Tatsache, dass eine Bewegung auf ein Sinnesorgan und dadurch auf das Gehirn wirkt, folgt – nach mathematischer und mechanischer Methode – nur, dass das Gehirn von der Außenwelt zu gewissen Bewegungsvorgängen veranlasst wird, nicht aber, dass es die konkreten Töne, Farben, Wärmeerscheinungen usw. wahrnimmt. Dies hat auch Du Bois-Reymond erkannt. Man lese S. 35 f. seiner «Grenzen des Naturerkennens» (5. Aufl.): «Welche denkbare Verbindung besteht zwischen bestimmten Bewegungen bestimmter Atome in meinem Gehirn einerseits, andererseits den für mich ursprünglichen, nicht weiter definierbaren, nicht wegzuleugnenden Tatsachen: ‹Ich fühle Schmerz, fühle Lust; ich schmecke Süßes, rieche Rosenduft, höre Orgelton, sehe Rot.›» Und S. 34: «Bewegung kann nur Bewegung erzeugen.» Du Bois-Reymond ist deshalb der Meinung, dass hiermit eine Grenze des Naturerkennens zu verzeichnen ist.

Der Grund, warum man die Tatsache: «Ich sehe Rot» nicht aus einem bestimmten Bewegungsvorgang herleiten kann, ist, meiner Ansicht nach, leicht anzugeben. Die Qualität «Rot» und ein bestimmter Bewegungsvorgang sind in Wirklichkeit eine untrennbare Einheit. Die Trennung der beiden Geschehnisse kann nur eine begriffliche, im Verstande vollzogene sein. Der dem «Rot» entsprechende Bewegungsvorgang hat an sich keine Wirklichkeit; er ist ein Abstraktum. Die Tatsache: «Ich sehe Rot» aus einem Bewegungsvorgang herleiten zu wollen, ist genauso absurd wie die Ableitung der wirklichen Eigenschaften eines in Würfelform kristallisierten Steinsalzkörpers aus dem mathematischen Würfel. Nicht weil eine Grenze des Erkennens uns hindert, können wir aus Bewegungen keine andern Sinnesqualitäten ableiten, sondern weil eine derartige Forderung keinen Sinn hat.

6.

Das Streben, die Farben, Töne, Wärmeerscheinungen usw. als solche zu überspringen und nur die ihnen entsprechenden mechanischen Vorgänge zu betrachten, kann nur aus dem Glauben entspringen, dass den einfachen Gesetzen der Mathematik und Mechanik ein höherer Grad von Begreiflichkeit entspricht als den Eigenschaften und wechselseitigen Beziehungen der übrigen Gebilde der Wahrnehmungswelt. Dies ist aber durchaus nicht der Fall. Die einfachen Eigenschaften und Verhältnisse der Raum- und Zahlgebilde werden ohne Weiteres begreiflich genannt, weil sie sich leicht und vollkommen überschauen lassen. Zurückführung auf einfache, beim unmittelbaren Innewerden einleuchtende Tatbestände ist alles mathematische und mechanische Begreifen. Der Satz, dass zwei Größen, die einer dritten gleich sind, auch einander gleich sein müssen, wird durch unmittelbares Innewerden des Tatbestandes, den er ausdrückt, erkannt. In dem gleichen Sinne werden auch die einfachen Vorkommnisse der Tonund Farbenwelt und der übrigen Sinneswahrnehmungen durch unmittelbare Anschauung erkannt.

Nur weil sie durch das Vorurteil verführt sind, dass ein einfaches mathematisches oder mechanisches Faktum begreiflicher ist als ein elementares Vorkommnis der Ton- oder Farbenerscheinung als solches, schalten die modernen Physiker das Spezifische des Tones oder der Farbe aus den Erscheinungen aus und betrachten nur die Bewegungsvorgänge, die den Sinneswahrnehmungen entsprechen. Und weil sie Bewegungen nicht denken können ohne etwas, das sich bewegt, nehmen sie die aller sinnenfälligen Eigenschaften entkleidete Materie als Träger der Bewegungen an. Wer in diesem Vorurteil der Physiker nicht befangen ist, der muss einsehen, dass die Bewegungsvorgänge Zustände sind, die an die sinnenfälligen Qualitäten gebunden sind. Der Inhalt der wellenförmigen Bewegungen, die den Tonvorkommnissen entsprechen, sind die Tonqualitäten selbst. Das Gleiche gilt für die übrigen Sinnesqualitäten. Durch unmittelbares Innewerden erkennen wir den Inhalt der oszillierenden Bewegungen der Erscheinungswelt, nicht durch Hinzudenken einer abstrakten Materie zu den Erscheinungen.

7.

Ich weiß, dass ich mit diesen Ansichten etwas ausspreche, was den Physiker-Ohren der Gegenwart ganz unmöglich klingt. Ich kann mich aber nicht auf den Standpunkt des Professors *Wundt* stellen, der in seiner «Logik» (Band 2, 1. Abteilung) die Denkgewohnheiten der modernen Naturforscher für bindende logische Normen ausgibt. Die Gedankenlosigkeit, der er sich dabei schuldig macht, wird besonders an der Stelle klar, wo er den Versuch *Ost-*

walds bespricht, an die Stelle der bewegten Materie die in oszillierender Bewegung befindliche Energie zu setzen. Wundt bringt Folgendes vor: «Es ergibt sich aus der Existenz der Interferenzerscheinungen die Notwendigkeit der Voraussetzung irgendeiner oszillierenden Bewegung. Da aber eine Bewegung ohne ein Substrat, das sich bewegt, undenkbar ist, so ist damit auch die Ableitung der Lichterscheinungen aus einem mechanischen Vorgang ein unumgängliches Erfordernis. – Allerdings hat Ostwald der letzteren Annahme zu entgehen gesucht, indem er die ‹strahlende Energie› nicht auf die Schwingungen eines materiellen Mediums zurückführt, sondern als eine in oszillierender Bewegung befindliche Energie definiert. Gerade dieser aus einem anschaulichen und einem rein begrifflichen Bestandteil zusammengesetzte Doppelbegriff scheint mir aber schlagend zu beweisen, dass der Energiebegriff selbst eine Zerlegung fordert, die auf Elemente der Anschauung zurückführt. Eine reale Bewegung kann nur als die Ortsveränderung eines im Raum befindlichen realen Substrates definiert werden. Dieses reale Substrat kann sich uns bloß durch Kraftwirkungen, die von ihm ausgehen, oder durch Kräftefunktionen, als deren Träger wir es betrachten, verraten. Aber dass solche bloß begrifflich zu fixierende Kräftefunktionen selbst sich bewegen, dies scheint mir eine Forderung zu sein, die nicht erfüllt werden kann, ohne dass man sich irgendein Substrat *hinzudenkt*.»

Der Energiebegriff Ostwalds steht der Wirklichkeit um vieles näher als das angeblich «reale» Substrat Wundts. Die Erscheinungen der Wahrnehmungswelt, Licht, Wärme, Elektrizität, Magnetismus usw., lassen sich unter dem allgemeinen Begriff der Kraftleistung, d. i. der Energie bringen. Wenn Licht, Wärme usw. in einem Körper eine Veränderung hervorrufen, so ist damit eben eine Kraftleistung vollzogen. Man hat, wenn man Licht, Wärme usw. als Energie bezeichnet, von dem den einzelnen Sinnesqualitäten spezifisch Eigenen abgesehen und betrachtet eine allgemeine, ihnen gemeinsam zukommende Eigenschaft.

Diese Eigenschaft erschöpft zwar nicht alles, was in den Dingen der Wirklichkeit vorhanden ist; aber sie ist eine reale Eigenschaft dieser Dinge. Der Begriff der Eigenschaften hingegen, welche die von den Physikern und ihren philosophischen Verteidigern hypothetisch angenommene *Materie* haben soll, schließt einen Unsinn ein. Diese Eigenschaften sind aus der Sinnenwelt entlehnt und sollen doch einem Substrat zukommen, das nicht zur Sinnenwelt gehört.

Es ist unbegreiflich, wie Wundt behaupten kann, der Begriff «strahlende Energie» sei deshalb ein unmöglicher, weil er einen *anschaulichen* und einen *begrifflichen* Bestandteil enthalte. Der Philosoph Wundt sieht also nicht ein, dass jeder Begriff, der sich auf ein Ding der sinnlichen Wirklichkeit bezieht, notwendig einen anschaulichen und einen begrifflichen Bestandteil enthalten muss. Der Begriff «Steinsalzwürfel» hat doch den *anschaulichen* Bestandteil des sinnlich wahrnehmbaren Steinsalzes und den anderen *rein begrifflichen*, den die Stereometrie feststellt.

8.

Die Entwickelung der Naturwissenschaft in den letzten Jahrhunderten hat zur Zerstörung aller Vorstellungen geführt, durch welche diese Wissenschaft Glied einer Weltauffassung sein kann, die den höheren menschlichen Bedürfnissen genügt. Sie hat dazu geführt, dass die «modernen» wissenschaftlichen Köpfe es als absurd bezeichnen, wenn man davon spricht, dass die *Begriffe* und *Ideen* ebenso zur Wirklichkeit gehören wie die im Raume wirkenden Kräfte und die den Raum erfüllende Materie. Begriffe und Ideen sind diesen Geistern ein Produkt des menschlichen Gehirns und nichts weiter. Noch die Scholastiker wussten, wie es um diese Sache steht. Aber die Scholastik wird von der modernen Wissenschaft verachtet. Sie wird verachtet, aber man kennt sie nicht. Man weiß vor allem nicht, was an der Scholastik gesund und was an ihr krank ist. Gesund an ihr ist, dass sie eine Empfindung dafür hatte, dass Begriffe und Ideen nicht nur Hirngespinste sind, die der menschliche Geist ersinnt, um die wirklichen Dinge zu verstehen. Sondern dass sie mit den Dingen selbst etwas, ja mehr zu tun haben als Stoff und Kraft. Diese gesunde Empfindung der Scholastiker ist ein Erbstück von den großen Weltanschauungsperspektiven Platos und Aristoteles'. Krank ist an der Scholastik die Vermischung dieser Empfindung mit den Vorstellungen des Christentums. Das Christentum findet den Quell alles Geistigen, also auch der Begriffe und Ideen in Gott. Es hat den Glauben an etwas nötig, das nicht von dieser Welt ist. Ein gesundes menschliches Denken hält sich aber an diese Welt. Es kümmert sich um keine andere. Aber es vergeistigt zugleich diese Welt. Es sieht in Begriffen und Ideen Wirklichkeiten dieser Welt ebenso wie in den durch die Sinne wahrnehmbaren Dingen und Ereignissen. Die griechische Philosophie ist ein Ausfluss dieses gesunden Denkens. Die Scholastik nahm noch eine Ahnung dieses gesunden Denkens in sich auf. Aber sie strebte darnach, diese Ahnung im Sinne des christlichen Jenseitsglaubens umzudeuten. Nicht die Begriffe und Ideen sollten das Tiefste sein, was der Mensch in den Vorgängen dieser Welt erschaut, sondern Gott, sondern das Jenseits. Wer die Idee einer Sache erfasst hat, den zwingt nichts, noch nach einem weiteren «Ursprung» der Sache zu suchen. Er hat das erreicht, was das menschliche Erkenntnisbedürfnis befriedigt. Aber was kümmerte die Scholastiker das menschliche Erkenntnisbedürfnis? Sie wollten die christliche Gottesvorstellung retten. Sie wollten in Gott den Ursprung der Welt finden, trotzdem ihnen ihr Suchen nach dem Innern der Dinge nur Begriffe und Ideen lieferte.

9.

Im Verlauf der Jahrhunderte wurden die christlichen Vorstellungen wirksamer als die dunklen Empfindungen, die aus dem griechischen Altertum ererbt waren. Man verlor die Empfindung für die Wirklichkeit der Begriffe und Ideen. Man verlor damit aber auch den Glauben an den – Geist selbst. Es begann die Anbetung des rein Materiellen: Die Ära Newtons in der Naturwissenschaft begann. Nun war nicht mehr die Rede von der Einheit, die der Mannigfaltigkeit der Welt zugrunde liegt. Nun wurde alle Einheit geleugnet. Die Einheit wurde herabgewürdigt zu einer «menschlichen» Vorstellung. In der Natur sah man nur die Vielheit, die Mannigfaltigkeit. Diese allgemeine Grundvorstellung ist es, die Newton verleitete, nicht eine ursprüngliche Einheit im Lichte zu sehen, sondern ein Zusammengesetztes. Goethe hat in den «Materialien zur Geschichte der Farbenlehre» einen Teil der Entwickelung naturwissenschaftlicher Vorstellungen dargestellt. Aus seiner Darstellung ist zu ersehen, dass die neuere Naturwissenschaft durch die allgemeinen Vorstellungen, deren sie sich zum Erfassen der Natur bedient, in der Farbenlehre zu ungesunden Ansichten gelangt ist. Diese Wissenschaft hat das Verständnis dafür verloren, was das Licht innerhalb der Reihe der Naturqualitäten ist. Deshalb weiß sie auch nicht, wie unter gewissen Bedingungen das Licht gefärbt erscheint, wie im Reiche des Lichtes die Farbe entsteht.

Rudolf Steiner

Ausgewählte Kommentare in GA 1d: Zur «Geschichte der Farbenlehre und zur Chromatik»

Zur Farbenlehre. Zweiter Band
Materialien zur Geschichte der Farbenlehre: Einleitung

Zum wirklichen Begreifen einer Wahrheit ist notwendig, dass dieselbe in unserem Geiste mit derselben Ursprünglichkeit entstehe wie im Kopfe desjenigen, der sie zuerst erkannt hat. Der jüngere Denker ist sich zumeist dieser Ursprünglichkeit bewusst, nicht aber des geschichtlichen Zusammenhangs einer ihm klar gewordenen Erkenntnis. Dann sieht er wohl oft als erste Entdeckung an, was zwar *ihm* neu, sonst aber längst anerkannt und in die geschichtliche Entwickelung aufgenommen ist. Der *historische* Sinn, der zur Anerkennung des geschichtlich-wirklichen gehört, erwacht erst spät in dem Menschen. Goethe hielt das historisch Überlieferte sehr hoch. [...] Herbert *Spencer* sieht es als ein psychologisch-historisches Gesetz an, dass der menschliche Individualgeist die geistigen Perioden, die von den Vorfahren durchlebt sind, in verkürzter Folge wieder durchmache. Mit dieser Anwendung des biogenetischen Grundgesetzes auf die Menschheitsentwicklung wäre es nun möglich, die *tatsächliche* Notwendigkeit zu erklären, warum wir auf lang erkannte Wahrheiten erst selbst kommen müssen, wenn wir sie ganz verstehen wollen. [GA 1d, S. 5]

{Nichts ist stillstehend. Bei allen scheinbaren Rückschritten müssen Menschheit und Wissenschaft immer vorschreiten, und wenn beide sich zuletzt auch wieder in sich selbst abschließen sollten.} Dem liegt die Anschauung zugrunde, dass sich für jede neu auftretende Anschauung ein Analogon in einer früheren Periode der Kulturentwickelung wird finden lassen. Anschauungen treten auf, leben sich in einer gewissen Form aus und verschwinden, um in neuen Zeitaltern und bei andern Völkern modifiziert wieder aufzutreten. Diese Ansicht deckt sich nicht mit der Schopenhauerischen, wonach die Geschichte nichts an die Oberfläche bringt als das ewige Einerlei, sondern sie sieht die Einheit in fortwährender Metamorphose begriffen und wendet dieser Vielgestaltigkeit des Einen ihr Interesse zu: in der Überzeugung, dass, mit jeder neuen Modifikation, doch eine höhere Stufe der geistigen Leiter erstiegen wird. [GA 1d, S. 5]

Bei der Eigenartigkeit von Goethes Naturansicht kann ein einzelner Zweig der Naturwissenschaften, ohne Rücksicht auf den Zusammenhang mit dem Ganzen des Naturerkennens, *nicht* völlig begriffen werden. Auch Goethes Farbenlehre wird nur derjenige begreifen, der sie aus dem Ganzen der Goethe'schen Naturanschauung heraus zu verstehen vermag. Ein Zeitalter, ein einzelner Forscher haben über die Farben *die* Ansicht, die mit ihrer sonstigen Weltanschauung verträglich ist, wenn sie konsequent denken. Erst unserer Zeit der trostlosen Spezialwissenschaft war es vorbehalten, dass sie die einzelnen Zweige der Naturerkenntnis ohne Zusammenhang nebeneinander hergehen lässt. [GA 1d, S. 6]

Goethe suchte eine wissenschaftliche Methode, die die objektiven Tatbestände der Wirklichkeit in der wissenschaftlichen Behandlung nicht nur nicht verändert, sondern im Gegenteil, erst recht hervortreten lässt. [GA 1d, S. 7]

Wie schwer es ist, sich vollständig in die Anschauungsweise eines andern Menschen hineinzudenken, hat Goethe wiederholt ausgesprochen. Er war der Ansicht, dass es ein Allgemein-Wahres nicht gibt, sondern dass alle Wahrheit einen individuellen Beigeschmack hat und nur für das Individuum verständlich ist. Nach Goethes Ansicht versteht jeder Mensch vollständig doch nur sich selbst. [GA 1d, S. 7]

Für Goethe ist die Wahrheit nicht ein für sich bestehendes, das eine in sich bestimmte, von dem Menschen unabhängige Gestalt hat, der man sich bemächtigt und die dann für ewige Zeiten unveränderlich feststeht, sondern ein Produkt, das entsteht, wenn sich der Mensch in Bezug zu den Dingen setzt. Je nach der geistigen Kultur, zu der sich ein Mensch erhoben hat, werden auch die Wahrheiten, zu denen er gelangt, ihre besondere Gestalt haben. Die besondere Fassung, in der diese Ansicht bei Goethe auftritt, darf aber nicht verwechselt werden mit der heute so vielfach vertretenen erkenntnistheoretischen Lehre, wonach alle Wahrheit überhaupt nur eine relative sein könne. Die Anhänger *dieser* letzteren Lehre glauben, dass alles, was wir wahrnehmen und denken, nur Wahrheit in Bezug auf unser Erkenntnisvermögen habe. Denn unsere Wahrnehmungen und Begriffe entstehen dadurch, dass unsere Sinne und unser Denken an die Dinge herantreten und die letzteren auf sich wirken lassen. Was da als Wahrnehmung und Begriff entsteht, ist natürlich nicht das Ding, wie es außer uns existiert, sondern ein aus der Wechselwirkung dieses Dinges mit unserer körperlichen und geistigen Organisation entstandenes Produkt. Eine andere Organisation bedingt nach dieser Auffassung andere Wahrnehmungen und Begriffe. Diese Schlussfolgerung liegt aber der Goethe'schen Auffassung *nicht* zugrunde. Nach derselben werden zwar die uns gegebenen Wahrnehmungen und Begriffe durch den Prozess der sinnlichen und geistigen Erfassung der Außenwelt zu unserer Erfahrung; sie sind ihrer inneren Wesenheit nach aber nicht Produkt dieses Prozesses. Sie sind dieser Wesenheit nach durchaus objektiv, die Begriffe aber als solche in der objektiven Welt verborgen. Das menschliche Erkennen befreit sie aus dieser Verborgenheit, es ruft sie in die Erscheinung. Und je feiner die Organisation des Menschen durch Erhöhung seiner Kultur ist, desto tiefer kann er in das Wesen der Dinge dringen, desto mehr Hüllen vermag er zu sprengen, die den Kern der Welt umschließen. *Deshalb sind die Wahrheiten aus den Geistern verschiedener Menschen verschieden, weil die letzteren nach ihrer Kulturhöhe verschieden tief in die Dinge eindringen.* Wahr kann auch die Behauptung des flachsten Menschen sein, aber sie ist eine auf der Oberfläche der Dinge sich haltende Wahrheit. Der Geschichtsschreiber kann natürlich nur durch Vertiefung in die Gründe der Seele einer wahrheitssuchenden historischen Persönlichkeit zu seinem Ziele kommen. Denn nur dadurch offenbart sich ihm die Art, wie dieselbe die Dinge betrachtet hat; also sieht er nur dadurch die von ihr vertretene Wahrheit in dem Lichte, in dem sie *diese* Persönlichkeit gesehen hat. [GA 1d, S. 8f.]

Goethe betrachtet keinen speziellen Zweig der Naturwissenschaft abgesondert für sich. Er ist der Ansicht, dass jede Wahrheit nur in dem Lichte aufgefasst werden darf, das von der Erkenntnis des ganzen Universums auf sie fällt. Ein Mensch, der sich einseitig auf *ein* Gebiet des Erkennens wirft, muss notwendig zu einseitigen, unzulänglichen Wahrheiten kommen. Ebenso werden die geistigen Errungenschaften jener Epochen einseitig sein, denen die Universalität geistigen Strebens fehlt. Epochen hingegen oder Menschen, die sich mit der Totalität der menschlichen Erkenntnis befassen, werden zu allseitigen, vorurteilsfreien Wahrheiten kommen. Um die letzteren aber, insofern sie sich auf ein bestimmtes Gebiet beziehen, zu verstehen, muss man die ganze geistige Physiognomie der betreffenden Zeit oder Person kennen. Die Geschichte einer Spezialwissenschaft darf also nur so geschrieben werden, dass sich die Erkenntnisse dieser letzteren aus dem gesamten Wahrheitsgehalte der Epoche herausheben. Eine Wissenschaftsgeschichte ohne diesen Hintergrund wird nie die volle Wahrheit vermitteln. In diesem Sinne fasste Goethe die Geschichte der Farbenlehre auf. [GA 1d, S. 9f.]

Diese eingestreuten Betrachtungen sind bei aller Kürze oft eine ganz einzige Charakteristik der betreffenden Zeitabschnitte. Goethe verstand es, in eigenartiger Weise die Strömungen der Wissenschaft in den verschiedenen Zeitaltern ihrem Wesen nach zu kennzeichnen und überall die springenden Punkte zu finden, aus denen Tendenz und Grundcharakter derselben zu verstehen sind. [GA 1d, S. 10]

Zur Geschichte der Urzeit

Welches geringe Interesse auf den ersten Kulturstufen die Farbe erregt, mag daraus hervorgehen, dass selbst der Name für den Regenbogen nicht von dessen Farben, sondern von der Rundung hergenommen wurde (engl. *rain-bow*, franz. *arc-en-ciel*, lat. *arcus coelestis*, isländisch *regenbogi*). Die Farbenbenennungen waren in den ersten Kulturstadien der Völker stets schwankend. Mehrere Farben, die wir heute streng unterscheiden, führten den gleichen Namen, oder umgekehrt: eine Farbe hatte mehrere Namen. [GA 1d, S. 17]

Dies ist eine Erklärung für den häufig vorkommenden Fall, dass ungebildete Völker in irgendeinem Kunstzweige eine technische Vollendung erreichen, die von gebildeten Nationen vergebens gesucht wird. [GA 1d, S. 18]

Die Theorie kann sich erst dann entwickeln, wenn den praktischen Bedürfnissen der Menschen Genüge geschehen ist. Denn Theorie kann nur ein Geschöpf der Freiheit sein. Die letztere findet aber erst einen geeigneten Boden, wenn die Abhängigkeit des Menschen von der Natur durch Bezwingung derselben aufgehört hat. Erst wenn es dem Menschen gelungen ist, die Naturkräfte bis zu einem gewissen Grade in seinen Dienst zu stellen, kann er sich Tätigkeiten widmen, die seinen höheren Bedürfnissen dienen. Es ist falsch, wenn Bacon alle Theorie dahin abzielen lässt, dass sich die Menschen die Natur dienstbar machen; die wahre Theorie beginnt vielmehr erst dann, wenn die Abhängigkeit von der Natur überwunden ist. Der Mensch hat seine Vernunft denn doch zu höheren Zwecken als nur zu dem, sie als Mittel für jenen Teil seines Daseins zu benutzen, der *nicht* Vernunft ist. [GA 1d, S. 19]

1. Griechen

Pythagoras (etwa 580–500 v. Chr.) stammt aus Samos. Er stiftete in Kroton einen philosophischen Bund, dessen Mitglieder sich einem geläuterten sittlichen und religiösen Leben widmeten und die Wissenschaften – besonders die Mathematik – pflegten. Der Bund löste sich im 4. Jahrhundert infolge politischer Differenzen mit andern Parteien in Kroton wieder auf. Von Pythagoras' Lehre selbst ist nichts bekannt. Platon und Aristoteles sprechen bloß von der Lehre der Pythagoreer. Das Grundprinzip dieser Schule war, dass der Urgrund aller Dinge in den Zahlen liege. Die Quadratzahl sahen sie als das Wesen der Gerechtigkeit, die Fünfzahl als das Wesen der Ehe an, weil sie die Verbindung der ersten männlichen (3) mit der ersten weiblichen (2) Zahl sei. Darinnen, dass dieses Prinzip sowohl außen in der Natur als auch innen im Geiste waltet, sahen sie die Möglichkeit, dass wir *erkennen*. In der Erkenntnis nimmt ja auf diese Weise der menschliche Geist einfach ein ihm verwandtes Element aus. Gleiches wird auf diese Weise durch Gleiches erkannt. In der Wahrnehmung sehen sie nicht bloß ein passives Aufnehmen, sondern ein aktives Tun der Sinne, eine Art Tasten […]. Das Sehen, wie es oben […] geschildert wird, erscheint somit nur als Spezialfall der allgemeinen Erscheinung der Wahrnehmung. [GA 1d, S. 20]

Empedokles lebte um die Mitte des fünften Jahrhunderts v. Chr. und ist zu Agrigent auf Sizilien geboren. Er hat seine Ansichten in dem Lehrgedichte Peri phýseōs [Über die Natur] entwickelt. Seine Lehre ist eine Zusammenfassung und Fortbildung zweier älterer Richtungen, der sog. eleatischen und der heraklitischen. Nach den *Eleaten* liegt der Welt ein starres, unbewegliches, ewig-gleiches *Sein* zugrunde, das wir aber nicht wahrnehmen. Was sich vor unseren Sinnen abspielt, das ewig-wechselnde *Werden*, Entstehen und Vergehen der Dinge, das ist nach dieser Anschauung nur *Schein*, der aus jenem Sein folge. Aber eben dieses ewige *Werden*, den ewigen *Fluss der Dinge* macht *Heraklit* zum Urgrunde der Welt. Er spricht der Annahme eines starren Seins jede Berechtigung ab. *Empedokles* bildet beide Lehren fort, indem er ihre Einseitigkeiten zu überwinden trachtet. Nach seiner Auffassung lässt sich alles Dasein auf vier Grundelemente zurückführen: Erde, Wasser, Feuer, Luft. Durch das verschiedene Mischen und Entmischen dieser Elemente entstehen die Dinge, die uns als Sinnenwelt erscheinen. Die Kräfte, welche die verschiedenartige Mischung und Trennung der Elemente bewirken, sind *Liebe* und *Streit*. Ursprünglich sind alle vier Elemente in Form einer Kugel verbunden gewesen. Von der Wirkung der Stoffmischung in unserem Organismus rührt auch das her, was wir als geistige Potenz bezeichnen. [GA 1d, S. 21]

Die Vorstellung von der Spiegelung, welche Empedokles hatte, ist die, dass von den Augen Bilder ausgehen, die sich auf dem Spiegel wegen des gefundenen Widerstandes vereinigen. [GA 1d, S. 22]

Demokritos von Abdera ist 460 geboren und, nachdem er große Reisen gemacht hat, im hohen Alter gestorben. Er ist neben Leukipp der Begründer der Atomistik, d.i. jener Anschauung, wonach alle Dinge aus unteilbaren, aber raumerfüllenden Stoffpartikeln (Atomen) bestehen, die bloß durch ihre verschiedene Gruppierung die Mannigfaltigkeit der wahrnehmbaren Welt hervorbringen. Die Atome selbst nehmen wir wegen ihrer geringen Größe nicht wahr. Sie sind verschieden groß. Zwischen den Atomen ist der leere Raum. Auch unsere Seele besteht nur aus Seelenatomen. Diese sind durch alle Teile des Körpers zerstreut und in fortwährender Bewegung begriffen. Sowohl von den Dingen strömen Atommengen nach der Seele, wie umgekehrt von der Seele solche nach den Körpern. Durch das Zusammentreffen derselben entsteht die *Wahrnehmung*. Die Gegenstände werden dann richtig erfasst, wenn der Zusammenstoß beider Bewegungen in der Seele die richtige Temperatur erzeugt. [GA 1d, S. 23]

Epikur ist der Begründer derjenigen Lehre, die das Ziel alles menschlichen Strebens in der Herstellung vollkommener Gemütsruhe sieht. Die letztere wird als Glückseligkeit bezeichnet. Auch das wissenschaftliche Streben der Menschen habe keine andere Aufgabe, als uns in den Besitz der zur Glückseligkeit unbedingt erforderlichen Weisheit zu setzen. Epikur nahm zwar das Dasein von Göttern an, verwarf aber die Vorstellungen der Menge über dieselben. Auch schrieb er ihnen keinen Einfluss auf die irdischen Dinge zu, sondern erklärte die Tatsachen der Welt nach natürlichen Gesetzen. Da ihm aber das Wissen nicht Selbstzweck war, so strebte er nicht nach der unbedingten Wahrheit, sondern war zufrieden, wenn er eine *mögliche* Ansicht für irgendeinen Naturvorgang gefunden hatte. Der Gedanke, dass eine andere Hypothese dann ebenso gut möglich sei, beunruhigte ihn nicht. Denn ob diese oder jene Erklärung *richtig* ist, das galt ihm gleich, wenn er nur eine *natürliche* als *möglich* annehmen konnte. Beunruhigen hätte ihn nur der Gedanke können, dass von Seite der Götter jeden Augenblick ein (übernatürlicher) Eingriff in den Gang der Weltereignisse geschehen könne; dann fiele alles Vertrauen auf eine gewisse Konstanz der uns umgebenden Ereignisse hinweg; wir müssten immer auf alles Mögliche gefasst sein; ein Handeln des Menschen könnte gar nicht stattfinden, denn ein solches ist nur möglich, wenn ein gewisses Vertrauen besteht, dass sich die Ereignisse unserer Berechnung gemäß vollziehen. [GA 1d, S. 24]

Zeno, der Stoiker aus Kition, einer Stadt in Zypern, Zeitgenosse des makedonischen Königs Antigones Gonatas. Er gründete die sog. stoische Schule, die von dem Orte, wo Zeno lehrte [...] den Namen hat. Der Grundgedanke dieser Lehre ist ein ethischer: in der Enthaltsamkeit von allem Genusse allein findet der Mensch Befriedigung. In den *Farben* sieht Zeno die ersten Elemente, durch die die Dinge materiell werden. [GA 1d, S. 25]

Chrysippus (280–209) hat die Lehren der Stoiker in eine streng wissenschaftliche Form gebracht. Von seinen zahlreichen Schriften sind nur die Titel und wenige Überreste auf die Nachwelt gekommen. Physikalische Studien betrieben die Stoiker nur als Nebensache, insofern die Vollkommenheit des Menschen dadurch erhöht wird. Ihre Physik ist eine Verschmelzung der heraklitischen Anschauungen mit der Theorie der vier Elemente. [GA 1d, S. 25]

Pyrrho ist der Hauptvertreter eines extremen Skeptizismus im Altertum, der jedes Kriterium der Wahrheit leugnet, somit es dem Menschen vollständig abspricht, je die Wahrheit von der Unwahrheit unterscheiden zu können. [GA 1d, S. 25]

Plato (geb. 429 v. Chr. in Athen) ist der erste wissenschaftliche Vertreter des objektiven Idealismus. Er genoss vom 20. bis 28. Jahre den Unterricht des Sokrates und war einer von dessen nächsten Freunden. Nach dem Tode seines Lehrers ging er mit einigen Genossen nach Megara; von da aus bereiste er Kyrene, Ägypten, Unteritalien und Sizilien. In Italien lernte er die pythagoreische Philosophie kennen. In Sizilien wurde er mit dem ältern Dionysius und dessen Schwager Dion bekannt, mit denen er sich ebenfalls befreundete. Als Vertrauter des Dionysius lud er den Verdacht einer dem Herrscher anstößigen Handlungsweise auf sich und musste nach Athen zurückkehren. Hier versammelte er einen Kreis von Schülern um sich, denen er in einem Gymnasium (der sog. *Akadémeia*) außerhalb der Stadt Philosophie lehrte. Er machte dann noch zwei Reisen nach Sizilien, wahrscheinlich um mithilfe des jüngern Dionysius das aus seinen philosophischen Grundanschauungen fließende Staatsideal zu verwirklichen. Er erreichte aber nichts in dieser Beziehung. Er starb 347 v. Chr. Die Philosophie Platos ist eines der erhabensten Gedankengebäude, die je aus dem Geiste der Menschheit entsprungen sind. Es gehört zu den traurigsten Zeichen unserer Zeit, dass platonische Anschauungsweise in der Philosophie geradezu für das Gegenteil von gesunder Vernunft gilt. Platonismus ist die Überzeugung, dass das Ziel alles Erkenntnisstrebens die Aneignung der die Welt tragenden und deren Grund bildenden *Ideen* sein müsse. Wer diese Überzeugung in sich nicht erwecken kann, der versteht die platonische Weltansicht nicht. Plato strebte stets darnach, aus den schwankenden Erscheinungen der Sinnenwelt die sie durchsetzende ideelle Substanz bloßzulegen. *Nicht die Erscheinungen begreifen* wollte Plato, sondern über dieselben hindurch zu deren geistiger Grundlage dringen. [GA 1d, S. 26]

Die Weltansicht des *Aristoteles* (384–322 v. Chr.) steht mit der Platos nicht im Gegensatze. Die Verschiedenheit liegt mehr in der Art, wie die beiden Männer von den verschiedenen Seiten der Wirklichkeit (Ideen- und Sinnenwelt) gefesselt werden. Für Plato ist die Sinnenwelt bloß eine Vorstufe, um zur Ideenwelt zu gelangen; die erstere hat nur insofern Bedeutung, als sie dazu dient, die zweite zu erreichen. Bei Aristoteles ist das Entgegengesetzte der Fall. Er wollte die Sinnenwelt erklären; diese Erklärung suchte er durch die Ideen. Man kann sagen: sachlich sind die beiden Philosophen der gleichen Ansicht; nur ihr Interesse heftet sich an Entgegengesetztes. [...] Aristoteles beginnt, wie man sieht, seine Ausführungen damit, dass er die Meinungen seiner Vorgänger über die von ihm behandelte Sache einer Kritik unterwirft. In dieser Beziehung ist er vorbildlich für die wissenschaftlichen Bestrebungen aller folgenden Zeit. Man sucht sich mit seinem wissenschaftlichen Treiben dadurch auf die Höhe der Zeit zu erheben, dass man sich mit den Meinungen der Vorfahren auf dem zu bearbeitenden Gebiete auseinandersetzt. Auf diese Weise kann man deren Irrtümer vermeiden und das, was zur Ergründung der Wahrheit bereits geschehen ist, sich zunutze machen. Bei anderem Vorgehen liegt die Möglichkeit nahe, in eine Ansicht zu verfallen, die längst da war und vielleicht auch innerhalb der geschichtlichen Entwickelung bereits überwunden ist. [GA 1d, S. 28]

Hieraus ist zu ersehen, dass Aristoteles ein entschiedener Gegner derjenigen Weltansicht war, die alles auf eine abstrakte Einheit zurückführen will, wie etwa die Empfindungen der höheren Sinne nur auf verfeinerte, auf einer höheren Entwicklungsstufe stehende Tastempfindungen. Aristoteles erkannte bereits, dass ein Ding nicht dadurch erklärt werden kann, dass man das Eigentümliche, Besondere davon abstreift und nur dasjenige hervorhebt, was es mit anderen gemein hat. Dieser letzteren Tendenz entspringen diejenigen wissenschaftlichen Theorien, die alle Naturerscheinungen auf nebulose, abstrakte einheitliche Vorgänge (z.B. Stoffausstrahlung, Wellenbewegung) zurückführen wollen. Gerade dadurch bemächtigt man sich einer Erscheinung, dass man dasjenige sucht, was dieselbe von andern unterscheidet und sie zu dieser ganz bestimmten, besondern macht. [GA 1d, S. 30]

Aristoteles sieht also im Lichte eine besondere Wesenheit, verschieden von Wärme oder anderen Erscheinungen der Wirklichkeit. Wenn diese

Wesenheit für sich, rein, auftritt, dann ist sie ein durch das Durchsichtige in die Welt gesetztes und selbsttätiges Produkt. Das Durchsichtige ist gleichsam der Körper des Lichts. Das letztere die das Durchsichtige durchdringende Kraft. [GA 1d, S. 31]

Wenn das Durchsichtige in Tätigkeit übergeht, so entsteht Licht. Diese Tätigkeit ist nicht immer eine und dieselbe; sie spezialisiert, individualisiert sich, tritt in den mannigfaltigsten Formen auf. Man kann also verschiedene Arten des Durchsichtigen und des von ihm abhängigen, tätigen Produkts finden. Das Spezifische, das ganz bestimmte «So» des vom Durchsichtigen vollzogenen Actus ist die Farbe. [GA 1d, S. 31]

Hier ersieht man, dass der Keim der modernen physikalischen Theorien schon bei Aristoteles zu finden ist. Aristoteles ist aber noch weit davon entfernt, die Farbe vollständig zum subjektiven Schein zu verflüchtigen. Die Farbe ist für ihn etwas Objektives; aber sie ist es nicht selbst, die in das Sinnesorgan eingeht, sondern sie wird durch ein stoffliches Mittel vom Gegenstande auf das Auge übertragen. Dieses Mittel, das Demokrit z. B. als ganz unnötig ansieht, wird also bei Aristoteles zu einem notwendigen Zwischenglied zwischen Objekt und Empfindung, ohne welches die letztere auch bei Anwesenheit des ersteren nicht auftreten könnte. [GA 1d, S. 32]

Das Durchsichtige ist nicht vermöge seiner eigenen Natur (als wesentliche Eigenschaft) der Farbe eigen; sondern letztere erscheint in dem Durchsichtigen nur, wenn es vom Lichte durchdrungen wird. [...] Das Durchsichtige als solches, an sich, wäre unbegrenzt unendlich, daher nicht wahrzunehmen. Um wahrgenommen zu werden, muss es begrenzt werden. Dadurch aber erscheint es in sich bestimmt, individualisiert. Dies äußert sich darinnen, dass es als Farbiges auftritt. [...] Wenn ein Durchsichtiges seine Tätigkeit ganz einstellt, so entsteht Finsternis. Wenn es mit seiner ganzen Stärke tätig ist, entsteht absolutes, nicht in sich differenziertes Licht. Der Mittelzustand ist die Farbe. Alle einzelnen Farben sind somit aus einem in verschiedener Weise modifizierten Verhältnis von Licht und Finsternis zu erklären. [GA 1d, S. 33 f.]

Aristoteles bekannte sich durchaus zu einer dynamischen Naturauffassung. Er ist nicht der Ansicht, dass die Körper aus Teilen bestehen, die füreinander undurchdringlich sind (Atome), sondern er dachte sie aus Kräften zusammengesetzt, die sich vollkommen durchdringen können. Während für den Bekenner der atomistischen Ansicht ein zusammengesetzter Körper nur ein Aggregat ist aus, voneinander verschiedenen, kleinen Teilen, die wir als gesonderte nur wegen ihrer Kleinheit nicht wahrnehmen, ist derselbe für Aristoteles eine Einheit, in der wirklich in jedem ihrer Punkte eine Durchdringung der einfachen Stoffe stattgefunden hat. Diese seine Ansicht von der Mischung der Stoffe übertrug Aristoteles auch auf die Farbenmischung. [GA 1d, S. 35]

Nur durch eine wirkliche Durchdringung, bis in die kleinsten Teile hinein, ist es möglich, dass das Gemischte ein völlig Neues darstellt, nicht aber durch eine bloß als Schein aufzufassende Durchdringung im Sinne der Atomistik, die doch nichts ist als eine Nebeneinanderlagerung. Aus einer solchen *scheinhaften* Vermischung von Weiß und Schwarz können nur verschiedene Stufen des Grau entstehen; aus dem wirklich tätigen Sich-Durchdringen entsteht ein völlig Neues: die Farbe. [GA 1d, S. 36]

Darinnen ist der Keim dazu gegeben, was Goethe die Gegenwirkung der Sinnesorgane nennt: Wenn man die Sinnesorgane nicht als bloß passive ansieht, die auf sich einwirken lassen, sondern ihnen eine lebendige Tätigkeit zuschreibt, dann ist es klar, dass mit dem Aufhören des objektiven Eindrucks nicht sogleich auch die Empfindung aufhört. [GA 1d, S. 37]

Wir finden hier den durchaus richtigen Gesichtspunkt, dass die Gesetze der physischen Farben nicht durch Mischung farbiger Körper gesucht werden dürfen. Das Resultat der Mischung darf nicht als übereinstimmend mit dem Ergebnis bei der Mischung der apparenten Farben angesehen werden. [GA 1d, S. 41]

2. Römer

Titus Lucretius Carus (99–55 v. Chr.) ist seinen philosophischen Anschauungen nach ein Fortbildner der Lehren Epikurs, welche er in seinem großen, zu Ehren seines Freundes Memmius abgefassten Gedichte darstellte. [...] Die Erklärung der Farben, wie sie Lukrez gibt, krankt an dem Fehler aller materialistischen Erklärungsversuche der Naturerscheinungen. Lukrez glaubt die Natur der Farbe erklärt zu haben, wenn er die Vorgänge in den Körpern anführt, die nicht Farbe sind, aber in unserer Wahrnehmung dieselbe bewirken. Wir erblicken gerade in den Versen des Lukrez die Grundgedanken der modernen Farbentheorie. [GA 1d, S. 60]

Wir finden hier das Prinzip angedeutet, das später *Hegel* als das allein Richtige für die Geschichtswissenschaft ausstellt. Die Hauptaufgabe des Geschichtsschreibers ist hiernach, neben dem *äußeren* Verlauf der Tatsachen den *inneren* Zusammenhang, die sachliche Notwendigkeit aufzuzeigen, warum die Ereignisse in ganz bestimmter Weise aufeinander folgen. [GA 1d, S. 63]

Hierinnen liegt ein Fingerzeig auf Goethes ganze wissenschaftliche Richtung: Die Erforschung des Einzelnen ist nur möglich, wenn man das Auge für das Ganze frei und offen hat. Indem sich die moderne Wissenschaft immer mehr ins Einzelne verliert, kommt ihr das Verständnis abhanden für das *Wesen* der Dinge. *Sehen* kann man das Einzelne als solches, *verstehen* aber nicht. Zu dem letzteren ist notwendig, dass wir bei Beobachtung die Idee mitbringen, die uns nur durch die Anschauung des Ganzen zuteil wird. [GA 1d, S. 87]

Man merkt aus dieser Stelle ganz deutlich, dass Goethe die Weltanschauung nicht billigt, die in der Summe alles Sinnlichen den ganzen Weltinhalt gegeben zu haben glaubt. Er fordert, dass wir behufs *Erklärung* des Sinnlichen dasselbe *überschreiten* und zu einem solchen unsere Zuflucht nehmen, das nur der Geist erfassen kann. [GA 1d, S. 88]

Alle Naturerklärung nimmt ihren Ursprung daher, dass uns in unserem Innern eine zweite Welt, die Ideenwelt, aufgeht, und wir dann fragen: Welchen Bezug hat die eine auf die andere? Wer *nur* die Natur zu sehen vermag, für den entsteht diese Frage allerdings nicht. [GA 1d, S. 89]

Goethe bezeichnet in treffendster Weise den Grundirrtum Demokrits, der darinnen besteht, dass er das Sehen als ein verfeinertes Tasten ansieht. Wir vernichten das Eigentümliche des einen Sinnes, wenn wir statt desselben einfach die Funktionen eines andern substituieren. [GA 1d, S. 89]

So lange eine *einseitige* theoretische Ansicht nur in dem Sinne genommen wird, dass wir sie benützen, um den Zusammenhang der Erscheinungen in *unserer* Weise verständlich zu machen, hat sie ihre Berechtigung. Es muss uns nur klar bleiben, dass dieselbe dann von andern Seiten der Ergänzung, Modifikation und Berichtigung fähig ist; sobald wir aber mit einer solchen Lehre wie mit einer unbedingt richtigen Wahrheit auftreten, der nicht zu widersprechen ist, verkennen wir vollständig das Wesen unserer Verstandestätigkeit. [...]. Wer die [... oben] ausgesprochene Relativität aller Überzeugung sich zum Bewusstsein gebracht hat, der gelangt zur Skepsis im edlen Sinne, d.i. zu jenem Standpunkte in der Wissenschaft, der die absolute Geltung irgendeiner Wahrheit in der Geschichte anzweifelt. Nur darf man dabei nicht stehen bleiben, sondern muss aus der Verbindung der einander widersprechenden Ansichten sich eine höhere, die verschiedenen relativen Wahrheiten in sich begreifende suchen. [GA 1d, S. 90]

Man missversteht Plato, wenn man ihn so auslegt, als wenn er nur auf die Ideen, das Geistige, gesehen und darüber das Sinnliche vollständig übersehen habe. Plato sah vielmehr die Trennung von Sinnlichem und Geistigem mit ganz andern Augen an als anders. Er nahm nicht das Sinnliche *ohne* Geist, geistentblößt wahr, sondern durch und durch *gesättigt* mit Geist. Er sah in jedem Objekte der Sinnenwelt zugleich ein Geistiges. So ist der hier von Goethe gebrauchte Ausdruck *«geistig-körperlich»* zu verstehen. [GA 1d, S. 91]

Goethe sah in den Begriffen von *Polarität* und *Steigerung* die wichtigsten Hebel der Naturauffassung. [GA 1d, S. 92]

Die Ansicht, dass die Alten die Farben an die Elemente gebunden dachten, ist ein Beweis dafür, dass sie unter «Element» nicht dasselbe verstanden wie die moderne Chemie. Sie dachten sich die Welt aus verschiedenartigen Qualitäten (vgl. Einleitung) zusammengesetzt und suchten alle Erscheinungen durch das Zusammenwirken derselben zu erklären. Diese Qualitäten nannten sie Elemente. Insoferne nun die Welt der Erscheinungen uns als Farbenwelt erscheint, muss allerdings das Farbige auch in den ursprünglichen Elementen begründet sein. [GA 1d, S. 93]

Die einzelne Erscheinung kann niemals eine Theorie liefern. Denn objektiv, in der Natur, ist zwar in jedem einzelnen Falle das Allgemeine enthalten. Wir können dasselbe aber nur durch Kombinieren vieler Fälle erkennen. Nur dadurch können wir ja das Zufällige abziehen, das zum Zustandekommen der Erscheinung *im Wesentlichen* nichts beiträgt. *Vollkommen* wird die Theorie allerdings erst, wenn wir selbst die entsprechenden Erscheinungen mit Hinweglassung alles Zufälligen bewirken. Dann haben wir es mit dem *Versuch* zu tun. Der Versuch ist eine Naturerscheinung, in der alles dasjenige *wirklich* weggelassen ist, was wir uns in der objektiven Natur *wegdenken* müssen, um den subjektiven Forderungen unserer Vernunft Genüge zu tun. In diesem Sinne ist er der Vermittler von *Vernunft* und *Wirklichkeit*, *Idee* und *Erfahrung*. [GA 1d, S. 94]

Goethe steht streng auf dem Standpunkte, dass die Idee in der Sache selbst liege. Er lässt daher für eine Reihe verwandter Erscheinungen nur die Vorstellung als Idee gelten, die sich bei naturgemäßer Entwickelung aus dem Verfolg der Sache selbst ergibt. [GA 1d, S. 95]

Vollständigkeit des *Stoffes* zu erreichen, ist der menschlichen Wissenschaft nie möglich; wohl aber jene *innere* Vollständigkeit, welche in jedem einzeln Behandelten das Weltgeheimnis durchblicken lässt. Das ist nur möglich, wenn der Denker qualitativ durchdrungen ist von den Kräften, die die Welt bewegen. [...] Goethe forderte für jede einzelne menschliche Tätigkeit stets das Zusammenwirken aller menschlichen Geisteskräfte, des *ganzen* Menschen. [GA 1d, S. 96]

In Goethe wurzelt das kräftigste Bestreben nach dem Ausleben der Individualität. Es ist dieses aber nicht zu verwechseln mit jener einseitigen Tendenz, die das Eigene (Eigensinnige) um jeden Preis zur Geltung bringen will, weil es sich von anderem unterscheidet. Mit solcher ausschließenden Geltendmachung der einseitigen Persönlichkeit hat Goethe nichts zu tun. Er trachtet vielmehr stets darnach, die eigene Individualität möglichst mit dem Inhalte der Gesamtmenschheit zu sättigen. [GA 1d, S. 97]

Die kleinliche Betrachtungsart, welche die großen Phänomene der Natur nur daraufhin prüft, was für einen Zweck sie für den Menschen haben, war Goethe von frühester Jugend auf zuwider. [GA 1d, S. 99]

Goethe hatte das Bedürfnis, die reifsten Früchte seiner Erkenntnis in Form von Aphorismen auszusprechen. Es ist dies eine Form, die oft auf dem höchsten Gipfel des Wissens gewählt wird. Man denke an Leibnizens Monadologie und an die aphoristische Form der indischen Weisheitslehren. [GA 1d, S. 102]

Der reine Sinn *für* und das Bedürfnis *nach* Erkenntnis entsteht verhältnismäßig spät bei einem Volke. Erst sehen wir immer das *Bedürfnis* als treibende Kraft für das Erkennen wirken. Die Astronomie entstand aus der Astrologie, und diese letzte dient nicht der Erkenntnis, sondern der Erforschung der Zukunft; ein ähnliches Verhältnis besteht zwischen Chemie und Alchemie. [GA 1d, S. 102]

Das Große, das die Menschheit hervorgebracht hat, entsprang stets aus dem Individuum. Die Idee, wenn sie sich wirksam erweisen soll, muss durch den Kopf eines Menschen hindurchgehen. Wenn man sagt, dass irgendeine geistige Tat einem ganzen Zeitalter entspringe, so ist dies nur eine Redensart. Das Zeitalter hat keinen lebendigen Inhalt ohne kräftige, energische Individualitäten, die in demselben wirken. [GA 1d, S. 103]

Hierbei denkt Goethe zunächst an Fragen wie die, ob Homer wirklich der Verfasser der ihm zugeschriebenen Dichtungen ist oder nicht. Er fragt nicht nach dem historischen Homer. Nicht auf die Persönlichkeit kommt es an, sondern auf die geistige Substanz, die von ihr ausgegangen und in die Geschichte eingeflossen ist. [GA 1d, S. 103]

{Der erste [Moment] ist derjenige, in welchem sich die Einzelnen nebeneinander frei ausbilden; [...]. Die zweite Epoche ist die des Benutzens, des Kriegens, des Verzehrens, der Technik, des Wissens, des Verstandes.} Eigentliche Produktion findet nur in den Zeiten der ersten Art statt. In ihnen tritt dasjenige heraus und an die Oberfläche, was in einem Volke als Anlage schlummert. Die anderen Zeiten sind auf das Persönliche, Egoistische gerichtet; sie bringen nichts hervor, sind steril, könnten aus der Geschichte gestrichen werden, wenn man in derselben bloß das verzeichnen wollte, was der Menschheit wirklich weiterhilft, ihrer Entwicklung positive Elemente einverleibt. [GA 1d, S. 104]

Dem aufmerksamen Betrachter wird es nicht entgehen, dass sich viele der neueren Theorien ihrem Wesen nach durchaus nicht von längst der Geschichte angehörigen Anschauungen unterscheiden. Viele der neueren naturwissenschaftlichen Prinzipien weichen nur darinnen von älteren Standpunkten ab, dass sie sich über eine reichere Erfahrung erstrecken und demgemäß auch innerlich reicher ausgebildet erscheinen müssen. Goethe aber schätzt alle geistige Tätigkeit eines Menschen nach der Qualität und nicht nach der Quantität. [GA 1d, S. 105]

{Ein ausgesprochnes Wort tritt in den Kreis der übrigen, notwendig wirkenden Naturkräfte mit ein.} Goethe denkt hier vorzüglich an ein innerhalb der Wissenschaft ausgesprochnes Wort. Wenn es in geistvoller Weise vertreten wird, dann ist es eine Kraft, die fortwirkt, und die nur sehr schwer wieder auszurotten ist, mag es auch für einen Irrtum stehen und die entgegengesetzte Wahrheit noch so kräftig vertreten werden. [GA 1d, S. 106]

Das Individuum hat es nie ausschließlich mit dem Objekte, sondern stets auch mit sich selbst zu tun, da es bei dem Zustandekommen der Erfahrung tätig mitwirken muss. Es wird daher im Allgemeinen so viele voneinander verschiedene menschliche Erfahrungen geben als Individuen. [GA 1d, S. 107]

Gehalt ist die empirische (sinnlich-wahrgenommene oder intuitiv-erfasste) Substanz, die in unserem Geiste gegenwärtig ist; *Form* sind die Gesetze und Ideen, nach denen wir die erstern gliedern, sodass ein geistiges *System* daraus wird. [...] In der Geschichte ist selten das richtige Verhältnis von Stoff und Form zu bemerken. Es wechseln Zeitalter, in denen alles Tendenz, Ziel ist, und der empirische Stoff gewaltsam in fertige Begriffsschemen gebracht wird, und solche, in denen regel- und systemlos der Stoff angehäuft wird, ohne dass an eine Gliederung auch nur gedacht wird. [GA 1d, S. 107]

Durch diese Behauptung beweist Goethe, dass durch die Erkenntnis der Schicksale dieses einzelnen [jüdischen] Volkes *mehr* als ein bloßer Tatsachenzusammenhang erfasst wird. Man lernt mit der Geschichte dieses Volkes die der andern mit. Wie überall, so sieht Goethe auch hier ein Tieferes in der unmittelbaren Erscheinung. Er richtet den Blick nicht bloß auf die besonderen Schicksale des jüdischen Volkes, sondern er betrachtet die letztern, um an ihrer Hand die Gesetze zu studieren, denen die Völker in ihrer Entwicklung unterworfen sind. Es knüpft sich also an die Betrachtung der Geschichte des jüdischen Volkes jene, welche uns die großen treibenden Kräfte der Weltgeschichte offenbart. [GA 1d, S. 108]

{Plato verhält sich zu der Welt wie ein seliger Geist, dem es beliebt, einige Zeit auf ihr zu herbergen. Es ist ihm nicht sowohl darum zu tun, sie kennenzulernen, weil er sie schon voraussetzt, als ihr dasjenige, was er mitbringt und was ihr so nottut, freundlich mitzuteilen. Er dringt in die Tiefen, mehr um sie mit seinem Wesen auszufüllen, als um sie zu erforschen. Er bewegt sich nach der Höhe, mit Sehnsucht, seines Ursprungs wieder teilhaft zu werden. Alles was er äußert, bezieht sich auf ein ewig Ganzes, Gutes, Wahres, Schönes, dessen Forderung er in jedem Busen aufzuregen strebt. Was er sich im Einzelnen von irdischem Wissen zueignet, schmilzt, ja man kann sagen, verdampft in seiner Methode, in seinem Vortrag.} Diese vortreffliche Charakteristik zeugt von Goethes rückhaltloser Hochschätzung Platos. Goethes eigene Anschauung war in gleicher Weise auf das Geistige nicht weniger als auf das Sinnliche der Welt gerichtet. Daher konnte er Plato ganz anders würdigen als unsere Zeit, die unvermögend ist, sich zur Idee zu erheben. [GA 1d, S. 110]

Das *Genie* ist produktiv; das von ihm Hervorgebrachte kommt aus der Substanz der Welt so ursprünglich wie irgendein Naturgeschehen. Der Verstand ist bloß kombinierend. Er kann in seinen Kombinationen Irrtümer begehen. Das Genie gibt sich sein Gesetz selbst, kann also nicht irren. Der Verstand empfängt das seinige von der Sache, und da sind tausend Fehlgriffe möglich. [GA 1d, S. 112]

Bacon studierte erst in Oxford, ging aber von da nach Paris, wo er reichlichere literarische Mittel zu seinen weiteren Studien vorzufinden hoffte. Hier erwarb er sich den Titel eines *doctor theologiae* und kehrte nach England zurück, woselbst er in den Orden der Franziskaner eintrat, um ganz den Wissenschaften leben zu können. Er wurde von seinen Ordensbrüdern, die ihn wegen seiner geistigen Überlegenheit beneideten, verdächtigt, der Magie ergeben zu sein, und verhaftet. Als im Jahre 1264 Bacons Gönner Clemens VI. den päpstlichen Stuhl bestieg, kamen auch für den ersteren bessere Zeiten. Er konnte sogar seine Arbeiten: *Opus majus*, *Opus minus*, *Opus tertium* dem Papst übersenden. Nach Clemens' Tode aber wurde Bacon von Hieronymus von Esculum, dem Legaten des Papstes Nikolaus III., abermals zu zehnjährigem Gefängnis verurteilt. Die lange Kerkerhaft warf auch auf sein Alter einen trüben Schatten. Er starb in Verbitterung 1294. [...] Den Grund zu den vielen Verfolgungen Bacons hat wohl nicht seine wissenschaftliche Richtung gegeben. Von ihr wurde nur der Vorwand genommen. Den Hauptanstoß bei seinen Berufsgenossen bildete die scharfe Verurteilung, die er den Geistlichen seiner Zeit angedeihen ließ. [GA 1d, S. 115 f.]

Bacon nimmt drei Erkenntnisweisen an, nämlich: durch den *Sinn* (Wahrnehmung), durch Vergleichung von Wahrnehmungen (Verstand) und durch augenblickliches Erfassen der Sache (Intuition). Er hat diese Annahme bei *Alhazen* gefunden. Entsprechend den drei Erkenntnisarten, werden auch drei Erkenntnisquellen angegeben: Empirie, Autorität und Vernunft. [...] Die Natur ist für Bacon «das Instrument der göttlichen Tätigkeit». [GA 1d, S. 116]

Es war etwas Schwankendes in Bacons Ansichten. Auf der einen Seite sagte er, Aristoteles würde am besten verbrannt und aller Grund der Wissenschaft neu gelegt, denn das Studium des Stagiriten führe doch nur zu den verhängnisvollsten Irrtümern; auf der andern Seite führt er alle diese Irrtümer nur auf die schlechten Übersetzungen zurück und fordert die weitestgehende Vervollkommnung der Sprachkenntnisse, um die Übertragungen korrekt zu machen. Er selbst beherrschte die lateinische, hebräische, griechische und arabische Sprache. [GA 1d, S. 117]

Bacon betrachtet aus zwei Gründen die Mathematik als die wichtigste aller Wissenschaften: 1. Weil sie der Seele eingeboren ist und nicht von der Außenwelt stammt. 2. Weil sich die den Dingen eingepflanzten Tugenden (Wesenheiten) durch mathematische Verhältnisse in der Materie ausprägen. Er untersucht daher die Ausgestaltung der Urkräfte nach Linien, Winkeln und Figuren. [GA 1d, S. 117]

Bacon kannte seine Vorgänger genau; Aristoteles, Euklid, Ptolemäus, Alhazen, Avicenna, Averroes, Plinius u. a. werden fleißig zitiert. [GA 1d, S. 117]

Bacon beherrschte in universellster Weise alle Wissenschaften seiner Zeit und war in jeder derselben auch schriftstellerisch tätig. Seine zahlreichen Schriften beziehen sich auf: Grammatik, Geografie, Theologie, Philosophie, Mathematik, Physik, Astronomie, Alchemie und Medizin. [GA 1d, S. 117]

Bacon wird immer hin- und hergeworfen zwischen müßiger Spekulation, wie sie aus der zu seiner Zeit herrschenden scholastischen Stellungnahme zu Aristoteles erklärlich erscheint, und zwischen exakter, auf Erfahrung und Mathematik gestützter wissenschaftlicher Denkweise. [GA 1d, S. 121]

Mit dem Mathematischen wird deshalb so viel Missbrauch getrieben, weil eine große Zahl von Menschen nicht einzusehen vermag, dass man dem Qualitativen mit der Mathematik durchaus nicht beizukommen vermag. Die geometrisch-mathematischen Formeln, welche die Mystiker aufstellten, um das Leben des Menschen, seine Beziehung zu Gott und zur Welt darzulegen, Herbarts verunglückte mathematische Gesetze in der Psychologie, die Behauptung moderner Naturforscher, dass sich alle Qualität müsse auf Quantität zurückführen lassen und damit einer mathematischen Behandlung fähig sei, entspringen alle dem gleichen Irrtume. Mathematik ist nur da am Platze, wo es Quantität gibt. [GA 1d, S. 121]

Bacon konnte sich vermöge der Exaktheit seiner Erkenntnisse Begriffe von Instrumenten bilden, für die erst viel später die technische Methode, sie herzustellen, gefunden wurde. Weil er die aus der Technik folgenden Grenzen nicht kannte, überschätzte er allerdings die Wirkungsweise der erdachten Instrumente vielfach. Zu den von ihm vorhergesagten Instrumenten gehören die Fernröhre und die Brillen. [GA 1d, S. 123]

Wahrheiten, die einem ganzen Systeme von Ansichten angehören, können zumeist nur im Zusammenhange richtig verstanden und gewürdigt werden. Man nennt dann ihren tieferen Sinn, den sie für sich alleinstehend nicht haben können, den esoterischen. Der letztere wird nur dem geläufig sein, der den ganzen entsprechenden Kreis von Anschauungen kennt, dem das Einzelne angehört. Wahrheiten, die für sich, außer allem Zusammenhange sogleich verständlich sind, heißen exoterische. Die oberflächliche Art, die esoterische Wahrheiten aus dem Zusammenhange reißt und gleich exoterischen behandelt, kann zu den verhängnisvollsten Irrtümern führen. [GA 1d, S. 127]

Theophrastus Bombastus *Paracelsus* von Hohenheim ist geboren 1493 zu Einsiedeln; er war eine Zeit lang Professor der Chemie in Basel, führte aber zumeist ein abenteuerliches Leben; 1541 ist er zu Salzburg gestorben. Unter seinen Werken sind die wichtigsten: *Opus paramirum*, die große Wundarznei, und *De natura rerum*. Er war einer der ersten Schriftsteller, die sich in wissenschaftlichen Schriften der deutschen Sprache bedienten. Gegen die aristotelische Philosophie lehnte er sich lebhaft auf. Er wollte durch die Anwendung der ursprünglichen, sich immer mehr veredelnden Gemütskräfte in das Wesen der Dinge eindringen. Von Ptolemäus behauptet er, dass dieser zu viel gerechnet habe, «denn das höchste Geheimnis der Astronomie bedarf kein Rechnen, nicht einmal Lesen und Schreiben». Jedenfalls ist er auch einer der ersten Forscher, die die Bedeutung der Erfahrung im Prinzip anerkannten. *Mystischer Schwefel*: Sal (Salz), Sulphur (Schwefel) und Mercurius (Quecksilber) waren bei Paracelsus, wie bei den Alchemisten überhaupt, die drei Grundprinzipien, aus denen alles wahrnehmbare Sein besteht. Die drei Substanzen, die man mit diesen Namen bezeichnet, sind nur die sinnlichen Repräsentanten derselben, die erste (materielle) Art, wie jene sich manifestieren. [GA 1d, S. 151]

Alchemie ist nach der Ansicht derjenigen, die das Wort in tieferer Bedeutung gebrauchten, eine Lehre, die von dem Grundsatze ausgeht, dass an jeder Naturerscheinung ein Zweifaches zu beachten ist: 1. der äußere Verlauf, wie wir ihn mit den Sinnen wahrnehmen können: 2. ein *innerer* Prozess, der nichts weiter ist als ein Abbild des großen, unendlichen Weltprozesses im Kleinen. Was sich in den Tiefen des Universums abspielt, das spielt sich auch in dem Wesen jedes einzelnen Dinges ab. Wenn der Alchemist Stoffe chemisch behandelt, so sieht sein inneres Auge in dem Prozesse, der sich abspielt, genau dasselbe, was sich z.B. auch im Menschen selbst abspielt. Die Stufenfolge von Erscheinungsweisen, die z.B. der Schwefel beim Verbrennen durchmacht, sind auch die, welche der Mensch durchmacht, der zur geistigen Vollkommenheit strebt. [...] Die *Monotonie* rührt davon her, dass die Alchemisten alles und jedes nach derselben Schablone erklären. Für jeden beliebigen äußeren Vorgang haben sie immer einen und denselben inneren Prozess. [GA 1d, S. 152]

Insofern die Lehre des Kopernikus der Ausgangspunkt einer *naturgemäßen* Weltauffassung war, bildet sie eines der wichtigsten Elemente menschlicher Geistesentwicklung. [GA 1d, S. 156]

Bernardinus Telesius ist zu Cosenza im Königreich Neapel geboren. Auf der lateinischen Schule zu Mailand las er mit Vorliebe den Lukrez, was wohl seinen Hang zur Naturwissenschaft begründete. Später ging er nach Rom und von da nach Padua, woselbst er Philosophie und Mathematik trieb. Er kehrte wieder nach Rom zurück, ging dann in seine Vaterstadt und endlich auf eines seiner Güter, um hier ausschließlich der Wissenschaft zu leben. Durchaus unbefriedigt ließen ihn die naturwissenschaftlichen Anschauungen des Aristoteles, und er konnte den Einfluss desselben auf die wissenschaftliche Entwicklung des 16. Jahrhunderts nicht begreifen. Deshalb suchte er ein neues System der Naturwissenschaft aufzubauen, und zwar auf Grundlage der Philosophie des Parmenides. Dieses System legte er dar in seiner Schrift: *De natura rerum justa propria principia libri duo*. Roma 1565. Es fand so viel Beifall, dass er aufgefordert wurde, seine Lehren in Neapel öffentlich vorzutragen. [GA 1d, S. 157]

Die Gelehrten des 16. Jahrhunderts teilten sich in zwei Gruppen; die eine hielt sich mehr an Aristoteles, die andere mehr an Plato. [GA 1d, S. 157]

Man kann ja in der Tat nachweisen, dass die meisten neueren Richtungen wenigstens in ihren Grundprinzipien schon im Altertum vorhanden waren. [...] Die Grundsätze der Lehre des Telesius sind folgende: Es ist ein leidendes Prinzip (Stoff, Materie) und zwei tätige (Wärme und Kälte). Die beiden letzteren sind die Ursachen, dass aus dem formlosen Stoffe die Mannigfaltigkeit der Erscheinungswelt entsteht. Die Wärme ist die Ursache der Bewegung; sie macht die Körper durchsichtig und leuchtend, sie vermindert ihre Dichtigkeit und dehnt sie aus. Die Kälte bewirkt immer das entgegengesetzte. Die Erde ist an sich kalt und wird nur der vom Himmel auf sie eindringenden Wärme teilhaftig. Durch die Berührung von Wärme und Kälte auf der Oberfläche der Erde entsteht alles Leben und Werden alle Erscheinungen auf derselben hervorgerufen. [GA 1d, S. 158]

Die Anhänger der Magie hatten die Ansicht, dass durch eine Ausbildung der Einbildungskraft (Imagination) eine wesentliche Erweiterung des menschlichen Wirkungskreises stattfinden könne. Derjenige Mensch, der es vermag, seine Imagination bis zu einem gewissen Grade von Vollkommenheit zu bringen, dringt in ungeahnte Geheimnisse, und er kann durch seinen Willen das zustande bringen, was den meisten Menschen nur als Wirkung der Natur oder eines überirdischen Wesens denkbar erscheint. [GA 1d, S. 163]

Francis *Bacon*, Baron von *Verulam*, Viscount von St. Albans, ist 1561 geboren, studierte zu Cambridge, nahm unter der Königin Elisabeth und unter Jakob I. hohe Staatsstellen ein und brachte es bis zum Großkanzler. In dieser Stellung wurde er in offener Parlamentssitzung der Bestechlichkeit geziehen, welchem Vorwurfe er nicht zu begegnen vermochte. Er wurde abgesetzt und starb 1626. *Bacon* setzte sich die Aufgabe, die Wissenschaft vom Grunde auf zu reformieren. Seiner Meinung nach hatte sich dieselbe durch Festhaltung an Grundsätzen, die einer längst vergangenen Zeit angehörten und nur für diese Gültigkeit und Wert haben konnten, der unmittelbaren Gegenwart entfremdet. Bacon stellt nun eine nach seiner Ansicht untrügliche Beobachtungs- und Versuchsmethode auf. Nur die *Erfahrung* sollte die Quelle alles Wissens sein. Aber Bacons

Anschauung leidet an einer einseitigen Überschätzung der Erfahrung. Er weiß nichts davon, dass sich innerhalb der Erfahrung, an gewissen Stellen derselben ein Höheres ausspricht, das sehen und zu erkennen, Sache des über der Erfahrung stehenden Geistes ist. [GA 1d, S. 165]

5. *Siebzehntes Jahrhundert*

Galilei ist am 18. Februar 1564 zu Florenz geboren, studierte von 1581 an in Pisa Medizin. Hier genoss er den Unterricht des ausgezeichneten Mathematikers Ricci, wobei seine Neigung für die Naturwissenschaften immer deutlicher zutage trat. Er studierte den Aristoteles, von dem er sich aber bald gänzlich abwendete; immer mehr und mehr gelangte er dazu, die von ihm beobachteten Naturerscheinungen auf Grundsätze zu stützen, zu denen ihn seine eigene Fassungskraft führte. Da die Phänomene, die er beobachten konnte, dem Gebiet der mechanischen Natur angehörten, so wurde er der Begründer der rationellen Mechanik. 1589 wurde Galilei Professor der Mathematik in Pisa, nach drei Jahren in Padua, woselbst er sich der größten Beliebtheit erfreute. Er blieb achtzehn Jahre. Diese sind die fruchtbarste Zeit seines Lebens. Auch auf dem Gebiete der Optik war er tätig; ein von ihm erfundenes Fernrohr führt bekanntlich seinen Namen. [GA 1d, S. 177]

Johann *Kepler* ist 1571 zu Magstadt in Württemberg geboren. Er genoss den ersten Unterricht im Stift Maulbronn, dann studierte er in Tübingen. Nach Vollendung seiner Studien ging er als Lehrer der Mathematik nach Graz. 1600 wurde er Gehilfe Tycho *Brahes* in Prag, des Hofastronomen Rudolfs II. Nach dessen Tode bekam er selbst diese Stelle. Bis zu Rudolfs Tode 1612 blieb er in derselben. Dann ging er 1612 nach Linz als Gymnasial-Professor, und von da 1628 nach Nürnberg, um den Druck der von ihm berechneten Rudolfinischen Tafeln zu überwachen. Hier wurde er mit seinen Forderungen an Wallenstein gewiesen. Er begab sich 1628 zu demselben, ohne sein Geld bekommen zu können. 1630 wollte er in Regensburg noch einmal den Versuch machen, zu demselben zu kommen; auf der Reise ereilte ihn aber der Tod. Sein Hauptverdienst liegt bekanntlich darinnen, dass er, von der Beobachtung der Bahn des Mars ausgehend, die Gesetze für die Bahnbewegungen der Glieder unseres Planetensystems vollständig entwickelte. [GA 1d, S. 178]

Tycho konnte sich durchaus nicht zur Anschauung von der Bewegung der Erde aufschwingen. Da er gegen die Kopernikanische Lehre nichts einwenden konnte, so gab er sie zwar für alle anderen Planeten zu, bezüglich der Erde aber hielt er an der Unbeweglichkeit fest, wodurch er sich ein ungemein kompliziertes System der Himmelskörper-Bewegung zurechtlegen musste. [GA 1d, S. 179]

Diese Erklärung der Farben ist wesentlich auf die optische Lehre des Aristoteles gegründet. Es herrscht darinnen namentlich die Unklarheit, dass die Farben einfach als eine Art verunreinigtes Licht angesehen werden; während sie doch als Erscheinungen *am* Lichte auftreten, wenn sich Körperliches demselben entgegenstellt, wobei durchaus nicht angenommen werden muss, dass sich das Körperliche mit dem Lichte *vermischt*. [GA 1d, S. 185]

Im Goethe'schen Sinne darf der Regenbogen nicht durch eine umständliche Theorie erklärt werden, sondern einfach dadurch, dass man die Umstände, wodurch Farben entstehen, Stück für Stück in einer solchen Komplikation zusammenführt, dass die Regenbogenerscheinung sich daraus von selbst ergibt. Dargestellt kann das nicht mit Linearzeichnungen werden, denn man hat es nicht mit Lichtstrahlen u. dergl. hypothetischen Gebilden zu tun, sondern mit Bildern, die im Raume erscheinen, somit nur perspektivisch veranschaulicht werden können. [GA 1d, S. 189]

Aguilonius nannte *intentionelle Farben* diejenigen, welche an sich nicht sichtbar sind, sondern es erst werden, wenn sie auf einen undurchsichtigen Körper fallen. So z.B. entstehen an dem durch eine Sammellinse bewirkten Lichtbündel Farben. Diese werden aber erst sichtbar, wenn das Lichtbündel auf eine undurchsichtige Wand fällt. [...] *Aguilonius* stellt die Natur der intentionellen Farben so dar, dass er sagt: Dieses sind Farben, die sich von farbigen Körpern loslösen und erst sichtbar werden, wenn sie von andern undurchsichtigen Körpern aufgefangen werden. Goethe war diese Ansicht zu materialistisch [...]. Er will dieselben so aufgefasst wissen, dass in ihnen bloß die *Tendenz* lebt, sich zu manifestieren, wenn dazu Gelegenheit ist, ohne dass man ihnen jedoch ein *reales Dasein* zuschreibt, wenn sie unsichtbar sind. So sehr sich Goethe auch des Umstandes bewusst war, dass die Parallelisierung einer sinnenfälligen Erscheinung mit geistigen Vorgängen nur einen vergleichsweisen Wert hat, so wollte er doch daran festhalten, nur um grob-sinnliche Vorstellungen abzuweisen. Es war ihm zuwider, von einem Sinnlich-Wirklichen da zu sprechen, wo es nicht sinnlich erfassbar ist. Sinnlich erfassbar sind die intentionellen Farben erst in dem Augenblicke, wo sie auf einem undurchsichtigen Körper erscheinen. Vorher ihnen ein Analogon von sinnlichem Dasein beilegen, wie das Aguilonius tut, lehnt Goethe ab. Sie existieren vorher *nicht* für das Auge. Wir verfolgen sie von ihrem Ursprungs- bis zu ihrem Erscheinungsorte mit keinem Sinnesorgane, sondern nur mit dem *Geiste*. Sie sind als solche an keinem Orte, obwohl sie die *Tendenz* haben, an *jedem* zu erscheinen. Daher rührt die Berechtigung, ihr Dasein mit einem den geistigen Vorgängen analogen Begriffe zu bezeichnen. [GA 1d, S. 192]

Cartesius stammt aus der alten französischen Adelsfamilie der «Des Quartes», die im 14. Jahrhundert den Namen in De Quartis latinisierte. Der Vater des hier angeführten großen Philosophen war Joachim Descartes, Parlamentsrat in Rennes. Renatus Cartesius war der Gelehrtenname des Philosophen. Er hieß eigentlich René Descartes Seigneur du Perron. Seine Familie war eine in Frankreich (namentlich in der Touraine und in der Poitou) reich begüterte. […] Cartesius war nämlich unter den ersten Zöglingen der von Heinrich IV. gegründeten Jesuitenschule zu La Flèche, die zu den angesehensten des Landes gehörte und aus deren Zöglingen (durchwegs Mitgliedern des hohen Adels) die höchsten Staatswürdenträger entnommen wurden. Cartesius kam noch besonders der Umstand zugute, dass der Rektor der Schule, Pater *Charlet*, sein Verwandter war. Er lernte hier alte Sprachen und Literatur, Logik, Moral, Metaphysik und Mathematik. Über die innern Kämpfe, die er schon hier durchgemacht hat, vgl. *Œuvres de Descartes, publiées par Victor Cousin.* Paris 1824–1826. Tome 1, p. 125–132. Von der Philosophie stieß ihn der Formalismus der hohlen Dialektik, wie er damals herrschte, zurück. Nur die Mathematik mit ihrer strengen, der subjektiv-menschlichen Willkür entrückten Methode zog ihn an. […] Cartesius wollte die mathematische Methode so erweitern, dass sie alle Wissenschaften umfassen könnte. Seine mathematischen Studien waren ihm, trotzdem er eine der bedeutungsvollsten mathematischen Entdeckungen (die der analytischen Geometrie) machte, nie Selbstzweck, sondern nur Nebenzweck, um durch die Erkenntnis der inneren Geheimnisse ihrer Methode zu einer ebenso sicheren Erkenntnisart in der Philosophie zu gelangen. […] Er wurde im Jahre 1613, wo er sich in Paris aufhielt, in die Lebensgewohnheiten der vornehmen französischen Aristokratie eingeführt. Es wurde ihm umso schwerer, sich denselben zu entziehen, als er von seiner Familie für den militärischen Stand bestimmt war. Aber er empfand bald einen solchen Abscheu vor dem Leben seiner Standesgenossen, dass er sich vor denselben in einem abgelegenen Stadtviertel von Paris zwei Jahre lang verborgen hielt und sich nur seinen Studien widmete. Dennoch hat er in Paris die Lebensführung der vornehmen Welt Frankreichs so weit kennengelernt, dass ihn Goethe […] mit Recht Hof- und Weltmann nennen kann. […] Cartesius trat nicht in Frankreich in Kriegsdienste, sondern schloss sich 1617 den Scharen der Freiwilligen des Prinzen Moritz von Oranien in Holland an. Da wird er Zeuge der Kämpfe zwischen der republikanischen und der oranischen Partei. Sein Zweck war nie, im Kriegsdienste eine hervorragende Rolle zu spielen, sondern der, seine Menschen- und Weltkenntnis zu fördern. Wir finden ihn dann noch als Kriegsmann in bayrischen Diensten 1619–20. In der Schlacht von Prag kämpft Descartes gegen den Winterkönig Friedrich von der Pfalz mit. Im Frühling 1621 geht er zur kaiserlichen Armee unter Bucquoy über und nimmt an der Belagerung von Neuhäusel teil. Am 28. Juli 1621 verlässt er auch diese Armee. 1628 nahm er noch an der Belagerung von La Rochelle teil. […] Zu den bedeutendsten Freunden Descartes' zählen: *Mydorge*, ein ausgezeichneter Mathematiker und Physiker, den er in Paris 1613 kennenlernte, *Mersenne*, sein Studiengenosse in La Flèche, und *Morin*, der Gegner Galileis und Kopernikus', Isaak *Beeckman*, Professor der Mathematik in Dordrecht, u. v. a. […] Cartesius vermeidet aufs Ängstlichste jeden Zusammenstoß mit der Theologie und der Kirche. Als er z. B. 1633 sein Werk «*La Monde*» veröffentlichen will, in dem er entschieden für das

Kopernikanische Weltsystem Stellung nimmt, erfährt er das Schicksal, das Galilei wegen der gleichen Ansicht getroffen. Sofort entschließt er sich für die Hinweglassung der der Kirche anstößigen Lehre aus seiner Schrift. Im 3. Abschnitt seines *Discours de la méthode* stellt es Descartes sogar als moralische Regel für den Gelehrten auf, den Gewohnheiten seines Landes und den Grundsätzen der Religion, in der er erzogen, gemäß zu leben. [GA 1d, S. 196 f.]

Dass Descartes manchmal, statt sich liebevoll in die Erscheinungen zu vertiefen, vom Standpunkte einer vorgefassten Theorie seine Urteile fällte, zeigt z. B. sein Kampf gegen die Galilei'sche Mechanik, wie er uns im 91. Brief seiner *Lettres II*, entgegentritt. Er wirft Galilei vor, dass dieser, ohne ein naturphilosophisches Fundament gelegt zu haben, einfach nach den Gründen gewisser Einzel-Erscheinungen forsche. Er verkennt dabei, mit welcher Genialität gerade dieser Naturforscher im einzelnen Fall das Urphänomen zu beobachten weiß. [GA 1d, S. 198]

Hier scheint mir Goethe nicht zu beachten, dass Descartes zu solchen «Symbolen» durch seine Grundansicht, wonach alles Sein in *Denken* und *Ausdehnung* sich erschöpft, geführt worden ist. Nach derselben muss sich alles, was wir nicht durch innere, sondern durch äußere Wahrnehmung erfassen, auf räumlich-ausgedehnte Verhältnisse (Form, Ausdehnung, Bewegung) zurückführen lassen. Die Theorie der *Wirbel* (*vortices*) besteht darinnen, dass die Planeten in einer allgemeinen Weltflüssigkeit schwimmend gedacht werden, und zwar in Strömungen von elliptischen Bahnen, in deren Brennpunkt die Sonne sich befindet. Diese Theorie rührt eigentlich von Giordano Bruno her, bei dem sie aber in einer viel durchgeistigteren Form auftritt. [GA 1d, S. 198]

Linearzeichnungen für solche Vorgänge [wie der Regenbogen] wollte Goethe nur als Symbol, als bildlichen Behelf angewendet wissen. Die Sache selbst war ihm etwas durchaus Qualitatives, welche in einer Zeichnung, die nur das Quantitative wiederzugeben in der Lage ist, nicht erschöpft werden kann. Solche Linien können den Vorgang äußerlich begrenzen; was sich aber innerhalb dieser Umgrenzung als das eigentliche Wesen der Sache abspielt, das kann durch die Zeichnung nicht klar gemacht werden. [GA 1d, S. 200]

Athanasius Kircher war seit 1618 Jesuit und dann Professor der Philosophie, Mathematik und morgenländischen Sprachkunde an der Universität Würzburg. 1635 sah er sich durch die infolge des Dreißigjährigen Krieges in Deutschland herrschenden Verhältnisse genötigt, sich in das Jesuitenkloster von Avignon zurückzuziehen. Von da ging er nach Rom als Lehrer der hebräischen Sprache und Philosophie am *Collegium romanum*. Seine zahlreichen Schriften behandeln physikalische, mathematische, astronomische und philosophische Lehren. Er behandelt so ziemlich den ganzen Kreis der damaligen Gelehrsamkeit, immer an die einzelnen wissenschaftlichen Fragen seine eigenen Ansichten über dieselben anschließend. Von bleibender Bedeutung für die Wissenschaft sind dieselben auf keinem Felde geworden. [...] Kircher war auch der Erste, der die physiologischen Farben in die Optik einführte. Er beruft sich hierbei auf die Beobachtung des Joseph Bonacursius über die Kontrastfarben. Freilich brachte er diese Erscheinung in eine recht unglückliche Verbindung mit der Wahrnehmung am bolognesischen Leuchtstein, der 1630 entdeckt wurde, und der im Dunkeln leuchtet, wenn er vorher dem Licht ausgesetzt wird. Kircher ist der Ansicht, dass diese Erscheinung darauf beruht, dass das Mineral Licht einsaugt und im Dunkeln wieder von sich gibt. In ähnlicher Weise sollte das Auge die eine Farbe einsaugen und dann bei der Wahrnehmung eines anderen Gegenstandes davon beeinflusst werden. [GA 1d, S. 201]

Die Definition eines Gegenstandes kann erst gegeben werden, wenn man ihn nach allen seinen Seiten untersucht hat. Man muss zuerst einzelne Seiten des Objektes betrachten, wobei vom Einfachsten zum Zusammengesetzteren aufzusteigen ist, um dann durch die Zusammenfügung aller Eindrücke den Gegenstand selbst im Geiste nachzukonstruieren. Diese Konstruktion ist eigentlich erst die richtige Definition. Sie kann somit erst am Ende der wissenschaftlichen Betrachtung des Objekts auftreten, wie sie ja auch bereits die höchste Erkenntnis des Gegenstandes in sich enthält. [GA 1d, S. 202]

Der Fehler, den Kircher machte, war der, dass er es ablehnte, die Farben unter verschiedenen Gesichtspunkten zu betrachten und sie darnach einzuteilen. Wenn man auch zugibt, dass alle Farben ihren Grund in der Wirklichkeit haben und somit *in dieser Hinsicht* alle als gleich wahr bezeichnet werden müssen, so kann man doch bestreiten, dass die Weise des Auftretens immer dieselbe ist. Und hier liegt eine Verschiedenheit, die sehr wohl eine Einteilung, wie sie z. B. Goethe in physiologische, physische und chemische Farben gibt, möglich macht. [GA 1d, S. 202]

Kircher macht sich eine Erklärung der Himmelsbläue dadurch unmöglich, dass er dieselbe teleologisch, nach Zweckmäßigkeitsgründen, erklären will. Auf diese Weise umgeht man aber die Fragen der Naturwissenschaft. Selbst wenn man irgendeiner Erscheinungsform einen vernünftigen Zweck unterschieben kann, so hat man dieselbe noch lange nicht erklärt; denn zur Verwirklichung des Zweckes bedarf man der *Mittel*, die dazu geeignet sind, und da nur aus diesen der Zweck wirklich hervorgehen kann, so hat man erst in den Mitteln die wahren Veranlasser der betreffenden Erscheinungsform erkannt. In den meisten Fällen wird man aber dadurch gar nicht gefördert, dass man die Veranlasser als Mittel, das Veranlasste aber als Zweck betrachtet, sondern man sieht aus der Natur der ersteren ein, dass die zweiten folgen müssen. Für die Kenntnis des natürlichen Zusammenhangs der Naturereignisse ist daher die Erklärung durch Zweckmäßigkeit (teleologische Naturbetrachtung) vollkommen gleichgültig, und nur jene durch die veranlassenden Bedingungen (Ursachen) von Wert (Kausalerklärung). Trotzdem können wir auch heute noch immer nicht sagen, dass die teleologische Ansicht von der Natur ganz überwunden sei. [GA 1d, S. 204]

Anthropomorphism(us): diejenige Naturansicht, welche alles, was geschieht, nach dem Muster der durch einen Menschen verrichteten Handlungen erklären will, nämlich als ob ein Bewusstsein dahintersteckte, das sich immer nach der Zweckmäßigkeit seiner Handlungen fragt. [GA 1d, S. 204]

Kircher fußt durchaus auf der breiten Basis der gesamten Gelehrsamkeit seiner Zeit und behandelt jedes einzelne Problem im Zusammenhange mit dem Weltganzen, über dessen Gestaltung er seine bestimmten Ideen hat. [GA 1d, S. 205]

Goethe legt hier mit wunderbarer Klarheit den Hauptschaden bloß, den die in vieler Hinsicht gewiss berechtigte Opposition gegen Aristoteles der Wissenschaft gebracht hat. Diese Opposition war gleichbedeutend mit dem Einleiten der materialistischen Periode in der Naturwissenschaft. Immer mehr nahm nun das Bestreben überhand, alles, was wir mit den Sinnen wahrnehmen, auf Roh-Stoffliches zurückzuführen. Die Sinnesqualitäten, die doch zunächst etwas an sich sind und einen gewissen Zusammenhang bekunden, der untersucht werden kann, ohne auf die sie veranlassenden Vorgänge im Raume Rücksicht zu nehmen, traten in der ihnen eigenen Bedeutung vollständig zurück. Man glaubte überhaupt schon alles für die Erklärung derselben getan zu haben, wenn man gezeigt hatte, was sich im Raume quantitativ abspielt, während eine doch aus lauter Qualitäten bestehende Erscheinung sich unseren Sinnen darbietet. Das Bewusstsein, dass die ganze Farbenwelt eine qualitative ist, und dass der Zusammenhang innerhalb dieser Welt von Qualitäten (Licht, Farbe, Durchsichtiges, Trübes, Schatten) gesucht werden muss, ohne sie einfach wegzudemonstrieren und an ihrer Stelle mit Stoffen und Bewegungen zu operieren, kam immer mehr abhanden. Und das, was an die Stelle der alten Farbenlehre trat, war eine mathematisch-geometrische Theorie, die wohl Bezug hat auf eine hypothetisch angenommene Welt hinter den Erscheinungen, aber nicht über die letzteren selbst aufklärt. [GA 1d, S. 209]

Dass Goethe das Zusammenfallen von Ursache und Wirkung in der Natur erkennt, bezeugt, wie tief philosophisch das ganze geistige Grundgefüge dieses Mannes war. Denn in der Tat findet man darüber überall nur Unklarheit und schiefe Begriffe. Ursache und Wirkung sind nichts anderes als eine und dieselbe fortlaufende Erscheinung in verschiedenen Stadien und Beziehungen gedacht. Man findet z. B. noch bei Kant den Satz ausgesprochen, der Blitz sei die Ursache des Donners, während doch diese beiden Erscheinungen nichts sind als eine und dieselbe Sache, einmal in Beziehung aufs Gesicht, das andre Mal aufs Gehör erfasst. So fasst auch de La Chambre irrtümlich das abgeleitete Licht als eine besondere Klasse desselben auf, während es doch in seiner Wesenheit ganz gleichbedeutend mit dem sog. inneren oder radikalen ist und nur unter anderen Erscheinungsbedingungen auftritt. [...] Die Wahrheit im Sinne Goethes ist, dass das Mittel ebenso wohl eine Qualität der Erscheinungswelt ist wie das Licht, und dass, wenn beide in Wechselwirkung treten, das Entstehende als ein Ergebnis aus beiden anzusehen ist, nicht als eine bloße Modifikation des Lichtes. [GA 1d, S. 210]

Wenn man sich die Dunkelheit einfach als den von nichts erfüllten leeren Raum vorstellt, dann ist es wohl selbstverständlich, dass sich das Licht nicht damit vermischen kann. Allein der Schatten ist innerhalb der Erscheinungswelt gerade so eine Qualität wie das Licht, und kann mit diesem in eine Wechselwirkung treten, die ein Ergebnis hat. [...] *Dunkelheit* (*obscurité*) ist der von Materie und Licht freie Raum. [GA 1d, S. 210]

Das *Düstere* (*opacité*) ist das von Materie erfüllte Dunkle. Insoferne sich die Polemik de La Chambres zunächst gegen jene Vorstellungsweise richtet, die glaubt, die dunklere Farbe des Spektrums entstünde beim Durchgange durch den dickeren Teil des Prismas, die hellere durch den dünnen, weil jener das Licht mehr verdunkle, hat sie gewiss recht. Der Einwand kann aber *die* nicht treffen, welche die Entstehung der prismatischen Farben von einer eigentümlichen Übereinanderlagerung und dem Zusammenwirken verschieden heller Lichtbilder ableiten. [...] Im Sinne Goethes sind die Farben ja nicht bloß geschwächte Lichter, sondern Ergebnisse des lebendigen Zusammenwirkens von Licht und Materie. [GA 1d, S. 211]

Die an diesen achten Artikel geknüpfte Bemerkung Goethes wird der strenge Newtonianer natürlich nicht verstehen, denn für ihn existiert, wenn der Körper nicht vom Lichte beschienen wird, nichts als bewegte Materie an demselben. Goethe aber sieht in der körperlichen Farbe ein Element, das demselben als wesentlich mit ihm verbunden und zu ihm gehörig zukommt, und das nur der Möglichkeit entbehrt, zu erscheinen, wenn kein Licht vorhanden ist. Das Licht ist nicht die fixe Farbe, sondern nur die notwendige Bedingung, dass die letztere erscheinen könne. [...] Die Frage nach dem Verhältnis des Lichts zu den fixen Körperfarben ist für eine Theorie, die an der Einfachheit des Lichts festhält, viel schwieriger als für die atomistische, welche einfach anzunehmen braucht, dass der Körper alle Farbenbestandteile verschluckt, ausgenommen jene, die an seiner Oberfläche erscheinen. [GA 1d, S. 212]

«Einfache Körper» ist hier natürlich nicht in dem Sinne zu verstehen, wie ihn die heutige Chemie angibt, sondern so, dass jeder gefärbte Körper überhaupt schon eine Mischung sei aus einem *einfachen* und der Farbe. Die Farbe wird also als etwas aufgefasst, das sich wie ein Körper mit andern mischen kann. Daher müssen [...] nach Entfernung der Farbe überall einfache *durchsichtige* Körper zurückbleiben. [GA 1d, S. 214]

Die *apparenten* Farben sind also eigentlich die von dem Lichte im Raume herumgetragenen *wahren*. Daher werden sie auch ihren Ursprung nie verleugnen. Je nachdem die Natur eines Körpers ist, so wird auch seine Flamme und so das Licht sein, das er in den Weltraum hinaussendet. [GA 1d, S. 220]

Ironisch nennt Goethe Grimaldi deswegen, weil er in gleicher Weise die Gründe für entgegengesetzte Anschauungen anführt, ohne sich in bündiger Weise für die eine oder die andere zu erklären. Einen großen Anteil an dieser Tatsache hat aber die bescheidene Natur Grimaldis, die es nicht wagte, entschieden Partei zu ergreifen. Grimaldi hat große Verdienste um die Physik. Er hat die Farbenzerstreuung, die Beugung des Lichts entdeckt, ja er wusste bereits, dass unter Umständen eine helle Fläche durch weiteres Darauffallenlassen von Licht verdunkelt werden kann. Seine Urteilskraft reichte aber nicht aus, um alle diese Erscheinungen zu einer einheitlichen Anschauung von der Natur des Lichtes zusammenzufassen. Die Erscheinung der Farbenzerstreuung führte ihn allerdings dazu, die Ursache der Farben in einer verschiedenartigen Erzitterung, einer wellenartigen Bewegung, innerhalb des den Weltraum erfüllenden Lichtstoffes zu suchen. Am reinsten wird man Grimaldis eigene Meinung vielleicht wiedergeben, wenn man sagt, dass er das Licht als Substanz und die Farben als Bewegungsvorgänge innerhalb derselben angesehen habe. [GA 1d, S. 222]

Robert Boyle war der Sohn Richard Boyles, des Grafen von Cork. Er machte in seiner Jugend eine Reise durch Deutschland, die Schweiz und Italien. Hier (in Florenz) lernte er die Schriften Galileis kennen. Von 1644 an lebte er in seiner Heimat, immerwährend mit physikalischen und chemischen Versuchen und deren wissenschaftlicher Aufzeichnung beschäftigt. [...] Um diese Zeilen in der richtigen Weise zu würdigen, muss man bedenken, dass Boyle ein Zeitgenosse Descartes' und Spinozas war, die in strengster Weise die gesamte Welt in Denken und Sein, Geist und Materie schieden und den Dualismus des materielosen Geistes und der geistlosen Materie damit begründeten. Dadurch war aber alle Erklärung von Naturerscheinungen ausgeschlossen, die irgendwelchen geistigen Wesenheiten einen Anteil beim Zustandekommen der Erscheinungen zuschrieb. Früher hatte man die einzelnen Vorkommnisse in der Natur einfach so erklärt, dass man sich die Natur nach Art des Menschen als verständig handelndes Wesen vorstellte. Wenn man eine Erscheinung wahrnahm, so fragte man sich, was bezweckt die Natur damit, was will sie? Goethe nennt diese Erklärungsart die verständige [...]. Ihr gegenüber ist die richtige die, welche in der Natur eine Reihe von Bildungsprinzipien annimmt und sich dann bei einer bestimmten Erscheinung fragt: Warum musste unter den gegebenen Verhältnissen das hier zugrunde liegende Prinzip sich gerade in solcher Weise entwickeln? Weil wir diese Bildungsprinzipien in unsere Vernunft in Form von Ideen aufnehmen, nennt Goethe diese Erklärungsweise die vernünftige [...]. Zu derselben brachte es die Zeit aber nicht sogleich, als sie die verständige abgeworfen hatte. Sie hatte damals daher nichts als die ideenlose Natur, in der sie alles auf mechanische Weise erklärte. Man glaubte den Geist in seiner Reinheit nur dadurch erhalten zu können, dass man ihn streng unterschied von der Natur, und dies wieder vermeinte man am besten zu treffen, wenn man die Natur geistlos dachte. Durch das Vergeistigen der Natur fürchtete man den Geist zu naturalisieren. So kam es, dass vom 17. Jahrhundert ab in der Naturerklärung die mechanische Vorstellungsart immer mehr an Verbreitung gewann. [GA 1d, S. 225]

Boyle war eine tief religiös angelegte Natur. Er verfasste, allerdings mit wenig Glück, neben seinen zahlreichen naturwissenschaftlichen Abhandlungen auch theologische, lernte orientalische Sprachen, um die Bibel im Urtexte verstehen zu können, förderte die Übersetzung derselben in zahlreiche Sprachen und machte eine Stiftung für Vorlesungen, die für die Wahrheit des Christentums gegenüber anderen Glaubenslehren eintreten sollten. [...] Man wird leicht einsehen, dass Boyle einfach jene Ansicht über die Natur hatte, die sich in dem Zeitalter des Descartes und Spinoza notwendig entwickeln musste. [...] Boyle galt zu seiner Zeit als ein Chemiker ersten Ranges. Er stellte nicht nur im Gebiete des Tatsächlichen Wichtiges fest, wie z. B. den Salzgehalt des Meeres, sondern er war auch der Erste, welcher der Chemie dadurch eine neue Bahn anwies, dass er den Begriff eines Elementes anders fasste, als dies zu jener Zeit und seit Aristoteles üblich war. Er verstand unter Element einen Stoff, der nicht mehr weiter zu zerlegen ist, und unter dieser Annahme mussten wesentlich mehr Elemente als die vier des Aristoteles anerkannt werden. Die Engländer nennen Boyle den «großen Experimentator». [...] Boyle war ein Anhänger der Atomtheorie. Die Atome unterscheiden sich nach Form und Größe und haben im Verhältnis zu ihrer eigenen Größe sehr beträchtliche Zwischenräume zwischen sich. [...] Von Erfahrungen, die er zusammenstellt, sind in dieser Beziehung von Wichtigkeit: Fluoreszenz- und Phosphoreszenzerscheinungen, Farben dünner Blättchen, Farben an der Oberfläche von Körpern usw. [GA 1d, S. 226 f.]

Aus diesen Zeilen geht hervor, dass Boyle zwischen den einzelnen Theorien des Lichtes mit seiner eigenen Meinung schwankte. Namentlich war dies der Fall zwischen der Licht-Schatten-Theorie und der Newton'schen, von der er doch wohl schon eine Ahnung hatte. Er war überhaupt kein heller, klarer Kopf. Weder sind seine Experimente originell, noch wusste er auf ihren Grund Anschauungen aufzubauen. Die ersteren waren nur ein Weiterbauen auf Bahnen, die andere vor ihm schon vorgezeichnet hatten, wie z. B. in Bezug auf seine Luftdruckversuche Otto v. Guericke sein Vorgänger und Anreger ist; die letzteren waren zumeist unfertige Meinungen, Ahnungen, ohne wissenschaftlichen Wert. [GA 1d, S. 229]

Nicht also eine bestimmte Lichttheorie wollte Boyle aufstellen, sondern eine Reihe von Versuchen so zusammenstellen, dass in diesen selbst eine Widerlegung älterer Lehren gegeben sei, und dass zugleich auf deren Grund und bei einstiger Vervollständigung derselben eine neue, bessere Hypothese möglich würde. [GA 1d, S. 230]

Boyle spricht also hier als seine Meinung jene Theorie aus, die später die allgemein gültige für die Farbe geworden ist. Er spricht aber seinen Mitteln durchaus die Kraft ab, ihr als Beweise dienen zu können. [...] Boyle wirft hier alle Fragen auf, die eine mechanisch-atomistische Theorie des Lichtes sich vorlegen muss. Er neigt zu einer mechanischen Auffassung der ganzen Natur hin; sein Erklärungsbedürfnis weiß aber keinen hinreichenden Einklang zwischen seiner Theorie und den ihm bekannten Farbenerscheinungen herzustellen. [GA 1d, S. 231]

Robert Hooke war Assistent Robert Boyles, seit 1662 *Curator of Experiments to the Royal Society*, seit 1664 Prof. der Geometrie am Gresham-College in London. Seit 1678 war er auch Sekretär der Royal Society. [...] Hooke ist Erfinder einer großen Menge physikalischer Instrumente (Spiralfeder der Taschenuhren, Weingeistlibelle, Nonius, Fadenkreuz in Fernrohren, Radbarometer, Regenmesser) und Entdecker interessanter Tatsachen (Konstanz von Schmelz- und Siedepunkt beim Wasser). Mit Boyle zusammen konstruierte er die zweistieflige Luftpumpe. Er war ein ungemein fleißiger Arbeiter, der aber in der theoretischen Ausnutzung seiner Entdeckungen weniger glücklich war als viele seiner Zeitgenossen, die manche von den Ansichten, die er auch vertrat, wirksamer, wenn auch oft etwas später, zur Geltung brachten. Deshalb befand er sich mit vielen gleichzeitigen Gelehrten in Prioritätsstreitigkeiten. Er hatte z. B. die Gravitationsmechanik entschieden vor Newton gefunden; dieser letztere hat sie nur geschickter vertreten. [...] Die Farben dünner Blättchen, die von Seifenblasen, wurden zuerst von ihm, dann von Boyle beobachtet. Die Beugung des Lichtes bildet ebenfalls den Gegenstand seiner Untersuchungen. Als er 1675 der Royal Society seine hierauf bezüglichen Bemerkungen mitteilte, vertrat er bereits die in unserem Jahrhundert von Fresnel wieder ausgenommene Theorie von transversalen Schwingungen des Lichtes. [GA 1d, S. 233]

Nikolaus Malebranche war ein Nachfolger und Schüler des Cartesius in der Philosophie. Die strenge Trennung, welche dieser zwischen Geist und Körper feststellte, wurde für Malebranche der Anlass, mit seinem Denken einzusetzen. Wenn Körper und Geist gar nichts Gemeinsames miteinander haben, dann kann der Geist auch keine Eindrücke, Wahrnehmungen von den Körpern erhalten. Es muss ein Drittes sein, in dem die beiden Gegensätze aufgehoben sind. Dieses Dritte ist Gott. Er enthält alles, was in der Welt als Körperliches existiert, auch auf geistige Art. Und daher können wir das Körperliche in seinem geistigen Gegenbilde, in Gott, wahrnehmen. Was also unser Geist von der körperlichen Welt kennt, das sind die Bilder derselben innerhalb der göttlichen Substanz. [...] Wie in der Philosophie überhaupt, so ist auch in der Physik Malebranche ein Schüler des Descartes. Er bildet die Licht- und Farbentheorie ganz in dem Sinne aus, wie es unsere Zeit getan hat, natürlich nur soweit es die Erfahrungen seiner Zeit zulassen. [...] Die Analogie der Lichtempfindungen mit den Tonempfindungen zu verfolgen, liegt nahe und hat wohl auch ihr gut Teil bei der Ausbildung der gegenwärtigen Lichttheorie mitgewirkt. Wenn Malebranche die Farbe abhängig macht von der Geschwindigkeit der Lichtschwingungen, so ist er damit durchaus ein Vorläufer der modernen Physik. Sich über die Natur der Bewegung (ob Längs- oder Querschwingungen vorliegen) auszusprechen, dazu verleitete in seiner Zeit, wo man ja die Polarisationserscheinungen des Lichtes noch nicht kannte, nichts. [GA 1d, S. 234 f.]

Malebranche gehörte also nicht zu den Anhängern der atomistischen Theorie, sondern zu jenen, welche sich die Materie kontinuierlich und ins Unendliche teilbar dachten. Die Verschiedenheiten der einzelnen Materien sah er nur in einer verschiedenen Dichte derselben. Diese Ansicht kam mit der Verbreitung der Newton'schen Physik immer mehr in Verfall. [GA 1d, S. 237]

Dass ein bloß quantitatives Verhältnis von Licht und Nicht-Licht nicht ausreicht, um Farben zu erzeugen, haben Goethe und später Schopenhauer hervorgehoben. Es ist ein qualitatives, lebendiges Zusammenwirken dazu notwendig. Ein bloß quantitatives Verhältnis erzeugt nur verschiedene Nuancen von Grau. [GA 1d, S. 238]

Der *notwendige Gegensatz*: das heißt, es findet nicht eine bloße Vermischung von Licht und Schatten statt, sondern ein Zusammenwirken, in dem die beiden Gegensätze als solche nicht aufgehoben werden, sondern sich wie positiver und negativer Pol erhalten. […] Wenn man einmal der Ansicht ist, dass die Farben sich auf bloß quantitative Verhältnisse von Hell und Dunkel zurückführen lassen, so liegt es nahe, diese möglichen Verhältnisse durch Zahlen auszudrücken. [GA 1d, S. 239]

Hierin findet Goethe eine schiefe Ausdrucksweise, denn nicht aus einer Vermischung von Licht und Schatten entstehen, seiner Ansicht nach, die Farben, sondern aus einem lebendigen Zusammenwirken der beiden. [GA 1d, S. 241]

Hierin liegt eine hohe Einsicht Nuguets ausgesprochen, der damit beweist, dass er klar erkannte, dass mit der Zurückführung der qualitativen Erscheinungen der Farbenwelt auf quantitative Vorgänge im Raume nichts gewonnen sei. Die Welt der Farben muss, dieser Ansicht gemäß, erklärt werden, ohne dass man aus dem Kreise, dem die Farben angehören, hinausgeht. [GA 1d, S. 245]

Der Gang, den die Wissenschaft von den Farben bisher genommen, möchte sich vielleicht folgendermaßen charakterisieren lassen: Bis zum 18. Jahrhundert wurde sie, wie alle Teile der Naturlehre, vorzüglich von Philosophen behandelt. Bei diesen erscheint sie durchaus im Einklange mit einer umfassenden Weltanschauung, mit einer gründlichen Einsicht in die Natur der äußeren Erscheinungswelt überhaupt. Zur Zeit Newtons emanzipiert sie sich mit der übrigen Naturlehre von der Philosophie. Sie sucht dann nach Erklärungsprinzipien, die zwar den einseitig materialistisch gebildeten Naturforscher, nicht aber den Philosophen, der auf der Basis einer Gesamtanschauung der Erscheinungswelt steht, befriedigen können. [GA 1d, S. 249]

Mersenne (1588–1648), französischer Physiker; er war Mitschüler des Cartesius im Jesuitenkollegium von La Flèche. Später trat er in ein Minoritenkloster. Sein Hauptverdienst liegt in der Untersuchung der Wurfbewegungen. Auch die Bestimmung der Elastizität, des Gewichtes und der Ausdehnung der Luft durch die Wärme ist sein Verdienst. Er machte einen Vorschlag zur Konstruktion eines Spiegelteleskops. Auch mit Studien aus dem Gebiete der Akustik beschäftigte er sich. [GA 1d, S. 250]

Christoph *Scheiner* ist 1575 zu Mündelheim in Schwaben geboren und trat 1595 in den Jesuitenorden. Er lehrte Mathematik, Physik und hebräische Sprache zu Ingolstadt, Freiburg und Rom. Er starb als Rektor des Jesuitenkollegiums in Neisse. Er teilt sich mit Galilei und Fabricius in den Ruhm, die Sonnenflecken zuerst gesehen zu haben. Um die physiologische Optik hat er sich große Verdienste erworben. Das erwähnte Werk heißt: *Oculus, hoc est fundamentum opticum* (*Oeniponti* 1619). Darinnen findet sich die Einrichtung des Auges und das Zustandekommen des Sehens besprochen. Die angeführte Stelle gibt aus dem Zusammenhang gerissen kein Bild von seiner Bedeutung, die, wie das von uns Angeführte zeigt, sehr groß ist. [GA 1d, S. 250]

Im Theoretischen kann eine einseitige Ansicht sehr wohl einige Zeit bestehen und ihr Unwesen treiben, nicht aber im Praktischen, wo man damit einfach nicht die erwünschten Wirkungen erzielt. Denn der Theoretiker bleibt innerhalb der Gedankenwelt stehen; er merkt daher oft gar nicht, dass er nur eine Seite des Gegenstandes erfasst und nicht die Ganzheit desselben, die Summe der Naturbedingungen, wodurch er zustande kommt. Der Praktiker muss aber den Naturprozess selbst einleiten, er muss alle Bedingungen erfüllen, welche die Natur vorschreibt. Übersieht er eine, so fehlt sie auch in dem, was er bewirken soll, und dasselbe kommt nicht zustande. Dennoch wird die Praxis ohne gute theoretische Grundlage nicht zu verstehen sein, denn letzten Endes sind alle Naturvorgänge von Gesetzen bedingt, die sich nur begrifflich, also theoretisch durchdringen lassen. Will, nach dem Muster solcher Naturprozesse, der Praktiker künstlich etwas schaffen, so braucht *er* zwar jene Gesetze nicht innezuhaben, wohl aber wird sie derjenige in ihrer tieferen Wesenheit nicht verstehen können, dem jene theoretische Grundlage fehlt. [GA 1d, S. 252]

Leonardo da *Vinci*, geb. 1452 in Vinci bei Florenz, lebte 1452–1499 in Mailand, wohin er einem Rufe Ludwig Maria Sforzas folgte, und gründete dort eine Kunstakademie. 1516 wurde er Hofmaler des Königs Franz I. von Frankreich. Er starb 1519 bei Amboise. Leonardo war ein Universalgenie im besten Sinne des Wortes. Er war Architekt, Bildhauer, Maler, Musiker, Mechaniker und beherrschte den Gesamtumfang der damaligen Wissenschaften. Seine wissenschaftlichen Schriften sind zahlreich und erfüllt von originellen Entdeckungen und Ideen. Er schrieb auch eine Abhandlung über «Licht und Schatten». Sein bedeutendstes Werk ist ein Freskogemälde in Mailand: Das heilige Abendmahl. Die großartige Wirkung seiner Bilder beruht auf der scharfen Ausprägung der Form, nach welcher bei ihm alles hinzielt. [GA 1d, S. 257]

Kolorit ist also die Kunst, die Farben so zu mischen, dass der von dem Maler behandelte Gegenstand den Eindruck des Natürlichen macht; *Harmonie* die Kunst, die Farben so nebeneinanderzustellen, dass dies Nebeneinander durch Zusammenwirkung und Gegensatz den Eindruck des Schönen macht und in dem Beschauer ästhetisches Wohlgefallen hervorruft. Das Kolorit geht auf Wahrheit, die Harmonie auf Schönheit. [GA 1d, S. 258]

Dieser manierierte Stil ist namentlich auf den Umstand zurückzuführen, dass die Künstler nicht aus unmittelbarer Kunstbegeisterung herausarbeiteten, sondern in ihrem Schaffen ganz abhängig waren vom Studium Michelangelos, den sie in ziemlich äußerlicher Weise nachahmten. [GA 1d, S. 262]

Die drei *Carracci*: Lodovico (1555–1619). Er war ein ursprünglicher, eigenartiger Künstler, der deshalb mit überlieferten Vorurteilen hart zu kämpfen hatte. Er begründete mit seinen beiden Neffen: Agostino C. (1557–1602) und Annibale (1560–1609) eine Kunstakademie zu Bologna. Diese Schule bildete den Ausgangspunkt zur sogenannten eklektischen Richtung der italienischen Malerei des siebzehnten Jahrhunderts. Nach der Lehre derselben musste man das Gute demjenigen Meister entlehnen, bei dem es sich am besten vertreten findet, also: die Zeichnung der Antike, die Farbenbehandlung den Venezianern, das Kolorit den Lombarden, die Natürlichkeit dem Tizian, die Großartigkeit der Auffassung dem Michel Angelo, den Stil dem Correggio, die Symmetrie dem Raphael. [GA 1d, S. 262]

Paul *Rembrandt* von Rijn (1607–1669), einer der subjektivsten Maler aller Zeiten; von ihm wird die Auffassung stets über die formale Schönheit gesetzt. Seine Bilder sind ausgezeichnet durch die meisterhafte Behandlung des Hell-Dunkels. [GA 1d, S. 264]

Hierin liegt zugleich ein allgemeines, künstlerisches Grundgesetz, das Goethe bei aller Kunst beobachtet wissen wollte. Das Kunstwerk hat nicht allein durch die *äußere Wahrheit*, die in der getreuen Nachahmung des Natürlichen liegt, zu wirken, sondern durch eine gewisse *innere Wahrheit*, die darin liegt, dass alle Einzelheiten in einer wahrhaften, harmonischen Übereinstimmung sind. Das Kolorit eines Kunstwerkes hat nicht allein die Farben der Natur zu geben, sondern dem Beschauer muss zugleich eine gewisse Notwendigkeit erkennbar sein, weshalb die einzelnen Farben nebeneinander, weshalb diese herrschender, jene zurücktretender ist usw. [GA 1d, S. 272]

Der Einfluss der Italiener auf die Physik ist namentlich auf Galilei und auf seinen Schüler Toricelli, den Erfinder des Barometers, zurückzuführen. Von Freunden und Schülern dieser beiden Geister wurde am 19. Juni 1657 in Florenz die *Accademia del Cimento* (Akademie des Versuches) gegründet, die hauptsächlich den Zweck hatte, durch Anstellung von Experimenten die großen Gedanken Galileis und Toricellis auszubauen und zu bekräftigen. Die Mitglieder derselben waren: Giovanni Alfonso Borelli, Vincenzo Viviani, Lorenzo Magalotti, Carlo Renaldini, Francesco Redi, Candido del Buono, Paolo del Buono, Alessandro Marsili, Antonio Oliva. Was die Franzosen und Deutschen in der Physik geleistet haben, sahen wir bei Descartes, Nuguet, bezüglich bei Kepler, Athanasius Kircher, Markus Marci, den Beitrag der Engländer lieferte Boyle u. a. Mit Newton und seiner Zeit aber beginnt der ausschließliche Einfluss der Engländer auf die Naturwissenschaften und damit zugleich der Einfluss jener Richtung, welche die Naturwissenschaft ganz ohne Bezug auf eine Total-Auffassung der Dinge behandelt, jener Richtung, für welche Naturlehre und religiöses Bedürfnis beziehungslos nebeneinander herlaufen, und die keinen Ausgleich der beiden sucht. Und gerade aus diesem Grunde ist es möglich, dass die kirchliche Orthodoxie neben einer völlig materialistischen Naturanschauung bestehen konnte. [GA 1d, S. 273]

Mit der Abwendung von der Philosophie des Aristoteles ließen es die Geister jener Zeit leider nicht genug sein. Sie verwechselten eine bestimmte und in der Form, wie sie damals in Europa herrschte, allerdings abgelebte, theoretische Ansicht mit einer Theorie der natürlichen Dinge überhaupt. Allerdings kam dazu noch, dass auf den englischen Universitäten der Cartesianismus bald in ebenso geistloser und formalistischer Weise gepflegt wurde wie vordem der Aristotelismus. Die Folge davon war, dass man in der Royal Society nichts pflegte als die Anhäufung unendlichen Erfahrungsmateriales, und sich um leitende Grundsätze nicht kümmerte. [GA 1d, S. 282]

Der Grundsatz: «*nullius in verba*» wurde nämlich sehr bald in der Weise missverstanden, dass die Ideen für *verba* genommen wurden und mit den *verbis* auch die Ideen verschwanden. So hatte man alle Gedanken-Grundlage für ein Naturgebäude verloren und nur die Welt der sinnlichen Wahrnehmung zurückbehalten. Da man diese für das einzig Maßgebende und Gewisse hielt, so führte man bald die wahrnehmbaren Vorgänge in der Sinnenwelt auf andere, nicht mehr wahrnehmbare zurück, die man sich aber ganz nach Analogie der sinnlich-wahrnehmbaren vorstellte. So entstanden die mechanistischen Theorien. [GA 1d, S. 282]

Diese Stelle ist ein Beweis dafür, welches tiefe Verständnis Goethe für die Natur des Mathematischen besaß. Er erkannte seinen Wert für die Bestimmung der quantitativen Verhältnisse des Universums. Aber er wusste auch, dass sich innerhalb des Quantitativen ein Qualitatives geltend mache, das sich nicht messen und nicht wägen lässt. Auch wusste er, dass das Mathematische selbst ein durchaus Ideelles ist und dass die Idealität des Universums gerade dadurch bewiesen ist, dass die Ergebnisse der Mathematik, die rein ideell – ohne Zuhilfenahme der Erfahrung – gewonnen sind, sich auf das Reale anwenden lassen. [GA 1d, S. 283]

Diese Regel- und Systemlosigkeit des Forschens ist im schlimmen Sinne vorbildlich geworden für die ganze neuere Naturforschung, ja, sie wird heute auch bereits auf die Geisteswissenschaften (Sprachwissenschaft, Geschichte, Literaturgeschichte) übertragen. Überall sieht man, wie sich die Gelehrten auf irgendein spezielles Gebiet der Wissenschaft werfen und hier so viel Material zusammentragen, als sie mit ihren jeweiligen Mitteln auflesen können. An eine Gliederung des Erfahrungsstoffes und damit verbundene Arbeit auf gewisse Gesichtspunkte hin denkt niemand. [GA 1d, S. 283]

Goethe gibt nur dasjenige Experimentieren als berechtigt zu, das auf die einfachsten, nicht weiter zerlegbaren Elemente der Realität zurückgeht, diese erst in einfachen Verhältnissen aufeinander wirken lässt und sie dann immer komplizierter macht, sodass auch die Erscheinungen als sehr zusammengesetzte auftreten. Stimmt dann eine solche, von uns künstlich hervorgerufene Erscheinung mit einer natürlichen überein, so haben wir die letztere erklärt, denn wir haben den Weg künstlich wiederholt, den die Natur behufs Hervorrufung der Erscheinung eingeschlagen hat. Goethe versteht aber unter einfachen Elementen der Realität nicht etwa Atome oder dergleichen hypothetische Wesen, sondern die einfachen Qualitäten, die wir noch mit den Sinnen wahrnehmen können. [GA 1d, S. 287]

{Die ersten, genial, produktiv und gewaltsam, bringen eine Welt aus sich selbst hervor, ohne viel zu fragen, ob sie mit der wirklichen übereinkommen werde.} Goethe charakterisiert hier jene zwei Kategorien von Menschen, die in der Entwicklung des geistigen Lebens stets einander gegenüberstehen, dasselbe im entgegengesetzten Sinne beeinflussen und ihm, je nachdem die eine oder die andere herrschend wird, ein ganz verschiedenes Gepräge geben. Die Wahrheit, die Erkenntnis ist nichts, das draußen in der Welt der Dinge gesucht werden kann, sondern sie muss im Geiste produziert werden. Zu Vollbringung der hiermit bezeichneten Aufgabe sind die Menschen der ersten Art berufen. Sie gehen in die Tiefe. Sie bringen neue Wahrheiten an den Tag. Die zweite Art systematisiert und schematisiert. Was sie leistet, sind nicht neue Wahrheiten, oder höchstens untergeordnete, die an der Oberfläche der Dinge liegen. Solche Menschen gehen in die Breite. Wo die ersteren herrschen, da wird die Erkenntnis wirklich vorwärtsgebracht; neue geistige Gebilde fügen sich dem Kulturleben ein; wo die zweiten herrschen, da werden Tatsachen verarbeitet, registriert, kombiniert. Unendliches Material wird aufgehäuft, die geistige Einheit darüber vergessen. Die Menschen der ersten Art können gewaltig irren; sie haben nichts in der unmittelbaren greifbaren Erfahrung, woran sie ihre Behauptungen messen könnten. Die der zweiten Art können natürlich viel weniger dem Irrtume unterworfen sein. Sie notieren ja nur, was sie sehen und hören. Desto geschäftiger sind sie im historischen Verarbeiten des einmal Gefundenen. Ihre geistige Unfruchtbarkeit hindert sie aber, Kritik anzulegen. Dass sie etwas haben, woran sie ihre inhaltlose, bloß formelle Gelehrsamkeit zur Schau tragen können, das genügt ihnen. Wehe dem, der ihnen das historisch Überlieferte antastet. Sie sind es, die sich immer in den Weg stellen, wenn irgendjemand auftritt, um einem alten Irrtum eine neue Anschauung entgegenzustellen. [GA 1d, S. 288 f.]

Mathematische Behandlung der Farbenphänomene. Die mathematische Behandlung natürlicher Erscheinungen hat etwas Bestrickendes. Die mathematischen Wahrheiten werden auf eine fast ganz mechanische Art durch den menschlichen Geist gewonnen. Die Methoden treiben mit unabänderlichem Zwange in den Beweisführungen vorwärts. Der Geist braucht nicht bei jedem neuen Schritte von Neuem seine ursprüngliche Kraft anzusetzen. Je mehr aber der Geist aus eigener Initiative beim Zustandekommen eines seiner Produkte zu tun genötigt ist, desto größer wird der Zweifel an seinem Werke. Daher die Versuchung bei den Naturforschern, die ganze Welt in ein von mathematischen Gesetzen beherrschtes Geschehen aufzulösen. Dann haben wir nur die *Grundformel* zu finden, aus der sich alles mit mathematischer Notwendigkeit ergibt, ohne dass der Geist immer wieder von Neuem einzusetzen braucht, also auch immer wieder von Neuem irren kann. [GA 1d, S. 291]

Newtons ganze Naturanlage neigte eben zu der Ansicht hin, die ein Erscheinendes dadurch erklärt, dass sie irgendwo etwas annimmt, wo das zur Erscheinung Kommende bereits vorhanden, aber verborgen ist. Die Farben *entstehen* nach dieser Ansicht nicht am Lichte, sie *sind* im Lichte bereits *vorhanden* und brauchen aus demselben nur herausgewickelt zu werden. Der Begriff des Werdens, des Entstehens, ist Forschern dieser Art überhaupt versagt. [GA 1d, S. 293]

Nicht die Dicke des Glases kann Ursache des prismatischen Farbenbildes sein, sondern der Umstand, dass durch die nicht parallelen Wände an den Rändern des Farbenbildes Dunkles mit Hellem in Wechselwirkung tritt, kommt in Betracht. – Die Stärke oder Schwäche des Mittels hat insoferne auf die Farbenerscheinung Einfluss, als sie die farbigen Ränder verbreitert. [GA 1d, S. 293]

Goethe fand, dass eine Farbenerscheinung in dem Lichtraum hinter dem Prisma erst dann eintritt, wenn in denselben ein Dunkles eingeführt wird, sodass Licht und Finsternis in Wechselwirkung treten können. [GA 1d, S. 295]

Hier wird auf einen Umstand hingewiesen, aus dessen Nichtbeachtung die größten Fehler der neueren Naturwissenschaft fließen. Man legt oft nicht den Wert auf die treibenden Elemente, auf die wirksamen Gesetze, die im Großen wie im Kleinsten geltend sein müssen, sondern glaubt durch das Kleinere das Größere, durch das Mikroskopische das Makroskopische erklären zu können. Wer den Wert auf die Gesetzlichkeiten legt und deren Wesen erkennt, der wird wissen, dass sich im Kleinen alles das wiederholt, was wir im Großen wahrnehmen. Diese Sätze richten sich natürlich nicht gegen die Untersuchung des Mikroskopischen. Ein Kampf dagegen käme gleich einem Widerstand gegen ein berechtigtes Gebiet der Forschung. Das Mikroskopische soll untersucht und durchforscht werden. Unsere Forschung darf nirgends stillstehen. Aber der Kundige weiß, dass im Reich des Mikroskopischen nur dieselben Wirkungsarten gelten wie im Makroskopischen. *Die Erklärung des letzteren aus dem ersteren beweist aber den gänzlichen Mangel an philosophischem Verständnis bei ihren Urhebern. Und der Gipfel dieses Irrtums ist der Atomismus.* [GA 1d, S. 296]

Durch das *Experimentum Crucis* sollen im Sinne der Newton'schen Lehre die verschiedenen Farben wieder zum weißen Lichte vereinigt werden. Durch eine Sammellinse wird der farbige Lichtraum zu einem kleinen Kreis konzentriert, der weiß erscheint. Im Sinne der Goethe'schen Anschauung hat hier nicht eine Vereinigung verschiedener Lichter stattgefunden, sondern die Bedingungen, welche an andern Stellen des Raumes Farben bewirken, sind an der Stelle aufgehoben, wo der weiße Kreis erscheint, weshalb hier das Licht seine ursprüngliche Helligkeit hat. [GA 1d, S. 298]

In diesen Fehler müssen alle Erklärungsarten verfallen, die nicht den naturgemäßen Weg gehen: ein einfaches, unzerlegbares Phänomen zugrunde zu legen, um durch Hinzufügung immer neuer Bedingungen zu dem zusammengesetzten vorzuschreiten, sondern die an dem fertigen, zusammengesetzten Phänomen herumdeuten, um die Gründe der Entstehung zu erklügeln. Die Welt erklärt man nicht durch Deutung ihrer Phänomene, sondern nur durch Nachschaffen ihrer Wirkungsweisen in denkender Beobachtung des Geschehens oder Wiederholung desselben im Experiment. [GA 1d, S. 299]

Hier liegt wohl der Grund für die geschichtliche Bedeutung, die Newtons Anschauung erlangt hat. Die Sozietät interessierte sich nur für das Teleskop. Der zum Untersuchen der Farbentheorie selbst notwendige Erkenntnisdrang fehlte. Man nahm die Theorie eben mit, weil sie von einem Manne herrührte, der ein gutes Instrument konstruiert hatte. Erst war die Ursache für die Aufnahme von Newtons Farbentheorie wissenschaftlicher Leichtsinn, dann hatte niemand mehr den Mut, der Sache energisch entgegenzutreten. [GA 1d, S. 301]

Goethe tadelt hier an Newton namentlich den Umstand, dass er seine Apparate nicht besonders zu dem Zwecke konstruiert habe, um das von ihm untersuchte Problem zu lösen, sondern mit zufälligen Apparaten an die Sache herantrat, die also nicht gerade darauf eingerichtet waren, in dieser besonderen Sache Klarheit zu bringen. [GA 1d, S. 302]

{Der schönste war und bleibt immer der, ein Naturphänomen, das uns verschiedene Seiten bietet, in seiner ganzen Totalität zu erkennen.} Hiermit ist gemeint, dass wir uns das Naturphänomen, das uns verschiedene Seiten darstellt, eben in diese Seiten auflösen. Wir wiederholen das Phänomen künstlich, entweder bloß durch Beobachtung, indem wir unsere Wahrnehmung einer Seite nach der andern zuwenden, um so auch in unserem Geiste zu einer Totalität zusammensetzen zu können, was in der Natur gleich als solche erscheint, oder künstlich, indem wir im Experimente solche Bedingungen herstellen, dass das Phänomen uns sich nur von *einer* Seite offenbart. Haben wir dann aufeinanderfolgend alle Seiten des Phänomens kennengelernt, so können wir uns das künstlich selbst zusammensetzen, was uns in der Natur sogleich zusammengesetzt erscheint. Diesem allein allgemein anwendbaren Verfahren gegenüber erscheint das oben erwähnte des Descartes sowie das Boyles und Grimaldis einseitig. [GA 1d, S. 303]

Es ist auch heute noch ein beliebtes Mittel der Physiker, jegliche Theorie und Hypothese zu verleugnen, obwohl die Art, wie sie die Phänomene behandeln, die Voraussetzung derselben notwendig macht. Man gibt vor, bloß mit Erfahrungen zu tun haben zu wollen, das aber, was man über die Erfahrungen sagt, ist vollständig metaphysisch, ohne dass man es Wort haben will. Am wenigsten wissen *die* oft, was Erfahrung ist, die vorgeben, ganz auf dem Boden der Erfahrungswissenschaft zu stehen. [GA 1d, S. 306]

Auch die moderne Physik hat es ja fertiggebracht, die Schwingungstheorie mit der Newton'schen Lehre in Einklang zu bringen. [GA 1d, S. 306]

Als ob nicht die Annahme, dass im *weißen* Lichte alle Farben enthalten seien, unter allen Umständen eine Hypothese bliebe. [GA 1d, S. 306]

Was diesem Ungenannten vorschwebt, erhielt seine volle Ausbildung in der Lehre von den Komplementärfarben der heutigen Physik. Die letztere versteht unter einem komplementären Farbenpaar zwei Farben, die miteinander vereinigt Weiß geben. Für den im Goethe'schen Sinne denkenden Physiker sind das Farben, die durch gewisse Bedingungen am Lichte entstehen, und zwar so, dass dieselben Bedingungen, die die eine erzeugen, auch die andere hervorrufen. Beseitigt man die Bedingungen, so tritt natürlich wieder *Weiß* auf. Dies letztere nicht deshalb, weil es durch Vereinigung des Farbenpaares entstanden ist, sondern darum, weil die Umstände fehlen, die am Weiß Farbe erzeugen; somit muss dies letztere wieder in seiner Reinheit erscheinen. [GA 1d, S. 307]

Geboren ist Mariotte 1620 zu Bourgogne im Departement Saône et Loire. Er gehörte als Priester dem Kloster St. Martin sur Beaune bei Dijon an. [...] Die Hauptbedeutung Mariottes ist auf dem Gebiet der mechanischen Wissenschaften zu suchen. Am bekanntesten in dieser Richtung ist wohl das sogenannte Mariotte'sche Gesetz über das Verhältnis der Volumina eines Gases zu den entsprechenden Drucken bei gleichbleibender Temperatur. Zwar hatte dieses Gesetz bereits Boyle gefunden, aber es war wieder in Vergessenheit geraten, und erst durch Mariotte wurde es bleibender Besitz der Physik. Der letztere legte auch die Abhängigkeit des Luftdruckes von der Höhe über dem Erdboden klar; die weitere Ausbildung dieses Gedankens führte zur barometrischen Höhenmessung. [GA 1d, S. 315]

Man spricht das Allgemeine zu abstrakt aus, wenn man es jenes Inhalts entkleidet, der nur aus der Erfahrung gewonnen werden kann. Deshalb sind Goethes allgemeine Sätze nichts anderes als der Ausdruck von Tatsachen, allerdings solchen, die sich durch ein ganzes Erscheinungsgebiet hindurchziehen und innerhalb desselben von verschiedenen Seiten zeigen. [GA 1d, S. 316]

Mariotte hat den Fehler aller mathematischen Physiker an sich, dass er die Linien im Raume, durch die die Anwesenheit gewisser Lichtbilder in demselben und deren Wirkungsrichtung *ideell* veranschaulicht werden soll, für die Bilder *realer* Wesenheiten (Strahlen) hält. [GA 1d, S. 316]

{Die Philosophen des Altertums, welche sich mehr für den Menschen als für die übrige Natur interessierten, betrachteten diese nur nebenher und theoretisierten nur gelegentlich über dieselbe. Die Erfahrungen nahmen zu, die Beobachtungen wurden genauer und die Theorie eingreifender; doch brachten sie es nicht zur Wiederholung der Erfahrung, zum Versuch.} Man hat hierbei an die Schulen der Stoiker und Epikureer zu denken, denen die sittliche Vollkommenheit das Einzige war, das in Betracht kommt, und welche theoretische Wissenschaften nur insoweit betrieben, als ein glückliches oder tugendhaftes Leben dadurch befördert wird. [GA 1d, S. 321]

{Im sechzehnten Jahrhundert, nach frischer Wiederbelebung der Wissenschaften, erschienen die bedeutenden Wirkungen der Natur noch unter der Gestalt der Magie, mit vielem Aberglauben umhüllt, in welchen sie sich zur Zeit der Barbarei versenkt hatten. Im siebzehnten Jahrhundert wollte man, wo nicht erstaunen, doch sich immer noch verwundern, und die angestellten Versuche verloren sich in seltsame Künsteleien.} Hierin liegt im Grunde noch immer die Tendenz, die Wissenschaften um der Bedeutung willen zu treiben, die sie für die Vervollkommnung des sittlichen Lebens des Menschen haben. Erst allmählich lösen sich dieselben von solchen Rücksichten los, und der reine Drang nach Erkenntnis, um ihrer selbst willen, wird sichtbar. [GA 1d, S. 321]

Die Ausbildung unseres Geistes nach der Seite der mathematischen Wissenschaften ist von großem Vorteil, wenn ihr eine entsprechende Kultur in den Geisteswissenschaften gegenübersteht. Die Mathematik ist eine aufbauende symbolische Wissenschaft. Wer sie so betreiben wollte, dass er allein ein gegebenes Erfahrungsmaterial analysiert, der könnte es zu ihr zu nichts bringen. Niemand kann einen mathematischen Lehrsatz durch die Erfahrung beweisen, einen mathematischen Tatbestand in der

Erfahrung finden. An der Mathematik kann man lernen, wie Wissenschaft in Wahrheit sich zur Erfahrung verhält; man kann das Produktive, Aufbauende, Erfinderische der wahren Erkenntnis an ihrer Methode ermessen. Geister mit einiger mathematischen Kultur werden nie eine bloß analysierende, unfruchtbare Wissenschaft für berechtigt halten können. Einseitige mathematische Ausbildung bewirkt aber ein Verkennen des Individuellen, des Ideellen im Weltenbetriebe. [...] Die mathematischen Urteile sind, wie alle andern, die Ergebnisse gewisser Voraussetzungen, die angenommen werden müssen. Nur wenn diese Voraussetzungen in richtiger Weise auf die Erfahrung angewendet werden, dann muss die letztere auch den Schlussfolgerungen entsprechen. Umgekehrt aber darf nicht geschlossen werden. Eine Tatsache der Erfahrung kann ganz gut mit mathematischen Schlussfolgerungen, zu denen man gekommen ist, übereinstimmen, und doch können in der Wirklichkeit andere Voraussetzungen bestehen, als sie die mathematische Naturforschung macht. Wenn z. B. die Lichterscheinungen der Interferenz und Beugung mit den Folgerungen der Undulationstheorie stimmen, so braucht die letztere deshalb durchaus noch nicht richtig zu sein. Es ist überhaupt eine ganz falsche Voraussetzung, dass eine Hypothese richtig sein muss, wenn sich die Tatsachen der Erfahrung aus ihr erklären lassen. Dieselben Wirkungen können auch verschiedenen Ursachen entstammen, und es ist notwendig, die Berechtigung der angenommenen Voraussetzungen *unmittelbar* zu erweisen, nicht auf dem Umwege durch eine Bestätigung vermittelst der Folgen. [GA 1d, S. 334 f.]

Unter *Charakter* versteht Goethe hier die Art, wie ein Mensch die Summe seines Wesens in der Welt darlebt, wie er zur Erscheinung bringt, was in seinem Innern gärt und kocht. Ein Mensch von ausgesprochener Eigenart frägt, wenn er etwas zu vollbringen die Absicht hat, nicht darnach, wie es sich zu dem Bestande der bereits vorhandenen Erkenntnis verhält, sondern er will irgendein bestimmtes Etwas deshalb, weil er sich dafür interessiert, weil er einem Impulse seines Innern nachkommt, der darnach strebt, dem Gewollten Dasein zu verschaffen. Diesem Interesse gegenüber wird zunächst die Frage nach wahr und falsch, recht und unrecht, gut und böse gar nicht aufgeworfen. Dass dies so ist, darauf beruht aller wahre, inhaltsvolle Fortschritt in der Weltentwicklung. Fragte man bei einem originalen Wollen stets, wie sich das bereits Vorhandene dazu stellt, so könnte die Zukunft gegenüber der Vergangenheit nie etwas wahrhaft Neues bringen, sondern stets nur Konsequenzen, Folgen des schon Bestehenden. Dies gilt in gleicher Weise für die wissenschaftliche wie für die technische und moralische Entwicklung. [GA 1d, S. 336 f.]

Die Unredlichkeit, die Goethe Newton vorwirft, ist eine solche, die gar nicht mit dem moralischen Maßstabe zu messen ist. Die Bezeichnung «unredlich» wird gebraucht, um eine Art des wissenschaftlichen Verfahrens zu kennzeichnen, ohne dass damit eine Empfindung moralischen Tadels verknüpft ist. Ein Ausdruck wird aus der Ethik entlehnt, ohne dass er den Gefühlszusatz, den er innerhalb der letzteren hat, beibehält. [GA 1d, S. 338]

Je vernünftiger ein Mensch ist, desto mehr Mittel hat er, den Irrtum zu verteidigen, desto gewichtiger und gefährlicher werden seine Belege, die dem Irrtume einen trügerischen Schein von Wahrheit geben. [GA 1d, S. 338]

Die höchste Entwicklungsstufe, zu der es der Mensch bringen kann, ist: sein eigenes Tun, sein Wesen, seine ganze Persönlichkeit ebenso objektiv zu beurteilen wie die ganze übrige Welt. Ein solcher Mensch wird mit voller Objektivität das Schlechte an seiner Person tadeln, das Lächerliche belachen, wie er das Gute anerkennen wird. Zu dieser richtigen Selbstschätzung können es freilich nur wenige Menschen bringen. [GA 1d, S. 339]

Von dieser Seite wurde der Fehler gemacht, durch willkürliche oder symbolische Vorstellungsformeln die Natur erklären zu wollen. Newton wollte durch die Erfahrung und das Experiment solchem Getriebe entgegenarbeiten. Aber statt die Tatsache durch Tatsachen zu erklären, kompliziertere Phänomene durch einfachere, suchte er den Erscheinungen durch Spekulationen über dieselben beizukommen. [GA 1d, S. 340]

Bei dem ersten Vertreter eines Irrtumes kommt eben der Enthusiasmus für eine Sache in Betracht, die auf dem Grunde seiner Seele erwachsen ist. Dieser Enthusiasmus beeinträchtigt die Objektivität; der Mensch hat zunächst das Bedürfnis, sich aus- und darzuleben; der Nachfolger hat diesen Grund nicht für das Beibehalten des Irrtumes. Bei ihm tritt die Bequemlichkeit aber an die Stelle; wer sich daran gewöhnt hat, ein bestimmtes Erscheinungsgebiet unter einem gewissen Gesichtswinkel anzusehen, dem ist es unbequem, seine Anschauungen darüber umzudenken. Nur das Interesse für die Wahrheit kann diesen Hang überwinden. Menschen, die sich ohne mächtigen Wahrheitsdrang in Sachen der Wissenschaft betätigen, sind daher die schlimmsten Feinde aller neuen Errungenschaften. [GA 1d, S. 340]

Goethes Werke, Band XXXVI.2 Naturwissenschaftliche Schriften, Vierter Band, Zweite Abteilung, 1897 GA 1e

Ausgewählte Kommentare in GA 1e: Zur «Geschichte der Farbenlehre»

Materialien zur Geschichte der Farbenlehre: Erste Schüler und Bekenner Newtons

Die *Accademia del Cimento* wurde im Jahre 1657 zu Florenz von Schülern Galileis gegründet. Die durch die Galilei'schen Grundansichten geforderte Vermehrung des Beobachtungsmaterials erzeugte das Bedürfnis nach einer Vereinigung der Gelehrten. Die Mittel des Einzelnen reichten nicht mehr hin, um die oft kostspieligen Versuche auszuführen. Die der Wissenschaft freundlich gesinnten Fürsten Ferdinand II. von Toskana und Leopold von Medici unterstützten das Unternehmen aufs Kräftigste. Die Gesellschaft bestand aus neun Mitgliedern und hat während ihres zehnjährigen Bestandes der Experimentalwissenschaft große Dienste geleistet. [...] Der vollständige Titel der Übersetzung lautet: *Tentamina experimentorum naturalium captorum in Academia del Cimento*. 4". 1731. Das Original erschien 1667 unter dem Titel: *Saggi di naturali esperienze fatte nell' Accademia del Cimento*. Das Werk enthielt Referate über die Versuche der Gesellschaft. Eine Erklärung der Erscheinungen wurde grundsätzlich nicht versucht. Man wollte nur Erfahrungsmaterial herbeischaffen. [GA 1e, S. 8]

Edme Mariotte, geb. 1620 zu Bourgogne; starb zu Paris am 12. Mai 1684. Er war Geistlicher und gehörte der Pariser Akademie seit ihrer Gründung an. Seine wichtigsten Arbeiten beziehen sich auf die Mechanik, besonders die der gasförmigen Körper. In der Physik führt das Gesetz, welches die Abhängigkeit des Volumens und des Druckes eines Gases voneinander ausdrückt, seinen Namen, trotzdem es Boyle schon vor ihm gekannt hat. Im Jahre 1666 legte er der Akademie die Abhandlung: *Observations sur l'organ de la vision* vor, worinnen er Beobachtung über den blinden Fleck im Auge mitteilt, den er entdeckt hatte. Aus dem Vorhandensein desselben ergab sich ihm auch der wichtige Satz, dass nicht, wie bis dahin angenommen, die Netzhaut, sondern die Aderhaut die Lichtempfindung vermittle, da diese den blinden Fleck enthält. 1681 veröffentlichte er: *Essai sur la nature des couleurs*, worinnen er eine Erklärung der farbigen Höfe und Ringe um Sonne und Mond bei unreiner Luft versuchte. [GA 1e, S. 10]

Diese Einwendungen Goethes beziehen sich auf einen Grundfehler der Theorien des Schalles und Lichtes. In den Schwingungen ist uns nicht etwa das eigentliche objektive Wesen des Schalles gegeben, sondern nur die Erscheinungsweise desselben in der Materie. Wenn wir in analoger Weise auch das Licht auf Schwingungen zurückführen, so vergessen wir, dass unsere auf Naturvorgänge bezüglichen Begriffe ihre Bedeutung verlieren, sobald wir ihnen einen Inhalt nicht aus der Erfahrung geben können. Wenn wir einen Zusammenhang zwischen zwei Erscheinungsformen begreifen wollen, dann müssen diese unserem Wahrnehmungsvermögen zugänglich sein. Die Schwingungen des Schalles können beobachtet werden. In dem Verhältnisse zwischen Licht und Schwingung ist aber nur das erste Glied, das Licht, wahrnehmbar, das zweite, die Schwingung, wird durch einen Schluss von der Wirkung auf die Ursache angenommen. Der Begriff der Ursache bleibt aber leer, wenn er nicht mit Wahrnehmungsinhalt erfüllt werden kann. Dies erklärt aber die Theorie für unmöglich, denn die Wahrnehmung soll mit der *unwahrnehmbaren* Ätherschwingung, nicht wie der Schall mit einer *wahrnehmbaren* Schwingung in Beziehung gebracht werden. Dies heißt aber: Die Ätherschwingungen sind reine Phantasiegebilde, denen gleichwohl ein Sein jenseits des Wahrnehmungsinhaltes entsprechen soll. [GA 1e, S. 12]

Im Sinne der Goethe'schen Denkweise hat eine Erklärung nur einen Sinn, wenn sie ein Ausdruck ist für den Zusammenhang von Erscheinungen. Sie darf aber nicht die Erscheinungen durch etwas außer ihnen Liegendes erklären. [GA 1e, S. 17]

Goethe will hiermit sagen, dass bestimmte Grenzen zwischen den einzelnen Farbentönen nicht vorhanden sind, die letzteren vielmehr allmählich ineinander übergehen, sodass man nicht von sieben Farben, sondern nur von einer unendlich großen Zahl von Farben sprechen kann. [GA 1e, S. 18]

Es ist ein Fehler vieler Naturforscher, dass sie, statt für jedes Erscheinungsgebiet die besondere auf ihm herrschende Gesetzmäßigkeit zu suchen, diejenige, die sie in einem Felde gefunden haben, einfach auf die ganze Natur anwenden. Es entspringt dies aus der bei vielen Menschen herrschenden Tendenz, mit möglichst wenigen Begriffen das ganze Universum zu erklären. [GA 1e, S. 21]

Voltaire brachte aus England auch die seichten Locke'schen Lehren mit, aus denen sich in Frankreich der Materialismus und die seichte Aufklärung entwickelten. [GA 1e, S. 28]

Goethe ist keineswegs ein Feind der Analogien. Allein er sieht ihren Vorzug gegenüber der Induktion gerade darinnen, dass sie nicht abschließen wollen, sondern nur möglichst viele und allseitige Vergleichungen anstellen. Sie sollen nur durch Zusammenstellung ähnlicher Erscheinungen die

Veranlassung dazu geben, dass die Gesetzmäßigkeiten sichtbar werden, nicht aber diese selbst ausdrücken. [...] Vollkommen verfehlt aber ist die Ansicht, welche in der Analogie eine Erklärung findet. [GA 1e, S. 33]

Der *genaue* Punkt der Versuche besteht darin, dass die Gesamtheit der Bedingungen gerade in der komplizierten Weise eingerichtet wird, wie sie Newton zur Bekräftigung seiner Theorie braucht. Die Anhänger Newtons behaupten, dass nur dieser Fall etwas zu bedeuten habe, nicht aber der, wo in der Mitte Weiß und an beiden Seiten farbige Säume erscheinen. [GA 1e, S. 34]

Achtzehntes Jahrhundert. Zweite Epoche: Von Dollond bis auf unsere Zeit

Goethe sah in dem Umstande, dass es möglich ist, durch eine entsprechende Zusammenstellung brechender Substanzen eine Ablenkung des Lichtes ohne Farbenerscheinung zu bewirken, eine Widerlegung der Newton'schen Lehre. Newton schloss aus seinem Grundprinzip, dass die Farben *durch* Brechung entstehen, auf die Unmöglichkeit der Konstruktion von optischen Instrumenten, die wohl eine Brechung, aber keine Farbensäume erzeugen. Als dann solche Instrumente wirklich erfunden wurden, erklärten dies die Anhänger Newtons einfach daraus, dass die durch die erste Substanz bewirkte Farbenerscheinung durch die zweite wieder aufgehoben werde. Goethe legt der Entdeckung einen solchen Wert bei, dass er mit ihr eine ganz neue Epoche der Optik beginnen lässt. [GA 1e, S. 66]

Der epochemachende Astronom *William Herschel* (1738–1822) untersuchte mit einem empfindlichen Thermometer das Spektrum an verschiedenen Stellen. Er fand dabei, dass die Temperatur der Farben gegen das Rot zu steigt. Die geringste Wärmewirkung haben die blauen und violetten, die stärkste die roten Farbennuancen. Geht man aber gegen das Rot fortschreitend weiter und über dieses hinaus, so findet man, dass das Thermometer bis zu einem gewissen Punkte noch weiter steigt, dass also das Spektrum seine größte Wärmewirkung an einer Stelle äußert, die keine Farbenempfindung mehr hervorruft. Eugen *Dreher* hat in neuester Zeit über diesen Gegenstand sehr interessante Untersuchungen angestellt und ist zu dem Schlusse gekommen, dass die Wärmewirkungen auf besondere Ursachen zurückzuführen find, die mit denen der Licht- und Farbenerscheinungen nicht zusammenfallen, wie die Mehrzahl der Physiker annimmt. [GA 1e, S. 74]

Die Newton'sche Farbenlehre ist auf den einseitigen Prinzipien der atomistischen Physik aufgebaut. Sie wurde stets von Künstlern ebenso wie von Philosophen zurückgewiesen oder wenigstens, als unfruchtbar, keiner Berücksichtigung wert befunden. Die Ursache liegt darin, dass sowohl der Künstler wie der Philosoph gezwungen sind, die Farbenerscheinung in die Totalität der Erscheinungswelt einzureihen. Der Künstler gebraucht die Farben, um mit ihrer Hilfe einen harmonischen Totaleindruck hervorzurufen. Dazu aber hat er nötig, das aufzusuchen, was sie alle gemeinsam enthalten. Er muss die Einheit der Farben suchen. Und hat er dieses getan, dann muss er die Bedingungen studieren, unter denen diese Einheit zur Mannigfaltigkeit der Farben wird. Dazu bietet ihm die Newton'sche Farbenlehre nicht den geringsten Anhalt. Sie löst ihm das Licht in eine Summe von Farben auf, die nun in ganz äußerlicher Trennung nebeneinanderstehen. Hat man, im Sinne Newtons, das Licht einmal in Farben zerspaltet, dann ist den letzteren nichts mehr gemeinsam. Sie stehen in vollständiger Absonderung da. Der Künstler sucht aber das Verbindende, das Gemeinsame, das in jeder Farbe lebt; er sucht die Bedingungen, unter denen eine Farbe aus der andern entsteht; er sucht die Verhältnisse, in denen die Farben zueinanderstehen. Die Menge der Farben sucht er auf die geringste Zahl der Grundfarben zurückzuführen. Er gewinnt dadurch einen Maßstab für die Wirkung der Farben. Er sieht ein, dass eine Farbe in ihrer Wirkung einer andern ähnlich sein muss, wenn bei beiden eine gleiche Grundfarbe in der Mischung vorherrscht. Mit dem Newton'schen *Nebeneinander* der Farben, das kein Gemeinsames hat, weiß er hingegen nichts anzufangen. Der *Philosoph* ist in einem ähnlichen Falle wie der Künstler. Auch er sucht das den Erscheinungen Gemeinsame. Er bestrebt sich daher, das die Farben verbindende Prinzip zu finden und die Verschiedenheit derselben aus den Bedingungen zu erklären, die jenes Gemeinsame modifizieren. [GA 1e, S. 77]

Robert Waring Darwin (1766–1818), Arzt zu Shrewsbury in Shropshire. Seine im Folgenden von Goethe entwickelten Lehren sind mehr dazu geeignet, das Auge als Objekt des Anatomen und Pathologen kennenzulernen, als etwas zur Lehre von den subjektiven Farbenerscheinungen beizutragen. Darwin setzt mit seinen Untersuchungen erst da ein, wo das Auge nicht mehr in normaler Weise wirksam ist, sondern wo dessen Tätigkeit bereits von dem abweicht, wodurch das gewöhnliche Sehen zustande kommt. [GA 1e, S. 92]

Die hiermit ausgesprochene Ansicht über das Verhältnis von Hell-Dunkel und Farbe wirkte offenbar auch bei Goethe mit, als er sich eine von Newton abweichende Meinung bildete. Newtons Farbenlehre kann über dieses Verhältnis keinen Aufschluss geben. Das Dunkel lässt sie überhaupt nicht als realen Faktor neben dem Lichte gelten, und die Gesetzmäßigkeit, die in die Farbenwelt durch die Verwandtschaft der Farbe mit dem Dunkel kommt, vermag sie nicht befriedigend zu erklären. [GA 1e, S. 95]

In der Wirklichkeit tritt das Einfache und Ursprüngliche nie ganz rein auf. Es beeinflussen sich die verschiedenen Wirkungssphären fortwährend. Man wird daher sich nur mit Annäherungen an das begnügen müssen, was wir theoretisch als das naturgesetzliche Geschehen feststellen. Wer die Natur und ihre Technik kennenlernen will, muss stets ergänzend und berichtigend der Wirklichkeit gegenüberstehen; er muss bei Wahrnehmung der unvollkommenen Gestalt einer Erscheinung sich die Idee der vollkommenen bilden können. [GA 1e, S. 100]

Goethe wendet sich wiederholt gegen die Einseitigkeit, die alles nach *einer* Grundregel erklären will, während doch in der Natur gleiche Erscheinungen auf die verschiedenste Weise zustande kommen können. [GA 1e, S. 101]

Goethe sucht in dem einfachsten und nicht in dem zusammengesetzten Phänomen das Naturgesetz. In dem einfachen Phänomen wirken auch die Naturkräfte in ihrer einfachen Wesenheit. Im zusammengesetzten Phänomen treten sie in mannigfaltiger Kombination auf; ihre Wirkungsweise und ihr gesetzlicher Zusammenhang ist nicht mehr so einfach zu beobachten. [GA 1e, S. 114]

Konfession des Verfassers

Die höchsten Prinzipien der Kunst konnten für die deutsche Wissenschaft erst Gegenstand der Betrachtung werden, als durch unsere Klassiker, namentlich durch Goethe und Schiller, der Anstoß dazu gegeben war. Was diese selbst in der ästhetischen Wissenschaft vorfanden, war kaum mehr als einige zufällige empirische Regeln. Die deutsche Ästhetik wurde begründet durch den Philosophen Baumgarten, dessen Ausführungen aber noch ganz in den abstrakten schablonenhaften Begriffen der Wolff'schen Philosophie befangen sind. Erst Kants «Kritik der Urteilskraft» (1790) schuf die allgemeinsten ästhetischen Prinzipien. Schiller baute auf diese seine tiefsinnigen Auseinandersetzungen in den «Briefen über ästhetische Erziehung des Menschengeschlechts». Erst Schelling und Hegel suchten vom philosophischen Standpunkte aus in das Wesen der Kunst und der schaffenden Phantasie einzudringen. Die Philosophen sind in dieser Beziehung von den Anschauungen der Klassiker über Kunst angeregt worden. In den Achtzigerjahren, als Goethes Nachdenken über das Wesen des Kolorits in der Malerei eine bestimmte Richtung suchte, konnte er von der ästhetischen Wissenschaft keine Förderung erfahren. Die Gesetze, welche die Verwandtschaft der Künste enthüllen, wurden erst später von der fortgeschrittenen Philosophie gefunden. Goethe, und nach ihm die Philosophen, bezog sich beim Aufsuchen dieser Verwandtschaft vorzüglich auf die bildende Kunst, weil bei ihr das eine Moment des Kunstwerkes: die äußere, sinnlich-wahrnehmbare Erscheinung, studiert werden kann, was z. B. bei der Poesie, die sich im inneren Vorstellungsleben bewegt, nicht möglich ist. [GA 1e, S. 121 f.]

{Manches war mir im Einzelnen deutlich, manches im ganzen Zusammenhange klar. Von einem einzigen Punkte wusste ich mir nicht die mindeste Rechenschaft zu geben: es war das Kolorit.} Dies deshalb, weil die Newton'sche Farbentheorie niemals die Grundlage einer «Ästhetik der Farben» liefern kann. Newton betrachtet die Farben als etwas Materielles, das rein nach den der Materie anhaftenden mechanischen und physikalischen Gesetzen entsteht. Die nicht materiellen (ideellen) Bezüge der Farben kommen dabei gar nicht in Betracht. Newtons Naturgesetze der Farbenerscheinungen sind so aufgestellt, als wenn solche ideelle Bezüge gar nicht existierten. Goethe konnte also aufgrund dieser Naturgesetze nichts gewinnen, was geeignet war, Aufschluss zu geben über die Beziehung der einzelnen Farben zueinander und ihr Verhältnis zu Hell und Dunkel innerhalb der bildenden Kunst. Eine physikalische und physiologische Erklärung der ästhetischen Wirkung der Farben suchte er zunächst. [GA 1e, S. 123]

Mit dem Anatomen Justus Christian *Loder* (1753–1832), der 1782–1803 Professor der Medizin in Jena war, verkehrte Goethe sehr viel. Er holte sich bei ihm seit Anfang der Achtzigerjahre Rat in allen ihn interessierenden naturwissenschaftlichen Fragen. Loder war auch mit Schiller befreundet. Manche Frage wird, während Schillers Aufenthalt in Jena, von den dreien gemeinsam besprochen worden sein. Da in dieser Zeit gerade Goethes Ideen über das Wesen der Farben feste Gestalt annahmen, so muss dieser Verkehr dafür als besonders wichtig bezeichnet werden. [GA 1e, S. 132]

Der Philologe Friedr. Aug. *Wolf* (1759–1824) konnte manchen für die Geschichte der Farbenlehre wichtigen Aufschluss beisteuern, und *Schelling* (1775–1854) ergriff als Philosoph die Goethe'schen Ideen, um sie in seinem Sinne naturphilosophisch zu vertiefen und zu begründen, wodurch sie eine Gestalt annahmen, die auf Goethes Denken und Beobachten förderlich zurückwirkte. [GA 1e, S. 132]

Polarität ist das Auftreten einer Naturerscheinung in Form entgegengesetzter, durch einander bedingter Qualitäten, was am besten z. B. bei Magnetismus, Elektrizität usw. zu beobachten ist. Goethe dachte sich die Polarität als allgemeines Charakteristikum der Naturerscheinungen. Deshalb suchte er auch in den Lichterscheinungen Polarität nachzuweisen. [GA 1e, S. 133]

Schillers Anteil an Goethes Farbenlehre wird am besten erkannt durch Betrachtung des Briefwechsels der beiden vom Anfang des Jahres 1798. Schiller sucht die philosophische Grundlage zu Goethes Ideen über die Farbenphänomene. Er sucht von der Spekulation aus bis zu den Dingen zu kommen, die Goethe durch Versuch und Erfahrung erreichen wollte. [GA 1e, S. 137]

Statt des versprochenen Supplementaren Teils: Wirkung farbiger Beleuchtung

Besonders wichtig für die Aufklärung dieser Erscheinung [der Wirkung farbiger Beleuchtung] schienen Goethe die in den Jahren 1800 und 1801 gemachten Entdeckungen Friedr. Wilh. *Herschels* (1738–1822) und

Joh. Wilh. *Ritters* (1776–1810). Herschel fand, dass sich auch in dem an das Spektrum angrenzenden Raumgebiete, da, wo das Rot aufhört und bereits Dunkelheit beginnt, noch Wirkungen zeigen, und zwar *Wärmewirkungen*; Ritter entdeckte *chemische Wirkungen* in dem an das Violette grenzenden dunklen Raum. [...] Nach [der Zeit von] Goethe haben sich um die Untersuchung der Erscheinungen an der «leuchtenden Materie» verdient gemacht *Becquerel* und *Eugen Dreher*. Durch die genialen Ausführungen des letztern Forschers haben wir über die Sache Aufschlüsse von ganz besonderer Klarheit erhalten. (Vgl. «Beiträge zu unserer modernen Atom- und Molekular-Theorie» v. Dr. Eugen Dreher. Halle 1882. S. 108–127.) Dreher setzte «grün leuchtende Materie» (es gibt auch eine blauviolett leuchtende, die aber weniger reaktionsfähig ist) dem Lichte, sowohl dem farblosen Sonnenlichte sowie solchem Lichte aus, das durch verschiedene Stoffe gegangen ist. Er benutzte 1. eine farblose Glaskugel, die konzentrierte Kalialaunlösung enthält. 2. Eine ebensolche Kugel mit einer Lösung von Jod in Schwefelkohlenstoff. 3. Eine gleiche Kugel mit konzentrierter Äskulinlösung und 4. eine Kugel mit destilliertem Wasser. Die konzentrierte Kalialaunlösung bewirkt, dass keine Wärmewirkungen; die Jodlösung, dass keine Lichtwirkungen; endlich die Äskulinlösung, dass keine chemischen Wirkungen in dem vom Spektrum eingenommenen Raum stattfinden (dass Chlorsilber z.B. nicht geschwärzt wird). Alle diese Wirkungen finden statt bei Anwendung der vierten Kugel. Die «leuchtende Materie», die der durch Kalialaunlösung und durch das Wasser gegangenen Lichtmasse ausgesetzt wurde, zeigte (im Dunklen) ein entschiedenes Leuchten (Phosphoreszieren), diejenige dagegen, welche dem durch Jod- oder Äskulinlösung gegangenen Lichte ausgesetzt war, zeigte keine Spur von Leuchten. Dreher hat dann umgekehrt zum Leuchten gebrachte Materie verschieden modifiziertem Lichte ausgesetzt. Es zeigte sich, dass unter dem Einflusse der durch Jod- und Äskulinlösung gegangenen Lichtmasse das Leuchten zuerst intensiver wird, dann aber vollkommen aufhört, während es unter dem Einfluss der durch Kalialaunlösung gegangenen Lichtmasse fortdauert. Letztere Beobachtung stimmt völlig zu der längst bekannten, dass «leuchtende Materie», die eine Zeit lang dem Licht ausgesetzt war und deren Leuchten bereits aufgehört hat, durch Erwärmung wieder – und zwar nur *einmal* – zum Leuchten gebracht werden kann. Hat dann die Materie zu leuchten aufgehört, so wirkt eine zweite Erwärmung nur wieder, nachdem der Körper nochmals vorher dem Licht ausgesetzt war. Aus diesen Beobachtungen geht hervor, dass die Fähigkeit des Leuchtens (Phosphoreszierens) der «leuchtenden Materie» durch dieselbe Kraft hervorgerufen wird, welche chemische Wirkungen hervorbringt. Die Wärme kann das Leuchten zwar zur Erscheinung bringen, aber der Materie nicht die Fähigkeit zum Leuchten geben, ja sie zerstört diese Fähigkeit, indem sie das Leuchten zur Erscheinung bringt. Deshalb bewirken auch die Lichtmassen, denen die Fähigkeit zu chemischen Wirkungen genommen, die zu Wärmewirkungen aber belassen ist (die durch Äskulinlösung gegangenen), erst ein Aufleuchten, dann ein völliges Erlöschen des phosphoreszierenden Körpers. Aus dem Umstande, dass der violette (kalte) Teil des Spektrums vorzüglich chemisch wirksam ist, der rote (warme) hingegen Wärmewirkungen hat, ist also die von Goethe im erwähnten Briefe beschriebene Erscheinung zu erklären. [GA 1e, S. 147]

Im blauen Teile des Spektrums ist die chemische Kraft vorzüglich tätig. Daher muss sich farbloses (weißes) Licht in chemischer Hinsicht wie blaues verhalten. Im gelben Lichte fehlt die chemische Kraft. Es hat also keine chemischen Wirkungen zur Folge. [GA 1e, S. 161]

Entoptische Farben

Die entoptischen Farben sind *nicht Licht unter bestimmten Bedingungen gesehen*, sondern Erscheinungen, die dadurch bewirkt werden, dass *Körper* von solchem Licht beschienen werden, das in entsprechender Weise gebrochen oder reflektiert wird. [GA 1e, S. 172]

Goethe ist der Meinung, doppeltes Grau müsse ein dunkles Grau geben, nicht aber Weiß. [GA 1e, S. 176]

Diese auf die mechanische Zusammensetzung des Kalkspats sich gründende Erklärung der Erscheinung bildet einen Widerspruch gegenüber anderen Anschauungen Goethes. Sie muss dadurch ersetzt werden, dass man bestimmte Kräfte innerhalb des doppelt brechenden Körpers annimmt, die in gewissen Richtungen verschieden wirken und deshalb auch an dem durchgehenden Lichte eine Verschiedenheit der Wirkung nach verschiedenen Richtungen hin herbeiführen. Man könnte sich etwa als ein Analogon dahinfließendes Wasser denken, dem ein Hindernis entgegengestellt wird, sodass es zu beiden Seiten ausweicht und in zwei Strömen weiterfließt. [GA 1e, S. 178]

Gegenwärtig werden in der Physiologie *entoptisch* die Wahrnehmungen von Erscheinungen genannt, die sich im Auge selbst befinden, und die auftreten, wenn Licht unter gewissen Umständen in das Auge fällt. Hat man z. B. das geschlossene Auge mit den Fingern gerieben, so sieht man getigerte Flecken oder netzartig geordnete Linien. Man führt das darauf zurück, dass die Vorderfläche der Hornhaut sichtbar geworden und in das Sehfeld versetzt worden ist. Was Goethe entoptische Farben nennt, sieht man gegenwärtig als das Ergebnis des Zusammenwirkens (der Interferenz) solcher Lichtstrahlen an, die durch Reflexion oder Brechung die Eigenschaft erhalten haben, bei einer weiteren Reflexion oder Brechung nach verschiedenen Seiten verschieden zu wirken, die, wie man sagt, polarisiert sind. Man nennt daher die entoptischen Farbenfiguren Interferenzerscheinungen des polarisierten Lichtes. Goethe fühlte sich abgestoßen von dieser mechanischen Vorstellungsweise, die in den vom Licht durchschienenen Körpern nur die Gelegenheits-Ursache zu einer Veränderung des Lichtes selbst sieht und nach einem verschiedenartigen

Auftreten des, nach seiner Ansicht, stets einheitlich wirkenden einfachen Lichtes sucht. Er nahm an, dass das Licht selbst bei den infrage kommenden Erscheinungen keine Veränderung erleide, und dass dasjenige, was wir dabei sehen, die *an* dem Lichte von den Körpern gewirkten Erscheinungen seien. Wir nehmen nicht verschieden geeigenschaftetes Licht, sondern das Ergebnis des *Zusammenwirkens* von Licht und Körper (Dunklem) wahr. [GA 1e, S. 182]

Goethe sucht nur die einfachsten Bedingungen, unter denen innerhalb des Glases *entoptische Figuren* entstehen, und er findet sie in der Einwirkung des Glaskörpers auf das Sonnenlicht. [GA 1e, S. 182]

Goethe sucht hier, gemäß seiner Ansicht, dass Gelb erscheint, wenn ein Helles durch eine Trübung, Blau, wenn ein Dunkles durch ein erhelltes Trübe hindurchscheint (Urphänomen der Farbenlehre), die Bedingungen zur Entstehung der Farbe innerhalb des materiellen Körpers. Es bilden sich innerhalb der hellen Grunderscheinung dunkle Partien, die den durchhellten Würfel in einer solchen Weise durchsetzen, dass teilweise die dunklen Räume durch die helle Materie, und umgekehrt die hellen Teile durch die dunkle (trübe) durchscheinen. An diesen Stellen entstehen die Farben. (Das Umgekehrte gilt für die dunkle Grunderscheinung.) [GA 1e, S. 190]

Goethes Vorstellungsweise erklärt die Entstehung der Naturwirkungen nicht auf mechanische, sondern auf dynamisch-ideelle Art. Das Dynamisch-Ideelle kann nicht Inhalt einer Sinneswahrnehmung, sondern nur die eines Gedankens sein. Dieser Inhalt ist aber objektiv mit der Sinneswahrnehmung verknüpft, sodass beide für eine höhere Betrachtungsweise eine untrennbare Einheit bilden. Bei natürlichen entoptischen Körpern, Kristallen, muss man annehmen, dass die Disposition zur Bildung bestimmter Farbenfiguren unter entsprechenden Bedingungen von Natur aus eine grundwesentliche Eigenschaft der kristallbildenden Substanz ausmacht. Die Fähigkeit, die dem künstlich-entoptischen Körper erst durch die Erhitzung usw. mitgeteilt wird: nämlich, der äußeren Form entsprechende Farbenfiguren im Innern zu bilden, die besitzt die kristallisierende Substanz vermöge ihrer Natur. Und diese Fähigkeit hängt mit der Bildung bestimmter Kristallformen überhaupt zusammen, sodass die äußere Form des Kristalls und die innere Formung, die die entoptischen Figuren veranlasst, auf eine einheitliche Wirkungsweise bestimmter, je nach den Substanzen verschiedener Kräfte hinweist. Da die äußere Form der künstlichen entoptischen Körper ihnen von außen gegeben ist, so erweist sich die entoptische Farbenfigur bei ihnen als fest, so lange die äußere Begrenzung dieselbe bleibt, d. h., es verschiebt sich auch die Figur, wenn man den entoptischen Körper zwischen den Spiegeln verschiebt. Dies ist bei den Kristallen im Allgemeinen nicht der Fall. Denn ihre äußere Form ist eine Folge ihres inneren Kräftesystems und dieses wirkt nach denselben Richtungen hin immer in derselben Weise, wie man den Kristall auch verschieben mag. [GA 1e, S. 208]

Die Aufsuchung von Analogien, von der Goethe hier und in den folgenden Paragrafen einige Beispiele liefert, hat den Zweck, zu einer Anschauung über die sämtlichen, den Raum erfüllenden Kräfte zu gelangen. Unsere sinnlichen Wahrnehmungen beziehen sich auf ein Ausgedehntes im Raume, das wir Materie nennen. Goethe stellt sich Materie als ein System von Kräften vor, die den sinnlichen Wahrnehmungsinhalten die bestimmten Gestalten im Raume geben. Diese Kräfte sind nicht bloße Anziehungs- und Abstoßungskräfte, wie die Physiker glauben, sondern formbildende Mächte. Wenn wir nun zu einer Ansicht über die Wesenheit dieser Kräfte kommen wollen, so müssen wir analoge Gestaltungsformen in verschiedenen Wahrnehmungsgebieten aufsuchen. Die dadurch auffindbare Einheit ist die des materiellen Kräftesystems im Raume. Dies gibt diese seine einheitliche Wirkungsart dadurch kund, dass es auf verschiedene Wahrnehmungsinhalte nach demselben formgebenden Prinzip wirkt. [...] Die Analogie will nur einen Weg zeigen, auf dem man immer neue Glieder der Naturharmonie erkennen kann. Sie gibt dem forschenden Blick eine gewisse Richtung und erhält das Denken beweglich, während z.B. die Induktion, die aus einzelnen Fällen ein allgemeines Gesetz abstrahiert, auf dieses letztere als auf ein festes Resultat hinarbeitet und dadurch Starrheit in das Denken bringt. [GA 1e, S. 209 f.]

Dass der auf tönende, also in einer wellenartigen Bewegung befindliche Platten gestreute Bärlappsame längs bestimmter Linien, die zusammen eine regelmäßige Figur bilden, liegen bleibt, ist ein Beweis dafür, dass auch hier innerhalb der Materie Hemmungslinien vorhanden sind, in denen durch die streichende Violinsaite keine Bewegung erzeugt wird. Diese Hemmungslinien sind den von Goethe innerhalb der entoptischen Körper angenommenen analog. [GA 1e, S. 211]

Die Astrologie beruht auf dem Grundgedanken, dass alle Welterscheinungen in einem durchgängigen Zusammenhange stehen. Ein solcher Zusammenhang soll auch bestehen zwischen dem Schicksal eines Menschen und den Verhältnissen am Sternenhimmel. Es kommt der Ort gewisser Sterne bei der Geburt und auch die Stellung derselben zueinander in Betracht. Ein Stern, der einen andern bedeckt (in Konjunktion mit ihm steht) oder der um 30° oder 60° von ihm entfernt ist, unterstützt den letzteren in seiner Wirkung; ein solcher, der ihm gegenüber (in Opposition) steht oder 90° von ihm entfernt ist, beeinträchtigt ihn in seiner Wirkung. [...] Diese ganze Ausführung ist ein Beweis dafür, dass Goethe sich dem freien Spiele (der Dialektik) von Gedanken überlassen konnte, die mit seinen Überzeugungen nichts zu tun haben. Nicht in allen Fällen, wo solches bei Goethe infrage kommt, ist es ebenso leicht wie bei diesem «paradoxen» Seitenblick auf die Astrologie, den Charakter des bloßen Gedankenspieles zu erkennen. Dennoch ist gewiss manches in den Gesprächen mit Eckermann in derselben Weise zu verstehen. Es darf durchaus nicht jeder Ausspruch Goethes als für seine Weltanschauung charakteristisch angesehen werden. [GA 1e, S. 215 f.]

Dass in jeder Erscheinung Wahrnehmung und Idee (Körperliches und Geistiges) enthalten ist, bildet einen Grundsatz von Goethes wissenschaftlicher Weltansicht. Auch die mechanischen Wirkungen der Natur sind nicht geistlos. Das Geistige gibt sich bei ihnen als Naturgesetz kund, welches eine *ideelle* Bestimmung ist. [GA 1e, S. 216f.]

Die hier besprochene Erscheinung [Damastweberei] soll ein Analogon zu der Bildung der entoptischen Figuren bilden. Ähnlich wie der Stoff hier durch die Anordnung seiner Fäden eine gewisse Konstitution erhält, durch die er sich bei Einwirkung des Lichtes nach verschiedenen Seiten hin verschieden verhält, soll es auch bei der Materie durch das ihr innewohnende System von Kräften der Fall sein. Man hat sich zu denken, dass Kraftlinien in verschiedenen Richtungen den entoptischen Körper so durchziehen wie den Stoff die Fäden, und dass diese Kraftlinien das nach verschiedenen Seiten verschiedene Verhalten dem Licht gegenüber bedingen. Man hat sich das, was am Stoffe technisch-mechanisch erzeugt wird, ins Dynamisch-Ideelle zu übersetzen, um sich eine Vorstellung davon zu machen, was innerhalb des entoptischen Körpers vorgeht. [GA 1e, S. 217f.]

Durch die dort [bei den entoptischen Phänomenen] besprochenen Hemmungspunkte und Hemmungslinien wird dem Licht eine Art wellenartige (schwingende) Bewegung erteilt, wie das bewegte Wasser um einen festen Körper, der hineingehalten wird, oder durch einen auf es ausgeübten Druck in eine Wellenbewegung gerät. Diese Bewegung wird aber nicht im Lichte, das vollständig als in sich gleichförmig aufzufassen ist, erzeugt, sondern durch die Materie am Lichte. Das Licht an und für sich ist die sich immer auf eine und dieselbe Art manifestierende Einheit. Es modifiziert sich nicht durch und aus sich selbst. Die Modifikationen werden an ihm durch die Materie bewirkt. [...] Dieses mechanische Analogon der entoptischen Erscheinungen ist in demselben Sinne aufzufassen wie das von der Damastweberei hergenommene. [GA 1e, S. 219]

Aus diesen Bemerkungen darf nicht geschlossen werden, dass Goethe der Ansicht gewesen sei, nur im direkten und seitlichen (obliquen) Widerschein der Sonne zeigen sich innerhalb der entoptischen Körper die Farbenfiguren. Da die Erscheinungen von der Materie an dem Lichte gewirkt werden, so ist es natürlich gleichgültig, ob Sonnenlicht oder künstliches Licht (von einer andern Lichtquelle) bei Anstellung der Versuche verwendet wird. [GA 1e, S. 221]

Paralipomena zur Chromatik

Gegner im obigen Sinne sind nur diejenigen, die die Widersprüche in den Ausführungen des andern, seine Fehler und Irrtümer *sachlich* Nachweisen; *Widersacher*, die die Ausführungen des andern verdammen, weil sie mit den eigenen nicht übereinstimmen. Widersacher verurteilen, ohne zu prüfen. Sie setzen nur ihre einmal angenommene Lehre dem andern entgegen. Goethe hatte keine solche im Vorhinein feststehende Lehre. Er suchte erst bei Newton die Lösung des Farbenrätsels [...]. Erst als er sie hier nicht fand, bestrebte er sich, eine eigene Grundlage der Farbenlehre zu finden. Er war *Gegner*, nicht *Widersacher* Newtons. Die Physiker seiner Zeit waren bloß seine *Widersacher*. [GA 1e, S. 235]

Erfahrungslehre, d.h. eine Anschauung, die die Tatsachen der Erfahrung nicht durch erkünstelte Hypothesen erklärt, die mit dem Wahrgenommenen nichts zu tun haben, sondern die die Tatsachen rein für sich sprechen lässt. Die Tatsachen sollen, nach dieser Auffassung, durch nichts außer ihnen Liegendes (Ding an sich, Atom usw.) aufgeklärt werden; sie sollen sich gegenseitig, die eine durch die andere, erläutern. [GA 1e, S. 237]

Bei der wissenschaftlichen Betrachtung der Naturerscheinungen kommt immer zweierlei in Betracht, erstens der *wahrgenommene* Tatbestand, zweitens die *Erklärung* dieses Tatbestandes. Die Erklärung ist nur möglich, wenn der Betrachter die Wahrnehmungen in eine gewisse Ordnung und in einen bestimmten Zusammenhang bringt. Licht, Farben, Materie sind Wahrnehmungen. Eine *Erklärung* der Farben kommt zustande, wenn man die genannten Wahrnehmungen in einer gewissen Ordnung überblickt. Man muss sich dann aber klar darüber sein, dass man dadurch ein *ideelles* Element in die Erklärung der Erscheinungswelt bringt. Man verbindet die Wahrnehmungen nach einem Gedankenprinzip. Man zieht durch die Vorstellung Fäden, die die einzelnen Wahrnehmungen verbinden. Es ist eine Täuschung, wenn man diesen, durch die Vorstellungen vermittelten Verbindungen eine der tatsächlichen Wahrnehmung analoge Realität zuschreibt. Sie gehören zwar nicht weniger zur Wirklichkeit als die Wahrnehmungen, aber sie erscheinen nicht innerhalb der Sinnenwelt, sondern *innerhalb der geistigen Welt*. Goethe wirft den Newtonianern vor, dass sie das ideelle Band, das der Betrachter zwischen Licht und Farbe herstellt, wenn er Licht, Farbe und Materie in einem gewissen Zusammenhange vorstellt, zu einem *sinnlich-realen* Prozess, nämlich zur Spaltung des Lichtes in Farben, machen. Unsere Weltanschauungen sind in einem beständigen Flusse. Unsere Urteile über die Dinge ändern sich. Wer diesen ideellen Teil der Wissenschaft zu trennen versteht von der bloßen Beschreibung der Tatsachen, wird dem wissenschaftlichen Fortschritte nie hinderlich sein. Was die Menschen über die Tatsachen denken, ändert sich im Laufe der Zeit. Wer aber, wie die Newtonianer, einen bloßen Gedanken selbst für eine Tatsache ausgibt, der ist dem Fortschritt hinderlich. Tatsachen kann kein Fortschritt der Anschauungen ändern. Deshalb wollte Goethe die Beschreibung der Tatsachen völlig rein halten von allem Hineininterpretieren des Ideellen, das sich darauf beschränken soll, die Wahrnehmungen in eine solche Folge zu bringen, dass sie sich gegenseitig selbst erklären. [GA 1e, S. 239]

Wer die Erscheinungen schildert, wie sie sich der bloßen Sinneswahrnehmung darbieten, der sät, denn er liefert etwas, das ein anderer seiner eigenen Anschauung zugrunde legen kann. Wer aber den Erscheinungen seine Ansicht als etwas Tatsächliches aufdrängt, der baut ein Gebäude, das erst zusammenstürzen muss, wenn man die Bausteine einem neuen Plan (einer andern Ansicht) gemäß zusammenfügen will. [GA 1e, S. 240]

D. h. wohl, Goethe würde die Anhänger Newtons unberücksichtigt lassen, da ihre *Meinungen* zum Fortschritte der Wissenschaft doch nichts beigetragen haben. Er würde nur diejenigen Physiker berücksichtigen, die, auf dem Boden seiner eigenen Farbenlehre stehend, dieselbe ausgebaut und weitergeführt haben. Nur diese sind ja aus der Region des Meinens in die des unbefangenen Anschauens der Phänomene vorgedrungen. [GA 1e, S. 241]

Die mathematische Behandlung physikalischer Tatsachen ist nichts anderes als eine *Beschreibung* der Phänomene mithilfe mathematischer Formeln. Man drückt die Größenverhältnisse der Erscheinungen durch Zahlen und ihre tatsächliche Beziehung durch mathematische Operationszeichen aus. Die mathematische Formel und Rechnung ist ebenso nur ein *Ausdruck* für die Erscheinung, wie die Wortbeschreibung ein solcher ist. Wenn die Mathematik mehr leisten will, als eine Beschreibung der *quantitativen* Verhältnisse der Erscheinungen zu geben, so überschreitet sie ihre Grenzen. Hypothesen, die etwas über die *qualitative* Natur der Erscheinungen aussagen sollen, können niemals in einem Rechnungsergebnis ihre Stütze haben, denn die zugrunde gelegten Größenverhältnisse können richtig, die mit den Größen verknüpften qualitativen Vorstellungen aber falsch sein. [GA 1e, S. 241]

Die physiologischen Farben sind der Anfang und das Ende der Farbenlehre, weil sie in dem gesetzmäßigen Wirken des Auges selbst begründet sind. Der Betrachtung der Farbenwirkungen muss die von der Organisation des Auges vorangehen, die zeigt, inwiefern dieses geeignet ist, jene zu vermitteln. [GA 1e, S. 247]

Mit *Hegels* empirisch-idealistischer Auffassung der Natur steht die Goethe'sche Farbenlehre in vollkommener Übereinstimmung. *Hegel* sieht in der Natur eine besondere Äußerung desselben Weltprinzips, das sich in unserem Bewusstsein in Form von Begriffen, Ideen usw. auslebt. In der Natur lebt es sich in der Form aus, die wir durch die Sinne wahrnehmen. So wie die Erklärung der geistigen Erscheinungen darin besteht, die eine aus der anderen herzuleiten, ebenso besteht auch die Erklärung der natürlichen Qualitäten (Farben, Töne, Wärmeempfindungen usw.) darin, dass man zeigt, in welchem Zusammenhange sie *untereinander* stehen. Nicht die Herleitung des Sinnlich-Wahrnehmbaren aus Sinnlich-nicht-mehr-Wahrnehmbarem (Lichtstoff, Lichtschwingung) ist die Aufgabe der Naturwissenschaft, sondern die Aufzeigung der gegenseitigen Abhängigkeit der einzelnen wahrnehmbaren Qualitäten. Ist man in der Lage, die Abhängigkeit einer zusammengehörigen Gruppe von Wahrnehmungen von einer anderen ebenso gearteten Gruppe anzugeben, so hat man ein Urphänomen festgestellt. In dieser Art von Naturerklärung stimmen Hegel und Goethe vollkommen überein. [GA 1e, S. 272]

{Aber jene Tätigkeiten, von der gemeinsten bis zur höchsten, vom Ziegelstein, der dem Dache entstürzt, bis zum leuchtenden Geistesblick, der dir aufgeht und den du mitteilst, reihen sie sich aneinander. Wir versuchen es auszusprechen: Zufällig, Mechanisch, Physisch, Chemisch, Organisch, Psychisch, Ethisch, Religiös, Genial.} Diese übersichtliche Darstellung sämtlicher Welterscheinungen ist ein Beweis dafür, dass sich Goethe alle vorhandenen Natur- und Geisteswirkungen als einen einheitlichen Prozess dachte. Es gibt, von diesem Gesichtspunkte aus, keine feste Grenze zwischen Natur und Geist, mechanischen und physischen, anorganischen und organischen Wirkungen usw. Alle Erscheinungsweisen gehen ineinander über. Nur unsere Betrachtungsart der Phänomene ist eine solche, dass wir sie, nach gewissen Begriffskategorien, auseinanderhalten. Solche Kategorien sind die [im Schema ...] angegebenen: zufällig, mechanisch usw. Eine vollkommene Einsicht in die Erscheinungen kann nur der erlangen, der im Geiste die Begriffskategorien ebenso ineinander übergehen lässt, wie in der Welt die Prozesse ineinander übergehen. Goethe zeigt an einem Beispiel, wie zur Erklärung einer Erscheinung alle Kategorien beitragen können. In dem [...] angegebenen Goethe'schen Schema ist im Grunde die ganze Hegel'sche Philosophie vorgezeichnet, die auch nichts wollte, als die unter verschiedenen Gesichtspunkten gewonnenen Begriffe der Erscheinungen ineinanderfließen und so im Denkprozesse den Naturprozess widerspiegeln lassen. [GA 1e, S. 293]

Die von Fraunhofer entdeckten schwarzen Querstreifen im Sonnenspektrum (Fraunhofer'sche Linien), die zur Entdeckung der Spektralanalyse geführt haben, werden von orthodoxen Anhängern der Newton'schen Farbenlehre als absolut unvereinbar mit der Goethe'schen Farbenlehre angesehen. Worauf es dabei besonders ankommt, ist die Beantwortung der Frage: Beweisen die Fraunhofer'schen Linien etwas gegen die von Goethe behauptete Einfachheit des Lichtes? Man nimmt an, diese Linien deuten darauf hin, dass bestimmte Farben des Sonnenspektrums von den Materien, durch die das Sonnenlicht geht, absorbiert (verschluckt) werden, sodass die Stelle, wo die betreffende Farbe erscheinen sollte, schwarz ist. Wenn diese Annahme richtig ist, dann besagt sie aber eben, dass die Querstreifen nicht am Lichte erscheinen würden, wenn es nicht erst durch äußere Materien modifiziert worden wäre. Und ein Beleg dafür ist, dass das Spektrum fester und flüssiger Körper, das nicht erst durch andere Materien geht, sondern direkt durch das Prisma beobachtet wird, keine solchen Querstreifen zeigt. [GA 1e, S. 298]

Leopold *von Henning* behandelte die Goethe'sche Farbenlehre vom Standpunkte der Hegel'schen Philosophie, deren Anhänger er war. In den Vorlesungen, die Goethe hier bespricht, suchte er zu zeigen, dass nur eine einseitige, an grobsinnlichen Vorstellungen leidende Naturphilosophie zur blinden Anerkennung des Newton'schen Standpunktes geführt habe, während eine die Erscheinungen in ihrer Reinheit betrachtende Anschauung unbedingt zur Goethe'schen Auffassung führt. Die Gegenstände der Physik sind nicht bloß Quantitäten, sondern auch Qualitäten. Sie können deshalb mithilfe der Mathematik nicht erschöpfend behandelt werden. Die höchste Aufgabe des menschlichen Nachdenkens über die Natur ist die Auffindung der *Ideen* innerhalb der Erscheinungen. Die Ideen erscheinen dem betrachtenden Geiste, während die Sinne die sinnlichen Bestimmtheiten (Wahrnehmungen) liefern. Zur Erklärung der Wahrnehmungen können nicht hypothetische Wesenheiten wie Lichtstoff, Wellenbewegung usw. dienen, denen Eigenschaften beigelegt werden, die sich nur in der Wahrnehmungswelt finden. Dazu kann vielmehr nur die Ideenwelt dienen, die in dem erkennenden Geiste erscheint. Zur Produktion derselben ist aber ganz besonders der Künstler berufen, weil Produktivität in Bezug auf Ideen eine Grundeigenschaft seines Geistes ist. Er besitzt die Gabe, in sich die tiefere Wesenheit der Natur zu finden, die durch die Sinneswahrnehmungen nicht voll ausgesprochen, sondern bloß angedeutet wird. Die Natur spricht sich in ihren Erscheinungen nur zur Hälfte aus, der Künstler spricht in seinen Werken auch das aus, was die Natur verbirgt. Wendet dann der Künstler die Produktivität seines Geistes auf die Naturerkenntnis an, so ist er allerdings viel besser geeignet, die Erscheinungen zu erklären als der unproduktive Kopf, der nur zusammenstellen und ordnen kann, was er sieht, oder der sich, wie Newton in der Farbenlehre, als einen Prozess in der Sinnenwelt denkt, was eine Qualität innerhalb der Ideenwelt ist. Daher war, nach Hennings Ansicht, Goethe besonders berufen, die Erklärung der Farbenerscheinungen zu liefern. [GA 1e, S. 303 f.]

Johannes Ev. *Purkinje* (1787–1869), Prof. der Physiologie erst in Breslau, später in Prag, hervorragender Physiolog. Bedeutsam sind seine Arbeiten über die Physiologie der Sinne. Sein hierauf bezügliches Werk erschien 1823–1826. Eine Vorarbeit dazu ist die oben erwähnte Schrift: «Das Sehen in subjektiver Hinsicht», die Goethe in dem Grade anregte, dass er einzelne Paragrafen kommentierte. Die Fortsetzung derselben ist 1825 erschienen und Goethe gewidmet. [GA 1e, S. 307]

Purkinjes Beobachtungen sind eine wahre Fundgrube für die Physiologie der Sinne. Mancher in seinen Schriften niedergelegte Schatz ist noch zu heben. Wir finden darin die Erscheinungen beschrieben, die bei geschlossenem Auge stattfinden durch Wirkung eines mechanischen Druckes oder des elektrischen Stromes auf dasselbe. Ferner beobachtete Purkinje, dass beim Anblick einer hellen Fläche helle Punkte im Gesichtsfelde auftauchen, die sich bewegen und immer wieder an ihre alte Stelle zurückkehren. Man hat in dieser Erscheinung die objektiv gesehene Blutbewegung des Auges sehen wollen. Manche der Beobachtungen Purkinjes sind unbeachtet geblieben, weil sie in wenig gelesenen Zeitschriften erschienen sind; spätere Forscher sind dann unabhängig von Purkinje auf dieselben Dinge gekommen. [GA 1e, S. 307]

Goethe sieht also die *Gestalt* als eine wesentliche Eigenschaft des Materiellen an. Das letztere ist nicht bloß ein passives, den Raum erfüllendes, sondern ein durch und durch mit bestimmten Kräften erfülltes, vermöge deren es sich seine Gestalt gibt. [GA 1e, S. 312]

Durch solche Betrachtungen wie die obigen Purkinje'schen wird in der Tat gezeigt, dass Sinnliches und Geistiges einander nicht wie zwei Welten schroff gegenüberstehen, sondern dass ein allmählicher Übergang zwischen beiden stattfindet. Das Festhalten von Eindrücken in Form von Nachbildern ist ein sinnliches Analogon des Festhaltens von Vorstellungen im Gedächtnisse; das Produzieren von sinnlichen Scheinbildern, wie es Goethe [...] beschreibt, ist ein sinnliches Analogon der Phantasietätigkeit. [GA 1e, S. 316]

Physikalische Preisaufgabe der Petersburger Akademie der Wissenschaften

Die Zerstreuung des Lichtes durch das Prisma und die Polarisation des Lichtes sind keine Tatsachen, wie die Farbenringe und die Doppelbrechung. Bei den beiden letzteren Erscheinungen wird einfach ausgesprochen, was gesehen wird. Schon die Worte Farbenzerstreuung und Polarisation bedeuten keine bloßen Tatsachen, sondern hypothetische Erklärungen von Tatsachen. Das Entstehen von Farbenerscheinungen beim Durchgang des Lichtes durch einen schmalen Spalt ist die Tatsache; dass sie von einer *Zerstreuung* des Lichtes herrührt, eine Hypothese. Ebenso ist es mit der Polarisation. Ein verschiedenes Verhalten einer durch einen Körper gegangenen oder von einem solchen gespiegelten Lichtmasse zu ihrer Umgebung oder zu anderen Körpern nach verschiedenen Seiten hin ist als Tatsache zu bemerken. Dass diese Verschiedenheit auf einer ursprünglichen Eigenschaft des Lichtes (Polarität) und nicht darauf beruhe, dass die durchlassenden oder spiegelnden Körper gewisse Eigenschaften am Lichte verursachen, ist abermals eine Hypothese. [GA 1e, S. 322]

Wenn man von der Entstehung der Farben bei diesen Phänomenen, d. h. von dem Qualitativen absieht, so bleibt nur das Quantitative, d. i. die Ausbreitung des Lichtes im Raume, und die Helligkeit, als solche und in ihren Graden, übrig. Dieses Quantitative kann allerdings der mathematischen Operation (auch der Zeichnung durch geometrische Figuren) unterworfen werden; aber man darf bei dieser Behandlungsweise nicht Anspruch darauf machen, die Phänomene in ihrer Vollständigkeit zu erklären. Man hat es nur mit einer Abstraktion zu tun. Diese existiert als solche nur in unserem Geiste, nicht in der Wirklichkeit. Das wirkliche Phänomen kann nur erklärt werden, wenn alle an ihm vorkommenden Elemente berücksichtigt werden. [GA 1e, S. 323]

Diese Stelle bezeichnet den großen Gegensatz zwischen Goetheanismus und Newtonianismus in der Naturlehre. Ein Zusammenhang sinnlicher Wahrnehmungen mit anderen Prozessen im Raume (also auch mit Schwingungen eines Stoffes) darf, nach Goethes Ansicht, nur angenommen werden, wenn der letztere Prozess auch sinnlich nachweisbar ist. Dann aber hat man es immer nur mit einem Übergang von einer sinnlichen Wahrnehmung zur anderen zu tun. Die Wissenschaft darf dabei nicht stehen bleiben. Sie muss von der Sinneswahrnehmung zu der nicht mehr sinnlich wahrnehmbaren Idee aussteigen. In der Farbenlehre stellt das Urphänomen eine solche dar. Der Newtonianismus sucht aber keine Ideen zu den Wahrnehmungen, sondern er bleibt innerhalb der Wahrnehmungswelt stehen und fügt höchstens zu dieser noch eine ganz mit ihr analoge hypothetische Welt (den schwingenden Äther) hinzu, der Eigenschaften beigelegt werden, wie sie die Sinneswahrnehmungen auch zeigen (Schwingungen), die wir nur nicht direkt, sondern nur indirekt durch ihre Wirkung auf unsere Sinne wahrnehmen sollen. In Wahrheit ist diese zweite Welt eine bloße Abstraktion, die nur Sinn und Bedeutung hat, wenn wir sie als einen, in unserer Wahrnehmungswelt enthaltenen, in ihr wirksamen Faktor betrachten, nicht ihr aber ein absolutes Dasein jenseits derselben beilegen. [...] Wer die Sinnenwelt verlässt, kann nur in der Idee noch ein Wirkliches finden; wenn er außer der Idee und der Sinnenwelt ein Wirkliches sucht, so gerät er auf eine bloße Abstraktion, ein künstliches Gebilde, dem er nur einen Inhalt geben kann, wenn er ihn erst aus der Wahrnehmung oder aus der Ideenwelt entlehnt. In diesen Fehler verfällt alle Metaphysik. (Vgl. Rud. Steiner, «Philosophie der Freiheit», Kap. VIII.) [GA 1e, S. 324]

Einleitung

Der Mensch ist nicht zufrieden mit dem, was die Natur freiwillig seinem beobachtenden Geiste darbietet. Er fühlt, dass sie, um die Mannigfaltigkeit ihrer Schöpfungen hervorzubringen, Triebkräfte braucht, die sie dem Beobachter zunächst verbirgt. Die Natur spricht ihr letztes Wort nicht selbst aus. Unsere Erfahrung zeigt uns, was die Natur schaffen kann, aber sie sagt uns nicht, wie dieses Schaffen geschieht. In dem menschlichen Geiste selbst liegt das Mittel, die Triebkräfte der Natur zu enthüllen. Aus dem Menschengeiste steigen die Ideen auf, die Aufklärung darüber bringen, wie die Natur ihre Schöpfungen zustande bringt. Was die Erscheinungen der Außenwelt verbergen, im Innern des Menschen wird es offenbar. Was der menschliche Geist an Naturgesetzen erdenkt: Es ist nicht zur Natur hinzu erfunden; es ist die eigene Wesenheit der Natur, und der Geist ist nur der Schauplatz, auf dem die Natur die Geheimnisse ihres Wirkens sichtbar werden lässt. Was wir an den Dingen *beobachten*, das ist nur ein Teil der Dinge. Was in unserem Geiste emporquillt, wenn er sich den Dingen gegenüberstellt, das ist der andere Teil. Dieselben Dinge sind es, die von außen zu uns sprechen, und die in uns sprechen. Erst wenn wir die Sprache der Außenwelt mit der unseres Innern zusammenhalten, haben wir die volle Wirklichkeit. Was wollten die wahren Philosophen aller Zeiten? Nichts anderes als das Wesen der Dinge verkünden, das diese selbst aussprechen, wenn der Geist sich ihnen als Sprachorgan darbietet.

Wenn der Mensch sein Inneres über die Natur sprechen lässt, so erkennt er, dass die Natur hinter dem zurückbleibt, was sie vermöge ihrer Triebkräfte leisten könnte. Der Geist sieht das, was die Erfahrung enthält, in vollkommenerer Gestalt. Er findet, dass die Natur ihre Absichten mit ihren Schöpfungen nicht erreicht. Er fühlt sich berufen, diese Absichten in vollendeter Form darzustellen. Er schafft Gestalten, in denen er zeigt: Dies hat die Natur gewollt; aber sie konnte es nur bis zu einem gewissen Grade vollbringen. Diese Gestalten sind die Werke der Kunst. In ihnen schafft der Mensch das in einer vollkommenen Weise, was die Natur unvollkommen zeigt.

Philosoph und Künstler haben das gleiche Ziel. Sie suchen das Vollkommene zu gestalten, das ihr Geist erschaut, wenn sie die Natur auf sich wirken lassen. Aber es stehen ihnen verschiedene Mittel zu Gebote, um dies Ziel zu erreichen. In dem Philosophen leuchtet ein *Gedanke*, eine *Idee* auf, wenn er einem Naturprozess gegenübersteht. Diese spricht er aus. In dem Künstler entsteht ein *Bild* dieses Prozesses, das diesen vollkommener zeigt, als er sich in der Außenwelt beobachten lässt. Philosoph und Künstler bilden die Beobachtung auf verschiedenen Wegen weiter. Der Künstler braucht die Triebkräfte der Natur in der Form nicht zu kennen, in der sie sich dem Philosophen enthüllen. Wenn er ein Ding oder einen Vorgang wahrnimmt, so entsteht unmittelbar ein Bild in seinem Geiste, in dem die Gesetze der Natur in vollkommenerer Form ausgeprägt sind als in dem entsprechenden Dinge oder Vorgange der Außenwelt. Diese Gesetze in Form des Gedankens brauchen nicht in seinen Geist einzutreten. Erkenntnis und Kunst sind aber doch innerlich verwandt. Sie zeigen die *Anlagen* der Natur, die in der bloßen äußeren Natur nicht zur vollen Entwickelung kommen.

Wenn nun in dem Geiste eines echten Künstlers außer vollkommenen Bildern der Dinge auch noch die Triebkräfte der Natur in Form von Gedanken sich aussprechen, so tritt der gemeinsame Quell von Philosophie und Kunst uns besonders deutlich vor Augen. Goethe ist ein solcher Künstler. Er offenbart uns die gleichen Geheimnisse in der Form seiner Kunstwerke und in der Form des Gedankens. Was er in seinen Dichtungen gestaltet, das spricht er in seinen natur- und kunstwissenschaftlichen Aufsätzen und in seinen «Sprüchen in Prosa» in Form des Gedankens aus. Die tiefe Befriedigung, die von diesen Aufsätzen und Sprüchen ausgeht, hat darin ihren Grund, dass man den Einklang von Kunst und Erkenntnis in einer Persönlichkeit verwirklicht sieht. Das Gefühl hat etwas Erhebendes, das bei jedem Goethe'schen Gedanken auftritt: Hier spricht jemand, der zugleich das Vollkommene, das er in Ideen ausdrückt, im Bilde schauen kann. Die Kraft eines solchen Gedankens wird verstärkt durch dieses Gefühl. Was aus den höchsten Bedürfnissen *einer* Persönlichkeit stammt, muss innerlich zusammengehören. Goethes Weisheitslehren antworten auf die Frage: Was für eine Philosophie ist der echten Kunst gemäß? Ich versuche diese aus dem Geiste eines echten Künstlers geborene Philosophie im Zusammenhange nachzuzeichnen.

Der Gedankeninhalt, der aus dem menschlichen Geiste entspringt, wenn dieser sich der Außenwelt gegenüberstellt, ist die Wahrheit. Der Mensch kann keine andere Erkenntnis verlangen als eine solche, die er selbst hervorbringt. Wer hinter den Dingen noch etwas sucht, das deren eigentliches Wesen bedeuten soll, der hat sich nicht zum Bewusstsein gebracht, dass alle Fragen nach dem Wesen der Dinge nur aus einem menschlichen Bedürfnisse entspringen: das, was man wahrnimmt, auch mit dem Gedanken zu durchdringen. Die Dinge sprechen zu uns und unser Inneres spricht, wenn wir die Dinge beobachten. Diese zwei Sprachen stammen aus demselben Urwesen, und der Mensch ist berufen, deren gegenseitiges Verständnis zu bewirken. Darin besteht das, was man Erkenntnis nennt. Und dies und nichts anderes sucht der, der die Bedürfnisse der menschlichen Natur versteht. Wer zu diesem Verständnisse nicht gelangt, dem bleiben die Dinge der Außenwelt fremdartig. Er hört aus seinem Innern das Wesen der Dinge nicht zu sich sprechen. Deshalb vermutet er, dass dieses Wesen hinter den Dingen verborgen sei. Er glaubt an eine Außenwelt noch hinter der Wahrnehmungswelt. Aber die Dinge sind nur so lange äußere Dinge, so lange man sie bloß beobachtet. Wenn man über sie nachdenkt, hören sie auf, außer uns zu sein. Man verschmilzt mit ihrem inneren Wesen. Für den Menschen besteht nur so lange der Gegensatz von objektiver äußerer Wahrnehmung und subjektiver innerer Gedankenwelt, als er die Zusammengehörigkeit dieser Welten nicht erkennt. Die menschliche Innenwelt ist das Innere der Natur.

Diese Gedanken werden nicht widerlegt durch die Tatsache, dass verschiedene Menschen sich verschiedene

Vorstellungen von den Dingen machen. Auch nicht dadurch, dass die Organisationen der Menschen verschieden sind, sodass man nicht weiß, ob eine und dieselbe Farbe von verschiedenen Menschen in der ganz gleichen Weise gesehen wird. Denn nicht darauf kommt es an, ob sich die Menschen über eine und dieselbe Sache genau das gleiche Urteil bilden, sondern darauf, ob die Sprache, die das Innere des Menschen spricht, eben die Sprache ist, die das Wesen der Dinge ausdrückt. Die einzelnen Urteile sind nach der Organisation des Menschen und nach dem Standpunkte, von dem aus er die Dinge betrachtet, verschieden; aber alle Urteile entspringen dem gleichen Elemente und führen in das Wesen der Dinge. Dieses kann in verschiedenen Gedankennuancen zum Ausdruck kommen; aber es bleibt deshalb doch das Wesen der Dinge.

Der Mensch ist das Organ, durch das die Natur ihre Geheimnisse enthüllt. In der subjektiven Persönlichkeit erscheint der tiefste Gehalt der Welt. «Wenn die gesunde Natur des Menschen als ein Ganzes wirkt, wenn er sich in der Welt als in einem großen, schönen, würdigen und werten Ganzen fühlt, wenn das harmonische Behagen ihm ein reines, freies Entzücken gewährt, dann würde das Weltall, wenn es sich selbst empfinden könnte, *als an sein Ziel gelangt, aufjauchzen und den Gipfel des eigenen Werdens und Wesens bewundern*» (Goethe, «Winckelmann», Nat.-Litt., Bd. 27, S. 42). Nicht in dem, was die Außenwelt liefert, liegt das Ziel des Weltalls und des Wesens des Daseins, sondern in dem, was im menschlichen Geiste lebt und aus ihm hervorgeht. Goethe betrachtet es daher als einen Irrtum, wenn der Naturforscher durch

Instrumente und objektive Versuche in das Innere der Natur dringen will, denn: «Der Mensch an sich selbst, insofern er sich seiner gesunden Sinne bedient, ist der größte und genaueste physikalische Apparat, den es geben kann, und das ist eben das größte Unheil der neueren Physik, dass man die Experimente gleichsam vom Menschen abgesondert hat, und bloß in dem, was künstliche Instrumente zeigen, die Natur erkennen, ja was sie leisten kann, dadurch beschränken und beweisen will.» «Dafür steht ja aber der Mensch so hoch, dass sich das sonst Undarstellbare in ihm darstellt. Was ist denn eine Saite und alle mechanische Teilung derselben gegen das Ohr des Musikers? Ja man kann sagen, was sind die elementaren Erscheinungen der Natur selbst gegen den Menschen, der sie alle erst bändigen und modifizieren muss, um sie sich einigermaßen assimilieren zu können?» (Vgl. unten 351, 1–17.)

Der Mensch muss die Dinge aus seinem Geiste sprechen lassen, wenn er ihr Wesen erkennen will. Alles, was er über dieses Wesen zu sagen hat, ist den geistigen Erlebnissen seines Innern entlehnt. Nur von sich aus kann der Mensch die Welt beurteilen. Er muss anthropomorphisch denken. In die einfachste Erscheinung, z. B. in den Stoß zweier Körper, bringt man einen Anthropomorphismus hinein, wenn man sich darüber ausspricht. Das Urteil: Der eine Körper stößt den andern, ist bereits anthropomorphisch. Denn man muss, wenn man über die bloße Beobachtung des Vorganges hinauskommen will, das Erlebnis auf ihn übertragen, das unser eigener Körper hat, wenn er einen Körper der Außenwelt in Bewegung versetzt. Alle physikalischen Erklärungen sind versteckte

Anthropomorphismen. Man vermenschlicht die Natur, wenn man sie erklärt, man legt die inneren Erlebnisse des Menschen in sie hinein. Aber diese subjektiven Erlebnisse sind das innere Wesen der Dinge. Und man kann daher nicht sagen, dass der Mensch die objektive Wahrheit, das «An sich» der Dinge nicht erkenne, weil er sich nur subjektive Vorstellungen über sie machen kann.[1] Von

1 Goethes Anschauungen stehen in dem denkbar schärfsten Gegensatz zur Kant'schen Philosophie. Diese geht von der Auffassung aus, dass die Vorstellungswelt von den Gesetzen des menschlichen Geistes beherrscht wird und deshalb alles, was ihr von außen entgegengebracht wird, in ihr nur als subjektiver Abglanz vorhanden sein kann. Der Mensch nimmt nicht das «An sich» der Dinge wahr, sondern die Erscheinung, die dadurch entsteht, dass die Dinge ihn affizieren und er diese Affektionen nach den Gesetzen seines Verstandes und seiner Vernunft verbindet. Dass durch diese Vernunft das Wesen der Dinge spricht, davon haben Kant und die Kantianer keine Ahnung. Deshalb konnte die Kant'sche Philosophie für Goethe nie etwas bedeuten. Wenn er sich einzelne ihrer Sätze aneignete, so gab er ihnen einen völlig anderen Sinn, als sie innerhalb der Lehre ihres Urhebers haben. Es ist durch eine Notiz, die erst nach Eröffnung des Weimarischen Goethe-Archivs bekannt geworden ist, klar, dass Goethe den Gegensatz seiner Weltauffassung und der Kant'schen sehr wohl durchschaute. Für ihn liegt der Grundfehler Kants darin, dass dieser «das *subjektive* Erkenntnisvermögen nun selbst als *Objekt* betrachtet und den Punkt, wo *subjektiv und objektiv* zusammentreffen, zwar scharf, aber nicht ganz richtig sondert» [Siehe im Autoren- und Werkregister unter Goethe: *Paralipomena I: Zur Erkenntnislehre*]. Subjektiv und objektiv treten zusammen, wenn der Mensch das, was die Außenwelt ausspricht, und das, was sein Inneres vernehmen lässt, zum *einigen* Wesen der Dinge verbindet. Dann hört aber der Gegensatz von subjektiv und objektiv ganz auf: er verschwindet in der geeinten Wirklichkeit. Ich habe daraus schon in meiner Einleitung zum 34. Bande dieser Goethe-Ausgabe gedeutet (S. LIX [268]). Gegen meine damaligen Ausführungen polemisiert nun Herr *K. Vorländer* im 1. Hefte der «Kantstudien». Er findet, dass meine Anschauung über den Gegensatz von Goethe'scher und Kant'scher Weltauffassung «mindestens stark einseitig und mit klaren Selbstzeugnissen Goethes in Widerspruch» sei und sich «aus dem völligen Missverständnis der transzendentalen Methode» Kants von meiner Seite erkläre. Herr *Vorländer* hat keine Ahnung von der Weltanschauung, in der Goethe lebte. Mit ihm zu polemisieren, würde mir gar nichts nützen, denn wir sprechen verschiedene Sprachen. Wie klar sein Denken ist, zeigt sich darin, dass er bei meinen Sätzen nie weiß, was gemeint ist. Ich mache z. B. eine

Bemerkung zu dem Goethe'schen Satze [aus *Der Versuch als Vermittler zwischen Objekt und Subjekt*]: «Sobald der Mensch die Gegenstände um sich her gewahr wird, betrachtet er sie in Bezug auf sich selbst, und mit Recht. Denn es hängt sein ganzes Schicksal davon ab, ob sie ihm gefallen oder missfallen, ob sie ihn anziehen oder abstoßen, ob sie ihm nützen oder schaden. Diese ganz natürliche Art, die Sachen anzusehen und zu beurteilen, scheint so leicht zu sein, als sie notwendig ist ... Ein weit schwereres Tagewerk übernehmen diejenigen, deren lebhafter Trieb nach Kenntnis die Gegenstände der Natur *an sich selbst* und in ihren Verhältnissen untereinander zu beobachten strebt, sie suchen und untersuchen was ist und nicht was behagt.» Meine Bemerkung [in einer Fußnote, GA 1b, S. 10, hier S. 300] lautet: «Hier zeigt sich, wie Goethes Weltanschauung gerade der entgegengesetzte Pol der Kant'schen ist. Für Kant gibt es überhaupt keine Ansicht über die Dinge, wie sie an sich sind, sondern nur wie sie in Bezug auf uns *erscheinen.* Diese Ansicht lässt Goethe nur als ganz untergeordnete Art gelten, sich zu den Dingen in ein Verhältnis zu setzen.» Dazu sagt Herr *Vorländer:* «Diese (Worte Goethes) wollen weiter nichts als einleitend den trivialen Unterschied zwischen dem Angenehmen und dem Wahren auseinandersetzen. Der Forscher soll suchen ‹was *ist* und nicht was *behagt*›. Wer, wie Steiner, die letztere allerdings *sehr* ‹untergeordnete Art, sich zu den Dingen in ein Verhältnis zu setzen›, als diejenige Kants zu bezeichnen wagt, dem ist zu raten, dass er sich erst die Grundbegriffe der Kant'schen Lehre, z.B. den Unterschied von subjektiver und objektiver Empfindung, etwa aus § 3 der Kr. D. U. [«Kritik der Urteilskraft»], klarmache.» Nun habe ich durchaus nicht, wie aus meinem Satze klar hervorgeht, gesagt, dass jene Art, sich zu den Dingen in ein Verhältnis zu setzen, die Kants ist, sondern dass Goethe die Kant'sche Auffassung vom Verhältnis zwischen Subjekt und Objekt nicht entsprechend dem Verhältnis findet, in dem der Mensch zu den Dingen steht, wenn er erkennen will, wie sie an sich sind. Goethe ist der Ansicht, dass die Kant'sche Definition nicht dem menschlichen Erkennen, sondern nur dem Verhältnisse entspricht, in das sich der Mensch zu den Dingen setzt, wenn er sie in Bezug auf sein Gefallen und Missfallen betrachtet. Wer einen Satz in einer solchen Weise missverstehen kann wie Herr *Vorländer,* der mag es sich ersparen, anderen Leuten Ratschläge zu geben über ihre philosophische Ausbildung, und lieber erst sich die Fähigkeit aneignen, einen Satz richtig *lesen* zu lernen. Goethe'sche Zitate aufsuchen und sie historisch zusammenstellen kann jeder: sie im Sinne der Goethe'schen Weltanschauung deuten, kann jedenfalls Herr *Vorländer* nicht. Mehr als den «Kantstudien» ist uns anderen Glück zu wünschen zu Mitarbeitern dieser Art, denn sie zeigen, wie verheerend der immer mehr überhandnehmende einseitige Betrieb der Kantstudien wirkt. Wie sollte auch eine Erkenntnisart wie die Goethe'sche von der in den spanischen Stiefeln der Kant'schen Sophistik einherschreitenden Philosophie richtig interpretiert werden! Wie könnte, wer sich selbst Scheuleder anlegt, je einen freien Ausblick gewinnen!

einer andern als einer subjektiven menschlichen Wahrheit kann gar nicht die Rede sein. Denn Wahrheit ist Hineinlegen subjektiver Erlebnisse in den objektiven Erscheinungszusammenhang. Diese subjektiven Erlebnisse können sogar einen ganz individuellen Charakter annehmen. Sie sind dennoch der Ausdruck des inneren Wesens der Dinge. Man kann in die Dinge nur hineinlegen, was man selbst in sich erlebt hat. Demnach wird auch jeder Mensch gemäß seinen individuellen Erlebnissen etwas in gewissem Sinne anderes in die Dinge hineinlegen. Wie ich mir gewisse Vorgänge der Natur deute, ist für einen anderen, der nicht das Gleiche innerlich erlebt hat, nicht ganz zu verstehen. Es handelt sich aber gar nicht darum, dass alle Menschen das Gleiche über die Dinge denken, sondern nur darum, dass sie, wenn sie über die Dinge denken, im Elemente der Wahrheit leben. Man kann deshalb die Gedanken eines anderen nicht als solche betrachten und sie annehmen oder ablehnen, sondern man soll sie als die Verkünder seiner Individualität ansehen. «Diejenigen, welche widersprechen und streiten, sollten mitunter bedenken, dass nicht jede Sprache jedem verständlich sei» (vgl. unten S. 355, 1–2). Eine Philosophie kann niemals eine allgemeingültige Wahrheit überliefern, sondern sie schildert die inneren Erlebnisse des Philosophen, durch die er die äußeren Erscheinungen deutet.

Wenn ein Ding durch das Organ des menschlichen Geistes seine Wesenheit ausspricht, so kommt die volle Wirklichkeit nur durch den Zusammenfluss des äußeren Objektiven und des inneren Subjektiven zustande. Weder durch einseitiges Beobachten noch durch einseitiges

Denken erkennt der Mensch die Wirklichkeit. Diese ist nicht als etwas Fertiges in der objektiven Welt vorhanden, sondern wird erst durch den menschlichen Geist in Verbindung mit den Dingen hervorgebracht. Die objektiven Dinge sind nur ein Teil der Wirklichkeit. Wer ausschließlich die Erfahrung anpreist, dem muss man mit Goethe erwidern, «dass die Erfahrung nur die Hälfte der Erfahrung ist» (vgl. unten S. 503, 10–12). «Alles Faktische ist schon Theorie», d. h., es offenbart sich im menschlichen Geiste ein Ideelles, wenn er ein Faktisches betrachtet. Diese Weltauffassung, die in den Ideen die Wesenheit der Dinge erkennt und die Erkenntnis auffasst als ein Einleben in das Wesen der Dinge, ist nicht *Mystik*. Sie hat aber mit der Mystik das gemein, dass sie die objektive Wahrheit nicht als etwas in der Außenwelt Vorhandenes betrachtet, sondern als etwas, das sich im Innern des Menschen wirklich ergreifen lässt. Die entgegengesetzte Weltanschauung versetzt die Gründe der Dinge hinter die Erscheinungen, in ein der menschlichen Erfahrung jenseitiges Gebiet. Sie kann nun entweder sich einem blinden *Glauben* an diese Gründe hingeben, der von einer positiven Offenbarungsreligion seinen Inhalt erhält, oder Verstandes-Hypothesen und Theorien darüber aufstellen, wie dieses jenseitige Gebiet der Wirklichkeit beschaffen ist. Der Mystiker sowohl wie der Bekenner der Goethe'schen Weltanschauung lehnen sowohl den Glauben an ein Jenseitiges wie auch die Hypothesen über ein solches ab und halten sich an das wirkliche Geistige, das sich in dem Menschen selbst ausspricht. Goethe schreibt an Jacobi: «Gott hat *Dich* mit der *Metaphysik* gestraft und Dir einen Pfahl ins Fleisch gesetzt, mich mit der Physik gesegnet … Ich halte mich an die Gottesverehrung des Atheisten (Spinoza) und überlasse Euch alles, was Ihr Religion heißt und heißen müsst. Du hältst aufs *Glauben* an Gott, ich aufs *Schauen.*» Was Goethe *schauen* will, ist die in seiner Ideenwelt sich ausdrückende Wesenheit der Dinge. Auch der Mystiker will durch Versenkung in das eigene Innere die Wesenheit der Dinge erkennen; aber er lehnt gerade die in sich klare und durchsichtige Ideenwelt ab als untauglich zur Erlangung einer höheren Erkenntnis. Er glaubt nicht sein Ideenvermögen, sondern andere Kräfte seines Inneren entwickeln zu müssen, um die Urgründe der Dinge zu *schauen.* Gewöhnlich sind es unklare Empfindungen und Gefühle, in denen der Mystiker das Wesen der Dinge zu ergreifen glaubt. Aber Gefühle und Empfindungen gehören nur zum subjektiven Wesen des Menschen. In ihnen spricht sich nichts über die Dinge aus. Allein in den Ideen sprechen die Dinge selbst. Die Mystik ist eine oberflächliche Weltanschauung, trotzdem die Mystiker den Vernunftmenschen gegenüber sich viel auf ihre «Tiefe» zugute tun. Sie wissen nichts über die Natur der Gefühle, sonst würden sie sie nicht für Aussprüche des Wesens der Welt halten; und sie wissen nichts von der Natur der Ideen, sonst würden sie diese nicht für flach und rationalistisch halten. Sie ahnen nicht, was Menschen, die wirklich Ideen haben, in diesen erleben. Aber für viele sind Ideen eben bloße Worte. Sie können die unendliche Fülle ihres Inhaltes sich nicht aneignen. Kein Wunder, dass sie ihre eigenen ideenlosen Worthülsen als *leer* empfinden.

Wer den wesentlichen Inhalt der objektiven Welt in dem eigenen Innern sucht, der kann auch das Wesentliche der *sittlichen Weltordnung* nur in die menschliche Natur selbst verlegen. Wer eine jenseitige Wirklichkeit hinter der menschlichen vorhanden glaubt, der muss in ihr auch den Quell des Sittlichen suchen. Denn das Sittliche im höheren Sinne kann nur aus dem Wesen der Dinge kommen. Der Jenseitsgläubige nimmt deshalb sittliche Gebote an, denen sich der Mensch zu unterwerfen hat. Diese Gebote gelangen zu ihm entweder auf dem Wege einer Offenbarung, oder sie treten als solche in sein Bewusstsein ein, wie es beim kategorischen Imperativ Kants der Fall ist. Wie dieser aus dem jenseitigen «An sich» der Dinge in unser Bewusstsein kommt, darüber wird nichts gesagt. Er ist einfach da, und man hat sich ihm zu unterwerfen. Der Erfahrungsphilosoph, der von der reinen Beobachtung alles Heil erwartet, sieht in dem Sittlichen nur das Wirken der menschlichen Triebe und Instinkte. Aus dem Studium dieser sollen die Normen folgen, die für das sittliche Handeln maßgebend sind.

Goethe lässt das Sittliche aus der Ideenwelt des Menschen entstehen. Nicht objektive Normen und auch nicht die bloße Triebwelt lenken das sittliche Handeln; sondern die in sich klaren Ideen, durch die sich der Mensch selbst die Richtung gibt. Ihnen folgt er nicht aus Pflicht, wie er objektiv-sittlichen Normen folgen müsste. Und auch nicht aus Zwang, wie man seinen Trieben und Instinkten folgt. Sondern er dient ihnen aus Liebe. Er liebt sie, wie man ein Kind liebt. Er will ihre Verwirklichung und setzt sich für sie ein, weil sie ein Teil seines eigenen Wesens sind. Die *Idee* ist die Richtschnur und die *Liebe* ist die treibende Kraft in der Goethe'schen Ethik. Ihm ist «Pflicht, wo man liebt, was man sich selbst befiehlt» (vgl. unten S. 460, 18).

Ein Handeln im Sinne der Goethe'schen Ethik ist ein *freies* Handeln. Denn der Mensch ist von nichts abhängig als von seinen eigenen Ideen. Und er ist niemandem verantwortlich als sich selbst. Ich habe bereits in meiner «Philosophie der Freiheit» (Weimar, Emil Felber) den billigen Einwand entkräftet, dass die Folge einer sittlichen Weltordnung, in der jeder nur sich selbst gehorcht, die allgemeine Unordnung und Disharmonie des menschlichen Handelns sein müsste. Wer diesen Einwand macht, der übersieht, dass die Menschen gleichartige Wesen sind und dass sie deshalb niemals sittliche Ideen produzieren werden, die durch ihre wesentliche Verschiedenheit einen unharmonischen Zusammenklang bewirken werden.[2]

2 Wie wenig Verständnis für die ethischen Anschauungen Goethes sowohl, wie für eine Ethik der Freiheit und des Individualismus im Allgemeinen, bei den Fachphilosophen der Gegenwart vorhanden ist, zeigt folgender Umstand. Ich habe im Jahre 1893 in einem Aufsatz der «Zukunft» (Nr. 5) mich für eine streng individualistische Auffassung der Moral ausgesprochen. Auf diesen Aufsatz hat Herr Ferdinand *Tönnies* in Kiel in einer Broschüre: «Ethische Kultur und ihr Geleite. Nietzsche-Narren in Zukunft und in Gegenwart» (Berlin 1893) geantwortet. Er hat nichts vorgebracht als die Hauptsätze der in philosophische Formeln gebrachten Philistermoral. Von mir aber sagt er, dass ich «auf dem Wege zum Hades keinen schlimmeren Hermes» hätte finden können als Friedrich Nietzsche. Wahrhaft komisch wirkt es auf mich, dass Herr Tönnies, um mich zu verurteilen, einige von Goethes «Sprüchen in Prosa» vorbringt. Er ahnt nicht, dass, wenn es für mich einen Hermes gegeben hat, es nicht Nietzsche, sondern Goethe war. Ich habe die Beziehungen der Ethik der Freiheit zur Ethik Goethes bereits in der Einleitung zum 34. Bande dieser Goethe-Ausgabe dargelegt [S. 239ff.]. Ich hätte die wertlose Broschüre nicht erwähnt, wenn sie nicht symptomatisch wäre für das in fachphilosophischen Kreisen herrschende Missverständnis der Weltanschauung Goethes.

Wenn der Mensch nicht die Fähigkeit hätte, Schöpfungen hervorzubringen, die ganz in dem Sinne gestaltet sind wie die Werke der Natur, und nur diesen Sinn in vollkommenerer Weise zur Anschauung bringen, als die Natur es vermag, so gäbe es keine Kunst im Sinne Goethes. Was der Künstler schafft, sind Naturobjekte auf einer höheren Stufe der Vollkommenheit. Kunst ist Fortsetzung der Natur, «denn indem der Mensch auf den Gipfel der Natur gestellt ist, so sieht er sich wieder als eine ganze Natur an, die in sich abermals einen Gipfel hervorzubringen hat. Dazu steigert er sich, indem er sich mit allen Vollkommenheiten und Tugenden durchdringt, Wahl, Ordnung, Harmonie und Bedeutung aufruft und sich endlich *bis zur Produktion des Kunstwerkes erhebt* (Goethe, «Winckelmann», Nat.-Litt., Bd. 27, S. 47). Nach dem Anblicke der griechischen Kunstwerke in Italien schreibt Goethe: «Die hohen Kunstwerke sind zugleich als die höchsten Naturwerke von Menschen nach *wahren* und *natürlichen* Gesetzen hervorgebracht worden.» Der bloßen Erfahrungswirklichkeit gegenüber sind die Kunstwerke ein schöner Schein; für den, der tiefer zu schauen vermag, sind sie «eine Manifestation geheimer Naturgesetze, die ohne sie niemals offenbar würden» (vgl. unten S. 494, Z. 18f.).

Nicht der Stoff, den der Künstler aus der Natur aufnimmt, macht das Kunstwerk; sondern allein das, was der Künstler aus seinem Innern in das Werk hineinlegt. Das höchste Kunstwerk ist dasjenige, welches vergessen macht, dass ihm ein natürlicher Stoff zugrunde liegt, und das lediglich durch dasjenige unser Interesse erweckt, was der Künstler aus diesem Stoffe gemacht hat.

Der Künstler gestaltet natürlich; aber er gestaltet nicht wie die Natur selbst. In diesen Sätzen scheinen mir die Hauptgedanken ausgesprochen zu sein, die Goethe in seinen Aphorismen über *Kunst* niedergelegt hat.

Über die Anordnung der «Sprüche in Prosa»

Einen großen Teil der «Sprüche in Prosa» hat Goethe selbst veröffentlicht. Und zwar in den beiden Zeitschriften «Kunst und Altertum» und «Zur Naturwissenschaft und Morphologie», dann in den «Wanderjahren». Die Anordnung, in der die einzelnen Sprüche in diesen Werken erschienen, ist eine zufällige. Sie ist bedingt durch die Zeit der Entstehung und andere unwesentliche Umstände. Für seine «Nachgelassenen Werke» hat er bezüglich dieser Aphorismen eine Übereinkunft mit Eckermann getroffen, die dieser mit folgenden Worten wiedergibt: «Wir wurden einig, dass ich alle auf Kunst bezüglichen Aphorismen in einen Band über Kunstgegenstände, alle auf die Natur bezüglichen in einen Band über Naturwissenschaften im Allgemeinen sowie alles Ethische und Literarische in einen gleichfalls passenden Band dereinst zu verteilen habe.» Die Herausgeber des Nachlasses (1832 und 1840) haben sich zwar an diese allgemeine Disposition gehalten. In den einzelnen Abteilungen, in die die Sprüche eingeteilt worden sind, ist aber in den Goethe-Ausgaben bis jetzt noch nicht eine solche Anordnung der Aphorismen durchgeführt worden, bei der Goethes persönlicher Anschauungs- und Empfindungsweise – soweit sie in solchen Sprüchen zum Ausdruck kommen kann – Rechnung getragen worden wäre. Nur wegen dieser unzureichenden Anordnung ist ein Kritiker der Sprüche im «Athenäum» im Recht, wenn er sich außer Stande erklärt, in deren schwankender Phraseologie einen greifbaren Inhalt zu finden. Und nur wegen dieser Anordnung konnte Gervinus in seiner philiströsen Art sagen, die Sprüche seien «eine Schule echter Weltweisheit für den, der den beweglichen Sinn schon mitbringt, *ein irreleitendes Chaos* sowohl für den Jünger, der sie dort lernen will und nichts als die Beweglichkeit besitzt, als auch für den gemachten eigensinnigen, unbeweglichen Mann des Amtes und Berufs, der nur seinen Besitz mit sich bringt». Ich musste daher die Sprüche in einer ganz neuen Anordnung bringen. Meiner Empfindung nach muss eine Ausgabe der Sprüche mit den auf das menschliche *Erkennen* bezüglichen beginnen. Durch sie wird klar, wie sich Goethe die Möglichkeit dachte, das Weltgetriebe zu durchschauen und aufgrund dieses Durchschauens eine Stellung zur Welt und ihren einzelnen Erscheinungsformen zu gewinnen. Darauf habe ich die Aphorismen folgen lassen, die zeigen, welche Formen dies Erkennen in der *Wissenschaft* im Allgemeinen, dann in den besonderen Wissenschaften, *Mathematik*, *Naturwissenschaft*, *Psychologie,* annimmt. Daran habe ich die Sprüche gereiht, die das Verhältnis des Menschen zum Menschen (Ethik, Soziales, Geschichte) und zu den höchsten Dingen (Religion und Kunst) zum Gegenstande haben. In den einzelnen Abteilungen war ich bemüht, alles auf *einen* Gedanken Bezügliche zusammenzustellen. Ich hoffe ein *Bild der Persönlichkeit* Goethes, soweit sie sich in diesen Sprüchen darlebt, durch meine Ausgabe geliefert zu haben. Auf philologische Nachweise bezüglich des

Ursprungs und der Entlehnung einzelner Aphorismen habe ich verzichtet. Ich habe mich nie davon überzeugen können, dass durch solche Nachweise zur Erkenntnis einer wirklich großen Persönlichkeit etwas beigetragen wird. Man gewinnt nichts für die Erkenntnis Goethes, wenn man weiß: Dieser oder jener Gedanke, der uns bei ihm begegnet, kommt auch schon da oder dort vor. Die Zusammenfassung der Einzelheiten seines Wesens zu einem Bilde seiner Persönlichkeit scheint mir das Wichtige.

Rudolf Steiner

Verzeichnis der Illustrationen

S. 203 (Fig. 5.) Schematische Darstellung der entoptischen Figuren optisch zweiachsiger Kristalle.

S. 228 Schematische Darstellung des von Goethe benutzten *einfachsten* Apparates zur Erzeugung entoptischer Erscheinungen.

S. 231 Schematische Darstellung eines Glimmerblättchens, das so geschnitten ist, dass es im sogenannten Polarisationsapparat entoptische Erscheinungen zeigt.

S. 329–332 Schematische Darstellung des Goethe'schen Apparats, durch den das Phänomen des Regenbogens zum Versuch erhoben wird.

Außerdem sind dem Bande *vier* Tafeln, die Erzeugung des Sonnenspektrums unter verschiedenen Bedingungen darstellend, beigefügt. Sie enthalten Abbildungen, die Goethe seiner Farbenlehre beigefügt hat. Die von ihm gegebene Beschreibung der Tafeln ist im 35. Bande dieser Goethe-Ausgabe enthalten. Um sie auf unsere Tafeln anwenden zu können, ist zu berücksichtigen, dass der Inhalt dieser den von Goethe (Band 35, S. 526–540) beschriebenen in folgender Weise entspricht:

Unsere Tafel	Figur	enthält Goethes Tafel	Figur
I	1–9	7	1–9
II	1	8	1
I	10–13	8	2–5
II	3–4	9	1–2
II	5–6	10	1–2
II	7–11	11	1–5
II	2	12	1–6
III	2–5	13	1–4
III	6–8	14	1–3
IV	2	15	1
IV	1	stellt das in Band 35, S. 36ff. von Goethe beschriebene große Wasserprisma dar	

Ausgewählte Kommentare in GA 1e: Zu «Sprüche in Prosa»

Sprüche in Prosa: 1. Das Erkennen

Wahrheit ist nichts an und für sich selbst. Sie entwickelt sich im Menschen, wenn dieser die Welt auf seine Sinne und auf seinen Geist einwirken lässt. Je nach seiner Organisation hat jeder Mensch seine eigene Wahrheit, die *nur er* in ihren intimen Zügen verstehen kann. Wer eine allgemein gültige Wahrheit verlangt, versteht sich selbst nicht. [...] Trotz des individuellen Charakters, den die menschliche Wahrheit hat, entspricht sie den geistigen Bedürfnissen des Menschen. Wenn es eine Weisheit eines anderen (göttlichen) Wesens gäbe, so hätte sie für den Menschen keine Bedeutung. Deshalb kann die menschliche Weisheit gar nicht in ein Verhältnis zur göttlichen gebracht, also auch nicht «vor Gott» Torheit genannt werden, wie es 1 Korinther 3,19 heißt. Der Mensch, der sich und sein Verhältnis zur Außenwelt nicht kennt, verfällt in ein Misstrauen gegen seine eigenen Geisteskräfte und träumt von einer «höheren, göttlichen Weisheit», der gegenüber seine eigene Torheit ist. [GA 1e, S. 349]

Ein falsches Urteil kann erst entstehen, wenn man sich über das, was die Sinne beobachten, Gedanken macht. Wenn uns z.B. der Mond im Aufgangspunkte größer erscheint als im Zenit, so haben wir es nicht mit einem Irrtum, sondern mit einer in den Naturgesetzen wohl begründeten Tatsache zu tun. Ein Fehler in der Erkenntnis entsteht erst, wenn wir das «größer» und «kleiner» in unrichtiger Weise deuten, d.h., uns ein falsches Urteil darüber bilden. (Vgl. meine Schrift «Wahrheit und Wissenschaft» S. 23.) [GA 1e, S. 349]

Das Tier nimmt passiv auf, was ihm die Sinne darbieten. Der Mensch *deutet* die Sinneserscheinungen und geht dadurch, über die bloße Beobachtung, zu einer vernunftgemäßen Auffassung der Welt hinaus. Die Geisteskräfte wirken dadurch auf die Sinneserfahrung zurück und erziehen diese zur Erfassung der Welt. [GA 1e, S. 350f.]

Höher als irgendetwas anderes in der Reihe der Naturvorgänge steht der Prozess, der sich unmittelbar im physischen und psychischen Organismus des Menschen abspielt, wenn die Dinge und Ereignisse der Natur auf ihn einwirken. Künstliche Instrumente können die Erkenntnis zwar unterstützen; ihr Ergebnis hat aber einen Erkenntniswert, der geringer ist als die Wirkung der Gegenstände auf die menschlichen Organe und den menschlichen Geist selbst. Das Bild, das durch das Auge entworfen wird, steht höher als das, welches durch optische Apparate bewirkt wird. [...] Die Natur offenbart sich am besten dem reinen Menschensinn, nicht den künstlichen Instrumenten, die ihr gegenüber wie eine Folter wirken. [GA 1e, S. 351f.]

{Es sind immer nur unsere Augen, unsere Vorstellungsarten, die Natur weiß ganz allein, was sie will, was sie gewollt hat.} Die Anerkennung dieser Wahrheit ist notwendig, wenn man sein Verhältnis zu sich selbst und zur Außenwelt verstehen will. So richtig es ist, dass die menschlichen Wahrheiten ausreichen für die menschlichen Bedürfnisse, ebenso richtig ist es, dass die menschliche Erkenntnis durch die menschliche Organisation bedingt ist. Deshalb hat es keinen Sinn von einer andern als einer *menschlichen* Wahrheit zu sprechen. [...] Der Ausgangspunkt für menschliche Wahrheiten kann nicht außerhalb, sondern nur *innerhalb* des Menschen gesucht werden. Sich in den Mittelpunkt der Welt stellen und alle Dinge auf sich beziehen, ist Goethes Maxime. [...]. Es ist eine der Grundüberzeugungen Goethes, dass die objektive Natur und die subjektive Persönlichkeit des Menschen einander entsprechen. Er steht damit auf dem Boden der alten griechischen Philosophie, dass Gleiches nur von Gleichem erkannt werde. [...] Das Mehr des Subjekts gegenüber dem Objekt wie umgekehrt das Mehr des Objekts gegenüber dem Subjekt macht es notwendig, dass sich der Mensch des subjektiven Ursprungs seiner Erkenntnis bewusst sei, dass er sein Verhältnis zu sich und zur Außenwelt kenne. [GA 1e, S. 352]

Alle Erklärung der Natur besteht darin, dass Erfahrungen, die der Mensch an sich selbst macht, in den Gegenstand hineingedeutet werden. Selbst die einfachsten Erscheinungen werden auf diese Weise erklärt. Wenn wir den Stoß zweier Körper erklären, so geschieht das dadurch, dass wir uns vorstellen, der eine Körper übe auf den andern eine ähnliche Wirkung, wie wir selbst, wenn wir einen Körper stoßen. Die Gottesvorstellung ist das Hineindeuten menschlicher Denk- und Handlungsweisen in die ganze Natur. Alle Erklärung ist also anthropomorphisch. Der Sperling kann den Storch nur vom Sperlingsstandpunkt aus beurteilen. [...]. Die von dem Menschen gewonnenen Wahrheiten sind in ihren feineren Verzweigungen und in den Gefühlsnuancen, von denen sie begleitet werden, so intim und individuell, dass sie, ihrem vollen Gehalte nach, von einem zweiten nicht restlos erfasst werden können. Man kann eigentlich immer nur sich selbst richtig verstehen. In der Diskussion decken sich niemals genau die Vorstellungen, die zwei Menschen mit einem und demselben Worte verbinden. [GA 1e, S. 353]

Dialektik ist die Kunst, die Begriffe, die sich der Mensch von den Dingen macht, in Beziehungen zu setzen. Dadurch werden die Beziehungen und Unterschiede der Dinge aufgeklärt. In diesem Sinne hat *Plato* die Dialektik betrieben. Da ein Ding von verschiedenen Gesichtspunkten aus angesehen werden kann, können verschiedene, ja entgegengesetzte Begriffe von einer und derselben Sache gebildet werden. In der Gegenüberstellung solcher entgegengesetzter Begriffe liegt die Möglichkeit, ein Ding zu begreifen, d.h. von anderen zu unterscheiden. [...] Da die Welt nicht nur eine Verwirklichung des Vernünftigen ist, sondern in ihr auch der Zufall herrscht, so unterliegt alles der Beleuchtung von zwei Seiten, d.h. dem Widerspruch. [GA 1e, S. 356]

Diese Sprüche lenken den Blick auf den Umstand, dass alle Erkenntnis sich nur in der Weise entwickeln kann, wie es der menschlichen Natur gemäß ist. Alle Wissenschaft entspringt aus den menschlichen Anlagen, und zwar so, dass sämtliche menschliche Geisteskräfte dabei zur Entfaltung kommen. Wenn daher irgendwo in einseitiger Weise die Erkenntnis ausschließlich in der *Beobachtung* ihre Quelle sucht, so wird sich alsbald der *Geist* regen und seine produktiven Kräfte denen der Natur entgegenhalten. [GA 1e, S. 357]

Das Gesetz darf sich nicht von der Erfahrung entfernen, sondern muss dazu dienen, innerhalb derselben das Notwendige von dem Zufälligen zu sondern. Insofern *reinigt* es die Erfahrung von den zufälligen Ausnahmen, die der Wissenschaft schaden, wenn auf sie ein zu hoher Wert gelegt wird. [GA 1e, S. 357]

Das Abstrakte soll nicht an und für sich festgehalten, sondern in Zusammenhang mit dem Konkreten, den Erscheinungen gebracht werden. [GA 1e, S. 358]

{Hypothesen sind Gerüste, die man vor dem Gebäude aufführt, und die man abträgt, wenn das Gebäude fertig ist; sie sind dem Arbeiter unentbehrlich; nur muss er das Gerüste nicht für das Gebäude ansehen.} Hypothesen sind Vorbereitungen für Theorien. Es wird ein gesetzmäßiger Zusammenhang der Erscheinungen hypothetisch angenommen, um einen Leitfaden zu haben zum Aufsuchen verwandter Erscheinungen. Wenn die letzteren dann wirklich zusammengestellt sind, so wird sich zumeist etwas ganz anderes ergeben als das erst Angenommene. Dann wird aus der Hypothese eine Theorie. [...] Phantastisch ist eine Hypothese, die nicht zu dem [oben ...] geschilderten Zwecke aufgestellt wird, sondern bei der man sich beruhigt, ohne die Korrektur der Wirklichkeit zu suchen. *Idee* nennt Goethe einen Begriff, der mit der Wirklichkeit zusammenhängt. Erfindet der Verstand abstrakte Hypothesen, deren Begriffsinhalt sich von der Wirklichkeit entfernt und sich nicht von ihr kontrollieren lässt, so setzt er sich anstelle der Idee. Dasselbe kann bei der Einbildungskraft der Fall sein. [GA 1e, S. 358f.]

Bei den meisten Menschen ist zwischen ihrer Erfahrung und ihrem Denken eine Lücke. Sie können beides nicht innig genug durchdringen. Ihre Erfahrung enthält Elemente, zu denen ihnen die Gedanken fehlen. In ihrem Gedankensysteme sind Bestandteile, zu denen ihnen die Erfahrung fehlt. Die Lücke suchen sie durch Hirngespinste auszufüllen. [GA 1e, S. 361]

Die *Induktion* sucht aus einer Reihe von Beobachtungen das Ähnliche zusammenzufassen und unter einen allgemeinen Begriff zu bringen. Sie entfernt sich dadurch von der Wirklichkeit und hält sich an einen abstrakten

Begriff. Die *Analogie* sucht die eine Erscheinung dadurch zu beleuchten, dass sie ihr eine ähnliche gegenüberstellt. Dadurch wird die eine durch die andere erklärt. Man bleibt hier innerhalb der Erscheinungen und schreitet nicht zu Abstraktionen fort. [...] Goethe ist Anhänger einer streng rationellen, vernunftgemäßen Erklärung der Erscheinungen. Die Einmischung alles Mythologischen in die Wissenschaft tadelt er. [GA 1e, S. 363]

Goethe [sucht] die Erscheinungen in ihrer Reinheit auf, d. h., wie sie sich einer Beobachtung darstellen, die sich völlig unbefangen dem Gegenstande hingibt und nichts zu ihm hinzudichtet. Erst die *reinen* Fakten setzt er in vernunftgemäße Beziehung. [...] *Gewöhnliches* Anschauen ist ein solches, welches die Erscheinungen aufnimmt, wie sie sind, ohne Notwendiges und Zufälliges zu sondern. *Reines* Anschauen gibt sich dem Notwendigen hin und betrachtet das Zufällige als Unwesentliches. [...] Das Wissen wird erworben durch Aufsuchen der Unterschiede der Dinge [...]. Diese Unterschiede braucht der Mensch, weil er nur durch sie zu Begriffen über die Dinge kommt. Es darf über diesem Trennen und Unterscheiden nur nicht vergessen werden, dass in der Wirklichkeit alles in lebendiger Einheit ist. Deswegen müssen auch die Begriffe einem lebendigen einheitlichen Weltbilde eingefügt werden, wenn aus ihnen eine Wissenschaft entstehen soll. [GA 1e, S. 364]

[...] gegen das einseitige Hervorheben einzelner Eigenschaften eines Dinges: Eine deutliche Ansicht lässt sich nur gewinnen, wenn auch die Gegensätze dieser Eigenschaften berücksichtigt werden. [GA 1e, S. 365]

Goethes Ansicht ist, dass, obgleich die zur Wissenschaft notwendigen Geistestätigkeiten zwar nur höhere Formen des Gemeinverstandes sind, dieser dennoch sich läutern und veredeln muss, wenn er zur wissenschaftlichen Tätigkeit brauchbar werden soll. [GA 1e, S. 365]

Die höchste Konsequenz leidet an dem Fehler, dass sie einen abstrakten Satz oder Begriff aufgreift und von ihm aus, ohne Berücksichtigung der Wirklichkeit, logische Entwickelungen ausspinnt. Je weiter man in einer solchen logischen Entwickelung fortschreitet, desto mehr entfernt man sich von der Natur. Ging man auch von einer richtigen, mit der Erfahrung übereinstimmenden Reflexion aus, so gelangt man doch zu Folgerungen, die in das Gegenteil der Wahrheit umschlagen. [...] Eine enthusiastische Reflexion dringt tief in die Gesetzmäßigkeit des Wirklichen ein, weil sie mutig ist. Sie darf nur sich nicht hinreißen lassen und den Boden der Wirklichkeit verlassen. [...] Der Poet kann in jeder seiner Dichtungen das Unbedingte verkörpern, gleichsam das Unendliche im Endlichen darstellen. Die Reflexion kann nur in der Gesamtheit der Erscheinungen das Unbedingte suchen. Wäre dies in jeder einzelnen Erscheinung zu finden, so bestünde das Weltgeschehen aus lauter unabhängigen Einzelheiten, die egoistisch nur ihre eigenen Interessen verfolgten, wie die Fürsten es nach Machiavelli tun sollen. Eine Harmonie im Weltgeschehen wäre dann undenkbar. [GA 1e, S. 366]

Auf der Wahrnehmung des Notwendigen, Wesentlichen in den Erscheinungen beruht alle Erkenntnis. Wer bloß beobachtet, was ihm die Sinne darbieten, der gelangt zu keiner Erkenntnis. Der Geist, das Geistesauge, das die Erscheinungen bewertet, die eine als maßgebend, die andere als unwesentlich ansieht, ist der Quell des Erkennens. Als Galilei mit Geistesaugen eine schwingende Kirchenlampe sah und erkannte, dass sich von dieser Erscheinung aus eine ganze Reihe anderer beleuchten lassen, war ein wichtiger Fortschritt der Erkenntnis geschehen. [GA 1e, S. 367]

Wertvolle Phänomene sind nur die, [...] an denen mit Geistesaugen eine Gesetzmäßigkeit der Natur wahrgenommen wird. [...] Wer den Geistesblick hat, dem geht an der einzelnen richtig gewählten Erscheinung ein großes Gesetz auf. Er braucht nicht um die Welt zu reisen, um alle unter ein solches Gesetz fallenden Einzelheiten kennenzulernen, um eine Grundtatsache zu begreifen. [...] In dem wertvollen besondern Phänomen und Dinge sieht der Mensch im Sinne von [... oben] das Allgemeine, Notwendige, Naturgesetzliche. Hat er ein solches geschaut, so sind ihm die Millionen einzelner Fälle, in denen sich das Allgemeine auslebt, nur Wiederholungen des einen. Ein Objekt, das zur Offenbarung des Allgemeinen besonders geeignet ist, ist ein Symbol. [GA 1e, S. 368]

Das Besondere unterliegt in der Natur dem Allgemeinen, weil es von ihm beherrscht wird; im menschlichen Geiste muss sich das Allgemeine dem Besonderen fügen, weil jenes nur an diesem erkannt werden kann. [...] Das von dem Allgemeinen bedingte Besondere ist zugleich ein Repräsentant des Allgemeinen, also in diesem Sinne unbedingt. [...] Weil in jedem besonderen Existierenden die allgemeine Naturgesetzmäßigkeit repräsentiert ist, kann es als Analogon alles Existierenden aufgefasst werden; man muss sich nur hüten, bloß die Einheit zu sehen und die Unterschiede zu vergessen. Die Einheit macht alles identisch: die Unterschiede lösen alles in unendlich viele Atome auf. Die richtige Mitte zwischen beiden zu halten, ist eine Forderung für den Menschengeist. [...] Metaphysik ist für Goethe die Kenntnis des in den Erscheinungen liegenden Allgemeinen, nicht die Erforschung eines Transzendentellen, Jenseitigen. [GA 1e, S. 369]

Wer innerhalb der Erfahrung stehen bleibt, kann nie mehr tun, als die komplizierten Erscheinungen, in denen eine Mannigfaltigkeit von Kräften tätig ist, in einfache Erscheinungen auflösen, in denen das Zusammenwirken der Kräfte für die Wahrnehmung unmittelbar überschaubar ist. Solche einfachen Erscheinungen können nicht weiter erklärt werden; sie müssen einfach in Begriffen ausgedrückt und als Grunderfahrungen aller Erklärung der Natur zugrunde gelegt werden. [...] In dem Nächsten spricht sich oft die Grunderfahrung aus. Statt sich bei derselben zu beruhigen, sie aus sich selbst zu erklären, schreitet der Mensch zu andern Erscheinungen, z.B. zu den Ursachen fort. Er bedenkt nicht, dass man eine Erscheinung dadurch nicht erklärt, dass man ihre Ursache, die nicht *in,* sondern *außer* ihr liegt, angibt. Der Missbrauch, der mit dem Aufsuchen von Ursachen getrieben wird, kommt schon 1798 zwischen Goethe und Schiller zur Sprache. [GA 1e, S. 370f.]

Eine Sache *historisch* erklären, ist etwas anderes, als sie ihrem *Wesen* nach erklären. *Das Wesen erklären* heißt, in die Tiefe der Erscheinung dringen und Notwendiges von Zufälligem in derselben trennen, also die *Idee* der Erscheinung aufsuchen; die historische Erklärung schreitet nur von einer Erscheinung zur andern fort, ohne das Notwendige von dem Zufälligen abzuscheiden. [GA 1e, S. 372]

Die Unterscheidung von Ursache und Wirkung geht innerhalb des Verstandes vor sich. In der Wirklichkeit geht die Ursache in die Wirkung über, ohne dass zwischen beiden eine reale Grenze liegt. Wer bei den isolierten Begriffen stehen bleibt, dem fallen Ursache und Wirkung auseinander. Wer in das Wesen der Erscheinungen dringt und die Ideen aus ihnen herausholt, für den verschwindet die Trennungslinie wieder. [GA 1e, S. 372]

Der Verstand unterscheidet die Dinge voneinander; die Vernunft verbindet die von dem Verstande gewonnenen isolierten Begriffe zu einem einheitlichen Bilde. Das Werden, das Entstehen ist ein ewiger Fluss, in dem die Dinge, von denen der Verstand isolierte Begriffe entwirft, entstehen und vergehen. Der Verstand kann daher nur die *gewordenen* Dinge erfassen; das Werden ist Gegenstand der Vernunft, deren Obliegenheit es ist, die Begriffe in den Fluss zu bringen, der dem Werden der Wirklichkeit entspricht. [...] Was hier gegen die Geologie vorgebracht wird, gilt nur, so lange an den isolierten Begriffen des Entstandenen festgehalten wird. Das Lebendige, das sich in der Gegenwart, in ewigem Werden darstellt, ist der Vernunft zugänglich. Das Vergangene, dessen Reste in die Gegenwart herüberreichen, ist seinem Werden nach nicht unmittelbar zugänglich. Das Entstehen muss zu dem Entstandenen hinzugedichtet werden. Geologie ist demnach Sache der Einbildungskraft, nicht des Verstandes. Ihr Wert wird deshalb nicht geringer. [GA 1e, S. 373]

Das Entstehen, Werden kann nicht von dem Verstande erfasst, nicht in Begriffen dargestellt werden. Es ist Gegenstand der Vernunft. Der Verstand setzt an die Stelle des Werdenden eine Folge von isolierten, schon dagewesenen Einzeldingen. [GA 1e, S. 374]

Das Besondere, Sinnenfällige ist als Mannigfaltigkeit in Raum und Zeit ausgebreitet. Das Allgemeine, die Regel, das Gesetz stammt aus dem menschlichen Geiste. Beide in der richtigen Weise zu verknüpfen und zu trennen, unablässig Idee und Wirklichkeit zusammenbringen und unterscheiden, ist Aufgabe alles Erkennens. [GA 1e, S. 374]

Der Fehler schwacher Geister liegt darin, dass sie von einer einzelnen, besonderen Tatsache ausgehen, die ein völlig zufälliges Gefüge zeigen kann, und nicht von einer wesentlichen, die nicht nur über sich, sondern über eine ganze Reihe, eine Gesamtheit, ähnlicher Tatsachen aufklärt. [GA 1e, S. 375]

Das Faktische *nach seinem wesentlichen* Charakter betrachtet, nicht eine von den Dingen abziehende Abstraktion ist Theorie. [GA 1e, S. 376]

Wer nur durch Vollständigkeit der Beobachtung, d.h. durch Sammeln aller einzelnen Fälle zum Gesetz zu kommen glaubt, muss verzweifeln, denn Vollständigkeit lässt sich niemals erreichen. [GA 1e, S. 376]

Die höhere [...] Empirie ist mit der Natur ebenso unmittelbar verbunden wie der Menschenverstand mit dem praktischen Leben. Die höhere Empirie betrachtet den konkreten Fall und verliert sich nicht in schattenhafte Abstraktionen; der Menschenverstand entscheidet sich im einzelnen Falle und richtet sich nicht nach allgemeinen Regeln, welche die im einzelnen Falle gegebenen Verhältnisse unberücksichtigt lassen. [...] Übereilungen des ungeduldigen Verstandes sind die von schwachen Geistern [siehe oben ...] gebildeten Theorien. [GA 1e, S. 376]

Esoterisch ist ein Begriff, wenn er im Zusammenhange mit den Erscheinungen betrachtet wird, aus denen er gewonnen ist. Exoterisch, wenn er als Abstraktion abgesondert für sich betrachtet wird. [...] Die Erfahrung ist unendlich; jede Theorie ist durch den Menschen bedingt, dem immer nur eine begrenzte Menge von Erfahrungen zur Verfügung steht. Entfernt sich eine Theorie von der Erfahrung, so erhebt sie leicht den Anspruch darauf, etwas Abgeschlossenes zu sein. Sie wird im Sinne von [... oben] exoterisch. Nur eine solche Theorie, die innerhalb der Erfahrung stehen bleibt, die [...] dem Zusammenhang der Erfahrungen dienen will, kann sich mit der Erweiterung der Erfahrung auch erweitern. [GA 1e, S. 377]

[... D]ie Grundanschauungen müssen durch das ganze Weltbild durchgehen, das sich der Mensch macht. Vorstellungen, die mit dem Weltbild nicht im Einklang stehen, sind störend. Dieser Einklang kann aber nur hervorgebracht werden, wenn man seine Begriffe flüssig erhält, d.h. nach jeder neuen Erfahrung entsprechend erweitert oder verengert. In der Wissenschaft muss fortwährend Gesetz und Erscheinung durch die Tat vermittelt werden. In diesem Sinne wirkt ein Aperçu fruchtbar auf das Weltbild. [GA 1e, S. 377f.]

Das Wahre ist das in den Dingen enthaltene Allgemeine. Man kann es nur aus den Dingen selbst herausholen, weil das Besondere Symbol des Allgemeinen ist. [...] Absichten ist hier im Sinne des im Menschen und in der Natur enthaltenen Allgemeinen gemeint. Nicht das Zufällige, sondern das höhere Gesetzmäßige ist in den Menschen wie in der Natur zu beachten. [...] Das Absolute, Allgemeine hat nur Wert, insofern es sich in den Erscheinungen ausspricht; als schattenhafte Theorie ist es wertlos. [GA 1e, S. 378]

Wenn die isolierten Begriffe, die der Verstand von den Dingen bildet, von der Vernunft flüssig gemacht und in harmonischen Zusammenhang gebracht werden, dann werden sie zur Idee erhoben, welche die Einheit in der Mannigfaltigkeit des Seienden darstellt. Der Empiriker dringt oft nicht bis zu dieser Einheit vor; der Theoretiker beruhigt sich oft mit einer abstrakten Einheit, die dem Mannigfaltigen nicht entspricht, weil sie inhaltsarm ist. [...] In der *Tat* handelt der Mensch nach Urteilen, d. h. nach einem Ideellen; in der Kunst stellt er Symbole des Allgemeinen, d. h. eine Vereinigung des Wirklichen und des Ideellen dar. [GA 1e, S. 378]

Der *Begriff* fasst eine Reihe von Erfahrungsdingen oder Ereignissen in einer abstrakten Formel zusammen; die *Idee* scheidet das Notwendige an diesen Dingen und Ereignissen von dem Zufälligen ab und dringt auf diese Weise in das *Wesen* der Erscheinungen ein. Wer nicht bis zur Idee vordringt, dem geht auch der Begriff verloren, denn dieser erhält seinen Wert nur dadurch, dass er der Ideenwelt eingereiht und dadurch in die rechte Beleuchtung gerückt wird. [...] Wenn die Vernunft alle Begriffe flüssig macht und in Zusammenhang bringt, so entsteht zuletzt eine einzige Universal-Idee, die mit dem Urgrund des Wirklichen identisch ist. Der Mensch fasst dann das Ursein in seiner Wurzel. Objekt und Subjekt sind ihm keine Gegensätze mehr; das Subjekt ist im Objekt aufgegangen; das Objekt ist vom Subjekt ganz durchdrungen. Alles Einzelne ist nur Manifestation dieses Urseins. [...] Das Wahre, das Schöne usw. sind nur einzelne Weisen, in denen das Ursein sich auslebt. Dieses selbst ist ein höheres Sein. [...] Die Natur verbirgt Gott nur für denjenigen, der sich nicht bis zur Universalidee zu erheben vermag. Ein solcher setzt dann voraus, dass das Ur-Wahre jenseits der uns Menschen erreichbaren Welt liege. [GA 1d, S. 379]

Eine eklektische Philosophie kann es nicht geben, weil jede Philosophie aus *einer* Persönlichkeit entspringen muss, die ihre Vorstellungen zu einem einheitlichen Weltbilde im Sinne von [... oben] zusammenfasst. Eine eklektische Philosophie wäre eine solche, die ihre Sätze aus verschiedenen anderen auswählte. Sie wird nur möglich, wenn eine Persönlichkeit das ihr Gemäße auswählt und dadurch zu einer allgemeingültigen Wahrheit zu kommen glaubt. [...] Gäbe es eine eklektische Philosophie, d. h. eine durch Auswahl des Besten aus allen Weltanschauungen entstandene absolute Erkenntnis, so wäre ein Streit zwischen den Anhängern dieser Philosophie nicht möglich. [GA 1e, S. 380]

«Historisch werden» erfordert ein völliges Herausgehen aus sich selbst und ein Hineingehen in eine fremde Erscheinung. Dies können höchstens schwache Individualitäten, deren eigene Geisteskräfte nicht produktiv wirken. [GA 1e, S. 380]

Die *Scholastik* ist eine unfreie Wissenschaftsrichtung. Ihre scharfsinnigen und von seinem Verständnis des Ideellen ausgehenden Auseinandersetzungen stehen im Dienste der Theologie. Nicht die *Idee*, zu der sich das menschliche Erkennen aus sich selbst heraus erhebt, ist Tendenz der Wissenschaft, sondern die Rechtfertigung des religiösen Dogmas. Der Scholastiker sucht nicht zur Idee zu kommen, um in ihr den Seinsgrund zu ergreifen, sondern er bedient sich der Idee nur, um mit ihrer Hilfe den *göttlichen* Urgrund zu begreifen. Er überwindet nicht Subjekt und Objekt, sondern sucht den Weltgrund im Objekt selbst. Denn das göttliche Wesen ist auch nur Objekt. Die *Mystik* hat dieselbe Tendenz. Auch sie sucht nicht innerhalb der Welt, in der Idee selbst, den Urgrund, sondern in einem Göttlichen. Nur will sie sich diesem Göttlichen nicht mit der Vernunft, sondern mit dem Gemüt (Herzen) nähern. [...] Der Mystiker sucht die ideelle Welt des Bewusstseins hinter sich zu lassen, weil er nicht in ihr, sondern in dem Göttlichen seine Befriedigung findet. [...] Die orientalische Mystik lebt in *Bildern*. Sie hat deswegen eine gewisse Berechtigung, weil Bilder auf das Gemüt wirken. Die christliche Mystik enthält begriffliche Bestandteile, die nicht Gegenstand des Gemütes, sondern nur der erkennenden Vernunft, also des Ideenvermögens, sein können. [...] *Dialektik* des Herzens ist in demselben Sinne zu fassen wie oben Scholastik des Herzens. Das Organ, dessen sich die Scholastik bedient, ist die Dialektik. Wer sich in die Mystik vertiefen kann, ohne sich von dem ideell Unbestimmten ihrer Bestandteile betäuben zu lassen, der wird einen Gewinn haben. Die blassen Begriffe und Ideen werden einen warmen Gefühlston erhalten. [GA 1e, S. 381 f.]

Geheimnisse mögen in der Natur vorhanden sein. Es liegt aber kein Grund vor, sie als Ausnahmen von den allgemeinen Naturgesetzen zu behandeln und sie als Wunder zu betrachten. [...] Bilder drücken die objektive Welt aus, aber nicht rein, sondern mit den Zutaten der Einbildungskraft. Worte hingegen sind Repräsentanten der Begriffe, die die objektive Welt rein, ohne Zutat ausdrücken können. Goethe tadelt die Vermischung der beiden Elemente der Weltauffassung. [...] Goethe hat hier den reinen wissenschaftlichen Sinn im Auge, der mit dem Worte einen reinen *Begriff*, nicht ein dunkles *Gefühl* verbindet. Er will in der Wissenschaft nur einen solchen Sprachgebrauch gelten lassen, bei dem die Worte mit klaren Begriffen korrespondieren. Alles Mystische will er aus der Wissenschaft verbannt wissen. [GA 1e, S. 382]

Poesie ist Weltauffassung durch *Bilder*, die von der Einbildungskraft geschaffen sind; *Philosophie* dagegen Welterkenntnis durch *Ideen*, die in Worten ausgesprochen werden; *Mystik* bildet ein unklares Gemisch von Poesie und Philosophie, das Goethe zurückweist. [...] Die gegenwärtige unorganische Welt ist eine Summe von gewordenen Dingen. Die Vernunft, die nur über das Lebendige Herrschaft hat und es in seinem Werden erkennt, sucht zu dem Gewordenen ein vorhergegangenes Werdendes hinzu. Sie bedient sich dabei der Einbildungskraft. Die vulkanischen Prozesse der Vorzeit sind ein solches von der Einbildungskraft geschaffenes Werden [...] Goethe hat hier den Gedanken im Sinne, dass die Formen der Erdoberfläche nicht alle einseitig aus Feuer- oder Wasserwirkungen entstanden sein müssen, wie der einseitige Vulkanismus und Neptunismus wollen. Es können verschiedene Formen auf verschiedene Art entstanden sein. [GA 1e, S. 383]

Sprüche in Prosa: 2. Die Wissenschaften im Allgemeinen und ihre Geschichte

Dadurch, dass die Wissenschaften ins Allgemeine gehen, entfernen sie sich vom Leben, das es immer nur mit den besonderen Dingen zu tun hat. Es gehört ein besonderes Interesse für das Allgemeine dazu, um die Wissenschaften zu betreiben. Das Vorhandensein dieses Interesses charakterisiert die wissenschaftliche Befähigung. Wenn sich die Menschen, die kein Interesse für das Allgemeine haben, mit Wissenschaften beschäftigen, so schadet das der Wissenschaft, denn sie wird mit unwissenschaftlichen Interessen verunreinigt. [...] Dadurch, dass die Wissenschaft die Gesetzmäßigkeit der Welt kennen lehrt, führt sie auf «einem Umweg» wieder zum Leben zurück. Sie macht ein rationelles Handeln möglich, das nicht gegen die Naturgesetze sich richtet, auch nicht sinnlos experimentiert, sondern die Naturgesetze in seinen Dienst stellt. [GA 1e, S. 384]

Die Gesetze (Ideen) der Welt kann nur der finden, der sie in sich (in seinem Geiste) *produzieren* kann. Aus der Beobachtung allein sind die Gesetze des Wirklichen nicht zu entnehmen. Da die Ideenproduktion nur in einem Individuum erfolgen kann, so werden die Ideen stets ein individuelles Gepräge haben. [GA 1e, S. 386]

Ein großer Teil der Fragen, von denen stets behauptet wird, dass ihre Beantwortung unmöglich ist, weil sie die Grenzen des Erkenntnisvermögens übersteigen, sollte eigentlich gar nicht gestellt werden. Sie übersteigen nicht das Erkenntnisvermögen, sondern entspringen aus einer Unklarheit des Denkens. Man stellt einen Begriff auf, zu dessen Aufstellung keine Veranlassung ist, und knüpft dann Fragen an solche unberechtigte Begriffe. [GA 1e, S. 386]

Das Unerforschliche ist immer ein solches Unberechtigtes [...]. Deshalb kann es einen praktischen Wert nicht haben, denn es entspricht ihm keine Wirklichkeit. [...] Das Unerforschliche braucht kein Unbekanntes zu sein. Das Urphänomen ist nicht weiter zu «erforschen», aber es liegt vor unserem Geiste in unmittelbarer Gegenwart ausgebreitet. Wir kennen es, verehren es, aber spekulieren nicht weiter darüber. Wir nehmen es hin, wie es ist. Nur wer glaubt, dass das Erreichbare dort aufhört, wo die Begriffe aufhören, der kann da von Erkenntnisgrenzen sprechen, wo er an ein Unerforschliches stößt. Begriffe als Forschungsorgane gehen bis zu dem, das in unmittelbarer Gegenwart aufgefasst und festgehalten werden soll. Das Unerforschliche braucht also durchaus kein Unerkennbares, Verborgenbleibendes zu sein. [...] Man fordert von der Wissenschaft zu viel, wenn man alles in Begriffen erfassen will. [GA 1e, S. 387]

Die Ansammlung unendlicher Einzelheiten und das Spintisieren über verborgene Gründe sind gleich schädlich. [...] Die Menschen müssen in der begrifflichen Durchdringung so weit als möglich gehen. Deshalb ist es gut, wenn sie auch einer Erscheinung gegenüber noch zu Gedanken zu kommen suchen, die sich zuletzt als nicht weiter in Begriffe aufzulösende Tatsache entpuppt. [...] Dem wissentlichen Betrieb geht die Beobachtung voraus. Es wird stets eine Summe von Einzel-Beobachtungen vorhanden sein, wenn die wissenschaftliche Arbeit beginnt. Mit der Wissenschaft beginnt der Aufstieg zu dem Gesetzmäßigen, Allgemeinen. Aber nur, wenn die Wissenschaft nie das Besondere aus dem Auge verliert, werden ihre Einheiten wirklich inhaltvoll sein. [...] Es gibt Geister, die den Blick stets auf das Besondere richten. Sie werden daher stets die Ausnahmen sehen, die derjenige nicht beachtet, dessen Blick mehr auf das Allgemeine gerichtet ist. Die Mitte halten diejenigen, die sich an das Allgemeine halten und dieses durch lebendiges *Tun* in das Besondere einführen, sodass die besonderen Umstände sichtbar werden, durch die die Ausnahmen von der Regel abweichen. Das Tun soll hier die Beweglichkeit andeuten, durch die das allgemeine Gesetz nicht in starrer Betrachtung festgehalten, sondern den Ausnahmen angepasst wird. [GA 1e, S. 388]

Die Methode kann nie Selbstzweck sein; sie hat nur Wert, insofern sie über den Zusammenhang der Erscheinungen aufklärt. Es kann auch keine allgemeingültige Methode geben, da jedes besondere Forschungsgebiet seine besondere Behandlungsart erfordert. [GA 1e, S. 389]

In Plato ist die auf das Allgemeine, in Aristoteles die auf das Besondere gerichtete Geistesart für alle Zeiten vorgebildet. [GA 1e, S. 390]

Analyse geht auf die Erkenntnis des Besonderen; sie unterscheidet, charakterisiert das Einzelne. Synthese geht auf die allgemeine Einheit, sie fasst das getrennte Einzelne zu harmonischen Ganzheiten zusammen. [GA 1e, S. 390 f.]

Der Teil der Wissenschaften, der auf der Produktionskraft des Individuums beruht [...] kann nicht überliefert werden. Er muss in jedem Individuum neu produziert werden. Kenntnisse können überliefert werden, aber nicht Ideen. [GA 1e, S. 393]

Die Ideen, die auf das Praktische, Religiöse usw. sich beziehen, übertragen sich von einer Generation auf die andere. Sie beruhen auf Bedürfnissen, die in der Menschheit allgemein verbreitet sind. Die wissenschaftlichen Ideen beruhen auf dem wissenschaftlichen Interesse, das nicht allgemein ist. [...] Sie entstehen nur in dem, der das Interesse für die Gesetzmäßigkeit der Welt, für das Allgemeine hat. Dieses entspringt in dem Individuum, wenn das Ideenvermögen sich regt. In ideell unproduktiven Individuen entsteht es nicht. Für sie bleibt der ideale Teil der Wissenschaften ohne Bedeutung. [GA 1e, S. 394]

Was man erfindet, ist ein Teil der eigenen Persönlichkeit; was man gelernt hat, ist ein von außen Aufgenommenes. [GA 1e, S. 394]

Die Wahrheit ist in dem Ganzen der Persönlichkeit gegründet; sie erhält ihren Charakter nicht nur aus dem Verstande und der Vernunft, sondern aus dem Charakter (der Gesinnung). Will man eine wissenschaftliche

Persönlichkeit schildern, so genügt es nicht, bloß die Wahrheiten aufzuzählen, die aus ihrem Kopfe entsprungen sind. Es ist notwendig, das Wesen des ganzen Menschen zu kennen, um zu begreifen, warum in diesem Falle die Ideen und Begriffe gerade diese bestimmte Form angenommen haben. In der hier gekennzeichneten Art ist Goethe in seiner Geschichte der Farbenlehre verfahren. [GA 1e, S. 395]

Die Vorbedingungen einer Erfindung sind in der Zeitepoche gegeben; sie warten nur auf die geniale Persönlichkeit, die sie verwertet. Der Erfinder leistet oft nicht mehr, als dass er – vielleicht durch einen glücklichen Zufall – das findet, was schon versucht, halb gelungen war. [GA 1e, S. 396]

Die Menschen beobachten eine Sache erst allseitig, wenn sie sich Gedanken über sie machen. Sie erziehen durch ihren Geist ihre Sinne. Das Urteil leitet die Beobachtung in die rechten Bahnen. Nicht wer blindlings darauflos beobachtet, sondern wer ein Urteil darüber hat, wie er die einzelnen Beobachtungen zu bewerten, zu verbinden, aufeinander zu beziehen hat, kennt die Naturgesetzmäßigkeit. Geht nun im Laufe der Zeit das richtige Urteil über eine Sache verloren, so geht auch die Sache selbst verloren, weil die Beobachtung, die zu ihr führt, nicht die rechten Wege einschlagen kann. Dass die Erde rund ist, war bekannt; man vergaß es wieder, weil man die Methode verlernt hatte, die das Denken zu dieser Erkenntnis geführt hatte. Ebenso hat Plato die Natur des Blauen gekannt; die späteren wussten nichts davon, weil sie seine Ansicht über die Farbennatur unbeachtet ließen. [GA 1e, S. 396]

Der Gang der Wissenschaften kann nicht so sein, dass ein hervorragender Geist in einem bestimmten Zeitpunkte ein für alle Mal Tendenz und Methode angibt. Es treten fortwährend produktive Persönlichkeiten auf, die neue Ideen haben und sich ihre besonderen Ziele vorsetzen. [GA 1e, S. 397]

Die Menschen fragen zunächst bei einer Ansicht nicht, ob sie wahr oder falsch ist, sondern ob sie ihren Bedürfnissen, ihren Denkgewohnheiten entgegenkommt. Hat sich dann ein Irrtum eingelebt, so lebt er weiter, weil er von der Wahrheit nicht mehr unterschieden wird. [GA 1e, S. 397]

Goethe schätzte sich deshalb glücklich, keine Wissenschaft berufsmäßig lehren zu müssen. Den Liebhaber drängt es, die Wege zu verfolgen, auf die ihn seine produktiven Geisteskräfte hinlenken. Was ihm nicht gemäß ist, lässt er liegen. Der Lehrer muss auf Vollständigkeit sehen; er kann nicht bloß das lehren, was ihm gemäß ist. Deshalb muss er den Inhalt seiner Wissenschaft wiedergeben, wie er ihn findet, gleichgültig, ob Wahres oder Falsches darin enthalten ist. [GA 1e, S. 397]

Die Wissenschaften können nur ins Leben eingreifen, wenn einzelne *freie* Persönlichkeiten die Vermittelung übernehmen. Das wissenschaftliche Interesse, die ideelle Welt, die solche Persönlichkeiten beseelen, können allein eine lebendige Folge haben. Nicht der Staat, nicht die Gesellschaft kann den Fortschritt der Wissenschaft regeln, da dieser allein durch die Originalität einzelner Geister bewirkt wird. [GA 1e, S. 398]

Eine Schule macht ihre Mitglieder unfrei; sie ertötet die Originalität der Schüler; diese denken so, wie der Meister gedacht hat. Hätte dieser durch Jahrhunderte gelebt, so hätte er selbst alles gedacht, was seine Schüler denken. *Seine* Individualität ist maßgebend; die der Schüler wird ausgelöscht. [GA 1e, S. 399]

Der einzelne Forscher gibt nichts Allgemein-Gültiges, sondern die individuellen Bilder, die in seinem Geiste entstehen. Je mehr er sich seiner Individualität hingibt und diese wirken lässt, desto eigenartiger werden seine Ideen sein. Andere treten neben und nach ihm auf, die eine andere Eigenart haben. Aus dem Zusammenwirken der Individualitäten entsteht der sich fortentwickelnde Werdegang der Wissenschaften. [...] Das Anpassen an die Majorität verflacht die Ansichten des Einzelnen. Was allen gemäß ist, kann nur eine seichte, unbedeutende Wahrheit sein. Etwas Bedeutendes kann nur der leisten, der zunächst ausspricht, was ihm gemäß ist, unbekümmert um die Denkgewohnheiten der Majorität. Es soll dann bei Mit- und Nachwelt als selbstständige geistige Kraft weiterwirken. [...] Das Wahre ist immer das Individuell-Wahre bedeutender Menschen. Die kleinen Geister werden es nicht anerkennen, weil ihr Niveau das der Majorität ist. Diese verlangt allgemeingültige, aber dafür auch *triviale* Wahrheiten. [GA 1e, S. 399 f.]

Der Einzelne, der eine neue Wahrheit produziert, muss sie vertreten, unbekümmert um Majorität und Vorurteil. Nur so kann sie wirken und ihren Weg machen. [...] Die Wahrheit kann nicht von einer Gesamtheit, einem Volke, einem Zeitalter produziert werden; sie entspringt aus den produktiven, originalen Geisteskräften des Einzelnen. [GA 1e, S. 401]

Die Menge beurteilt alles Große nach den allgemeingültigen Begriffen, den kleinen Münzen der Erkenntnis. Sie gibt sich einer neuen Idee nicht unbefangen hin, um sich von ihr durchdringen zu lassen, sondern vergleicht sie mit dem, was sie selbst über den Gegenstand schon gedacht hat. Dadurch wird gerade das Große einer neuen Idee verdunkelt. [GA 1e, S. 402]

Dem Pedanten entgegengesetzt ist der produktive Kopf, der sich nicht nach der Autorität richtet, sondern sich von der produktiven Kraft seiner eigenen Persönlichkeit treiben lässt. [GA 1e, S. 404]

Sprüche in Prosa: 3. Mathematik

Die Mathematik an und für sich selbst hat keinen *Inhalt*, ihre Wahrheiten sind leere Hülsen, denen von außen ein Inhalt zukommen muss. Was sie berechnet, beweist usw., ist nicht deshalb wahr, weil sie es berechnet, beweist usw., sondern wegen der Beschaffenheit des Inhalts, mit dem sie ihre Rechnungen und Formeln erfüllt. [GA 1e, S. 405]

Der Physiker sucht das inhaltsvolle Phänomen auf und bestimmt dessen Gesetzmäßigkeit. Dann erst kommt der Mathematiker zu Hilfe und berechnet das Quantitative, das sich an den von dem Physiker angegebenen Kräften, Qualitäten usw. vorfindet. [GA 1e, S. 406]

Weil die Mathematik nur die Hülsen für den Inhalt des Wirklichen liefern kann, deshalb vermag sie auch über das Wirkliche selbst nichts auszumachen. Das Inhaltliche muss alles schon entschieden sein, wenn der Mathematiker sich an die Phänomene heranbegibt. [GA 1e, S. 406]

Die Mathematik ist wegen der durchsichtigen Klarheit ihrer Begriffe und Anschauungen die vollkommenste Wissenschaft. In ihr ist wirklich ein *reines Denken* möglich. Aber sie steht nur in dem richtigen Verhältnisse zu der Gesamtpersönlichkeit eines Menschen, wenn sie sich mit einem Inhalt verbindet. Ein *bloßer* Mathematiker wäre der geistärmste Mensch, der sich denken lässt, weil er keine Beziehung zur wirklichen Welt hätte. [GA 1e, S. 407]

Es wird aller Inhalt des Wirklichen abgeworfen und nur die leere Hülse, die mathematische Formel beibehalten. [GA 1e, S. 407]

Die Physik soll unabhängig von der Mathematik auf die Kräfte der Natur losgehen und ihre Wirkungsweise bestimmen. Die Mathematik soll ihre Raumanschauungen und Zahlformeln in sich selbst ausbilden. Werden diese letztern, nachdem sie erst im Gebiete des abstrakten Denkens ausgebildet sind, auf das von dem Physiker überlieferte Qualitative der Natur angewendet, dann erst ist ein vollkommenes Resultat zu erwarten. [GA 1e, S. 408]

Die Bekanntschaft mit den Elementen der Geometrie wird hier gefordert als Schulung des Denkens. Die scharf umrissenen Begriffe und Anschauungen der Geometrie erteilen dem Geist die Fähigkeit, in scharfen Konturen zu denken, *reine* Begriffe festzuhalten, und bewahren ihn vor der Gefahr, in einem verschwommenen Vorstellungssystem herumzutreiben. [GA 1e, S. 409f.]

Sprüche in Prosa: 4. Naturwissenschaft

Goethe deutet hier auf den allgemeinen Daseinskampf im Universum hin. Es entsteht ewig eine unendliche Fülle von Wesen, in unendlich abgestuften Graden der Vollkommenheit. Das Leben ist der fortwährende Kampf aller gegen alle, in dem die Stärkern und die, die sich an die Lebensbedingungen am besten anpassen können, übrig bleiben. Alle Naturprozesse sind Prozesse der Überwindung des Schwächern durch das Stärkere. [GA 1e, S. 410]

Nach Goethe-Ansicht schlummert in allen Wesen die Möglichkeit, sich in entgegengesetzten polaren Zuständen zu äußern, ähnlich wie in jedem Stück Eisen Nord- und Südmagnetismus schlummert. Durch einen äußern Reiz kann dieser Gegensatz sichtbar in die Erscheinung treten. [GA 1e, S. 411]

Die Natur ist durchaus gesetzmäßig. Aber die gesetzmäßigen Formen, in denen die Erscheinungen auftreten, sind unendlicher Veränderungen fähig. Der menschliche Geist kann zwar die gesetzmäßigen Formen in den Erscheinungen erkennen, aber die vielfachen Abänderungen dieser Formen sind mit den Begriffen und Ideen nicht zu umspannen. Haben wir einen Begriff gebildet, so gibt es unendlich viele Gestalten, die dieser Begriff in der Wirklichkeit annehmen kann. [GA 1e, S. 411]

Alles in der Natur ist notwendig. [...] Ein Irrtum, d.h. ein Abweichen von der Gesetzmäßigkeit ist innerhalb der Natur nicht möglich. [GA 1e, S. 411]

In der Natur gibt es nichts, was bloß dem Gedanken nach möglich wäre. Alles, was möglich ist, hat auch die Anlage wirklich zu werden und muss auch einmal wirklich werden. Es kann etwas im Kampf ums Dasein zu Grunde gehen, aber es muss alles wenigstens der Anlage nach entstehen, was entstehen kann. [GA 1e, S. 411]

Beim Verfolgen der Gesetzmäßigkeit [... siehe oben] kann die Natur zu Formen gelangen, die ein Äußerstes, ein Extrem darstellen. Während sonst alles wandelbar ist, sind solche extreme Formen starr; sie haben die Fähigkeit verloren in anderes überzugehen, oder eine andere Form der Gesetzmäßigkeit anzunehmen. [GA 1e, S. 412]

Unter Natur ist hier alles Seiende, die ganze Wirklichkeit verstanden, der Mensch und seine Entwickelung ist miteingeschlossen. Die ganze Natur ist in *Bewegung*. Bewegung bewirkt Bewegung. Die eine Bewegung geht in die andere über. Wenn Bewegung entsteht, so muss ein äußerer Anlass vorhanden sein. Ist dieser wirksam, dann tritt sie mit Notwendigkeit in einer gewissen Stärke auf. Mit den *Anlagen* ist es anders. Sie entstehen nicht mit Notwendigkeit in einer gewissen Stärke, wenn der Anlass dazu da ist, sie müssen *entwickelt* werden. Diese Entwickelung leistet der *Wille*. Dieser wird von dem Ideenvermögen gelenkt. Im Sittlichen von den sittlichen Prinzipien; im Künstlerischen von den Kunstgesetzen. Diese Prinzipien und Gesetze werden im Individuum produziert. Es würde alles Handeln von diesen produktiven Kräften der Persönlichkeit gelenkt und *nur* von diesen, wenn nicht die Notwendigkeit bestünde, sich der Welt und der in ihr bestehenden Gesetzmäßigkeit anzupassen. Das Genie, als die höchste Form der produktiven Persönlichkeit, würde ohne diese Notwendigkeit lediglich aus sich heraus wirken. [GA 1e, S. 412]

Der kategorische Imperativ im Sittlichen besteht in der Forderung, dass Mensch sein Handeln nach seinen sittlichen Maximen einrichte. Wer wie Kant auf dem Standpunkte steht, dass es absolute, allgemeingültige Sittengesetze gibt, sieht den kategorischen Imperativ in der Forderung, dass man sich unbedingt diesen allgemeinen Sittengesetzen zu unterwerfen habe. Goethe steht nicht auf diesem Standpunkte. Er anerkennt, dass das Individuum wie alle Ideen, so auch die sittlichen aus seiner eigenen produktiven Geisterkraft schöpfen muss. Deshalb kann für ihn der kategorische Imperativ nur in der Forderung an das Individuum bestehen, mit seinen eigenen sittlichen Anschauungen übereinzustimmen. In das Gebiet der Naturforschung übertragen heißt dieses: das Individuum soll sich klar werden, welche Maximen in der Naturforschung es anerkennen kann, und dann im Einzelnen diesen Maximen, d.h. sich selbst getreu bleiben. [GA 1e, S. 412f.]

Atomistisch ist die Naturerklärung, die von den letzten erdenkbaren Einzelheiten der Dinge ausgeht und die Phänomene durch Zusammenwirken dieser Einzelheiten erklärt. *Dynamisch* dagegen ist eine Erklärung, die sich einen Begriff von einer *Einheit* zu machen vermag und aus dieser Einheit die Einzelheiten entstehen lässt. Goethe bekannte sich zu der letztern Erklärungsart. Er ging z.B. nicht von den einzelnen Bestandteilen eines Gesteins aus und sagte: aus diesen Bestandteilen hat sich das Gestein auf diese oder jene Art aufgebaut; sondern er ging von der Einheit des Gesteins aus, in dem die Bestandteile ungetrennt enthalten sind. Aus dieser Einheit, meint er, haben sich die Bestandteile gesondert, sind auseinandergetreten. Goethe ist ein Gegner der *ausschließlichen* Anwendung *einer* Vorstellungsart auf alle Naturvorgänge. Er will die Erklärungsart den Gegenständen anpassen. [GA 1e, S. 413]

Spannung ist vorhanden, wenn Kräfte vorhanden sind, die deswegen nicht zur Wirksamkeit kommen, weil sie sich gegenseitig das Gleichgewicht halten. Tritt eine neue Kraft hinzu, so wird sofort das Gleichgewicht gestört; es tritt eine Veränderung ein. [GA 1e, S. 414]

Licht ist für Goethe eine Einheit, und zwar die höchste Einheit, die es in der physischen Welt gibt; alle anderen physischen Qualitäten (Wärme, Ton) sind untergeordneterer Art. Ebenso ist für Goethe der Geist eine Einheit. Die Ansicht neuerer Psychologen, die den Geist bloß für das Konglomerat der einzelnen Empfindungen und Vorstellungen halten, ist mit Goethes Vorstellungsart völlig unvereinbar. [GA 1e, S. 414]

Wer die Sinneserscheinungen verstehen will, kann nicht bei den außer dem Menschen liegenden Dingen und Vorgängen stehen bleiben. Er muss die Gegenwirkungen untersuchen, mit denen unsere Sinnesorgane auf die Einwirkungen der Außenwelt antworten. Goethe geht in der Farbenlehre von der gesetzmäßigen Wirkung des Auges aus. [GA 1e, S. 414]

Die Zeit kann nicht von etwas anderem abgeleitet werden. Sie muss ihrer Wesenheit nach aufgefasst und aller Naturerklärung zugrunde gelegt werden. Wer sie, wie Kant, zu einer Form des menschlichen Erkenntnisvermögens macht, der übersieht, dass er sie in seiner Ableitung schon voraussetzt. Sie gehört zu dem Unerforschlichen. [GA 1e, S. 415]

Die einen stellen wesentliche Phänomene, die andern bloß zufällige Phänomene dar. Auf die ersteren kommt es an, denn nur sie führen in die notwendige Gesetzmäßigkeit der Natur ein. [...] Nur die Zusammenstellung von Experimenten, die eine Erscheinung von verschiedenen Seiten beleuchten, kann zur Aufstellung eines Gesetzes führen. [GA 1e, S. 415]

Nur durch Beobachten kann man das Sinnlich-Wirkliche kennenlernen; man soll nicht glauben, dass man den Inhalt des Sinnlich-Beobachtbaren durch einen Begriff oder eine Idee erfassen kann. Begriff und Idee nehmen in sich nichts von diesem Inhalte auf; sie fügen nur zum Sinnlich-Wahrnehmbaren einer Sache das Ideelle hinzu, das in der bloßen Wahrnehmung nicht enthalten ist. [...] Das Phänomen, wenn es ein wesentliches ist, muss selbst die Theorie liefern, nicht ein durch Nachsinnen von dem Phänomen sich entfernendes Gebilde der Phantasie. [GA 1e, S. 415]

Pathologisch erscheint für Goethe eine Experimentalphysik, die nicht den wesentlichen Phänomenen durch Versuche beizukommen sucht, sondern sich an verwickelte oder unwesentliche Erscheinungen hält und darüber Theorien aufstellt. Eine gesunde Experimentalphysik nennt Goethe diejenige, die zusammengesetzte Erscheinungen aus einfachen aufbaut, die das Wesentliche erkennen lassen. [GA 1e, S. 416]

Die Physiker sollten diejenigen Versuche zusammenstellen, die eine wesentliche Erscheinung der Natur von allen Seiten beleuchten, und abwarten, welche begriffliche Folgerung sich dem unbefangenen Denken aus der Natur der Phänomene ergibt. Stattdessen treten sie an das Phänomen mit der bestimmten Absicht heran, es *begrifflich* zu interpretieren. Sie lassen nicht das Phänomen sprechen, sondern *denken* ihre Theorien und Ansichten in das Phänomen hinein. [GA 1e, S. 417]

Dekomposition, d. i. Zerlegung des Lichtes, ist für Goethe ein leeres Wort, weil das einfache Licht nicht zerlegt werden kann. *Polarisation* ist das Wort für die dem Licht beigelegte Eigenschaft, nach verschiedenen Richtungen hin verschieden zu erscheinen, wenn es reflektiert oder refrangiert wird. Das Licht soll *dabei in sich selbst* eine Veränderung erleiden. Goethe ist der Ansicht, dass alle Erscheinungen, die mit dem Worte Polarisation bezeichnet werden, nicht auf eine Veränderung im Lichte hindeuten, sondern durch die reflektierenden und refrangierenden Körper *am* Lichte bewirkt werden. [GA 1e, S. 418]

Die vielen Bedingungen, unter denen Newton die Grunderscheinung darstellt, machen diese zu einer komplizierten; Goethe will die Grunderscheinungen unter den einfachsten Bedingungen herstellen, und wenn er daran das Resultat beobachtet hat, weitere Bedingungen hinzufügen, um das komplizierte Phänomen nach und nach aus einfachen aufzubauen. [GA 1e, S. 418]

D. h., hundert Farben, die als solche dunkler sind als das Licht, geben nicht das *weiße* Licht, das Newton aus sieben dunklen Farben zusammensetzen will. [GA 1e, S. 419]

Fraunhofer hat entdeckt, dass die Farbenfolge des Sonnenspektrums durch dunkle Linien unterbrochen ist. Daraus hat man geschlossen, dass die Farbennuancen, die an den dunklen Stellen sein sollten, im Sonnenlichte fehlen. Diese dunklen Stellen sind nicht vorhanden, wenn man das Spektrum eines glühenden festen Körpers beobachtet. Man glaubte aus diesem Umstande die Folgerung ziehen zu können, dass die Farben selbstständige Bestandteile des Lichtes seien, weil auch Licht nachgewiesen werden kann, in dem einzelne dieser Bestandteile fehlen. Goethe ist hingegen der Ansicht, dass die dunklen Stellen Erscheinungen sind, die nicht auf die innere Natur des Lichtes deuten, sondern auf äußere Bedingungen, unter denen das Sonnenlicht steht. [GA 1e, S. 419]

Die natürlichen Gestalten des Unorganischen bilden den Übergang zwischen dem gestaltlosen physischen und dem lebendig-gestalteten Organischen. Während die Naturforscher der Neuzeit die Gestalten des Unorganischen durch das äußere Zusammenwirken physikalischer Kräfte erklären, nimmt Goethe innere Bildungskräfte der Natur in Anspruch, die höher als die bloß physikalischen Kräfte stehen, und welche die Tendenz haben, den Materien bestimmte (stereometrische) Gestalten einzubilden. [GA 1e, S. 420]

Isomorphe Körper sind solche, die, trotzdem sie aus verschiedenen Materien bestehen, doch gleiche Kristallgestalt haben. Sie liefern den Beweis, dass die Kristallgestalt nicht aus den Kräften der Materie herausgebildet ist, sondern auf besonderen Bildungsgesetzen beruht. Studiert man die verschiedenen Kristallgestalten, so gelangt man zur Kenntnis, welche verschiedenen Bildungsgesetze dieser Art in der Natur vorhanden sind. Aber man hat dadurch nichts über die Eigenschaften der verschiedenen Stoffe ausgemacht. Die Kristallografie ist also eine in sich abgeschlossene Wissenschaft mit einer ihr eigenen Art von Gesetzen. Sie klärt nicht über die Statur der unorganischen Stoffe und Verbindungen auf. Diese Abgeschlossenheit macht ihren mönchisch-hagestolzenartigen Charakter aus. Wäre die Kristallgestalt eine Folge der in den Stoffen wirksamen Kräfte, so hätte jeder Edelstein von Natur aus seine Gestalt. [GA 1e, S. 420]

Die Chemie hat es mit den den Stoffen eingeborenen Kräften zu tun; sie kann in den Dienst des Lebens gestellt werden, weil die Kräfte nach Bedarf auftreten, wenn man den Stoff in Wirksamkeit treten lässt. [GA 1e, S. 420]

Sobald das Studium der Kristallografie auf Kosten der übrigen Teile der Mineralogie überhandnimmt, entfernt sich diese von der Praxis. Der Praktiker kann mit den Bildungsgesetzen der Kristalle nichts anfangen; er verlangt, dass ihm die Mineralogie die Kenntnis der den mineralischen Stoffen eingeborenen Kräfte überliefere, damit er diese nutzen könne. [GA 1e, S. 421]

Steine lassen uns die Urzustände der Natur erraten. Sie sind schon dagewesen, als es noch kein organisches Leben gab. Der Anblick des Granits versetzte Goethe in einen heiligen Schauer, weil er Zeuge der ersten Daseinszustände der Erde war. Aber die Vorstellungen, die wir uns von solchen Gesichtspunkten aus bilden können, entfernen sich nicht nur von dem Sinnlich-Erfassbaren, das auf die Gegenwart angewiesen ist, sondern auch von dem Aussprechlichen, das an den Dingen herangebildet werden muss, die innerhalb der menschlichen Erfahrung liegen. [GA 1e, S. 422]

Goethe will [...] die Gestalt des Granits aus inneren Bildungsgesetzen ableiten, nicht aus dem Zusammenwirken *äußerer* Kräfte. [GA 1e, S. 422]

Das Lebendige wirkt über die für unsere Sinne wahrnehmbaren Grenzen seiner Gestalt hinaus auf andere Wesen. Wenn wir den Duft einer Blume wahrnehmen, so gewahren wir eine Wirkung der Blume an einem Orte, wo die Blume selbst nicht ist. Die Wirkungen der menschlichen Persönlichkeit greifen weit über das Gebiet des Raumes hinaus, in dem sie sich befindet. [GA 1e, S. 423]

Goethe deutet hier auf das hin, was man in der Naturwissenschaft *Anpassung* nennt. Jedes Lebewesen bildet sich gemäß den ihm eigenen Bildungsgesetzen. Diese lassen aber dem Lebewesen einen gewissen Spielraum, innerhalb dessen es verschiedene Formen annehmen kann. Sinnlich verschiedene Formen eines Lebewesens können Ausdruck einer und derselben Gesetzmäßigkeit sein. Die spezielle Form wird sich so gestalten, dass das Lebewesen den Bedingungen gemäß leben kann, in die es versetzt ist. [GA 1e, S. 423]

Die Monografien sollen zwar Einzelnes behandeln, doch so, dass das Einzelne immer in der Beleuchtung des Ganzen erscheint, das nur durch die in Goethes Sinn gehaltene morphologische Anschauung geliefert werden kann. [GA 1e, S. 424]

D.h., Kelch, Krone und Staubfäden sind verwandelte (metamorphosierte) Stängelblätter; Pistill, Fruchtbehälter und Frucht metamorphosierte Augen. Dies ist der Grundgedanke der Metamorphosenlehre, die von der Ansicht ausgeht, dass die einzelnen Pflanzenorgane Umformungen eines Grundorgans sind. [...] Goethe will die verschiedenen Formen, in denen das *eine* Grundorgan der Pflanze sich ausgestaltet, festhalten. Durch die Verschiedenartigkeit, in der der Blattstiel auftritt [...], ist er wirklich als besondere Form vom Blatt zu unterscheiden. [GA 1e, S. 424f.]

Die Monokotyledonen, die nur *einen* Keimlappen haben, schalten zwischen dem Wurzelorgan und der Frucht weniger Zwischenstufen ein als die Dikotyledonen, die zwei Keimlappen haben. Beide Pflanzenformen unterscheiden sich in diesen Zwischenstufen, nähern sich aber wieder in den Blütenorganen. [GA 1e, S. 425]

Das *obere* ist die Idee; das *untere* ist das Sinnlich-Beobachtbare. Der Forscher hat das eine mit dem andern zu durchdringen, weil nur auf diese Weise die Wirklichkeit *verständlich* wird. Lässt er die Beobachtung vorwalten, so geht ihm das Verständnis der Erscheinungen verloren; lässt er die Idee vorwalten, so fehlt seinen Theorien der Inhalt. [GA 1e, S. 425]

Nicht eine einseitige Methode soll der Forscher ausbilden, sondern sich die Möglichkeit erhalten, in allen Methoden zu denken, damit er sich dem jeweiligen Gegenstande anpassen kann. Die Denkweise soll nichts an und für sich sein, sondern nur das Mittel, den Zusammenhang der Erscheinungen aufzudecken. [GA 1e, S. 427]

Das organische Wesen stellt sich der empirischen Beobachtung gegenüber als Vielheit dar. Aber nicht der begreift den Organismus, der an diesen Vielheiten festhält und das Ganze aus ihnen aufbaut, sondern der, der die lebendige Einheit erfasst und aus ihr heraus die Vielheiten erklärt. [GA 1e, S. 428]

Entwickelung ist das Entstehen eines neuen Gebildes aus einem alten in der Art, dass zwischen beiden ein *ideeller* Zusammenhang stattfindet, d. h., dass das eine in dem andern nicht real, sondern nur der Idee nach vorhanden ist. Wer sich zu der Anerkennung ideeller Zusammenhänge in sinnlich einzelnen Wesen nicht entschließen kann, muss annehmen, dass in dem ersten Gebilde das zweite schon irgendwie *real* enthalten, eingeschachtelt ist. [GA 1e, S. 428]

Die Pflanze wiederholt im Verlauf ihres Wachstums immer dasselbe Grundorgan. Aber das ist keine Wiederholung gleichwertiger Gebilde, sondern jedes neue bedeutet das vorhergehende auf einer *höheren Stufe*. [GA 1e, S. 429]

Nicht von hypothetischen Anfängen, die sich über die verborgenen Gründe einer Sache verbreiten, soll der Forscher ausgehen, sondern von dem, was zunächst der Beobachtung und dem Denken klar vorliegt. Von da aus soll er zu dem Verborgenen fortschreiten. Der Naturforscher wird sich dann oft zu dem Geständnis gezwungen fühlen, dass er für gewisse Dinge vorläufig keine Lösung finden kann, sondern auf ein Problem hindeuten muss, das erst bei größerer Vervollkommnung der Hilfsmittel gelöst werden kann. [GA 1e, S. 430]

Der Forscher hat auf der einen Seite die Idee, auf der andern die Erfahrung im Auge; zwischen beiden bewegt er sich hin und her. [GA 1e, S. 430]

Das Wort ist immer von einzelnen Eigenschaften einer Sache hergenommen. Es deckt sich niemals mit dem ganzen Inhalt derselben. [GA 1e, S. 430]

Das proteische Organ, das Blatt, kann Formen annehmen, die nur derjenige noch als Blattformen gelten lässt, der zugibt, dass das sinnlich Verschiedenste *ideell* identisch sein kann. [GA 1e, S. 431]

Praktisch verbinden heißt: im Geiste sich mit den Bildungskräften des Blattes durchdringen und diese festhaltend von Form zu Form fortschreiten, indem man die Idee des Blattes in sich so variiert, dass sie die besonderen der Beobachtung gegebenen Formen annimmt. [GA 1e, S. 433]

Die Wortbeschreibung und Unterscheidung des Einzelnen lenkt von der Aufgabe ab, ein Identisches im Geiste zu produzieren und dasselbe in den verschiedenen Formen aufzusuchen. Die Frage kann nie sein: warum tritt das ideell Identische in verschiedenen Formen auf? Die Idee hat die Fähigkeit, sich in unendlich verschiedener Weise zu verwirklichen. Starrheit entsteht nur im besonderen Sinnesobjekt, in dem die ewig wandelbare Idee auf einer gewissen Stufe festgehalten wird. [GA 1e, S. 433]

Systole ist die Einführung der Idee in die Erfahrung; Diastole die Einführung der Erfahrung in die Idee, sodass stets beide in Wechselwirkung stehen. [GA 1e, S. 434]

{An allen Körpern, die wir lebendig nennen, bemerken wir die Kraft, ihresgleichen hervorzubringen.} Es ist dies die Kraft, durch die die Organismen befähigt sind, nicht nur *in sich* zu bestehen, sondern aus sich ein Gleiches hervorzubringen, das nur ideell, nicht real veranlagt war, d.i. ein Wachsen über das Individuum hinaus. Damit ein solches stattfinden könne, muss das Individuum *ideell mehr* enthalten, als es *real* enthält. [GA 1e, S. 434]

Sprüche in Prosa: 5. Psychologische Beobachtungen

Eine bedeutende Individualität bildet sich am besten, wenn sie in der Umgebung einer andern bedeutenden Individualität lebt. [GA 1e, S. 437]

{Man ist nur eigentlich lebendig, wenn man sich des Wohlwollens anderer freut.} Im andern Falle lebt man ein in sich abgeschlossenes Leben, das ohne Wirkung bleibt.

{Wen jemand lobt, dem stellt er sich gleich.} Jedem Lob eines Menschen liegt unbewusst der Gedanke zugrunde: der ist zu loben, weil er ist wie ich. [GA 1e, S. 437]

Dadurch, dass man sich einem andern gleichstellt, übersieht man gerade dessen Ureigenstes, das man in sich nicht finden kann, weil nie zwei Wesen einander vollkommen gleich sein können. [GA 1e, S. 437]

Die Anerkennung führt zur Erkenntnis des Wesens einer Persönlichkeit; die Nichtanerkennung trübt das Urteil. Sie schiebt die abgelehnte Persönlichkeit aus dem Gesichtskreise. [GA 1e, S. 437]

Große Talente führen dazu, sich gegenseitig gelten zu lassen. Das kleine Talent neidet dem großen seine Größe. [GA 1e, S. 438]

Geben und Nehmen begründen Verwandlung innerhalb einer Persönlichkeit. Man überträgt, was man in sich hat, und nimmt anderes auf. Dies ist immer mit einer Steigerung des eigenen Wesens verbunden. Deshalb nennt es Goethe [...] Metamorphose. [GA 1e, S. 438]

Eine tüchtige Ausbildung ist nur möglich, wenn wir unsere Gedanken in ihre Konsequenzen, in die Extreme hinein verfolgen. Dabei wird ein

Gedankengang mit dem andern in Widerspruch geraten. Wir müssen, um das Gleichgewicht des Lebens nicht zu stören, die Widersprüche ausgleichen. Der Widerspruch anderer kann uns nicht stören, weil er seine Wurzeln in Erlebnissen hat, die uns fremd sind. Die Auflösung eines solchen Widerspruches kann uns also nicht interessieren. [GA 1e, S. 439]

Das Positive eines andern fördert mich, weil ich es als ein in sich Ausgeglichenes aufnehmen kann. Das Problematische stört mich, weil ich es nicht in mir ausgleichen kann. Dazu fehlen mir die Bedingungen, die nur in den Erlebnissen des andern liegen können. Erst wenn jemand in sich selbst ins Klare über eine Sache gekommen ist, kann ich ihn verstehen. [GA 1e, S. 440]

Nicht auf die Diskussion über *Worte* und Begriffe, sondern auf die Erfassung des *Sinnes* dessen, was der andere will, kommt es an. [GA 1e, S. 440]

Das Ideelle kann nur im Geiste des Menschen produziert werden. Fremde Ideen können wir nur aufnehmen, wenn wir eigene zu erzeugen vermögen, die jenen konform sind. Was ich nicht aus mir selbst produzieren kann, kann ich wohl anhören, aber mir wirklich aneignen kann ich es nicht. Übereinstimmung zwischen Menschen beruht nicht auf gegenseitigem Aufnehmen des Fremden, sondern darauf, dass man in dem Fremden das wiedererkennt, was in einem selbst schon vorgebildet ist. [GA 1e, S. 440]

Man existiert im wahren Sinne des Wortes nur, wenn man seine niedere, egoistische Sonderexistenz in den Dienst der produktiven Lebenskräfte stellt, die in der Persönlichkeit wirken. Das, was in uns produziert, ist das allgemeine Weltgeschehen. Mit diesem wachsen wir zusammen, wenn wir uns unserem Genius überlassen. Die Sonderexistenz des Einzelnen ist nur Durchgangspunkt für dieses Weltgeschehen. Wer auf diese Sonderexistenz den größten Wert legt und alles in ihren Dienst stellt, der verliert den Zusammenhang mit dem allgemeinen Weltgeschehen. Er existiert innerhalb desselben nicht. Es schränkt also den Umfang und die Fülle seiner Existenz ein. [GA 1e, S. 441]

Gemüt im höheren Sinne ist die Fähigkeit, sich in das fremde Seelenleben zu vertiefen und die Abgründe und Intimitäten desselben zu verstehen. Das Vorhandensein des Gemütes bei einer Persönlichkeit deutet darauf hin, dass sie selbst Abgründe und intime Tiefen in sich habe. Deshalb kann sie sich in fremde hineinfühlen. Es sind dies Elemente der menschlichen Persönlichkeit, die der *klare* Verstand nicht durchschauen kann. [GA 1e, S. 442]

Die Selbstschätzung bringt das Vertrauen in die eigene Kraft hervor. Durch dieses Vertrauen wird die Kraft erregt und erhalten. Wenn die Kraft sich mehr vorsetzt, als sie zuletzt wirken kann, schadet das nicht. Wenn sie sich in geringerem Maße einsetzt, als sie es kann, bewirkt sie vielleicht auch das Mögliche nicht. Sich mehr dünken, als man ist, ist etwas anderes, als sich selbst überschätzen. Dem Dünken steht nicht die

Kraft zur Seite, die wirkt. Man ist mit sich zufrieden, ohne zu schaffen und zu handeln. Liegt der Schätzung der eigenen Kraft ein richtiges Urteil zugrunde, so wird der Mensch das in seiner Art Vollkommenste leisten. Dieses Urteil hält ihn ab, die Selbstschätzung ins Absurde zu treiben. Zu vornehm ist der Mensch für die Erde insofern, als seine Ideen über das hinausgehen, was in Wirklichkeit geschehen kann. [GA 1e, S. 442]

Über die Wirklichkeit jammern, ist absurd, denn dazu ist der Mensch da, dass er leiste, was nach seiner Meinung der Wirklichkeit zur Vollkommenheit fehlt. [GA 1e, S. 443]

Das wahrhaft Wertvolle hat in sich die Kraft, sich zu entwickeln. Es wirkt fort, auch wenn der Mensch im Einzelnen den Wert nicht erfährt und sich deshalb unglücklich fühlt. [GA 1e, S. 444]

Ein solcher zeigt nur, dass er nicht fähig ist, zur Vervollkommnung der Welt etwas zu wirken. Das wahrhaft Wertvolle hat in sich die Kraft, sich zu entwickeln. Die wertvolle Persönlichkeit schafft aus sich heraus das Gute und erfreut sich des Wertes, den sie der Welt erst zu leihen vermag. [GA 1e, S. 444]

Ein Mensch mit produktivem Ideenvermögen wird in sich einen Antrieb zum Handeln, zum Eingreifen in das Weltgetriebe finden. Überlässt er sich aus Vorurteil nicht seinem Genius, so wird er von dem blinden Zufall mitgerissen. Seine Tätigkeit wird dann der inneren Einheit entbehren, und bald dahin, bald dorthin gerissen werden. [GA 1e, S. 444]

Wertvoll und für den Menschen nutzbar wird eine Sache nur, wenn er ihre Gesetzmäßigkeit kennt und sie dieser gemäß zu verwerten versteht. [GA 1e, S. 444]

Das bloße passive Verhalten zu einer Sache genügt nicht. Man muss sich tätig dazu verhalten, sie zu seiner eigenen machen. Wer liest, ohne das Gelesene in sich lebendig zu machen, wer schreibt, ohne sein tiefstes Innere in das Geschriebene zu legen, wer glaubt, ohne das Geglaubte in klaren Begriffen zu verarbeiten, wer begehrt, ohne zum tatkräftigen Wollen (Sollen) fortzuschreiten, wer Erfahrungen sammelt, ohne sie für sich auszunutzen, ist ein unvollkommener Mensch; wer fordert, ohne sich an die Tat zu machen, erlangt nichts. [GA 1e, S. 444 f.]

Ein sogenanntes objektives Urteil über die Menschen vergangener Zeiten ist unmöglich. [...] Das Vergangene kann nur vom Gesichtspunkte der Gegenwart aus beurteilt werden. Ein perspektivisches Bild nur kann davon gewonnen werden. Und ein solches braucht der Mensch auch nur. Denn die Vergangenheit geht ihn nur soweit an, als sie sich in der Gegenwart spiegelt. [GA 1e, S. 445]

In bedeutenden Augenblicken, wie der Moment vor dem Tode einer ist, drängen sich Erfahrungen ins Bewusstsein, die sonst nur im unbewussten Seelenleben schlummern. Das Bewusstsein wird in solchen Momenten in einen Zustand des *Hellsehens* versetzt. Das ganze vergangene Leben kann dann klar vor die Seele treten. [GA 1e, S. 448]

Die menschlichen Handlungen sollen in der Ideenwelt und in der Einsicht des Menschen wurzeln. Es ist widerwärtig, einen Menschen handeln zu sehen, der die Motive zu seinen Handlungen nicht aus sich selbst schöpft. [GA 1e, S. 448]

Kenntnisse sind Wissen, das vom Geist nicht verarbeitet ist. Es gehört dem Menschen nicht an. Ein Mensch mit bloßen Kenntnissen ist ohne Innerlichkeit. Man wird bei allem, was er sagt, sich an äußere Einflüsse erinnern, die auf ihn gewirkt haben. [GA 1e, S. 448]

Die Erfahrung und die Welterkenntnis bleibt dem unproduktiven, ungenialen Menschen verschlossen. Die Kraft des Genies dringt in alle Tiefen. Es kommt ihm Allgegenwart (Ubiquität) zu. Es schaut, noch vor der Erfahrung, im *Allgemeinen* die Weltgesetzlichkeit, und empfindet sie im Besonderen, wenn es dasselbe kennengelernt hat. [GA 1e, S. 448]

Dem mit tätiger Skepsis begabten Geiste fällt es nicht bei, eine Vorstellung, in die er sich verbohrt hat, für unbedingt nutzbringend zu halten; er stellt die Forderungen probeweise auf und prüft ihre Leistungsfähigkeit durch ihre Einführung ins praktische Leben. Aus dieser Wechselwirkung von Vorstellung und Praxis bilden sich ihm sichere Tendenzen für das Leben. [GA 1e, S. 449]

Wenn wir der Aussage oder Tat eines andern gegenübertreten und dadurch betrogen werden, so liegt das daran, dass wir zu schnell oder falsch urteilen. Wir werden dann durch das eigene falsche Urteil getäuscht. [GA 1e, S. 449]

Unproduktive Menschen können nur das zum Ausdruck bringen, was sie von außen aufnehmen. Versuchen sie, aus Eigenem etwas zu geben, so wird es leer und inhaltlos sein. [GA 1e, S. 449]

Die Welt braucht das Produktive, denn auf ihm beruht alles Neue, was in ihr hervortritt und den Fortschritt bewirkt. Man kann die produktive Kraft nicht durch Gesetze und Regeln in bestimmte Bahnen lenken. Man muss sie gewähren lassen, wie sie sich eben darbietet. [GA 1e, S. 449]

Das Problematische einer Natur wird zumeist in ihrem Mangel an produktiver Kraft seine Quelle haben. Einer Lage gewachsen ist man nur, wenn man ihr gegenüber zu Ideen kommt, die ein fruchtbares Handeln möglich machen. Ist dies nicht der Fall, dann sucht man die Schuld nicht in sich, sondern in der Lage, in den Verhältnissen und fühlt sich unbefriedigt. Man glaubt, man könne etwas Tüchtiges vollbringen, und es fehle nur an der Gelegenheit zu wirken. [GA 1e, S. 449]

Wer Ideen produziert, der kann leicht zu weit gehen in dem, was in der Tat möglich ist. Darin liegt die Quelle eines Irrtums. Es ist möglich, dass man gerade solche Irrtümer liebt, wie man ungeratene Kinder liebt. Man betrachtet sie als Schmerzenskinder, *weil* ihnen die Möglichkeit der Ausführung fehlt. Entschiedene Irrtümer sind wertvoller als Halbwahrheiten, weil jene aus einem bedeutenden Geist entspringen, diese dagegen der Beschränktheit entstammen, die nicht kräftig auf die Sache losgeht. [GA 1e, S. 450]

Der Handelnde ist darauf bedacht, seine Ideen in Wirklichkeit umzusetzen; er schätzt sie vor allem andern und muss das auch, wenn er die nötige Kraft zur Ausführung haben soll. Wer immer daran denkt, ob er mit seinen Handlungen nicht Bestrebungen trifft, die ebenso berechtigt sind wie die seinigen, kommt nicht weit. Der Betrachtende muss die Berechtigung aller in Betracht kommenden Bestrebungen abschätzen, um nicht zu einer Überschätzung der einen Sache auf Kosten der andern zu gelangen. Er würde dadurch zu einem falschen Urteile kommen. Der Handelnde braucht kein richtiges Urteil, sondern nur einen Ansporn zum Handeln. Inwiefern seine Bestrebungen fruchtbar werden können, kann sich erst in der Ausführung zeigen. [GA 1e, S. 450]

Naturgesetzlichkeit und Freiheit sind das Ideelle einer Sache oder Handlung. Eine Sache, an der wir dieses Ideelle nicht wahrnehmen, gehört dem wertlosen Strom des Geschehens an; wir können ihr nichts abgewinnen, was unseren Geist interessiert. [GA 1e, S. 451]

Wenn das Gemeine fratzenhaft wird, so wirkt es humoristisch, weil wir an ihm den Gegensatz zum Notwendigen und Freiheitlichen als heitere Absurdität empfinden. [GA 1e, S. 451]

Durch eine Rüge lässt sich das Gemeine nicht ändern, weil es in dem Unvermögen wurzelt, sich zu einem wertvollen Inhalt zu erheben. [GA 1e, S. 451]

Das Vortreffliche wirkt zunächst verblüffend, weil es gegen das Gewohnte sich richtet; erst wenn es in die Gewohnheiten aufgenommen ist, erscheint es erträglich. [GA 1e, S. 451]

Lüsternheit ist Lust, welcher der Ernst mangelt. Der Lüsterne empfindet eine Art von Behaglichkeit, indem er sich *tändelnd* mit seinen Empfindungen dem Gedanken an den Genuss hingibt. Dieses Leben in einem behaglichen, leichten Spiel der Vorstellungen begleitet sein Genießen und seine Gedanken an das Genossene. [GA 1e, S. 451]

Der Augenblick hängt mit unserem Wohl und Wehe zu eng zusammen, um ein unbefangenes Urteil zuzulassen. [GA 1e, S. 453]

Wir beurteilen und bewerten die Gegenwart an dem Vergangenen. Unsere Urteile und Empfindungen sind aus dem Ererbten und Anerzogenen entsprungen. Das Vergangene, das Altertum lebt in uns; wir sind in ihm einheimisch. Die Nachwelt ist uns fremd. Wir ordnen uns dem Vergangenen daher gerne unter, weil wir gewissermaßen selbst in ihm leben. [GA 1e, S. 453]

Der Gedanke, dass wir bei den Nachgeborenen etwas erblicken, was wir noch nicht selbst vermocht haben, ist uns unangenehm. Wir fragen uns:

warum konnten wir das nicht auch schon tun. Das trübt unser Urteil. Wir sind geneigt, etwas für schlecht zu halten, *weil* wir es nicht schon selbst getan haben. [GA 1e, S. 454]

Das Leben ist ein stetiger *Befreiungsprozess* des Menschen von der Außenwelt. Das Kind lebt in und mit den Dingen. Sein Selbst ist noch ungetrennt von ihnen. Erst wenn es zum Bewusstsein dieses Selbst kommt und sich von den Dingen *befreit*, wird es das Geistige (Ideale) in sich gewahr, das nur im Menschen selbst erscheinen kann. Der Jüngling wird erst den Wert des Geistigen schätzen, ihn aber auch *überschätzen*, denn er produziert mit frischer Kraft die Ideen aus sich heraus und liebt sie als *sein Eigenes*; die Außenwelt, die er nicht erst zu produzieren braucht, die ihm wie ein Geschenk entgegentritt, achtet er gering. Der reife Mann wird endlich gewahr, dass eine wirkliche Erkenntnis nur durch innige Durchdringung von Idee und Erfahrung möglich ist. Deshalb wird er skeptisch gegenüber dem Eigenwert des Ideellen; er sucht sich mit der Wirklichkeit abzufinden. Er wird [...] tätige Skepsis entwickeln, die die Ideale an der Außenwelt erprobt, bevor sie sie zu Lebenstendenzen macht. Ob der Greis wirklich Mystiker wird, vermag ich nicht zu entscheiden. [GA 1e, S. 454]

Ein fruchtbares Handeln ist nur möglich, wenn man die produktiven Kräfte des *eigenen* Geistes wirken lässt. Das Aneignen irgendeiner Moderichtung kann dem Schaffen und Wirken nicht dienen. Die Kraft des Aneignens verhindert die eigenen Intentionen, sich voll zu entwickeln. Besonders im Alter, wo diese Intentionen bestimmte, feste Gestalt angenommen haben, muss das Aneignen zur Auslöschung der Eigenart führen. Das Fortwirken in der einmal eingeschlagenen Richtung ist fruchtbarer als das Hin- und Herschwanken in neu auftretenden Strömungen. [GA 1e, S. 455]

Der Geist hat das Bestreben, sich mit allem zu messen, was an ihn herantritt. Findet er sich minderwertiger als die Überlieferung, so will er sich wenigstens der Selbsttäuschung hingeben, ihr gleichzustehen. [GA 1e, S. 455]

Trotz [... der] angegebenen Gründe wird es im Alter notwendig, sich mit den Bestrebungen der jüngeren Generation auseinanderzusetzen und sich in ein Verhältnis dazu zu bringen, wenn man nicht als völlig Fremder innerhalb seiner Umgebung erscheinen will. [GA 1e, S. 455]

Das Gedächtnis verhilft dazu, nach den im Laufe des Lebens gesammelten Erfahrungsurteilen zu handeln. Solche Urteile schwinden aus der Erinnerung. Was aber nicht schwinden kann, das ist die Fähigkeit, sich im gegebenen Augenblicke nach Maßgabe der gerade vorwaltenden Umstände zu entscheiden. Diese Fähigkeit im Beurteilen der maßgebenden Umstände des Augenblicks wird im Laufe des Lebens zur Sicherheit in der Führung des Handelns. Man gewöhnt sich allmählich daran, gleichsam instinktiv das Richtige zu tun, ohne sich erst einem weitläufigen

Prozesse des Urteilens zu unterwerfen. Wahlsprüche sind gleichsam kondensierte Erfahrungsurteile, an die man sich hält, ohne ihre Richtigkeit im Einzelnen zu prüfen. [GA 1e, S. 456]

Wer ganz im Ideenleben aufgeht, hat kein Auge für das, was in Wirklichkeit möglich ist oder nicht. Er hält zuletzt alles für möglich, was er ausdenkt. Dabei ist er in seine Ideenwelt so eingesponnen, dass er in dieser selbst die Wirklichkeit sieht. Er glaubt nicht daran, dass Ideen ideell sind und die Möglichkeit ihrer Ausführung von der Erfahrungs-Wirklichkeit abhängt. [GA 1e, S. 457]

Dinge einer andern Welt werden erfunden, wenn der Mensch unfähig ist, diese Welt aus sich selbst zu erklären. Wer imstande ist, sich zu der Universal-Idee des Seins zu erheben, erklärt die Welt aus ihr selbst, ohne eine andere Welt zu Hilfe zu rufen. [GA 1e, S. 457]

Frauen sind der Aufforderung zum Ideellen leicht zugänglich, da ihnen der Blick für das in der Wirklichkeit Mögliche fehlt. Der bedeutende Mann, der den Frauen gegenüber seine religiösen, moralischen, ästhetischen Ideen äußert, wird sie an sich ziehen, weil sie, auch ohne Prüfung, solchen Ideen sich leicht hingeben und ihren Träger urteilslos verehren. [GA 1e, S. 458]

Schönheit und Geist sind das absolut Wertvolle in der Welt. Der Mensch unterwirft sich ihnen freiwillig. Der praktisch-tätige Mensch muss sich sie in angemessener Ferne halten, wenn er nicht zum ästhetisierenden und geistreichelnden Müßiggänger werden will. [GA 1e, S. 459]

Gescheite Leute überliefern ein lebendiges, verarbeitetes Wissen, nicht ein totes, wie ein Buch. [GA 1e, S. 459]

Sprüche in Prosa: 6. Ethisches

Nicht der blinde Instinkt, der aus dem unbewussten Seelenleben entspringt, wird dem höher entwickelten Menschen Richtschnur des Handelns sein, sondern die Ideen, die auf dem Schauplatze des bewussten Seelenlebens auftreten. Ich habe in meinem Buche «Philosophie der Freiheit» (Weimar, Emil Felber) die Fähigkeit, auf das Sittliche bezügliche Ideen im menschlichen Geiste zu produzieren, «moralische Phantasie» genannt und deren Wirksamkeit sowohl wie ihr Verhältnis zum Instinktleben dargelegt. [GA 1e, S. 460]

Goethe lehnt jede dem Menschen von außen aufgedrungene Norm des Handelns ab. Der freigesinnte Mensch produziert seine sittlichen Ideen aus sich heraus und legt sich diese selbst als Pflicht auf. Er *liebt* diese seine eigene Pflicht, weil sie *sein* Kind ist. Und *weil er sie liebt*, handelt sein Wille darnach, ohne gezwungen zu werden. Sobald er eine sittliche Idee produziert hat und ihre Nützlichkeit einsieht, gibt es für ihn kein Widerstreben. [GA 1e, S. 460]

Geforderte Pflichten werden nicht mit der [… oben] geschilderten Liebe erfüllt wie selbstauferlegte. Es müssen Rechte das Gegengewicht bilden, die auch das Selbstgewollte zulassen, oder es muss die Bezahlung hinzutreten, die die mangelnde Liebe zur Pflicht durch die Liebe zum eigenen Selbst ersetzt. [GA 1e, S. 461]

Ein junger Mann wird leicht, statt sich zu sittlicher Bildung zu erheben, die ihn befähigt, nach seiner moralischen Einsicht zu handeln, nach seinem niedern Naturell – seinen bewusstlosen Instinkten – sich richten. [GA 1e, S. 461]

Die bloße Betrachtung des eigenen Selbst gibt keinen Aufschluss über den Wert des Menschen. Der Mensch muss Ideen produzieren und diese ins Leben eingreifen lassen, dann wird er gewahr, was er vermag und wert ist. Der Inhalt der Persönlichkeit zeigt sich erst in ihrem *Schaffen*. Die passive Beobachtung des eigenen Geistes entfesselt die schaffenden Kräfte nicht. [GA 1e, S. 461 f.]

Die Pflicht kann sich nicht auf Erfüllung fernster Ideale und bloß ausgesponnener Ideen beziehen. Sie muss sich an das augenblicklich Mögliche halten, die gegebenen Umstände verstehen und aus diesem Verständnisse heraus handeln. [GA 1e, S. 462]

Die *Realisten* und die *praktischen Menschen* sind der Ansicht, dass alle Forderungen des Handelns sich aus den praktischen Bedürfnissen ergeben. Was der Mensch vermöge seiner egoistischen und sozialen Instinkte vollbringt, ist ihnen der alleinige Inhalt des Handelns. Die *Idealisten* und *Denker* halten sich an höhere sittliche Ideen, die wegen ihres absoluten Wertes in Wirklichkeit umgesetzt werden müssen, gleichgültig, ob ihre Forderungen in der unmittelbaren Gegenwart durchführbar sind oder nicht. Realisten sowohl als Idealisten stellen Vertreter einer einseitigen Ethik dar; ihnen gegenüber steht der auf einer höheren Stufe, der sowohl dem Idealen wie dem Realen Rechnung trägt und beide miteinander in Einklang zu bringen sucht. [GA 1e, S. 463]

Unbedingte Tätigkeit ist eine solche, die sich von den praktischen Verhältnissen der Wirklichkeit nicht bedingen lässt. Sie arbeitet in der Richtung allgemeiner Begriffe. Sie wird bankerott; denn sie verdirbt nur alles, wo sie sich geltend macht. Die Gesetze der Wirklichkeit erweisen sich stärker als eine solche blinde Tätigkeit. [GA 1e, S. 463]

Das Praktische ist deswegen Sache des Verstandes, weil nur dieser der Wirklichkeit ihre besonderen Gesetze abschauen und das praktische Handeln so lenken kann, dass es fruchtbar wird. Die Vernunft, die es mit den allgemeinen Ideen zu tun hat, muss streng darauf halten, dass der Verstand seine praktischen Forderungen geltend mache, wenn die Ideen verwirklicht werden sollen. [GA 1e, S. 463]

Die [weiter oben …] getadelte Selbstbeschauung führt deswegen zu dem Glauben, dass der sich selbst Betrachtende krank sei, weil sie durch das passive Hineinschauen in sich die aktive Seite der Persönlichkeit nicht zur Entwickelung kommen lässt. Der Mensch glaubt dann, es fehle ihm an Kräften, während er sie nur zurückdrängt. [GA 1e, S. 464]

Wer das, was er sich als Pflicht auferlegt, erfüllt, mag mit sich zufrieden sein, denn die Fortwirkung in der Außenwelt hängt zumeist von Umständen ab, die er nicht zu beeinflussen vermag. [GA 1e, S. 464]

Allgemeine Begriffe, d. h. Begriffe, die ohne Rücksicht auf die Erfahrung gebildet werden, richten Unglück an, wenn der Versuch gemacht wird, sie im Leben, dem sie fremd gegenüberstehen, anzuwenden. [GA 1e, S. 465]

Die Herrschaft über sich selbst erhält man nur auf einer hohen Bildungsstufe, wo man imstande ist, den Wert seiner individuellen Fähigkeiten richtig zu schätzen. Will man vorher sich völlig frei ausleben, so läuft man Gefahr, über die Grenzen seiner Fähigkeiten hinauszugehen und in einer Weise in das Weltgetriebe einzugreifen, der man nicht gewachsen ist. Man kann ein auf solche Weise unzulänglich Begonnenes nur halb und unvollkommen vollbringen. [GA 1e, S. 465]

Der Charakter eines Menschen spricht sich in der Beschaffenheit der sittlichen Maximen aus, die er seinen Handlungen zugrunde legt. Diese ist eine Folge seiner Anlagen und Fähigkeiten. Ein vollkommener Charakter ist der, bei dem diese Beschaffenheit eine in sich harmonische ist und das ganze Leben hindurch *einen* Grundzug hat. Nicht auf Verstand und Vernunft, die der Einsicht dienen, sondern auf der ganzen psychologischen Beschaffenheit der Persönlichkeit beruht der Charakter. Von dieser hängt es ab, welche besonderen sittlichen Ideen an einem Menschen hervortreten. [GA 1e, S. 466]

Wo die [oben ...] geschilderte sittliche Wahrheitsliebe aufhört, d. h. die Übereinstimmung des Handelns mit den sittlichen Intentionen aufhört, da hat die Persönlichkeit sich nicht mehr in der Gewalt. Sie lenkt sich nicht mehr selbst. Sie wird von äußeren Gewalten fortgerissen. [GA 1e, S. 468]

Die *Frömmigkeit* ist ein Gemütszustand. Ein solcher kann kein Selbstzweck sein, da er etwas voraussetzt, gegenüber dem man in eine fromme Stimmung kommen kann. Man ist fromm, wenn man sich dem Gegenstand, den man als absolut wertvoll erkannt hat, hingibt, in ihm aufgeht. Wenn man nicht an ihn denken kann, ohne in anbetende Verehrung zu versinken. Die Befriedigung, die ein solches Hineinleben in einen Gegenstand erzeugt, bewirkt die Gemütsruhe, die zur höchsten Kultur, d. h. zum Gleichgewicht der Geisteskräfte führt. [GA 1e, S. 468]

Sprüche in Prosa: 7. Lebensweisheit und Erziehung

{Gewissen Geistern muss man ihre Idiotismen lassen.} Diese Geister würden unglücklich werden, wenn man ihnen die Idiotismen nehmen wollte, weil sie zu ihrem Wesen gehören, das sich nur als Ganzes entwickeln kann. [GA 1e, S. 469]

{Das Fürtreffliche ist unergründlich, man mag damit anfangen, was man will.} Das «Fürtreffliche» ist nur soweit zu *ergründen* als unsere Intellektualität reicht; es hat aber noch intime Eigenschaften und Ecken, in die die Beobachtung und das Ideenvermögen nicht dringen. Jeder erkennt in sich solche intimen Stellen; vollständig in ein Fremdes sich zu versenken, ist unmöglich, weil ein jedes Wesen eine in sich geschlossene Individualität darstellt, die etwas von jeder andern Verschiedenes enthält. Man müsste seine eigene Individualität ganz verlieren, wenn man in einem fremden Wesen aufgehen wollte. [GA 1e, S. 470]

Es kommt nicht so sehr auf Fleiß und Regsamkeit als auf die ursprüngliche Naturanlage an. Der Spruch findet sich unter Erasmus' Sprichwörtern, wo er bedeutet, dass alte vorzügliche Menschen mehr leisten als jüngere und reiche mehr als solche, die auf Erwerb ausgehen müssen. [GA 1e, S. 470]

Goethe kann nicht glauben, dass der angedeutete Glaube ein ursprünglicher sei. Er fragt, ob denn nicht ein tiefer liegender psychologischer Grund sich finden lasse. Man wird aber allerdings zugeben müssen, dass Grausamkeit ein Grundzug der menschlichen Natur ist und das Ansehen des Unglücks und der Schmerzen den Menschen Vergnügen macht. Eine höhere geistige Ausbildung dieses Grundzuges ist das Vergnügen, das der Mensch an der Tragödie empfindet. [GA 1e, S. 470]

Selbst das Gemeine erhält eine Bedeutung, wenn es in den Dienst eines Größeren gestellt wird. [GA 1e, S. 472]

Auch in der sittlichen Welt tritt gewöhnlich das Gemeine und Niedrige am abscheulichsten vor der reformatorischen Tat eines großen Menschen ein, der wie ein Gewitter die Atmosphäre reinigt. [...] Man soll nicht glauben, dass überall, wo die Bedingung da ist, auch die Folge eintreten muss, wohl aber muss die Bedingung da sein, wenn die Folge hervortreten soll. [GA 1e, S. 472]

[Schrift des Hippokrates: Über die Lebensweisheit:] Gott hat in den Menschen die Fähigkeit gelegt, so zu handeln, dass sein Handeln genau in derselben Weise verläuft wie das Geschehen in der Natur. Das menschliche Handeln ist ein genaues Abbild des natürlichen Geschehens. Der Mensch kann die Natur in ihrem Wirken nicht durchschauen; deshalb weiß er nicht, dass er in demselben Sinne wie sie handelt. Er glaubt sich selbst die Gesetze zu geben, die ihm und der Natur gemeinsam sind, also aus einer beiden übergeordneten Quelle stammen müssen. Die Natur erzeugt aus einem Manne und einem Weibe, also aus dem Bekannten, das Kind, das Unbekannte. Der Weissagende erzeugt aus den Beobachtungen, also dem Bekannten, die Vorstellungen über den nicht zu beobachtenden Urgrund, also über das Unbekannte. Der Magen weiß von Hunger und Durst, d. h. ein Geistloses hat ein Wissen wie es der Mensch selbst hat. Natur und Menschengeist sind also gleichartig in ihrem Wirken. In diesen Sprüchen ist der Einfluss *Heraklits* auf Hippokrates zu erkennen. Heraklit lehrte, dass es *eine* alles lenkende Vernunft im Weltall gebe und dass es höchste Aufgabe des Menschen sei, diese lenkende Weisheit, die sowohl in der Natur wie im Menschen tätig sei, zu erkennen. Dieser allgemeinen Weisheit gemäß müsse der Mensch leben, nicht im Sinne seiner besonderen Gesetze. In der Erkenntnis, dass alles, was der Mensch tut, ein Ausfluss der höchsten Weisheit ist, findet Heraklit die höchste Einsicht. Man darf durchaus nicht glauben, dass Goethe in allen Stücken diesen angeeigneten Sprüchen beigestimmt habe. Er fand darin aber einen Anklang an seine Grundüberzeugung, dass die Gesetzmäßigkeit der Welt eine einheitliche ist und dass der Mensch nur ein besonderes Glied des allgemeinen Weltprozesses ist. Er war sich jedoch klar darüber, dass man dies besondere Glied auch besonders betrachten müsse und dass die Gesetzmäßigkeit des menschlichen Handelns nicht eine bloße Parallelerscheinung der allgemeinen Naturgesetzlichkeit ist, sondern dieser gegenüber eine höhere Stufe darstellt. Es ist nichts gewonnen, wenn man den Gradunterschied zwischen menschlicher und natürlicher Gesetzmäßigkeit verwischt, um alles in dem Nebel der allgemeinen Weltgesetzlichkeit verschwimmen zu lassen. [GA 1e, S. 474 f.]

Mancher wird von seinem Lehrer erst von den vielen Mängeln gereinigt werden müssen, die ihm anhaften, bevor ihm durch Unterricht beizukommen ist. [GA 1e, S. 476]

{Wenn wir uns dem Altertum gegenüberstellen und es ernstlich in der Absicht anschauen, uns daran zu bilden, so gewinnen wir die Empfindung, als ob wir erst eigentlich zu Menschen würden.} Dies ist deshalb, weil die Menschen des Altertums noch eine allseitige Ausbildung ihrer Kräfte hatten, während die komplizierten Lebensverhältnisse der neuern Zeit eine einseitige Ausbildung nötig machen, also gewisse Seiten des Menschen verkümmern lassen. Dies spricht sich selbst in der Sprache aus. [GA 1e, S. 477]

{Den Timon fragte jemand wegen des Unterrichts seiner Kinder. Lasst sie, sagte der, unterrichten in dem, was sie niemals begreifen werden.} Das Begreifliche, in Begriffe zu Fassende, ist nur ein Teil der Welt. Der Unterricht muss sich auch auf das erstrecken, was nur den intimeren Seelenkräften zugänglich ist. Der obige Spruch drückt diesen Gedanken in humoristischer Form aus, wobei zugleich darauf angespielt wird, dass die Ziele des Unterrichts nicht hoch genug gestellt werden können. [GA 1e, S. 477 f.]

Der Lehrer soll seine Schüler am Individuellen bilden; er soll nicht nur Gedanken, sondern auch Empfindungen wecken. Dies kann er nur, wenn er geeignete Gegenstände vorführt, an denen diese Empfindungen entstehen müssen. *Dozieren* ist ein Lehren, ohne auf die einzelne Individualität des Schülers einzugehen. [GA 1e, S. 478]

So wenig ein Naturobjekt durch bloßes Erfassen dessen, was es von selbst der Beobachtung darbietet, seinem Wesen nach durchschaut werden kann, ebenso wenig kann dies bei einem Menschen oder einer Gesamtheit von Menschen der Fall sein. Erst wenn wir unsere Geisteskräfte betätigen und in die Gesetzmäßigkeit, in die innern Triebkräfte eines Gegenstandes oder einer Individualität eindringen, haben wir sie ganz erfasst. Diese innere Seite gibt eine Sache nicht freiwillig her; es muss sich unser Geist von der Oberfläche aus in die Tiefen hineinarbeiten, er muss durch seine geistige Verarbeitung dessen, was die bloße Beobachtung liefert, mit dem Innern einer Sache verwachsen. So muss der Erzieher von der Beobachtung der Lebensäußerungen des Kindes aus sich eine Ansicht über die Wesenheit des Kindes, die «Kindheit» gewinnen. Er muss Nachdenken, welche Anlagen sich in den Lebensäußerungen verraten. Dringt er so weit in das Wesen des Kindes ein, dann kann er fruchtbar erziehen; denn er sieht, auf welche Art jede Lebensäußerung ihren Grund in dem ganzen Wesen hat, und kann sie so lenken, dass das Wesen mit gelenkt wird. Ebenso sucht der rechte Gesetzgeber die Regungen des Volkscharakters, die im Volke schlummernden Instinkte und geistigen Kräfte aus den Äußerungen des Volkes zu erkennen. Was die einzelnen Volksangehörigen wollen, ist nur selten ein wirklicher Ausdruck des tieferen Wesens eines Volkes. Sonst gäbe es viele geborene Gesetzgeber. Das Bewusstsein der meisten spiegelt ihnen ganz andere Gründe für ihre Forderungen vor als die wirklichen sind, die unbewusst bleiben. Der Gesetzgeber richtet sich nicht nach den vorgetäuschten, sondern nach den wirklichen Gründen. [GA 1e, S. 480f.]

Alle Begründungen von bestimmten Rechten, wie sie z. B. die Naturrechtlehrer versuchten, sind Sophistereien. Alles Recht hat seinen Ursprung in der *Macht*. Der Stärkere überwindet den Schwächeren und drängt ihm seinen Willen auf. Dieser richtet sich dann nach jenem; was der erstere will, gilt als *Recht*. Nachdenken darüber, ob jemand ein Recht wirklich zustehe, beruht auf einem Verkennen dieses Charakters des Rechtes. Wie lange ein Recht gilt, kann nur davon abhängen, wie lange derjenige, der sich das Recht erobert hat, es zu verteidigen imstande ist. [GA 1e, S. 481]

{Der Verständige regiert nicht, aber der Verstand; nicht der Vernünftige, sondern die Vernunft.} Aus dem [... hier] angegebenen Grunde trägt die Menschheitsentwickelung im Ganzen einen einheitlichen, vernünftigen Charakter. Im Großen betrachtet wirkt die sich offenbarende Vernunft sogar so, wie wenn nicht unzählige Individuen zusammenhandelten, sondern ein einziges Individuum alle Fäden des vernünftigen Geschehens in der Hand hätte. [GA 1e, S. 482]

Aus den [... ersten beiden Sprüchen der Abteilung «Ethisches»] geht hervor, dass Goethe ein Vertreter des ethischen Individualismus ist. Er sieht in dem Individuum den Quell des Handelns, nicht in allgemeinen sittlichen Normen. Man kann nun sagen: Wie ist menschliche Gemeinschaft möglich, wenn jeder nur tut, was er sich selbst befiehlt? Die Frage ist dahin zu beantworten, dass im Ganzen und Großen die Menschen *eines* Geistes sind. Der Freie lebt in dem Vertrauen darauf los, dass der andere Freie mit ihm *einer* geistigen Welt angehört und sich in seinen Intentionen mit ihm begegnen werde. Denn Verstand und Vernunft tragen bei allen Menschen die gleichen Charakterzüge. Wenn also auch jeder Einzelne nur seinen besonderen sittlichen Intentionen nachgeht, so wird doch das Handeln des einen von Verstand und Vernunft geleitet, die gleichartig mit dem Verstand und der Vernunft des andern sind. Es wird also in dem Zusammenwirken der Menschen der *eine* Grundzug von Verstand und Vernunft zu bemerken sein, der in ihnen *allen* lebt, d. h., es regieren, trotzdem die Individuen handeln, Verstand und Vernunft. [GA 1e, S. 482]

{Die Welt ist eine Glocke, die einen Riss hat; sie klappert, aber klingt nicht. Die empirisch-sittliche Welt besteht größtenteils nur aus bösem Willen und Neid.} Diese Sprüche stellen die Kehrseite des [oben] Enthaltenen dar. Zu vereinigen sind die Gegensätze dadurch, dass hier von der empirisch-sittlichen Welt gesprochen wird, d. h. von der, die sich unserer Beobachtung darbietet, wenn wir nicht tiefer in die Gründe des Geschehens eindringen; dort hingegen von einer Weltbetrachtung die Rede ist, die die tieferen Triebkräfte alles Handelns, die großen Zusammenhänge des Lebens durchschaut. [GA 1e, S. 482]

Das *Recht* entsteht zwar aus dem Kampf, aber es beseitigt ihn auch. Sobald jemand die Äußerungen seines Machtgefühls als Recht festgelegt sieht, hört er auf zu kämpfen. Die *Schicklichkeit* entspringt aus Urteilen und Empfindungen, die vielen gemein sind und deshalb auch von diesen im Allgemeinen anerkannt und geachtet werden. Aus solchen gemeinsamen Urteilen und Empfindungen geht der Friede hervor. Das Recht erhält den *Einzelnen* in der friedlichen Stimmung, weil es seine Machtsphäre festlegt; das Schickliche, Geziemende befördert den Frieden, weil es etwas festlegt, an dem viele Einzelne interessiert sind. [GA 1e, S. 483]

Im despotischen Staate wird der Einzelne wohl durch den Willen des Despoten, nicht aber durch gesetzgebende Körperschaften und dergleichen beschränkt. Wo der Despot nicht gebietet, ist der Einzelne ganz auf sich angewiesen, wenn er in irgendeiner Sache entscheiden soll. [GA 1e, S. 483]

Eine Idee braucht, um in Wirklichkeit umgesetzt zu werden, hinter sich den Enthusiasmus, eine Kraft, die sich dieser Idee ganz hingibt und nichts als sie im Auge hat. Jede Bedenklichkeit, ob entgegengesetzte Tendenzen verletzt werden, schwächt die Stoßkraft der Idee ab. Der Begriff hat vor allem klar zu sein und scharfe Konturen zu haben; Rücksichten, denen er sich anpassen soll, verunreinigen ihn und verwischen seine Konturen. Mit Gesinnungen ist es anders. Diese verwandeln sich als solche nicht in Taten. Sie bestehen in den Empfindungen, die ein Mensch gegen den andern hat, und eine liberale Gesinnung besteht darin, dass man die persönliche, gemütliche Eigenart eines andern liebevoll gelten lässt und ihrer Entwickelung keinen Widerstand entgegensetzt. Meine Ideen und Begriffe stelle ich in scharfem Kampfe den Ideen und Begriffen des andern entgegen; seine Gemütseigenschaften lasse ich unangetastet. Seine Ideen können neben den meinigen nicht wirken; seine persönliche Eigenart stört die meinige nicht. [GA 1e, S. 484]

Tyrannisch wirkt eine große Idee aus dem zu dem vorigen Spruch angegebenen Grunde. Die Tyrannei steigert sich noch, wenn die Kraft einen eigensinnigen Charakter annimmt. Dann wird die Idee nicht nur auf das angewendet, wofür sie anfangs bei ihrer Produktion bestimmt war, sondern auch auf anderes; und es treten ihre Nachteile hervor. So vortrefflich sie wirkt, so lange der erste Erzeuger sie anwendet, so schrecklich kann sie werden, wenn andere sich ihrer bemächtigen und sie für alleinseligmachend halten. [GA 1e, S. 484 f.]

Der Viel-, aber Leichtgebildete kennt den Ernst nicht, der notwendig ist, um eine Idee zu verstehen. [GA 1e, S. 485]

Damit eine elementare Kraft nützlich wirke, ist notwendig, dass sie zufällig auf etwas stößt, das gerade dieser Kraft sich bedienen kann, um etwas zu erreichen. Das Genie einer Persönlichkeit kann auf eine Zeit nur wirken, wenn diese fähig ist, die Schöpfungen des Genies sich anzueignen. [GA 1e, S. 485]

Goethe setzt der einseitigen Beurteilung ursprünglicher Kräfte vonseiten eines Philisters die Einsicht entgegen, dass diese Kräfte ohne Wahl unaufhaltsam wirken müssen, weil die Natur, um zu bauen, auch zerstören muss. [GA 1e, S. 486]

Es ist hier auf den Gegensatz der produktiven und der bloß empfangenden Naturen eines Zeitalters hingewiesen. Die produktiven Naturen eines Zeitalters bestimmen die Höhe der Zeitbildung; die empfangenden die Breite derselben. [GA 1e, S. 486]

Wenn der Mensch durch die Aufnahme der vergangenen Kultur sich an die Vorwelt angliedert und sein Wirken so einrichtet, dass er seinen Nachgebornen wertvolle Kulturelemente überliefert, dann ordnet sich sein Wesen der Menschheitsentwickelung ein. Wenn er in den Interessen des Tages aufgeht, dann bleibt er als isoliertes Individuum zwischen Vergangenheit und Zukunft stehen. [GA 1e, S. 487]

Mystik wird die Überlieferung, wenn das Gefühl des Dunklen, das mit dem Abwesenden, Unbekannten verbunden ist, sich in den Vordergrund drängt und die ruhige vernünftige Erwägung meistert. [GA 1e, S. 487]

Gedanken und Überzeugungen als das allgemeine wiederholen sich; das Individuelle einer Erscheinung, die besondere Ausgestaltung derselben, ist nur einmal vorhanden. [GA 1e, S. 487]

Transcendieren heißt: statt sich mit den Dingen dieser Welt vertraut machen, das Heil in einer anderen, der unmittelbaren Wirklichkeit fremden Welt suchen. [GA 1e, S. 488]

Sprüche in Prosa: 9. Geschichte

Der Wert des Menschen liegt in seinem *Schaffen*. Die Betrachtung des Vergangenen kann nicht Selbstzweck sein. Sie hat nur Wert, wenn sie dem gegenwärtigen Schaffen als Ansporn dient. [GA 1e, S. 489]

Wir schützen uns gegen den verderblichen Einfluss des Vergangenen, das als Erbschaft in uns lebt, am besten, wenn wir es verstehen. [GA 1e, S. 489]

Geschichte schreiben kann eigentlich nur der, der in den historischen Personen und Ereignissen das aufsucht, was hinter dem bloß Tatsächlichen steckt. Dazu muss er ein mächtiges Eigenleben führen, denn die Triebkräfte des persönlichen Wirkens kann man nur in sich selbst beobachten. [GA 1e, S. 489]

Sprüche in Prosa: 10. Religion

Als Stütze für den Schwachen und für die Zeiten der Not dient der Glaube; den Starken befriedigt nur die Einsicht und die eigene Kraft. Der Glaube gibt einen äußeren Halt wo der innere fehlt. [GA 1e, S. 490]

Die *Geduld* entspringt aus dem *Glauben* an die göttliche Weisheit, der Leiden ertragen lehrt, weil der Leidende sich tröstet, dass diese Weisheit ihre guten Zwecke mit den Leiden haben wird; sie entspringt aus der *Liebe*, weil diese die Selbstsucht zurückdrängt und das Murren über die eigenen Leiden dämpft; sie entspringt aus der *Hoffnung*, weil der Leidende durch künftige Lust für gegenwärtigen Schmerz entschädigt zu werden hofft. [GA 1e, S. 490f.]

In dem Ausspruch: «Ich glaube einen Gott» bleibt Gottes Natur unbestimmt, er wird als Unbekanntes geglaubt. Das Gegenteil davon ist: das Göttliche in der Natur finden und sich mit einem bestimmten, erkennbaren, göttlichen Inhalt durchdringen. [GA 1e, S. 491]

Das Göttliche im Universum findet nur der, der es in sich selbst entdeckt. Was aber im Innern sich als Göttliches ankündigt, ist dasselbe wie das äußere Göttliche. Wenn einem das Göttliche aufgeht, hört eben der Unterschied des Innen und Außen aus; man verschmilzt mit der Außenwelt und lebt sich in das *einige* Göttliche ein. [GA 1e, S. 491]

Die Idee sowohl wie die vollkommene Schönheit ist göttlich, alles andere ist ungöttlich. Wird es doch als göttlich verehrt, dann muss ihm der Mensch göttliche Eigenschaften willkürlich zuschreiben. [GA 1e, S. 491]

Was Goethe fordert, ist eine *fromme Stimmung*. Dadurch, dass wir die Natur entgöttlichen, d.h. anerkennen, dass sie nicht das Werk eines persönlichen Gottes ist, sollen wir nicht die Ehrfurcht und die Schätzung dessen verlernen, was in der Natur lebt. [GA 1e, S. 491]

Prädestination ist die Lehre, dass alles in der Welt von Gott im Anfange der Welt vorherbestimmt worden ist. Die Welt ist nach dieser Ansicht eine Uhr, deren ewigen Gang Gott bis ins Einzelnste hinein geregelt hat. [GA 1e, S. 492]

Der mystische Nebel, in dem jene [apokryphen] Schriften die Grundempfindungen und Vorstellungen des Christentums einhüllten, ließ dieses nie dazu kommen, sich mit der unmittelbaren Wirklichkeit und dem Leben abzufinden. Die Beschäftigung mit dem erträumten Inhalt machte die Christen für dieses Leben untüchtig. [GA 1e, S. 492]

Die starke gesunde Empfindung schätzt an dem Menschen die vollendete Tat; die schwächliche, sentimentale Empfindung hält sich an die Gesinnung, die an sich, ohne die fruchtbare Tat, gar nichts wert ist. [GA 1e, S. 493]

Sprüche in Prosa: 11. Kunst

Die Kunst und das Schöne sind nichts willkürlich vom Menschen Hervorgebrachtes. Sie sind höhere Formen des allgemeinen Weltprozesses, der sich ebenso gut in den künstlerischen Produktionen wie in dem Fall des Steines ankündigt. Der Künstler liefert Werke, die im höchsten Sinne Naturwerke sind. Er kann nur Würdiges schaffen, wenn sich ihm Naturgeheimnisse enthüllen. Diese verkörpert er in seinen Werken. [GA 1e, S. 494]

Begriffe und Worte sind zu grob, zu vieldeutig, um manches, was uns im Leben begegnet, auszusprechen. Die Kunst, der intimere Ausdrucksmittel zur Verfügung stehen, die sich weniger ans allgemeine, sondern mehr an die besonderen Formen des Lebens hält, kann die individuellen Erlebnisse besser darstellen. [GA 1e, S. 494]

Ein Gegenstand ist umso schöner, je mehr die in ihm lebende Gesetzmäßigkeit auch sinnlich anschaulich wird. Alle Pflanzenorgane sind Verkörperungen des in der Pflanze wirkenden vegetabilischen Gesetzes. Alle Organe sind Umwandlungsformen des *einen* Grundorgans. Aber nicht alle Organe sind so gestaltet, dass das *ideell* in ihnen Wirkende auch sinnlich zu beobachten ist. Das ist nur bei der Blüte der Fall. Deshalb ist die Blüte *schön*. [GA 1e, S. 495]

Je mehr der Künstler sich von den Geheimnissen der Natur und des Lebens, von dem Göttlichen in der Welt durchdringen lässt, desto größer wird der Ernst sein, der sich in seinen Werken ausspricht. [GA 1e, S. 496]

Schönheit und Kunst sprechen in ihren Formen aus, was sich nicht in allgemeine Begriffe fassen lässt, was in Begriffen unaussprechlich ist. Deshalb kann der Inhalt der Kunst nicht in Begriffen wiedergegeben werden. Eine Ästhetik in dem Sinne, dass in ihr ausgesprochen wird, was auch in der Kunst ausgesprochen wird, kann es nicht geben. Wie es keine Botanik geben kann, die den Inhalt der Pflanze in sich aufnehmen kann. Die Idee der Pflanze kann der Botaniker in sich produzieren, die gesetzliche Seite, die zum bloß Tatsächlichen hinzugehört. Ebenso kann der Ästhetiker die Gesetzmäßigkeiten des Künstlerischen studieren. Eine jede Ästhetik kann nur Naturlehre der Kunst sein. Sie enthüllt die Gesetze, die im Künstler leben, deren er sich vielleicht gar nicht bewusst ist, wie die Pflanze nichts weiß von den Gesetzen der Botanik. Alle philosophische Betrachtung gibt nicht das Tatsächliche wieder, sondern etwas vom Tatsächlichen verschiedenes Ideelles. [GA 1e, S. 496]

Plotin nimmt als Urgrund alles Bestehenden ein Urwesen an, das mit aller möglichen Vollkommenheit, mit der höchsten Vernunft, Güte und Schönheit ausgestattet ist. Alle andern Dinge sind aus diesem Urwesen hervorgegangen, wie das Licht von der Sonne ausstrahlt. Zuerst strahlte von dem Urwesen die allgemeine Vernunft aus, die alle Welt erfüllt, dann gingen aus der allgemeinen Vernunft der menschliche Geist und endlich die Natur (die Materie mit den ihr eigenen Gesetzen) hervor. Der Mensch ist imstande, durch die mystischen Kräfte seiner Seele sich zu der Anschauung des Urwesens zu erheben. Was er da erschaut, das pflanzt er seinen Kunstwerken ein. In diesen sind also Abbilder der höchsten, geistigen Schönheit enthalten. Das Sinnliche, Materielle hat kein Teil an dem Schönen; dieses muss erst in dasselbe gelegt werden [...]. Plotin steht auf einem ästhetischen Standpunkte, der glaubt, das Kunstwerk sei nicht um seiner selbst willen *schön*, sondern deshalb, *weil es die göttliche Schönheit abbildet*. Ihm gegenüber steht die Ästhetik, welche das *Schöne* in dem Gegenstande selbst sucht und in der Kunst eine vollkommene Ausgestaltung dessen sieht, was die Natur, die in ihrem Schaffen auf zufällige Grenzen stößt, nur bis zur halben oder teilweisen Vollkommenheit gebracht hat. Der Künstler sucht, nach dieser Ansicht, das Gesetzmäßige des Gegenstandes und prägt es vollkommener aus, als es die Natur selbst vermag. Aber er holt diese Gesetzmäßigkeit aus dem Gegenstande selbst. [GA 1e, S. 497]

Nur wenn die Einheit der Ideen und die Mannigfaltigkeit der Beobachtungswelt sich im menschlichen Geiste wirklich durchdringen, ist die höchste Form der Erkenntnis erreicht, bei der man sich beruhigen kann. [GA 1e, S. 499]

Es kommt beim Kunstwerk darauf an, ob der Künstler im Sinne der Anmerkung [... oben] wirklich die tiefere Gesetzmäßigkeit erschaut, die die Natur selbst nicht vollkommen in dem Gegenstande verwirklicht, und ob er im Sinne dieser Gesetzmäßigkeit gestaltet. Das *Was* ist der im Reiche des Tatsächlichen unmittelbar gegebene Gegenstand; das *Wie* die Gesetzmäßigkeit, die der Künstler erfasst. Ihr gibt er eine Gestalt, die sie in Wirklichkeit noch nicht hat. Der Künstler vollendet die Werke der Natur. Nicht darauf kommt es an, welches die Gegenstände sind, von denen er ausgeht, sondern darauf, welche Gestalt er ihnen gibt. [GA 1e, S. 500]

Der *Stoff* ist der äußere Gegenstand, wie ihn die Natur bildet; der *Gehalt* ist das in dem Stoffe enthaltene Kunstgemäße; die *Form* ist die Gesetzmäßigkeit, die der Künstler in dem Naturobjekt erschaut und gestaltet. [GA 1e, S. 500]

Wenn der Künstler nicht von der Natur, sondern von Mustern ausgeht, so liefert er nicht die Vollendung eines von der Natur intendierten Prozesses, sondern er prägt seinen Stoffen eine ihnen fremde Gesetzmäßigkeit auf. Sie werden nicht unkünstlerisch sein, aber es fehlt ihnen das, wodurch sie zu einer Manifestation der geheimen, in den Gegenständen selbst liegenden Gesetzmäßigkeit werden. [GA 1e, S. 501]

Die *Musik* hat in der Wirklichkeit keine Vorbilder (sie findet in ihr keinen Stoff). Der Musiker schafft Form und Gehalt aus dem Innern. Deshalb wird die Musik unter allen Künsten am wenigsten der Gefahr ausgesetzt sein, dass man nicht nach dem *Wie*, das der Künstler schafft, sondern nach dem *Was*, das er in der Außenwelt vorfindet, fragt. Deshalb eignet sich die Musik am besten dazu, über die Wirklichkeit zu erheben und auf die tieferen Seiten des Lebens hinzuleiten; aber auch dazu, den Ernst der Wirklichkeit vergessen zu lassen. [GA 1e, S. 501]

Die *Plastik* ist fast ganz Stoff, denn sie hat es mit der räumlich-sinnlichen Wirklichkeit zu tun. Es gehört das höchste Kunstvermögen dazu, in der Plastik Gestalten zu schaffen, deren Hauptwert nicht in dem Stoffe liegt, sondern in der Behandlungsweise des Künstlers. Und es gehört ein großes Kunstverständnis dazu: an einem plastischen Kunstwerke das Stoffliche zu vergessen und sich bloß für das *Wie*, das aus dem Künstler stammt, zu interessieren. [GA 1e, S. 502]

In der Kunst sowohl wie im Leben wirken Idee (Form) und Natur (Inhalt) stets zusammen. Eine inhaltlose Kunst ist leer, weil sie sich nicht an die Natur anschließt und ihre Vollendung bewirkt; eine formlose Kunst ist unnötig, weil sie zur Natur nichts hinzubringt. Ein inhaltloses Leben in bloßen Ideen ist ebenso unbefriedigend wie ein solches, das im Natürlichen aufgeht, ohne sich zu höheren Forderungen zu erheben. [GA 1e, S. 503]

Die Künstler sprechen von der Idee, die sie zugleich mit den natürlichen Dingen wahrnehmen. [GA 1e, S. 503]

Die Erfahrung ist nur halbe Erfahrung, weil sie erst durch die ideelle Ergänzung begreiflich, d. h. für den Geist durchsichtig wird. [GA 1e, S. 503]

Der Künstler muss in allen Fällen die Vollkommenheit erst zu dem hinzubringen oder aus ihm herausholen, was ihm im Tatsächlichen vorliegt. Nur sein Inneres, sein tätiger, produktiver Geist kann das schaffen, was in den Dingen verborgen ist und ein Werk erst zum Kunstwerk macht. [GA 1e, S. 503]

Die Kunst ist ein ernsthaftes Geschäft, weil sie [...] die tiefere Gesetzmäßigkeit der Natur verkörpert. Der Künstler stellt sowohl die Naturobjekte wie das künstlerische Können in den Dienst eines höheren Zweckes. Dieser besteht darin, Werke zu schaffen, die die Gesetzmäßigkeit der Welt auf einer höheren Stufe darstellen, als es die Natur selbst vermag. [GA 1e, S. 504]

Das Naive steht von allen Formen des Schönen der unmittelbaren Wirklichkeit am nächsten. Die Naivität dringt nicht bis in die tiefsten Tiefen eines Gegenstandes ein, sondern sie sucht dasjenige Gesetzmäßige, das mehr an der Oberfläche der Gegenstände liegt. Die bildende Kunst wird sich vorzüglich des Naiv-Schönen bedienen, weil sie auf das Räumlich-Sinnliche, also auf die Oberfläche der Dinge angewiesen ist. [GA 1e, S. 504]

Das Gemeine an sich angeschaut, wirkt unkünstlerisch, unschön. Wird es im Zusammenhange mit dem Edlen aufgefasst, als dessen notwendige Kehrseite, dann erscheint in ihm eine Gesetzmäßigkeit, die sehr wohl in der Kunst gestaltet werden kann. [GA 1e, S. 505]

Besonders der naive Künstler kann das Gemeine nicht entbehren, weil es in der unmittelbaren Wirklichkeit, auf die es ihm besonders ankommt, liegt. [GA 1e, S. 505]

Der *Humor* geht darauf aus, die Gesetzmäßigkeit der Natur zu schauen, die großen Triebkräfte der Welt zu erfassen; aber in den Gestalten, die er schafft, sucht er nicht den Gegenständen die Form zu geben, auf die es die Natur zwar angelegt hat, die sie aber selbst nicht erreichen kann. Der Humor schafft Gestalten, die gerade den Gegensatz und Widerstreit des höheren Gesetzmäßigen mit dem Wirklichen erkennen lassen. Humoristische Werke zeigen nicht, wie vollkommen die Natur sein könnte, wenn sie alles erreichte, was sie will, sondern sie zeigen, wie wenig die Wirklichkeit das ist, was sie vorgibt, zu sein. Der Humorist spielt mit diesem Widerspruch, das Wirkliche verliert für ihn die Tiefe; er wird sich der eigenen Überlegenheit über das Unvollkommene bewusst und schwelgt in dieser Stimmung. [GA 1e, S. 505 f.]

Ein solches Naives zeigt, dass seinem Schöpfer die Fähigkeit noch fehlt, das Unvollkommene des Gegenstandes in ein Vollkommenes zu verwandeln. Deshalb wird die Vollkommenheit in einer dem Gegenstande fremden Regelmäßigkeit gesucht, mit der das Gefühl verbunden ist, dass sie ein Höheres ausdrückt als die gemeine Wirklichkeit. [GA 1e, S. 506]

Die *Allegorie* geht nicht unmittelbar von der Erscheinung aus, sondern von dem Begriffe. Sie sucht nach einer Gestalt, die dasjenige sinnlich verkörpern soll, was der Begriff ausspricht. Die *Symbolik* geht von dem aus, was in der Erscheinung selbst liegt, was sich unmittelbar als Ideelles in ihr ankündigt. Insofern ist alle Kunst symbolisch. Der Allegoriker verkörpert *seine* Ideen; der Symbolist deutet auf die Ideen hin, die sich ihm beim Anblick eines Wirklichen aufdrängen. [GA 1e, S. 507]

Die Zahlen-Verhältnisse an den Gegenständen der Natur sind regelmäßig und unregelmäßig zugleich. Der Rhythmus nimmt nur das Regelmäßige auf. Er bietet bloß regelmäßige Verhältnisse, also etwas, wozu die Natur zwar veranlagt ist, es aber nicht erreicht. [GA 1e, S. 508]

Die Einbildungskraft würde ins Unendliche Gestalten schaffen, wenn nicht der poetische Geschmack sie regelte, der unter den Gestalten das künstlerisch Brauchbare auswählt. [GA 1e, S. 508]

Das Absurde mit Geschmack dargestellt erregt Widerwillen wegen seiner eigenen Natur, Bewunderung aber wegen des künstlerischen Vermögens, das selbst dem Ungesetzmäßigen den Schein der Gesetzmäßigkeit verleiht. [GA 1e, S. 508]

Das Manierierte hat seinen Ursprung in einer Behandlung des Stoffes, die nicht diesem Stoffe abgelauscht ist, sondern das auf einer Eigenheit der behandelnden Persönlichkeit beruht und dem Stoffe innerlich fremd ist. Geistreich kann es sein, wenn die Persönlichkeit Geist hat; künstlerisch ist es in dem oben [...] angeführten Sinne nicht. [GA 1e, S. 508]

Der *Romantiker* sieht die verborgene Gesetzmäßigkeit der natürlichen Dinge, aber er ist nicht imstande, das unmittelbar Wahrnehmbare zu erfassen und dessen Gesetzmäßigkeit zur Vollendung zu bringen, sondern er empfindet, wie entfernt das Wirkliche von dieser Vollendung ist. Statt die Vollendung selbst zu liefern, erträumt er sie in irgendeinem Fernen, Unbekannten. Während den Humoristen der Widerspruch zwischen dem Ideell-Vollkommenen und dem Wirklichen die eigene Überlegenheit empfinden lässt, fühlt der Romantiker vorzüglich die Schwäche und Unvollkommenheit des Wirklichen. Dieses Gefühl rührt von der eigenen Schwäche her, die nicht aus der Unvollkommenheit die Vollkommenheit zu gestalten vermag. Deshalb nennt Goethe das Romantische krank. Der *Klassiker* sieht überall in dem Unvollkommenen die Keime des Vollkommenen und bringt diese zur Entwickelung. Er hat die Stärke dazu, er ist gesund. [GA 1e, S. 508 f.]

Ovid sucht sich aus dem Unglück in sich noch ein Glück herauszuholen. [GA 1e, S. 509]

Schiller gibt (in seinem Aufsatze «Über naive und sentimentalische Poesie») den folgenden Unterschied zwischen sentimentaler und naiver Poesie an: Die naive ist mit der Naturgesetzlichkeit, mit den Geheimnissen der Natur innig verwachsen und verkörpert diese unmittelbar in ihren Produkten. Der sentimentale Dichter ist der Natur entfremdet, er *sucht* sie; seine Schöpfungen sind der Ausdruck seiner Sehnsucht nach der Natur. Diese Entfremdung rührt davon her, dass sich der sentimentale Mensch mehr um sein Inneres, der naive mehr um das Äußere kümmert. Dem Sentimentalen wird es schwer, das gestaltlose Innere zu gestalten; dem Naiven ist das leicht, er lebt in der Gestalt, er stellt in Bildern vor. Sein Verhältnis zur Natur ist ein solches, dass er seine Vorstellungen immer in ein sinnliches Gewand kleidet. Die Tropen sind nichts als die natürliche Art, in der seine Vorstellungen existieren. Der Sentimentale muss die Bilder zu seinen unbildlichen Vorstellungen erst suchen. [GA 1e, S. 509 f.]

{Es gibt eine Poesie ohne Tropen, die ein einziger Tropus ist.} Eine solche Poesie ist deswegen ein einziger Tropus, weil sie ein Bild des Dichters selbst gibt. Sie bildet nichts Äußeres ab, aber sie bildet das sehnsüchtige Suchen des Dichters ab. [GA 1e, S. 510]

Wenn der Dichter nur mehr sein gestaltloses Innere darstellt, dann verlässt er das Gebiet der Kunst, die nur in dem Gestalteten leben kann. Der Künstler stellt zwar Geistiges dar, aber er verleiht dem Geistigen eine Gestalt, ein Bildliches. Ein Sinnliches, eine Summe von Gefühlen und Vorstellungen so darstellen, dass die Darstellung durchgeistigt erscheint, dass sie von einer Idee getragen ist: dies ist der Gipfel der Kunst. [GA 1e, S. 510]

Am Anfang des dramatischen Werkes muss der Konflikt vorgebracht werden. Die Fäden hier so zu verschlingen, dass die Sache der Natur angemessen ist, dazu gehört *Verstand*. In der Mitte muss ein sittliches Problem liegen, das sich in einer *Vernunftidee* ausspricht. Der Konflikt muss hier auf einen Punkt führen, der unser Ideenleben interessiert; beim Ende kommt es darauf an, den Konflikt so auslaufen zu lassen, dass die Empfindung vorhanden ist: es musste so kommen. Zu diesem Eindruck hilft weder Verstand noch Vernunft, die auf den Verlauf der Ereignisse und ihre Verkettung gehen; die Empfindung bezieht erst das Wahrgenommene und die Begriffe auf die Bedürfnisse des menschlichen Herzens. [GA 1e, S. 511]

Im Ganzen ist das Lyrische vernünftig, denn in Gefühlen sich auszusprechen, ist menschliches Bedürfnis; im Einzelnen wird aber das Gefühl leicht exzedieren. Es wäre unvernünftig, wenn der Mensch im Ganzen so lebte, wie er sich in lyrischen Stimmungen ausspricht. [GA 1e, S. 511 f.]

Die Epopöe hält sich an den äußeren Verlauf der Begebenheiten; der Roman hat es auch mit den Charakteren zu tun. Diese erhalten durch den Dichter eine subjektive Färbung, weil er in der Schilderung des Inneren von den Erlebnissen seines eigenen Innern viel mehr abhängig ist als bei Schilderung äußerer Vorgänge. [GA 1e, S. 512]

Dem Künstler stehen für seine Aufgabe, das Unvollkommene der Natur in ein Vollkommenes zu verwandeln, immer nur beschränkte Mittel zu Gebote: dem Plastiker die Form, dem Maler die Farbe, dem Dichter Worte. Gerade dadurch wird es ihm möglich, Objekte zu schaffen, die vollkommener als die Naturdinge sind. Der Maler z. B. kann alles zum Ausdruck bringen, was in Linien und Farben erreichbar ist; die Natur kann dies nur insoweit, als sie die übrigen Eigenschaften des Gegenstandes, dem sie die Farben verleiht, nicht hindern. Ein Vermischen der Künste und Kunstmittel, um der Natur näher zu kommen (bemalte Statuen), wird daher nur auf Kosten der Vollkommenheit der einzelnen Kunst möglich sein. Die mimische Tanzkunst vereinigt die Mittel der Plastik mit dem bewegten seelischen Ausdruck. Den letzteren hat sie vor den bildenden Künsten, die in ihren Darstellungen auf den bewegungslosen Augenblick angewiesen sind, voraus. [GA 1e, S. 512]

[Baukunst und Musik:] Die Möglichkeit einer Vergleichung der beiden Künste beruht daraus, dass sie beide kein Vorbild in der Natur haben, sondern alle Wirkung auf ihrer Form beruht, die in wohlgefälligen Verhältnissen besteht. Diese werden dem sinnlichen Stoff eingepflanzt. Der *Rhythmus* in der Musik entspricht der *Symmetrie* in der Baukunst. [GA 1e, S. 513]

Was in einem Kunstwerk liegt, kann nur aus ihm selbst heraus erkannt werden. Erst wenn man imstande ist, alles aus einem Kunstwerke herauszufühlen und herauszuimaginieren, kennt man es ganz. Dann aber erst kann man an ein Vergleichen mit andern Werken denken, denn vorher vergleicht man nicht das Kunstwerk selbst, sondern die unvollkommene Vorstellung, die man sich von ihm gebildet hat. [GA 1e, S. 517]

Die Philosophie ist die würdigste Interpretin der Kunst. Denn sie sucht die Triebkräfte der Welt zu erfassen und in Ideen auszusprechen. Die Kunst verkörpert diese Triebkräfte in Gestalten. Um die künstlerische Form zu interpretieren, muss man Geschmack haben, um aber die Empfindungen des Künstlers zu verstehen, muss man Sinn und Empfänglichkeit für das Innere der Gegenstände haben. Diese kann nur der Philosoph haben, denn er lebt in diesem Innern und für dasselbe. [GA 1e, S. 517]

Der Philolog geht darauf aus, das Äußere des Kunstwerkes rein darzustellen. Seine Aufgabe und seine Mittel sind die des Historikers. Diese können in einem Individuum hoch ausgebildet sein, ohne dass dieses auch die Fähigkeit des künstlerischen Nachempfindens hat. Ja dieses Nachempfinden kann der Philologie sogar störend in den Weg treten. Der Nachempfinder wird immer in gewissem Sinne auch ein Nachschaffer dessen sein wollen, was der Künstler gewollt hat. Er wird dann ein Kunstwerk leicht in einem gewissen Sinn ergänzen, der vielleicht ganz gut auch der Sinn des Künstlers sein wird. Aber es braucht sich eine solche Ergänzung nicht mit dem, was der Künstler wirklich geliefert hat, zu decken. [GA 1e, S. 517]

Die Produktion muss zuletzt doch auf der Kraft des eigenen Geistes beruhen. Der Unproduktive, der das Vollkommene nicht aus den Gegenständen der Natur hervorlocken kann, wird es auch in dem Muster nicht finden. Es muss nach dem Muster und nach der Natur erst *nachgeschaffen* werden. [...] Zum Höchsten strebt man, weil die höhere Natur dahin verlangt; am Geringern ruht man sich aus. [GA 1e, S. 519]

Die wirkliche Förderung der Kunst kann nur aus der produktiven Kraft des Genies kommen. Alle unproduktiven Menschen können unmittelbar gar nichts zur Förderung der Kunst tun; sie müssen sich damit begnügen, sie *mittelbar* zu fördern, indem sie den genialen Individuen möglich machen, sich möglichst frei und allseitig auszuleben. [GA 1e, S. 520]

Der Meister hat schon bei der Anlage des Werkes, bei der Konzeption die Idee im Auge, die zuletzt aus der Ausführung herausleuchtet. [GA 1e, S. 521]

In Wahrheit tut der Künstler nichts anderes, als dem eine vollkommene Gestalt geben, was unvollkommen, aber mit der Anlage zur Vollkommenheit seiner Beobachtung vorliegt. [GA 1e, S. 521]

Sowohl in den Tiergestalten wie in wilden fremden Geschöpfen lassen sich die charakteristischen Züge des Organismus, die künstlerisch ausgestaltet werden können, leichter beobachten als an dem Kulturmenschen, dessen Bau komplizierter geworden ist. [GA 1e, S. 522]

In der Studie ist es auf Nachahmung des beobachteten Tatsächlichen abgesehen; im Bilde auf die Verkörperung der Intention. Jene nimmt alle Unvollkommenheiten der natürlichen Gegenstände mit auf; dieses verwandelt das Unvollkommene in ein Vollkommenes. Erst im Bilde wird daher die eigentliche Sphäre der Kunst erreicht. [GA 1e, S. 522 f.]

Über das Verhältnis der Goethe'schen Denkweise zur Kant'schen Philosophie habe ich mich in der Einleitung [LVII–LIX [88–91]] ausgesprochen. Von einer Zustimmung Goethes zu den Kant'schen Ansichten kann nicht die Rede sein. Goethes Betrachtungsweise geht von der Sinnenbeobachtung aus. Diese ist ihm aber nur die halbe Wirklichkeit. Diejenige Hälfte, welche die Dinge für das Wahrnehmungsvermögen freiwillig hergeben. Die andere Hälfte der Wirklichkeit ist ideeller Natur. Sie geben die Dinge nicht freiwillig her. Der menschliche Geist muss durch die sinnenfällige Oberfläche der Dinge in deren Tiefe dringen, dort mit den Triebkräften (Gesetzen, Ideen) der Dinge verwachsen und auf diese Art die zweite Hälfte der Wirklichkeit nachschaffen. Nur für die Sinnenbeobachtung steht der Gegenstand (das Objekt) dem Betrachter (Subjekt) gegenüber. Durch die geistige Verarbeitung dessen, was unter der Sinnesoberfläche liegt, verwächst der Betrachter (das Subjekt) mit dem Gegenstand (dem Objekt) völlig. Hier kann von einem der Betrachtung entgegenstehenden Gegenstande nicht mehr die Rede sein. Die Kant'sche Ansicht geht von dem Gegensatze von Subjekt und Objekt (Vorstellung und Gegenstand) aus und bleibt völlig in dem Vorurteil stecken, dass dieser Gegensatz, der für die Sinnenbeobachtung eine Bedeutung hat, auch für die höhere, vernunftgemäße Erkenntnisweise gelte. Es ist auf diese Weise erklärlich, dass Kant zu der Aufstellung von Erkenntnisgrenzen kommen musste, denn eine Betrachtungsweise, die einen Gegenstand sich gegenübersetzt und ihn von außen betrachtet, muss das «An sich» dieses Gegenstandes für unbekannt erklären, wie das die Sinnenbeobachtung auch tut. Aber es muss festgehalten werden, dass eine solche Betrachtungsweise auf einer Beschränktheit des Geistes beruht, die nur eine nach dem Muster der Sinnenbeobachtung gebildete Betrachtungsweise gelten lässt. Goethes ganzes geistiges Leben ist eine fortwährende Ausübung der höheren ideengemäßen Denkweise. Deshalb musste ihm die Kant'sche immer fremd bleiben. Die in dieser Denkweise befangenen Schüler Kants konnten aber auch ihn nicht verstehen. Er sagt von ihnen: «Sie hörten mich wohl, konnten mir aber nichts erwidern, *noch irgend förderlich sein.*» [Siehe Goethe: *Einwirkungen der neuern Philosophie*, GA 1b, S. 29] Wenn Goethe wie im obigen Spruch von dem Vorteil Kant'scher Ansichten spricht, so hat er bei diesen Sätzen nie den Sinn im Auge, den sie innerhalb der Kant'schen Philosophie haben, sondern einen andern, den er in die Kant'schen Worte hineinlegt. Hier bezieht er die Worte «Kritik der Vernunft» auf Selbstkritik, die der Mensch üben soll, wenn er die Ideen der Dinge sucht. Diese Ideen sollen nicht, ohne Rücksicht auf Beobachtung gebildet werden, sondern in innigem Zusammenhange mit dieser entstehen. Eine «*Kritik der Sinne*» würde dahinführen, auch in der Sinnenbeobachtung eine ähnliche Selbstkritik zu üben. [GA 1e, S. 524]

Die Technik bedient sich *mechanischer* Mittel, um den Objekten die Form zu geben, die sie zu Nützlichkeits- oder Schönheitszwecken haben sollen. Der unmittelbare Anteil, den der Geist des schaffenden Künstlers an seinen Werken hat, in die er sein Bestes legt, fehlt den bloß technischen Produkten. Sie sind seelenlos. Ein roher Geschmack, der den Geist eines wahren Kunstwerkes nicht zu würdigen versteht, wird leicht dahin kommen, auch mit solchen seelenlosen Produkten sich zu begnügen. Sie können daher das Kunstinteresse gefährden. [GA 1e, S. 525]

Der Aberglaube sieht hinter den natürlichen Verkettungen der Ereignisse übernatürliche, geistige. Obwohl diese anderer Art sind als diejenigen, die eine ideengemäße Denkweise sieht, so ist der Aberglaube doch einer solchen Denkweise verwandt. Er ist eine niedrige Stufe derselben. Der Aberglaube kann sich läutern und reinigen und zu einer höheren Anschauung führen. Die Borniertheit, die sich bloß an das Tatsächliche hält, wird weit seltener als der Aberglaube zu einer ideengemäßen Auffassung der Dinge kommen. Dieser hat eine Empfindung für das Ideelle und sucht es nur auf falschem Wege; jene lehnt alles Ideelle ab. [GA 1e, S. 525]

{Sie peitschen den Quark, ob nicht etwa Creme daraus werden wolle.} Der Vorwurf soll Menschen treffen, die glauben, das Gemeine werde edel, wenn sie ihm irgendeine künstliche Form geben. [GA 1e, S. 526]

{Chinesische, indische, ägyptische Altertümer sind immer nur Kuriositäten; es ist sehr wohlgetan sich und die Welt damit bekannt zu machen; zu sittlicher und ästhetischer Bildung aber werden sie uns wenig fruchten.} Diese Altertümer entbehren die *vollkommene Schönheit* der griechischen, die auf einer *allseitigen* Durchdringung des Wirklichen beruht. Die chinesische, indische, ägyptische Kunstbehandlung schafft dagegen einseitige Verzerrungen des Wirklichen. [GA 1e, S. 527]

Die Befreiung von den überlieferten Vorstellungen führt zu Konflikten, wenn nicht eine starke, gesunde Natur zu Hilfe kommt, die sich die verlorene Richtung aus sich selbst wieder zu geben weiß. [GA 1e, S. 530]

Goethe über sich selbst

[... Schiller] schildert Goethes Geist als den intuitiven, der von dem Besonderen ausgeht und in diesem das Allgemeine, die Idee findet; seinem eigenen Geist schreibt er eine mehr spekulative Anlage zu, die das Allgemeine unmittelbar erfasst und dann einen sinnlichen Gegenstand dazu sucht, um die Idee zu verkörpern. Schiller war der Überzeugung, dass beide Naturen trotz ihres Gegensatzes auf einer gewissen mittleren Stufe sich begegnen müssen. Ist der intuitive Geist wirklich genialisch, so findet er in dem Besonderen das Allgemeine; ist der spekulative ein wirklicher Künstler, so wird er die Gestalten für seine Ideen finden. [GA 1e, S. 536]

Mein Verhältnis zur Wissenschaft, besonders der Geologie

Dieser Aufsatz verdankt seine Entstehung dem Umstande, dass Goethe eine der seinigen ganz entgegengesetzte wissenschaftliche Denkweise in der Geologie aufkommen sah, diejenige der Vulkanisten. Während er annahm, dass nur die Kräfte, die gegenwärtig an dem Bau der Erde wirken, auch in den Urzeiten tätig waren, glaubten die Vulkanisten, es haben gewaltsame Revolutionen stattgefunden, durch die eine Erdepoche von der andern abgelöst worden ist. [GA 1e, S. 541]

Metamorphose der Pflanzen. Zweiter Versuch

Goethes Arbeiten stellen nicht eine allseitig ausgeführte Naturbetrachtung dar, sondern nur Fragmente einer solchen. Sie haben Lücken, die sich derjenige ausfüllen muss, der eine geschlossene Vorstellung von Goethes Ideenwelt auf diesem Gebiete gewinnen will. Das hier aus Goethes Nachlass Mitgeteilte liefert den Beweis, dass ich in meinen Einleitungen die Lücken richtig ausgefüllt habe. Ich habe nirgends nötig, meine Begriffe zu modifizieren; wohl aber wird durch das hier Abgedruckte das von mir über Goethe Gesagte neu bestätigt. [GA 1e, S. 547]

Goethe ist der Ansicht, dass der Organismus nur begriffen werden kann, wenn man ein zentrales, den Organismus von innen heraus gestaltendes Prinzip zugrunde legt und dieses in der Idee zu erfassen strebt. Man hat dann das, was sich der Beobachtung der Sinne am Organismus darbietet, auf dieses Gestaltungsprinzip zurückzuführen. Anders macht es die mechanische Naturerklärung. Diese nimmt kein Gestaltungsprinzip der Organismen an, sondern sucht die organischen Erscheinungen aus der Summierung und Kombination der auch in der unorganischen Natur wirkenden Kräfte zu erklären. Diese Vorstellungsart begreift das im eigentlichen Sinne Organische nicht, sondern nur die unorganischen Vorgänge am Organismus, die als Glieder an der höheren organischen Einheit vorkommen. [GA 1e, S. 549]

Der Vorstellungsart, dass eine bestimmte organische Gestalt *von innen* heraus aus einem zentralen Gestaltungsprinzip zu erklären sei, steht neben der rein mechanischen Erklärungsweise der Organismen die teleologische gegenüber. Diese fragt bei jeder organischen Form nach dem äußern Zweck, den die Natur erreichen wollte und um dessentwillen sie diese und keine andere Form geschaffen hat. Wozu soll ein Organ dienen? Dies ist die Frage des Teleologen. Dann stellt er fest, inwiefern dieses Organ durch seine Gestalt geeignet ist, seine Bestimmung zu erfüllen. Diese Bestimmung ist also etwas von außen dem Organismus Aufgedrängtes, nach dem sich die in seinem Innern wirkenden Kräfte zu richten haben. Goethe fragt nicht nach solchen äußern Zwecken. Er fragt, wenn er ein Organ erklären will: welche inneren Bildungsgesetze sind hier wirksam und welche besondere Form haben sie in diesem speziellen Falle angenommen? Dann sucht er zu erklären, dass bestimmte Lebensäußerungen eintreten müssen, weil eine bestimmte Gestalt geschaffen ist. Das organische Wesen gibt sich selbst gemäß seiner Bildung seinen Zweck. Dieser ist das Bedingte, nicht das Bedingende. [GA 1e, S. 550]

Vorarbeiten zu einer Physiologie der Pflanzen

Die *Morphologie* ist für Goethe der Inbegriff alles dessen, was zu einer befriedigenden Erklärung der organischen Gestaltungen aufgebracht werden muss. Die organischen *Gestalten*, mit denen die *Morphologie* zu tun hat, sind ihm der räumliche, *sichtbare Abdruck* der aus dem Zentrum der Organismen wirkenden Lebensgesetze. Deshalb ist die Morphologie im *höhern Sinne* die Wissenschaft, welche alle Naturwissenschaften: Naturgeschichte, Naturlehre, Anatomie, Chemie, Zoonomie, Physiologie zusammennimmt, um die organische Gestalt als Ganzes zu erfassen. Diese einzelnen Naturwissenschaften erfassen Teilerscheinungen *am* Lebendigen. Die Morphologie erfasst die lebendige Gestaltung selbst. Man kann auch eine Morphologie im engern Sinne betreiben. Sie *beschreibt* einfach die organischen Formen. Die Morphologie im höhern Sinne zeigt, wie alle physikalischen, chemischen, physiologischen usw. Teilerscheinungen zusammenwirken, um die organische Gestalt hervorzubringen, die ein Abbild der Idee des Lebens im Raume ist. [GA 1e, S. 552]

Goethe betrachtet die Fortsetzung von Glied zu Glied bei einer und derselben Pflanze und die Fortpflanzung durch Samen nur als zwei verschiedene Arten einer und derselben Kraftäußerung. [...] Diese Kraft schließt ihren Kreis auch während des Wachstums des Individuums mehrmals ab. [GA 1e, S. 553]

Die *Evolutionstheorie* nimmt an, dass bei der individuellen Entwickelung eines Organismus keine wirkliche Neubildung stattfindet, sondern bloß eine Auswickelung von Teilen, die im zusammengefalteten Zustande schon vorhanden waren. Der organische Entwickelungsprozess wird, nach dieser Theorie, vorgestellt als Auswickelung schon vorhandener eingewickelter Formen. Es ist z. B. in jedem Hühnerei von Anfang an ein vollständiges Tier mit allen seinen Teilen vorgebildet. Diese Teile werden bei der Entwickelung nur auseinandergefaltet. In ihrer letzten Konsequenz führt diese Theorie zur Einschachtelungslehre, nach welcher alle Lebewesen im allerersten Lebenskeim bereits eingewickelt waren. Diese Theorie hält an plumpen Sinnesvorstellungen fest. Sie glaubt, was einmal sinnlich vorhanden ist, muss auch immer sinnlich vorhanden gewesen sein. Ihr gegenüber steht die Theorie der *Epigenese*, die in einer neuen Entwickelungsform eine wirkliche *Neubildung* sieht, eine Form, die als *sinnliches* Ding vorher noch nicht vorhanden gewesen ist. Was sich in fortlaufender Entwickelung festhält, ist nicht das Tatsächliche, sondern nur die den aufeinander folgenden Formen gemeinsame *Idee*. [GA 1e, S. 553 f.]

Die theoretischen Vorstellungsarten sind zunächst bedingt durch die geistige Organisation der theoretisierenden Persönlichkeit. Die eine bevorzugt, nach ihrer Eigenart, mehr die eine, die andere eine entgegengesetzte Theorie. Das hat im Grunde nur die Bedeutung, dass sich verschiedene Persönlichkeiten von verschiedenen Seiten einer und derselben Sache zu nähern suchen. Goethe findet: Theorien sind an und für sich nichts nütze; sie dienen nur dazu, den Zusammenhang der Erscheinungen zu veranschaulichen. [GA 1e, S. 554]

Goethe kommt es darauf an, nicht einseitig bloß den Intellekt bei der Erkenntnis der Dinge sprechen zu lassen, sondern alle Geisteskräfte in Ausübung zu bringen und den Dingen entgegenzuhalten. Die Dinge haben allen Gemütskräften, nicht allein dem Verstande etwas zu offenbaren. [GA 1e, S. 555]

Nicht neue Tatsachen wollte Goethe entdecken, um das Problem des organischen Bildens zu lösen, sondern die vorhandenen durch eine neue Vorstellungsart verbinden. In der Art, wie man sich das Tatsächliche am Organismus vorstellt, wird in dem Geiste das Wesen des Lebendigen gegenwärtig. Dazu kann keine Beobachtung führen. [GA 1e, S. 557]

Es ist ein Urteil darüber nötig, was von dem durch den sinnlichen Blick und dem Gedächtnis überlieferten *notwendig*, *wesentlich* und was *zufällig*, *nebensächlich* ist. Die zur Erkenntnis brauchbare Vorstellung hält das erstere fest und streift das letztere ab. [GA 1e, S. 561]

Eine wertvolle Frage kann der Mensch nur aufwerfen, wenn sich beim Anblick einer Sache seine produktive Kraft regt, welche die dem Beobachtungsobjekte entsprechende *Idee* hervorbringen will. Diese aus dem Geiste sich herausarbeitende Idee ist die Kraft, die zur Frage treibt. Frage und Antwort sind die beiden Teile eines Ganzen. Der eine Teil ist nach dem Schema gebildet: Welcher ideelle Zusammenhang entspricht diesem beobachtbaren Dinge oder Vorgang? Der andere Teil ist eben die Aufzeigung dieses ideellen Zusammenhanges. Da dieser letztere es selbst ist, der zur Frage treibt, so ist bei einer berechtigten Fragestellung *immer* eine Antwort möglich. [GA 1e, S. 562]

Die höchsten Formen des Wissens, die eigentlich reinen Erkenntnisse sind nur vollkommenere Stufen des Nachdenkens über die Dinge, das dem natürlichen, alltäglichen Leben eignet. Die niedern Formen des Erkennens sind noch vermischt mit den Tendenzen des praktischen Lebens. Diese Tendenzen werden in den höhern Erkenntnisformen abgestreift. Die *Nutzenden* und *Wissenden* lassen sich bei der Bildung ihrer Begriffe von den Forderungen des praktischen Lebens leiten; die *Anschauenden*, *Umfassenden* dagegen nur von den Forderungen der Ideenwelt. [GA 1e, S. 562]

Die *Nutzenden*, *Wissenden* können bei der Beobachtung stehen bleiben. Denn was von den Dingen praktisch in Betracht kommt, ist der Beobachtung zugänglich. Den *Anschauenden* und *Umfassenden* genügt das Beobachtbare nicht. Sie finden in ihm das Wesen der Dinge nicht erschöpft. Sie müssen deshalb das Ideelle zu dem Beobachtbaren hinzu erschaffen. Die Dinge sprechen ihr inneres Wesen nicht selbst aus; der produktive menschliche Geist ist das Organ, durch das es sich ausspricht. [GA 1e, S. 563]

Das *Phantastische* entsteht, wenn nicht das Wesen eines beobachteten Dinges oder Vorganges aus dem Geiste spricht, sondern die subjektive Willkür. [GA 1e, S. 563]

Der dramatische Dichter produziert einen Vorgang, aus dem das Zufällige, Unwesentliche, der Erfahrungsvorgänge ausgeschieden ist. Da die Wirklichkeit nirgends solche nur Wesentliches enthaltende Vorgänge darbietet, muss sie der Dichter erfinden. Sie sind aber doch keine phantastischen Vorgänge, da sie eben das *Wesen* der Wirklichkeit wiedergeben. Ebenso sind die ideellen Produktionen des Erkennenden ein Wirkliches: das Wesen der Dinge, das diese nur nicht selbst aussprechen, sondern durch den Geist aussprechen lassen. [GA 1e, S. 563]

Der Gegensatz von *objektiv* und *subjektiv* hat nur so lange eine Bedeutung, als der Zusammenschluss eines beobachteten (objektiven) Dinges oder Ereignisses und der entsprechenden (subjektiven) Idee noch nicht stattgefunden hat. Ist eine Idee produziert und ihr Zusammenhang mit der Beobachtung erkannt, so verschwindet in der geeinten, ideell durchdrungenen Wirklichkeit dieser Gegensatz. [GA 1e, S. 564]

Für die bloße Beobachtung zerfällt ein Werdendes in aufeinander folgende tatsächliche Einzelheiten. Die *Augen des Geistes* erkennen, dass die für die Beobachtung verschiedenen Einzelheiten der Idee nach gleich sind, dass sich *eine* Idee durch sie alle hindurchzieht. Es wird auf diese Weise aus den Einzelheiten ein in sich bewegtes, die Zeit erfüllendes Ganze, eine Einheit. [GA 1e, S. 564]

Die *atomistische* Vorstellungsart geht bei der Erklärung eines mannigfaltigen Ganzen von den Teilen aus. Die Kräfte, vermöge welcher die Teile zusammenhalten, wohnen nach dieser Ansicht, diesen Teilen inne. Das Ganze ist das Resultat des Zusammenwirkens der Teile. Die *dynamische* Vorstellungsart geht von einer das Ganze durchsetzenden Kraft aus, welche die Struktur und das gegenseitige Verhältnis der Teile regelt. Sie sucht deshalb die Wirkungsweise eines Teiles aus dem Ganzen heraus zu begreifen. [GA 1e, S. 565]

Goethe betrachtet das organische Leben der Erde als *Ganzes*; alle einzelnen Individuen sind Glieder dieses Ganzen; sie stehen in einer durchgängigen tatsächlichen Verwandtschaft. Die organische Einheit hat die Kraft, ihresgleichen in immerwährender äußerer Veränderung hervorzubringen; die Mannigfaltigkeit der Formen entsteht dadurch, dass sie diese Hervorbringungsfähigkeit nicht nur über Individuen, sondern auch über Arten und Gattungen hinaus fortsetzt. Es ist in Goethes Sinn zu sagen: die Kraft, durch die die verschiedenen Pflanzenfamilien entstehen, ist dieselbe wie diejenige, durch die das Stängelblatt sich in ein Blumenblatt verwandelt. Und zwar ist diese Kraft als *reale Einheit* und das Hervorgehen der einen Art aus der andern im realen Sinne zu verstehen. [GA 1e, S. 566]

Der Dualismus in der Natur besteht darin, dass in jedem Wesen ein Entgegengesetztes schlummert, das durch irgendeinen Anlass bloß geweckt zu werden braucht, um in die Erscheinung zu treten. Es ist in der Natur allgemeine Polarität vorhanden. In den oben erwähnten [physikalischen] Vorträgen notiert Goethe folgende Polaritäten: Wir und die Gegenstände; Licht und Finsternis; Leib und Seele; zwei Seelen; Geist und Materie; Gott und die Welt; Gedanke und Ausdehnung; Ideales und Reales; Sinnlichkeit und Vernunft; Phantasie und Verstand; Sein und Sehnsucht; zwei Körperhälften; Rechts und Links; Atemholen (Systole, Diastole); Magnet (Nord- und Südpol). [GA 1e, S. 567]

Das *Bryophyllum calycinum* (die gemeine Keimzumpe) ist für Goethe deshalb interessant, weil die Kerben seiner fetten Blätter, wenn sie mit etwas Erde bedeckt werden, Knospen entwickeln, die zur ganzen Pflanze auswachsen. Es stellt also gleichsam das Goethe'sche Grundgesetz der Pflanzenbildung, *dass in jedem Teile die ganze Pflanze der Idee nach enthalten ist*, in sinnlicher Anschaulichkeit dar. [GA 1e, S. 568]

Hier sollte gezeigt werden, dass die Gleichheit der Organisationen, die auf den höhern Stufen nur eine ideelle ist, auf den untersten auch noch eine *tatsächliche*, auch für die Sinne offenbare ist. Auf den höheren Stufen sind die auseinanderentwickelten Formen *tatsächlich* ungleich und nur der Idee nach gleich. Tatsächlich stellen sie eine Stufenfolge, Progression vom Unvollkommenen zum Vollkommenen dar. [GA 1e, S. 570]

Einleitung zu einer allgemeinen Vergleichungslehre

Aus der Vergleichung soll sich das durch die verglichenen Organismen hindurchziehende Gleiche, Wesentliche, Typische, das *Urtier*, die *Urpflanze* ergeben. [GA 1e, S. 573]

Bildung der Erde

In diesem Schema entwirft Goethe ein ideelles Weltbild, in dem die einzelnen Vorgänge der Natur als Entwicklungsstufen erscheinen; eine Art ideellen Kosmos, der das *Wesentliche*, Gesetzmäßige des tatsächlichen, der Beobachtung vorliegenden Kosmos ausdrücken soll. [GA 1e, S. 578]

Goethe glaubt an die Wirklichkeit des *Ideellen*. Die Natur ist ihm nicht bloß ein Reales, Sinnlich-Wirkliches, Materielles, sondern die *Ideen* sind wirklich in den Dingen enthalten. Nur erscheinen sie nicht in der sinnlich-wahrnehmbaren Welt; sie offenbaren sich in dem denkenden Geiste. Was sich aber in dem Geiste offenbart, das ist deshalb nicht bloß ein zum Geiste Gehöriges. Der Geist ist nur der Schauplatz, auf dem sich in der *Erscheinung* das zeigt, was in der Natur wirksam ist, aber in ihr selbst nicht erscheint. [GA 1e, S. 581]

Über den Granit

Von der Einzelerscheinung des Granits aus erschließt sich Goethe der Blick für das geologische Werden der Natur. Nicht als einzelnes Naturobjekt, isoliert, betrachtet Goethe den Granit, sondern als Pforte zum Eingang in die schaffende Natur. Dies ist bezeichnend für Goethes ganze Naturanschauung. Sie bleibt niemals am Einzelnen hängen, sondern erkennt sofort, inwiefern dieses Einzelne ein für das Naturganze *Bezeichnendes*, *Wesentliches* ist und inwiefern sich von ihm aus eine Perspektive in das Getriebe der Natur eröffnet. [GA 1e, S. 586]

Der Granit als Unterlage aller geologischen Bildung

Dieser Aufsatz führt den schon in dem vorigen angeschlagenen Gedanken weiter aus: dass der Granit die Grundlage aller geologischen Bildung ist. Dass uns die Natur, indem sie uns an dieses Gestein führt, uns den Boden zeigt, den sie nötig hatte, um alle unorganischen und organischen Prozesse darauf zu bauen. [GA 1e, S. 591]

Erfahrung und Wissenschaft

Der Erkennende hält sich an das Wesentliche, Notwendige in den Erscheinungen und sondert das Zufällige, Unwesentliche, eben die empirischen Brüche, aus. [GA 1e, S. 593]

Wer immer nur in gerader Linie von einem Phänomen zum andern fortschreitet und Glied für Glied der Erscheinungswelt nach den Begriffen von *Ursache und Wirkung* verbindet, der ist in einer *einseitigen* Vorstellungsart befangen. Eine Erscheinung wird dadurch nicht erklärt, dass man ihre Ursache, die nicht *in*, sondern *außer* ihr liegt, angibt. Dies führt bloß zu einer *historischen Beschreibung* der Folge der Erscheinungen. Man muss sich in die Tiefe der Erscheinung begeben, dahin, wo sie des Unwesentlichen, Zufälligen entkleidet ist, und dann die Bedingungen aufsuchen, die notwendig sind, damit das *Wesentliche* zustande komme. Die Einseitigkeit, die in der Betrachtungsweise nach den Gesichtspunkten von Ursache und Wirkung liegt, wird auch in dem Briefe Schillers an Goethe vom 19. Januar 1798 gerügt. [GA 1e, S. 595]

Zur Tonlehre

Goethe wollte das ganze Gebiet der Physik übersichtlich skizzieren. Die Skizze sollte zeigen, in welchem Geiste alle physikalischen Erscheinungen behandelt werden müssten, wenn die Behandlung Goethes Intentionen, wie sie in seiner Farbenlehre zum Ausdruck kommen, entsprechen sollen. Von der Skizze ist nur der hier zum Abdruck kommende Teil über die Tonlehre ausgeführt worden. Er ist hervorgegangen aus Goethes Gesprächen mit Zelter.

ANHANG

Vorwort

Es war im Sommer 1876, als ich in Königsberg *Karl Rosenkranz* besuchte, den geistvollen Schüler Hegels, der mir auch durch sein Buch über Goethe verehrungswürdig war. Man konnte ihn damals wohl schon den Nestor der Universität nennen.

Ein vollständig erblindeter Greis stand vor mir. Seine Züge hatten etwas Starres. Als er aber auf die philosophischen Studien zu sprechen kam, einst und jetzt! und in Zusammenhang damit auf das Verhältnis Goethes zur Wissenschaft, da belebten sie sich.

So manches, das er berührte, hatte ich miterlebt, manches, das er bemerkte, hatte ich auch schon gedacht, durch ihn erhielt nur alles mehr Nachdruck.

Er gedachte der Herrschaft der Philosophie noch in den Vierzigerjahren, dann ihres späteren Verschwindens vom Schauplatz. – Es verflog eine mir unvergessliche Stunde, nicht ohne einen tiefen Eindruck in mir zurückzulassen.

Kann ich mich nun an Einzelnes jenes Gesprächs nicht mehr erinnern – nur dass er mir die Schrift *F. Grävells: «Goethe im Recht gegen Newton»* empfahl, weiß ich noch –, so empfinde ich doch noch immer die Kräftigung, die für mich davon ausging; besonders darin, Goethes Stellung zur Wissenschaft anders anzusehen, als dies gewöhnlich geschieht, und zwar im Zusammenhang mit der Gesamtentwicklung des geistigen Lebens in Deutschland in unsern Zeiten.

In Deutschland, im 18. Jahrhundert reiften die Früchte des Humanismus, drang der Geist bis zur unmittelbaren Anschauung der Antike durch, fand den Urquell jener vorbildlichen Welt im eignen Innern und wirkte nun mit verjüngten Sinnen verjüngend auf die Menschheit ein.

Goethe stellt uns diesen Entwicklungsgang in seinem eigenen Leben verkörpert dar, er schildert ihn in seinem Faust. Unbewusst wird er getrieben von den Ideen, die in den zeitgenössischen Philosophen Deutschlands nach Klarheit ringen; auf die jüngeren: Schiller, Fichte, Schelling, Hegel wirkt er bereits befruchtend ein, so wie sie dann wieder auf ihn zurückwirken. Sein Geist lebt als ein einheitliches Ganzes in seinen Dichtungen und andern Schriften und überdauert so die Systeme der Philosophen, indem er fort und fort belebend wirkt, ein Kulturquell, der auch auf die andern zivilisierten Nationen Einfluss gewinnt, denen unsere Philosophen verschlossen sind.

Diese Tatsachen traten mir in jener Stunde wie verkörpert vor Augen.

In der Tat hatte sich Rosenkranz eine belebende Frische der Gedanken bewahrt wie kaum ein zweiter von den Schülern Hegels. Wissen wir doch, wie die Philosophie bei vielen verknöcherte und viel Hohlheit und Verstiegenheit sich hinter ihrer unerhörten Ausdrucksweise barg! – Dennoch kann der Wandel in den Geistern, der sich vollzogen hat seit ihrer Zeit – etwa seit 1848 – demjenigen, der noch Erinnerungen von früher bewahrt, kaum als ein Fortschritt erscheinen. Dies fühlte ich recht lebhaft angesichts des Greises, der mich in jene vormärzlichen Zeiten zurückversetzte.

Diejenigen, die vor 1848 ihre Studien in Deutschland vollendet haben, gedenken wohl noch der Zeit, in der das Studium der Philosophie alle Kreise beherrschte und in allen Wissenschaften zu spüren war; der Zeit des Idealismus.

Es war die Zeit, mit der ein großer Aufschwung unseres Volkes abschloss. Der gesamten Menschheit voran drang die neue Kultur, die mit verjüngten Sinnen die antike Welt fortsetzt, in Deutschland hervor. Philologen, Philosophen, Dichter wirkten aus *einem* Geiste zusammen, alle Wissenschaften durchdringend und in allem Wissen den Zusammenhang fordernd mit den großen Ideen der Zeit.

Die Zentripetalkraft philosophischen Denkens ergriff alle Kreise, und damit waren höhere Anforderungen an Wissenschaftlichkeit gestellt. Die Sammlung und Zusammenstellung von Erfahrungen konnte nicht mehr genügen. Jedes Einzelne musste als Teil eines großen Ganzen erkannt werden und keine Wissenschaft durfte sich so beschränken, als ob sie ohne die andere bestehen könnte; eine jede musste sich des Verhältnisses zu den übrigen bewusst sein. Man spottete des Deduzierens aller Dinge «aus der Idee heraus», das der herrschenden Philosophenschule geläufig war. Es war aber doch nichts anderes als die Forderung der Gründlichkeit, durch die die deutsche Wissenschaft ihre imponierende Haltung gewann und so tief begründet und gegliedert ist, dass das Vorbild der Wissenschaftlichkeit doch nirgend anders als bei ihr zu holen ist.

Inzwischen ist eine Strömung eingetreten, in der an der Stelle der Philosophie die Naturwissenschaften die Führerrolle übernommen haben unter den Bannern von Frankreich und England. Die Älteren, deren Bildung vor dieser Zeitströmung zum Abschluss kam, stehen jetzt einer Welt gegenüber, in der von jenem Idealismus kaum eine Spur mehr wahrzunehmen ist, und in der man auf jene Zeiten herabsieht, als ob man ihre großen Impulse vergessen hätte, ihrer grundlegenden Vorarbeit entraten könnte. Geistvollere Naturforscher klagen über die vorherrschende Flachheit, die nur in der Beschreibung einzelner Erscheinungen die Wissenschaft sehn will und auf die Erklärung des Zusammenhanges unter denselben verzichtet. Haeckel, «Generelle Morphologie» II, 162.

Lächerliche Irrtümer jener großen Philosophen werden geläufig erzählt; von dem Umfang ihrer Gedanken weiß die Welt nichts mehr.

Diese Erscheinung, in der keine Fortentwicklung, sondern vielmehr ein Bruch mit der Vergangenheit zu erkennen ist, kann allerdings Bedenken erregen.

Die an der Hand der Altertumswissenschaften errungene Bildungshöhe in Deutschland war imstande, unserm Volke, als es noch politisch tot war, seine Weltstellung zu erobern, lange vor seinen Siegen mit dem Schwert.

Die Mustergültigkeit unserer Schulen und Hochschulen, die Strenge der wissenschaftlichen Methode und Disziplin im Denken, die man unserm Gelehrtenstande nachrühmt, stehen noch in vollem Ansehen.

Unter solchen Umständen muss es wohl erlaubt sein zu fragen: ob es für uns als ein Fortschritt anzusehen ist, wenn uns diejenigen ins Schlepptau nehmen, die unsern Denkern nie nahe getreten sind; ob wir recht tun, mit der bewährten Grundlage unserer Bildung zu brechen und fremden Sternen zu folgen?

Hegel sagte einst in seiner Polemik gegen die Gefühlstheologie: Der Verstand habe das Erkennen in lauter Endlichkeiten aufgelöst, weshalb das tiefere Bedürfnis zum Gefühl geflüchtet sei.

Die moderne Anschauung ist nichts anderes als ein Verstandeserkennen des Endlichen, das das Ewige in demselben nicht zu sehn vermag und daher ins unfruchtbare Ewigleere hineingelangt oder, zurückschaudernd vor dem Nichts, mit allem Denken ins Gefühl flüchtet.

Beides Fälle, bei denen der Verstand stillsteht, weil er nicht weiter kann.

Gewiss, die Fortschritte in den Naturwissenschaften sind in unsern Zeiten groß. Erstaunlich ist z.B. ein Werk wie Helmholtz' «Lehre von den Tonempfindungen». Man sage aber nur nicht davon, es habe alles Philosophieren über Musik über den Haufen geworfen. Helmholtz sagt am Schlusse selbst, dass er den Boden der musikalischen Ästhetik nicht betrete, er fühle sich da denn doch zu sehr Dilettant; er müsse dies *Andern* überlassen. – Wer sind die *Andern*?

Es gelangt hier der Physiker an eine Grenze, wo eine Welt beginnt, die nicht die seine ist. Wir werden noch sehn, dass auch das organische Leben ebenso, wie die Kunst, durch eine Gesetzmäßigkeit bestimmt wird, zu der der Physiker noch den Schlüssel nicht gefunden.

Kant sprach unserm Verstand die Fähigkeit ab, ein Ganzes als Ganzes zu erkennen und von dieser Erkenntnis des Ganzen aus zu den Teilen überzugehen. Dies wäre ein die Kunst und Natur gleichsam nachschaffender göttlicher Intellekt, dem nicht, wie dem unsern, die Teile in der Hand blieben, indem ihm leider das geistige Band fehlt. Einen solchen intellectus archetypus sehn wir in Goethes Anschauungsweise, und wir müssen natürlich finden, dass ihn jenes Wort Kants mächtig überraschte und förderte. Er sagt dazu (in dem kleinen Aufsatz *Anschauende Urteilskraft*): es dürfte wohl der Fall sein, «dass wir uns, durch das Anschauen einer immer schaffenden Natur zur geistigen Teilnahme an ihren Produktionen würdig machten. *Hatte ich doch erst unbewusst und aus innerem Trieb auf jenes Urbildliche, Typische rastlos gedrungen*, war es mir sogar geglückt, eine naturgemäße Darstellung aufzubauen, so konnte mich nunmehr nichts weiter verhindern, das *Abenteuer der Vernunft*, wie es der Alte vom Königsberge nennt, mutig zu bestehen.»

Bekanntlich bezeichnete schon Schiller den Geist Goethes als den intuitiven im Gegensatz zu seinem eigenen, den er den spekulativen nennt.

Schiller war der Erste, der Goethes Geist von *der* Seite, von der er von den meisten noch unerkannt ist, erkannte. Er war es, der ihm zurufen musste, was er selbst noch nicht erkannt hatte, seine Urpflanze sei keine Erfahrung, sondern eine Idee! Goethe hatte in der großartigen Unbewusstheit seiner Natur, ohne es zu wissen, das Abenteuer der Vernunft bereits bestanden.

Ein solcher auf das Notwendige im Empirischen gerichtete Geist scheint doch in der Tat vorausbestimmt zu wissenschaftlicher Forschung.

Wenn wahrhaft wissenschaftliche Methode dort gefunden wird, wo der Forscher nichts gelten lässt, was das Objekt nicht selbst ausspricht, was nicht auch der sehn muss, der von aller Spekulation, von jeder Theorie nichts weiß, dann war Goethes intuitive Methode eine wahrhaft wissenschaftliche.

Die Methode aber ist dasjenige, worauf es hier ankommt. Dass die Naturwissenschaften ihren jetzigen Stand erreicht hätten auch ohne Goethe, bleibe, als Nebensache, vollkommen dahingestellt. Nur ist zu bemerken, dass Goethe, wenn er all die Fortschritte erlebt hätte, bei aller Würdigung derselben, doch darin für ihn kaum viel Unerwartetes gesehen hätte. Sein Blick eilte weit voraus seiner Zeit und war überall auf das Ganze gerichtet. Der Nachweis einzelner mechanischer Kausalitäten wäre ihm häufig nur Bestätigung dessen gewesen, was er vorausgesehen.

Herausgewachsen aus dem deutschen Geistesleben zurzeit höchsten Aufschwungs, wirkte auf ihn die Zeit ein, wie *er* wieder auf die Zeit, und dies ist auch durch seine wissenschaftlichen Schriften der Fall, obwohl sie lange nicht nach Gebühr gewürdigt wurden; sie tragen, wie seine Dichtungen, den Charakter unverwelklicher Klassizität.

Auf ihren fachwissenschaftlichen Wert einzugehen, fühle ich mich nicht berufen, doch darf ich vielleicht auf dasjenige Hinweisen, worauf es bei Goethe überhaupt ankommt.

Bei seiner Ursprünglichkeit und Tiefe handelt es sich ihm immer darum, von der Plattheit des (oben S. III [540f.]) berührten Verstandeserkennens zu erheben.

«Die Vernunft ist auf das Werdende, der Verstand auf das Gewordene angewiesen.» So lautet einer seiner Sprüche, an den wir erinnert werden bei den Worten des Homunculus (Faust II, 2380): «Das *Was* bedenke, mehr bedenke *Wie*.»

Er hält sich zur Vernunft, anfangs ohne sich dessen bewusst zu sein.

Wenn wir nun so das ganze Denken Goethes in Einklang sehn mit seinem Wesen und so denn auch mit seinem Dichten, so ermessen wir daraus die Schalheit der Anschauungen derjenigen, die ihn als Dichter preisen möchten, indem sie ihn als Forscher und Denker in das zweifelhafteste Licht stellen. Dadurch entsteht ein Zerrbild von der ganzen Persönlichkeit des Dichters, gegen das man nicht stark genug protestieren kann.

Man dichtet ihm einen Dilettantismus an, der nichts anderes wäre als das Streben eitler Ohnmacht, das ihm nur *der* zumuten kann, der von der

Ganzheit und Ursprünglichkeit, von der sittlichen Größe dieses hohen Geistes nie berührt wurde.

Wie die Bedeutung seiner Dichtungen bei solchen Anschauungen zusammenschrumpft, braucht nicht erörtert zu werden, auch nicht wie verderblich solche Lehren von den Lehrstühlen herab für die Bildung sind.

Es geht nicht an, Goethe als Dichter zu betrachten, abgetrennt von dem Ganzen seines Wesens; auch die wissenschaftlichen Schriften versteht man nur im Zusammenhang mit seiner Dichtung.

Die fachmännischen Urteile über Goethes wissenschaftliche Schriften sind geteilt; zu bedauern ist nur, dass diejenigen, die für ihn eintreten, sein Verdienst mehr in den Ergebnissen seiner Forschung suchen als in seiner Methode, in seiner großen Anschauung. Treffend bemerkt darüber eine eben erschienene Schrift:[1] «Der Streit, welcher neuerdings zwischen zweien der bedeutendsten Naturforscher Deutschlands pro et contra Goethe entbrannt ist, zeigt abermals, wie unfruchtbar es bleibt, Goethes Forschungen rein nach der *inhaltlichen* Seite» – dem Was – «zu prüfen und zu schätzen.» Über das Was dachte Goethe sehr bescheiden, und wir mögen in dieser Bescheidenheit mit ein Kennzeichen seiner Überlegenheit sehn gegenüber denjenigen, die so glücklich sind darüber: *«dass wir's so herrlich weit gebracht!»*

Das Organische als Mechanismus zu betrachten, die unerklärten Tiefen, die wir zu ergründen nicht imstande sind, überhüpfen und leichtnehmen, wie dies manchen so geläufig ist, dies soll in unseren Tagen als Freisinn gelten.

Goethe nimmt es nie leicht, ist höchst bescheiden in Bezug auf seine Leistungen, konsequent und streng in seinem Verfahren.

Letzteres war das Gründlichste, das sich denken lässt. Er geht nie von einer Idee, einer vorgefassten Meinung aus, *die Erfahrung ist ihm von Fall zu Fall die Quelle der Erkenntnis.*

Er warnt nun aber auch davor, aus Versuchen zu schnell zu folgern. Er fordert mannigfaltige Versuche. Er verlangt die möglichste Sicherheit in Bezug auf die Richtigkeit einer jeden Empirie. Er vergisst dabei auch das eine nicht – und hierin scheint uns eine Weisheit zu liegen, die wenigen erreichbar ist –, dass das Erkennen des Menschen an Grenzen gebunden ist. «Wir mögen an der Natur beobachten, messen, rechnen, wägen etc. wie wir wollen, es ist doch nur unser Maß und Gewicht, wie der Mensch das Maß der Dinge ist.»

Wenn Goethe durch Annahme des Satzes des Protagoras: *Der Mensch ist das Maß aller Dinge* zur Beurteilung alles Erkennens auch die subjektive Seite hervorhebt, so werden wir ihn deshalb nicht weniger objektiv nennen als denjenigen, der bei Betrachtung des Objekts seinen Wahrnehmungen vertraut, ohne die Möglichkeit der Selbsttäuschung oder doch der subjektiven Bedingtheit in Erwägung zu ziehen.

Damit scheint mir die Stellung Goethes zu Newton angedeutet.

1 A. Harpf, «Goethes Erkenntnisprincip». Bonn 1883. S. 38.

Schon in jungen Jahren Goethes überrascht uns die Anschauung: Bis zu den letzten Wahrheiten dringe unser Blick nicht vor. Unser Erkennen ist nur ein Abglanz des vollen Lichts.[2] In der «Pandora» sagt er später, der Mensch sei «Bestimmt Erleuchtetes zu sehen, nicht das Licht!»

Diese sich selbst bescheidende Weisheit hält ihn nicht ab zu forschen, von keinem Vorurteil befangen vorzudringen, soweit es möglich ist.

Es war demnach sein Erkennen ein bedingtes, und er war sich dieser Bedingtheit bewusst. Wir erinnern uns der Worte Fausts (I, 235):

> Ja, was man so erkennen heißt! Wer mag das Ding beim rechten Namen nennen?

Die schon angeführte kleine Schrift beschäftigt sich mit Goethes Erkenntnisprinzip. Wir können derselben in den Hauptpunkten völlig beistimmen. – Dort wird bemerkt, ein gewisser «Relativismus» liege dem Erkennen Goethes zugrunde. Dies lässt sich schon in Schriften aus seinen jungen Jahren, ja bis in die Knabenzeit zurück nachweisen, siehe meine Einleitung zu den Mitschuldigen, Goethes Dramen, Bd. I S. 37. «Liebe und Hass machen uns trübe sehn.» – «Dass ihr Menschen gleich sprechen müsst: Das ist töricht, das ist klug, das ist gut, das ist bös?» – Deshalb möchte ich aber, hierin abweichend von Harpf, Goethe keinen Eklektiker nennen. Keine Auswahl zwischen Meinungen anderer finden wir ihn treffen, sondern, wahrhaft objektiv, jede Meinung an den Bedingungen prüfen, von denen das Objekt abhängt, dazu auch noch die subjektive Bedingtheit der eigenen Anschauung der Prüfung unterwerfend. Man vergleiche seine Abhandlung: Der Versuch als Vermittler zwischen Objekt und Subjekt. Er legt seinem Erkennen die Erfahrung zugrunde, sucht das Erfahrene aus seinen Bedingungen zu verstehen und ermüdet nicht durch wiederholte Versuche sich vor Täuschung möglichst zu wahren: «wenn schon nicht ein an sich Wahres, so doch für alle normal beanlagten Menschen bezügliches und sohin generell gültiges Wahre zu ermitteln».

«Goethes Bedeutung liegt auf formalem Gebiet und nur über seine erkenntnistheoretische und methodische Richtung kann kein Zweifel obwalten, kein Streit entstehen. Das formale Gebiet allein gibt jene Richtschnur, welche in der einheitlichen Natur Goethes vorgezeichnet ist. Alle Arbeiten dieses Mannes gehen so naturgemäß aus seiner Geistesrichtung hervor, dass das Prinzip dieser auch die einheitliche Grundrichtung aller Arbeiten abgibt. Hier liegt zugleich die Lösung der Frage: ob Goethes Forschungen wissenschaftlichen Wert haben oder nicht.» (Harpf a. a. O. 34, 39).

Wir möchten nun an Goethes Erkenntnisprinzip besonders hervorheben die Bedeutung des Subjekts für die Qualität der Forschung. Wir erinnern uns seines Spruches:

---

2 Die Stellen, wo Goethe diese Anschauung ausspricht, sind zusammengestellt in meiner Faustausgabe II, 8. [Siehe den Kommentar Schröers *Faust von Goethe* zu *Faust II*, Erster Akt, «Anmutige Gegend», letzte Zeile: «Am farbigen Abglanz haben wir das Leben».]

Wär' nicht das Auge sonnenhaft,
Die Sonne könnt' es nie erblicken;
Läg' nicht in uns des Gottes eigne Kraft,
Wie könnt' uns Göttliches entzücken.

Damit soll natürlich nicht gesagt sein, dass das Erkannte von subjektiver Färbung getrübt ist, sondern vielmehr, dass der Geist des Forschers mit schöpferischen Kräften ausgestattet sein müsse, die das Geschaffene in sich nachzuschaffen befähigt sind.

Erkennen wir in Goethe einen Höhepunkt der Menschheit, so überrascht es nicht wenig, in seinem Wesen diejenigen Züge besonders deutlich ausgeprägt zu sehen, durch die der indogermanische Völkerstamm sich unter den übrigen Menschentypen auszeichnet. Dass der schöpferische Geist des Ariers in den Begriffswörtern seiner Sprachen gleichsam lebendige, produktive Wesen der Natur nachschafft, die nicht mechanisch zusammengefügt, sondern mit innerer Lebenskraft begabt sind; dass er seinen Stammwörtern ein Geschlecht beilegt und sie dadurch bezeichnend belebt; dass er in seinen Mythologien die ganze Natur vergöttlicht, die Götter wieder vermenschlicht; alles das ist doch ganz aus dem Geist, aus dem Goethes Geist herausgewachsen ist. Das Leben, das Lebendige ist's, worauf er gerichtet ist. Nur ein Beispiel, statt vieler, sei hervorgehoben. Wie er sich freut über das Erscheinen der Gedichte in alemannischer Mundart von J. P. Hebel, und warum er sich freut! Über dieses Dichters glückliche Gabe freut er sich, mit der er Wald und Feld, Sonne, Mond und Sterne, mit der er die ganze Natur in alemannische Landleute verwandelt und «auf die naivste und anmutigste Weise das Universum durchaus verbauert». Das Schöpferische, nachschaffend sich Aneignende entzückte ihn an Hebel.

Das Schöpferische im Menschen verfolgt er bis zu den Elementen in den Sinnen zurück. Es ist ihm ein Hervorbringungsvermögen, das, unabhängig vom Willen, sich darlebt, wie die Blume blüht.

Anziehend und lehrreich sind uns als Beleg für diese Anschauungen Goethes Bemerkungen zu Purkinjes Werk: «Über das Sehen in subjektiver Hinsicht» (1819). Goethe führt daselbst aus, dass «Gedächtnis und Einbildungskraft in den Sinnesorganen selbst tätig sind und dass jeder Sinn sein ihm eigentümlich zukommendes Gedächtnis und Einbildungskraft besitze» und erzählt: «Ich hatte die Gabe, wenn ich die Augen schloss und mit niedergesenktem Haupte mir in der Mitte des Sehorgans eine Blume dachte, so verharrte sie nicht einen Augenblick in ihrer ersten Gestalt, sondern sie legte sich auseinander und aus ihrem Innern entfalteten sich wieder neue Blumen.»

«Es war unmöglich, die hervorquellende Schöpfung zu fixieren, hingegen dauerte sie so lange als mir beliebte, ermattete nicht und verstärkte sich nicht.» Daran nun knüpft er Folgendes: «Hier darf nun unmittelbar die höhere Betrachtung aller bildenden Kunst eintreten; man sieht deutlicher ein, was es heißen wolle, dass Dichter und alle eigentlichen Künstler geboren sein müssen. Es muss nämlich ihre innere produktive Kraft jene Nachbilder, die im Organ zurückgebliebenen Idole, freiwillig, ohne Vorsatz und Wollen hervortun, sie müssen sich entfalten, wachsen, sich ausdehnen und zusammenziehen, um aus flüchtigen Schemen wahrhaft gegenständliche Wesen zu werden.» Er vergleicht dann noch die Sicherheit der Zeichnungen Rafaels, Michelangelos mit den tastenden Entwürfen anderer Künstler, und man sieht, wie hieran sich die fruchtbarsten Betrachtungen über das Gemachte und das Gewordene in jeder Kunst ableiten ließen.

Mit der Forderung schöpferischen Geistes wird ein dicker Strich gezogen zwischen geistgetragener Forschung und zwischen Handlangerarbeit. – Nicht als ob es Goethe in den Sinn gekommen wäre, irgendein ernstes Streben gering zu achten; er war gewiss der Erste, den Fleiß des Sammlers, Ordners und jedes zweckmäßig tätigen Arbeiters anzuerkennen: jeder aber, der von seinem Geiste berührt ist, wird die schöpferische Tätigkeit wahrhaft wissenschaftlicher Forschung als die Mitte erkennen, nach der der Blick zu richten ist.

Darum müssen wir wünschen, dass sein Geist im Ganzen in weitesten Kreisen erkannt werde.

Die wegwerfenden Urteile über Poeten und Poesie, die eine enge Anschauung noch zuweilen vernehmen lässt, wenn von Goethes wissenschaftlichem Streben gesprochen wird, dürfen uns nicht abhalten, den Geist zu erkennen, der auch in den Dichtungen Goethes weht und den ganzen Menschen, damit denn auch den Forscher zu erheben und vor Verflachung zu bewahren geeignet ist. Was Schelling schon 1802 vom Faustfragmente sagte, gilt noch immer. «Goethes Dichtung», sagt der geistvolle Denker, «hat einen frischen Quell der Begeisterung geöffnet, der allein zureichend war, die Wissenschaft zu dieser Zeit zu verjüngen und den Hauch eines neuen Lebens über sie zu verbreiten. *Wer in das Heiligtum der Natur eindringen will*, nähre sich mit diesen Tönen einer höheren Welt und sauge in früher Jugend die Kraft in sich, die wie in dichten Lichtstrahlen von diesem Gedicht ausgeht und das Innerste der Welt bewegt.»

Mögen solche begeisterte Worte unserer nüchternen Zeit zu affektvoll klingen, sie bergen einen gesunden Kern von Wahrheit, den die Zukunft noch mehr erkennen wird als die Gegenwart.

Die großen Atemzüge der klassischen Periode unserer Literatur, in der sich der Geist hervorragender Männer von einem geschichtlichen Entwickelungsdrange gemeinsam getragen fühlte, dürfen uns nicht fremd werden.

Wir dürfen über den ansprechendsten Theorien Stuart Mills und Buckles nicht bleibend unserer Philosophen und Geschichtsschreiber vergessen sowie über den ruhmvollen Entdeckungen der Naturforschung des Auslandes nicht des weltbewegenden Geistes Goethes und seiner Zeit.

Wie sein Geist unbewusst mit den Philosophen Hand in Hand ging, erkennt man aus dem Einfluss, den er auf Schiller, Fichte, Schelling, Hegel ausübte, die dann wieder auf ihn zurückwirken. Es ist ein Geistesleben, das den Geist des alten Hellas fortsetzt, das sich der alternden Zeit als ein Neues, die Welt mit ursprünglichem Empfinden erfassendes gegenüberstellt. Wir erinnern uns, wie Fichte das deutsche Geisteswesen als das eines ungemischten, ursprünglichen Volkes erkennt, das sich dem unursprünglichen und daher auf Autoritätsglauben beruhenden der Romanen gegenüberstellt. Er sieht den ursprünglichen Geist auch darin, dass er, so wie er selbst organisch erwachsen ist, auch auf das Erkennen des Organischen sich richtet. Der französische Materialismus will das Leben aus der anorganischen Natur entstanden denken und als Mechanismus auffassen, ohne die selbsteigene Gesetzmäßigkeit desselben als solche zu erkennen. Diesen Anschauungen Fichtes Verwandtes finden wir bei Schelling. Der Strom von Ursache und Wirkung wird aufgehoben durch Organisation; Ursache und Wirkung hören im Organismus auf, rein physikalisch zu sein; sie erhalten einen durch ein eigenes Prinzip des Lebens bestimmten Charakter.

Dies sind doch nur Anschauungen, die Goethe schon vor Fichte und Schelling leiteten.

Die Idee organischen Lebens erschien Goethe im Keim wohl schon in seiner Leipziger Studentenzeit. In dem Liede: *Die Freuden* aus jener Zeit, hascht er eine farbenschillernde Libelle, die ihm plötzlich, der freien Bewegung beraubt, reizlos erscheint, sodass er ausruft: *«So geht es dir, Zergliederer deiner Freuden!»* Dass dabei sein Augenmerk auf die Idee des Organisch-Lebendigen gerichtet ist, sehen wir darin, dass er den Gedanken festhält und weiter ausbildet. Den 14. Juli 1770 schreibt er (d. j. G. 234) vom Versuch die Schönheit «wie einen Schmetterling zu fangen» und setzt hinzu, aber, «der Leichnam ist nicht das ganze Tier; es gehört noch etwas dazu, *das Leben*, der Geist, der alles schön macht. – Lassen Sie die freudenfeindliche Erfahrungssucht, die Sommervögel tötet und Blumen anatomiert.» – Wenn wir hierzu die bekannte Stelle im Faust I, 1582 ff. halten, so können wir nicht zweifeln, dass hier schon eine geistvollere Erfassung des Organischen gefordert wird:

> Wer will was Lebendig's erkennen und beschreiben,
> Sucht erst den Geist herauszutreiben,
> Dann hat er die Teile in seiner Hand,
> Fehlt leider! nur das geistige Band.
> Encheiresin naturae nennt's die Chemie,
> Spottet ihrer selbst und weiß nicht wie.

Hantierung der Natur nennt die Chemie dasjenige, was sie zu erfassen nicht vermag, und spottet mit diesem Ausdruck, ohne es zu wissen, ihrer eigenen Ohnmacht. Dass Goethe Chemie und Anatomie an ihrem Orte zu schätzen verstand, brauchen wir wohl nicht hervorzuheben.

Auffallend ist, wie das Treffende obiger Verse unmittelbar überzeugend wirkt, in aller Munde ist und wie die Wissenschaft bei alledem fortfährt auf die in denselben verurteilte Weise dem Leben beikommen zu wollen.

Das letzte Geheimnis des Lebens hat er freilich nicht enthüllt, ebenso wenig als demselben seine Gegner nähergekommen sind. Er ging nur auf die Erscheinung desselben in seiner Totalität geradeaus zu und suchte sie zu erfassen, indem die andern sie in mechanisch-physikalischer Kausalität suchen, obwohl sie einer andern Gesetzmäßigkeit folgt. Allerdings müsste man diese doch wohl auch als eine physikalische oder als eine physiologische bezeichnen, wenn man das Zusammenwirken der Motoren, die das Leben eines Organismus hervorbringen, aus den bekannten Ursachen erklären könnte. So lange man aber dies nicht kann und doch vorgehen will mit den Mitteln, mit denen gewöhnlich Physikalisches erklärt wird, so haftet man immer an Einzelheiten und man hat dann immer nur die Teile in der Hand, denen das geistige Band fehlt. Goethe richtet sich daher auf das Ganze, das Notwendige, den Typus, und dies führt ihn zu seinen großen Entdeckungen. Diese Entdeckungen kann man ihm abstreiten und es können sie andere unabhängig von ihm gemacht haben:[3] ihre Bedeutung liegt nicht in ihrem *was*, sie liegt in dem Zusammenhang desselben mit Goethes ganzer Naturanschauung, aus der sie entspringen.[4]

Der Vorwurf des Mystizismus, der Goethes Anschauung gemacht wurde, will nicht viel sagen. Er kann allerdings nicht umhin, ein noch Unenthülltes, Geheimes als solches zu sehn. Der es nicht sehen will, klärt uns nicht besser darüber auf, und wir gewinnen auch nichts, wenn er ohne weiters die nächste Maschine mit ihrem Mechanismus dem stoffumgestaltenden Leben des Organischen gleichstellt.

Man vergegenwärtige sich nur ganz, was mit dieser abkürzenden Erklärungsweise eigentlich getan ist. Sie lässt uns die unübersehbare Fülle von Bedingungen des Lebens von Millionen Wesen in aller Mannigfaltigkeit als ein Analogon erscheinen von einfachen Erzeugnissen des Menschenwitzes und beruhigt sich dabei, zur großen Befriedigung der flachen Mehrheit der Geister. Dem gegenüber steht nun die der ganzen Fülle jener

---

3 So wie z.B. Oken auf eigenem Wege die Wirbeltheorie Goethes gefunden. Goethe hat sie nicht nur früher entdeckt, sondern auch in größerem Sinne dargelegt. Lesenswert ist hierüber Düntzers Abhandlung in *Aus Goethes Freundeskreise* S. 417–466. – [Siehe Oken: *Über die Bedeutung der Schädelknochen,* Jena 1807; Düntzer: *Aus Goethe's Freundeskreise*, Braunschweig 1868, Kapitel XI: «Oken», S. 401–466.]

4 Die Anschauungsweise vieler Gelehrter kennzeichnet Goethe treffend in einem Briefe vom April 1785 an Merck: «Einem Gelehrten von Profession traue ich zu, dass er seine fünf Sinne ableugnet. Es ist ihnen selten um den lebendigen Begriff der Sache zu tun, sondern nur um das, was man gesagt hat.»

Erscheinungen sich gegenwärtige Anschauung Goethes, die die Ableitung lebendiger Organismen aus dem Leblosen nicht annehmen kann, so lange sich in diesem nur solche Gesetze darleben, die bei dem Lebendigwerden nicht tätig erscheinen. Goethe übernimmt mit seiner Betrachtung der Gesetze des Lebens am Lebendigen gewiss eine schwierigere Aufgabe, stellt höhere Aufgaben der Forschung, geht auf vollere Wahrheit aus. Wenn er des Mystizismus geziehen wird, so ist zu bemerken, dass er seinen ketzerischen Anschauungen, gegenüber aller kirchlicher Überlieferung, von Jugend auf bis an sein Lebensende treu geblieben ist, ohne einen Augenblick zu schwanken, ohne je zu irgendeiner Heuchelei sich zu verstehen. Dass er diejenigen Dinge in der sinnlichen wie in der sittlichen Welt, die unser Staunen erregen, ohne dass wir sie erklären können, lebendig und als ein Geheimes empfand, dass er in ihnen eine ebenso geheimnisvolle als hohe Zweckmäßigkeit verehrte, ja anbetend bewunderte, dies zeugt uns für die Tiefe und Gesundheit seines Geistes. – Wie er sich das Höchste aller Mysterien, die einheitliche Gesetzmäßigkeit des Alls, ihre Ursache und ihren Bestand, wie er sich Gott dachte, vermochte er nur in dichterischen Gleichnisreden auszusprechen: «Ich habe keinen Namen dafür. Gefühl ist alles; Name ist Schall und Rauch.» – Man vergleiche die Gedichte unter der Überschrift Gott und Welt: Proömium, Weltseele usf. Dort, wo der schnellfertige, sich mit halbem und vermeintlichem Wissen begnügende Verstand das Nichts sieht, das die Stelle der ahnungsreichen Glaubensformen der Menschheit vertreten soll, finden wir bei Goethe eine Fülle der Gedanken und Empfindungen und die Forderung, eine höhere Wahrheit, ein volleres Licht vorauszusetzen, die der Fülle seines reichen Geistes entsprechen. Daher verhält er sich mitfühlender gegenüber jedem hingebenden, erhebenden Glauben als gegenüber dem unfruchtbaren Nihilismus; jeder Glaube ist seinem positiven, schöpferischen, vernunftbegabten Geiste verwandter.

Er ist deshalb jedoch nicht etwa dichterisch geneigt, leeren Phantasiegebilden nachzugehen. Spottet er ja doch der Gegner namentlich dann, wenn sie verlangten, dass man sehe, was man in der Tat nicht sah.

Fürchten wir schon mit dem Bisherigen Widerspruch zu erregen, so können wir doch nicht umhin, noch weiter zu gehen, indem wir noch besonders gegen den verbreiteten Irrtum protestieren, als ob Goethes wissenschaftliche Bestrebungen als Zeitvertreib in Nebenstunden bei nachlassender Dichterkraft anzusehen wären.

Eine solche Ansicht ist vor allem historisch nicht haltbar. Seine ganze Tendenz in dieser Richtung tritt hervor in seiner Jugend schon und wächst in ihm gleichzeitig mit seinen Dichtungen, *mit denen sie von Grund aus harmoniert*, mit denen sie stehen und fallen muss.

Goethes wissenschaftliche Arbeiten sind Taten des Genies, die in Anschauungen aus früher Jugend wurzelnd, in steter Entwickelung sein Leben hindurch, in vollem Einklang stehen mit dem Ganzen seines Wesens.

Ich bekenne gern, dass ich mich zu dieser Anschauung nur allmählich hindurchgerungen habe, dass mir aber seitdem Goethes wissenschaftliche

Schriften völlig neu erschienen sind und zu großem Gewinne. Mit jedem Tage wird mir nun ihr Zusammenhang mit Goethes ganzem Wesen deutlicher und steigt dadurch für mich ihr Wert.

Dem Genie gegenüber handelt es sich ja nicht so sehr um Recht oder Unrecht als darum, es zu verstehen! – Wenn man es versteht, wird man in seinem Denken Folgerichtigkeit und Einklang finden. Solches Unrecht, so lächerlicher Irrtum, wie man Goethe oft zuschreibt, ist der Einrichtung eines so hohen Geistes einfach unmöglich.

Unfehlbar freilich ist kein Mensch, auch Goethe nicht. Er hat in seinem Urteil wiederholt seine Ansicht gewechselt, er musste also wiederholt im Unrecht gewesen sein. Ein solches Unrecht wird sich aber immer erklären lassen aus einem großen Zusammenhange, sodass sich ein Gesichtspunkt finden muss, von dem aus er auch da recht hat. Wenn man ihm ein Unrecht derart nachweisen kann, dass klar wird, unter welchen Voraussetzungen er dazu gekommen ist, dann werden wir uns befriedigt fühlen und den großen Geist auch dort mit Erhebung wahrnehmen, wo wir ihn überschauen. Solcher Fälle entsinnen wir uns ja doch z.B. wie er in früher Jugend, der ganzen Mitwelt voraus, die sogenannte gotische Baukunst tief und gründlich erkannte, wie sie dann seinem Gesichtskreis entschwand, sodass er sie wieder verkannte, wie sie ihm endlich wieder näher gerückt wird, sodass er aufs Neue von ihr eingenommen wurde!

Wenn man ein Goethe'sches Unrecht aber nicht in so erklärlicher Begreiflichkeit darzustellen vermag, da ist es wohl am Platze sich zu bedenken, bevor man eine von ihm ernst genommene Sache weniger ernst nimmt. Beachtenswert scheint hier vor allem, dass die Empirie mit Goethe nicht in Widerspruch ist; er geht von ihr aus und beobachtet genau. In Widerspruch sind nur *Theorien*, die Goethe *sehr gut zu begreifen*, aber nicht als richtig anzuerkennen vermag, *wo sie nicht empirisal erweisbar sind*.

Goethes Studien haben, wenn man sie geschichtlich verfolgt, ohne Frage etwas Ungeschultes, ein Losschreiten auf den Gegenstand, wie dies nicht jedermann zu raten wäre. Dabei kommt nun wohl das Divinatorische seines Genies ins Spiel, das ihn richtig leitet. Wenn man aber dabei den Ernst und die Gewissenhaftigkeit beachtet, mit der er vorgeht, so wird man kaum die Bezeichnung seines Strebens als Dilettantismus gerechtfertigt finden. Er scheut keine Mühe, weder in Sammlung und Prüfung des Materials noch in der unbefangenen Verfolgung aller Konsequenzen.

Methodisch sucht er die Tatsachen so vorzulegen, dass sie gleichsam selbst reden. Selbstlos geht er in das Objekt auf und hütet sich vor Selbsttäuschung.

Über allen Zweifel erhaben scheint mir, dass der Götterfunke des Genies in Goethes wissenschaftlichen Schriften gerade so zu erkennen ist wie in seinen Gedichten. Gaben des Genies sind immer kostbar. Die Wissenschaft hat der Arbeiter genug, aber wenig Impuls gebender Geister. Hätte Goethe als akademischer Lehrer gewirkt und Schüler gebildet, die in seine Anschauungen intimer eingedrungen wären, seine

Schule müsste große Bedeutung gewonnen haben, nur schon durch den Zusammenhang mit der gesamten Entwickelung der Wissenschaften und des Geisteslebens in Deutschland, dem Goethes Streben entwachsen ist.

Jetzt stehen die Dinge freilich noch so, dass derjenige, der für ihn eintritt, gegen den Strom zu schwimmen hat.

Die Dichtungen Goethes aus dem Ganzen seiner Natur und aus der Gesamtheit seiner Schriften zu verstehen und zu erklären, hat man bereits *begonnen*. Seinen *naturwissenschaftlichen Schriften* ist eine derartige Behandlung noch nicht zugutegekommen.

Ich begrüße daher mit Freuden das Unternehmen des Herausgebers seiner vorliegenden naturwissenschaftlichen Schriften.

Von naturwissenschaftlichen Studien ausgehend, sehe ich ihn von Goethes Persönlichkeit angezogen. Er widmet sich dem Studium seiner Schriften mit hingebender Begeisterung. Er gelangt zur Erkenntnis, dass sie nur in Zusammenhang mit dem Ganzen seines Wesens zu beurteilen sind. Er erkennt, dass der Schlüssel zu Goethes ganzem Denken doch im Geistesleben seiner Zeit zu suchen ist. Obwohl Goethe nicht als Philosoph zu nehmen ist, so erscheint er doch angeregt von der philosophischen Zeitströmung und wirkt auf sie zurück. Der Herausgeber unterlässt nicht, auch in dieser Richtung aus unmittelbarer Quelle schöpfend, klare Anschauung des Geschichtlichen zu erstreben.

Wenn ich nun das naturwissenschaftliche Gebiet zu betreten mir auch nicht gestatten will, so kann ich mich doch dem Zugeständnisse nicht verschließen, dass mir die mit sich selbst übereinstimmende Folgerichtigkeit, die ich bei all diesem Streben zutage treten sehe, doch eine Bürgschaft dafür sein muss, dass die Erläuterungen, mit denen Goethes wissenschaftliche Schriften begleitet sind, notwendig eine Förderung des Verständnisses derselben werden müssen, wie wir sie noch nicht hatten, eine Förderung, die der besonnene Leser dem Herausgeber danken wird, wenn er auch nicht in jeder Hinsicht zustimmen könnte.

Dies glaube ich aussprechen zu dürfen – wie es auf den Wunsch des Herrn Verlegers und des Herrn Herausgebers hiermit geschieht – indem mir der erste Band im Manuskript vorgelegt wird. Ich halte mich schon jetzt zur Hoffnung für berechtigt, dass dasselbe sich auch von den zwei nachfolgenden Bänden wird sagen lassen. Möge das Unternehmen gründlich beitragen zur Würdigung Goethes in seiner Stellung zur Wissenschaft.

Nicht nur mit seinen Dichtungen hat Goethe verjüngend auf sein Volk gewirkt; auch auf die wissenschaftlichen Strömungen Einfluss zu gewinnen, war ihm bestimmt. Seine wissenschaftlichen Schriften zeigen einen tiefen Hintergrund seines geistigen Lebens, und die Dichtungen ziehen das Interesse für seine Forschungen nach sich. Er wirkte bereits mächtig ein volles Jahrhundert auf unsere Bildung ein, das Verständnis für ihn nimmt aber zu mit jedem Tage, und so muss denn künftig sein Einfluss noch größer sein und namentlich der seiner wissenschaftlichen Schriften.

Dann wird man erst das Eigentümliche und Tiefe des deutschen Wesens erkennen, das in der Erscheinung liegt, dass unsere größten Dichter, Schiller und Goethe, auch unsere größten Denker sind.

Föherczeglak in Ungarn, den 28. August 1883.

K. J. Schröer

Zu dieser Ausgabe

Goethes naturwissenschaftliche Schriften in Kürschners Deutscher National-Litteratur

Rudolf Steiner hat sich schon vor seinem Studium der Naturwissenschaften und Mathematik an der Technischen Hochschule in Wien mit Goethe und mit philosophischen Grundfragen der Naturwissenschaft beschäftigt. Schon kurz nach der Aufnahme seines Studiums lernte er den Literatur- und Sprachwissenschaftler Karl Julius Schröer (1825–1900) kennen, eine Begegnung, die von weittragender Bedeutung für ihn werden sollte. Schröer brachte dem naturwissenschaftlich und literarisch interessierten Studenten den Menschen und Dichter Goethe näher und regte ihn an, auch dessen naturwissenschaftliche Schriften und Aufzeichnungen vertieft zu studieren. Es kann nicht ausgeschlossen – aber auch nicht positiv belegt werden –, dass sich Steiner noch bevor er Schröer und dann Joseph Kürschner kennenlernte, mit Goethes naturwissenschaftlichen Arbeiten beschäftigt hat.

Die interessanten Gespräche und Auseinandersetzungen um naturphilosophische Grundfragen, die er mit Steiner führte, veranlassten Schröer, den jungen Wissenschaftler an den Gesamtherausgeber der Reihe «Deutsche National-Litteratur», den Schriftsteller, Theaterwissenschaftler und Lexikografen Joseph Kürschner (1853–1902), zu empfehlen (Brief vom 4. Juni 1882), und zwar als Herausgeber von Goethes naturwissenschaftlichen Schriften. Unter der Bedingung, dass Schröer die Oberaufsicht über Steiners Arbeit übernimmt, die Drucklegung begleitet sowie eine Einführung schreibt, ging Kürschner unmittelbar darauf ein.

Steiner war allerdings nicht der erste Naturwissenschaftler, der eine Edition von Goethes naturwissenschaftlichen Schriften unternahm. Der Physiker Salomon Kalischer übernahm für die im Verlag von Gustav Hempel in Berlin erscheinende Goethe-Ausgabe (1868–1879) die Edition der gesamten naturwissenschaftlichen Schriften und versah diese mit fachbezogenen Einleitungen, editorischen Anmerkungen und inhaltlichen Stellenkommentaren. Er lieferte in diesem Sinne die formale Vorlage für Steiners Edition in Kürschners Deutscher National-Litteratur. Kalischers Einleitungen erschienen bereits 1878 in Berlin separat unter dem Titel: *Goethes Verhältnis zur Naturwissenschaft und seine Bedeutung in derselben.* Steiner ging jedoch in der philosophischen Konzeption und Durchführung seiner Einleitungen ganz andere Wege als Kalischer.

Die Berufung des damals 21-jährigen, noch völlig unbekannten Steiner als Herausgeber geschah mit Brief vom 9. Oktober 1882. Steiner machte sich unverzüglich an die Arbeit und erstellte einen Editionsplan, der zunächst noch drei Bände vorsah (siehe oben die publizierte Fassung «Übersicht und Anordnung der naturwissenschaftlichen Schriften Goethes», S. 11–13). Die Ausgabe sollte gemäß Vertrag vom 16. März 1883 innerhalb eines Jahres fertiggestellt werden. Der erste Band erschien zeitnah 1883, nur ein wenig verzögert durch die hinausgeschobene Fertigstellung der Einführung, des «Vorworts» von Schröer. Alle weiteren Verzögerungen, die sich über Jahre hinzogen, gehen auf Steiner zurück und bereiteten Kürschner großen Verdruss. So erschien der zweite Band erst 1887. Der dritte Band, von dem schließlich ein vierter Band abgespalten wurde, erschien 1890, als Steiner bereits für die Weimarer Sophien-Ausgabe tätig war. Der vierte Band erschien schließlich in zwei Teilen erst nach Abschluss von Steiners Tätigkeit in Weimar 1897. (Für Einzelzeiten und Dokumente zu dieser Editionsgeschichte siehe Renatus Ziegler: *Geist und Buchstabe, Rudolf Steiner als Herausgeber von Goethes naturwissenschaftlichen Schriften*, Basel 2018, Kapitel 2: «Rudolf Steiners Edition der naturwissenschaftlichen Schriften Goethes in der von Joseph Kürschner herausgegebenen Reihe Deutsche National-Litteratur», S. 25–47.)

Der zweite Teil des vierten Bandes war zugleich der letzte Band von Goethes Werken im Rahmen von Kürschners Edition und enthielt dementsprechend Nachträge (etwa das «Das Mädchen von Oberkirch» mit einer Einleitung von Steiner, S. 603–605) sowie ein Generalregister der in dieser Ausgabe edierten Textstücke von Goethe einschließlich der Dichtungen mit Überschriften oder Anfangszeilen (S. 614–651). Ob dieses Register von Steiner selbst erstellt wurde, ist nicht bekannt.

Nebst den Einleitungen und ergänzenden Texten erarbeitete Steiner zum Teil ausführliche inhaltliche und editorische Stellenkommentare zu Goethes Texten. Aus diesem Grund repräsentiert die Edition dieser Einleitungen und der ergänzenden Texte, auch mit ihrem Einbezug ausgewählter Kommentare, nur einen Teilbereich von Steiners Anstrengung, Goethes naturwissenschaftlichen Schriften gerecht zu werden. Da diese Texte natürlich besonders interessant sind im Kontext der Goethe'schen Ausführungen, wurden die gesamten naturwissenschaftlichen Schriften der Kürschner-Ausgabe mehrfach nachgedruckt, zum Teil mit Weglassung von Texten der ursprünglichen Ausgabe sowie manchmal mit ergänzenden Texten durch die jeweiligen Herausgeber.

Frühere Ausgaben und Teilausgabe von Goethes naturwissenschaftlichen Schriften mit Steiners Einleitungen und Fußnoten

(I) Erstausgabe = Ausgabe letzter Hand

Goethes Werke, Naturwissenschaftliche Schriften, Deutsche National-Litteratur. Historisch-kritische Ausgabe, herausgegeben von Joseph Kürschner. Berlin und Stuttgart: Spemann, ab 1890 Union deutsche Verlagsgesellschaft, 1883–1897.

Band 114, Goethes Werke XXXIII = Goethes Werke, Naturwissenschaftliche Schriften, herausgegeben von Rudolf Steiner, Erster Band, 1883 [= GA 1a]. Textstücke: Karl Julius Schröer: «Vorwort», S. I–XIV; Steiner: «Übersicht und Anordnung der naturwissenschaftlichen Schriften Goethes», S. XV–XVI [weggelassen in 1. bis 4. Auflage der «Einleitungen»]; «Einleitung», S. XVII–XX; «Die Entstehung der Metamorphosenlehre», S. XX–LII; «Über das Wesen und die Bedeutung von Goethes Schriften über organische Bildung», S. LII–LXXVII; «Über die morphologischen Hefte», S. LXXVIII–LXXXIV [S. LXXVIII–LXXXI weggelassen in 1. bis 4. Auflage der «Einleitungen»]. Register, S. 464–472.

Band 115, Goethes Werke XXXIV = Goethes Werke, Naturwissenschaftliche Schriften, herausgegeben von Rudolf Steiner, Zweiter Band, 1887 [= GA 1b]. Textstücke von Steiner: «Vorrede», S. I–VI; «Einleitung: Über die Anordnung der naturwissenschaftlichen Schriften», S. VII–IX; «Von der Kunst zur Wissenschaft», S. IX–XIII; «Goethes Erkenntnistheorie», S. XIII–XXVIII; «Wissen und Handeln im Lichte der Goethe'schen Denkweise», S. XXVIII–LIII; «Verhältnis der Goethe'schen Denkweise zu anderen Ansichten», S. LIII–LXVII; «Goethe und die Mathematik», S. LXVII–LXIX; «Das geologische Grundprinzip Goethes«, S. LXIX–LXXIII; «Die meteorologischen Vorstellungen Goethes», S. LXXIII–LXXIV. Register, S. 399–401.

Band 116, Goethes Werke XXXV = Goethes Werke, Naturwissenschaftliche Schriften, herausgegeben von Rudolf Steiner, Dritter Band, 1890 [= GA 1c]. Textstücke von Steiner: «Vorrede», S. I–IV; «I. Goethe und die moderne Naturwissenschaft», S. V–X; «II. Das ‹Urphänomen›», S. X–XVII; «III. Das System der Naturwissenschaft», S. XVIII–XX; «IV. Das System der Farbenlehre», S. XX–XXII; «V. Der Goethe'sche Raumbegriff», S. XXII–XXVI; «VI. Goethe, Newton und die Physiker», S. XXVI–XXX; «Tafeln und Text», S. XXXI–XXXII [weggelassen in 1. bis 4. Auflage der «Einleitungen»].

Band 117.1, Goethes Werke XXXVI.1 = Goethes Werke, Naturwissenschaftliche Schriften, herausgegeben von Rudolf Steiner, Vierter Band, Erste Abteilung, 1897 [= GA 1d]. Textstücke von Steiner: «Einleitung», S. I–XVI.

Band 117.2, Goethes Werke XXXVI.2 = Goethes Werke, Naturwissenschaftliche Schriften, herausgegeben von Rudolf Steiner, Vierter Band, Zweite Abteilung, 1897 [teilweise in GA 1e, siehe dazu weiter unten]. Textstücke von Steiner: «Einleitung», S. 339–347; «Über die Anordnung der ‹Sprüche in Prosa›», S. 347–348 [weggelassen in 1. bis 4. Auflage der «Einleitungen»]; «Einleitung» zu «Das Mädchen von Oberkirch», S. 603–605 [weggelassen in 1. bis 4. Auflage der «Einleitungen»].

(II) Erster veränderter fotomechanischer Nachdruck der Kürschner-Ausgabe

Mit neuen Titelblättern, erster bis dritter Band und erste Abteilung des vierten Bandes, ansonsten unverändert. Im vierten Band, zweite Abteilung wurden folgende Texte weggelassen «Das Mädchen von Oberkirch», «Ergänzungen zum ‹West-östlichen Diwan›», Generalregister aller Textstücke der Goethe-Ausgabe.

Goethes Werke, Naturwissenschaftliche Schriften, [Sonderausgabe] Deutsche National-Litteratur. Historisch-kritische Ausgabe, herausgegeben von Joseph Kürschner. Stuttgart, Berlin, Leipzig, Union deutsche Verlagsgesellschaft o.J. [1921]

(III) Fotomechanischer Nachdruck des ersten und dritten Bandes aus (I)

Mit neuen Titelblättern.

Goethes Werke, Naturwissenschaftliche Schriften. Bern: Troxler-Verlag 1947/1949. Band I: Mit «Zur Neuherausgabe» von H. O. Proskauer, 2 S. vor Paginierung, «Kurze Hinweise auf neuere biologische Arbeiten (als Zugabe zur Neuherausgabe 1948)» von Hermann Poppelbaum, S. LXXXV–CIV. Band III: Mit Ergänzung einer Zeichnung von Goethe, S. 1.

(IV) J. W. Goethe: Naturwissenschaftliche Schriften

Fotomechanischer Nachdruck der Ausgabe (II), Dornach: Rudolf Steiner Verlag 1975. Mit «Zur Neuausgabe» und «Berichtigungen zur Neuausgabe 1975». Letzter Band mit Streichungen und Textergänzungen, siehe unten: «Textgrundlage».

(V) J. W. Goethe: Naturwissenschaftliche Schriften

Fotomechanischer Nachdruck von (IV), Dornach: Rudolf Steiner Verlag 1982. Kartonierte Sonderausgabe in Schuber.

(VI) Teilausgabe: J. W. Goethe: Farbenlehre

Neusatz im Verlag Freies Geistesleben, Stuttgart: Johann Wolfgang Goethe: *Farbenlehre*. Mit ausgewählten Einleitungen und Kommentaren von Rudolf Steiner; die Einleitungen im Wesentlichen nach: *Goethes Naturwissenschaftliche Schriften*, Dornach: Philosophisch-Anthroposophischer Verlag am Goetheanum 1926 und früheren Auflagen von GA 1. Herausgegeben [und mit Hinweisen] von Gerhard Ott und Heinrich O. Proskauer. 5 Bände [bis zur 3. Auflage nur Band 1 bis 3; die Bände 4 und 5 erschienen zuerst 1986, herausgegeben von Gertrud und Gerhard Ott].

Band 1: Entwurf einer Farbenlehre, Band 2: Vorarbeiten und Nachträge zur Farbenlehre, Band 3: Enthüllung der Theorie Newtons, Band 4: Historischer Teil I, Band 6; Historischer Teil II. [Aus Band XXXIV und XXXV der Ausgabe (I)]. 1. Auflage 1979, 2. Auflage 1980, 3. Auflage 1984, 4. Auflage 1988; 5. Auflage 1992, 6. Auflage 1997, 7. Auflage 2003.

Frühere separate Ausgaben der Einleitungen und ergänzende Texte zu Goethes naturwissenschaftlichen Schriften

Steiner fasste wohl Anfang 1922 den Entschluss, seine Einleitungen zu Goethes naturwissenschaftlichen Schriften zu bearbeiten und gesammelt herauszugeben. Er ließ Druckfahnen des gesamten ursprünglichen Textes seiner Einleitungen herstellen und trug seine Ergänzungen, Streichungen, Korrekturen etc. in diese Fahnen handschriftlich ein. Diese Fahnen sind vollständig im Rudolf Steiner Archiv (RSA) erhalten. In einem weiteren Schritt wurden Korrekturbogen mit den ausgeführten Korrekturen gesetzt, datiert vom 17. bis 29. Mai 1922, in welche Steiner weitere Korrekturen und Ergänzungen eintrug; weitere Korrekturbogen zum ersten Band vom 20. Oktober 1922 enthalten keine Eintragungen Steiners mehr. Die Korrekturbogen sind nur unvollständig überliefert (siehe unten: «Textgrundlage»). Daraus kann man entnehmen, dass Steiner an der Überarbeitung dieser Schriften sicher in den ersten zwei Dritteln des Jahres 1922 arbeitete und dann diese Arbeit liegen ließ und vor seinem Tode nicht mehr aufgriff, da es zu seiner Lebenszeit zu keiner Vervollständigung der Korrekturen und zu keinem Druck kam. Insbesondere gibt es keine Überlieferungen zu den vorgesehenen 32 Anmerkungen von seiner Hand (siehe unten). Es gibt also von dieser geplanten Ausgabe weder eine vollständige «Fassung letzter Hand» geschweige denn eine «Ausgabe letzter Hand».

Aus diesem Grund ist die durch den Philosophisch-Anthroposophischen Verlag 1926 erstellte erste Ausgabe dieser Einleitungen streng genommen keine Ausgabe letzter Hand, da Steiner den zum Druck vorbereiteten Text nicht vollendete. Zudem hätte er sehr wahrscheinlich auch im letzten Korrekturgang noch Änderungen eingefügt. Daher gibt es bis heute keine Fassung oder Ausgabe letzter Hand der Einleitungen und ergänzenden Texte zu Steiners 1922 geplanter Neuedition von Goethes naturwissenschaftlichen Schriften in der Kürschner-Ausgabe. Aus diesem Grund wird die Ausgabe von 1926 in der vorliegenden Edition nicht berücksichtigt.

Frühere selbstständige Ausgaben der Einleitungen Rudolf Steiners zu Goethes naturwissenschaftlichen Schriften

1. Auflage: *Goethes Naturwissenschaftliche Schriften*, Dornach: Philosophisch-Anthroposophischer Verlag am Goetheanum 1926. Die Ausgabe

enthält folgenden Vermerk des Verlags: «Diese Schrift ist ein vom Autor durchgesehener Abdruck aus ‹Goethes Naturwissenschaftliche Schriften in 4 Bänden, herausgegeben von Rudolf Steiner›. Der Abdruck erfolgt mit freundlicher Genehmigung der Union Deutsche Verlagsgesellschaft, Stuttgart. Rudolf Steiner hatte die Absicht, am Schlusse dieser Schrift 32 Anmerkungen zu von ihm selbst noch bestimmten Stellen zu schreiben. Die betreffenden Stellen sind in dem vorliegenden Buch bereits durch Fußnoten bezeichnet. Leider konnte Rudolf Steiner seine Absicht nicht mehr zur Ausführung bringen; wir müssen deshalb die in den Fußnoten der vorliegenden Ausgabe verzeichneten 32 Anmerkungen schmerzlich entbehren.»

Hier lautet das Inhaltsverzeichnis folgendermaßen (siehe den vorliegenden Band, S. 5–8):

2. Auflage: *Goethes Naturwissenschaftliche Schriften*, Freiburg i. Br.: Novalis-Verlag 1949. Nachdruck der 1. Auflage. Mit «Statt eines Vorwortes zur Neuausgabe 1949», S. 5, und einem «Nachwort des Verlages zur Deutschen Lizenzausgabe 1949», S. 319–320. Register, S. 335–340.

3. Auflage: *Goethes Naturwissenschaftliche Schriften*. Nachdruck der 1. Auflage. GA 1, Dornach: Rudolf Steiner Verlag 1973. Mit «Zur Einführung: Aus Rudolf Steiners Selbstbiografie ‹Mein Lebensgang›, Kap. VI», S. 7–8. Register S. 345–347. Zudem heißt es auf S. 9: «Alle Stellen aus von Goethe verfassten Briefen sind zitiert nach der sog. Weimarer Ausgabe (= WA) oder Sophien-Ausgabe von Goethes Werken, Abteilung IV: Briefe, 50 Bde., Weimar 1887–1912; die beiden Ziffern beziehen sich auf Band und Seitenzahl dieser Abteilung. – Hinzufügungen des Herausgebers sind in eckige Klammern gesetzt.» Steiners entsprechende Zitatnachweise in den Fußnoten wurden teilweise direkt und gemäß WA in den Text eingearbeitet.

4. Auflage: *Einleitungen zu Goethes Naturwissenschaftlichen Schriften. Zugleich eine Grundlegung der Geisteswissenschaft (Anthroposophie).* GA 1, Dornach: Rudolf Steiner Verlag 1987. Unveränderter Nachdruck der 3. Auflage mit verändertem Titel und nach Bänden strukturiertem Inhaltsverzeichnis sowie einer «Übersicht über die [naturwissenschaftliche] Herausgebertätigkeit Rudolf Steiners in den Jahren 1884–1897», S. 345. Register, S. 346–348.

Hier lautet das Inhaltsverzeichnis folgendermaßen:

1884, I. Band

- I. Einleitung
- II. Die Entstehung der Metamorphosenlehre
- III. Die Entstehung von Goethes Gedanken über die Bildung der Tiere
- V. Über das Wesen und die Bedeutung von Goethes Schriften über organische Bildung
- V. Abschluss über Goethes morphologische Anschauungen

1887, II. Band

- VI. Goethes Erkenntnis-Art
- VII. Über die Anordnung der naturwissenschaftlichen Schriften Goethes
- VIII. Von der Kunst zur Wissenschaft
- IX. Goethes Erkenntnistheorie
- X. Wissen und Handeln im Lichte der Goethe'schen Denkweise
- XI. Verhältnis der Goethe'schen Denkweise zu anderen Ansichten
- XII. Goethe und die Mathematik
- XIII. Das geologische Grundprinzip Goethes
- XIV. Die meteorologischen Vorstellungen Goethes

1890, III. Band

XV. Goethe und der naturwissenschaftliche Illusionismus

XVI. Goethe als Denker und Forscher

1897, IV. Band, 1. und 2. Abteilung

XVII. Goethe gegen den Atomismus

XVIII. Goethes Weltanschauung in seinen «Sprüchen in Prosa»

Taschenbuchausgaben

Goethes Naturwissenschaftliche Schriften. Verlag Freies Geistesleben, Stuttgart 1962: Rudolf Steiner Taschenbuchausgabe, Nr. 7.

Einleitungen zu Goethes Naturwissenschaftlichen Schriften. Zugleich eine Grundlegung der Geisteswissenschaft (Anthroposophie). Rudolf Steiner Verlag, Dornach 1987, 1999, Tb 649 (Fotomechanischer Nachdruck der 4. Aufl. von GA 1).

5. Auflage: Goethes Naturwissenschaftliche Schriften. Ergänzende Texte und Einleitungen des Herausgebers in der Kürschner-Ausgabe

Die fünfte Auflage innerhalb der Rudolf Steiner Gesamtausgabe (Basel 2022) wurde besorgt durch Renatus Ziegler.

Der *Titel* der Neuedition wurde vom Herausgeber der 5. Auflage ergänzt, weil diese Neuedition auch ausgewählte Kommentare und unter anderem den Text zur ersten Planung der Ausgabe von 1883 (S. 11–13) enthält. Das Vorwort von Karl Julius Schröer vom 28. August 1883 zur Erstausgabe (GA 1a, S. I–XIV) wurde im Anhang beigefügt.

Die Erstellung einer Edition gemäß der Ausgabe letzter Hand der Einleitungen und der ergänzenden Texte Steiners muss sich auf die Originalausgaben von 1883–1897, d.h. auf den Erstdruck stützen (siehe unten: *Textgrundlage*). Diese wurde dementsprechend der vorliegenden Neuedition dieser Texte zugrunde gelegt; die Edition folgt den im *Archivmagazin* 5 (Basel 2016) niedergelegten «Editionsrichtlinien» mit vorsichtigen Anpassungen der Orthografie und Zeichensetzung sowie der stillschweigenden Korrektur von offensichtlichen Druckfehlern, einschließlich Datierungen von Briefen etc. Die von Steiner selbst im Erstdruck mitgeteilten «Berichtigungen» wurden stillschweigend ausgeführt. Die Berichtigungen der Herausgeber des fotomechanischen Nachdrucks von 1975 zu den Einleitungen wurden im Falle offensichtlicher Druckfehler stillschweigend berücksichtigt, ansonsten kontrolliert und im zutreffenden Falle in den Hinweisen ausgewiesen.

Personen- und Ortsnamen wurden gegebenenfalls stillschweigend korrigiert und vereinheitlicht. Alle übrigen Eingriffe stehen in eckigen

Klammern [...] und werden, falls es sich nicht um bloß sinngemäße Ergänzungen des Herausgebers handelt, in den Hinweisen näher erläutert.

Die im laufenden Text genannten Buchtitel sind bei Steiner in der Regel in Anführungs- und Schlusszeichen gesetzt, falls solche nicht vorhanden waren, wurden sie stillschweigend ergänzt. Vervollständigte oder gegebenenfalls korrigierte Titel der erwähnten Bücher oder Schriften findet man mit ausreichend ergänzten bibliografischen Angaben im Register (siehe unten). Im laufenden Text wurden die Buchtitel und bibliografische Details so belassen wie in der Textgrundlage. Seitenverweise wurden ebenfalls belassen und durch Seitenverweise auf die vorliegende Ausgabe in eckigen Klammern ergänzt.

Die von Steiner als Zitate ausgewiesenen Texte sind so wiedergegeben wie in der Textgrundlage. Falls notwendig, finden sich ergänzte und/oder korrigierte Zitate im Register. Bei Auslassungen stehen bei Steiner in der Regel drei Punkte ...; falls diese fehlen wurden sie in eckigen Klammern ergänzt: [...]. Zum Zweck spezifischer Zitatnachweise wurde bei größeren Lücken an manchen Stellen das Zitat mit » abgeschlossen und das nachfolgende Zitat mit « begonnen, also ... ersetzt durch » « ohne weitere Eingriffe in den Text.

Für naturwissenschaftliche Texte von Goethe wird auf Goethes naturwissenschaftliche Schriften in der Kürschner-Ausgabe verwiesen. Für Konkordanzen zu verschiedenen Ausgaben der naturwissenschaftlichen Schriften Goethes, insbesondere auf die heute als Standard geltende Leopoldina-Ausgabe (LA), sowie auf die Standard-Nummerierung der «Sprüche in Prosa» oder «Maximen und Reflexionen» nach der Ausgabe von Max Hecker siehe Renatus Ziegler: *Geist und Buchstabe*, Basel 2018, Anhang 4 und 5 sowie Rudolf Steiner, *Editorische Nachworte zu Goethes Naturwissenschaftlichen Schriften in der Weimarer Ausgabe (1891–1896)*, GA 1f, 1. Aufl. Basel 2017, S. 149–186.

Bei anderen Texten wird wenn möglich editionsunabhängig auf Kapitel, Abschnitt etc. des entsprechenden Werkes verwiesen. Da die von Steiner verwendeten Briefausgaben heute schwer greifbar sind, wird für Briefe *von* Goethe auf die Weimarer Ausgabe (WA), Abteilung IV, mit Bandnummer und Seite verwiesen.

Zur besseren Übersicht der von Steiner in der Kürschner-Ausgabe edierten naturwissenschaftlichen Schriften Goethes gibt es im Anhang eine *Konkordanz der Tafeln zu den Tafeln in Goethes Farbenlehre* und ein *Alphabetisches Register der Überschriften der Goethe-Texte* mit einem Hinweis darauf, in welchem Band des fotomechanischen Nachdrucks von 1975 (GA 1a–e) diese Texte jeweils zu finden sind. Ergänzend enthält der Anhang ein *Personenregister* für die gesamte Ausgabe von Goethes naturwissenschaftlichen Schriften in Kürschners Deutscher National-Litteratur (GA 1–e) und für die Edition *Editorische Nachworte zu Goethes Naturwissenschaftlichen Schriften in der Weimarer Ausgabe* (GA 1f).

Verhältnis der vorliegenden 5. Auflage zum Band 1: «Frühe Schriften zur Goethe-Deutung» in der Steiner Kritischen Ausgabe (SKA): Etwa zeitgleich mit der vorliegenden Ausgabe erscheint im Rahmen von *Rudolf Steiner Schriften – Kritische Ausgabe* der Band 1: *Frühe Schriften zur Goethe-Deutung* (SKA 1, Stuttgart 2022). Dort wird auf den Seiten 105–342 eine Edition der Einleitungen zu Goethes naturwissenschaftlichen Schriften auf der Textgrundlage der Ausgabe von 1926 präsentiert, wie üblich mit Einleitung und Stellenkommentaren (vor allem Zitatnachweisen) des Herausgebers Christian Clement. Sie enthält insbesondere die Änderungen der Ausgabe von 1926 gegenüber den Einleitungen in der Kürschner-Ausgabe (ohne ergänzende Texte wie «Übersicht und Anordnung der naturwissenschaftlichen Schriften Goethes», «Tafeln und Text», «Verzeichnis der Illustrationen», ausgewählte Kommentare Rudolf Steiners, «Vorwort» von Schröer). – Diese Edition kommt der Intention Steiners für eine separate Neuausgabe seiner Einleitungen zu Goethes naturwissenschaftlichen Schriften in der Kürschner-Ausgabe am nächsten. Man kann dort das vorläufige Ergebnis sehen, das Steiner mit seinen Bearbeitungen des ursprünglichen Textes erreicht hatte, aber nicht mehr vollenden und durchsehen konnte. Sie hat gegenüber der vorliegenden 5. Auflage im Rahmen der Gesamtausgabe Rudolf Steiners den Vorteil, dass Steiners Bearbeitungen im edierten Text umgesetzt worden sind und somit nicht aus einem Anhang erschlossen werden müssen. Dagegen bringt die vorliegende Ausgabe die vollständigen Texte aus der Kürschner-Ausgabe als Ausgabe letzter Hand sowie die Bearbeitungen Rudolf Steiners von 1922 im ursprünglichen Wortlaut ohne die redaktionellen Bearbeitungen der damaligen Herausgeber.

Textgrundlage der 5. Auflage: Ausgabe letzter Hand (1883–1897)

Die «Berichtigungen» Steiners im ersten Band der Kürschner'schen Ausgabe (GA 1a, S. 472) wurden stillschweigend ausgeführt. Die «Berichtigungen zur Neuausgabe 1975» in GA 1a, S. LXXXIV, in GA 1b, S. 1, in GA 1c, S. XXX, in GA 1d, S. XVI und in GA 1e, S. 632 wurden kontrolliert und, falls sie nicht Korrekturen im erstgenannten Sinne betreffen, in den Zitat- und Werknachweisen oder in den Hinweisen berücksichtigt.

D Druck: *Goethes Werke, Naturwissenschaftliche Schriften* [Kürschner-Ausgabe], Deutsche National-Litteratur. Historisch-kritische Ausgabe, herausgegeben von Joseph Kürschner. Stuttgart: Spemann, ab 1890 Union deutsche Verlagsgesellschaft, 1883–1897.

Band 114, Goethes Werke XXXIII = Goethes Werke, Naturwissenschaftliche Schriften, herausgegeben von Rudolf Steiner, Erster Band, 1883 [= GA 1a], Vorwort von Karl Julius Schröer: S. I–XIV; «Übersicht und Anordnung der naturwissenschaftlichen Schriften Goethes»: S. XV–XVI; Einleitung Steiner: S. XVII–LXXXIV; Berichtigungen von Steiner: S. 472, Berichtigungen zur Neuausgabe 1975: S. LXXXIV.

Band 115, Goethes Werke XXXIV = Goethes Werke, Naturwissenschaftliche Schriften, herausgegeben von Rudolf Steiner, Zweiter Band, 1887 [= GA 1b]. Einleitung Steiner: S. I–LXXIV; Berichtigungen zur Neuausgabe 1975: S. LXXV.

Band 116, Goethes Werke XXXV = Goethes Werke, Naturwissenschaftliche Schriften, herausgegeben von Rudolf Steiner, Dritter Band, 1890 [= GA 1c]. Vorrede und Einleitung Steiner: S. I–XXX; Berichtigungen zur Neuausgabe 1975: S. XXX; «Tafeln und Text»: S. XXXI–XXXII.

Band 117.1, Goethes Werke XXXVI.1 = Goethes Werke, Naturwissenschaftliche Schriften, herausgegeben von Rudolf Steiner, Vierter Band, Erste Abteilung, 1897 [= GA 1d]. Einleitung Steiner: S. I–XVI; Berichtigungen zur Neuausgabe 1975: S. XVI.

Band 117.2, Goethes Werke XXXVI.2 = Goethes Werke, Naturwissenschaftliche Schriften, herausgegeben von Rudolf Steiner, Vierter Band, Zweite Abteilung, 1897 [teilweise in GA 1e]. Einleitung Steiner: S. 339–348; Berichtigungen zur Neuausgabe 1975: S. 632. – Neu sind in GA 1e: Aufsatz Goethes «Von den farbigen Schatten», S. 601–625 (aus WA II 5.1, S. 101–125); angepasstes Inhaltsverzeichnis der Bände XXXVI.1 und XXXVI.2, S. 626–632; Berichtigungen zur Neuausgabe 1975, S. 632. – Weggelassen wurden in GA 1e: Goethes fragmentarisches Trauerspiel über «Das Mädchen von Oberkirch» (S. 607–612); Einleitung dazu von R. Steiner, S. 603–605 (heute in: *Gesammelte Aufsätze zur Literatur*, GA 32, 4. Aufl. Basel 2016, S. 198–202); Ergänzung zum «West-östlichen Divan» (S. 613); Generalregister der Überschriften der Dichtungen/Gedichtanfängen und Prosaschriften in den Bänden I bis XXXVI, inklusive der Naturwissenschaftlichen Schriften, S. 614–651; Inhaltsverzeichnis der Bände XXXVI.1 und XXXVI.2, S. 652–658.

Korrekturstufen 1922

Die Berücksichtigung von Steiners Eintragungen in den Druckfahnen und -bogen von 1922 findet nur in den Hinweisen statt. Steiners handschriftliche Eintragungen in den beiden Korrekturstufen wurden alle erfasst, außer sie betreffen Satzfehler, bei welchen der originale Satz des Erstdrucks wiederhergestellt wurde, oder Bemerkungen zur Gestaltung, wie «größerer Zwischenraum» etc. Bei Abweichungen der Richtigstellungen des Satzes von der Textgrundlage wurde die letztere vorgezogen. Veränderte Kommasetzungen, etwa vor «und» wurden nur in Ausnahmefällen einbezogen; Korrekturen von offensichtlichen grammatikalischen Fehlern wurden stillschweigend ausgeführt.

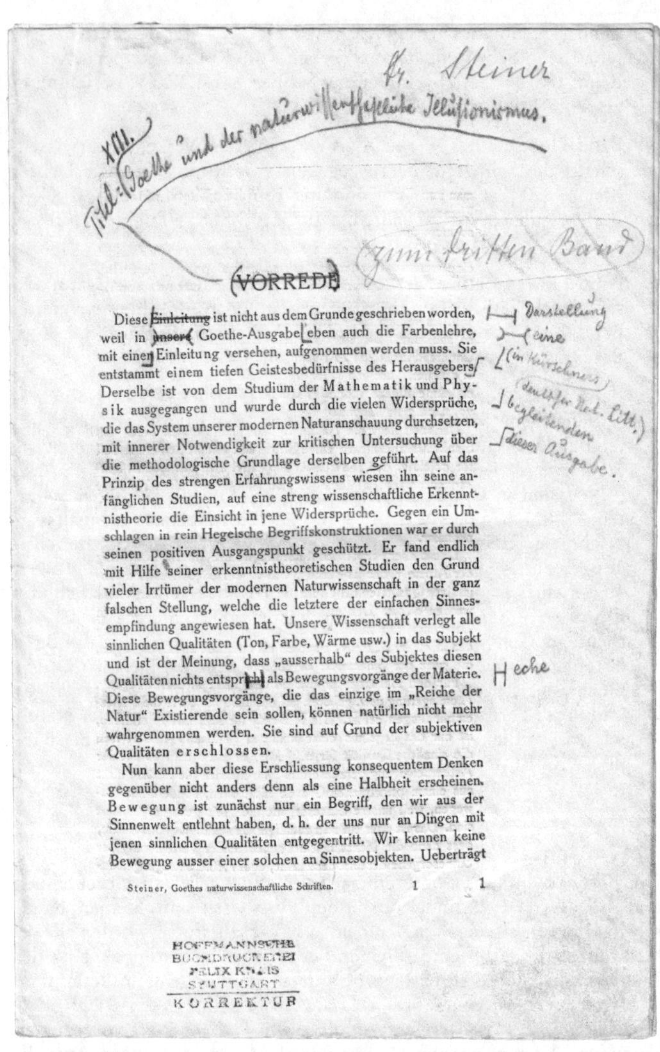

VORREDE

Diese Einleitung ist nicht aus dem Grunde geschrieben worden, weil in unsere Goethe-Ausgabe eben auch die Farbenlehre, mit einer Einleitung versehen, aufgenommen werden muss. Sie entstammt einem tiefen Geistesbedürfnisse des Herausgebers. Derselbe ist von dem Studium der Mathematik und Physik ausgegangen und wurde durch die vielen Widersprüche, die das System unserer modernen Naturanschauung durchsetzen, mit innerer Notwendigkeit zur kritischen Untersuchung über die methodologische Grundlage derselben geführt. Auf das Prinzip des strengen Erfahrungswissens wiesen ihn seine anfänglichen Studien, auf eine streng wissenschaftliche Erkenntnistheorie die Einsicht in jene Widersprüche. Gegen ein Umschlagen in rein Hegelsche Begriffskonstruktionen war er durch seinen positiven Ausgangspunkt geschützt. Er fand endlich mit Hilfe seiner erkenntnistheoretischen Studien den Grund vieler Irrtümer der modernen Naturwissenschaft in der ganz falschen Stellung, welche die letztere der einfachen Sinnesempfindung angewiesen hat. Unsere Wissenschaft verlegt alle sinnlichen Qualitäten (Ton, Farbe, Wärme usw.) in das Subjekt und ist der Meinung, dass „ausserhalb" des Subjektes diesen Qualitäten nichts entspricht als Bewegungsvorgänge der Materie. Diese Bewegungsvorgänge, die das einzige im „Reiche der Natur" Existierende sein sollen, können natürlich nicht mehr wahrgenommen werden. Sie sind auf Grund der subjektiven Qualitäten erschlossen.

Nun kann aber diese Erschliessung konsequentem Denken gegenüber nicht anders denn als eine Halbheit erscheinen. Bewegung ist zunächst nur ein Begriff, den wir aus der Sinnenwelt entlehnt haben, d. h. der uns nur an Dingen mit jenen sinnlichen Qualitäten entgegentritt. Wir kennen keine Bewegung ausser einer solchen an Sinnesobjekten. Ueberträgt

Steiner, Goethes naturwissenschaftliche Schriften. 1 1

HOFFMANNSCHE BUCHDRUCKEREI FELIX KRAIS STUTTGART KORREKTUR

Faksimile der Bogenkorrektur (2. Korrekturstufe 1922) aus Band XXXV; siehe dazu S. 310f. und die dazugehörigen Hinweise.

winnen. Wenn man wie Newton unter dem Lichte nur eine Mischung aus allen Farben versteht, dann verschwindet jeglicher Begriff von dem konkreten Wesen „Licht". Dasselbe verflüchtigt sich vollständig zu einer leeren Allgemeinvorstellung, der in der Wirklichkeit nichts entspricht. Solche Abstraktionen waren der Goetheschen Weltanschauung fremd. Für ihn musste eine jegliche Vorstellung konkreten Inhalt haben, nur hörte für ihn das „Konkrete" nicht beim „Physischen" auf.

Für „Licht" hat die moderne Physik eigentlich gar keinen Begriff. Sie kennt nur spezifizierte Lichter, Farben, die in bestimmten Mischungen den Eindruck: Weiss hervorrufen. Aber auch dieses „Weiss" darf nicht mit dem Lichte an sich identifiziert werden. Weiss ist eigentlich auch nichts weiter als eine Mischfarbe. Das „Licht" im Goetheschen Sinne kennt die moderne Physik nicht. Ebenso wenig die „Finsternis". Die Farbenlehre Goethes bewegt sich somit in einem Gebiete, welches die Begriffsbestimmungen der Physiker gar nicht berührt. Die Physik kennt einfach alle die Grundbegriffe der Goetheschen Farbenlehre nicht. Sie kann somit von ihrem Standpunkte aus diese Theorie gar nicht beurteilen. Goethe beginnt eben da, wo die Physik aufhört.

Es zeugt von einer ganz oberflächlichen Auffassung der Sache, wenn man fortwährend von dem Verhältnis Goethes zu Newton und der modernen Physik spricht und dabei gar nicht daran denkt, dass dies zwei völlig verschiedene Dinge sind!

Wir sind der Ueberzeugung, dass derjenige, welcher unsere Erörterungen über die Natur der Sinnesempfindungen im richtigen Sinne erfasst hat, gar keinen andern Eindruck von der Goetheschen Farbenlehre gewinnen kann, als den geschilderten. Wer freilich diese unsere grundlegenden Theorien nicht zugibt, der bleibt auf dem Standpunkt der physikalischen Optik stehen und damit lehnt er auch Goethes Farbenlehre ab.

RUDOLF STEINER

39

Faksimile der Bogenkorrektur (2. Korrekturstufe 1922) aus Band XXXV; siehe dazu S. 359f. und die dazugehörigen Hinweise.

FK 1. Korrekturstufe: Fahnenkorrekturen von Steiners Hand in einem Neusatz der Einleitungen in der oben genannten Ausgabe, von fremder Hand rot durchnummerierte Fahnen Nr. 1 bis 111. Es fehlen Nr. 80 bis 84 und in Nr. 85–95 finden sich keine Eintragungen; Nr. 80–95 betreffen alle die Einleitungen zu Band XXXV. In den den Band XXXVI.1 betreffenden Fahnen Nr. 96–104 sowie in den den Band XXXVI.2 betreffenden Fahnen Nr. 104–110 finden sich keinerlei Eintragungen. Der Text der Einleitungen endet mit Nr. 110; die Fahnen Nr. 110 und 111 enthalten den Anfang von Goethes «Sprüche in Prosa».

BK 2. Korrekturstufe: Bogenkorrekturen von Steiners Hand

Vorhandene Druckbogen:

Zu Band XXXIII: «Die Entstehung von Goethes Gedanken über die Bildung der Tiere», paginiert 33–48, gestempelt 20. Mai 1922 [Anfang fehlt, ebenso «Einleitung», «Die Entstehung der Metamorphosenlehre»]. – Die Korrekturen betreffen nur Querverweise.

Zu Band XXXIII: 2. Exemplar, ohne Korrektureintragungen, mit sonstigen Notizen am Rande, paginiert 33–48, gestempelt 20. Oktober 1922. Die Notizen betreffen offenbar vor allem Stichwörter für die vorgesehenen Anmerkungen:

> Anm. VIII. Tatsache – / IX Centrales, nicht Einzelheiten. / X. Anordnung der Schriften / XI. Schellings «Mysticismus» –/ XII Schließen, keine Metaphysik. – / XIII. Goethes methodischer Aufsatz – [Band] 4.2, S. 593 / XIV Wirkungsarten der Natur – religiös genial / XV. Idee Wille – / XVI. Ethischer Individualismus / XVII Ethische Wissenschaft. / XVIII Geisteswelt, Geisteswissenschaften. / XIX Pflicht etc. / XX «Natur» / XXI tellurisch / XXII Ende der Meteorologie / XXIII Ende Illusionismus / XXIV Mechanisten Positivisten / XXV Naturgesetz Typus Begriff / XXV Friedr[ich] Theod[or] Vischer Geist Mat[erie]. [Siehe Faksimile S. 568.]
>
> XX Berühmtes Gespräch mit Schiller / XXI – Fichte S. 170/ XXII im Verhältnis zu Goethe S. 179 / XXIII Natur S. 185/ XXIV Ende Geologie S. 189 / XXV prägna[n]ter P[unkt] S. 190/ XXVI Ende Meteorol[ogie] S. 192 / XXVII Ende Goethe, Newton, Physiker / XXVII Philosophisches von heute. Ostwald Cap[itel] / XXVIII hinter den Phänomenen / XXIX Descartes Wahn. Ende IV / XXX. Übrige Gebiete N[atur]W[issenschaften] wollen mechanistisch werden. / XXXI Scholastisches Christentum / XXXII Idee u. Mystik, Spr[üche] in Prosa.
>
> Titel XV Goethe gegen den Atomismus

Zu Band XXXIII: «Über das Wesen und die Bedeutung von Goethe Schriften über organische Bildung» [Anfang fehlt], «Über die morphologischen Hefte», paginiert 65–91, gestempelt 29. Mai 1922. – Die Korrekturen betreffen nur Querverweise.

Zu Band XXXIV: «Die meteorologischen Vorstellungen Goethes», paginiert 97–99, von Hand datiert 17.5.22 [Rest dieses Bandes fehlt]. – Keine Korrektureinträge.

Zu Band XXXV: «Vorrede», «I. Goethe und die moderne Naturwissenschaft», «II. Das ‹Urphänomen›», «III. Das System der Naturwissenschaft», «IV. Das System der Farbenlehre», «V. Der Goethe'sche Raumbegriff», «Goethe, Newton und die Physiker», «Tafeln und Text», paginiert 1–41, von Hand datiert 18.5.22 [vollständig]. [Siehe dazu die Faksimiles S. 564, 565.]

Zu Band XXXVI.1: «Einleitung», paginiert 1–21, von Hand datiert 23.5.22 und 27.5.22 [vollständig].

Zu Band XXXVI.2: «Sprüche in Prosa: Einleitung», «Über die Anordnung der ‹Sprüche in Prosa›», paginiert 1–14, von Hand datiert 27.5.22 [vollständig].

Die vorgesehenen neuen Anmerkungen oder Fußnoten konnte Steiner nicht mehr ausführen (siehe nachfolgende Abbildung). Sie sind in den editorischen Hinweisen **halbfett** ausgezeichnet (im handschriftlichen Original sind sie nicht hervorgehoben), um sie besser finden und identifizieren zu können.

Ausgewählte Kommentare Steiners zu Goethes Texten

Die der vorliegenden Ausgabe der Einleitungen zu Goethes naturwissenschaftlichen Texten zum ersten Mal beigegebenen Kommentare Steiners zu Goethes Texten ergab sich aus der Einsicht, dass viele dieser Kommentare einen eigenständigen Charakter haben, deren Inhalt unabhängig vom Bezug auf den jeweiligen Text von Goethe von sachlicher Bedeutung und verstehbar ist. Sie sind eine Art Ergänzung, Zusammenfassung und Exemplifizierung einiger in den Einleitungen durchgeführten Gedanken. Es handelt sich um eine Auswahl, für die allein der Herausgeber verantwortlich ist. Die Auswahl orientiert sich daran, ob der Kommentar über rein sachliche, historische oder editorische Aspekte hinausgeht und zu einem tieferen Verständnis von Steiners grundsätzlichen Anliegen sowie seiner Goethe-Interpretation beitragen kann. In den Kommentaren vorkommende zusätzliche Zitate Goethes (vor allem aus den «Sprüchen in Prosa») zur weiteren Bestätigung der Ausführungen des Herausgebers Rudolf Steiner wurden weggelassen, da es an dieser Stelle vor allem auf Steiners Texte selbst ankommt.

Um die Orientierung zu erleichtern, sind die Kommentare Steiners gegliedert nach den Überschriften derjenigen Goethe-Texte, zu denen sie

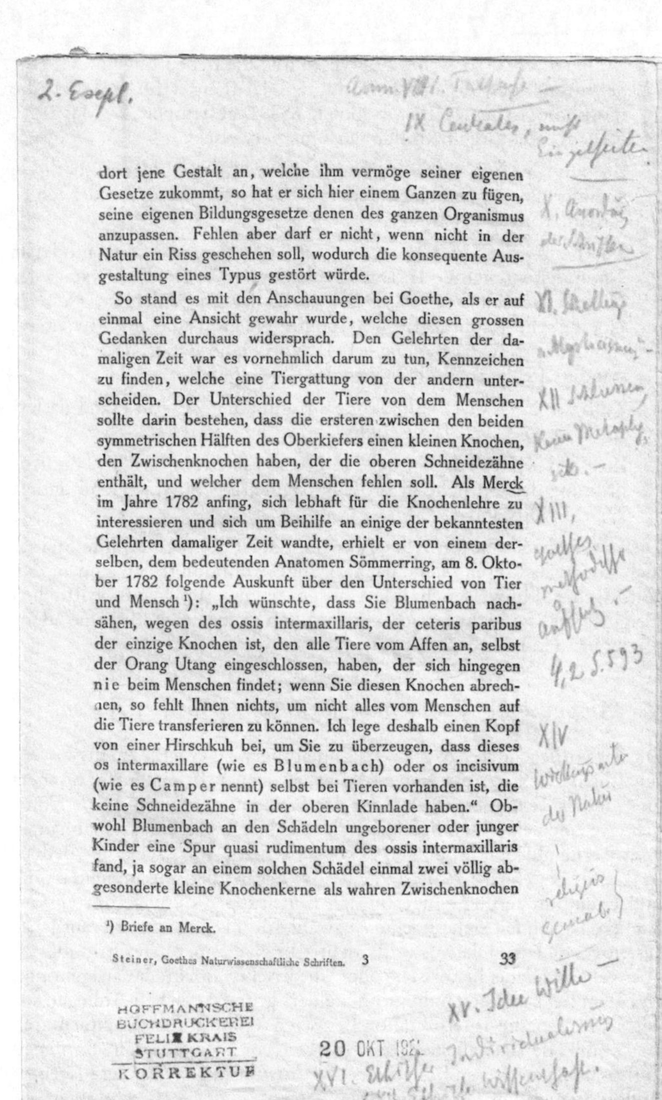

dort jene Gestalt an, welche ihm vermöge seiner eigenen Gesetze zukommt, so hat er sich hier einem Ganzen zu fügen, seine eigenen Bildungsgesetze denen des ganzen Organismus anzupassen. Fehlen aber darf er nicht, wenn nicht in der Natur ein Riss geschehen soll, wodurch die konsequente Ausgestaltung eines Typus gestört würde.

So stand es mit den Anschauungen bei Goethe, als er auf einmal eine Ansicht gewahr wurde, welche diesen grossen Gedanken durchaus widersprach. Den Gelehrten der damaligen Zeit war es vornehmlich darum zu tun, Kennzeichen zu finden, welche eine Tiergattung von der andern unterscheiden. Der Unterschied der Tiere von dem Menschen sollte darin bestehen, dass die ersteren zwischen den beiden symmetrischen Hälften des Oberkiefers einen kleinen Knochen, den Zwischenknochen haben, der die oberen Schneidezähne enthält, und welcher dem Menschen fehlen soll. Als Merck im Jahre 1782 anfing, sich lebhaft für die Knochenlehre zu interessieren und sich um Beihilfe an einige der bekanntesten Gelehrten damaliger Zeit wandte, erhielt er von einem derselben, dem bedeutenden Anatomen Sömmerring, am 8. Oktober 1782 folgende Auskunft über den Unterschied von Tier und Mensch [1]): „Ich wünschte, dass Sie Blumenbach nachsähen, wegen des ossis intermaxillaris, der ceteris paribus der einzige Knochen ist, den alle Tiere vom Affen an, selbst der Orang Utang eingeschlossen, haben, der sich hingegen nie beim Menschen findet; wenn Sie diesen Knochen abrechnen, so fehlt Ihnen nichts, um nicht alles vom Menschen auf die Tiere transferieren zu können. Ich lege deshalb einen Kopf von einer Hirschkuh bei, um Sie zu überzeugen, dass dieses os intermaxillare (wie es Blumenbach) oder os incisivum (wie es Camper nennt) selbst bei Tieren vorhanden ist, die keine Schneidezähne in der oberen Kinnlade haben." Obwohl Blumenbach an den Schädeln ungeborener oder junger Kinder eine Spur quasi rudimentum des ossis intermaxillaris fand, ja sogar an einem solchen Schädel einmal zwei völlig abgesonderte kleine Knochenkerne als wahren Zwischenknochen

[1]) Briefe an Merck.

Steiner, Goethes Naturwissenschaftliche Schriften. 3 33

HOFFMANNSCHE BUCHDRUCKEREI FELIX KRAIS STUTTGART KORREKTUR

20 OKT 192

Faksimile zu einem Entwurf der vorgesehenen Anmerkungen. Transkription: S. 566

gehören. Die zitierten Kommentare werden mit Bandnummer GA 1a–e und Seite ausgewiesen.

An wenigen Stellen war es notwendig, einige Zeilen aus Goethes Texten einzubeziehen, da sonst Steiners Kommentare nicht verständlich sind; sie stehen in geschweiften Klammern {...}. Auf eine Kommentierung der Kommentare Rudolf Steiners durch den Herausgeber wurde durchgehend verzichtet.

Größere inhaltliche Änderungen aufgrund der Fahnen und Bogenkorrekturen Rudolf Steiners

Seite

11 Kapitel «Übersicht und Anordnung» gestrichen.

17 Fußnote 4 gestrichen.

75 Fußnote 93 gestrichen.

76 «Die Gestalt der Abhandlung ...»: Satz umgearbeitet.

126 Kapitel «Über die morphologischen Hefte» gestrichen bis *Genera et Spezies Palamarum.*

254 «Es ist einfach Torheit ...»: Ganzer Satz gestrichen.

255 Fußnote 4 gestrichen.

314 Fußnote 1 gestrichen.

361 Kapitel «Tafeln und Text» gestrichen.

385 «Wenn man davon absieht, dass Prof. Ostwald ...»: Satz umgearbeitet.

408 «Krank ist an der Scholastik ...»: Umarbeitung dieses und der folgenden Sätze.

473 Fußnote 1: letzte 3 Sätze gestrichen.

480 Kapitel «Über die Anordnung der ‹Sprüche in Prosa›» gestrichen.

483 Kapitel «Verzeichnis der Illustrationen» gestrichen.

Editorischer Anhang und Hinweise

Im editorischen Anhang werden sämtliche Streichungen und Ergänzungen von Steiners Hand – ausgenommen Satzkorrekturen oder -kommentare und Kommasetzungen nach «und» – in den Druckfahnen und den Bogenkorrekturen von 1922, soweit im Rudolf Steiner Archiv überliefert, ausgewiesen. An einigen Stellen wurden ergänzende und erläuternde Hinweise eingefügt.

Seite

11 *Übersicht und Anordnung der naturwissenschaftlichen Schriften Goethes:* In FK ganzes Kapitel gestrichen. Steiner schreibt daneben: «Als Gesamttitel kann stehen: Über Goethes Naturwissenschaftliche Schriften».

12 *zwei Bände über Morphologie:* Gemeint sind die zwei Bände (in jeweils 4 bzw. 2 Heften) «Zur Naturwissenschaft überhaupt, besonders zur Morphologie. Erfahrung, Betrachtung, Folgerung, durch Lebensereignisse verbunden», 1817–1827 (in der ursprünglichen Anordnung wieder abgedruckt in LA I 8 und 9).

Handschrift des ersten Aufsatzes Goethes: Siehe Näheres in den entsprechenden Hinweisen Steiners im Kapitel «Die Entstehung der Metamorphosenlehre».

14 *Einleitung:* In FK ersetzt durch: «I. Einleitung».

15 *Irrtum nicht bemerken, das:* In FK ersetzt durch: «Irrtum nicht bemerken. Den»

Natur des Ganzen enthüllte, wurden: In FK ersetzt durch: «Natur des Ganzen enthüllt hatte, wurden».

16 *Naturlehre noch völlig unbekannt:* In FK steht: «Naturlehre völlig unbekannt»; dort ersetzt durch: «Naturlehre unbekannt».

Es ist nicht zu leugnen, dass Goethes Einzelentdeckungen nicht immer wahre Entdeckungen waren, dass seine Zeitgenossen: In FK ersetzt durch: «Es ist nicht zu leugnen, dass Goethes Zeitgenossen».

vielleicht keine derselben ohne Goethes Bestrebungen unbekannt wäre, aber: In FK ersetzt durch: «vielleicht alle auch ohne Goethes Bestrebungen bekannt wären; aber».

17 *wiederentdeckt hat, sie:* In FK ersetzt durch: «wiederentdeckt hat; sie».

Fußnote Nr. 4: In FK gestrichen.

wies man bereits auf Goethes: In FK ersetzt durch: «wies man oft auf Goethes».

Fußnote Nr. 5: In FK gestrichen. – Siehe Kalischer: *Goethes Verhältnis zur Naturwissenschaft und seine Bedeutung in derselben*, Berlin 1878 (separate Ausgabe seiner Einleitungen in den Bänden 33 bis 36 der Hempel'schen Ausgabe). – *Hempel'sche Ausgabe: Goethes Werke.* Nach den vorzüglichsten Quellen revidierte Ausgabe. 36 Theile in 23 Bänden. Berlin: Gustav Hempel o. J. [1868–1879]: Theil 33: *Zur*

Morphologie. – Zur Mineralogie und Geologie. Herausgegeben und eingeleitet von Salomon Kalischer. [1877] / Theil 34: *Zur Meteorologie. – Zur Naturwissenschaft im Allgemeinen. – Naturwissenschaftliche Einzelheiten.* Mit Einleitung und Anmerkungen herausgegeben von Salomon Kalischer. [1877] / Theil 35: *Beiträge zur Optik. – Versuch, die Elemente der Farbenlehre zu entdecken. – Zur Farbenlehre: Didaktischer und Polemischer Theil.* Mit Einleitung und Anmerkungen herausgegeben von Salomon Kalischer. [1878] / Theil 36: *Geschichte der Farbenlehre. – Die entoptischen Farben. – Nachträge zur Farbenlehre. – Register.* Mit Einleitung und Anmerkungen herausgegeben von Salomon Kalischer. [1879]

17 *Wesenheit des Typus:* In FK ersetzt durch: «Wesenheit des Typus im Sinne Goethes.»

19 *Die Entstehung der Metamorphosenlehre:* In FK ersetzt durch: «II. Die Entstehung der Metamorphosenlehre».

(Siehe unten S. 64): In FK ersetzt durch: «(Siehe Goethes Naturwissenschaftliche Schriften. Kürschners National-Litteratur 1. Band.)» – Siehe im Autoren- und Werkregister unter Goethe: *Geschichte meines botanischen Studiums.*

des vorigen Jahrhunderts: In FK ersetzt durch: «des achtzehnten Jahrhunderts».

20 *völlig ratlos da, man konnte:* In FK ersetzt durch: «völlig ratlos da; man konnte».

22 *(Vers 1582–1585):* In FK gestrichen.

(Siehe S. X): In FK gestrichen. – Hinweis auf das «Vorwort» von Karl Julius Schröer, siehe Anhang S. 539–552.

gar oft: In FK ersetzt durch: «gar oft schon».

(Vers 94f.): In FK gestrichen.

(Vers 297ff.): In FK gestrichen.

in allen diesen Stufen: In FK ersetzt durch: «in allen Stufen».

23 *(Vers 311ff.):* In FK gestrichen.

(unten S. 8): In FK gestrichen. – Siehe im Autoren- und Werkregister unter Goethe: *Die Absicht eingeleitet.*

«... steten Bewegung schwanke.»: Danach in FK Einfügung von: «(Siehe Goethes Naturwissenschaftliche Schriften in Kürschners National-Litteratur 1. Band.)»

24 *(Vers 148–156):* In FK gestrichen.

25 *dargestellt in seinem:* In FK ersetzt durch: «dargestellt in dem».

(Siehe im nächsten Bande.): In FK gestrichen. – Siehe im Autoren- und Werkregister unter Goethe: *Die Natur*, GA 1b, S. 5–9.

uns hier wieder entgegen: In FK ersetzt durch: «uns hier entgegen».

26 *«ihre Ausnahmen sind selten.»:* In FK durch neue Fußnote ergänzt: «Siehe über die Autorschaft dieses Aufsatzes **Anmerkung 1** am Schlusse dieser Schrift.»

(Vers 39–42): In FK gestrichen.

27 *(Siehe S. 64):* In FK ersetzt durch: «(Goethes Naturwissenschaftliche Schriften in Kürschners Nat.-Litt. 1. Band)». – Siehe im Autoren- und Werkregister unter Goethe: *Geschichte meines botanischen Studiums.*

Fußnote Nr. 9: In FK gestrichen. – Hinweis Steiners auf *Goethes Werke*, 6. Teil, Dramen, Erster Band, hrsg. von K. J. Schröer, in: Kürschners Deutsche National-Litteratur, Berlin und Stuttgart o.J., zu Goethes Drama *Die Vögel, nach dem Aristophanes*, 1780, S. 475 f., wo der «Treufreund» sagt: «Hier ist der *Muscus cyperoides polytrichocarpomanidoides* […] Hier ist der *Lichen canescens pigerrimus.*» Dazu bemerkt der Herausgeber Schröer: «Den üblichen botanischen Namen bildet der Dichter, scherzhaftübertreibend, gelehrten Bezeichnungen nach, für die Pflanzen, die er, ein Freund botanischer Studien wie Goethe selbst, mit der Aufmerksamkeit des Botanikers betrachtet. Zu Goethes ‹Geschichte meines botanischen Studiums› erzählt er, wie schon der erste Winter in Weimar (1775–1776) durch Jagdausflüge in die Wälder Thüringens seine Aufmerksamkeit für Holzkultur weckte. Eine Stelle dieses Aufsatzes erinnert überraschend an Treufreunds Worte. Sie werden uns damit zum ältesten Zeugnis für Goethes botanische Studien und dafür, dass Goethe sich selbst unter Treufreund meinte. ‹Hier zeigte sich den auch die ganze Sippschaft der Moose in ihrer größten Mannigfaltigkeit: sogar in den unter der Erde verborgenen Wurzeln wurde unsere Aufmerksamkeit zugewendet.› In der Tat lässt der Dichter Treufreund Moose und Flechten suchen. Er berichtete weiter von berufsmäßigen Kräutersuchern, die ihn anregten. […]»

Wir haben es: In FK ersetzt durch: «Wir haben dies».

28 *Fußnote Nr. 10:* In FK gestrichen.

29 *Fußnote Nr. 11: Vgl. unten, S. 68, Z. 27 ff.:* In FK ersetzt durch: «Vgl. Goethes Naturwissenschaftliche Schriften in Kürschners National-Litteratur 1. Band». – Siehe im Autoren- und Werkregister unter Goethe: *Geschichte meines botanischen Studiums.*

29 *Fußnote Nr. 12: Briefw. Goethes mit Karl August Nr. 17, S. 28:* In FK ersetzt durch «Briefw. Goethes mit Karl August.»

30 *der Pflanze gekommen.:* In FK ersetzt durch: «der Pflanze gekommen xx waren.»

31 *Fußnote Nr. 13:* In FK gestrichen.

näher gerückt war, wir müssen: In FK ersetzt durch: «näher gerückt war. Wir müssen».

Fußnote Nr. 14: In FK gestrichen.

32 *Fußnote Nr. 15:* In FK gestrichen.

Fußnote Nr: 16: Briefw. S. 62: In FK ersetzt durch: «Briefw. mit Knebel».

33 *Fußnote Nr. 17:* In FK gestrichen.

Fußnote Nr. 18: In FK gestrichen.

beobachten, denn nur da: In FK ersetzt durch: «beobachten; denn nur dadurch».

36 *der letzteren, sie blickt:* In FK ersetzt durch: «der letzteren. Sie blickt».

Wenn die letztere: In FK ersetzt durch «Wenn die eine Seite».

37 *Fußnote Nr. 22:* In FK gestrichen.

Fußnote Nr. 23: In FK gestrichen.

schreibt er in Rom: In FK ersetzt durch: «schreibt er in Rom (siehe Ital. Reise)».

Fußnote Nr. 24: In FK gestrichen.

Am 17. April: In FK ersetzt durch: «Am 17. April (siehe Ital. Reise)».

38 *Der Komplex von Bildungsgesetzen:* In FK ersetzt durch: «Er hat im Auge den Komplex von Bildungsgesetzen».

das ist die Urpflanze: In FK mit einer neuen Fußnote ergänzt: «Siehe **Anmerkung 2** am Schlusse dieser Schrift.»

Größe (Farbe): In FK ersetzt durch: «Größe, Farbe».

39 *Fußnote Nr. 26: Wir haben hier weniger die Entwickelungslehre unserer zeitgenössischen Naturforscher, insofern sie auf dem Boden der Empirie steht, vor Augen:* In FK ersetzt durch: «Wir haben hier we-

niger die Entwickelungslehre derjenigen Naturforscher, die sie *[sic]* auf dem Boden der sinnenfälligen Empirie stehen, vor Augen».

40 *dem Früheren, sondern:* In FK ersetzt durch: «dem Früheren; sondern».

gesetzt wird und auch: In FK ersetzt durch: «gesetzt wird; und auch».

41 *Lebensprinzipes, bei ihr:* In FK ersetzt durch: «Lebensprinzipes; bei ihr».

handelte es sich: In FK ersetzt durch: «handelte es sich für ihn».

43 *Ausdehnung bewirkt, Staubgefäße:* In FK ersetzt durch: «Ausdehnung bewirkt; Staubgefäße».

«Zur Aufbewahrung dieser Wundergestalt ...»: Siehe im Autoren- und Werkregister unter Goethe: *Italienische Reise*.

44 *in Rede stehenden Begriff führen:* In FK durch neue Fußnote 44: «Siehe **Anmerkung 3** am Schluss dieser Schrift.»

zur Durchsicht, am 20. geht: In FK ersetzt durch: «zur Durchsicht; am 20. geht».

besprechen, am 22. meldet: In FK ersetzt durch: «besprechen; am 22. meldet».

45 *(siehe unten):* In FK ersetzt durch: «(siehe Goethes Naturwissenschaftliche Schriften in Kürschners Nat.-Litt. 1. B.)». – Siehe im Autoren- und Werkregister unter Goethe: *Schicksal der Handschrift* und *Schicksal der Druckschrift*, GA 1a, S. 91–102.

46 *Die Entstehung von Goethes Gedanken über die Bildung der Tiere:* 46 FK ersetzt durch: «III. Die Entstehung von Goethes Gedanken über die Bildung der Tiere».

Wir werden im nächsten Bande einige Aufsätze Goethes, welche in diesem Sinne verfasst sind, mitteilen: In FK gestrichen. – Siehe im Autoren- und Werkregister unter Goethe: *Physiognomische Fragmente*, GA 1b, S. 67–78.

Fußnote Nr. 31: In FK gestrichen.

47 *Fußnote Nr. 34: Vgl. im 2. Bande der nat. Schriften den Aufsatz mit der Überschrift ...:* In FK ersetzt durch: «Vgl. im 2. Bande der nat. Schriften in Kürschners Nat.-Litt. den Aufsatz mit der Überschrift ...» – Siehe im Autoren- und Werkregister unter Goethe: *Physiognomische Fragmente*.

47 *aufsucht, nur dass:* In FK ersetzt durch: «aufsucht; nur dass».

48 *unter tierischem Organismus:* In FK ersetzt durch: «als tierischer Organismus».

dieser oder jener wirkliche: In FK ersetzt durch: «dieser oder jener sinnlich-wirkliche».

Fußnote Nr. 36: Siehe S. 247, Z. 24–26: In FK ersetzt durch: «Siehe Goethes Naturwissenschaftliche Schriften in Kürschners Nat.-Litt. 1. B.». – Korrektur und Ergänzung durch den Herausgeber: GA 1a, S. 247, Z. 19–21. – Siehe im Autoren- und Werkregister unter Goethe: *Erster Entwurf einer allgemeinen Einleitung in die vergleichende Anatomie.*

zugestanden ist»; es wird ja: In FK ersetzt durch: «zugestanden ist». Es wird ja».

Fußnote Nr. 37: Siehe im 2. Bande der naturw. Schriften den: In FK ersetzt durch: «Siehe im 2. Bande der naturw. in Kürschners Nat.-Litt. Schriften den».

49 *formen sich nach ihnen:* In FK ersetzt durch: «formen sich nach ihnen (den Knochen)».

Fußnote Nr. 40: Aufs. «Eingang» zu den physiogn. Fragm. im nächsten Bande: In FK ersetzt durch: Aufs. «Eingang» zu den physiogn. Fragm. im 2. Band der nat. Schriften in Kürschners Nat.-Litt.».

Fußnote Nr. 41: In FK gestrichen. – Siehe im Autoren- und Werkregister unter Goethe: *Erster Entwurf einer allgemeinen Einleitung in die vergleichende Anatomie, ausgehend von der Osteologie.*

50 *Fußnote Nr. 43: Goethes Briefe an Frau von Stein II, S. 108:* In FK gestrichen.

Fußnote Nr. 44: Briefwechsel des Großherzogs Karl August mit Goethe I, Nr. 16: In FK gestrichen.

Tagebuche zeigen, dass Goethe diese Vorlesungen: In FK ersetzt durch: «Tagebuche Goethes zeigen, dass er diese Vorlesungen».

51 *Fußnote Nr. 45:* In FK gestrichen.

Fußnote Nr. 46: In FK gestrichen.

53 *dass wir aus denselben:* In FK ersetzt durch: «so dass wir aus denselben».

Richtung, nach dieser: In FK ersetzt durch: «Richtung; nach dieser».

54 *auf so viele Klassen und Ordnungen:* In FK ersetzt durch: «auf viele Klassen und Ordnungen».

54 *Vordergrund, das ganze Tier geht in demselben auf, alles übrige:* In FK ersetzt durch: «Vordergrund; das ganze Tier geht in demselben auf; alles übrige».

55 *Fußnote Nr. 49:* In FK gestrichen. – Siehe im Autoren- und Werkregister unter Herder: *Ideen zur Philosophie der Geschichte der Menschheit.*

Fußnote Nr. 50: In FK gestrichen. – Siehe im Autoren- und Werkregister unter Herder: *Ideen zur Philosophie der Geschichte der Menschheit.*

im feinsten Inbegriff sammeln.»: In FK ergänzt durch: «(siehe Herders ‹Ideen›)».

an diesem Werke nahm: In FK ersetzt durch: «an Herders Werke ‹Ideen zu einer Philosophie der Geschichte der Menschheit› nahm».

Fußnote Nr. 51: In FK gestrichen.

56 *sollte nun darin bestehen:* In FK ersetzt durch: «sollte darin bestehen».

57 *Fußnote Nr. 52: Briefe an Merck 1835, S. 354f.:* In FK ersetzt durch: «Briefe an Merck.».

58 *Fußnote Nr. 54:* In FK gestrichen. – Siehe Brief vom 27. Oktober 1782 an Merck, WA IV 6, S. 75.

Fußnote Nr. 55: In FK gestrichen.

(Briefw., II, S. 343): In FK gestrichen.

59 *war damit vernichtet:* In FK ersetzt durch: «wäre damit vernichtet».

Fußnote Nr. 56: Briefe an Frau von Stein, S. 31: In FK gestrichen.

Fußnote Nr. 57: Aus Herder Nachlass I, S. 75: In FK gestrichen.

nicht überschätzen, sie hatte auch: In FK ersetzt durch: «nicht überschätzen; sie hatte auch».

61 *zu einer Harmonie vereinigten:* In FK ersetzt durch: «zu einer Harmonie vereinigen».

äußerliches Vergleichen und: In FK ersetzt durch: «äußerliches Vergleichen; und».

Augen des Geistes zu sehen: Siehe im Autoren- und Werkregister unter Goethe: *Erster Entwurf einer allgemeinen Einleitung in die vergleichende Anatomie* und *Entdeckung eines trefflichen Vorarbeiters.*

62 *Fußnote Nr. 58: Wir führten ihre Worte schon oben in anderem Zusammenhange an:* In FK gestrichen. – Siehe S. 31

63 *«Mag daher das, was ich mir in jugendlichem Mute ...»:* Siehe im Autoren- und Werkregister unter Goethe: *Zur Morphologie: Das Unternehmen wird entschuldigt.*

was dergleichen: In FK ersetzt durch: «was von dergleichen».

erfahrungsmäßig Gegebene: In FK ersetzt durch: «sinnlich-erfahrungsgemäß Gegebene».

64 *nachstreben müsste, es wäre für:* In FK ersetzt durch: «nachstreben müsste; es wäre für».

65 *Fußnote Nr. 60:* In FK gestrichen. – Brief vom 23. April 1784 an Merck, WA IV 6, S. 268.

Fußnote Nr. 61: In FK gestrichen. – Brief vom 14. Mai 1784 an Soemmerring, WA IV 6, S. 277f.

Fußnote Nr. 62: In FK gestrichen. – Brief vom 23. April 1784 an Merck, WA IV 6, S. 268.

Fußnote Nr. 63: In FK gestrichen. – Brief vom 14. Mai 1784 an Soemmerring, WA IV 6, S. 277f.

Fußnote Nr. 64: In FK gestrichen. – Brief vom 16. September 1784 an Soemmerring, WA IV 6, S. 357.

Fußnote Nr. 65: In FK gestrichen. – Brief vom 23. April 1784 an Merck, WA IV 6, S. 267.

Fußnote Nr. 66: In FK gestrichen. – Brief vom 16. September 1784 an Soemmerring, WA IV 6, S. 356f.

66 *Fußnote Nr. 67:* In FK gestrichen. – Brief vom 9. Juni 1784 an Soemmerring, WA IV 6, S. 293f.

Fußnote Nr. 68: In FK gestrichen. – Brief vom 20. Juni 1784 an Herder, WA IV 6, S. 308.

Fußnote Nr. 69: Briefe an Soemmerring, S. 4: Ersetzt durch: «Briefe an Soemmerring». – Brief an Soemmerring vom 14. Mai 1784, WA IV 6, S. 278.

Fußnote Nr. 70: Ebenda S. 6: In FK ersetzt durch: «Ebenda». – Brief vom 5. August 1784 an Soemmerring, WA IV 6, S. 328.

Fußnote Nr. 71: Briefe an Merck 1835, S. 430: In FK ersetzt durch «Briefe an Merck». – Brief an Merck vom 6. August 1784, WA IV 6, S. 332.

unten S. 221: In FK ersetzt durch: «im 1. Bande des Naturwiss. Schriften in Kürschners Nat. Litt.». – Korrektur des Herausgebers:

«unten S. 277». Siehe im Autoren- und Werkregister unter Goethe: *Dem Menschen wie den Tieren ist ein Zwischenknochen der obern Kinnlade zuzuschreiben*, Jena 1786.

66 *welche unten S. 221:* In BK ersetzt durch: «welche S. 240».

Unter seinem Beistande: In FK ersetzt durch: «Unter dessen Beistande».

67 *Fußnote Nr. 72: Briefw. mit Knebel, S. 57:* In FK ersetzt durch «Briefw. mit Knebel». – Brief an Knebel vom 15. Dezember 1784, WA IV 6, S. 407.

er besorgt ferner: In FK ersetzt durch: «Loder besorgt ferner».

Fußnote Nr. 73: Ebenda S. 57: In FK ersetzt durch «Ebenda». – Brief an Knebel vom 15. Dezember 1784, WA IV 6, S. 407.

Fußnote Nr. 74: Ebenda S. 55: In FK ersetzt durch «Ebenda». – Brief an Knebel vom 17. November 1784, WA IV 6, S. 389.

Fußnote Nr. 75: Briefe an und von Merck 1838, S. 241: In FK ersetzt durch: «Briefe an Merck». – Brief an Merck vom 19. Dezember 1784, WA IV 6, S. 409f.

Fußnote Nr. 76: Ebenda S. 241: In FK ersetzt durch «Ebenda». – Brief an Merck vom 2. Dezember 1784, WA IV 6, S. 400f.

im Texte [her]angezogenen Tieren: Sinngemäße Ergänzung durch den Herausgeber.

das Organ ihn zu verstehen: In FK ersetzt durch: «das Organ, ihn zu verstehen».

Fußnote Nr. 77: Briefe an Merck 1835, S. 439: In FK ersetzt durch «Briefe an Merck». – Brief an Merck vom 13. Februar 1785, WA IV 7, S. 11f.

68 *Fußnote Nr. 78: Briefe an Merck 1835, S. 438:* In FK ersetzt durch: «Briefe an Merck».

Fußnote Nr. 80: Briefe an Merck 1835, S. 466: In FK ersetzt durch: «Briefe an Merck».

69 *Fußnote Nr. 81: Ebenda S. 469:* In FK ersetzt durch: «Ebenda».

Fußnote Nr. 82: Ebenda S. 481: In FK ersetzt durch: «Ebenda».

Fußnote Nr. 83: Ann. zu 1790: In FK ersetzt durch: «Goethes Annalen zu 1790».

71 *Fußnote Nr. 88: Dieser Aufsatz bildet den Schluss dieses Bandes:* In FK ersetzt durch: «Dieser Aufsatz bildet den Schluss des 1. Bandes

der Naturwiss. Schriften in Kürschners Nat.-Litt.» – Siehe GA 1a, S. 385–417.

71 *Fußnote Nr. 89: Gespräche mit Eckermann III, S. 341:* In FK ersetzt durch: «Gespräche mit Eckermann III».

72 *Fußnote Nr. 90: Naturwissenschaftliche Korrespondenz I, S. 51:* In FK ersetzt durch: «Goethes Naturwissenschaftliche Korrespondenz I, S. 51». – Siehe im Autoren- und Werkregister unter Blumenbach: *Briefe.*

Fußnote Nr. 91: Briefe an Merck (1835), S. 476: In FK ersetzt durch: «Briefe an Merck».

73 *Goethe fleißig in «Anatomicis»:* Siehe im Autoren- und Werkregister unter Goethe: *Briefe.*

Fußnote Nr. 92: In FK gestrichen.

Fußnote Nr. 92: In BK ist diese Fußnote wieder eingefügt in der Form: «Vgl. die Anm. zu S. 316–318.» – Siehe dazu Goethe *Dem Menschen wie den Tieren ist ein Zwischenknochen der obern Kinnlade zuzuschreiben*, GA 1a, S. 277–319, und die Anmerkungen von Steiner auf den Seiten 316–319.

75 *Frau von Kalb mit den Worten an:* In FK ersetzt durch: «Frau von Kalb an mit den Worten».

durch den sonderbarsten Zufall.»: In FK an dieser Stelle neue Fußnote: «Vgl. **Anmerkung 4** am Schlusse dieser Schrift.»

Fußnote Nr. 93: In FK ersetzt durch: «Vgl. **Anmerkung 5** am Schlusse dieser Schrift.» – Siehe den oben genannten Aufsatz über den Zwischenknochen sowie den Aufsatz *Das Schädelgerüst aus sechs Wirbelknochen aufgebaut*, GA 1a, S. 321–323, und die dazugehörigen Anmerkungen Steiners. – Die nachstehend genannten «innerlich ungeformte» organische Massen erwähnt Goethe in den *Annalen* im Zusammenhang der Entdeckung des Schafschädels am venezianischen Lido.

gestaltenbildenden Kraft aufgezeigt, es war als: In FK ersetzt durch: «gestaltenbildenden Kraft aufgezeigt; es war als».

Fr. H. Jacobi S. 124 beweist: In FK ersetzt durch: «Fr. H. Jacobi beweist». – Siehe Goethe *Briefe*, an Friedrich Heinrich Jacobi vom 3. März 1790, WA IV 9, S. 183f.

76 *Die Gestalt der Abhandlung ... , welchen das Gedicht:* In FK ersetzt durch: «In einem umfassenden Sinn enthält die Idee des Tiertypus das Gedicht».

(Siehe unten S. 272 und die Anmerkungen dazu.): In FK ersetzt durch: «(Siehe dasselbe im 1. Bande der Nat. Schriften in Kürsch-

ners Nat.-Litt., wo Einzelnes noch in Anmerkungen gesagt ist.)» – In BK steht: «(Siehe S. 279 und die Anmerkungen dazu.)». – Siehe im Autoren- und Werkregister unter Goethe: ΑΘΡΟΙΣΜΟΣ», GA 1a, S. 344–346.

76 *unten S. 239 mitgeteilte:* In FK ersetzt durch: «im 1. Bande von Goethes Nat. Schriften in Kürschners Nat.-Litt abgedruckte». – In BK steht: «S. 241 mitgeteilte». – Siehe im Autoren- und Werkregister unter Goethe: *Erster Entwurf einer allgemeinen Einleitung in die vergleichende Anatomie, ausgehend von der Osteologie*, GA 1a, S. 239–275.

(unten S. 325): In FK gestrichen. – In BK taucht diese Klammerbemerkung wieder auf in der Form: «(S. 325)». – Siehe im Autoren- und Werkregister unter Goethe: *Vorträge über die drei ersten Kapitel des Entwurfs einer allgemeinen Einleitung in die vergleichende Anatomie, ausgehend von der Osteologie*, GA 1a, S. 325–344.

78 *Über das Wesen und die Bedeutung von Goethes Schriften über organische Bildung:* In FK ersetzt durch: «IV. Über das Wesen und die Bedeutung von Goethes Schriften über organische Bildung».

80 *welche auch anschaulich, mit unseren Sinnen:* In FK ersetzt durch: «welche auch *anschaulich* mit unseren Sinnen».

hat zwar niemals: In FK ersetzt durch: «hat zwar nicht immer».

81 *würde nicht ein Organismus, sondern eine Maschine sein:* In FK ersetzt durch: «wäre nicht ein Organismus, sondern eine Maschine».

Natur der Fall war: In FK ersetzt durch: «Natur der Fall ist».

82 *in der Wissenschaft an, erst ihm gelang es:* In FK ersetzt durch: «in der Wissenschaft an; erst ihm gelang es»

83 *Philosophie Kant jenen alten Irrtum nicht nur vollkommen teilte ...:* Siehe im Autoren- und Werkregister unter Kant: *Kritik der Urteilskraft.*

bei den Anorganen einzusehen, allein dem Menschen: In FK ersetzt durch: «bei den Anorganen zu durchschauen; allein dem Menschen». – Siehe im Autoren- und Werkregister unter Kant: *Kritik der Urteilskraft* «Begriff und Wirklichkweit ...»

Daher ist es diesem Verstande: In FK ersetzt durch: «Daher sei es diesem Verstande».

84 *als sinnenfällige Wirklichkeit auftritt:* In FK ersetzt durch: «als sinnenfällige Wirklichkeit sich offenbart».

Aber Goethe ging: In FK ersetzt durch: «Aber er ging».

88 *Zweige der Organik hätte ausdehnen können:* In FK ergänzt durch: «(Siehe **Anmerkung VI** am Schlusse dieser Schrift)».

reinen, tiefen angebornen: In FK ersetzt durch: «reinen, tiefen, angebornen».

89 *vollständig bewusst, er erkannte:* In FK ersetzt durch: «vollständig bewusst; er erkannte».

90 *für die äußeren Sinne:* In FK ersetzt durch: «für die äußere Sinnenwelt».

Diese Möglichkeit, auf: In FK ersetzt durch: «Die Möglichkeit, auf».

Dieses Denken nannte er diskursives: Siehe im Autoren- und Werkregister unter Kant: *Kritik der Urteilskraft.*

91 *zeigte Goethe durch die Tat:* In FK ergänzt durch: «(Siehe **Anmerkung VII** am Schluss dieser Schrift.)»

92 *im Zusammenhang, alle physischen:* Ihn FK ersetzt durch: «im Zusammenhang; alle physischen».

93 *im Organismus tätig, wirksam, sie ist in der:* In FK ersetzt durch: «im Organismus tätig, wirksam; sie ist in der».

, (Nr. 1016.): In FK gestrichen.

95 *Objekt außer sich hat, er ist mit demselben:* In FK ersetzt durch: «Objekt *außer* sich hat; er ist mit demselben».

96 *, Nr. 798, 800 und 801:* In FK gestrichen.

(siehe unten S. 198 und 206): In FK ersetzt durch: «(Siehe Kürschners Nat.-Litt. Naturw. Schriften 4. Band 1. Abt. S. 413)» – Siehe im Autoren- und Werkregister unter Goethe: *Wirkung meiner Schrift die Metamorphose der Pflanzen und weitere Entfaltung der darin vorgetragenen Idee.*

(siehe oben S. LVIII): In FK gestrichen.

Gesetzlichkeit beruht, und: In FK ersetzt durch: «Gesetzlichkeit beruhe, und».

Mechanisch-Physikalisches erklären kann: In FK ersetzt durch: «Mechanisch-Physikalisches erklären könne».

als Mechanismus zu erklären, sondern er behauptet, dass uns das Vermögen keineswegs abgehe, jene höhere Art: In FK ersetzt durch: «als Mechanismus zu erklären; sondern er behauptet, dass uns das Vermögen keineswegs abgehe, die höhere Art».

97 *bewirken kann, dieser:* In FK ersetzt durch: «bewirken könne, dieser».

eine geschlossene, alles ist: In FK ersetzt durch: «eine geschlossene. Alles ist».

Anfang und Ende, das Folgende steht: In FK ersetzt durch: «Anfang und Ende; das Folgende steht».

98 *896:* In FK ersetzt durch: «in Naturw. Schriften (Kürschners Nat.-Litt. 4.2 Band, S. 373)»

99 *«Es ist mir nämlich aufgegangen, dass ...»:* Siehe im Autoren- und Werkregister unter Goethe: *Italienische Reise.*

bildet Organe, jedes ist: In FK ersetzt durch: «bildet Organe; jedes Organ ist».

100 *einzigen Punkt zusammen, und dies ist das:* In FK ersetzt durch: «einzigen Punkt zusammen; und dies ist das».

101 *Staubgefäße:* In FK ersetzt durch: «Staubgefäßen».

102 *Pflanzenindividuum höherer Art oder, wenn man will, einen ganzen Kreis von Pflanzengebilden dar:* In FK ersetzt durch: «Pflanzenindividuum höherer Art dar oder, wenn man will, einen ganzen Kreis von Pflanzengebilden.»

103 *vorstellen, man verlangt:* In FK ersetzt durch: «vorstellen; man verlangt».

104 *näher der Wurzel:* In FK ersetzt durch: «näher der Wurzel sind».

«dass ein oberer Knoten, indem ...»: Siehe im Autoren- und Werkregister unter Goethe: *Die Metamorphose der Pflanzen.*

105 *dessen beherrschende Macht da ist:* In FK ersetzt durch: «dessen beherrschende Macht, da ist».

Fußnote Nr. 106: In FK ersetzt durch: «Vgl. Naturw. Schriften (in Kürschners Nat.-Litt.) 1. Band S. 344.» – In BK ist nur «unten» gestrichen. – Siehe im Autoren- und Werkregister unter Goethe: *Die Metamorphose der Tiere.*

unumschränkt, frei, sie kann sich den: In FK ersetzt durch: «unumschränkt, frei; sie kann sich den».

106 *außen bestimmte, die Anpassung:* In FK ersetzt durch: «außen bestimmte. Die Anpassung».

Fußnote Nr. 107: Ebenda S. 345, Z. 12–13: Ersetzt durch: «Ebenda S. 345» – Siehe im Autoren- und Werkregister unter Goethe: *Die Metamorphose der Tiere.*

107 *bestimmten Form ausbildet, diese Form selbst:* In FK ersetzt durch: «bestimmten Form ausbildet; diese Form selbst».

wie er es mit dem teleologischen Prinzip getan hat: Siehe im Autoren- und Werkregister unter Goethe: *Wirkung meiner Schrift die Metamorphose der Pflanzen.*

108 *(siehe unten S. 11, 6–18):* In FK ersetzt durch: «(siehe Goethes Nat. Schriften (in Kürschners Nat.-Litt.) 1. B. S. 11)». – Siehe im Autoren und Werkregister unter Goethe: *Die Absicht eingeleitet.*

Konstantes, Festes an, denn: In FK ersetzt durch: «*Konstantes, Festes* an; denn».

(siehe unten S. 8, 21–24): In FK ersetzt durch: «(siehe Goethes Nat. Schriften (Kürschners Nat.-Litt.) S. 8)». – Siehe im Autoren- und Werkregister unter Goethe: *Die Absicht eingeleitet.*

ein für alle Mal: In FK gestrichen.

selbst erklärt werden solle: In FK ersetzt durch: «selbst durch etwas Anderes erklärt werden solle».

109 *Fußnote Nr. 108: Tierheit im Tiere, das wodurch:* In FK ersetzt durch: «Tierheit im Tiere, das, wodurch». – *Darwin setzt es von Anfang an voraus, es ist da:* In FK ersetzt durch: «Darwin setzt es von Anfang an voraus; es ist da».

verschieden sind, und: In FK ersetzt durch: «verschieden sind; und».

110 *Fußnote Nr. 109: Naturwissensch. Korr. I, S. 28:* In FK ersetzt durch: «Goethes Naturwissensch. Korr., herausgegeben von Bratranek, I, S. 28.»

111 *Platz greifen müsse, und aus:* In FK ersetzt durch: «Platz greifen müsse; und aus».

anzunehmen, und diese Formen sind der Gegenstand unserer sinnlichen Anschauung, diese mannigfaltigen Formen sind: In FK ersetzt durch: «anzunehmen; und diese Formen sind der Gegenstand unserer sinnlichen Anschauung, sie sind».

Einheit begriffen; wenn er nun: In FK ersetzt durch: «Einheit begriffen. Wenn er nun».

letztere begreiflich, sie erscheint: In FK ersetzt durch: «letztere begreiflich; sie erscheint».

aufsteigende Entwickelungsreihe, die Organismen: In FK ersetzt durch: «aufsteigende Entwickelungsreihe; die Organismen».

Elementen besteht, er erschien: In FK ersetzt durch: «Elementen besteht. Er erschien».

111 *oder nicht, es kann der Typus zu seiner vollkommenen Ausbildung kommen oder nicht:* In FK ersetzt durch: «oder nicht; es kann der Typus zu seiner vollkommenen Ausbildung kommen, oder nicht».

112 *Dies der objektive Grund:* In FK ersetzt durch: «Dies ist der objektive Grund».

Organismenform nun ist: In FK ersetzt durch: «Organismenform ist».

genommen werden, es kann: In FK ersetzt durch: «genommen werden; es kann».

Kryptogamen keine Rücksicht genommen: In FK ersetzt durch: «Kryptogamen keine Rücksicht genommen habe».

zum Ausdrucke kommt, sie stellen: In FK ersetzt durch: «zum Ausdrucke kommt; sie stellen». – Der Ausdruck «Kryptogamen» wird heute in der Biologie uneinheitlich verwendet, umfasst jedoch in der zentralen Bedeutung immer blütenlose Pflanzen; er wird auch gleichgesetzt mit dem Begriff «Niedere Pflanzen». Zu den Kryptogamen werden je nach Blickwinkel Bakterien, Algen, Moose, Flechten, Bärlapppflanzen, Farnpflanzen und Pilze gezählt.

beurteilt werden, diese selbst: In FK ersetzt durch: «beurteilt werden; diese selbst». – Mit «Phanerogamen» oder Blütenpflanzen bezeichnet man Pflanzen, deren sexuelle Fortpflanzung mit Staub- und Fruchtblättern stattfindet, deren Ausbreitung somit über Samen erfolgt. Im Einzelnen handelt es sich um die Nacktsamer (Gymnospermen) und Bedecktsamer (Angiospermen).

113 *missverstanden wurden, denn sie:* In FK ersetzt durch: «missverstanden wurden; denn sie».

Es ist die Tatsache: In FK Hinzufügung einer neuen Fußnote: «Vgl. darüber **Anmerkung VIII** am Schluss dieser Schrift.» – Mit *Repetition der Stammesgeschichte* ist das sogenannte biogenetische Grundgesetz oder die biogenetische Grundregel gemeint, das besagt, dass die Ontogenese (Individualentwicklung) eine kurze und oftmals schnelle Rekapitulation der Phylogenese (Stammesentwicklung) ist, bedingt durch die physiologischen Funktionen der Vererbung (Fortpflanzung) und Anpassung (Ernährung). Heute geht man davon aus, dass diese Regel in Einzelfällen und nicht durchgängig gilt; man spricht in diesem Zusammenhang auch von der Rekapitulationstheorie. Siehe im Autoren- und Werkregister unter Haeckel: *Anthropogenie*.

115 *Goethes Anschauungen auf die Spitze:* In FK ersetzt durch: «Goethes Anschauungen auf den Kopf».

heute verwandt, nein: In FK ersetzt durch: «heute verwandt; nein».

116 *Wesen nach identisch, daher:* In FK ersetzt durch: «Wesen nach identisch; daher».

Fragestellungen, beide widersprechen: In FK ersetzt durch: «Fragestellungen; beide widersprechen».

widerlegt sein werden, die: In FK ersetzt durch: «widerlegt sein werden; die».

am gestirnten Himmel, diese fanden erst die Gesetze; lange vor Goethe: In FK ersetzt durch: «am gestirnten Himmel. Diese fanden erst die Gesetze. Lange vor Goethe». Goethe empfand dies sein unbewusstes Handeln oft als Dumpfheit. Siehe Schröer, Faustausgabe II, XXX.

117 *Fußnote Nr. 113: Faustausgabe II, XXX:* In FK ersetzt durch: «Faustausgabe II, Einleitung. Verlag des Komm. Tag A.G.». – Siehe im Autoren- und Werkregister unter Schröer: *Faust von Goethe.*

Fußnote Nr. 114: Siehe S. 108ff.: In FK ersetzt durch: «Siehe Goethes Nat. Schriften (in Kürschners Nat.-Litt.) 1. B. S. 108ff.» – Siehe im Autoren- und Werkregister unter Goethe: *Glückliches Ereignis*, GA 1a, S. 108–113.

Typus vollkommen, kein Wesen: In FK ersetzt durch: «Typus vollkommen; kein Wesen».

120 *Fußnote Nr. 115: Siehe Goethes Briefe an Fr. Wolf Nr. 29:* In FK ersetzt durch: «Siehe Goethes Briefe an Fr. Wolf». – Siehe Goethes Brief an Friedrich August Wolf vom 30. Oktober 1816, WA IV 27, S. 209–210.

und unten S. 5,1: In FK ersetzt durch: «Goethes Nat. Schriften (Kürschners Nat.-Litt.) 1. B. S. 5,1». – In BK ist nur «unten» gestrichen. – Siehe im Autoren- und Werkregister unter Goethe: *Zur Morphologie: Das Unternehmen wird entschuldigt.*

121 *Dieses letztere bewog uns, dieselben in einem eigenen Anhange mitzuteilen:* In FK gestrichen. – Siehe GA 1a, «Anhang», S. 419–461.

122 *die Spiraltendenz der Natur:* In FK Hinzufügung einer neuen Fußnote: «Goethes Naturw. Schriften (in Kürschners Nat.-Litt.) 1. B. S. 217.» – Siehe im Autoren- und Werkregister unter Goethe: *Über die Spiraltendenz der Vegetation.* – Zu den «tiefsten Tiefen der Mystik» siehe im Autoren- und Werkregister unter Sachs: *Geschichte der Botanik.*

standen aber ganz: In FK ersetzt durch: «standen bei ihm aber ganz». – Siehe Goethe: *Principes de Philosophie zoologique*, I. Abschnitt (1830): GA 1a, S. 385–395 und II. Abschnitt (1832): S. 396–417.

123 *nicht erschöpft, es drängt:* In FK ersetzt durch: «nicht erschöpft; es drängt».

Nr. 899: In FK ersetzt durch: «Goethes Nat. Schriften (in Kürschners Nat.-Litt.) 4.2 Band S. 368» – Siehe im Autoren- und Werkregister unter Goethe: *Sprüche in Prosa.*

124 *(Gespräche III, 234):* In FK ersetzt durch: «(Gespräche III. Teil)».

125 *(unten S. 17):* In FK ersetzt durch: «(Vgl. Goethes Nat. Schriften (Kürschners Nat.-Litt. 1. B. S. 17ff.)». – In BK ist nur «unten» gestrichen. – Siehe Goethe: *Versuch die Metamorphose der Pflanzen zu erklären*, GA 1a, S. 17–59.

(S. 61): In FK ersetzt durch: «(Ebenda S. 61ff.)». – Siehe Goethe: *Geschichte meines botanischen Studiums*, GA 1a, S. 61–84.

(S. 194): In FK ersetzt durch: «(Ebenda S. 89ff.)». – Siehe Goethe: *Wirkung meiner Schrift die Metamorphose der Pflanzen und weitere Entfaltung der darin vorgetragenen Idee*, GA 1a, S. 194–217. – Siehe auch die in GA 1a, S. 91–102 etc., unter der Überschrift *Verfolg* angeführten Aufsätze Goethes «Schicksal der Handschrift», «Schicksal der Druckschrift» etc. – Für die nachfolgend genannte Schrift siehe im Autoren- und Werkregister unter Candolle: «De la Symétrie végétale».

126 *Über die morphologischen Hefte:* In FK ab hier gestrichen bis zum Ende der Inhaltsverzeichnisse der Morphologischen Hefte.

127 *Das zweite Heft des ersten Bandes:* Nach dem *Schema vergleichender Osteologie* folgt in Goethes eigenem Inhaltsverzeichnis ΑΘΡΟΙΣΜΟΣ (LA I 9, S. 85); Text in GA 1a, S. 344–346. / Nach dem *Zwischenknochen* folgt in Goethes eigenem Inhaltsverzeichnis: *Auszüge aus alten und neuen Schriften* (LA I 9, S. 85); Text in GA 1a, S. 292–297. Nach *Zum Andenken Kaspar Fr. Wolffs* folgt in Goethes eigenem Inhaltsverzeichnis: *Mags die Welt zur Seite weisen ...* (LA I 9, S. 85); Text in GA 1a, S. 442.

Das dritte Heft des ersten Bandes: Nach *Unwilliger Ausruf* folgt in Goethes eigenem Inhaltsverzeichnis: *Pulchra sunt ...* (LA I 9, S. 191); Text nicht in GA 1a–e.

128 *Das vierte Heft des ersten Bandes:* Nach *Als Einleitung* folgt in Goethes eigenem Inhaltsverzeichnis: *Aphoristisch* (LA I 9, S. 225); Text in GA 1a, S. 177–178. / Nach *Zoologie* folgt in Goethes eigenem Inhaltsverzeichnis: *Bemerkung zu Seite 162, die Verstäubung betreffend* (LA I 9, S. 225); Text in GA 1a, Anmerkung zu S. 162, Zeilen 8–24. / Nach *Fossiler Stier* folgt in Goethes eigenem Inhaltsverzeichnis: *Nachträglich* (LA I 9, S. 225); dies ist eine Überschrift zu

den folgenden Texten, fehlt in GA 1a. / *Betrachtungen:* Muss heißen: *Betrachtungen fortgesetzt zu S. 178* (LA I 9, S. 225); Texte in GA 1e, *Sprüche in Prosa.*

129 *aus meinem Leben, II. Abteilung, erster und zweiter Teil:* Damit ist die *Italienische Reise* gemeint.

d'Altons Bradypus und Pachydermen. Bradypus: Faultier. Pachydermen: Dickhäuter, eine veraltete Ordnung von Säugetieren (einschließlich Elefanten, Nashörner etc.), die von Georges Cuvier und anderen beschrieben wurde und zu seiner Zeit von vielen Systematikern anerkannt wurde.

130 *Das erste Heft des zweiten Bandes:* Vor *Wilhelm von Schütz zur Morphologie* finden sich *Sprüche* (LA I 9, S. 275); die zwei lateinischen Sprüche und ein griechischer Spruch wurden nicht in GA 1a–e aufgenommen. / *Probleme und Erwiderung:* Muss heißen: *Probleme – Erwiderung von Ernst Meyer* (LA I 9, S. 275); Text in GA 1a, S. 120–131. / *Über die Anforderungen an ...:* Muss heißen: *Über die Anforderungen an naturhistorische Abbildungen von d'Alton* (LA I 9, S. 275); Text in GA 1a, S. 132–136. – Danach folgt: *Die Raubtiere und Wiederkäuer* (LA I 9, S. 275) Text in GA 1a, S. 136–138; und *Allgemeine Betrachtung* (LA I 9, S. 275); Text in GA 1b, S. 116. / *Friedr. Siegmund Voigt: System der Natur:* Muss heißen: *System der Natur und ihre Geschichte, von. F. S. Voigt* (LA I 9, S. 275); Text in GA 1a, S. 385.

Das zweite Heft des zweiten Bandes: Gemäß LA I 9, S. 321, enthält dieses Heft folgende Textstücke; sie sind alle in Steiners Edition vorhanden: *Irrwege eines morphologisierenden Botanikers*, Nees v. Esenbeck / *Von dem Hopfen und dessen Krankheit, Ruß genannt*, vom Herausgeber, von Nees von Esenbeck, vom Bergmeister Lößl / *Grundzüge allgemeiner Naturbetrachtung*, von Carus / *Die Lepaden* / *Das Sehen in subjektiver Hinsicht*, v. Purkinje; Auszug mit Bemerkungen des Herausgebers / *Ernst Stiedenroth's Psychologie* / *Nicati, von der Hasenscharte* / *Das Schädelgerüst aus sechs Wirbelknochen auferbaut* / Zweiter Urstier / *Vergleichende Knochenlehre*, Beispiele älterer Behandlung, sämtlich vom Herausgeber / *Preußische Gestüt-Pferde von Bürde, Württembergische Gestüt-Pferde von Kuntz, aufgeführt von d'Alton* / *D'Alton's Skelette der Nagetiere* / *Genera et species palmarum* von Martius, Reisebeschreibung der Forscher in Brasilien, *Physiognomik der Pflanzen*, betrachtet vom Herausgeber. / *Noch etwas über den Ruß des Hopfens:* Eigene Nennung dieses Textes fehlt bei Goethe (LA I 9, S. 321).

131 *Genera et Species Palmarum:* In FK bis hierher gestrichen.

Wenn ich am Schlusse: In FK hier vorangehend neuer Titel: «Abschluss über Goethes morphologische Anschauungen».

131 *meiner einleitenden Worte:* In FK ersetzt durch: «der Betrachtungen über Goethes Metamorphosen-Gedanken».

vor Augen und das Urteil: In FK ersetzt durch: «vor Augen; und das Urteil».

132 *Standpunktes rein aus Goethes Wesen:* In FK ersetzt durch: «*Standpunktes,* rein aus Goethes Wesen».

Schranken annahm: In FK ersetzt durch: «Schranken annimmt».

133 *, No. 108:* In FK gestrichen». – Brief von Goethe an Jacobi vom 23. November 1801, WA IV 15, S. 280–281.

Gesetze haben, und verhielt sich: In FK ersetzt durch: «Gesetze haben. Er verhielt sich».

(siehe S. XXIII): In FK ersetzt durch: «(‹Geschichte meines botanischen Studiums› im 1. Bande der Nat. Schriften in Kürschners Nat.-Litt.)». – In BK ersetzt durch: «(siehe S. 9 oben)». – Siehe Goethe: *Geschichte meines botanischen Studiums*, GA 1a, S. 61–87.

134 *Naturanschauung zu lenken:* In FK Hinzufügung einer neuen Fußnote: «Siehe **Anmerkung IX** am Schlusse dieser Schrift.»

135 *Im Prinzipiellen kam er aber zu Grundanschauungen, die für die organische Wissenschaft dieselbe Bedeutung haben wie Galileis Grundgesetze für die Mechanik*: In FK ersetzt durch: «Im Prinzipiellen kam er aber zu Grundanschauungen, die für die Wissenschaft vom Organischen dieselbe Bedeutung haben wie Galileis Grundgesetze für die vom Unorganischen».

alle Werke seiner Hand: In FK ersetzt durch: «alle Werke seines Geistes».

Rudolf Steiner: In FK gestrichen.

Goethes Werke, Band XXXIV [GA 1b]

162 *Vorrede:* In FK ersetzt durch: «Goethes Erkenntnis-Art».

Fichte sendete: In FK ersetzt durch: «*Fichte* sandte».

bei Spinoza gesucht, später: In FK ersetzt durch: «bei Spinoza gesucht; später».

163 *heute nur schauen:* In FK ersetzt durch: «heute nur sinnlich *schauen».*

und des Lebens einzudringen, man verzichtet: In FK ersetzt durch: «und des Lebens einzudringen; man verzichtet».

164 *Pochen auf die Erfahrung:* In FK ersetzt durch: «Pochen auf die sinnliche Erfahrung».

Sinn einzudringen, benommen: In FK ersetzt durch: «Sinn einzudringen; benommen».

Tausende schauten eine Tatsache: In FK ersetzt durch: «Tausende schauten eine sinnenfällige Tatsache».

165 *umher, die Sinnenwelt:* In FK ersetzt durch: «umher; die Sinnenwelt».

166 *was er schafft, denn er muss immer aufs Neue bilden und schaffen, und im Tun:* In FK ersetzt durch: «was er schafft; denn er muss immer aufs Neue bilden und schaffen; und im Tun».

167 *geht uns nichts an, wir haben:* In FK ersetzt durch: «geht uns nichts an; wir haben».

hinausgehende Wahrnehmungsfähigkeit: In FK ersetzt durch: «hinausgehende Wahrnehmungsfähigkeit zuerkennt».

Das ist nun durchaus: In FK ersetzt durch: «Das ist durchaus».

168 *am Gegebenen festzuhalten, aber sie:* In FK ersetzt durch: «am Gegebenen festzuhalten; aber sie».

dialektische Methode Hegels: Siehe im Autoren- und Werkregister unter Hegel: *Wissenschaft der Logik.*

169 *sein zu wollen, es gibt:* In FK ersetzt durch: «sein zu wollen; es gibt».

170 *«Dem tätigen Menschen kommt es ...»:* Siehe im Autoren- und Werkregister unter Goethe: *Sprüche in Prosa.*

«Unser ganzes Kunststück besteht darin, dass ...»: Siehe im Autoren- und Werkregister unter Goethe: *Sprüche in Prosa.*

Fußnote Nr. 1: Berlin und Stuttgart, W. Spemann: In FK ersetzt durch: «Neuauflage Kommender Tag-Verlag, Stuttgart».

Der Herausgeber dieser Schriften ... Aufgabe als erfüllt.: In FK ersetzt durch: «Ich bin zu meiner Weltansicht nicht allein durch das Studium Goethes oder etwa gar des Hegelianismus gekommen. Ich ging von der mechanisch-naturalistischen Weltauffassung aus, erkannte aber, dass bei intensivem Denken dabei nicht stehen geblieben werden kann. Ich fand, streng nach naturwissenschaftlicher Methode verfahrend, in dem objektiven Idealismus die einzig befriedigende Weltansicht. Die Art, wie ein sich selbst verstehendes, widerspruchsloses Denken zu dieser Weltansicht gelangt, zeigt meine *Erkenntnistheorie*. Ich fand dann, dass dieser objektive Idealismus seinem Grundzuge nach die Goethe'sche Weltansicht durchtränkt. So geht denn dann freilich der Ausbau meiner Ansichten seit Jahren parallel mit dem Studium Goethes und ich habe nie einen *prinzipiellen* Gegensatz zwischen meinen Grundansichten und der Goethe'schen wissenschaftlichen Tätigkeit gefunden. Wenn es mir wenigstens teilweise gelungen ist: erstens meinen Standpunkt so zu entwickeln, dass er auch in anderen lebendig wird, und zweitens die Überzeugung herbeizuführen, dass dieser Standpunkt wirklich der Goethe'sche ist, dann betrachte ich meine Aufgabe als erfüllt.»

171 *Rudolf Steiner:* In FK gestrichen.

172 *Einleitung:* In FK gestrichen.

Über die Anordnung der naturwissenschaftlichen Schriften: In FK ersetzt durch: «Über die Anordnung der naturwissenschaftlichen Schriften Goethes».

naturwissenschaftlichen Schriften: In FK ersetzt durch: «naturwissenschaftlichen Schriften, die ich zu besorgen hatte,».

mittlerweile so: In FK ersetzt durch: «mittlerweile».

meine Einleitungen zeigen: In FK ersetzt durch: «meine Darstellungen zeigen».

173 *Fragen zu stellen hat:* In FK Hinzufügung einer neuen Fußnote: «Vgl. **Anmerkung X** am Schlusse dieser Schrift.»

«Es ist mit Meinungen, die man wagt ...»: Siehe im Autoren- und Werkregister unter Goethe: *Sprüche in Prosa*.

umgewandelt worden: In FK ersetzt durch: «umgewandelt worden sind».

Anordnung des herauszugebenden Stoffes: Man hätte eigentlich erwarten können, dass Steiner auf die Prinzipien seiner Anordnung der Schriften Goethes am Anfang seiner Einleitungen eingeht. Er wurde aber erst durch eine Rezension des ersten Bandes seiner Ausgabe mit aller Deutlichkeit auf dieses Problem aufmerksam und schob deshalb das vorliegende Kapitel im zweiten Bande nach (siehe dazu Ziegler: *Geist und Buchstabe*, Basel 2018, Kapitel 2.4, S. 44–45). Mit der Anordnung von Goethes naturwissenschaftlichen Schriften setzte sich Steiner noch einmal einige Jahre später als Mitarbeiter an der Weimarer Ausgabe intensiv auseinander, siehe dazu ebenda, Kapitel 5.4 «Ernüchterung und eigene Wege».

174 *über die Idee des Faust jene sattsam bekannte Bemerkung:* Siehe im Autoren- und Werkregister unter Goethe: *Briefe*, vom 17. März 1832 an Wilhelm von Humboldt, WA IV 49, S. 282.

174 *«Das Wahre ist gottähnlich; es erscheint …»:* Siehe im Autoren- und Werkregister unter Goethe: *Sprüche in Prosa.*

175 *Hätten wir diese Aufsätze an die Spitze gestellt, so hätte uns einfach die Voraussetzung zu ihrer Erklärung gefehlt. Sie sind dem:* In FK ersetzt durch: «Diese Aufsätze über Methode sind *dem*».

Sie erscheinen daher im dritten Bande: In FK gestrichen. – Der dritte Band über Optik und Farbenlehre musste schließlich in drei Bände aufgeteilt werden: GA 1c, d, e.

177 *gefördert; alles das wäre:* In FK ersetzt durch: «gefördert. Alles das wäre».

seine Kunstrichtung: In FK ersetzt durch: «die Kunstrichtung».

179 *«Ich denke Wissenschaft könnte man …»:* Siehe im Autoren- und Werkregister unter Goethe: *Sprüche in Prosa.*

«In den Werken des Menschen, wie …»: Siehe im Autoren- und Werkregister unter Goethe: *Sprüche in Prosa.*

«auf Spezifikationen wie in eine Sackgasse»: Siehe im Autoren- und Werkregister unter Goethe: *Sprüche in Prosa.*

180 *«aus dem Gemeinen das Edle, aus …»:* Siehe im Autoren- und Werkregister unter Goethe: *Sprüche in Prosa.*

«Das Schöne ist eine Manifestation geheimer …»: Siehe im Autoren- und Werkregister unter Goethe: *Sprüche in Prosa.*

«Die hohen Kunstwerke sind zugleich …»: Siehe im Autoren- und Werkregister unter Goethe: *Italienische Reise.*

«S. gesellt sich zum Weltgeist; er …»: Siehe im Autoren- und Werkregister unter Goethe: *Shakespeare und kein Ende.*

«frohen Lebensepoche»: Siehe im Autoren- und Werkregister unter Goethe: *Einwirkungen der neuern Philosophie.* Die folgenden Zitate dieses Absatzes ebda.

181 *«Im Ästhetischen tut man nicht …»:* Siehe im Autoren- und Werkregister unter Goethe: *Sprüche in Prosa.*

«Der Stil ruht auf den tiefsten Grundfesten …»: Siehe im Autoren- und Werkregister unter Goethe: *Einfache Nachahmung der Natur, Manier, Stil.*

182 *«alle Wirkungskraft und Samen»:* Siehe im Autoren- und Werkregister unter Goethe: *Faust.*

Gestaltung, sondern strömen: In FK ersetzt durch: «Gestaltung; sondern sie strömen».

182 *Jetzt nimmt die Frage:* In FK ersetzt durch: «Damit nimmt die Frage».

Es handelt sich jetzt darum: In FK ersetzt durch: «Es handelt sich darum».

184 *ohne sich zuerst nur zu fragen, wie eine solche Erkenntnis möglich sei. Er sah das Grundübel aller bisherigen Philosophie darin:* In FK ersetzt durch: «ohne sich zuerst zu fragen, wie eine solche Erkenntnis möglich sei. Er sah das Grundübel alles Philosophierens vor ihm darin».

verwendet, und heute: In FK ersetzt durch: «verwendet; und heute».

186 *Er hätte sonst vom Stil nicht gesagt, ...:* Siehe im Autoren- und Werkregister unter Goethe: *Einfache Nachahmung der Natur, Manier, Stil.*

187 *ausgebildetes Erfahren ist:* In FK ersetzt durch: «ausgebildetes sinnliches Erfahren ist».

188 *ist richtig, aber woher:* In FK ersetzt durch: «ist richtig; aber woher».

189 *Schnitt dreier Gerader:* In FK ersetzt durch: «Schnitt dreier Geraden».

191 *Wahrnehmungsbild ein unvollständig:* In FK ersetzt durch: «Wahrnehmungsbild ein unvollständiges».

ansehen können, sie folgen: In FK ersetzt durch: «ansehen können; sie folgen».

192 *Idee und Wirklichkeit denkt:* In FK ersetzt durch: «Idee und sinnenfällige Wirklichkeit denkt».

193 *Ich habe oben bereits:* In FK ersetzt durch: «Ich habe bereits».

wiederholen, nur dass statt: In FK ersetzt durch: «wiederholen; nur dass statt».

194 *Dreiecke umfasst, und ich:* In FK ersetzt durch: «Dreiecke umfasst; und ich».

195 *ohne allen Inhalt, sie entstehe:* In FK ersetzt durch: «ohne allen Inhalt; sie entstehe».

unserem Intellekte behufs: In FK ersetzt durch: «unserem Intellekte einverleibt werde behufs».

196 *Kants phantastisch-mystische Schemen:* Siehe im Autoren- und Werkregister unter Kant: *Kritik der reinen Vernunft.*

196 *vernünftiger als Krug, der von der:* In FK ersetzt durch: «vernünftiger als der Philosoph Krug, ein Nachfolger Kants, der von der». – Siehe dazu im Autoren- und Werkregister unter Hegel, *Enzyklopädie der philosophischen Wissenschaften im Grundrisse*, Heidelberg 1817–1830, Anmerkung zu § 250.

197 *wie wir oben dargelegt haben:* In FK ersetzt durch: «wie wir dargelegt haben».

aufgefunden werden, denn: In FK ersetzt durch: «aufgefunden werden; denn».

letzteren genommen werden: In FK ersetzt durch: «letzteren gewonnen werden».

198 *bloße Zufälligkeit verlassen:* In FK ersetzt durch: «bloßen Zufälligkeit verlassen».

Sein eigenes Vorgehen hat nur eine Berechtigung von unserem Standpunkte aus, während es mit seinen eigenen theoretischen Grundanschauungen im schreiendsten Widerspruche steht: In FK ersetzt durch: «Deren Vorgehen hat nur eine Berechtigung von *unserem* Standpunkte aus, während es mit ihren eigenen theoretischen Grundanschauungen im schreiendsten Widerspruche steht».

199 *Sinnenwelt gegenüber, sie sieht:* In FK ersetzt durch: «Sinnenwelt gegenüber; sie sieht».

hält in der idealen Welt: In FK ersetzt durch: «hält mit der idealen Welt».

200 *Für es sind beide:* In FK ersetzt durch: «Für die Sinne sind beide».

201 *geben uns die Sinne:* In FK ersetzt durch: «geben mir die Sinne».

Wenn wir ihm im Vorhinein: In FK ersetzt durch: «Wenn wir ihm von vornerein».

203 *Es ist eben da, wir haben:* In FK ersetzt durch: «Es ist eben da; wir haben».

204 *innerhalb seiner gestanden bin*: In FK ersetzt durch: «innerhalb seiner gestanden habe».

dunkel bleiben, es darf: In FK ersetzt durch: «dunkel bleiben; es darf».

Gegebenen zurück, wir arbeiten: In FK ersetzt durch: «Gegebenen zurück; wir arbeiten».

Ein Prozess erscheint nur: In FK ersetzt durch: «Ein Prozess der Welt erscheint nur».

206 *Was wir hier erfassen, ist jenes, aus dem alles hervorgeht. Wir werden mit diesem Prinzipe eine Einheit, deshalb erscheint uns die Idee, die das Objektivste ist, zugleich als das Subjektivste, Individuellste:* In FK ersetzt durch: «Was wir hier erfassen, ist dasjenige, aus dem alles hervorgeht. Wir werden mit diesem Prinzipe eine Einheit; deshalb erscheint uns die Idee, die das Objektivste ist, zugleich als das Subjektivste».

Weltprinzip hin, so wären wir: In FK ersetzt durch: «Weltprinzip hin, dann wären wir».

207 *dass wir sie auf recht:* In FK ersetzt durch: «dass wir diese Welt auf recht».

208 *Sein feststellen, sie will:* In FK ersetzt durch: «Sein feststellen; sie will».

unseres Denkens ist, und findet: In FK ersetzt durch: «unseres Denkens ist; und sie findet».

209 *dass er ihm innewohnt:* In FK ersetzt durch: «dass dieser ihm innewohnt».

der Urgeist gemacht und: In FK ersetzt durch: «der Urgeist gemacht hat und».

Bestimmung des Menschen und: In FK ersetzt durch: «Bestimmung des Menschen; und».

Man gelangt durch das Buch dieses starken Geistes durchaus nicht zu jener vollen Befriedigung, die uns durch unsere Erkenntnistheorie werden muss.: In FK ersetzt durch: «Man gelangt durch die Gedankengestaltung dieses starken Geistes durchaus nicht zu jener vollen Befriedigung, die uns durch eine echte Erkenntnistheorie werden muss.».

bearbeiten, dass es: In FK ersetzt durch: «bearbeiten, sodass es».

210 *Unser Geist hat die Aufgabe, sich so auszubilden, dass er imstande ist, aller ihm gegebenen Wirklichkeit eine solche Seite abzugewinnen, dass sie von der Idee ausgehend erscheint.:* In FK ersetzt durch: «*Unser Geist hat die Aufgabe, sich so auszubilden, dass er imstande ist, alle ihm gegebene Wirklichkeit in der Art zu durchschauen, wie sie von der Idee ausgehend erscheint.*»

jedes Erfahrungsobjekt so umgestalten, dass es als Teil: In FK ersetzt durch: «jedes Erfahrungsobjekt umgestalten, sodass es als Teil».

er geht den Dingen: In FK ersetzt durch: «Goethe geht den Dingen».

287: In FK ersetzt durch: «Goethes Naturw. Schriften (Kürschners Nat.-Litt), 4.2 Band S. 374» – Siehe im Autoren- und Werkregister unter Goethe: *Sprüche in Prosa.*

210 *561:* In FK ersetzt durch: «Ebenda S. 350». – Siehe im Autoren- und Werkregister unter Goethe: *Sprüche in Prosa.*

211 *Wissen und Handeln im Lichte der Goethe'schen Denkweise:* In FK ersetzt durch: «X. Wissen und Handeln im Lichte der Goethe'schen Denkweise».

ist nun die Methode: In FK ersetzt durch: «ist die Methode».

212 *dienendes Glied und es ist:* In FK ersetzt durch: «dienendes Glied; und es ist».

213 *gedacht worden:* In FK ersetzt durch: «gedacht worden ist».

Man wird nun sagen: In FK ersetzt durch: «Man wird sagen».

sie sind dasselbe und was: In FK ersetzt durch: «sie sind dasselbe; und was».

214 *dasselbe Leben, nur hält der Verstand:* In FK ersetzt durch: «dasselbe Leben; nur hält der Verstand».

216 *auseinanderzuhalten, und die Vernunft:* In FK ersetzt durch: «auseinanderzuhalten; und die Vernunft».

217 *Ich trenne es verstandesgemäß so:* In FK ersetzt durch: «Ich trenne es verstandesgemäß so, wie in Fig. 1».

ein anderer: In FK ersetzt durch: «ein anderer anders, wie in Fig. 2».

218 *hervorgeht, wir werden:* In FK ersetzt durch: «hervorgeht; wir werden».

Ansicht führt, aber selbst die geringste Summe dessen, was wir erfahren, muss uns zuletzt zur Idee führen, denn zur: In FK ersetzt durch: «Ansicht führt; aber selbst die geringste Summe dessen, was wir erfahren, muss uns zuletzt zur Idee führen; denn zur».

219 *211:* In FK ersetzt durch: «Goethes naturw. Schriften (in Kürschners Nat.-Litt.), 4.2 Band S. 349)». Siehe im Autoren- und Werkregister unter Goethe: *Sprüche in Prosa.*

220 *zu kommen, die Mittel:* In FK ersetzt durch: «zu kommen; die Mittel».

Erfahrungswissenschaft, denn es gibt: In FK ersetzt durch: «Erfahrungswissenschaft; denn es gibt». – Zum Folgenden über *Dogma der Offenbarung, es gibt auch ein Dogma der Erfahrung:* Siehe im Autoren- und Werkregister unter Steiner: *Grundlinien einer Erkenntnistheorie der Goethe'schen Weltanschauung*, Kapitel 14 «Der Grund der Dinge und das Erkennen.»

221 *nur einen Glauben, gewinnen:* In FK ersetzt durch: «nur einen *Glauben* gewinnen».

warum das nun so ist: In FK ersetzt durch: «warum das so ist».

223 *zu durchdringen, das:* In FK ersetzt durch: «zu durchdringen; das».

224 *nicht mehr verstanden:* In FK Hinzufügung einer neuen Fußnote: «Vgl. **Anmerkung XI** am Schlusse dieser Schrift.».

Mensch nur zu oft nicht imstande: In FK ersetzt durch: «Mensch oft nicht imstande».

225 *als Abstraktes, er ahnt ihre Fülle:* In FK ersetzt durch: «als Abstraktes; er ahnt ihre Fülle».

Nach dem Inhalt dieses Wesens selbst fragen wir erst am Ende der Wissenschaft, nicht wie es der Realismus macht, ein Reales vorauszusetzen und daraus dann die Wirklichkeit abzuleiten.: In FK ersetzt durch: «Nach dem Inhalt dieses Wesens selbst fragen wir erst am Ende der Wissenschaft, wir machen es nicht wie der Realismus, der ein Reales voraussetzt, um daraus dann die Wirklichkeit abzuleiten.»

als eine Ideenwelt, aber er glaubt: In FK ersetzt durch: «als eine Ideenwelt; aber Leibniz glaubt».

Weltgrundes täuscht, wir haben: In FK ersetzt durch: «Weltgrundes täuscht; wir haben».

226 *den reinen Empiristen zu beschäftigen:* In FK ersetzt durch: «den Empiristen des Sinnenfälligen zu beschäftigen».

etwas ausmachen, denn dieses: In FK ersetzt durch: «etwas ausmachen; denn dieses».

227 *Reale anspricht, und er ist:* In FK ersetzt durch: «Reale anspricht; und er ist».

Positiv-Vorliegendem herbeiführt: In FK Hinzufügung einer neuen Fußnote: «Vgl. **Anmerkung XII** am Schlusse dieser Schrift.»

229 *der Wirklichkeit, und das Phänomen:* In FK ersetzt durch: «der Wirklichkeit; und das Phänomen».

Luftwiderstand und dann: In FK ersetzt durch: «Luftwiderstand, und dann».

230 *Nr. 407:* In FK gestrichen.

(Briefw. Nr. 409): In FK gestrichen.

231 *(Briefw. Nr. 411):* In FK gestrichen. – Siehe Goethe: *Erfahrung und Wissenschaft*, GA 1e, S. 593–595.

231 *Dieser Aufsatz findet sich nun in den Werken nicht:* – Siehe im Autoren- und Werkregister unter Goethe: *Erfahrung und Wissenschaft.*

(Briefw. Nr. 412): In FK ersetzt durch: «(Briefw. Goethes und Schillers Nr. 412)».

«Sprüchen in Prosa» finden: In FK Hinzufügung einer neuen Fußnote: «Vgl. **Anmerkung XIII** am Schlusse dieser Schrift.»

232 *herauskommt, der Rationalismus:* In FK ersetzt durch: «herauskommt; der Rationalismus».

780: In FK ersetzt durch: «Goethes naturw. Schriften (Kürschners Nat.-Litt.) 4.2. Band S. 375». – Siehe im Autoren- und Werkregister unter Goethe: *Sprüche in Prosa.*

«... da sie ihrer so sehr bedürfen.»: In FK hinzugefügt: «(Ebenda S. 376)». – Siehe im Autoren- und Werkregister unter Goethe: *Sprüche in Prosa*, «Theorien sind gewöhnlich ...».

798: In FK ersetzt durch: «(Ebenda S. 371)». – Siehe im Autoren- und Werkregister unter Goethe: *Sprüche in Prosa.*

235 *diese Wirkung, sondern nur:* In FK ersetzt durch: «diese Wirkung; sondern nur».

Die weitere Ausführung dieses Gedankenganges wolle man im ersten Bande der naturwissenschaftlichen Schriften Nachlesen. Wir mussten hier die Hauptpunkte wegen des Zusammenhangs noch einmal anführen.: In FK ersetzt durch: «Wir mussten hier die Hauptpunkte des schon in einem früheren Abschnitte über den ‹Typus› Ausgeführten wegen des Zusammenhangs noch einmal anführen.»

236 *(Strehlke I, 239):* In FK gestrichen. – Siehe *Goethes Briefe*, hrsg. von F. Strehlke, Band I, Berlin 1882, S. 238–241; siehe dazu im Autoren- und Werkregister unter Goethe: *Entoptische Farben.*

Urphänomene zu richten: In FK Hinzufügung einer neuen Fußnote: «Vgl. **Anmerkung XIV** am Schlusse dieser Schrift.». – Siehe Goethe: *Paralipomena zur Chromatik*, Nr. 31 (GA 1e, S. 293–295), zuerst erschienen 1822 im 1. Band, 4. Heft in der von Goethe herausgegebenen Zeitschrift «Zur Naturwissenschaft überhaupt».

237 *richtige Fragestellung an, und ein ganzes Heer von Irrtümern wird zerstreut:* In FK ersetzt durch: «richtige Fragestellung an: Durch eine solche wird ein ganzes Heer von Irrtümern zerstreut.» – Man beachte, dass sich im Zusammenhang einer Nachzeichnung von Goethes Erkenntnisanschauung sich in diesem Kapitel eine der wenigen Stellen findet, wenn nicht gar die einzige Stelle, in welcher sich Steiner explizit auch gegen die Ansicht seines verehrten Lehrers und Förderers

Karl Julius Schröer (ohne ihn zu nennen) wendet. Schröer schreibt in seinem Vorwort über Goethe (S. 543): «Er [Goethe] vergisst dabei auch das eine nicht – und hierin scheint uns eine Weisheit zu liegen, die wenigen erreichbar ist – dass das Erkennen des Menschen an Grenzen gebunden ist.» Gelegentlich eines Hinweises auf den ersten Band der von ihm herausgegebenen naturwissenschaftlichen Schriften Goethes warnte Steiner Johannes Rehmke in einem Brief vom 28. März 1884 vor einem Missverständnis: «Euer Hochwohlgeboren möchte ich bitten, sich nicht an einer Stelle in dem von Prof. Dr. Schröer, einem den Goetheforschern bestens bekannten Schriftsteller, geschriebenen Vorwort [zu] stoßen, wo von ‹Grenzen des Erkennens› gesprochen wird. […] Meiner festen Überzeugung nach ist da, wo er von Grenzen des Erkennens spricht, nur immer das jeweilige [subjektive] Ende desselben gemeint.» (*Briefe Band I*, GA 38, 3. Aufl. Dornach 1985, S. 87–88). – Siehe zur Frage nach Erkenntnisgrenzen auch Hermann Helmholtz, *Goethe's Vorahnungen kommender naturwissenschaftlicher Ideen*, Berlin 1892, sowie die einschlägigen Vorträge von Emil Du Bois-Reymond, einschließlich *Goethe und kein Ende*, Berlin 1882.

237 *werden soll, liegt vor:* In FK ersetzt durch: «werden soll, liegen vor».

238 *zu erklären wäre, es ist ein:* In FK ersetzt durch: «zu erklären wäre; es ist ein».

sind keine Erkenntnisgrenzen: In FK ersetzt durch: «sind keine prinzipiellen Erkenntnisgrenzen».

überwunden werden; was ich: In FK ersetzt durch: «überwunden werden. Was ich».

von der wir uns nicht: In FK ersetzt durch: «von deren Wahrheit wir uns nicht».

239 *die wir an der Hand dieser Frage entwickelt:* In FK ersetzt durch: «die wir für [diese] Frage entwickelt».

240 *zum Vorschein, wir schließen:* In FK ersetzt durch: «zum Vorschein; wir schließen».

241 *ein Unterschied gegenüber:* In FK ersetzt durch: «ein Unterschied ist da gegenüber».

menschlichen Denkens, dann erscheint: In FK ersetzt durch: «menschlichen Denkens; dann erscheint».

die Idee inne und träte: In FK ersetzt durch: «die Idee inne; und träte.

Wirkung, diese Wirkung: In FK ersetzt durch: «Wirkung; diese Wirkung».

241 *der ihn gemacht:* In FK ersetzt durch: «der ihn gemacht hat».

242 *tragende Wesenheit ist:* In FK Hinzufügung einer neuen Fußnote: «Vgl. **Anmerkung XV** am Schlusse dieser Schrift.»

Handeln ist das nun anders: In FK ersetzt durch: «Handeln ist das anders.»

243 *(Ideen) kennen, wir brauchen:* In FK ersetzt durch: «(Ideen) kennen; wir brauchen».

von nichts mehr als von sich selbst: In FK ersetzt durch: *«von nichts als von sich selbst».*

sie selbst zur Erscheinung, aber sie: In FK ersetzt durch: «sie selbst zur *Erscheinung;* aber sie».

244 *Gesichtspunkt fallen, allein diese:* In FK ersetzt durch: «Gesichtspunkt fallen; allein diese».

245 *hier kennen gelernt:* In FK ersetzt durch: «hier kennengelernt haben».

Gesetzgeber werden: Hinzufügung einer neuen Fußnote: «Vgl. **Anmerkung XVI** am Schlusse dieser Schrift.».

246 *Wir wissen, dass die Ideenwelt die unendliche Vollkommenheit selbst ist, wir wissen, dass mit ihr die Antriebe unseres Handelns in uns liegen, und wir müssen:* In FK ersetzt durch: «Wir wissen, dass die Ideenwelt die unendliche Vollkommenheit selbst ist; wir wissen, dass mit ihr die Antriebe unseres Handelns *in* uns liegen; und wir müssen».

247 *dann wollen wir nicht dieses Objekt um seiner selbst willen, wir wollen ein anderes und vollbringen dieses, was wir nicht wollen:* In FK ersetzt durch: «dann wollten wir nicht dieses Objekt um seiner selbst willen, wir wollten ein *anderes* und vollbrächten *dieses*, was wir *nicht* wollen».

kein Interesse, sie ist uns: In FK ersetzt durch: «kein Interesse; sie ist uns».

ihrer selbst vollbringen: In FK ersetzt durch: «ihrer selbst willen vollbringen».

250 *Wissenschaft geben, denn das:* In FK ersetzt durch: «Wissenschaft geben; denn das».

Volksindividualität eigen sind: In FK Hinzufügung einer neuen Fußnote: «Vgl. **Anmerkung XVII** am Schlusse dieser Schrift.»

251 *Mitbürger steuern; wovon er:* In FK ersetzt durch: «Mitbürger steuern. Wovon er».

251 *in sich auf, es wird:* In FK ersetzt durch: «in sich auf; es wird».

252 *die da walten, und dann:* In FK ersetzt durch: «die da walten; und dann».

Anteil an ihr bestimmen. –: In FK Hinzufügung einer neuen Fußnote: «Vgl. **Anmerkung XVIII** am Schlusse dieser Schrift.»

254 *Es ist einfach Torheit, wenn man glaubt, alle Staaten können nach der in Frankreich und England üblichen liberalen Schablone regiert werden:* In FK gestrichen.

gegen seine eigene Natur gehen, dann hat sich der Staatsmann von der letztern und nicht von den zufälligen Forderungen der Mehrheit leiten zu lassen; er hat die Volkheit: In FK ersetzt durch: «gegen seine eigene Natur gehen. Goethe meint, in diesem Falle habe sich der Staatsmann von der letztern und nicht von den zufälligen Forderungen der Mehrheit leiten zu lassen; er habe die *Volkheit*».

477: In FK ersetzt durch: «Naturw. Schriften (in Kürschners Nat.-Litt.) 4.2. Band S. 480 f.» – Siehe im Autoren- und Werkregister unter Goethe: *Sprüche in Prosa*.

255 *sind zu begreifen:* In FK ersetzt durch: «sind zu ergründen».

Fußnote Nr. 4: In FK gestrichen.

(«Spr. in Prosa» 4): In FK gestrichen. – Siehe im Autoren- und Werkregister unter Goethe: *Sprüche in Prosa.*

(9): In FK ersetzt durch: «(Naturw. Schriften in Kürschners Nat.-Litt.) 4.2. Band S. 463.» – Siehe im Autoren- und Werkregister unter Goethe: *Sprüche in Prosa.*

(18): In FK gestrichen. – Siehe Goethe: *Sprüche in Prosa.*

(585): In FK ersetzt durch: «(Ebenda S. 487)». – Siehe im Autoren- und Werkregister unter Goethe: *Sprüche in Prosa.*

(632): In FK ersetzt durch: «(Ebenda S. 455)». – Siehe im Autoren- und Werkregister unter Goethe: *Sprüche in Prosa.*

(655): In FK ersetzt durch: «(Ebenda S. 460)». – Siehe im Autoren- und Werkregister unter Goethe: *Sprüche in Prosa.*

256 *am Gängelbande:* In FK Hinzufügung einer neuen Fußnote: «Vgl. **Anmerkungen XIX** am Schlusse des Buches.»

Soll das aber der Fall sein, so muss der Mensch erst in sich jene Bedürfnisse entwickeln, wodurch ihm diese Zufriedenheit wird. Er muss den: In FK ersetzt durch: «Sollte das aber der Fall sein, so müsste der Mensch erst in sich jene Bedürfnisse entwickeln, wodurch ihm diese Zufriedenheit wird. Er müsste den».

257 *jene Zauberkraft verleihen, durch die es uns erhebt:* In FK ersetzt durch: «jene Zauberkraft verliehen, durch die sie uns erhebt».

258 *Verhältnis der Goethe'schen Denkweise zu andern Ansichten:* In FK ersetzt durch: «XI. Verhältnis der Goethe'schen Denkweise zu andern Ansichten».

Schröer hat: In FK ersetzt durch: «K. J. Schröer hat». – Siehe im Autoren- und Werkregister unter Schröer: *Goethe und die Liebe.*

259 *In unsers Busens Reine wogt ein Streben ...»:* Siehe im Autoren- und Werkregister unter Goethe: *Gedichte, «Trilogie der Leidenschaft: Elegie».*

430: In FK ersetzt durch: «Goethes naturw. Schriften 4.2 S. 378» – Siehe im Autoren- und Werkregister unter Goethe: *Sprüche in Prosa.*

, 37: In FK gestrichen.

260 *Um nun das, was:* In FK ersetzt durch: «Um das, was».

seinen Jünglingsjahren schienen dem Dichter am meisten Spinoza: Zu Goethes frühen Spinoza-Studien siehe Goethe: *Dichtung und Wahrheit*, 14. und 16. Buch.

(s. «Goethe-Jahrb.» VII. Band, 1886): Hermann Brunnhofer: «Giordano Brunos Einfluss auf Goethe», S. 241–250.

261 *gestellt worden, wie:* In FK ersetzt durch: «gestellt worden ist, wie».

mit den Augen des Geistes schauen: Siehe im Autoren- und Werkregister unter Goethe: *Erster Entwurf einer allgemeinen Einleitung in die vergleichende Anatomie* und *Entdeckung eines trefflichen Vorarbeiters.*

262 *Existenz aufgegeben, außer der:* In FK ersetzt durch: «Existenz aufgegeben; außer der».

schreibt er an Jacobi: Brief vom 5. Mai 1786 an Friedrich Heinrich Jacobi, WA IV 7, S. 214.

265 *Wissens werden können:* In FK ersetzt durch «Wissens werden können?».

Es ist nur gewiss, dass es ein Ding an sich gibt, wie es: In FK ersetzt durch: «Es ist nur das Eine gewiss, dass es ein Ding an sich gibt. Wie es».

266 *einer Seele ausgehe:* In FK ersetzt durch: «einer Seele ausginge».

nicht übersprungen, so hätte er gesehen: In FK ersetzt durch: «nicht schief gesehen, so hätte er bemerkt». – Siehe im Autoren- und Werkregister unter Kant: *Kritik der reinen Vernunft.*

267 *Verstandesprodukt; es geht:* In FK ersetzt durch: «Verstandesprodukt. Es geht».

wir können unsere Erfahrungen: In FK ersetzt durch: «wir können nach seiner Meinung unsere Erfahrungen».

268 *S. unten den Aufsatz: «Der Versuch etc.» S. 10, wo die:* In FK ersetzt durch: «S. den Aufsatz: «Der Versuch usw.» S. 10ff. Band 2 der naturw. Schriften, wo die».

«sie hörten mich wohl, ...»: Siehe im Autoren- und Werkregister unter Goethe: *Einwirkungen der neuern Philosophie.*

Diesen Punkt haben wir schon besprochen (s. S. XII).: In FK gestrichen.

ersten Gespräch mit Schiller: In FK Markierung einer **geplanten neuen Fußnote** mit *) *[ohne Nummer].* – Siehe im Autoren- und Werkregister unter Goethe: *Glückliches Ereignis.*

269 *In der später hinzugekommenen:* In FK ersetzt durch: «In der später zu dem Aufsatz über die Metamorphose der Pflanze hinzugekommenen». – Siehe im Autoren- und Werkregister unter Goethe: *Der Inhalt bevorwortet.*

nichts dem letztern Fremdes: In FK ersetzt durch: «nichts diesem Fremdes».

270 *Irrtum erscheinen:* In FK Markierung einer **geplanten neuen Fußnote** mit *) *[ohne Nummer].*

Goethe mit Schelling: In FK ersetzt durch: «Goethe mit dem jungen Schelling».

271 *Naturw. Schr. I, 116:* In FK ersetzt durch: «Naturw. Schr. (in Kürschners Nat.-Litt.) I, S. 116. – Siehe im Autoren- und Werkregister unter Goethe: *Anschauende Urteilskraft.*

Durch Hegel erlangte er nämlich Klarheit darüber, wie sich das, was er Urphänomen nannte, in die Philosophie einreihe: In FK ersetzt durch: «Durch ihn erlangte er nämlich Klarheit darüber, wie sich das, was er *Urphänomen* nannte, in die Philosophie einreiht».

273 *werden wir im 3. Bande:* In FK ersetzt durch: «werden wir in einem späteren Kapitel». – Zu einer Besprechung dieses Themas einer *Apologetik der Farbenlehre* ist es offenbar nicht mehr gekommen, siehe dazu Schopenhauer: *Über das Sehn und die Farben. Eine Abhandlung.* Leipzig 1816. Siehe auch die später erschienen Schrift von Wilhelm Ostwald: *Goethe, Schopenhauer und die Farbenlehre*. Leipzig 1918.

274 *braucht sein Anhänger nicht zu sein:* In FK ersetzt durch: «braucht nicht sein Anhänger zu sein».

zuerkennen müssen: In FK Hinzufügung einer neuen Fußnote: «Man wird berücksichtigen müssen, dass dies vor mehr als 30 Jahren geschrieben ist.»

275 *Anschauung steht nun der:* In FK ersetzt durch: «Anschauung steht 275».

subjektives Phänomen, sie hat: In FK ersetzt durch: «subjektives Phänomen; sie hat».

276 *damit in der richtigen Weise:* In FK gestrichen.

277 *33:* In FK ersetzt durch: «Nat. Schriften S. 379». – Siehe im Autoren- und Werkregister unter Goethe: *Sprüche in Prosa.*

278 *gefasst werden, man muss:* In FK ersetzt durch: «gefasst werden; man muss».

279 *erfassen wollen, denn wir:* In FK ersetzt durch: «erfassen wollen; denn wir».

280 *Dasein zu fassen, und man:* In FK ersetzt durch: «Dasein zu fassen; und man».

Fußnote Nr. 6: Damit soll nun nicht: In FK ersetzt durch: «Damit soll nicht».

281 *Klage stehen, er erhebt:* In FK ersetzt durch: «Klage stehen; er erhebt».

das ist sein Irrtum, das ist: In FK ersetzt durch: «das ist sein Irrtum. Das ist». – Siehe zur Tatsache, dass Hartmann den Pessimismus nicht begründen kann, Steiner: *Die Philosophie der Freiheit*, 1894, Kapitel XIV: «Der Wert des Lebens (Pessimismus und Optimismus». In der 2. Auflage 1918: Kapitel XIII (GA 4).

282 *Goethe'schen steht:* In FK Markierung einer **geplanten neuen Fußnote** mit *) *[ohne Nummer].*

283 *Goethe und die Mathematik:* In FK ersetzt durch: «XII. Goethe und die Mathematik».

Weise verkannt, und zweitens: In FK ersetzt durch: «Weise verkannt; und zweitens».

(S. unten S. 19, 3–8.) Vgl. auch S. 45, 13ff.: In FK ersetzt durch: «(Siehe Nat. Schriften S. 19 und S. 45)» – Siehe dazu im Autoren- und Werkregister unter Goethe: *Der Versuch als Vermittler von Objekt und Subjekt* (erstes Zitat) und *Über Mathematik und deren Miss-*

brauch sowie das periodische vorwalten einzelner wissenschaftlicher Zweige (zweites Zitat)

284 *(«Spr. in Prosa» 8):* In FK ersetzt durch: «(«Spr. in Prosa»)». – Siehe im Autoren- und Werkregister unter Goethe: *Sprüche in Prosa.*

(«Spr. in Prosa» 17, 18): In FK gestrichen. – Siehe im Autoren- und Werkregister unter Goethe: *Sprüche in Prosa.*

285 *Lehrsätze ist, er hatte:* In FK ersetzt durch: «Lehrsätze ist; er hatte».

Naturgesetzlichkeit stehe: In FK ersetzt durch: «Naturgesetzlichkeit steht».

286 *Sie sondert sich alles:* In FK ersetzt durch: «Sie sondert alles».

287 *946:* In FK ersetzt durch: «Nat. Schriften, S. 405, des 2. Bandes». – Siehe im Autoren- und Werkregister unter Goethe: *Sprüche in Prosa.*

288 *Das geologische Grundprinzip Goethes:* In FK ersetzt durch: «XII. Das geologische Grundprinzip Goethes».

(«Spr. in Prosa» 10): In FK gestrichen. – Siehe im Autoren- und Werkregister unter Goethe: *Sprüche in Prosa.*

«Der Geist, aus dem wir handeln, ist das Höchste»: Siehe im Autoren- und Werkregister unter Goethe: *Wilhelm Meisters Lehrjahre.*

überholt werden, die letzte: In FK ersetzt durch: «überholt werden; die letzte».

dem Herzog zur Seite: In FK ersetzt durch: «dem Herzog Karl August zur Seite».

289 *(s. Aufs. «Die Natur» S. 1–5):* In FK ersetzt durch: «(s. Aufs. «Die Natur», Nat. Schriften, 2. B., S. 5 ff.) – Siehe im Autoren- und Werkregister unter Goethe: *Die Natur.*

«... die Mutter, wo ist sie?»: In FK Hinzufügung einer neuen Fußnote: «Siehe **Anmerkung XX** am Schluss dieser Schrift.».

290 *all sein Forschen und das:* In FK ersetzt durch: «all sein Forschen; und das».

«die entwickelnde, entfaltende, keineswegs die zusammenstellende, ordnende»: Siehe im Autoren- und Werkregister unter Goethe: *Ferneres in Bezug auf mein Verhältnis zu* Schiller.

291 *bleiben könne, nur das:* In FK ersetzt durch: «bleiben könne; nur das».

«ihren Spezifikationen sich in eine Sackgasse verirrt»: Siehe im Autoren- und Werkregister unter Goethe: *Sprüche in Prosa.*

291 *in etwas anderes übergeht:* In FK ersetzt durch: «in etwas anderes übergehe».

292 *Es ist nun festzuhalten:* In FK ersetzt durch: «Es ist festzuhalten».

Serapis-Tempel zu Pozzuoli: Siehe im Autoren- und Werkregister unter Goethe: *Architektonisch-naturhistorisches Problem.*

293 *Voltaire hatte von ihnen noch als von Naturspielen gesprochen:* Siehe im Autoren- und Werkregister unter *Dichtung und Wahrheit*, 3. Teil, 11. Buch.

«Geologische Probleme und Versuch ihrer Auflösung»: In FK ergänzt durch: «Naturw. Schriften 2. B., S. 308». – Siehe GA 1b, S. 308–311.

294 *Wie er den Kammerberg erklärt:* Siehe im Autoren- und Werkregister unter Goethe: *Kammerberg bei Eger.*

(Goethe an Hegel 7. Okt. 1820.): In FK Markierung einer **geplanten neuen Fußnote** mit *) *[ohne Nummer].*

295 *Die meteorologischen Vorstellungen Goethes:* In FK ersetzt durch: «XIII. Die meteorologischen Vorstellungen Goethes».

(s. unten S. 398): In FK ersetzt durch: «(s. Nat. Schriften 2. B. S. 323 ff.)» – Siehe im Autoren- und Werkregister unter Goethe: *Wolkengestalt nach Howard.*

Fußnote Nr. 7: S. 31 ff.: In FK ersetzt durch: «Naturw. Schriften 2. B. S. 31 ff.». – Siehe im Autoren- und Werkregister unter Goethe: *Bedeutende Fördernis durch ein einziges geistreiches Wort.*

«Die völlige Unzugänglichkeit, so konstante ... »: Siehe im Autoren- und Werkregister unter Goethe: *Versuch einer Witterungslehre.* Die folgenden Zitate ebda.

296 *«... rein tellurisch erklären.»:* In FK Hinzufügung einer neuen Fußnote: «Vgl. **Anmerkung XXI** am Schlusse dieser Schrift.»

297 *Er suchte nun nur noch:* In FK ersetzt durch: «Er suchte nur noch». – Zur «geistigen Leiter» siehe im Autoren- und Werkregister unter Goethe: *Die Metamorphose der Pflanzen.*

für die Augen des Geistes: Siehe im Autoren- und Werkregister unter Goethe: *Erster Entwurf einer allgemeinen Einleitung in die vergleichende Anatomie* und *Entdeckung eines trefflichen Vorarbeiters.*

konkrete Idee kennt: In FK ersetzt durch: «konkrete Idee, kennt».

fremd bleiben: In FK Hinzufügung einer neuen Fußnote: «Vgl. **Anmerkung XXII** am Schlusse dieser Schrift.»

R. Steiner: In FK gestrichen.

310 *Vorrede:* In BK ersetzt durch: «XIII. Goethe und der naturwissenschaftliche Illusionismus».

Diese Einleitung ist nicht aus dem Grunde geschrieben worden, weil in unsere Goethe-Ausgabe eben auch die Farbenlehre mit einer Einleitung versehen, aufgenommen werden muss. Sie entstammt einem tiefen Geistesbedürfnis des Herausgebers.: In BK ersetzt durch: «Diese Darstellung ist nicht aus dem Grunde geschrieben worden, weil in einer Goethe-Ausgabe (in Kürschners deutscher Nat.-Litt.) eben auch die Farbenlehre mit einer begleitenden Einleitung versehen, aufgenommen werden muss. Sie entstammt einem tiefen Geistesbedürfnis des Herausgebers dieser Ausgabe.»

nichts entspricht als: In BK ersetzt durch: «nichts entspreche als».

311 *anders gedachte Daseinsform:* In BK ersetzt durch: «anders als sinnlich gedachte Daseinsform».

313 *man doch hier nichts bezeichnen denn die Bewegungsform der Hirnsubstanz:* In BK ersetzt durch: «man doch hier nur denn die Bewegungsform der Hirnsubstanz bezeichnen».

Ohne da eine genaue: In BK ersetzt durch: «Ohne eine genaue».

314 *Fußnote Nr. 1:* In BK gestrichen. – Darauf scheint Steiner später nicht mehr zurückgekommen zu sein.

die den Herausgeber dazu: In BK ersetzt durch: «die mich dazu».

315 *aber musste er in der:* In BK ersetzt durch: «aber musste ich in der».

Lichte zu sehen: In BK Hinzufügung einer neuen Fußnote: «Vgl. **Anmerkung XXIII** am Schlusse dieser Schrift.»

317 *Naturanschauung zu stellen:* In BK ersetzt durch: «Naturanschauung probeweise zu stellen».

318 *Fragen der Wissenschaft machen:* In BK Hinzufügung einer neuen Fußnote: «Vgl. **Anmerkung XXIV** am Schlusse dieser Schrift.»

319 *aus seinem Elemente hinaus:* In BK ersetzt durch: «aus seinem Elemente heraus».

320 *Nimmermehr; denn warum sollten wir einer zweiten Beobachtung gegenüber uns befriedigter fühlen als bei der ersten?:* In BK ersetzt durch: «Nimmermehr. Denn warum sollten wir bei einer zweiten Beobachtung uns befriedigter fühlen als bei der ersten?»

ursprünglichste, sondern: In BK ersetzt durch: «ursprünglichste, schöpferische, sondern».

321 *wenngleich dieser selbst:* In BK ersetzt durch: «wenngleich der Gehirnprozess selbst».

322 *Notwendigkeit, ich habe:* In FK ersetzt durch «Notwendigkeit; ich habe».

die Friedr. Theod. Vischer wiederholt: In FK ersetzt durch: «die z. B. Friedr. Theod. Vischer wiederholt».

323 *halbe Antwort:* In BK Hinzufügung einer neuen Fußnote: «Vgl. **Anmerkung XXV** am Schlusse dieser Schrift.»

Der Geist also sucht überall über: In BK ersetzt durch: «Der Geist sucht überall, über».

gleichgültig, denn davon: In BK ersetzt durch: «gleichgültig; denn davon».

324 *wird keinen Augenblick anstehen, die Sache auch so zu erklären. Dies ist aber doch ganz falsch:* In BK ersetzt durch: «würde keinen Augenblick anstehen, die Sache auch so zu erklären. Dies ist aber doch ganz unrichtig.».

diesen träge oder dem: In BK ersetzt durch: «diesen *träge*, oder dem».

325 *Punkte gelangen, wo die mechanischen:* In BK ersetzt durch: «Punkte gelangen, an dem die mechanischen».

326 *Habe ich also die:* In BK ersetzt durch: «Habe ich die».

räumlich-zeitliche Vorgänge: In BK ersetzt durch: «räumlich-zeitlichen Vorgänge».

Da kann sich mir: In BK ersetzt durch: « Da können sich mir».

327 *hierbei dasjenige vorgehen:* In BK ersetzt durch: «hierbei nur dasjenige vorgehen».

328 *sind die Windungen des Gehirnes etwas anderes denn Sinneswahrnehmung?:* In BK ersetzt durch: «sind die Windungen des Gehirnes durch etwas anderes gegeben denn durch Sinneswahrnehmung?».

untersuchen wir nichts als den: In BK ersetzt durch: «untersuchen wir nichts anderes als den».

Wir mussten oben der: In BK ersetzt durch: «Wir mussten der».

zum Ausdrucke wie es seiner Natur gemäß ist. Streng genommen ja ist das Ding: In BK ersetzt durch: «zum Ausdrucke, wie es seiner Natur gemäß ist. Streng genommen ist ja das Ding».

329 *und dasselbe, denn es:* In BK ersetzt durch: «und dasselbe; denn es».

331 *sich abspielen, sie ist:* In BK ersetzt durch: «sich abspielen; sie ist».

ist ihr ganz unzeitliches und unräumliches Wesen: In BK ersetzt durch: «ist das ganz unzeitliche und unräumliche Wesen dieser Komplexe».

332 *zerstört werden, denn es:* In BK ersetzt durch: «zerstört werden; denn es».

metamorphosierender Wahrnehmungen: In BK ersetzt durch: «*metamorphosierender Wahrnehmungsinhalte*».

Wir haben nämlich gesehen, dass wir nicht von einem subjektiven Charakter dieser Wahrnehmungen sprechen können: In BK ersetzt durch: «Wir haben gesehen, dass wir nicht von einem subjektiven Charakter der Wahrnehmungen sprechen können».

334 *beliebiges viertes D:* In BK ersetzt durch: «beliebiges viertes, *D*».

entstehe, aber sie: In BK ersetzt durch: «entstehe; aber sie».

335 *unverständlich, in jener:* In BK ersetzt durch: «unverständlich; in jener».

336 *Nachzudenken, was eine:* In BK ersetzt durch: «Nachzudenken darüber, was eine».

hinzutreten musste: In BK ersetzt durch: «hinzutreten muss».

spekulativen Denkweise, in Goethes gegenständlicher, allein sich selbst verstehender Denkweise: In BK ersetzt durch: «spekulativen Denkweise; in Goethes gegenständlicher, und richtig sich selbst verstehender Denkweise».

«Das Licht ist das einfachste, unzerlegteste, homogenste Wesen ...»: Siehe im Autoren- und Werkregister unter Goethe: *Briefe*.

337 *hätte die Bedingung:* In BK ersetzt durch: «hätte die *erste Bedingung*».

als ursprünglicher zur Entstehung derselben: In BK ergänzt durch: «Das Prisma erst als zweite Bedingung».

338 *Denn nur sie ist die Folge:* In BK ersetzt durch: «Denn sie ist die Folge».

zu dieser Ansicht verleiten: In BK ersetzt durch: «zu dieser Ansicht führen».

339 *das auch zur Sinneswahrnehmung:* In BK ersetzt durch: «das wohl zur Sinneswahrnehmung».

339 *ja immer Hinweisen, und jeder, der das Vermögen hat:* In BK ersetzt durch: «ja immer hinweisen; und jeder, der die Möglichkeit hat».

340 *weil der ganze Inhalt:* In BK ersetzt durch: «weil dieser Inhalt».

den Inhalt des in der Sinnenwelt: In BK ersetzt durch: «den andern Inhalt des in der Sinnenwelt».

bekommt die Welt ihren Inhalt: In BK ersetzt durch: «bekommt die Welt ihren vollen Inhalt».

341 *erfassen, kleben an der Vielheit, sie sind:* In BK ersetzt durch: «erfassen, halten sich an die Vielheit; sie sind».

beherrscht wird, so nennen: In BK ersetzt durch: «beherrscht wird, dann nennen».

zurückzuführen, und wie: In BK ersetzt durch: «zurückzuführen; und wie».

hinausweisen, sie kann: In BK ersetzt durch: «hinausweisen; sie kann».

Die beiden sind nicht identisch: In BK ersetzt durch: «Die beiden, Begriff und Wahrnehmung, sind zwar nicht identisch».

343 *Wirklichkeit wird:* In BK Hinzufügung einer neuen Fußnote: «Vgl. **Anmerkung XXV** *[muss heißen XXVI]* am Schlusse dieser Schrift.»

Er übte diesen Blick: In BK ersetzt durch: «Goethe übte diesen Blick».

an der Farbenlehre machen: In BK ersetzt durch: «an Goethes Farbenlehre machen».

344 *Farbenlehre an die Spitze:* In BK ersetzt durch: «Farbenlehre an den Anfang».

345 *was überhaupt zustande kommen kann:* In BK ersetzt durch: «was durch das Auge im *lebendigen* Sehakt zustande kommen kann».

zu verfolgen, wie sie: In BK ersetzt durch: «zu verfolgen, zu beobachten, wie sie».

haftenden Farben: In BK ersetzt durch: «haftenden Farben über».

346 *seiner Welt Befriedigenden:* In BK ersetzt durch: «seiner Welt befriedigenden Wesen».

die in dieser Ausgabe jenem «Entwurfe» vorangehen, müssen als Vorstudien gelten. Die «Enthüllungen der Theorie Newtons» nur als eine polemische Beigabe seiner Arbeit.: In BK ersetzt durch: «müssen als

Vorstudien gelten. Die ‹Enthüllungen der Theorie Newtons› sind nur eine polemische Beigabe seiner Arbeit.»

347 *Prozess, sondern:* In BK ersetzt durch: «Prozess; sondern».

348 *Eindruck zu machen, das ist alles:* In BK ersetzt durch: «Eindruck zu machen: das ist alles».

350 *den Raum selbst:* In BK ersetzt durch: «der *Raum* selbst steht vor meiner Seele»

351 *Beziehungen sind, dann aber:* In BK ersetzt durch: «Beziehungen sind; dann aber».

die ganz äußerliche Beziehung habe ich jetzt selbst als Sinnenvorstellung wieder erreicht, von der: In BK ersetzt durch: «die ganz äußerliche Beziehung, habe ich jetzt selbst als Sinnenvorstellung wieder erreicht; von der».

allgemeinen Gesichtspunkt; dadurch gewinnen wir Begriffe von den Einzelheiten, diese Begriffe: In BK ersetzt durch: «allgemeinen Gesichtspunkt. Dadurch gewinnen wir Begriffe von den Einzelheiten; diese Begriffe».

Ich betrachte nun zwei andere Menschen unter dem gleichen Gesichtspunkte, C und D.: In BK ersetzt durch: «Ich betrachte nun zwei andere Menschen *C* und *D* unter dem gleichen Gesichtspunkte.»

352 *identisch, und wenn ich:* In BK ersetzt durch: «identisch; und wenn ich».

also ganz falsch: In BK ersetzt durch: «also ganz unrichtig».

353 *Von Kant ganz falsch angenommen:* In BK ersetzt durch: «von Kant ganz irrtümlich angenommen». – Siehe dazu und zum Folgenden im Autoren- und Werkregister unter: Kant: *Kritik der reinen Vernunft*.

Dieses letztere wäre natürlich: In BK ersetzt durch: «Dieses letztere ist natürlich».

Doch nichts anderes, als ich gebe einen Gegenstand an, dem der: In BK ersetzt durch: «Doch nichts anderes, als dass ich einen Gegenstand angebe, dem der».

354 *Gesetzlichkeit bestand:* In BK ersetzt durch: «Gesetzlichkeit besteht».

Die letzteren wussten wohl: In BK ersetzt durch: «Diese wussten wohl».

Das rein Geschichtliche hierbei mag Gegenstand der Einleitung des nächsten Bandes sein, wo Goethe selbst in der «Geschichte der Far-

benlehre» ein ausführliches Bekenntnis ablegt.: In BK ersetzt durch: «Über das Geschichtliche legt Goethe selbst in der «Geschichte der Farbenlehre» ein ausführliches Bekenntnis ab.» – Siehe im Autoren- und Werkregister unter Goethe: *Konfession des Verfassers.*

354 *Wir müssen uns nun:* In BK ersetzt durch: «Wir müssen uns».

355 *im Ganzen waltet:* In BK ersetzt durch: «im Ganzen der Natur waltet».

356 *die eben jene Gleichartigkeit:* In BK ersetzt durch: «die jene Gleichartigkeit».

lichtlose Materie, die Finsternis: In BK ersetzt durch: «lichtlose Materie, die tätige Finsternis».

nicht losmachen konnte: In BK ersetzt durch: «nicht losmachen kann».

des Lichtes an sich ansah, verhinderte: In BK ersetzt durch: «des Lichtes an sich ansieht, verhindert».

357 *Annäherung an die Wahrheit. Man darf Goethes Theorie eben nicht:* In BK ersetzt durch: «*Annäherung* an die Wirklichkeit. Man darf Goethes Theorie nicht».

358 *im Äther zugrunde liegt?* In BK ersetzt durch: «im Äther zugrunde liege?».

Daraus kann man schließen, dass die Wellen, welche der Träger des Lichtes sind: In BK ersetzt durch: «Daraus kann man schließen, dass Wellen, wie sie der Träger des Lichtes sind».

Wärme-, Licht- oder chemische Wirkungen: Siehe dazu die Anmerkungen Steiners in GA 1e, S. 74 und S. 146f. – Siehe hier S. 449, 452–454.

359 *möglich ist, das muss:* In BK ersetzt durch: «möglich ist, muss».

Wärme oder Licht sei Bewegung: In BK ersetzt durch: «Wärme oder Licht seien Bewegung».

andere Ansicht über seine Farbenlehre gewinnen: In BK ersetzt durch: «andere Ansicht über seine Farbenlehre gewinnen, als man sie gewöhnlich sich bildet».

Inhalt haben, nur hörte: In BK ersetzt durch: «Inhalt haben. Nur hörte».

360 *Verhältnis Goethes zu Newton und der modernen Physik spricht und dabei gar nicht daran denkt, dass dies zwei völlig verschiedene Dinge sind.:* In BK ersetzt durch: «Verhältnis Goethes zu Newton und zu der modernen Physik spricht und dabei gar nicht daran denkt, dass

damit auf zwei ganz verschiedene Arten, die Welt anzusehen, gewiesen ist.»

360 *Goethes Farbenlehre ab:* In FK Hinzufügung einer neuen Fußnote: «Vgl. **Anmerkung XXVII** am Schlusse dieser Schrift.»

Rudolf Steiner: In BK gestrichen.

361 *Tafeln und Text:* In BK ganzes Kapitel gestrichen. – Die *Erklärung der Figuren 1–27* ist in «Beiträge zur Optik, Erstes Stück», «Beschreibung der Tafeln», GA 1c, S. 33–35. – Die folgenden Seiten- und Zeilenangaben beziehen sich alle auf GA 1c. – Zu den am Ende angekündigten «Lesarten als Nachtrag im nächsten Bande» ist es offenbar nicht mehr gekommen.

Goethes Werke, Band XXXVI.1 [GA 1d]

383 *Einleitung:* In BK ersetzt durch: «XVI. Goethe gegen den Atomismus.»

in meiner Einleitung zu Goethes Farbenlehre (Band 35 dieser Goethe-Ausgabe): In BK ersetzt durch: «auf S. ... dieser Schrift». – Siehe im vorliegenden Band S. 316 ff.

(... Leipzig 1895): In BK Hinzufügung einer neuen Fußnote: «Dies ist kurz Zeit, nachdem die betreffenden Äußerungen Ostwalds gemacht worden sind, geschrieben.»

384 *Ich habe in der erwähnten Einleitung (S. II f.) gesagt:* In BK ersetzt durch: «Ich habe in dieser Schrift S. ... gesagt».

(S. XIV meiner Einleitung): In BK ersetzt durch: «(S. ... dieser Schrift)».

sich metamorphosierender Wahrnehmungen: In BK ersetzt durch «sich metamorphosierender Wahrnehmungsinhalte».

385 *Und S. IV meiner Einleitung:* In BK ersetzt durch: «Und S. ... dieser Schrift».

Wenn man davon absieht, dass Prof. Ostwald, ganz wie es der Beschränktheit eines Naturhistorikers der Gegenwart entspricht, in der Sinnenwelt nichts sieht als aufweisbare und messbare Größen: In BK ersetzt durch: «Wenn man davon absieht, dass *Ostwald* im Sinne eines Naturforschers der Gegenwart spricht, und deshalb in der Sinnenwelt nichts sieht als aufweisbare und messbare *Größen* sieht [sic]».

(S. XXVIII): In BK ersetzt durch: «(S. ...)».

385 *in meiner Einleitung zu Goethes Farbenlehre:* In BK ersetzt durch: «in meinen Ausführungen über Goethes Farbenlehre».

388 *Die Philosophen von heute:* In BK Hinzufügung einer neuen Fußnote: «Dieses ist im Beginn der neunziger Jahre des vorigen Jahrhunderts geschrieben. Was darüber heute zu sagen ist, darüber vgl. **Anmerkung XXVII** [Nummer zum zweiten Mal verwendet] am Schlusse dieser Schrift.»

Das mag für Herrn Du Bois-Reymond eine Erfahrungstatsache sein. Aber es muss diesem Herrn gesagt werden: In BK ersetzt durch: «Das mag für Du Bois-Reymond eine Erfahrungstatsache sein. Aber es muss gesagt werden».

wie er sie im Auge hat: In BK ersetzt durch: «wie Du Bois-Reymond sie im Auge hat».

395 *«Das Höchste wäre: zu begreifen, dass ...»:* Siehe im Autoren- und Werkregister unter Goethe: *Sprüche in Prosa.*

Erscheinungswelt stehen, die modernen: In BK ersetzt durch: «Erscheinungswelt stehen; die modernen».

Erfahrung abzuleiten: In BK Hinzufügung einer neuen Fußnote: «Vgl. **Anmerkung XXVIII** am Schlusse dieser Schrift.»

398 *der Physik geworden:* In BK Hinzufügung einer neuen Fußnote: «Vgl. **Anmerkung XXIX** am Schlusse dieser Schrift.»

399 *untrennbar verknüpft:* In BK ersetzt durch: «untrennbar verbunden».

(«Erkenntnistheorie», Stuttgart 1886; «Wahrheit und Wissenschaft», Weimar 1892, und «Philosophie der Freiheit», 1894.): In BK ersetzt durch: «(«Erkenntnistheorie», Stuttgart 1886, Neuauflage im Kommenden Tag-Verlag; «Wahrheit und Wissenschaft», Weimar 1892, Neuauflage im Kommenden Tag-Verlag, und «Philosophie der Freiheit», 1894, Neuauflage im Philosophisch-Anthroposophischen Verlag, Berlin.)»

400 *Ich frage jetzt bloß:* In BK ersetzt durch: «Ich will jetzt bloß fragen».

401 *durch einen Umstand für meine Zwecke:* In BK ersetzt durch: «durch einen Umstand».

402 *das Gleiche zu werden:* In BK Hinzufügung einer neuen Fußnote: «Vgl. **Anmerkung XXX** am Schlusse dieser Schrift.»

405 *Standpunkt des Professors Wundt stellen:* In BK ersetzt durch: «Standpunkt *Wundts* stellen».

408 *Krank ist an der Scholastik die Vermischung dieser Empfindung mit den Vorstellungen des Christentums. Das Christentum findet den Quell alles Geistigen, also auch der Begriffe und Ideen in Gott:* In BK ersetzt durch: «Krank ist an der Scholastik die Vermischung dieser Empfindung mit den Vorstellungen, die in die mittelalterliche Entwicklung des Christentums eingezogen sind. Dieses Christentum findet den Quell alles Geistigen, also auch der Begriffe und Ideen in dem unerkennbaren, weil außerweltlichen Gott».

409 *Aber sie strebte darnach, diese Ahnung im Sinne des christlichen Jenseitsglaubens umzudeuten:* In BK ersetzt durch: «Aber sie strebte darnach, diese Ahnung im Sinne des als christlich geltenden Jenseitsglaubens umzudeuten».

Sie wollten die christliche Gottesvorstellung retten. Sie wollten in Gott den Ursprung der Welt finden: In BK ersetzt durch: «Sie wollten retten, was sie als christliche Gottesvorstellung ansahen. Sie wollten im jenseitigen Gott den Ursprung der Welt finden».

Begriffe und Ideen lieferte: In BK Hinzufügung einer neuen Fußnote: «Vgl. **Anmerkung XXXI** am Schlusse dieser Schrift.»

410 *die Newton verleitete:* In BK ersetzt durch: «die Newton verführte».

Rudolf Steiner: In BK gestrichen.

Goethes Werke, Band XXXVI.2 [GA 1e]

466 *Einleitung:* In BK ersetzt durch: «XVII. Goethes Weltanschauung in seinen ‹Sprüchen in Prosa.›»

468 *in Form des Gedankens aus:* In BK ersetzt durch: «in der Form des Gedankens aus».

471 *(Vgl. unten 351, 1–17):* In BK ersetzt durch: «(Vgl. Goethes Nat. Schriften in Kürschners Nat.-Litt. B. 4.2 S. 351)». – Siehe im Autoren- und Werkregister unter Goethe: *Sprüche in Prosa.*

472 *Fußnote Nr. 1: Geistes beherrscht wird und deshalb alles, was ihr von außen entgegengebracht wird, in ihr nur als subjektiver Abglanz vorhanden sein kann. Der Mensch nimmt nicht:* In BK ersetzt durch: «Geistes beherrscht werde und deshalb alles, was ihr von außen entgegengebracht wird, in ihr nur als subjektiver Abglanz vorhanden sein könne. Der Mensch nehme nicht». – *in meiner Einleitung zum 34. Bande dieser Goethe-Ausgabe gedeutet (S. LIX):* In BK ersetzt durch: «in dieser Schrift S. ...». – *Herr Vorländer: In BK fünfmal ersetzt durch: «Vorländer». – Mehr als den ... freien Ausblick gewinnen!:* Letzte drei Sätze in BK gestrichenn [S. 473].

474 *(vgl. unten S. 355, 1–2):* In BK ersetzt durch: «(vgl. Goethes Nat. Schriften in Kürschners Nat.-Litt. B. 4.2. S. 355)». – Siehe im Autoren- und Werkregister unter Goethe: *Sprüche in Prosa.*

475 *ausschließlich die Erfahrung:* In BK ersetzt durch: «ausschließlich die sinnliche Erfahrung».

(Vgl. unten S. 503, 10–12): In BK ersetzt durch: «(vgl. Goethes Nat. Schriften in Kürschners Nat.-Litt. B. 4.2. S. 503)». – Siehe im Autoren- und Werkregister unter Goethe: *Sprüche in Prosa.*

«Alles Faktische ist schon Theorie»: Siehe im Autoren- und Werkregister unter Goethe: *Sprüche in Prosa.*

Goethe schreibt an Jacobi: 5. Mai 1786 an Friedrich Heinrich Jacobi, WA IV 7, S. 214.

476 *Er glaubt nicht sein:* In BK ersetzt durch: «Er glaubt nicht, sein».

Als leer empfinden: In BK Hinzufügung einer neuen Fußnote: «Vgl. **Anmerkung XXXII** am Schlusse dieser Schrift.»

477 *der reinen Beobachtung:* In BK ersetzt durch: «der reinen Sinnesbeobachtung».

478 *(Vgl. unten S. 460, 18):* In BK ersetzt durch: «(Vgl. Goethes Naturw. Schriften, Kürschners Nat.-Litt., B. 4.2 S. 460)». – Siehe im Autoren- und Werkregister unter Goethe: *Sprüche in Prosa.*

(Weimar, Emil Felber): In BK ersetzt durch: (Neuauflage Kommender Tag-Verlag, Stuttgart)».

Handelns sein müsste: In BK ersetzt durch: «Handelns sein müsse».

Fußnote Nr. 2: Herr Tönnies: In BK zweimal «Herr» gestrichen. – *in der Einleitung zum 34. Bande dieser Goethe-Ausgabe:* In BK ersetzt durch: «S. … dieser Schrift.»

479 *Der bloßen Erfahrungswirklichkeit:* In BK ersetzt durch: «Der bloßen sinnenfälligen Erfahrungswirklichkeit».

(vgl. unten S. 494, Z. 18f.): In BK ersetzt durch: «(vgl. Naturw. Schriften, Kürschners Nat.-Litt. B. 4.2. S. 494)». – Siehe im Autoren- und Werkregister unter Goethe: *Sprüche in Prosa*, GA 1e, S. 494 (MR 201 und 183).

480 *Über die Anordnung der «Sprüche in Prosa»:* In BK ganzes Kapitel gestrichen.

«Wir wurden einig, dass ich …»: Siehe im Autoren- und Werkregister unter Goethe: *Gespräche mit Eckermann.*

481 *Kritiker der Sprüche im «Athenäum»:* Siehe im Autoren- und Werkregister unter: Anonym, *Goethe's Opinions on the World.*

483 *Verzeichnis der Illustrationen:* In BK ganzes Kapitel gestrichen. – Siehe dazu: «Erklärung der zu Goethes Farbenlehre gehörigen Tafeln», GA 1c, S. 517–540 sowie die «Konkordanz der Tafeln zu den Tafeln in Goethes *Zur Farbenlehre*» im vorliegenden Band.

Goethes Werke, Band XXXIII [GA 1a]:
Vorwort von Karl Julius Schröer

541 *Polemik gegen die Gefühlstheologie:* Siehe im Autoren- und Werkregister unter Hegel: «Vorrede zu Hinrichs' Religionsphilosophie».

Kant sprach unserm Verstand die Fähigkeit ab: Siehe im Autoren- und Werkregister unter Kant: *Kritik der Urteilskraft.*

die Teile in der Hand blieben …: Siehe im Autoren- und Werkregister unter Goethe: *Faust.*

bezeichnete schon Schiller den Geist Goethes …: Siehe im Autoren- und Werkregister unter Schiller: *Briefe.*

542 *Urpflanze sei keine Erfahrung, sondern eine Idee!:* Siehe im Autoren- und Werkregister unter Goethe: *Glückliches Ereignis.*

543 *«dass wir's so herrlich weit gebracht!»:* Siehe im Autoren- und Werkregister unter Goethe: *Faust.*

mannigfaltige Versuche: Siehe im Autoren- und Werkregister unter Goethe: *Der Versuch als Vermittler zwischen Objekt und Subjekt.*

«Wir mögen an der Natur beobachten, messen …»: Siehe im Autoren- und Werkregister unter Riemer.

544 *Bis zu den letzten Wahrheiten dringe unser Blick nicht vor:* Mit Schröers an dieser Stelle (siehe auch den folgenden Text) nahegelegten Eingeständnis Goethes von allgemeinen Erkenntnisgrenzen konnte sich Steiner nicht einverstanden erklären. Siehe den Hinweis zu Beginn des Kapitels «IV. Über Erkenntnisgrenzen und Hypothesenbildung», S. 597 f.

«Liebe und Hass machen uns trübe sehn.»: Siehe im Autoren- und Werkregister unter Goethe: *Briefe*, 24. August 1770 an Hetzler jun., WA IV 1, S. 244.

«Dass ihr Menschen gleich sprechen müsst: …»: Siehe im Autoren- und Werkregister unter Goethe: *Die Leiden des jungen Werther.*

545 *«auf die naivste und anmutigste Weise das Universum durchaus verbauert»:* Siehe im Autoren- und Werkregister unter Goethe, *Alemannische Gedichte.*

547 *Fichte das deutsche Geisteswesen:* Siehe im Autoren- und Werkregister unter Fichte, *Reden an die deutsche Nation.*

548 *die Teile in der Hand blieben …:* Siehe im Autoren- und Werkregister unter Goethe: *Faust.*

549 *«Ich habe keinen Namen dafür …»:* Siehe im Autoren- und Werkregister unter Goethe: *Faust.*

Gott und Welt: Proömium, Weltseele usf.: Siehe im Autoren- und Werkregister unter Goethe: *Gedichte: Gott und Welt.*

550 *gotische Baukunst tief und gründlich erkannte:* Siehe im Autoren- und Werkregister unter Goethe: *Von deutscher Baukunst.*

Konkordanz der Tafeln in Kürschners Ausgabe zu den Tafeln in Goethes Farbenlehre

Seinen *Beiträgen zur Optik* hat Goethe 27 Farbkarten/Farbtafeln beigegeben; sie sind erklärt in den «Beschreibung der Tafeln», GA 1c, S. 33–45, und schwarz-weiß abgebildet in GA 1c, Tafel I und II, S. 541–542 (siehe LA I 3, S. 450–452, mit separater farbiger Tafelmappe).

Goethe hat 16 teilweise farbige Tafeln in seiner «Erklärung der zu Goethes Farbenlehre gehörigen Tafeln» als Beilage zu seinen Schriften über Farbenlehre beigefügt. Dieser Text findet sich in GA 1c, S. 517–540 und S. 49, und eine Auswahl der Tafeln in Schwarz-Weiß auf den Tafeln I–IV in GA 1e, S. 635–638 (vollständig und farbig enthalten in LA I 7, Tafel I – XVI). In einer Farbbeilage «Tafeln zu Goethes Farbenlehre» zum Neudruck GA 1a–e, Dornach 1975, sind die Tafeln I–XV abgebildet. Siehe dazu die entsprechenden Bemerkungen in «Tafeln und Text» sowie «Verzeichnis der Illustrationen» im vorliegenden Band.

1. *Beiträge zur Optik*, Erstes und Zweites Stück:

«Beschreibung der Tafeln», GA 1c, S. 33–35 / Tafel-Nr. bei Goethe	**Figur-Nr. auf Tafeln**	**Bezug zum Text *Beiträge zur Optik*, Erstes Stück: «Beschreibung der Tafeln»**	**GA 1c, Tafel I–II, S. 541–542**
Tafel/Karte Nr. 1–27	–	Tafel/Karte Nr. 1–27	I: Fig. 1–24 II: Fig. 25–27

2. *Beiträge zur Optik*, Zweites Stück:

«Erklärung der Kupfertafel», GA 1c, S. 49 / Tafel-Nr. bei Goethe	**Figur-Nr. auf Tafeln**	**Bezug zum Text *Beiträge zur Optik*, Zweites Stück**	**GA 1e, Tafel IV, S. 638**
XVI	–	«Beschreibung eines großen Prismas», GA 1c, S. 36–38.	IV: Fig. 1

3. Zum *Entwurf einer Farbenlehre*, Erster Band: Erster, didaktischer Teil (n.v.: nicht vorhanden, tlw.: teilweise):

«Erklärung der zu Goethes Farbenlehre gehörigen Tafeln», GA 1c, S. 517–540 / Tafel-Nr. bei Goethe	Figuren-Nr. auf Tafeln bei Goethe	Bezug zum Text *Entwurf einer Farbenlehre,* Erster Band: Erster, didaktischer Teil, Paragrafen-Nr. «Von den farbigen Schatten», GA 1e, S. 601–625	GA 1c, Tafel II, S. 542
I	1	50ff.	n.v.
	2	110ff.	n.v.
	3	88, 89ff.	n.v.
	4	88, 89ff.	n.v.
	5	70ff., «Von den farbigen Schatten»	n.v.
	6	70ff., «Von den farbigen Schatten»	n.v.
	7	159	n.v.
	8	110ff.	n.v.
	9	80	n.v.
	10	39ff.	n.v.
	11	110ff.	n.v.
II	oberes Feld	199–201	Fig. 28 (tlw.)
	mittleres Feld links	204	Fig. 29
	unteres Feld links	205	Fig. 30
	mittleres Feld rechts	207	Fig. 31
	unteres Feld rechts	209–217	n.v.
IIa	ganze Tafel	209–217	n.v.
III	ganze Tafel	248–284	Fig. 33
IV	oberes Feld	258–284	n.v.
	unteres Feld	293–297	Fig. 32
V	ganze Tafel	323–330	Fig. 34 (tlw.)

4. Zum *Entwurf einer Farbenlehre*, Erster Band: Zweiter, polemischer Teil:

«Erklärung der zu Goethes Farbenlehre gehörigen Tafeln», GA 1c, S. 517–540 / Tafel-Nr. bei Goethe	**Figuren-Nr. bei Goethe**	**Bezug zum Text *Entwurf einer Farbenlehre,* Erster Band: Zweiter, polemischer Teil, Paragrafen-Nr.**	**GA 1e, Tafel I–III, S. 635–637**
VII	1	210	I: Fig. 1
	2	nicht erwähnt	I: Fig. 2
	3	nicht erwähnt	I: Fig. 3
	4	107	I: Fig. 4
	5	107, 108	I: Fig. 5
	6	107	I: Fig. 6
	7	107	I: Fig. 7
	8	nicht erwähnt	I: Fig. 8
	9	nicht erwähnt	I: Fig. 9
VIII	1	196–203	I: Fig. 10
	2	196–203	I: Fig. 11
	3	196–203	I: Fig. 12
	4	196–203	I: Fig. 13
	5	196–203	II: Fig. 5
IX	oberes Feld	600–601	II: Fig. 3
	unteres Feld	600–601	II: Fig. 4
X	oberes Feld	600–601	II: Fig. 5
	unteres Feld	600–601	II: Fig. 6
XI	1	289–300	II: Fig. 7
	2	289–300	II: Fig. 8
	3	289–300	II: Fig. 9
	4	289–300	II: Fig. 10
	5	289–300, Didaktischer Teil, §§ 345 ff.	II: Fig. 11
XII	ganze Tafel	272 ff.	II: Fig. 2
–	–	114 ff.	III: Fig. 1
XIII	1	325 ff.	III: Fig. 2
	2	325 ff.	III: Fig. 3
	3	325 ff.	III: Fig. 4
	4	325 ff.	III: Fig. 5
XIV	oberes Feld	373 ff.	III: Fig. 6
	mittleres Feld	373 ff.	III: Fig. 7
	unteres Feld	548 ff.	III: Fig. 8

5. Zum *Entwurf einer Farbenlehre*, Zweiter Band: Materialien zur Geschichte der Farbenlehre:

«Erklärung der zu Goethes Farbenlehre gehörigen Tafeln», GA 1c, S. 517–540 / Tafel-Nr. bei Goethe	**Figur**	**Bezug zum Text *Entwurf einer Farbenlehre,* Zweiter Band: Materialien zur Geschichte der Farbenlehre**	**GA 1e, Tafel IV, S. 638**
XV	unteres Feld	GA 1d, S. 184–190	IV: Fig. 2

Alphabetisches Verzeichnis der Texte und Textstücke Goethes in den naturwissenschaftlichen Schriften der Kürschner-Ausgabe

Bei wenig aussagekräftigen Titeln stehen in eckigen Klammern Bezüge auf das diesen Eintrag umfassende Kapitel.

Kumuliertes Personenregister GA 1a bis GA 1f

Berücksichtigt alle historischen Texte von Steiner, Goethe, Schröer und anderen, und Texte, Fußnoten, Anmerkungen und Erläuterungen in den Bänden in GA 1a–e und in *Editorische Nachworte zu Goethes Naturwissenschaftlichen Schriften in der Weimarer Ausgabe* (GA 1f). Namen, die bloß einmalig in Aufzählungen und ohne weitere Bezüge vorkommen, wurden in der Regel nicht berücksichtigt

Autoren- und Werkregister mit Zitatnachweisen

Dieses Register vereinigt drei Register: ein Namenregister, ein Werkregister (Bibliografie der direkt oder indirekt erwähnten und zitierten Literatur) sowie ein Register der Zitate und einiger Paraphrasen. Die Zitate wurden in der Regel Werken entnommen, die Steiner auch konsultiert hat oder auch haben könnte. Damit die entsprechenden Stellen auch in anderen Editionen leichter gefunden werden können, wurden Kapitel und Unterkapitel angegeben. Die im Zusammenhang mit bestimmten Autoren angeführten Zitate oder allenfalls Paraphrasen finden sich in der Reihenfolge, wie sie im Text auftauchen, eingerückt unter dem entsprechenden Autor und den alphabetisch geordneten Titeln. Da Steiner nicht immer den Titel des Werkes angibt, aus dem er zitiert, muss man gelegentlich bei Autoren mit vielen zitierten Titeln etwas gründlicher suchen, bis man den Zitatnachweis findet. Dies ist etwa bei Goethe öfter der Fall. Dann stammen die Zitate in der Regel aus den «Sprüchen in Prosa» oder aus der «Italienischen Reise». Hinter jedem Zitat steht jedoch die Seite, auf welcher es im vorliegenden Band vorkommt. Die keinem Werk zuordenbaren Zitate stehen ganz am Anfang nach dem Namen des Autors.

Dieses verschiedene Register zusammenführende Verzeichnis hat den Vorteil, dass erstens alle zu einem Zitat gehörigen bibliografischen Angaben an derselben Stelle wie das Zitat gefunden werden können und zweitens, dass beim Suchen nach Autoren und erwähnten oder indirekt genannten Werken kein zusätzliches Register konsultiert werden muss. Durch dieses zusammenführende Verzeichnis, in das gegebenenfalls auch Erläuterungen des Herausgebers aufgenommen sind, erübrigt sich ein separater bio-bibliografischer Stellenkommentar.

Abkürzungen

HB *Goethes Werke* [Hempel Berlin]
Nach den vorzüglichsten Quellen revidierte Ausgabe. 36 Theile in 23 Bänden. Berlin: Gustav Hempel o. J. [1868–1879]
Theil 19: Sprüche in Prosa. Herausgegeben und mit Anmerkungen begleitet von Gustav von Loeper. [1870]
Theil 33: Zur Morphologie. – Zur Mineralogie und Geologie. Herausgegeben und eingeleitet von Salomon Kalischer. [1877]
Theil 34: Zur Meteorologie. – Zur Naturwissenschaft im Allgemeinen. – Naturwissenschaftliche Einzelheiten. Mit Einleitung und Anmerkungen herausgegeben von Salomon Kalischer. [1877]
Theil 35: Beiträge zur Optik. – Versuch, die Elemente der Farbenlehre zu entdecken. – Zur Farbenlehre: Didaktischer und Polemischer Theil. Mit Einleitung und Anmerkungen herausgegeben von Salomon Kalischer. [1878]
Theil 36: Geschichte der Farbenlehre. – Die entoptischen Farben. – Nachträge zur Farbenlehre. – Register. Mit Einleitung und Anmerkungen herausgegeben von Salomon Kalischer. [1879]

WA	*Goethes Werke* [Weimarer Ausgabe, auch Sophien-Ausgabe]. Herausgegeben im Auftrage der Großherzogin Sophie von Sachsen. 133 Bände in 143 Teilen, Weimar: Hermann Böhlaus Nachfolger 1887–1919. Nachdruck: München 1987, Deutscher Taschenbuch Verlag: Zusätzliche Bände 144–146 mit Nachträgen und Register zur IV. Abteilung: Briefe. Herausgegeben von Paul Raabe, 1990.
MR	*Goethe, Maximen und Reflexionen.* Nach den Handschriften des Goethe- und Schiller-Archives herausgegeben von Max Hecker, Weimar: Verlag der Goethe-Gesellschaft 1907 (Schriften der Goethe-Gesellschaft, 21. Band).
GA 1a–e	*Goethes naturwissenschaftliche Schriften* [Reprint aus Kürschners Deutsche National-Litteratur (DNL), Band 114–117]. Mit Einleitungen, Fußnoten und Erläuterungen im Text herausgegeben von Rudolf Steiner (Dornach: Rudolf Steiner Verlag 1975)
GA 1a	Erster Band: Bildung und Umbildung organischer Naturen [I = DNL 114/XXXIII/1]. [Mit Hinweisen zur Neuausgabe 1975 und zu Steiners Texten am Ende der Einleitung, S. LXXXIV]
GA 1b	Zweiter Band: Zur Naturwissenschaft im Allgemeinen, Mineralogie und Geologie, Meteorologie [II = DNL 115/XXXIV/2]. [Mit Hinweisen zu Steiners Texten am Ende der Einleitung, S. LXXV]
GA 1c	Dritter Band: Beiträge zur Optik, Zur Farbenlehre [III = DNL 116/XXXV/3]. [Mit Hinweisen zu Steiners Texten am Ende der Einleitung, S. XXX, Inhaltsverzeichnis auf S. 543 ergänzt]
GA 1d	Vierter Band: Zur Farbenlehre, Materialien zur Geschichte der Farbenlehre [IV = DNL 117.1/XXXVI.1/4.1]. [Mit Hinweisen zu Steiners Texten am Ende der Einleitung, S. XVI]
GA 1e	Fünfter Band: Zweite Abteilung des vierten Bandes: Zur Farbenlehre, Materialien zur Geschichte der Farbenlehre, Sprüche in Prosa, Nachträge [V = DNL 117.2/XXXVI.2/4.2]. [Mit Hinweisen zu Steiners Einleitungstext auf S. 632 und einem zusätzlichen Aufsatz Goethes «Von den farbigen Schatten», S. 601–625 [aus WA II 5.1, S. 101–125]. Weggelassen wurde Goethes fragmentarisches Trauerspiel über «Das Mädchen von Oberkirch» (S. 607–612), die entsprechende Einleitung dazu von R. Steiner (S. 603–605, in GA 32, S. 198–202), eine Ergänzung zum «West-östlichen Divan» (S. 613) sowie das Generalregister der Überschriften der Bände 1 bis 36 der Dichtungen und Prosaschriften Goethes, inklusive der Naturwissenschaftlichen Schriften (S. 614–651); angepasstes Inhaltsverzeichnis, S. 626–632]
LA	Goethe, *Die Schriften zur Naturwissenschaft* [Leopoldina Ausgabe] Vollständige mit Erläuterungen versehene Ausgabe im Auftrage der Deutschen Akademie der Naturforscher Leopoldina. Begründet von Lothar Wolf und Wilhelm Troll, herausgegeben von Dorothea Kuhn, Wolf von Engelhardt

und Irmgard Müller, Weimar: Hermann Böhlaus Nachfolger, Abteilung I: Texte, 11 Bände, 1947–1970; Abteilung II: Ergänzungen und Erläuterungen, 10 Bände in 18 Teilbänden, 1959–2011; Abteilung III: Register, 2 Bände, 2014, 2019.

Alphabetisches Register

Zur deutschen Litteratur und Geschichte: ungedruckte Briefe aus Knebels Nachlass. Zwei Bände, herausgegeben von Heinrich Düntzer. Nürnberg 1858. 31

Du Bois-Reymond, Emil (1815–1896) 17, 145, 387f., 391, 403

Die Sieben Welträtsel. Vortrag gehalten in der öffentlichen Sitzung der Königlichen Akademie der Wissenschaften zu Berlin zur Feier des Leibniz'schen Jahrestages am 8. Juli 1880. *Monatsberichte der Berliner Akademie der Wissenschaften* 1880, S. 1045–1072. 17, 145

Goethe und kein Ende: Rektoratsrede vom 15. Oktober 1882 an der Berliner Universität. Berlin 1882. 17

Über die Grenzen des Naturerkennens. Vortrag in der 2. öffentlichen Sitzung der 45. Versammlung deutscher Naturforscher und Ärzte zu Leipzig am 14. August 1872. 1. und 2. Auflage Leipzig 1872. 17, 145, 387, 403

Man spricht heute von Erkenntnisgrenzen …: Indirekte Erwähnung. 165

«wären die Haare auf unserem Haupte gezählt, und …»: S. 5. 387

«Naturerkennen ist Zurückführen der Veränderungen …»: S. 2. Dort heißt es: «Naturerkennen – genauer gesagt naturwissenschaftliches Erkennen oder Erkennen der Körperwelt mit Hülfe und im Sinne der theoretischen Naturwissenschaft – ist Zurückführen der Veränderungen in der Körperwelt auf Bewegungen von Atomen, die durch deren von der Zeit unabhängige Zentralkräfte bewirkt werden, oder Auflösung der Naturvorgänge in Mechanik der Atome. Es ist psychologische Erfahrungstatsache, dass, wo solche Auflösung gelingt, unser Kausalitätsbedürfnis vorläufig sich befriedigt fühlt.» 388

«Es ist eine psychologische Erfahrungstatsache, dass, wo …»: S. 2. Dort heißt es: «Es ist psychologische Erfahrungstatsache, wo solche Auflösung gelingt, unser Kausalitätsbedürfnis vorläufig sich befriedigt fühlt.» 388

«Welche denkbare Verbindung besteht zwischen …»: S. 25 (S. 26 in der 2. ergänzten Auflage 1872). 403

«Bewegung kann nur Bewegung erzeugen.»: S. 25 in der 2. ergänzten Auflage 1872 (in der 1. Auflage nicht vorhanden). 403

Über die Grenzen des Naturerkennens. Die sieben Welträtsel. Zwei Vorträge. Leipzig 1881. 17, 145, 387, 403

Eckermann, Johann Peter (1792–1854) 72, 124, 458, 480

Gespräche mit Goethe in den letzten Jahren seines Lebens 1823–1832. Erster und Zweiter Teil. Leipzig 1836. Dritter Teil, Magdeburg 1848. 71, 124, 458

Einsiedel, August von (1754–1837) 50

Da liegt auch der klassische Irrtum Fichtes, der die ganze Welt aus dem Bewusstsein ableiten wollte: Zur Tathandlung Fichtes heißt es etwa (S. 96): «Das Ich *setzt sich selbst*, und es *ist*, vermöge dieses bloßen Setzens durch sich selbst; und umgekehrt: das Ich *ist* und es *setzt* sein Sein, vermöge seines bloßen Seins.–Es ist zugleich das Handelnde, und das Produkt der Handlung; das Tätige, und das, was durch die Tätigkeit hervorgebracht wird; Handlung und Tat sind eins und ebendasselbe; und daher ist das: *Ich bin*, Ausdruck einer Tathandlung; aber auch der einzig-möglichen, wie sich aus der ganzen Wissenschaftslehre ergeben muss.» S. 110: «Die Masse dessen, was unbedingt und schlechthin gewiss ist, ist nunmehr erschöpft; und ich würde sie etwa in folgender Formel ausdrücken: *Ich setze im Ich dem teilbaren Ich ein teilbares Nicht-Ich entgegen.* – Über diese Erkenntnis hinaus geht keine Philosophie; aber bis zu ihr zurückgehen soll jede gründliche Philosophie; und so wie sie es tut, wird sie Wissenschaftslehre. Alles was von nun an im Systeme des menschlichen Geistes vorkommen soll, muss sich aus dem Aufgestellten ableiten lassen.» Oder S. 268 f.: «Es [das Streben] bestimmt nicht die wirkliche, von einer Tätigkeit des Nicht-Ich, die in Wechselwirkung mit der Tätigkeit des Ich steht, abhängende Welt, sondern eine Welt, wie sie sein würde, wenn durch das ich schlechthin alle Realität gesetzt wäre; mithin eine ideale, bloß durch das Ich, und schlechthin durch kein Nicht-Ich gesetzte Welt.» Man beachte, dass bei Fichte «setzen» im wesentlichen Erkennen und nicht Schaffen bedeutet. Fichte möchte also nicht die materielle Welt durch das Ich schöpfen, sondern eine neue Art der Erkenntnis. Siehe auch das unten stehende Zitat aus *Sonnenklarer Bericht ....* 196

Fichte hat die Wissenschaft des Bewusstseins in der scharfsinnigsten Weise begründet. Er hat [...] aber den Fehler gemacht, dass er diese Tätigkeit des Ich [...] als ein Erschaffen alles dessen angesehen, was innerhalb des «Ich» sich abspielt ...: Sie oben. 269

Reden an die deutsche Nation. Berlin 1808.

wie Fichte das deutsche Geisteswesen ... [Schröer]: 4. Rede: «Hauptverschiedenheit zwischen den Deutschen und den übrigen Völkern germanischer Abkunft» und 7. Rede: «Noch tiefere Erfassung der Ursprünglichkeit und Deutschheit eines Volkes». 547

Sonnenklarer Bericht über das Wesen der neuesten Philosophie. Ein Versuch, die Leser zum Verstehen zu zwingen (1801), in: FSW II, S. 323–420.

Da liegt auch der klassische Irrtum Fichtes, der die ganze Welt aus dem Bewusstsein ableiten wollte: Steiners provokante Bemerkung bezieht sich vermutlich auf das Missverständnis, dass durch die von Fichte selbst vorgebrachte Analogie zwischen Kosmogonie und der Tathandlung entstehen könnte; Fichte sah diese Möglichkeit selbst voraus. Siehe

in ihren Blüten, und der in denselben befindlichen Insekten, nebst einigen Versuchen von dem Keim, und einem Anhang vermischter Beobachtungen. Nürnberg 1764. 30

Mikroskopische Untersuchungen und Beobachtungen der geheimen Zeugungstheile der Pflanzen in ihren Blüten, und der in denselben befindlichen Insekten; nebst einigen Versuchen über dem Keim, und einem Anhang vermischter Beobachtungen. Nürnberg 1790. 30

Goethe, Johann Wolfgang (1749–1832). *WA: Goethes Werke.* Hg. im Auftrage der Großherzogin Sophie von Sachsen. Abt. I–IV. 133 Bände in 143 Teilen. Weimar 1887–1919 / *HA*: Johann Wolfgang von Goethe, *Hamburger Ausgabe*, 14 Bände, München 1981.

Briefe an Johann Heinrich Merck von Goethe, Herder, Wieland und andern bedeutenden Zeitgenossen: mit Merck's biographischer Skizze. Herausgegeben von Karl Wagner. Darmstadt 1835.

Briefe an und von Johann Heinrich Merck. Herausgeben von Karl Wagner. Darmstadt 1838.

Briefe und Aufsätze aus den Jahren 1766 bis 1786 von Johann Wolfgang von Goethe. Herausgegeben von Adolf Schöll. Weimar 1846 (2. Aufl. 1857).

Briefwechsel des Großherzogs Carl August von Sachsen-Weimar-Eisenach mit Goethe in den Jahren von 1775 bis 1828 [ohne Herausgeber]. Zwei Bände Weimar 1863.

Briefwechsel zwischen Goethe und Friedrich Heinrich Jacobi. Herausgegeben von Max Jacobi. Leipzig 1846.

Briefwechsel zwischen Goethe und Knebel 1774–1832. Herausgegeben von Gottschalk Eduard Guhrauer. Leipzig 1851.

Briefwechsel zwischen Schiller und Goethe in den Jahren 1794 bis 1805. Erster Band (1794 bis 1797). Zweiter Band (1798 bis 1805). Eingeleitet und revidiert von Robert Boxberger. Berlin und Stuttgart, 1881–1882.

Der junge Goethe: seine Briefe und Dichtungen von 1764–1776. Herausgegeben von Salomon Hirzel und Michael Bernays. Drei Bände. Leipzig: Hirzel 1875.

Faust von Goethe. Mit Einleitung und fortlaufender Erklärung herausgegeben von Karl Julius Schröer. Zwei Teile. Heilbronn 1881.

Goethes Briefe. Verzeichnis unter Angabe von Quelle, Ort, Datum und Anfangsworten, Darstellung der Beziehungen zu den Empfängern, Inhaltsangaben, Mittheilungen von vielen bisher ungedruckten Briefen. Drei Teile. Herausgegeben von Friedrich Strehlke. Berlin 1882–1884.

Goethe's Briefe an Frau von Stein aus den Jahren 1776 bis 1826. Herausgegeben von Adolf Schöll. Drei Bände. Weimar 1848–1851. 2. Ausgabe 1857.

Goethes Briefe an Friedrich August Wolf. Herausgegeben von Michael Bernays. Berlin 1868.

Goethes Briefe an Lavater aus den Jahren 1774–1783. Herausgegeben von Heinrich Hirzel. Leipzig 1833.

Goethes Briefe an Soret. Herausgegeben von Hermann Uhde. Stuttgart 1877.

Goethe's nachgelassene Werke. Herausgegeben von Johann Peter Eckermann und Friedrich Wilhelm Riemer. Zwanzig Bände (= Band 41–60 der Ausgabe letzter Hand). Stuttgart, Tübingen: Cotta 1832–1842

Band 49 (1833):	Einzelheiten. Maximen und Reflexionen.
Band 50 (1833):	Zur Naturwissenschaft im Allgemeinen.
Band 51 (1833):	Mineralogie und Geologie. Meteorologie.
Band 52 (1833):	Zur Farbenlehre. Didaktischer Theil
Band 53 (1833):	Geschichte der Farbenlehre 1.
Band 54 (1833):	Geschichte der Farbenlehre 2.
Band 55 (1833):	Nachträge zur Farbenlehre. Zur Pflanzenlehre. Osteologie.
Band 58 (1842):	Morphologie. Beiträge zur Optik.
Band 59 (1842):	Enthüllung der Theorie Newton's.
Band 60 (1842):	Naturwissenschaftliches. Biographische Einzelheiten. Chronologie der Entstehung Goethe'scher Schriften.

Goethes naturwissenschaftliche Korrespondenz 1812–1832. Zwei Bände. Herausgegeben von Francis Thomas Bratranek. Leipzig 1874.

Goethe's Tagebuch aus den Jahren 1776–1782. Herausgegeben von Robert Keil. Leipzig: 1875.

Goethes Werke, Sechster bis Elfter Teil, *Dramen*: Erster bis Sechster Band. Herausgegeben von Karl Julius Schröer, in: Kürschners Deutsche National-Litteratur, Berlin und Stuttgart o. J., Band 87–92.

Zur deutschen Literatur und Geschichte: Ungedruckte Briefe aus Knebels Nachlaß. Zwei Bände. Herausgegeben von Heinrich Düntzer. Nürnberg 1858.

ΑΘΡΟΙΣΜΟΣ, siehe *Die Metamorphose der Tiere.*

Alemannische Gedichte [Rezension]: Für Freunde ländlicher Naturen und Sitten, von J. P. Hebel, in: HA 12, S. 261–266.

«auf die naivste und anmutigste Weise das Universum durchaus verbauert» [Schröer]: 2. Absatz, S. 262. Dort heißt es: «so verwandelt der Verfasser diese Naturgegenstände zu Landleuten, und verbauert auf die naivste, anmutigste Weise durchaus das Universum; so dass die Landschaft, in der man denn doch den Landmann immer erblickt, mit ihm in unserer erhöhten und erheiterten Phantasie nur Eins auszumachen scheint.» 545

Annalen

«(siehe «Annalen» 1799 sowie den Brief Schillers vom 29. Mai 1799)»: In den «Annalen», auch «Tag- und Jahreshefte» genannt, zum Jahr 1799 findet sich folgende Bemerkung: «Überhaupt wurden solche methodischen Entwürfe durch Schillers philosophischen Ordnungsgeist, zu welchem ich mich symbolisierend hinneigte, zur angenehmsten Unterhaltung. Man nahm sie von Zeit zu Zeit wieder auf, prüfte sie, stellte sie um, und so ist denn auch das Schema der Farbenlehre öfters bearbeitet worden.» (WA I 35, 84) In dem genannten Brief findet sich nur ein sehr kursorischer Hinweis auf ein Schema zur Naturlehre Goethes. – Im Brief vom 28. Januar 1798 jedoch geht Schiller auf einen von Goethe am 17. Januar (datiert am 5. Januar) an ihn gesandten Aufsatz ein, der Wichtiges über Goethes Methode enthält. Dies nahm Steiner bei der Konzeption seiner Einleitungen zu den Naturwissenschaftlichen Schriften zum Anlass, den Inhalt dieses Aufsatzes zu rekonstruieren (siehe Abschnitt «III. System der Wissenschaft» im Kapitel «Wissen und Handeln im Lichte der Goethe'schen Denkweise»). Den verloren gegangenen Aufsatz hat Steiner dann 1889 bei seinem ersten Besuch im Goethe- und Schiller-Archiv in Weimar entdeckt (siehe: *Erfahrung und Wissenschaft*) und verschiedentlich darüber berichtet, so auch in seinem Kommentar zu dem in den «Nachträgen zu den naturwissenschaftlichen Schriften» im letzten Band der Kürschner-Ausgabe gedruckten Aufsatz (GA 1e, S. 592–295). Siehe dazu auch Ziegler: *Geist und Buchstabe*, Basel 2018, Kapitel 5.1 «Vorarbeiten und Begeisterung». 11

«Die Aufgabe war so groß, dass sie in einem zerstreuten Leben ...»: 1790, WA I 35, S. 16. Vorangehend steht: «... ich war völlig überzeugt, ein allgemeiner, durch Metamorphose sich erhebender Typus gehe durch die sämtlichen organischen Geschöpfe durch, lasse sich in allen seinen Teilen auf gewissen mittlern Stufen gar wohl beobachten, und müsse auch noch da anerkannt werden, wenn er sich auf der höchsten Stufe der Menschheit ins Verborgene bescheiden zurückzieht. – Hierauf waren alle meine Arbeiten, auch die in Breslau, gerichtet; die Aufgabe war indessen so groß, dass sie in einem zerstreuten Leben nicht gelöst werden konnte.» 64

er auf den Dünen des Lido einen geborstenen Schafschädel ...: 1790, WA I 35, S. 15. Dort heißt es: «Als ich nämlich auf den Dünen des Lido, welche die venezianischen Lagunen von dem adriatischen Meere sondern, mich oftmals erging, fand ich einen so glücklich geborstenen Schafschädel, der mir nicht allein jene große früher von mir erkannte Wahrheit: die sämtlichen Schädelknochen seien aus verwandelten Wirbelknochen entstanden, abermals bestätigte, sondern auch den Übergang innerlich ungeformter organischer Massen, durch Aufschluss nach außen, zu fortschreitender Veredelung höchster Bildung und Entwicklung in die vorzüglichsten Sinneswerkzeuge vor Augen stellte, und zugleich meinen alten, durch Erfahrung bestärkten Glauben wieder auffrischte, welcher sich fest darauf begründet, dass die Natur kein Geheimnis habe, was sie nicht irgendwo dem aufmerksamen Beobachter nackt vor die Augen stellt.» 75

«innerlich ungeformte» organische Massen ...»: Siehe vorangehendes Zitat. 75

Ann. zu 1790: WA I 35, S. 16. Im genannten *Anatomischen Handbuch* (1788) von Loder heißt es zum Zwischenknochen auf S. 87: «Er ist aber kein Unterscheidungs-Charakter zwischen Mensch und Tier, wie verschiedene gelehrt haben.» 69

«Wie konnte mir das Buch eines so herzlich ...»: 1811, WA I 36, S. 71 f. Dort keine Hervorhebungen. 86

(Annalen, 1798–99): WA I 35, S. 77–85. 119

1817 (siehe Annalen): WA I 35, S. 115–135. 119

Annalen 1807: WA I 36, S. 6–7. 120

er sich wieder 1812 mit Giordano Bruno beschäftigt habe: 1812, WA I 36, S. 77: «Zu allgemeiner Betrachtung und Erhebung des Geistes eigneten sich die Schriften des Jordanus Brunus von Nola ...». 260

Anschauende Urteilskraft, in: GA 1a, S. 115–116.

«Zwar scheint der Verfasser (Kant) hier auf ...»: S. 116. Die Hinzufügung «(Kant)» stammt von Steiner. Siehe dort auch die Fußnoten Steiners zu dem genannten Text. – Das «Abenteuer der Vernunft» findet sich bei Kant in der *Kritik der Urteilskraft* in einer Fußnote zu § 80. 89

«durch das Anschauen einer immer schaffenden Natur ...»: S. 115 f., dort keine Hervorhebung und «machten» statt «zu machen». 89

«dass wir uns, durch das Anschauen einer immer schaffenden Natur ...» [Schröer]: S. 115 f. Dort nur «Abenteuer der Vernunft» hervorgehoben. 541

Architektonisch-naturhistorisches Problem, in: GA 1b, S. 114–121.

Serapis-Tempel zu Pozzuoli: Indirekter Hinweis auf diese Abhandlung. 292

Bedeutende Fördernis durch ein einziges geistreiches Wort, in: GA 1b, S. 31–35.

seinem gegenständlichen Denken ...: Siehe S. 31: «Herr Dr. *Heinroth* in seiner *Anthropologie*, einem Werke zu dem wir mehrmals zu-

len Sorten durch den Schäfer suchen lässt und wo möglich mit den Wurzeln und feucht erhält dass sie sich wieder fortpflanzen.» 27

«In Rousseaus Werken finden sich ...»: 16. Juni 1782 an Herzog Karl August, WA IV 5, S. 347f. Dort heißt es: «Ich nehme daher den Anlass». 29

«Mein Mikroskop ist aufgestellt, um ...»: Der Brief vom 12. Januar 1785 ging an Friedrich Heinrich Jacobi, und lautete gemäß WA IV 7, S. 8: «Ein Mikroskop ist aufgestellt, um die Versuche des v. Gleichen, genannt Rußwurm, mit Frühlingseintritt nachzubeobachten und zu kontrollieren.» 30

«Die Materie vom Samen habe ich ...»: 2. April 1785 an Knebel, WA IV 7, S. 36, dort heißt es: «Die Materie von Samen ...». 30

«hübsche Entdeckungen und Kombinationen ...»: 8. April 1785 an Merck. WA IV 7, S. 41. Dort ist «Kombinationen» nicht hervorgehoben und «hat» gehört nicht mehr dazu. 31

«Wie lesbar mir das Buch der Natur wird, kann ich ...»: 15. Juni 1786 an Ch. von Stein, WA IV 7, S. 229. Dort steht im Zitat statt «jetzt wirkt's» der Ausdruck «jetzt ruckts». 32

«Gerne schickte ich dir eine botanische Lektion, wenn ...»: 2. April 1785 an Knebel, WA IV 7, S. 36. Dort heißt es am Anfang: «Gerne schickt ich dir eine kleine botanische Lektion ...». 32

«Ich lese Linné fort, ich muss wohl, ich habe kein ...»: 9. November 1785 an Ch. von Stein, WA IV 7, S. 118. Dort lautet das Zitat: «Ich lese im Linné fort, denn ich muss wohl, ich habe kein ander Buch. Es ist das die beste Art ein Buch gewiss zu lesen, die ich öfters praktizieren muss, da ich nicht leicht ein Buch auslese. Dieses ist aber vorzüglich nicht zum Lesen, sondern zum Rekapitulieren gemacht und tut mir nun treffliche Dienste, da ich über die meisten Punkte selbst gedacht habe.» 33

«Es ist ein Gewahrwerden der Form, mit der die Natur ...»: 9. Juli 1786 an Ch. von Stein, WA IV 7, S. 242. Dort keine Hervorhebungen; der Anfang lautet: «Es ist ein Gewahrwerden der wesentlichen Form ...». 33

«So freut mich doch mein bisschen Botanik ...»: 17. November 1786 an Knebel, WA IV 8, S. 58. Dort heißt es: «erst recht in diesen Landen». 37

Am 20. November schreibt er dem Herzoge ...: 20. November 1789 an Herzog Karl August, WA IV 9, S. 163. Dort heißt es: «Indessen bin ich auch angesporwnt worden meine botanischen Ideen zu schreiben. Es hat den Schein dass ein auf Ostern angekündigtes Buch mir zuvorkommen könnte. So will ich wenigstens zugleich kommen.» Goethe las eine Anzeige im *Intelligenzblatt der Jenaischen Allgemeinen Literaturzeitung* Nr. 130 vom 11. November 1789, in der als Veröffentlichung eines ungenannten Autors der *Versuch die Konstruktion der Blumen zu erklären* angekündigt wurde. Der Verfasser meinte, das Buch werde philosophischen Naturforschern nicht unwillkommen sein und man solle beim Unterricht der Jugend mit dem Sinnlichen und Anschaulichen den Anfang machen. Das erweckte in Goethe den Eindruck, wie wenn seine Erkenntnisse vorweggenommen würden. Das von Christian Konrad Sprengel (1750–1816) verfasste Werk erschien allerdings erst 1793 unter dem Titel *Das neu entdeckte Geheimnis der Natur in Bau und Befruchtung der Blumen* in Berlin; es hatte mit Goethes Metamorphose nichts zu tun. 44

Am 18. Dezember überschickt er die Schrift ...: 18. Dezember an Batsch, WA IV 9, S. 169. Dort heißt es: «Ew. Wohlgeb. sende ich den botanischen Versuch, über welchen ich mich morgen mit Ihnen vorzüglich zu unterhalten wünschte. Ich habe ihn weder völlig endigen, noch genugsam ausarbeiten so können, indes wird er auch wie er da liegt Stoff zum Gespräch geben. Ich wünschte Ihre Meinung:
1) Über die Idee im Ganzen und wiefern Sie damit einstimmen.
2) Über den Vortrag ob Sie ihn einleuchtend halten. 3) Wünschte ich dass Sie mir mehrere Beispiele anzeigten welche meine vorgelegte Theorie entweder einschränken oder bestätigen.» 44

am 22. meldet er Knebel, dass Batsch ...: 22. Dezember an Knebel, WA IV 9, S. 170. Dort heißt es: «Ich melde Dir m. L. dass es mir wohl geht und dass Batsch die Sache sehr gut aufgenommen hat. Ich habe wieder neue psychologische Erfahrungen bei dieser Gelegenheit gemacht, und sehe wohl, dass der Umfang des Ganzen schwer zu denken ist. Ich arbeite es nun aus und es mag hingehen. Die Hauptsache wird nun sein, dass ich die Idee weiter ausarbeite und durch Beispiele und Tafeln erläutre.» 44

Aristoteles über die Physiognomik: 20. März 1776 an Lavater, WA IV 3, S. 42. 46

«Der Herzog hat mir sechs Schädel kommen ...»: 22. Januar 1776 an Lavater, WA IV 3, S. 20. Dort steht «Ew Hochwürden» statt «Euer Hochwürden». 50

«Ein beschwerlicher Liebesdienst, den ich ...»: 29. Oktober 1781 an Ch. von Stein, WA IV 5, S. 207. 50

«Mir hat er (Loder) in acht Tagen, die ...»: 4. November 1781 an Herzog Karl August, WA IV 5, S. 211. Dort lautet der Text: «Mir hat er in diesen 8 Tagen, die wir, freilich so viel es meine Wächterschaft litte, fast ganz dazu anwandten, Osteologie und Myologie durchdemonstriert.» 50

«jungen Leuten» der Zeichenakademie «das Skelett zu erklären ...»: Ebda. 50

«Ich tue es zugleich um meinet- und ...»: Ebda. Anstatt «gewählt» steht dort «erwählt». 50

«die Knochen als einen Text, woran sich alles Leben ...»: 14. November 1781 an Lavater, WA IV 5, S. 217. 51

«Herder schreibt eine Philosophie der Geschichte, wie …»: 8. Dezember 1783 an Knebel, WA IV 6, S. 224. Dort heißt die ausgelassene Stelle: «Ich lebe neuerdings sehr eng doch artig.» 55

ersuchte er Merck, ihm etwas von Campers Inkognito zu schreiben: 27. Oktober 1782 an Merck, WA IV 6, S. 75. – Mit *Inkognito* oder *Inkognitum* ist ein erstmals 1705 in den USA entdeckter entfernter Vorfahre der heutigen Elefanten gemeint, dessen Identität zunächst geheim gehalten und dann noch in der Goethezeit kontrovers diskutiert wurde. Heute wird er den Mammut zugeordnet. 58

«Ich habe mir vorgenommen alle Professoren zu besuchen …»: 28. September 1783 an Ch. von Stein, WA IV 6, S. 202. 58

«Ich sehe sehr schöne und gute Sachen …»: 2. Oktober 1783 an Ch. von Stein, WA IV 6, S. 204. 58

«Es ist mir ein köstliches Vergnügen …»: 27. März 1784 an Ch. von Stein, WA IV 6, S. 259. 59

«Ich habe gefunden – weder Gold noch Silber, aber …»: 27. März 1784 an Herder, WA IV 6, S. 258. 59

«Es soll Dich auch recht herzlich freuen; denn …»: Ebda. 60

«Ich habe mir's auch in Verbindung mit Deinem Ganzen …»: Ebda. 60

«Ich habe mich enthalten, das Resultat, worauf …»: 17. November 1784 an Knebel, WA IV 6, S. 389. Dort keine Hervorhebungen. 60 f.

«auf alle Reiche der Natur – auf ihr ganzes Reich»: 9. Juli 1786 an Ch. von Stein, WA IV 7, S. 242. 62

«Da meine kleine Abhandlung gar keinen Anspruch …»: 6. März 1785 an Soemmerring, WA IV 7, S. 21. Dort keine Hervorhebungen. 64

Er bittet deshalb am 23. April 1784 Merck um Auskunft …: 23. April 1784 an Merck, WA IV 6, S. 268. 65

lässt sich von Soemmerring Camper'sche Zeichnungen …: 14. Mai 1784 an Soemmerring, WA IV 6, S. 277 f. 65

Am 23. April schreibt er an Merck, dass ihm folgende Skelette sehr angenehm sein würden: eine myrmecophaga, Bradypus, Löwen, …: 23. April 1784 an Merck, WA IV 6, S. 268. Myrmecophaga: Ameisenfresser, Ameisenbär; Bradypus: Faultier. 65

Am 14. Mai ersucht er Soemmerring um den Schädel …: 14. Mai 1784 an Soemmerring, WA IV 6, S. 277 f. 65

am 16. September um die Schädel von … Incognitum …»: 16. September 1784 an Soemmerring, WA IV 6, S. 357. Zu «Incognitum» siehe weiter oben: «ersuchte er Merck, ihm etwas von Campers Inkognito zu schreiben». 65

«wie eigentlich das Horn des Rhinozeros ...»: 23. April 1784 an Merck, WA IV 6, S. 267. Dort heißt es: «... wie sitzt eigentlich das Horn des Rhinozeros auf dem Nasenknochen.» 65

durch Waitz von vielen Seiten nach Campers Methode gezeichnet: 16. September 1784 an Soemmerring, WA IV 6, S. 356f. – Johann Christian Wilhelm Waitz (1766–1796) fertigte für Goethe anatomische Zeichnungen an. Die Originaltafeln sind reproduziert in LA I 9 (Tafeln XXIII–XXVII) und die neu gestochene Versionen in WA II 8 (Tafeln I bis V). 65

da er entdeckte, dass an jenem Schädel die meisten Suturen ...: 9. Juni 1784 an Soemmerring, WA IV 6, S. 293f. 66

zeigt ihm nun ebenfalls jener Schädel, wie er in einem Briefe an Herder schreibt ...: 20. Juni 1784 an Herder, WA IV 6, S. 308. 66

Auf einer Reise nach Eisenach und Braunschweig ...: 14. Mai und 5. August 1784 an Soemmerring, WA IV 6, S. 278 und S. 328. 66

«ungeborenen Elefanten in das Maul sehen ...»: 6. August 1784 an Merck, WA IV 6, S. 332. Dort ohne Hervorhebung. 66

«Ich wollte, wir hätten den Fötus, den sie ...»: 6. August 1784 an Merck, WA IV 6, S. 332f. 66

kommt eine lateinische Terminologie zustande ...: 15. Dezember 1784 an Knebel, WA IV 6, S. 407. 64f.

lateinische Übersetzung ...: Ebda. 67

schickt Goethe die Abhandlung an Knebel ...: 17. November 1784 an Knebel, WA IV 6, S. 389. 67

schon am 19. Dezember an Merck: 19. Dezember 1784 an Merck, WA IV 6, S. 409f. 67

noch kurz vorher (2. Dezember) glaubt, dass vor Ende des Jahres ...: 2. Dezember 1784 an Merck, WA IV 6, S. 400f. 67

von der Wahrheit des Asserti nicht durchdrungen ...: 13. Februar 1785 an Merck, WA IV 7, S. 11f. 65

«Von Soemmerring habe ich einen sehr leichten ...»: Ebda., S. 12, ohne Hervorhebung. 68

«gesprengte obere Kinnlade vom Menschen und vom Trichechus»: 13. Februar 1785 an Merck, WA IV 7, S. 12. «Trichechus»: Trichechus rosmarus: Gemeines Walross. 70f.

Merck einigermaßen gewonnen war: 8. April 1785 an Merck, WA IV 7, S. 40f. 71

dass er [Goethe] bis dahin noch immer Schädel von letzterem [Soemmerring] hatte: 8. Juni 1786 an Soemmerring, WA IV 7, S. 227f. 72

fleißig in «Anatomicis»: 16. November 1788 an Herzog Karl August, WA IV 9, S. 56. 73

«Ich habe eine neuentdeckte Harmoniam naturae vorzutragen.»: 11. November 1784 [sic] an Herder, WA IV 6, S. 386. 73

«Sagen Sie Herdern, dass ich der Tiergestalt ...»: 30. April 1790 an Ch. von Kalb, WA IV 9, S. 202. 75

Es war die Zeit zur Ausarbeitung derselben gekommen, obwohl er den Plan dazu schon früher hatte: 3. März 1790 an Friedrich Heinrich Jacobi, WA IV 9, S. 183f. 75

«In allem dem Gewühle hab' ich angefangen, meine ...»: 31. August 1790 an F. Stein, WA IV 9, S. 223. 76

«Ich bringe den Spinoza lateinisch mit, wo alles ...»: 19. November 1784 an Ch. von Stein, WA IV 6, 392. Dort heißt es: «Ich bringe den Spinoza lateinisch mit, wo alles viel deutlicher und schöner ist.» 85

«Außer Shakespeare und Spinoza wüsst' ich nicht, dass ...»: 7. November 1816 an Zelter, WA IV 27, S. 219. Dort heißt es: «Dieser Tage habe ich wieder Linné gelesen und bin über diesen außerordentlichen Mann erschrocken. Ich habe unendlich viel von ihm gelernt, nur nicht Botanik. Außer Shakespeare und Spinoza wüsste ich nicht, dass irgendein Abgeschiedener solche Wirkung auf mich getan.» 85

«Auch wird mir immer klarer, wie ...»: 28. Juni 1828 an Soret, WA IV 44, S. 161. Dort keine Hervorhebungen. Siehe Candolle, *Organographie végétale ou description raisonnée des organes des plantes*, Paris 1827. 113

«Fahren Sie fort, mit alledem, was Sie ...»: 21. Januar 1832 an Wackenroder, WA IV 49, S. 211. Dort keine Hervorhebung. 117

Briefe, den er am 28. Aug. 1796 an Soemmerring richtet: WA IV 11, S. 174–178. Gemeint ist das Werk von Soemmerring: *Über das Organ der Seele*, Königsberg 1796 (mit einem Beitrag von Immanuel Kant). 118

der Goethe auf seinen Namensvetter Wolff aufmerksam machte ...: 30. Oktober 1816 an Wolf, WA IV 27, S. 209f. 120

von der er den Menschen durchaus nicht ausschloss ...: 23. November 1801 an Jacobi, WA IV 15, insbesondere S. 280–281. 133

«Was mich betrifft, werde ich Ihnen den größten Dank ...»: 24. Juni 1794 an Fichte, WA IV 10, S. 167. 162

über die Idee des Faust jene sattsam bekannte Bemerkung ...: Vermutlich meinte Steiner die folgende Briefstelle: Goethe schrieb am 17. März 1832 an Wilhelm von Humboldt (WA IV 49, S. 282): «Es sind über sechzig Jahre, dass die Konzeption des Faust bei mir jugendlich von vorne herein klar, die ganze Reihenfolge hin weniger ausführlich vorlag.» Der Diskussionsstand wurde einige Jahre später von Steiners Kollege am Goethe- und Schiller-Archiv, August Fresenius, aufgearbeitet und in einem kurzen Aufsatz – sehr zur Zufriedenheit Steiners – dargestellt: «Goethe über die Conception des Faust», *Goethe-Jahrbuch*, Band 15, 1894, S. 251–256. Siehe dazu Steiner: *Mein Lebensgang*, GA 28, 9. Aufl. Dornach 2000, S. 295–297. 174

10. Jänner 1798 an Schiller: WA IV 13, S. 13. 230

13. Januar 1798 an Schiller: WA IV 13, S. 19f. 230

17. Januar 1798 an Schiller: WA IV 13, S. 28. 230

«Ich halte mich fest und fester an die Gottesverehrung des Atheisten»: 5. Mai 1786 an Friedrich Heinrich Jacobi, WA IV 7, S. 214. Dort heißt es: «An dir ist überhaupt vieles zu beneiden! Haus, Hof und Pempelfort [Stadtteil von Düsseldorf], Reichtum und Kinder, Schwestern und Freunde und ein langes pppp. Dagegen hat dich aber auch Gott mit der Metaphysik gestraft und dir einen Pfahl ins Fleisch gesetzt, mich dagegen mit der Physik gesegnet, damit mir es im Anschauen seiner Werke wohl werde, deren er mir nur wenige zu eigen hat geben wollen. – Übrigens bist du ein guter Mensch, dass man dein Freund sein kann ohne deiner Meinung zu sein, denn wie wir von einander abstehen hab ich erst recht wieder aus dem Büchlein selbst gesehen. Ich halte mich fest und fester an die Gottesverehrung des Atheisten p. 77 und überlasse euch alles was ihr Religion heißt und heißen müsst ibid. Wenn du sagst man könne an Gott nur glauben p. 101, so sage ich dir, ich halte viel aufs schauen […].» – Goethe bezieht sich hier auf das ihm mit diesem Brief gesendete Buch von Jacobi: *Wider Mendelssohns Beschuldigungen, betreffend die Briefe über die Lehre des Spinoza.* Leipzig 1786. 262

«Die Naturwerke sind immer wie ein frisch ausgesprochenes …»: 23. Dezember 1786 an die Herzogin Luise, WA IV 8, S. 98. Dort heißt es: «Es ist viel Tradition bei den Kunstwerken, die Naturwerke sind immer erstausgesprochenes Wort Gottes». 289

«Die große und schöne Schrift sei immer lesbar …»: 22. August 1784 an Ch. von Stein, WA IV 6, S. 343, Original französisch: «Les caracteres de la Nature sont grands et beaux et je pretends qu'ils sont tous lisibles. Mais les Idees mesquines conviennent plus a l'homme parcequ'il est petit luimeme et qu'il n aime pas a comparer son existence retrecie a des etres immenses.» – Die deutsche Übertragung stammt wohl aus Woldemar Freiherr von Biedermann: *Goethe und das sächsische Erzgebirge. Nebst Überblick der gesteinkundigen und bergmännischen Thätigkeit Goethes*, Stuttgart 1877, S. 141. 290

«Der einfache Faden, den ich mir gesponnen, führt …»: 12. Juni 1784 an Ch. von Stein, WA IV 6, S. 297f. Dort heißt es: «Der einfache Faden, den ich mir gesponnen habe, führt mich durch alle diese unterirdischen Labyrinthe gar schön durch und gibt mir Übersicht selbst in der Verwirrung.» 290

Der Versuch als Vermittler zwischen Objekt und Subjekt, in: GA 1b, S. 10–21.

«Er soll den Maßstab zur Erkenntnis, die Data zur Beurteilung ...»: Dort heißt es auf Seite 10f.: «So soll den echten Botaniker weder die Schönheit noch die Nutzbarkeit der Pflanzen rühren, er soll ihre Bildung, ihr Verhältnis zu dem übrigen Pflanzenreiche untersuchen; und wie sie alle von der Sonne hervorgelockt und beschienen werden, so soll er mit einem gleichen ruhigen Blicke sie alle ansehen und übersehen und den Maßstab zu dieser Erkenntnis, die Data der Beurteilung nicht aus sich, sondern aus dem Kreise der Dinge nehmen, die er beobachtet.» 268

«Die Bedächtlichkeit, nur das Nächste ans Nächste zu ...»: S. 19. 283

«Sobald der Mensch die Gegenstände um sich her gewahr wird, betrachtet ...»: S. 10. Dort heißt es (ohne Hervorhebungen): «Sobald der Mensch die Gegenstände um sich her gewahr wird, betrachtet er sie in Bezug auf sich selbst, und mit Recht. Denn es hängt sein ganzes Schicksal davon ab, ob sie ihm gefallen oder missfallen, ob sie ihn anziehen oder abstoßen, ob sie ihm nutzen oder schaden. Diese ganz natürliche Art, die Sachen anzusehen und zu beurteilen scheint so leicht zu sein als sie notwendig ist, und doch ist der Mensch dabei tausend Irrtümern ausgesetzt, die ihn oft beschämen und ihm das Leben verbittern. – Ein weit schwereres Tagewerk übernehmen diejenigen, deren lebhafter Trieb nach Kenntnis die Gegenstände der Natur an sich selbst und in ihren Verhältnissen unter einander zu beobachten strebt: denn sie vermissen bald den Maßstab, der ihnen zu Hilfe kam, wenn sie als Menschen die Dinge in Bezug auf sich betrachteten. Es fehlt ihnen der Maßstab des Gefallens und Missfallens, des Anziehens und Abstoßens, des Nutzens und Schadens; diesem sollen sie ganz entsagen, sie sollen als gleichgültige und gleichsam göttliche Wesen suchen und untersuchen was ist, und nicht was behagt.» Steiners Bemerkung dort in einer Fußnote zu S. 10. 473

Er [Goethe] fordert mannigfaltige Versuche [Schröer]: Indirekter Hinweis auf diesen Aufsatz. 543

Dichtung und Wahrheit, in: HA 9 und HA 10.

in den alchimistischen Arbeiten mit Fräulein von Klettenberg ...: Siehe 2. Teil, 8. Buch, HA 9, S. 338ff. 23

«Eine Materie sollte sein von Ewigkeit, und ...»: 3. Teil, 11. Buch; HA 9, S. 491. 25

«Nachdem ich mich nämlich in aller Welt ...»: 3. Teil, 14. Buch; HA 10, S. 35. Dort ist «Ethik» in Anführungsstrichen und nicht hervorgehoben. 84

«war noch alles in der ersten Wirkung und Gegenwirkung, gärend …»: 3. Teil, 14. Buch; HA 10, S. 35. Dort heißt es: «Noch war aber alles in der ersten Wirkung und Gegenwirkung, gärend und siedend.». 85

«Die Natur wirkt nach ewigen, notwendigen, dergestalt …»: 4. Teil, 16. Buch, 14. Absatz; HA 10, S. 79. 88

«mit der Natur in unmittelbarer Verbindung steht»: 1. Teil, 1. Buch, letzter Absatz; HA 9, S. 43 f.: «Der Gott, der mit der Natur in unmittelbarer Verbindung stehe, sie als sein Werk anerkenne und liebe, dieser schien ihm der eigentliche Gott, der ja wohl auch mit dem Menschen wie mit allem übrigen in ein genaueres Verhältnis treten könne, und für denselben ebenso wie für die Bewegung der Sterne, für Tages- und Jahreszeiten, für Pflanzen und Tiere Sorge tragen werde.» 259

In seinen Jünglingsjahren schienen dem Dichter am meisten Spinoza: Zu Goethes frühen Spinoza-Studien siehe 14. und 16. Buch. 260

Voltaire hatte von ihnen noch als von Naturspielen gesprochen: Siehe 3. Teil, 11. Buch; HA 9, S. 485. Dort heißt es: «Da ich nun aber gar vernahm, dass er [Voltaire], um die Überlieferung einer Sündflut zu entkräften, alle versteinte Muscheln leugnete, und solche nur für Naturspiele gelten ließ, so verlor er gänzlich mein Vertrauen: denn der Augenschein hatte mir auf dem Bastberge deutlich genug gezeigt, dass ich mich auf altem abgetrockneten Meeresgrund, unter den Exuvien seiner Ureinwohner befinde.» 293

Die Absicht eingeleitet, in: GA 1a, S. 7–12.

«Betrachten wir aber alle Gestalten, besonders …»: S. 8. 23

«ein in der Erfahrung nur für den Augenblick … »: Ebda. 23

(siehe unten S. 11, 6–18): S. 11, Zeile 6–18: «Wenn man Pflanzen und Tiere in ihrem unvollkommensten Zustande betrachtet, so sind sie kaum zu unterscheiden. Ein Lebenspunkt, starr, beweglich oder halbbeweglich, ist das, was unfern Sinne kaum bemerkbar ist. Ob diese ersten Anfänge, nach beiden Seiten determinabel, durch Licht zur Pflanze, durch Finsternis zum Tier hinüberzuführen sind, getrauen wir uns nicht zu entscheiden, ob es gleich hierüber an Bemerkungen und Analogie nicht fehlt. So viel aber können wir sagen, dass die aus einer kaum zu sondernden Verwandtschaft als Pflanzen und Tiere nach und nach hervortretenden Geschöpfe nach zwei entgegengesetzten Seiten sich vervollkommnen, so dass die Pflanze sich zuletzt im Baum dauernd und starr, das Tier im Menschen zur höchsten Beweglichkeit und Freiheit sich verherrlicht.» 108

(siehe unten S. 8, 21–24): S. 8, Zeile 21–24: «Wollen wir also eine Morphologie einleiten, so dürfen wir nicht von Gestalt sprechen, sondern, wenn wir das Wort brauchen, uns allenfalls dabei nur die Idee, den Begriff oder ein in der Erfahrung nur für den Augenblick Festgehaltenes denken.» 108

deren sich ein jeder, als eines Werkzeuges, nach seiner Art, bedienen möge.» (WA IV 33, S. 294f.) Siehe dazu Hegels Brief an Goethe vom 24. Februar 1821, in von Goethe abgeänderter Form in: *Paralipomena zur Chromatik*, Nr. 21: «Neueste aufmunternde Teilnahme» (GA 1e, S. 272–275), und die Anmerkungen Steiners hierzu. Originalbrief in: *Hamburger Ausgabe, Briefe an Goethe*, Band 2, München 1988, S. 294–299. – Am 3. Mai 1824 schreibt Goethe an Hegel: «Da Ew. Wohlgeboren die Hauptrichtung meiner Denkart billigen, so bestätigt mich dies in derselben nur um desto mehr, und ich glaube nach einigen Seiten hin bedeutend gewonnen zu haben, wo nicht für's Ganze, doch für mich und mein Inneres. Möge Alles, was ich noch zu leisten fähig bin, sich immer an dasjenige anschließen, was Sie gegründet haben und auferbauen!» (WA IV 38, S. 129f.). 236

Entwurf einer Farbenlehre, in: GA 1c, S. 85–330, siehe *Zur Farbenlehre.*

Erfahrung und Wissenschaft, in: GA 1e, 593–595.

Dieser Aufsatz findet sich nun in den Werken nicht: Steiner hat diesen Aufsatz 1889 bei seinem ersten Besuch im Goethe- und Schiller-Archiv gefunden und in GA 1e, 1897, S. 593–595 unter dem Titel *Erfahrung und Wissenschaft* mit der folgenden Anmerkung (S. 593) publiziert: «In meiner Einleitung S. XXXVIII [228] zum 34. Bande dieser Goethe-Ausgabe sagte ich: Leider scheint der Aussatz verloren gegangen zu sein, der den Ansichten Goethes über Erfahrung, Versuch und wissenschaftliches Erkennen zur besten Stütze dienen könnte. Er ist aber nicht verloren gegangen, sondern hat sich in der obigen Form im Goethe-Archiv gefunden. (Vgl. Weim. Goethe-Ausgabe. II. Abt. Band 11. S. 38ff. [WA II 11, S. 38–41]) Er trägt das Datum 15. Januar 1798 und ist am 17. an Schiller gesandt worden. Er stellt sich als Fortsetzung des Aufsatzes: ‹Der Versuch als Vermittler von Subjekt und Objekt› dar. Ich habe den Gedankengang des Aussatzes aus dem Goethe-Schiller'schen Briefwechsel entnommen und in genannter Einleitung S. XXXIXf. [229–232] genau in der Weise angegeben, die sich jetzt vorgefunden hat. Inhaltlich wird durch den Aufsatz zu meinen Ausführungen nichts hinzugefügt; *wohl aber wird meine aus Goethes übrigen Arbeiten gewonnene Ansicht über seine Methode und Erkenntnisweise in allen Punkten bestätigt.*» 231

Erläuterung zu dem aphoristischen Aufsatz: Die Natur, GA 1b, S. 63f. 25f., 305

Erster Entwurf einer allgemeinen Einleitung in die vergleichende Anatomie, ausgehend von der Osteologie, in: GA 1a, S. 239–275.

womit er «kein einzelnes Tier», sondern die «Idee» des Tieres ...»: Siehe zum Beispiel folgende Stelle im Abschnitt IV: «Anwendung der allgemeinen Darstellung des Typus auf das Besondere» (S. 250): «Hier kommt es nun darauf an, wie weit man dieses Prinzip durch

bei der Naturforschung der Geist herrschen und über die Materie Herr sein. Man wird Blicke in große Schöpfungsmaximen tun, in die geheimnisvolle Werkstatt Gottes! Was ist auch im Grunde aller Verkehr mit der Natur, wenn wir auf analytischem Wege bloß mit einzelnen materiellen Teilen uns zu schaffen machen, und wir nicht das Atmen des Geistes empfinden, der jedem Teile die Richtung vorschreibt und jede Ausschweifung durch ein inwohnendes Gesetz bändigt oder sanktioniert! – Ich habe mich seit fünfzig Jahren in dieser großen Angelegenheit abgemüht; anfänglich einsam, dann unterstützt, und zuletzt zu meiner großen Freude überragt durch verwandte Geister. Als ich mein erstes Aperçu vom Zwischenknochen an Peter Camper schickte, ward ich zu meiner innigsten Betrübnis völlig ignoriert. Mit Blumenbach ging es mir nicht besser, obgleich er nach persönlichem Verkehr auf meine Seite trat. Dann aber gewann ich Gleichgesinnte an Soemmerring, Oken, D'Alton, Carus und anderen gleich trefflichen Männern. Jetzt ist nun auch Geoffroy de Saint-Hilaire entschieden auf unserer Seite und mit ihm alle seine bedeutenden Schüler und Anhänger Frankreichs. Dieses Ereignis ist für mich von ganz unglaublichem Wert, und ich juble mit Recht über den endlich erlebten allgemeinen Sieg einer Sache, der ich mein Leben gewidmet habe und die ganz vorzüglich auch die meinige ist.» 124

«Wir wurden einig, dass ich alle auf Kunst …»: II. Teil, 15. Mai 1831. 480

Glückliches Ereignis, in: GA 1a, S. 108–113. 119, 127, 140, 142

Urpflanze sei keine Erfahrung, sondern eine Idee! [Schröer]: S. 111 f. Dort heißt es: «Wir gelangten zu seinem Hause, das Gespräch lockte mich hinein; da trug ich die Metamorphose der Pflanzen lebhaft vor und ließ, mit manchen charakteristischen Federstrichen, eine symbolische Pflanze vor seinen Augen entstehen Er vernahm und schaute das alles mit großer Teilnahme, mit entschiedener Fassungskraft; als ich aber geendet, schüttelte er den Kopf und sagte: ‹Das ist keine Erfahrung, das ist eine Idee.› Ich stutzte, verdrießlich einigermaßen; denn der Punkt, der uns trennte, war dadurch aufs strengste bezeichnet. Die Behauptung aus Anmut und Würde fiel mir wieder ein, der alte Groll wollte sich regen; ich nahm mich aber zusammen und versetzte: ‹Das kann mir sehr lieb sein, dass ich Ideen habe ohne es zu wissen, und sie sogar mit Augen sehe.›» 542

Italienische Reise, in: HA 11.

«Wenn in der tiefen Gegend Zweige und Stängel …»: Auf dem Brenner, 8. September 1786, S. 19 f. Dort heißt es am Anfang: «Wenn in der tiefern Gegend Zweige und Stängel stärker und mastiger waren …». 34

die ihnen nur das alte Salz des Sandbodens …:
Siehe nachstehendes Zitat. 34

«unschuldiger Huflattich» … die Samenkapseln, die Stiele, alles war massig und fett: Die entsprechende Stelle in der «Italienischen Reise» lautet (Venedig, 8. Oktober 1786, S. 90): «Am Meere habe ich auch verschiedene Pflanzen gefunden, deren ähnlicher Charakter mir ihre Eigenschaften näher kennen ließ; sie sind alle zugleich mastig und streng, saftig und zäh, und es ist offenbar, dass das alte Salz des Sandbodens, mehr aber die salzige Luft ihnen diese Eigenschaften gibt; sie strotzen von Säften wie Wasserpflanzen, sie sind fest und zäh wie Bergpflanzen; wenn ihre Blätterenden eine Neigung zu Stacheln haben, wie Disteln tun, sind sie gewaltig spitz und stark. Ich fand einen solchen Busch Blätter, es schien mir unser unschuldiger Huflattich, hier aber mit scharfen Waffen bewaffnet, und das Blatt wie Leder, so auch die Samenkapseln, die Stiele, alles mastig und fett.» 34

aber mit scharfen Waffen bewaffnet …: Siehe vorangehendes Zitat. 34

«der Gedanke immer lebendiger, dass …»: Padua, 27. September 1786, S. 60. Dort heißt es: «jener Gedanke immer lebendiger». 37

«neue schöne Verhältnisse zu entdecken, wie …»: Rom, 19. Februar 1787, S. 175. 37

bittet er Herdern zu sagen, dass er mit der Urpflanze bald zustande ist: Siehe Neapel, 25. März 1787, S. 222. 37

«Eine solche muss es doch geben: Woran …»: Palermo, 17. April 1787, S. 266. Dort beginnt der Text mit: «Eine solche muss es denn doch geben!» und endet mit einem Fragezeichen. 37

«Ferner muss ich dir vertrauen, dass ich dem Geheimnis …»: Neapel, 17. Mai 1787 an Herder, S. 323 f. Der Text lautet vervollständigt: «Ferner muss ich dir vertrauen, dass ich dem Geheimnis der Pflanzenzeugung und -organisation ganz nahe bin und dass es das einfachste ist, was nur gedacht werden kann. Unter diesem Himmel kann man die schönsten Beobachtungen machen. Den Hauptpunkt, wo der Keim steckt, habe ich ganz klar und zweifellos gefunden; alles übrige seh' ich auch schon im Ganzen, nur noch einige Punkte müssen bestimmter werden. Die Urpflanze wird das wunderlichste Geschöpf von der Welt, um welches mich die Natur selbst beneiden soll. …» Der Schluss lautet: «… sondern eine innerliche Wahrheit und Notwendigkeit haben. Dasselbe Gesetz wird sich auf alles übrige Lebendige anwenden lassen.» 38

Daher nennt es Goethe am 6. September 1787 …: «Korrespondenz», den 6. September 1787, S. 395. Dort heißt es: «Mich hat er aufgemuntert, in natürlichen Dingen weiter vorzudringen, wo ich denn, besonders in der Botanik, auf ein ἓν καὶ πᾶν gekommen bin, das mich in Erstaunen setzt; wie weit es um sich greift, kann ich selbst noch nicht sehn.» 39

in: Kürschners Deutsche National-Litteratur, Berlin und Stuttgart o. J., S. 330–351, hier S. 342–343. 23

Schicksal der Handschrift / Schicksal der Druckschrift, in: GA 1a, S. 91–95, 95–102.

hat Goethe selbst ausführlich erzählt ...: Indirekte Erwähnung. 45

Shakespeare und kein Ende, in: HA 12, S. 287–298.

«S. gesellt sich zum Weltgeist; er durchdringt ...»: 1. «Shakespeare als Dichter überhaupt», 4. Absatz, S. 289. Dort ist «S.» als «Shakespeare» ausgeschrieben und am Ende des Zitats heißt es: «... zu verschwätzen und uns vor oder doch gewiss in der Tat zu Vertrauten zu machen.» 180

Sprüche in Prosa, in: GA 1e, S. 349–540.

(«Sprüche in Prosa», Nr. 1016.): Steiner zitiert hier und im Folgenden nach der Nummerierung in der Ausgabe Goethes Werke [Hempel Berlin], nach den vorzüglichsten Quellen revidierte Ausgabe. 36 Theile in 23 Bänden. Berlin: Gustav Hempel o. J. [1868–1879], Theil 19: *Sprüche in Prosa*. Herausgegeben und mit Anmerkungen begleitet von Gustav von Loeper [1870]. – Im vorliegenden Band wird das ergänzt durch die Seitenzahl in GA 1e sowie in runden Klammern durch die Nr. des Spruchs in der Ausgabe: Goethe, *Maximen und Reflektionen* [MR], nach den Handschriften des Goethe- und Schiller-Archives herausgegeben von Max Hecker, Weimar: Verlag der Goethe-Gesellschaft 1907 (Schriften der Goethe-Gesellschaft, 21. Band), auf welche sich alle modernen Editionen beziehen. Über die jeweiligen Register der Spruchanfänge, die hier angegeben bzw. ergänzt werden, sind die Sprüche leicht zu finden. Für ein durch die Sprüche in der genannten Ausgabe ergänztes vollständiges alphabetisches Verzeichnis aller von Steiner edierten Sprüche in GA 1e siehe Ziegler, *Geist und Buchstabe*, Basel 2018, S. 352–403.

«Begriff ist Summe, Idee Resultat der Erfahrung ...»: S. 379 (MR 1135). 93

(siehe «Sprüche in Prosa», Nr. 798, 800 und 801): S. 371 (MR 1236): «Der eingeborenste Begriff, der notwendigste, von *Ursach'* und *Wirkung* wird in der Anwendung die Veranlassung zu unzähligen sich immer wiederholenden Irrtümern.» S. 372 (MR 1238): «Die nächsten fasslichen Ursachen sind greiflich, und eben deshalb am begreiflichsten; weshalb wir uns gern als mechanisch denken, was höherer Art ist.» S. 372 (MR 1244): «Das Zurückführen der Wirkung auf die Ursache ist bloß ein historisches Verfahren, z. B. die Wirkung, dass ein Mensch getötet, auf die Ursache der losgefeuerten Büchse.» Siehe auch S. 413 (MR 725, MR 1402): «Wie manches Bedeutende sieht man aus Teilen zusammensetzen. Man betrachte die Werke der Baukunst. Man sieht manches sich regel- und unregelmäßig anhäufen; daher ist uns der atomistische Begriff nah und bequem zur Hand,

deshalb wir uns nicht scheuen, ihn auch in organischen Fällen anzuwenden.» sowie «Denn eben, wenn man Probleme, die nur dynamisch erklärt werden können, beiseiteschiebt, dann kommen mechanische Erklärungsarten wieder zur Tagesordnung.» Siehe dazu auch die Anmerkung Steiners ebenda: «Goethe ist ein Gegner der *ausschließlichen* Anwendung *einer* Vorstellungsart auf alle Naturvorgänge. Er will die Erklärungsart den Gegenständen anpassen.» 96

«Die Vernunft ist auf das Werdende, der Verstand ...»: S. 373 (MR 555). Dort keine Hervorhebung. 98

«Die Vernunft hat nur über das Lebendige ...»: S. 373 (MR 599). Dort heißt es: «Die Vernunft hat nur über das Lebendige Herrschaft; die entstandene Welt, mit der sich die Geognosie abgibt, ist tot. Daher kann es keine Geologie geben; denn die Vernunft hat hier nichts zu tun.». 98

«Sprüche in Prosa» Nr. 899: «Was ist das Allgemeine? / Der einzelne Fall. / Was ist das Besondere? / Millionen Fälle.» S. 368 (MR 558). 123

«Dem tätigen Menschen kommt es ...»: S. 464 (MR 100). 170

«Unser ganzes Kunststück besteht darin, dass ...»: S. 441 (MR 302). 170

«Es ist mit Meinungen, die man wagt, wie ...»: S. 362 (MR 148). 173

«Das Wahre ist gottähnlich; es erscheint ...»: S. 378 (MR 619). 174, 259

«Ich denke Wissenschaft könnte man die Kenntnis ...»: S. 535 (MR 758). 179

«In den Werken des Menschen, wie in denen ...»: S. 378 (MR 462). Dort heißt es: «... sind eigentlich die Absichten ...». 179

«auf Spezifikationen wie in eine Sackgasse»: S. 412 (MR 95). Dort heißt es: «Die Natur gerät auf Spezifikationen wie in eine Sackgasse; sie kann nicht durch und mag nicht wieder zurück; daher die Hartnäckigkeit der Nationalbildung.» 179

«aus dem Gemeinen das Edle, aus der ...»: S. 501 (MR 171). Dort heißt es: «Man sagt: Studiere, Künstler, die Natur! Es ist aber keine Kleinigkeit, aus dem Gemeinen das Edle, aus der Unform das Schöne zu entwickeln.» 180

«Das Schöne ist eine Manifestation geheimer ...»: S. 494 (MR 183). 180, 479

«Im Ästhetischen tut man nicht ...»: S. 379 (MR 376). Dort heißt es: «... das doch einzeln nicht gedacht werden kann.». 181

(«Spr. in Prosa» 287): S. 374 (MR 328): «Mein ganzes inneres Leben erwies sich als eine lebendige Heuristik, welche, eine unbekannte geahnte Regel anerkennend, solche in der Außenwelt zu finden und in die Außenwelt einzuführen trachtet.» 210

(«Spr. in Prosa» 561): S. 350 (MR 1190): «Das Tier wird durch seine Organe belehrt; der Mensch belehrt die seinigen und beherrscht sie.» 210

(«Spr. in Prosa» 211): «Kenne ich mein Verhältnis zu mir selbst ...»: S. 349 (MR 198). 219

«Sprüche in Prosa» 780: «Es ist eine schlimme Sache, die doch manchem Beobachter ...»: S. 375 (MR 424). 232

«Es ist eine schlimme Sache, die doch ...: Siehe vorangehenden Hinweis. 232

«Theorien sind gewöhnlich Übereilungen eines ungeduldigen Verstandes, der ...»: S. 376 (MR 428). 232

«Sprüche in Prosa» 798: «Der eingeborenste Begriff, der notwendigste, von Ursache ...», S. 371 (MR 1236). 232

(«Spr. in Prosa» 477): S. 480f. (MR 682): «Wir brauchen in unserer Sprache ein Wort, das, wie Kindheit sich zu Kind verhält, so das Verhältnis Volkheit zum Volke ausdrückt. Der Erzieher muss die Kindheit hören, nicht das Kind; der Gesetzgeber und Regent die Volkheit, nicht das Volk. Jene spricht immer dasselbe aus, ist vernünftig, beständig, rein und wahr; dieses weiß niemals für lauter Wollen, was es will. Und in diesem Sinne soll und kann das Gesetz der allgemein ausgesprochene Wille der Volkheit sein, ein Wille, den die Menge niemals ausspricht, den aber der Verständige vernimmt, den der Vernünftige zu befriedigen weiß und der Gute gern befriedigt.» 254

(«Spr. in Prosa» 4): «Die vernünftige Welt ist als ein großes unsterbliches ...», S. 482 (MR 444). 252f.

(9): «Unbedingte Tätigkeit, von welcher Art ...»: S. 463 (MR 461). 255

(18): «Der geringste Mensch kann komplett sein, wenn ...»: S. 443 (MR 474). Dort heißt es: «Der geringste Mensch kann komplett sein, wenn er sich innerhalb der Grenzen seiner Fähigkeiten und Fertigkeiten bewegt; aber selbst schöne Vorzüge werden verdunkelt, aufgehoben und vernichtet, wenn jenes unerlässlich geforderte Ebenmaß abgeht. Dieses Unheil wird sich in der neuern Zeit noch öfter hervortun; denn wer wird wohl den Forderungen einer durchaus gesteigerten Gegenwart, und zwar in schnellster Bewegung, genugtun können?» 255

(585): «Frage sich doch jeder, mit welchem Organ ...»: S. 487 (MR 903). 255

(632): «Man muss wissen, wo man steht ...»: S. 455 (MR 989). Dort heißt es: «Aber man muss wissen ...». 255

(655): «Pflicht, wo man liebt, was man sich ...»: S. 460 (MR 829). Dort ist «Pflicht» hervorgehoben. 253

(«Spr. in Prosa» 430): «Das Wahre ist gottähnlich; es erscheint nicht ...»: S. 378 (MR 619). 259

(«Spr. in Prosa» 33): «Alles, was wir gewahr werden und wovon ...»: S. 379 (MR 375). Dort heißt es: «Die Idee ist ewig und einzig; dass wir auch den Plural brauchen, ist nicht wohlgetan. Alles, was wir gewahr werden und wovon wir reden können, sind nur Manifesta-

tionen der Idee; Begriffe sprechen wir aus, und insofern ist die Idee selbst ein Begriff.» 277

(«Spr. in Prosa» 8): «Jeder Mensch muss nach seiner Weise …»: S. 460 (MR 460). Der Spruch endet mit: «… er muss sich kontrollieren; der bloße nackte Instinkt geziemt nicht dem Menschen.» 284

(«Spr. in Prosa» 17, 18): «Der geringste Mensch kann komplett sein, wenn …»: Siehe weiter oben (18). Der zweite Spruch lautet (S. 443, MR 473): «Die Botaniker haben eine Pflanzenabteilung, die sie *Incompletae* nennen; man kann eben auch sagen, dass es inkomplette, unvollständige Menschen gibt. Es sind diejenigen, deren Sehnsucht und Streben mit ihrem Thun und Leisten nicht proportioniert ist.» 284

(«Spr. in Prosa» 946): «Die Mathematik ist wie die Dialektik ein Organ …»: S. 405 (MR 605). 286f.

(«Spr. in Prosa» 10): «In den Werken des Menschen wie in denen …»: S. 378 (MR 462). 288

«ihren Spezifikationen sich in eine Sackgasse verirrt»: S. 412 (MR 95). Dort heißt es: «Die Natur gerät auf Spezifikationen wie in eine Sackgasse; sie kann nicht durch und mag nicht wieder zurück; daher die Hartnäckigkeit der Nationalbildung.» 291

«Das Höchste wäre: zu begreifen, dass …»: S. 376 (MR 575). Dort keine Hervorhebung. 395

«Der Mensch an sich selbst, insofern er sich …»: S. 351 (MR 706). 471

«Dafür steht ja aber der Mensch so hoch, dass …»: S. 351 (MR 708). Dort heißt es «elementarischen» statt «elementaren». 471

«Diejenigen, welche widersprechen und …»: S. 355 (MR 886). 474

«dass die Erfahrung nur die Hälfte der Erfahrung ist»: S. 503 (MR 1072): «Ebenso geht's allen, die ausschließlich die Erfahrung anpreisen; sie bedenken nicht, dass die Erfahrung nur die Hälfte der Erfahrung ist.» 475

«Alles Faktische ist schon Theorie»: S. 376 (MR 575): Dort heißt es: «Das Höchste wäre, zu begreifen, dass alles Faktische schon Theorie ist. Die Bläue des Himmels offenbart uns das Grundgesetz der Chromatik. Man suche nur nichts hinter den Phänomenen; sie selbst sind die Lehre.» 475

«Pflicht, wo man liebt, was man sich …»: S. 460 (MR 829). Dort ist «Pflicht» hervorgehoben. 478

«eine Manifestation geheimer Naturgesetze, die …»: S. 494 (MR 183). Dort heißt es: «Das Schöne ist eine Manifestation geheimer Naturgesetze, die uns ohne dessen Erscheinung ewig wären verborgen geblieben.» 479

Über Mathematik und deren Missbrauch sowie das periodische vorwalten einzelner wissenschaftlicher Zweige», in GA 1b, S. 45–56.

«Ich hörte mich anklagen, als sei ich ein Widersacher, ein Feind ...»: S. 45. Dort heißt es: «Ungern aber habe ich zu bemerken gehabt, dass man meinen Bestrebungen einen falschen Sinn untergeschoben hat. Ich hörte mich anklagen, als sei ich ein Widersacher, ein Feind der Mathematik überhaupt, die doch niemand höher schätzen kann als ich, da sie gerade das leistet, was mir zu bewirken völlig versagt worden.» Dort keine Hervorhebung. 283

Versuch, die Elemente der Farbenlehre zu entdecken, in: GA 1c, S. 51–70.

«Das Licht ist aus farbigen Lichtern zusammengesetzt»: «Übergang zur Streitfrage», § 37, S. 64: «Newton glaubte aus den farbigen Phänomenen, welche wir bei der *Refraktion unter gewissen Bedingungen* gewahr werden, folgern zu müssen, dass das farblose Licht aus mehreren farbigen Lichtern zusammengesetzt sei; er glaubte es beweisen zu können.» 336

Versuch einer Witterungslehre, in: GA 1b, S. 374–398.

«Die völlige Unzugänglichkeit, so konstante ...»: S. 398. Dort heißt es: «Was meinen Versuch betrifft, die Hauptbedingungen der Witterungslehre für tellurisch zu erklären und einer veränderlichen pulsierenden Schwerkraft der Erde die atmosphärischen Erscheinungen in gewissem Sinne zuzuschreiben, so ist er von derselben Art. Die völlige Unzulänglichkeit, so konstante Phänomene den Planeten, dem Monde, einer unbekannten Ebbe und Flut des Luftkreises zuzuschreiben, ließ sich Tag für Tag mehr empfinden, und wenn ich die Vorstellung darüber nunmehr vereinfacht habe, so kann man dem eigentlichen Grund der Sache sich um so viel näher glauben.» 295

«Alle dergleichen Einwirkungen aber lehnen ...»: S. 378. Dort keine Hervorhebung. 295

«dass gedachtes Steigen und Fallen ...»: S. 379. Dort keine Hervorhebung. Dort heißt es (S. 379f.): «Nun hat sich aber erst neuerlich bei genauer Betrachtung der auf der Jenaischen Sternwarte gefertigten vergleichenden Darstellungen bemerken lassen, dass gedachtes Steigen und Fallen an verschiedenen, näher und ferner, nicht weniger in unterschiedenen Längen, Breiten und Höhen gelegenen Beobachtungsorten einen fast parallelen Gang habe. [...] Man nehme, um sich hievon zu überzeugen, die von Schrön ausgearbeitete graphische Darstellung vor Augen (stehe den 2ten Jahrgang der meteorologischen Beobachtungen im Großherzogtum Weimar, im Verlag des Industrie-Comptoirs 1824), wo die mittlern Barometerstände von Jena, Weimar, Schöndorf, Wartburg und Ilmenau vom Jahre 1823 über einander gezeichnet sind, und es wird alsobald die Gleichheit solcher Bewegung augenfällig sein.» Die

von Kant ganz falsch angenommen, dass er den Raum als totum auffasste: B 466: «Den Raum sollte man eigentlich nicht Compositum, sondern Totum nennen, weil die Teile desselben nur im Ganzen und nicht das Ganze durch die Teile möglich ist.» 353

Hätte er die erkenntnistheoretische Hauptfrage nicht übersprungen ...: In der 1891 fertiggestellten Dissertation und 1892 nur wenig verandert unter dem Titel *Wahrheit und Wissenschaft* (GA 3) veröffentlichten «Heft» heißt es zu dieser Frage in einem Brief vom 20. März 1892 an Eduard von Hartmann, wo er ihn bittet, das Buch ihm widmen zu dürfen: «Inwieferne sind die durch die einzelnen Wissenschaften erlangten Resultate Wahrheiten und wie verhalten sich dieselben zur Wirklichkeit? Das Heft wird somit mit der ersten erkenntnistheoretischen Hauptfrage sich beschäftigen.» (*Briefe Band II*, 2. Aufl. Dornach 1987, S. 148). In dem genannten Buch werden auch die einige Zeilen weiter unten erwähnten Themen einer Untersuchung unterworfen. 266

Kritik der Urteilskraft. Berlin 1790.

Philosophie Kant jenen alten Irrtum nicht nur vollkommen teilte, sondern sogar eine wissenschaftliche Begründung dafür zu finden suchte, dass es dem menschlichen Geiste nie gelingen werde, die organischen Bildungen zu erklären: Siehe § 75: «Es ist nämlich ganz gewiss, dass wir die organisierten Wesen und deren innere Möglichkeit nach bloß mechanischen Prinzipien der Natur nicht einmal zureichend kennen lernen, viel weniger uns erklären können; und zwar so gewiss, dass man dreist sagen kann, es ist für Menschen ungereimt, auch nur einen solchen Anschlag zu fassen, oder zu hoffen, dass noch etwa dereinst ein Newton aufstehen könne, der auch nur die Erzeugung eines Grashalms nach Naturgesetzen, die keine Absicht geordnet hat, begreiflich machen werde: sondern man muss diese Einsicht den Menschen schlechterdings absprechen.» Und weiter heißt es im § 77: «Unser Verstand nämlich hat die Eigenschaft, dass er in seinem Erkenntnisse, z. B. der Ursache eines Produkts, vom *Analytisch-Allgemeinen* (von Begriffen) zum Besondern (der gegebenen empirischen Anschauung) gehen muss; wobei er also in Ansehung der Mannigfaltigkeit des letztern nichts bestimmt, sondern diese Bestimmung für die Urteilskraft von der Subsumtion der empirischen Anschauung (wenn der Gegenstand ein Naturprodukt ist) unter dem Begriff erwarten muss. Nun können wir uns aber auch einen Verstand denken, der, weil er nicht wie der unsrige diskursiv, sondern intuitiv ist, vom *Synthetisch-Allgemeinen* (der Anschauung eines Ganzen, als eines solchen) zum Besondern geht, d. i. vom Ganzen zu den Teilen; ...» 83

Wohl sah er [Kant] die Möglichkeit eines Verstandes ein – eines intellectus archetypus, eines intuitiven Verstandes: Siehe § 77: «Weil aber zum Erkenntnis doch auch Anschauung gehört, und ein Vermögen einer *völligen Spontaneität der Anschauung* ein von der Sinnlichkeit unterschiedenes und davon ganz unabhängiges Erkenntnisvermögen, mithin Verstand in der allgemeinsten Bedeutung sein würde: so kann man sich auch einen *intuitiven* Verstand (negativ, nämlich bloß als nicht diskursiven) denken, welcher nicht vom Allgemeinen zum Besonderen und so zum Einzelnen (durch Begriffe) geht, ...» Und weiter heißt es ebda.:«Es ist hiebei auch gar nicht nötig zu beweisen, dass ein solcher *intellectus archetypus* möglich sei, sondern nur, dass wir in der Dagegenhaltung unseres diskursiven, der Bilder bedürftigen, Verstandes (*intellectus ectypus*), und der Zufälligkeit einer solchen Beschaffenheit, auf jene Idee (eines *intellectus archetypus*) geführet werden, diese auch keinen Widerspruch enthalte.» 83

Begriff und Wirklichkeit bei den organischen Wesen gerade so wie bei den Anorganen einzusehen ...: Siehe die obigen Zitate aus § 77. 83

«Unser Verstand hat also das Eigene für die Urteilskraft, dass ...»: Siehe § 77 wie oben zitiert. 83

«Abenteuer der Vernunft»: Fußnote zu § 80, A 366 / B 370. Dort heißt es zunächst im Haupttext: «Allein er muss gleichwohl zu dem Ende dieser allgemeinen Mutter eine auf alle diese Geschöpfe zweckmäßig gestellte Organisation beilegen, widrigenfalls die Zweckform der Produkte des Tier- und Pflanzenreichs ihrer Möglichkeit nach gar nicht zu denken ist.» Dann geht es weiter in der Fußnote: «Eine Hypothese von solcher Art kann man ein gewagtes Abenteuer der Vernunft nennen; und es mögen wenige, selbst von den scharfsinnigsten Naturforschern, sein, denen es nicht bisweilen durch den Kopf gegangen wäre. Denn ungereimt ist es eben nicht, wie die generatio aequivoca, worunter man die Erzeugung eines organisierten Wesens durch die Mechanik der rohen unorganisierten Materie versteht. Sie wäre immer noch generatio univoca in der allgemeinsten Bedeutung des Worts, so fern nur etwas Organisches aus einem andern Organischen, ob zwar unter dieser Art Wesen spezifisch von ihm unterschiedenen, erzeugt würde; z.B. wenn gewisse Wassertiere sich nach und nach zu Sumpftieren, und aus diesen, nach einigen Zeugungen, zu Landtieren ausbildeten. A priori, im Urteile der bloßen Vernunft, widerstreitet sich das nicht. Allein die Erfahrung zeigt davon kein Beispiel; nach der vielmehr alle Zeugung, die wir kennen, generatio homonyma ist, nicht bloß univoca, im Gegensatz mit der Zeugung aus unorganisiertem Stoffe, sondern auch ein in der Organisation selbst mit dem Erzeugenden gleichartiges Produkt hervorbringt, und die generatio heteronyma, so weit unsere Erfahrungskenntnis der Natur reicht, nirgend angetroffen wird.» 87, 541 f.

Dieses Denken nannte er [Kant] diskursives: Siehe die voranstehenden Zitate. 90

Bibliografischer Nachweis bisheriger selbstständiger Veröffentlichungen der «Einleitungen»

1. Auflage (1.–5. Tsd., bezeichnet als erste bis fünfte Auflage) Dornach 1926
2. Auflage, Freiburg i. Br. 1949
3. Auflage, Dornach 1973
4. Auflage, Dornach 1987

Rudolf Steiner Gesamtausgabe

Gliederung nach: Rudolf Steiner – Das literarische
und künstlerische Werk. Eine bibliografische Übersicht
(Bibliografie-Nrn. *kursiv* in Klammern)

A. SCHRIFTEN

I. Werke

Goethes Naturwissenschaftliche Schriften, eingeleitet und kommentiert von R. Steiner, 5 Bände, 1884–97, Nachdruck 1975, *(1a–e)*; sep. Ausgabe der Einleitungen, 1925 *(1)*
Editorische Nachworte zu Goethes naturwissenschaftlichen Schriften in der Weimarer Ausgabe (1891–1896) *(1f)*
Grundlinien einer Erkenntnistheorie der Goetheschen Weltanschauung, 1886 *(2)*
Wahrheit und Wissenschaft. Vorspiel einer «Philosophie der Freiheit», 1892 *(3)*
Die Philosophie der Freiheit. Grundzüge einer modernen Weltanschauung, 1894 *(4)*
Friedrich Nietzsche, ein Kämpfer gegen seine Zeit, 1895 *(5)*
Goethes Weltanschauung, 1897 *(6)*
Die Mystik im Aufgange des neuzeitlichen Geisteslebens und ihr Verhältnis zur modernen Weltanschauung, 1901 *(7)*
Das Christentum als mystische Tatsache und die Mysterien des Altertums, 1902 *(8)*
Theosophie. Einführung in übersinnliche Welterkenntnis und Menschenbestimmung, 1904 *(9)*
Wie erlangt man Erkenntnisse der höheren Welten?, 1904/05 *(10)*
Aus der Akasha-Chronik, 1904–08 *(11)*
Die Stufen der höheren Erkenntnis, 1905–08 *(12)*
Die Geheimwissenschaft im Umriss, 1910 *(13)*
Vier Mysteriendramen: Die Pforte der Einweihung – Die Prüfung der Seele – Der Hüter der Schwelle – Der Seelen Erwachen, 1910–13 *(14)*
Die geistige Führung des Menschen und der Menschheit, 1911 *(15)*
Anthroposophischer Seelenkalender, 1912 *(in 40)*
Ein Weg zur Selbsterkenntnis des Menschen, 1912 *(16)*
Die Schwelle der geistigen Welt, 1913 *(17)*
Die Rätsel der Philosophie in ihrer Geschichte als Umriss dargestellt, 1914 *(18)*
Vom Menschenrätsel, 1916 *(20)*
Von Seelenrätseln, 1917 *(21)*
Goethes Geistesart in ihrer Offenbarung durch seinen Faust und durch das Märchen von der Schlange und der Lilie, 1918 *(22)*
Die Kernpunkte der sozialen Frage in den Lebensnotwendigkeiten der Gegenwart und Zukunft, 1919 *(23)*
Aufsätze über die Dreigliederung des sozialen Organismus und zur Zeitlage, 1915–21 *(24)*
Drei Schritte der Anthroposophie: Philosophie, Kosmologie, Religion 1922 *(25)*
Anthroposophische Leitsätze, 1924/25 *(26)*
Grundlegendes für eine Erweiterung der Heilkunst nach geisteswissenschaftlichen Erkenntnissen, 1925. Von Dr. R. Steiner und Dr. I. Wegman *(27)*
Mein Lebensgang, 1923–25 *(28)*

II. Gesammelte Aufsätze

Aufsätze zur Dramaturgie, 1889–1901 *(29)* – Methodische Grundlagen der Anthroposophie, 1884–1901 *(30)* – Aufsätze zur Kultur- und Zeitgeschichte, 1887–1901 *(31)* – Aufsätze zur Literatur, 1886–1902 *(32)* – Biografien und biografische Skizzen, 1894–1905 *(33)* – Aufsätze aus «Lucifer – Gnosis», 1903–1908 *(34)* – Philosophie und Anthroposophie, 1904–1918 *(35)* – Aufsätze aus «Das Goetheanum», 1921–1925 *(36)* – Schriften zur Geschichte der anthroposophischen Bewegung und Gesellschaft 1902–1925 *(37)*

III. Veröffentlichungen aus dem Nachlass

Briefe – Wahrspruchworte – Bühnenbearbeitungen – Entwürfe zu den vier Mysteriendramen, 1910–1913 – Anthroposophie. Ein Fragment – Gesammelte Skizzen und Fragmente – Aus Notizbüchern und -blättern *(38–47)*

B. DAS VORTRAGSWERK

I. Öffentliche Vorträge

Die Berliner öffentlichen Vortragsreihen, 1903/04 bis 1917/18 *(51–67)* – Öffentliche Vorträge, Vortragsreihen und Hochschulkurse an anderen Orten Europas, 1906–1924 *(68–84)*

II. Vorträge vor Mitgliedern der Anthroposophischen Gesellschaft

Vorträge und Vortragszyklen allgemein-anthroposophischen Inhalts – Christologie und Evangelien-Betrachtungen – Geisteswissenschaftliche Menschenkunde – Kosmische und menschliche Geschichte – Die geistigen Hintergründe der sozialen Frage – Der Mensch in seinem Zusammenhang mit dem Kosmos – Karma-Betrachtungen *(88–244)* – Vorträge und Schriften zur Geschichte der anthroposophischen Bewegung und der Anthroposophischen Gesellschaft – Veröffentlichungen zur Geschichte und aus den Inhalten der esoterischen Lehrtätigkeit *(250–270)*

III. Vorträge und Kurse zu einzelnen Lebensgebieten

Vorträge über Kunst: Allgemein-Künstlerisches – Eurythmie – Sprachgestaltung und Dramatische Kunst – Musik – Bildende Künste – Kunstgeschichte *(271–292)* – Vorträge über Erziehung *(293–311)* – Vorträge über Medizin *(312–319)* – Vorträge über Naturwissenschaft *(320–327)* – Vorträge über das soziale Leben und die Dreigliederung des sozialen Organismus *(328–341)* – Vorträge und Kurse über christlich-religiöses Wirken *(342–346)* – Vorträge für die Arbeiter am Goetheanumbau *(347–354)*

C. DAS KÜNSTLERISCHE WERK

Originalgetreue Wiedergaben von malerischen und grafischen Entwürfen und Skizzen Rudolf Steiners in Kunstmappen oder als Einzelblätter. Entwürfe für die Malerei des Ersten Goetheanum – Schulungsskizzen für Maler – Programmbilder für Eurythmie-Aufführungen – Eurythmieformen – Entwürfe zu den Eurythmiefiguren – Wandtafelzeichnungen zum Vortragswerk u. a.

Die Bände der Rudolf Steiner Gesamtausgabe
sind innerhalb einzelner Gruppen einheitlich ausgestattet.
Jeder Band ist einzeln erhältlich.